KB181525

드론
무인
비행
장치
필기 한권으로 끝내기

SD에듀
(주)시대고시기획

드론 무인비행장치 필기 한권으로 끝내기

Always with you

사람이 길에서 우연하게 만나거나 함께 살아가는 것만이 인연은 아니라고 생각합니다.
책을 펴내는 출판사와 그 책을 읽는 독자의 만남도 소중한 인연입니다.
SD에듀는 항상 독자의 마음을 헤아리기 위해 노력하고 있습니다.
늘 독자와 함께하겠습니다.

머리말

Drone(초경량비행장치)은 4차 산업혁명이 시작된 지금 전 세계적으로 국가나 기업들의 최고 관심사업으로서 주목받고 있다. 과연 드론으로 무엇을 할 수 있을까? 가장 흔히 보았던 방제와 촬영에서부터 측량, 택배, 구조, 감시뿐만 아니라 요즘에는 공연 드론에 이르기까지 그 분야는 매우 방대하다.
우리 모두가 체감하듯 자고 일어나면 드론 관련 신기술이 언론에 보도되고 있다. 드론은 최초 군사용으로 개발되어 활용되었지만, 최근에 멀티콥터형 드론이 출시되면서 현재는 취미 및 상업용 시장이 급속도로 성장하고 있다. 국내의 경우 군사용을 중심으로 연평균 22% 급성장하고 있으며, 초경량비행장치 사용사업체가 2015년 697개에서 2022년 10월에 5,484개(7.8배 증가)로 증가하는 등 앞으로 드론이 수많은 노동력을 대체할 것으로 전망된다.

이러한 시대적 흐름을 반영하듯 언론 보도에 따르면 전국에 24개 전문교육기관을 포함한 60여 곳의 교육원에 자격증 취득을 희망하는 문의전화가 지속되고 있으며, 드론자격증 실기시험 응시자수도 10배 이상 증가했다고 한다. 특히, 한 예능 프로그램에 출연한 유명 연예인이 "7분 날리고 200만원 수익이 창출된다."고 언급한 뒤로 각 교육원별로 자격증 문의전화가 5배 이상 급증하였다.
이렇게 드론 국가자격증 과정에 대한 국민적 관심이 급부상하고 있음에도 불구하고 초경량비행장치(무인멀티콥터) 필기시험에 대해 체계적으로 다루고 있는 교재가 부족한 실정이다.

본 교재는 드론 전문교육기관으로 운용 중인 정보학교 드론교육원과 아세아 무인항공교육원 원장직의 과거와 현재 경험을 바탕으로 한국교통안전공단에서 제시한 무인멀티콥터 이론평가기준표준화지침을 토대로 목차 및 내용을 구성하여 자격증 취득을 희망하는 인원들이 보다 쉽게 필기평가를 준비하고 모두가 합격할 수 있도록 구성하였다. 또한 항공분야 전문지식과 경험을 기초로 무인항공기가 출현하게 된 배경과 발전과정, 항공기 및 무인멀티콥터의 기술과 항공역학, 드론운용 시 숙지해야 할 항공기상, 드론 관련 법규 등을 그림과 함께 자세하게 설명하였다.

끝으로 이 책이 초경량비행장치(무인멀티콥터) 자격취득 희망자들에게 좋은 수험서가 되길 기대하면서 항상 묵묵히 내조해주는 사랑하는 가족들과 이 책을 출판하도록 용기를 북돋워 주시고 지도해 주신 최경용님, 황창근 · 김재철 교수 그리고 그동안 세 시간씩 자며 자기 일처럼 자료 검색 및 편집을 도와준 송석주 · 박필규 교관, 마지막으로 SD에듀 박영일 회장님 이하 편집부 관계자 등 모든 분들께 깊은 감사를 드린다.

편저자 서일수 · 장경석

자격증 안내

초경량비행장치 조종자 자격시험

초경량비행장치 조종자의 전문성을 확보하여 안전한 비행, 항공레저스포츠사업 및 초경량비행장치사용 사업의 건전한 육성을 도모하기 위해 시행하는 자격시험이다.

자격종류	조종기체	기체종류
초경량비행장치 조종자	초경량비행장치	동력비행장치, 회전익비행장치, 유인자유기구(자가용, 사업용), 동력패러글라이더, 무인비행기, 무인비행선, 무인멀티콥터, 무인헬리콥터, 행글라이더, 패러글라이더, 낙하산류 ※ 21년 3월 1일부터 무인비행기, 무인멀티콥터, 무인헬리콥터는 각각 1~4종으로 분류됨

초경량비행장치 조종자 증명서 (국문 1장, 영문 1장 총 2장 발급)

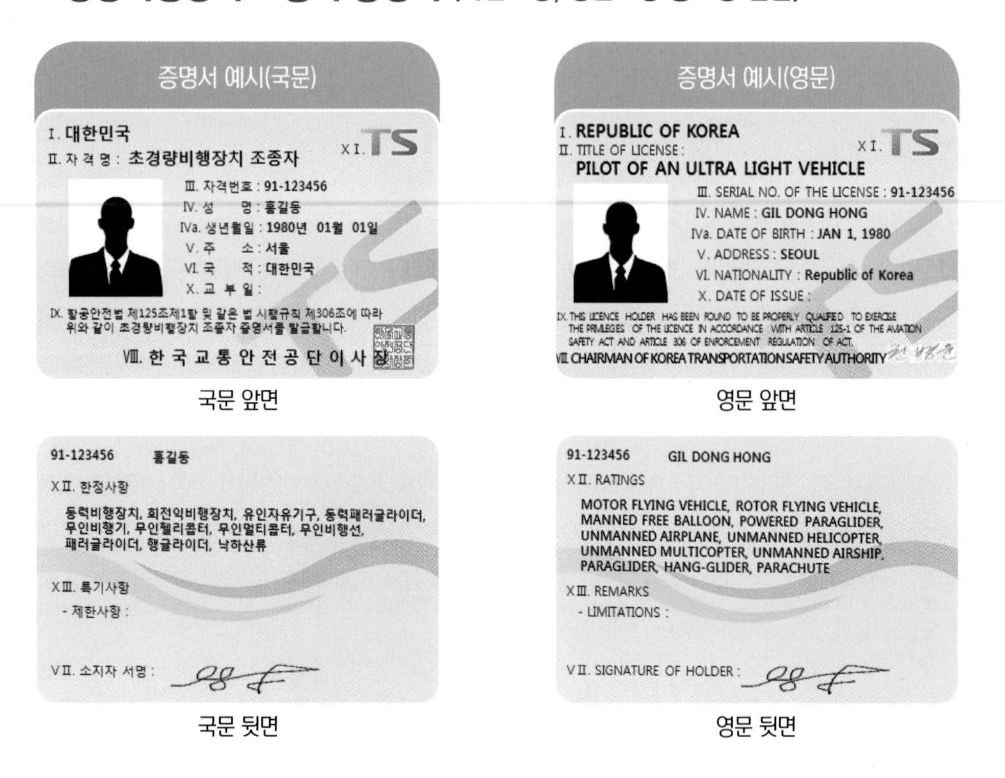

증명서 예시(국문)

Ⅰ. 대한민국
Ⅱ. 자 격 명 : 초경량비행장치 조종자
XⅠ. TS
Ⅲ. 자격번호 : 91-123456
Ⅳ. 성 명 : 홍길동
Ⅳa. 생년월일 : 1980년 01월 01일
Ⅴ. 주 소 : 서울
Ⅵ. 국 적 : 대한민국
Ⅹ. 교 부 일 :
Ⅸ. 항공안전법 제125조제1항 및 같은 법 시행규칙 제306조에 따라 위와 같이 초경량비행장치 조종자 증명서를 발급합니다.
Ⅷ. 한 국 교 통 안 전 공 단 이 사 장

국문 앞면

91-123456 홍길동
XⅡ. 한정사항
동력비행장치, 회전익비행장치, 유인자유기구, 동력패러글라이더, 무인비행기, 무인헬리콥터, 무인멀티콥터, 무인비행선, 패러글라이더, 행글라이더, 낙하산류
XⅢ. 특기사항
- 제한사항 :
Ⅶ. 소지자 서명 :

국문 뒷면

증명서 예시(영문)

Ⅰ. REPUBLIC OF KOREA
Ⅱ. TITLE OF LICENSE :
PILOT OF AN ULTRA LIGHT VEHICLE
XⅠ. TS
Ⅲ. SERIAL NO. OF THE LICENSE : 91-123456
Ⅳ. NAME : GIL DONG HONG
Ⅳa. DATE OF BIRTH : JAN 1, 1980
Ⅴ. ADDRESS : SEOUL
Ⅵ. NATIONALITY : Republic of Korea
Ⅹ. DATE OF ISSUE :
Ⅸ. THIS LICENCE HOLDER HAS BEEN FOUND TO BE PROPERLY QUALIFIED TO EXERCISE THE PRIVILEGES OF THE LICENCE IN ACCORDANCE WITH ARTICLE 125-1 OF THE AVIATION SAFETY ACT AND ARTICLE 306 OF ENFORCEMENT REGULATION OF ACT.
Ⅷ. CHAIRMAN OF KOREA TRANSPORTATION SAFETY AUTHORITY

영문 앞면

91-123456 GIL DONG HONG
XⅡ. RATINGS
MOTOR FLYING VEHICLE, ROTOR FLYING VEHICLE, MANNED FREE BALLOON, POWERED PARAGLIDER, UNMANNED AIRPLANE, UNMANNED HELICOPTER, UNMANNED MULTICOPTER, UNMANNED AIRSHIP, PARAGLIDER, HANG-GLIDER, PARACHUTE
XⅢ. REMARKS
- LIMITATIONS :
Ⅶ. SIGNATURE OF HOLDER :

영문 뒷면

무인멀티콥터

사람이 타지 않고 무선통신장비를 이용하여 조종하거나 내장된 프로그램에 의해 자동으로 비행하는 비행체로, 구조적으로 헬리콥터와 유사하나 양력을 발생하는 부분이 회전익이 아니라 프로펠러 형태이며 각 프로펠러의 회전수를 조정하여 방향 및 양력을 조정한다. 항공촬영, 농약 살포 등에 널리 활용되고 있다.

전 망

자격 취득 후 방송국, 농업방제업체 등 관련 기체를 사용하는 업체에 취업할 수 있으며, 최근 과학기술정보통신부에서 '무인이동체 기술혁신과 성장 10개년 로드맵'을 발표하는 등 4차 산업혁명 기술 집약체로서 주목받고 있다.

과학기술정보통신부
http://www.msit.go.kr

보 도 자 료

하나 된 열정
하나 된 대한민국

무인이동체의 혁신성장 일정표 나오다!

- 4차 산업혁명 기술의 집약체,
무인이동체 기술혁신과 성장 10개년 로드맵 발표 -

[4차 산업혁명 기술 집약체로서의 무인이동체]

[무인이동체 기술혁신과 성장 10개년 로드맵 개요]

출처 : 과학기술정보통신부

시험 상세정보

자격정보

자격명	기체종류	관련 부처	시행기관
초경량비행장치 조종자	무인비행장치	국토교통부	한국교통안전공단

취득방법

▶ 초경량비행장치 조종자 자격시험은 학과시험과 실기시험에 모두 합격해야 한다.

구 분	학과시험	실기시험
시험과목	항공법규, 항공기상, 비행이론 및 운용	조종 실무
시행방법	컴퓨터에 의한 객관식 4지 택일형 3과목 통합 40문제(50분)	구술시험 및 실비행시험
합격기준	70% 이상	모든 채점항목에서 S등급 이상

응시자격

▶ 한국교통안전공단 웹사이트 자격시험 정보에서 확인 가능하다.

<table>
<tr><th>자 격</th><th>연 령</th><th colspan="2">비행경력 또는 관련 자격 보유자</th><th>전문교육
기관 이수</th></tr>
<tr><td rowspan="4">무인
멀티
콥터</td><td rowspan="4">만 14세
이상</td><td>1종</td><td>해당 종류 비행시간 20시간 이상(2종 무인멀티콥터 자격소지자 15시간 이상, 3종 무인멀티콥터 자격소지자는 17시간 이상, 1종 무인헬리콥터 자격소지자 10시간 이상)
※ 최대이륙중량 25kg 초과~연료의 중량을 제외한 자체중량 150kg 이하 무인멀티콥터 비행경력</td><td rowspan="3">전문
교육기관
해당 과정
이수</td></tr>
<tr><td>2종</td><td>1종 또는 2종 무인멀티콥터 비행시간 10시간 이상(3종 무인멀티콥터 자격소지자 7시간 이상, 2종 무인헬리콥터 자격소지자 5시간 이상)
※ 최대이륙중량 7kg 초과~25kg 이하 무인멀티콥터 비행경력</td></tr>
<tr><td>3종</td><td>1종, 2종, 3종 무인멀티콥터 중 어느 하나의 비행시간 6시간 이상(3종 무인헬리콥터 자격소지자 3시간 이상)
※ 최대이륙중량 2kg 초과~7kg 이하 무인멀티콥터 비행경력</td></tr>
<tr><td>4종</td><td>해당 종류 온라인 교육과정 이수로 대체
※ 최대이륙중량 250g 초과~2kg 이하의 무인멀티콥터(만 10세 이상)</td><td>해당 없음</td></tr>
</table>

응시자격 신청방법

▶ 공단 홈페이지 [응시자격신청] 메뉴를 이용하여 신청 가능하다.

신청기간	• 학과시험 접수 전부터(학과시험 합격 무관)~실기시험 접수 전까지 • 신청일로부터 업무일 기준 7일 정도 소요(처리 기간을 고려해 실기시험 접수 전까지 미리 신청)
제출서류	• (필수) 비행경력증명서 1부, 유효한 보통 2종 이상 운전면허 사본 1부 ※ 2종보통 운전면허를 발급받기 위한 신체검사증명서 또는 항공신체검사증명서 • (추가) 전문교육기관 이수증명서 1부(전문교육기관 이수자에 한함)
효 력	• 최종합격 전까지 한번만 신청하면 유효 • 학과시험 유효기간 2년이 지난 경우 제출서류가 미비하면 다시 제출 • 제출서류에 문제가 있는 경우 합격했더라도 취소 및 민 · 형사상 처벌 가능

학과시험 원서접수

▶ 공단 홈페이지 [학과시험접수] 메뉴를 통해 접수해야 한다.

접수일자	접수 시작일~시험 시행일 기준 2일 전까지 ※ 2024년 최초 접수시작일 : 2024년 1월 4일
접수시간	접수 시작일자 20 : 00 ~ 접수 마감일자 23 : 59
접수제한	정원제 접수에 따른 접수인원 제한
응시제한	공정한 응시기회 제공을 위해 기접수 시험이 있는 경우 시험의 결과가 발표된 이후 다음 시험 접수 가능 (기접수한 시험의 홈페이지 결과 발표 이후 시험 접수 가능)

※ 시험일자와 접수기간은 제반환경에 따라 변경될 수 있음

시험 상세정보

2024년 학과시험 시행일

구 분	시험 일자			
	항공 전용 학과시험장 (서울, 부산, 광주, 대전)	지역 화물시험장		
		화성, 김천(4월부터 시행 예정)	부산, 광주, 대전, 춘천, 대구, 전주	제 주
1월	9, 16, 23, 27(토), 30	8, 10, 15, 17, 22, 24, 29, 31	10, 24	10
2월	6, 13, 20, 24(토), 27	5, 7, 14, 19, 21, 26, 28	1, 14	1
3월	5, 12, 19, 23(토), 26	4, 6, 11, 13, 18, 20, 25, 27	6, 20	6
4월	2, 16, 23, 27(토)	1, 3, 8, 15, 17, 22, 24	3, 17	3
5월	7, 14, 21, 25(토), 28	8, 13, 20, 22, 27, 29	8, 29	8
6월	4, 11, 18, 22(토), 25	3, 5, 10, 12, 17, 19, 24, 26	5, 19	5
7월	2, 9, 16, 23, 27(토)	3, 8, 10, 15, 17, 22, 24	3, 17	3
8월	6, 13, 20, 24(토), 27	5, 7, 12, 14, 19, 21, 26, 28	7, 21	7
9월	3, 10, 21(토), 24	2, 4, 9, 11, 23, 25	4, 25	4
10월	8, 15, 22, 26(토), 29	2, 7, 14, 16, 21, 23, 28, 30	2, 30	2
11월	5, 12, 19, 23(토), 26	4, 6, 11, 13, 18, 20, 25, 27	6, 20	6
12월	3, 10, 17, 21(토)	2, 4, 9, 11, 16, 18	4, 18	4

※ 정부정책에 따라 공휴일 등이 발생하는 경우 시험일정이 변경될 수 있음

※ 시험일정이 변경되는 경우 국가자격시험 홈페이지 공지사항에서 확인 가능

면제기준

- 전문교육기관의 교육과정을 이수한 사람이 교육 이수일로부터 2년 이내에 교육받은 것과 같은 종류의 무인비행장치에 관한 조종자증명시험에 응시하는 경우에는 학과시험을 면제한다.
- 무인헬리콥터 조종자증명을 받은 사람이 조종자증명을 받은 날로부터 2년 이내에 무인멀티콥터 조종자증명시험에 응시하는 경우 학과시험을 면제한다.
- 무인멀티콥터 조종자증명을 받은 사람이 조종자증명을 받은 날로부터 2년 이내에 무인헬리콥터 조종자증명시험에 응시하는 경우 학과시험을 면제한다.

조종자 증명 시험과목 및 범위

종류별	과 목	범 위	
무인비행기	항공법규	당해 업무에 필요한 항공법규	
	항공기상	• 항공기상의 기초지식	• 항공에 활용되는 일반기상의 이해
	비행이론 및 운용	• 무인비행기의 비행 기초원리에 관한 사항 • 무인비행기 지상활주(지상활동)에 관한 사항 • 무인비행기 공중조작에 관한 사항 • 공역 및 인적요소에 관한 사항	• 무인비행기의 구조와 기능에 관한 사항 • 무인비행기 이 · 착륙에 관한 사항 • 무인비행기 안전관리에 관한 사항 • 무인비행기 비정상절차에 관한 사항
무인헬리콥터	항공법규	당해 업무에 필요한 항공법규	
	항공기상	• 항공기상의 기초지식	• 항공에 활용되는 일반기상의 이해
	비행이론 및 운용	• 무인헬리콥터의 비행 기초원리에 관한 사항 • 무인헬리콥터 지상활주(지상활동)에 관한 사항 • 무인헬리콥터 공중조작에 관한 사항 • 공역 및 인적요소에 관한 사항	• 무인헬리콥터의 구조와 기능에 관한 사항 • 무인헬리콥터 이 · 착륙에 관한 사항 • 무인헬리콥터 안전관리에 관한 사항 • 무인헬리콥터 비정상절차에 관한 사항
무인멀티콥터	항공법규	당해 업무에 필요한 항공법규	
	항공기상	• 항공기상의 기초지식	• 항공에 활용되는 일반기상의 이해
	비행이론 및 운용	• 무인멀티콥터의 비행 기초원리에 관한 사항 • 무인멀티콥터 지상활주(지상활동)에 관한 사항 • 무인멀티콥터 공중조작에 관한 사항 • 공역 및 인적요소에 관한 사항	• 무인멀티콥터의 구조와 기능에 관한 사항 • 무인멀티콥터 이 · 착륙에 관한 사항 • 무인멀티콥터 안전관리에 관한 사항 • 무인멀티콥터 비정상절차에 관한 사항
무인비행선	항공법규	당해 업무에 필요한 항공법규	
	항공기상	• 항공기상의 기초지식	• 항공에 활용되는 일반기상의 이해
	비행이론 및 운용	• 무인비행선의 비행 기초원리에 관한 사항 • 무인비행선 지상활주(지상활동)에 관한 사항 • 무인비행선 공중조작에 관한 사항 • 공역 및 인적요소에 관한 사항	• 무인비행선의 구조와 기능에 관한 사항 • 무인비행선 이 · 착륙에 관한 사항 • 무인비행선 안전관리에 관한 사항 • 무인비행선 비정상절차에 관한 사항

취득절차(학과시험)

1. 응시자격 신청

• 인터넷 : 공단 홈페이지 [응시자격신청] 메뉴 이용

2. 학과시험 접수

• 인터넷 : 공단 홈페이지 [학과시험접수] 메뉴 이용

3. 학과시험 응시

• 시행방법 : 컴퓨터에 의한 시험 시행(CBT)

4. 학과시험 합격자 발표

• 시험 종료 즉시 시험 컴퓨터에서 확인
(공식적인 결과는 18:00 이후 홈페이지에서 발표)

취득절차(실기시험)

5. 실기시험 접수

• 인터넷 : 공단 홈페이지 [실기시험접수] 메뉴 이용

6. 실기시험 응시

• 시행방법 : 구술시험 및 실비행시험

7. 실기시험 합격자 발표

• 시험 당일 18:00 이후 홈페이지에서 발표

8. 자격발급 신청

• 자격증 신청 제출서류 : (필수) 반명함사진 1부, (필수) 보통 2종 이상 운전면허 사본 1부

기체신고 및 업무범위

초경량비행장치 신고대상

종 류			사업용	비사업용
동력비행장치	조종형비행장치			신고 필요
	체중이동형비행장치			신고 필요
행글라이더				신고 불필요
패러글라이더				신고 불필요
기구류				사람이 탑승하는 것은 신고 필요
무인비행장치	무인동력비행장치	무인비행		신고 필요(최대이륙중량 2kg 초과 시)
		무인헬리콥터	신고 필요	
		무인멀티콥터		
	무인비행선			신고 필요(자체중량 12kg 초과, 길이 7m 초과 시)
회전익비행장치	초경량헬리콥터			신고 필요
	초경량자이로플레인			신고 필요
동력패러글라이더				신고 필요
낙하산류				신고 불필요

신고별 제출서류 및 신고시기

신고업무	제출서류	신고시기
신규신고	• 초경량비행장치 신고서 • 초경량비행장치를 소유하거나 사용할 수 있는 권리가 있음을 증명하는 서류 • 초경량비행장치의 제원 및 성능표 • 초경량비행장치의 가로 15cm, 세로 10cm 측면사진(무인비행장치는 기체 제작번호 전체를 촬영한 사진을 포함)	• 최대이륙중량 25kg 초과(안전성인증 대상인 경우) → 안전성인증받기 전 • 최대이륙중량 25kg 이하(안전성인증 대상이 아닌 경우) → 30일 이내(장치를 소유하거나 사용할 수 있는 권리가 있는 날부터)
변경신고	초경량비행장치 변경 · 이전신고서 ※ 변경 및 이전 사유를 증명할 수 있는 서류 첨부	30일 이내(변경신고사유가 있는 날부터)
이전신고		30일 이내(이전신고사유가 있는 날부터)
말소신고	초경량비행장치 말소신고서	15일 이내(말소신고사유가 있는 날부터)

조종자 증명 종류별 업무범위

종 류		무게범위 등	업무범위
무인 비행기	1종	최대이륙중량이 25kg을 초과하고 연료의 중량(배터리 무게 포함)을 제외한 자체중량이 150kg 이하인 무인비행기	해당 종류의 1종 무인비행기(2종부터 4종까지의 업무범위를 포함)을 조종하는 행위
	2종	최대이륙중량이 7kg을 초과하고 25kg 이하인 무인비행기	해당 종류의 2종 무인비행기(3종부터 4종까지의 업무범위를 포함)를 조종하는 행위
	3종	최대이륙중량이 2kg을 초과하고 7kg 이하인 무인비행기	해당 종류의 3종 무인비행기(4종에 대한 업무범위를 포함)를 조종하는 행위
	4종	최대이륙중량이 250g을 초과하고 2kg 이하인 무인비행기	해당 종류의 4종 무인비행기를 조종하는 행위
무인 헬리콥터	1종	최대이륙중량이 25kg을 초과하고 연료의 중량을 제외한 자체중량이 150kg 이하인 무인헬리콥터	해당 종류의 1종 무인헬리콥터(2종부터 4종까지의 업무범위를 포함)을 조종하는 행위
	2종	최대이륙중량이 7kg을 초과하고 25kg 이하인 무인헬리콥터	해당 종류의 2종 무인헬리콥터(3종부터 4종까지의 업무범위를 포함)를 조종하는 행위
	3종	최대이륙중량이 2kg을 초과하고 7kg 이하인 무인헬리콥터	해당 종류의 3종 무인헬리콥터(4종에 대한 업무범위를 포함)를 조종하는 행위
	4종	최대이륙중량이 250g을 초과하고 2kg 이하인 무인헬리콥터	해당 종류의 4종 무인헬리콥터를 조종하는 행위
무인 멀티콥터	1종	최대이륙중량이 25kg을 초과하고 연료의 중량을 제외한 자체중량이 150kg 이하인 무인멀티콥터	해당 종류의 1종 무인멀티콥터(2종부터 4종까지의 업무범위를 포함)을 조종하는 행위
	2종	최대이륙중량이 7kg을 초과하고 25kg 이하인 무인멀티콥터	해당 종류의 2종 무인멀티콥터(3종부터 4종까지의 업무범위를 포함)를 조종하는 행위
	3종	최대이륙중량이 2kg을 초과하고 7kg 이하인 무인멀티콥터	해당 종류의 3종 무인멀티콥터(4종에 대한 업무범위를 포함)를 조종하는 행위
	4종	최대이륙중량이 250g을 초과하고 2kg 이하인 무인멀티콥터	해당 종류의 4종 무인멀티콥터를 조종하는 행위
무인비행선	연료의 중량을 제외한 자체중량이 12kg을 초과하고 180kg 이하이면서, 길이가 7m를 초과하고 20m 이하인 비행장치		해당 종류의 무인비행선을 조종하는 행위

구성 및 특징

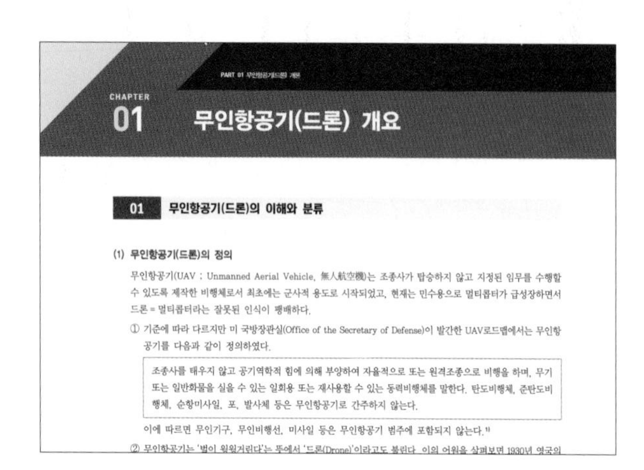
PART 01 무인항공기(드론) 개론

CHAPTER 01 무인항공기(드론) 개요

01 무인항공기(드론)의 이해와 분류

(1) 무인항공기(드론)의 정의

무인항공기(UAV ; Unmanned Aerial Vehicle, 無人航空機)는 조종사가 탑승하지 않고 지정된 임무를 수행할 수 있도록 제작한 비행체로서 최초에는 군사적 용도로 시작되었고, 현재는 민수용으로 멀티콥터가 급성장하면서 드론 = 멀티콥터라는 잘못된 인식이 팽배하다.

① 기준에 따라 다르지만 미 국방장관실(Office of the Secretary of Defense)이 발간한 UAV로드맵에서는 무인항공기를 다음과 같이 정의하였다.

> 조종사를 태우지 않고 공기역학적 힘에 의해 부양하여 자율적으로 또는 원격조종으로 비행을 하며, 무기 또는 일반화물을 실을 수 있는 일회용 또는 재사용할 수 있는 동력비행체를 말한다. 탄도비행체, 준탄도비행체, 순항미사일, 포, 발사체 등은 무인항공기로 간주하지 않는다.

이에 따르면 무인기구, 무인비행선, 미사일 등은 무인항공기 범주에 포함되지 않는다.[1]

② 무인항공기는 '벌이 윙윙거린다'는 뜻에서 '드론(Drone)'이라고도 불린다. 이의 어원을 살펴보면 1930년 영국의

핵심이론

최근 출제기준에 따라 필수적으로 학습해야 하는 핵심이론을 압축 정리하였습니다. 또한 그림 및 도표를 통해 좀 더 쉽게 이해할 수 있도록 하였습니다.

PART 01 무인항공기(드론) 개론

PART 01 적중예상문제

01 2013년 이후 국제민간항공기구(ICAO)에서 채택하여 사용하고 있는 무인항공기의 공식 용어로 바르게 나타낸 것은?

① RPAS(Remote Piloted Aircraft System) ② RC(Remote Control)
③ UAV(Uninhabited Aerial Vehicle) ④ 드론(Drone)

해설
2013년 이후 국제민간항공기구(ICAO)에서는 RPAS(Remote Piloted Aircraft System)를 무인항공기의 공식 용어로 채택하여 사용하고 있다. 비행체만을 칭할 때는 RPA(Remote Piloted Aircraft · Aerial Vehicle)라고 하고, 통제시스템을 지칭할 때는 RPS(Remote Piloting Station)라고 한다.

02 우리나라 국립국어원에서는 드론(Drone)이란 영어식 표현을 ( )로 순화하여 부르기를 권장하고 있다. ( ) 안에 들어갈 단어로 알맞은 것은?

① 초경량비행기 ② 멀티콥터
③ 무인기 ④ 초경량비행장치

적중예상문제

꼭 풀어봐야 할 핵심문제만을 엄선하여 과목별로 수록하였습니다. 적중예상문제를 통해 핵심이론에서 학습한 중요 개념과 내용을 한 번 더 확인할 수 있습니다.

PART 06 기출복원문제

CHAPTER 01 기출복원문제

01 지구의 대기는 4개의 기류층으로 구성되어 있다. 지구에서 가장 가까운 층부터 기류층의 순서는?

① 성층권, 대류권, 중간권, 외기권
② 대류권, 성층권, 중간권, 외기권
③ 대류권, 중간권, 성층권, 외기권
④ 성층권, 중간권, 대류권, 외기권

해설
지구의 대기는 대류권, 성층권, 중간권, 열권, 외기권으로 구분되어 있다.

02 수평등속도 비행을 하던 비행기의 속도를 증가시켰을 때 그 상태에서 수평비행을 하기 위해서는 받음각은 어떻게 하여야 하는가?

① 감소시킨다. ② 증가시킨다.

기출복원문제

최근에 출제된 기출문제를 복원하여 상세한 해설과 함께 수록하였습니다. 기출복원문제를 통해 이론의 내용을 보충 학습하고 최신 출제경향을 파악할 수 있습니다.

이 책의 목차

PART 01 무인항공기(드론) 개론

PART 02 비행운용이론

PART 03 항공기상

이 책의 목차

PART 01

무인항공기(드론) 개론

CHAPTER 01 무인항공기(드론) 개요

01 무인항공기(드론)의 이해와 분류

(1) 무인항공기(드론)의 정의

무인항공기(UAV ; Unmanned Aerial Vehicle, 無人航空機)는 조종사가 탑승하지 않고 지정된 임무를 수행할 수 있도록 제작한 비행체로서 최초에는 군사적 용도로 시작되었고, 현재는 민수용으로 멀티콥터가 급성장하면서 드론 = 멀티콥터라는 잘못된 인식이 팽배하다.

① 기준에 따라 다르지만 미 국방장관실(Office of the Secretary of Defense)이 발간한 UAV로드맵에서는 무인항공기를 다음과 같이 정의하였다.

> 조종사를 태우지 않고 공기역학적 힘에 의해 부양하여 자율적으로 또는 원격조종으로 비행을 하며, 무기 또는 일반화물을 실을 수 있는 일회용 또는 재사용할 수 있는 동력비행체를 말한다. 탄도비행체, 준탄도비행체, 순항미사일, 포, 발사체 등은 무인항공기로 간주하지 않는다.

이에 따르면 무인기구, 무인비행선, 미사일 등은 무인항공기 범주에 포함되지 않는다.[1)]

② 무인항공기는 '벌이 윙윙거린다'는 뜻에서 '드론(Drone)'이라고도 불린다. 이의 어원을 살펴보면 1930년 영국의 표적기인 'Queen Bee'가 낡고 노후되어 이를 무인기로 개조하였으나, 이를 무인기 명칭으로 사용하는 과정에서 "여왕에 대한 존엄성 훼손"이라는 주장이 제기되어 수벌인 '드론'으로 명명하였다는 학설이 있다.

③ 현재의 드론이 화두가 되기 시작한 것은 2006년 중국의 프랭크 왕(왕타오)이 DJI를 설립하고 2008년 프로펠러가 4개 달린 쿼드콥터 드론의 출시를 알렸고, 2014년도 첫 팬텀을 출시한 이후 매년 신모델을 개발했다. 현재까지 팬텀 1~4와 인스파이어 1 및 2, 스파크, 매빅 등을 지속 출시하여 전 세계의 드론 시장을 석권하고 있으며, 전 세계에 '드론'이라는 단어를 인식시키는 데 크게 일조했다고 볼 수 있다.

④ 군사적으로 드론(UAV)이라고 하면 주로 '고정날개형'을 뜻하는 것으로, 조종기와 비행체 외에 GCS(Ground Control System, 지상통제장비), GDT(Ground Data Terminal, 지상통신장비), GRS(Ground Relay Station, 지상중계장비), LRS(Launcher and Recovery System, Landing Radar System, 이착륙통제장비) 등으로 구성되어 있다.

---

1) 미 국방장관실(OSD, Office of the Secretary of Defense) (2003년 3월). "definition of UAV". 《UAV로드맵》

⑤ 2013년 이후 국제민간항공기구(ICAO)에서는 RPAS(Remote Piloted Aircraft System)를 공식 용어로 채택하여 사용하고 있다. 비행체만을 칭할 때는 RPA(Remote Piloted Aircraft · Aerial Vehicle)라고 하고, 통제시스템을 지칭할 때는 RPS(Remote Piloting Station)라고 한다.

⑥ 국립 국어원에서는 '드론(Drone)'을 우리말 '무인기'로 사용할 것을 권고하고 있다.

(2) 무인항공기(드론) 역사

① 무인항공기 최초의 형태는 1849년 오스트리아에서 발명한 Bombing by Balloon(열기구에 폭탄을 장착하고 투하하는 방식)으로 베니스(이탈리아)와의 전투에서 실제로 사용한 것을 볼 수 있으며, 미국에서는 남북전쟁 후 1863년에 뉴욕출신의 찰스 파레이가 열기구에 타이머가 장착된 폭탄바구니를 싣고 투하하도록 만들어 무인 폭격기 특허를 등록한 Perley's Aerial Bomber이라는 열기구가 있다. 이후 1883년에는 더글러스 아치볼드가 Eddy's Surveillance Kite를 개발하여 최초의 항공 사진을 찍는 데 성공하기도 했다.

▮ Bombing by Balloon

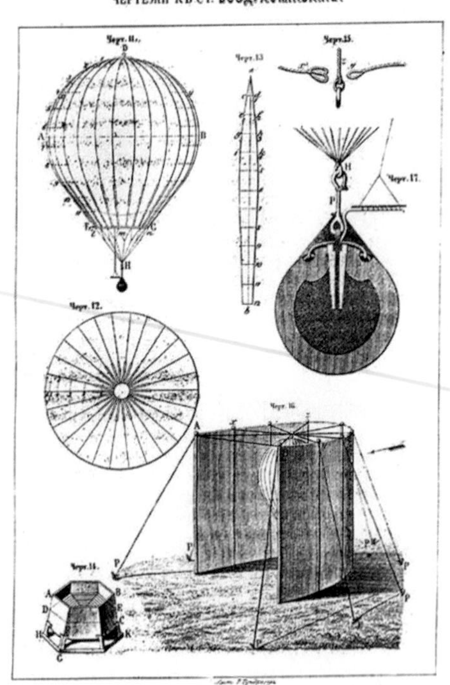

▮ Perley's Aerial Bomber

▮ Eddy's Surveillance Kite

② 초창기의 드론이 만들어진 것은 제1차 세계대전 직후 수명을 다한 낡은 유인기를 공중 표적용 무인기로 재활용하는 데에서 비롯되었다. 1917년 미국에서 피터쿠퍼와 엘머 스페리가 자이로스코프를 이용하여 수평으로 비행할 수 있는 기술을 개발·적용하여 300파운드의 폭탄을 싣고 비행할 수 있는 Sperry Aerial Torpedo라는 무인항공기를 개발했으며, 1918년에는 미국 GM사의 찰스 케터링이 폭탄을 싣고 입력된 항로를 따라 자동비행한 뒤 목표지역에 도달하면 엔진이 정지되면서 낙하하여 목표를 파괴하는 방식의 Bug라는 폭격용 무인항공기를 개발했다. 그러나 약정된 시간만큼 비행한 후 분리되면서 목표물에 떨어지는 방식이어서 성공률이 낮았으며 실전에는 사용되지 못했다.

▌Sperry Aerial Torpedo

▌Bug

③ 제1차 세계대전을 거치면서 무인항공기는 중요한 전투무기로 발돋움하였다. 앞에서 드론의 어원에 대해 설명하였지만, 오늘날 'Drone'은 영국에서 무인표적기의 원조격인 'Queen Bee'를 개발하여 지상과 해상에서 사용할 수 있도록 하였고 최초의 왕복 재사용 무인항공기로서 400기를 양산[2]했다. 이 시기 미국에서도 무인표적기 개발에 착수하여 1930년대 무선조종비행기 취미광이었던 유명 영화배우인 레지널드 데니(Reginald Denny)가 무선조종비행기를 표적기로 사용한 대공포 사격연습용 무인표적기 훈련의 유용성에 대해 미 육군을 설득하여, 1939년부터 2차 세계대전이 끝날 때까지 세계에서 처음으로 대량 생산형 무인비행기인 Radioplanes OQ-2가 개발되어 15,000여대가 생산되었다. 당시 기체 공장에서 OQ-2 조립을 담당했던 '노르마 진 베이커'라는 여성은 취재를 위해 현장에 방문한 데이비드 코노바 일병의 눈에 띄어 후에 시대를 풍미한 여배우 "마릴린 먼로"로 역사에 이름을 남기게 되었다.

2) NOVA. "DH.82B Queen Bee (UK)". 2014년 6월 12일

■ Queen Bee

■ Radioplanes OQ-2

■ 마릴린 먼로의 OQ-2 조립사진

④ 제2차 세계대전 초기인 1944년에 독일은 펄스제트 엔진을 탑재한 순항미사일 V-1(Vergeltungswaffe-1)을 개발, 한 번에 2,000파운드의 탄두를 싣고 사전에 입력된 경로로 150마일을 비행하여 영국을 공격하였으며, 900여명의 시민들이 사망하고 35,000명 가량의 시민들에게 부상을 입혔다. 이에 미국에서는 미 해군 특수항공기(Special Attack Unit-1)에 라디오시스템을 이용하여 원격으로 비행이 가능토록 하였고, 또한 폭발물 25,000파운드를 싣기 위해 PB4Y-1와 BQ-7으로 개조하였는데, 이 작전이 유명한 '아프로디테 작전'이었다. 폭격기에 TNT보다 강력한 폭탄을 탑재하고 두 명의 승무원을 태우고 이륙하여 승무원들은 경로를 설정한 후 폭격기에서 탈출하였고, 지상에서 공격 준비 중인 V-1 발사 기지에 Unit-1 항공기를 추락시켜 폭파시킴으로써 사전에 효과적으로 V-1을 제압할 수 있었다.

■ V-1(Vergeltungswaffe-1)

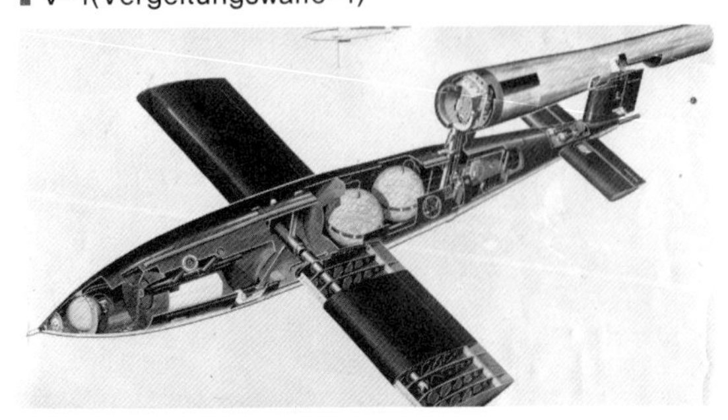

■ Special Attack Unit-1

⑤ 제2차 세계대전까지는 전투용으로 사용되었던 무인항공기가 1950~60년대 미국에서 'Firebee'라는 제트추진 무인항공기로 개발되어 베트남에서는 적진감시 목적으로 운용되는데, 이 'Firebee'는 감시 무인기의 효시라고 할 수 있다.[3] 1960년대 미 공군은 최초의 스텔스 항공기 프로그램을 시작하고, 정찰임무용으로 전투용 무인항공기를 변경하였다. 엔지니어는 엔진의 공기흡입구에 특별히 제작된 스크린을 씌우고 기체 측면에 레이더를 흡수하는 커버를 장착하여 새로 개발한 레이더 도료로 항공기 기체를 가림으로써 레이더에 반응하는 신호를 줄였다. 그 결과 AQM-34 Ryan Firebee라는 무인항공기를 개발했다. 이 무인항공기는 DC-130에 장착되어 상승한 후 상공에서 분리되어 비행하였다. 1964년 10월부터 1975년 4월까지 1,000대 이상의 AQM-34 Ryan Firebee 무인항공기가 34,000회 이상 동남아시아를 날아다니며 감시임무를 수행하였으며, 이후 일본, 한국, 베트남, 태국으로 감시 범위를 확장하고, 주간 및 야간 감시, 전단지를 뿌리는 임무 및 북베트남과 중국 전역의 대공 미사일 레이더를 감지하기도 했다.[4]

1960년대에는 러시아의 군사시설을 정찰하던 미국의 유인정찰기 U-2가 러시아의 지대공미사일에 의해 격추되는 사건이 발발하자, 미국은 마하 4의 속도를 가진 역사상 가장 빠른 항공기인 록히드사의 D-21을 1965년에 개발하였다. 이는 유인항공기 M-12에 의해 상공에서 방출되었으며 스텔스 기능이 포함되어 레이더에 감지되지 않았다. 또한 D-21은 8,000피트 상공에서 날았고 3,000마일의 범위를 감시했다.

▮ AQM-34 Ryan Firebee

▮ DC-130에 장착된 Firebee

▮ D-21

3) 김종성, 김성태의 「무인항공기체계 발전방향, 무인항공기 안전관리제도 구축 연구」, 국토해양부, 2009. 12

4) NOVA, "AQM-34 Ryan Firebee (USA)", 2014년 6월 12일

⑥ 1970년대 초 이스라엘 공군은 미국의 AQM-34 Ryan Firebee 기술에 영향을 받아 비밀리에 미국에서 Firebee 12대를 구입하여 기만정찰기로 발전시켜 Firebee 1241이라는 세계 최초의 'Decoy' 개념의 무인항공기를 개발했는데, Firebee 1241은 대공미사일을 회피하고 파괴하면서 성공적으로 정찰임무를 수행하여 1973년 발발한 제4차 중동전쟁(Yom Kippur War)에서 1등 공신이 되기도 했다. 미국에서는 1970년 RC-121 유인항공기가 격추되어 조종사가 사망한 것을 계기로 적의 미사일반경에서 벗어나는 고(高)고도에서 임무를 수행할 수 있는 무인항공기를 개발하였는데 라이언항공은 60,000피트 상공에서 적의 무선전파를 가로챌 수 있고 사진을 찍는 임무를 수행하도록 Ryan SPA 147을 개발하였고 300파운드의 카메라를 달고 높은 고도에서 8시간을 비행하는데 성공했다.

▮ Firebee 1241

▮ Ryan SPA 147

이때부터 이스라엘이 '무인기'를 본격적으로 개발하게 되었으며, 'Decoy(뜻 ; 바람잡이, 유인하는, 미끼)' 개념의 무인기에서 시작하여 본격적인 정찰감시 목적의 무인기 개발에 주력하였는 바, 지금까지도 이스라엘이 '무인기개발 국가 중 선두에 위치하게 만든' 기틀 조성 단계라 할 수 있다.

⑦ Firebee 1241 개발을 계기로 1980년대에는 이스라엘 공군이 새로운 무인항공기인 Scout를 개발하여 전 세계를 주도하였다. 이스라엘항공사(Israel Aircraft Industries)가 개발한 Scout라는 무인항공기는 피스톤엔진이 탑재되고 유리섬유로 만들어진 13피트의 날개가 달렸고 중앙텔레비전 카메라를 통해 실시간 360° 모니터링이 가능하며, 데이터 전송이 가능하면서도 작은 레이더 신호를 발산하고 크기도 작아서 격추가 거의 불가능하였다. 이 무인항공기 Scout은 1982년 이스라엘, 레바논, 시리아 사이에 일어난 베카계곡 전투에 투입하여 17개의 시리아 미사일 기지 중 15개를 파괴하는 등 큰 성과를 이루었다. 1980년대 말에는 로켓 부스터엔진을 탑재하여 땅이나 바다 위 배 갑판에서도 이륙이 가능하며, 저렴하고 가벼운 장점을 가진 Pioneer라는 이스라엘 IAI와 미국 AAI사가 합작 개발한 무인항공기가 1986년 전함에 실전배치되었다. 1990년 8월~1991년 2월 동안 걸프전(Gulf War)에서 533회 출격하는 동안 RQ-2 Pioneer로 촬영된 영상이 전 세계에 실시간 전장(戰場)상황을 알림으로써 미국 시민들은 자신의 방에서 이스라엘과 전쟁상황을 모니터링 할 수 있었고, 이를 계기로 무인기의 위상 또한 재고(再考)되었으며, 군사용 드론 역할의 중요성이 부각되었다. 물론 현재도 이스라엘과 미국 등지에서 사용되고 있다.

이때부터 이스라엘의 무인기 기술이 입증되고 전 세계로 확산된 시기라 할 수 있는데, 현재까지도 무인기(드론)하면 제일 먼저 연상되는 국가가 이스라엘이 된 계기가 되었다. 현재 우리나라 군(軍) 정찰용 무인기도 이스라엘의 '서처'와 '헤론'이 운용되고 있으며 그 기술 수준은 미국과 함께 전세계의 쌍두마차라고 해도 과언이 아닐 것이다.

▮ Scout

▮ Pioneer(기장 4m, 기폭 5.2m, 최대속도 200km/h, 운용시간 5H, 고도 4.6km, 작전반경 185km)

⑧ 1990년대에도 이스라엘이 명성을 이어갔는데, 1996년 이스라엘에서 글로벌포지셔닝시스템기술(Global Positioning System Technology), 지리정보시스템 매핑(Geographic Information Systems Mapping) 및 전방감시 카메라를 이용해 산불의 크기와 속도, 주변, 움직임을 실시간으로 정확하게 전송할 수 있는 정찰용 무인항공기 Firebird 2001을 개발했다. 미국도 무인항공기 개발에 활발하게 참가하여 5대의 새로운 모델을 개발했다. 작은 센서를 이용해 바람이나 날씨데이터를 수집하고 고해상도의 디지털이미지를 찍어서 전송하며 환경조사를 위해 개발된 태양전지식의 초경량 연구항공기 Pathfinder를 개발했다. 1980년대 말~1990년대 말 특히 걸프전에서 RQ-2 Pioneer가 전 세계에 명성을 날렸다면 1998년 '코소보 전쟁'에서 드론계의 거장이라 불리는 '프레데터'와 '글로벌 호크'가 첫 선을 보였다. 특히, 프레데터는 처음으로 Sensor to Shooter 개념(목표물을 포착 후 바로 타격하는 개념)을 접목한 드론으로 당시 상황에서는 획기적이었다. RQ-1 Predator는 순수정찰용으로 개발되었으나 일부는 대전차미사일을 탑재하여 성공적으로 임무를 수행하였으며, 발칸반도에서 가치를 인정받았고, 최근에는 아프가니스탄과 중동에서도 인정받고 있다.

▌Firebird 2001

▌Pathfinder

▌RQ-1 Predator

⑨ 2000년대로 넘어가면서 미국이 다시 주도권을 가져오게 되는데, 미군이 2000년부터 본격적으로 사용하고 있는 RQ-4 Global Hawk는 세계적인 무인항공기회사 텔레다인라이언사가 만든 무인항공기로 감시하고 싶은 곳이면 언제든지 감시가 가능하다. Global Hawk는 현재 최고 성능의 무인정찰기로 116피트의 날개를 가졌으며, 최대 65,000피트 상공에서 모니터링과 데이터전송이 가능하며 지상에 있는 30cm의 물체를 식별할 수 있는 전략무기다. 35시간 동안 운용이 가능하고, 작전반경이 3,000km에 이르며, 첨단 합성 영상레이더(SAR)와 전자광학・적외선 감시장비(EO・IR) 등을 갖춰 날씨에 관계없이 밤낮으로 정보를 수집할 수 있다고 한다. 특징은 지상의 조종사 명령에 따라 비상시 임무 부여가 가능할 뿐만 아니라 임무가 설정되면 이륙, 임무비행, 착륙 등이 자동으로 이뤄진다. 최근에는 신호 수집이 가능한 장비를 탑재하여 운용 중이라는 설도 전해지고 있다. 그러나 이는 군사기밀로 사실상 확인은 제한된다. 또한, 대기연구작업과 통신플랫폼 역할을 하는 무인항공기로 100,000피트 상공의 비행 및 24시간 비행 중 14시간 이상 50,000피트 위에서 비행하는 것을 목표로 Helios를 개발하였으나, 2003년 6월 26일 테스트 비행 중 하와이 섬 서쪽 약 10마일(16km)에서 예기치 못한 난기류에 의해 추락하였다.

▌RQ-4 Global Hawk

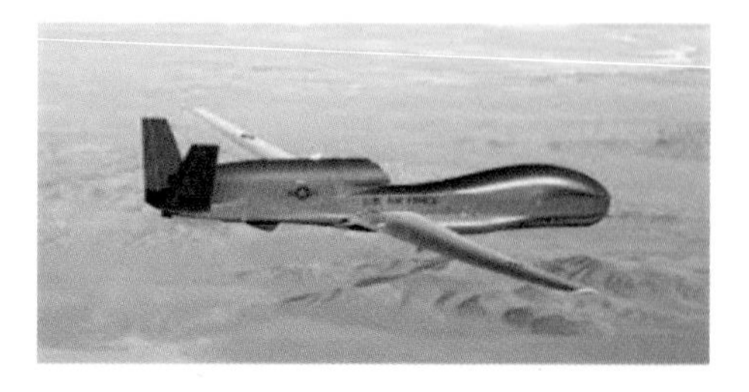

▌Helios

⑩ 2010년대 들어서는 무인항공기(드론)가 군사 목적 이외에도 촬영, 방제, 배송, 통신, 환경, 측량, 인명구조 등 여러 분야로 발전되고 있는데, '고정익날개' 형태가 아닌 '프로펠러'가 여러 개 달린 다축 멀티콥터(Multi-copter) 형태가 가장 눈부신 발전을 하고 있다. 특히 민간 촬영 분야에서는 헬리캠(Helicopter와 Camera의 합성어)으로 시작하여 멀티캠(Multi-copter와 Camera)이 대중의 일상생활에 취미용으로 많이 활용되고 있다. 최근에는 촬영분야에서 VR(Virtual Reality : 가상현실)의 사용이 확대되고 있는데, 다가오는 미래에는 촬영용 드론과 VR촬영 드론이 대세가 될 것으로 보인다. VR촬영을 위한 어태치먼트(Attachment)는 아래 사진과 같이 '리그'(Rig, 카메라 연결 장치)와 '올 인원 카메라'(All-in-one Camera, 1대의 카메라로 360° 촬영)방식이 있다.

▮ 리 그

▮ 리그 장착 드론

▮ 삼성 기어 360도 카메라

▮ 인스파이어 + 삼성 기어 장착 영상

▮ 국내 · 외 군사용 드론의 변천사 (1930년대 이후)

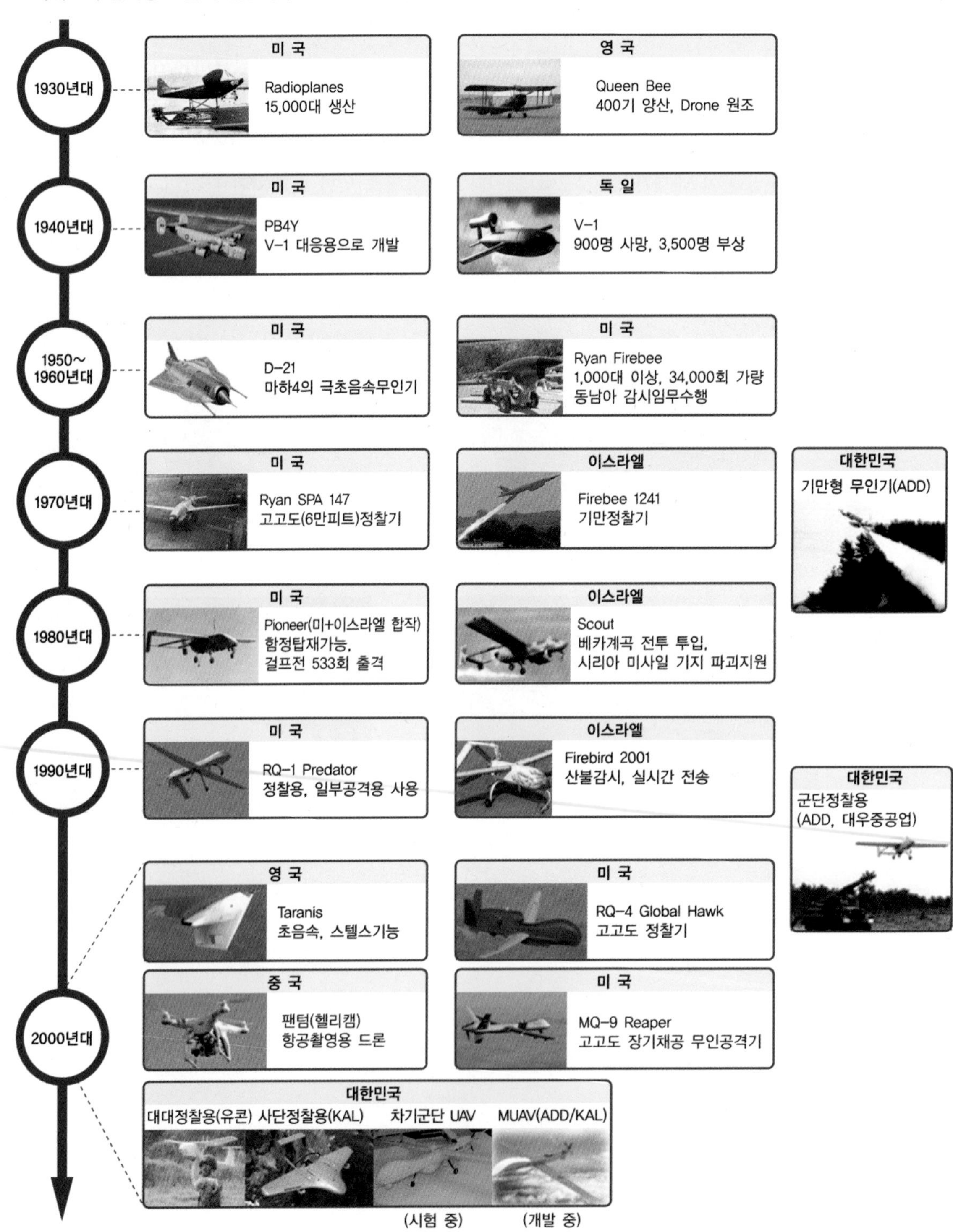
1930년대
미 국
Radioplanes
15,000대 생산
영 국
Queen Bee
400기 양산, Drone 원조
1940년대
미 국
PB4Y
V-1 대응용으로 개발
독 일
V-1
900명 사망, 3,500명 부상
1950~
1960년대
미 국
D-21
마하4의 극초음속무인기
미 국
Ryan Firebee
1,000대 이상, 34,000회 가량
동남아 감시임무수행
1970년대
미 국
Ryan SPA 147
고고도(6만피트)정찰기
이스라엘
Firebee 1241
기만정찰기
대한민국
기만형 무인기(ADD)
1980년대
미 국
Pioneer(미+이스라엘 합작)
함정탑재가능,
걸프전 533회 출격
이스라엘
Scout
베카계곡 전투 투입,
시리아 미사일 기지 파괴지원
1990년대
미 국
RQ-1 Predator
정찰용, 일부공격용 사용
이스라엘
Firebird 2001
산불감시, 실시간 전송
대한민국
군단정찰용
(ADD, 대우중공업)
2000년대
영 국
Taranis
초음속, 스텔스기능
미 국
RQ-4 Global Hawk
고고도 정찰기
중 국
팬텀(헬리캠)
항공촬영용 드론
미 국
MQ-9 Reaper
고고도 장기체공 무인공격기
대한민국
대대정찰용(유콘)
사단정찰용(KAL)
차기군단 UAV
MUAV(ADD/KAL)
(시험 중)
(개발 중)

▮ 무인기의 시대별 발전(1960년대 이후)

	1960년대	1970년대	1980년대	1990년대	2000년대	2010년대
	초기 무인비행체	개량형 무인비행체	무인기시스템	전술 무인기시스템	전략 무인기시스템	자율화 수준 향상 및 상업화
주요 역할	베트남전 전장 녹화	• 중동전 기만기, 파괴용 무인기 투입 • 중동전 전장 녹화	• 저고도 및 근거리 무인 시스템 출현 • 민수용(농업용) 개발	• 걸프전 전술 무인기 활약 • 무인기(농약 살포용)실용화 • Sensor to Shooter 구현	• 아프칸전 요격 기능 • 민수용 무인기 산업화 개발 착수(통신중계 등)	• 광역정찰, 고고도 장기체공 무인기 • 상업용 무인기 실용화 무인전투기(UCAV)
주요 기술 트렌드	• 무인비행체 기술 전장 녹화 등 • 초기 항공전자 기술구현	• 생존성 중대 기술 • 아날로그 데이터 링크, 관성항법 등 • 실시간 영상 전송 기술	• 실시간 정보 처리 기술 • 주·야간 관측 영상	• 디지털 맵 • GPS항법 및 유도 제어기술 등 • 디지털 통신	• 장기 체공, 스텔스 기술 • 인공지능 이미지 인식, 정밀 유도 제어기술 등 • 위성통신	• 통합체계화 기술(합동 전술 개념 도입) • 자율화 • 군집화 (Swarming)
주요 Product	AQM-34	• Mastiff • Ryan 147 • Scout	• CL-89 • Pioneer, Searcher • R50	• CL-289, Hunter • Predator • Rmax	• Predator, Reaper • Global Hwak, Fire Scout • Smart UAV, Helios 등	• X-45, X-47 • Zephyr • Solar Eagle

출처 : KEIT PD(15-7) 이슈3-무인항공기(드론) 기술동향과 산업전망

(3) 무인항공기(드론) 군사적 운용 사례

① 걸프전 운용 사례

1991년 1월 17일~2월 28일(42일) '사막의 폭풍'작전 동안 RQ-2 Pioneer을 투입하여 운용하였으며, 전세계에 실시간 전쟁 상황 방영을 통해서 군사용 드론의 역할을 인식시켰고, 이는 군사용 드론 개발에 결정적 계기가 되었을 뿐 아니라 민수용 드론 시장의 확산에도 기여하였다.

▮ RQ-2 Pioneer

기 장	4m
기 폭	5.2m
최대속도	200km/h
시 간	5H
고 도	4.6km
작전반경	185km

② 이라크전 운용 사례

2003년 3월 20일~2011년 12월 15일(약 8년 9개월)동안 글로벌 호크, 프레데터, 헌터, 드래곤아이를 투입하여 운용하였다. 임무는 초기 정규작전에서 적의 기동형태 및 준비된 방어진지 관련 첩보를 수집하였고, 안정화·지원작전 단계에서는 새로운 정부의 안정화를 위한 내전 위협 제거 및 치안 유지에 사용되었다. 하지만 산재된 소규모 표적에 대한 효율적 감시가 제한되고, 전 세계적으로 UAV 운용 확대에 따른 주파수 혼선이 발생(작전주파수 할당 지연)하는 등의 문제점이 발생하였는데, 특히 주파수 문제는 아직도 국·내외에서 극복해야 할 큰 과제이다.

글로벌호크(고고도)	프레데터(중고도)	헌터(중고도)	드래곤아이(소형)
• 작전반경 4,828km • 비행시간 : 38~42H	• 작전반경 1,000여 km • 비행시간 : 35~40H	• 작전반경 200여 km • 비행시간 : 20~25H	• 무게 2.2kg • 비행시간 : 30min~1H

③ 아프간선 운용 사례

2001년부터 지금까지 MQ-1 Predator를 투입하여 운용 중에 있으며, 대지공격에 대한 효과가 입증됨에 따라 표적 획득과 동시에 타격이 가능한 Sensor to Shooter 시스템으로 진전되었다.

최초로 MQ-1 Predator가 활약을 보인 것은 1998년 '코소보전쟁'이었으나 전 세계에 명성을 떨치게 된 것은 아프간 전쟁이라 할 수 있다.

▮ MQ-1 Predator

기 장	8.22m
기 폭	14.8m
최대속도	217km/h
고 도	7.6km
작전반경	11,000km
무 장	Hellfire 2발

④ 우크라이나전 운용 사례

2014년 2월 27일부터 현재까지 그루샤, 엘레톤3SV, 프첼라-1T, 오클란-10 등이 투입되고 있다. 임무에는 국경선과 우크라이나 남부 해안에서 전술제대에서부터 장거리 전략정찰 목적의 고고도 UAV까지 운용되며, 공격용(다중 로켓발사기 탑재) 중거리 회전익 드론을 이용하여 목표 획득과 즉각 대응전력으로 운용하고 있다. 또한, 초단거리 전술 쿼드콥터를 이용해 방어진지를 정찰하고, 전투 피해평가에 이용하고 있으며, 목표를 식별하기 위해 복합적인 센서를 활용하여 지역사격을 실시하고 있다. 전투에는 다양한 기종(16개 형태)의 고정익·멀티콥터용 드론이 운용되고 있는데, 실시간 표적획득 시스템과 결합하여 정밀사격이 아닌 대량의 화력습격에 주로 이용하고 있다. 다중 고도에서 자주 사용되는 고화질 센서 시스템, 공격 명령 송수신을 위한 지휘통제 시스템, 단편명령으로 공격을 실시할 수 있는 실시간 전송시스템을 활용하여 지역표적에 대한 신속하고 대량의 화력을 집중하고 표적을 식별해 낸다. 'GRAD' BM-21 MLRS로 타격 후 즉시 선회하고, 피해평가 시스템을 운용하는 등 새로운 전쟁 양상인 비대칭 + 하이브리드 전(戰)을 우크라이나군을 대상으로 시험했다고 볼 수 있으며, 그 성과는 기대 이상이었다.

그루샤	엘레톤3SV	프첼라-1T	오클란-10
• 작전반경 10여 km • 비행시간 : 약 1.5H	• 작전반경 2.5여 km • 비행시간 : 약 2H	• 작전반경 110여 km • 비행시간 : 약 4.5H	• 작전반경 : 100여 km • 비행시간 : 약 4H

이후에 전 세계 국가별로 비대칭전의 확장을 위해 서로 앞다투어 무인기를 개발하고 있는 실정이다.

⑤ 북한의 군사적 운용

북한은 1970년대 중국제 무인기를 수입하여 자체 연구개발을 지속적으로 시도하고 있으며, 이에 1990년대에는 '방현 무인기'를 자체 개발하였고 이어서 성능을 개량하였다. 특히, 2000년대에는 제트무인기를 개발하고 프로펠러 무인기를 사용하는 등 다양한 시도를 하고 있으며, 2010년 이후로는 무인 공격기를 생산 및 배치하고 새로운 무인기 개발을 위한 지속적인 노력을 한 바, 현재는 무인헬기 등 8종 300여대 이상의 무인기를 도입·개발, 운용 중에 있으며, 연간 3,000대 수준의 자체 대량 생산능력을 보유하고 있는 것으로 군(軍)은 추정하고 있다. 또한 언론 보도를 보아도 레이더를 회피하여 수도권 일대를 정찰하고, 남한 전지역에 대한 자폭공격이 가능할 것으로 추정된다.

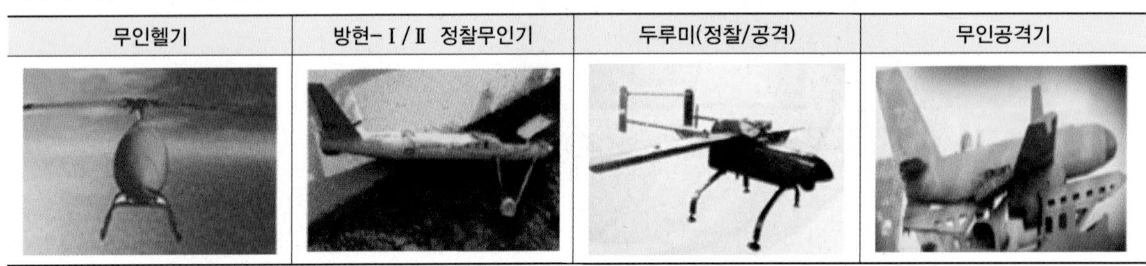

무인헬기	방현-Ⅰ/Ⅱ 정찰무인기	두루미(정찰/공격)	무인공격기

작년(2017년 6월 8일) 성주 사드기지를 정찰(항로점을 18개 지정하여 경로비행 실시)하고 귀환하던 무인기가 강원도 인제 일대에 추락하였는데 핵심부품으로서 체코, 캐나다, 미국 등 6~7개국 제품을 사용한 것으로 볼 때 핵심기술 보유에는 성공하지 못한 것으로 추정되나, 백령도 이후 항속거리가 2배 이상 증가(2기통 50cc, 항속거리 500km)한 점을 고려 시 하루가 다르게 기술 수준이 높아지고 있다고 보아야 할 것이다.

흔히들 무인기에는 '수동조종' 모드로 비행하거나 경로를 지정하여 해당 지정된 경로를 따라 임무를 수행할 수 있는 '자율경로비행(Auto Pilot)'이 있는데 'AP' 모드에서는 주파수를 사용하지 않고 GPS 수신에 의해서만 운행이 가능하다. 실제로 성주 사드 기지나 백령도, 삼척에 추락한 무인기들이 모두 'AP' 기능으로 정찰을 실시하였다.

북한 무인기는 또한 유리섬유 복합재를 사용하여 '레이더'에도 잘 식별되지 않아 중요시설을 경비하는 군·경 입장에서는 골칫거리가 되고 있는 실정이다. 이렇듯 북한에서도 세계 각국의 전쟁양상에서 비대칭전의 중요성을 인식하고 무인기 개발에 주력하고 있는 것으로 보인다. 다음 페이지부터 북한 무인기 발전추세와 기술수준에 대해 언급하고자 한다.

▮ 북한의 주요 무인기

북한 주요 무인기 제원
· 총 1천여 대 보유.
· 주요 목적: 주로 대남 정보 파악, 감시, 정찰.
군사적 도발이나 테러를 시도할 가능성 있음
2016년 7월 공개한
소형 무인기, 길이 1m
각 성능은 추정치
ASN-104
- 중국 시안 ASN-104를 개량한 ASN-105
모델을 토대로 '방현2' 라는 자체 드론 생산 추정
- 방현 기준: 길이 3.23m, 작전 반경은 50㎞,
3천m 고도에서 2시간 정도 비행
Tu -143 레이스 (Reys)
- 구 소련제 무인정찰기
- 1994년 까지 시리아군으로 부터 확보.
핵탄두나 생물무기 탑재 개량 추정
- 최대속력 950km/h, 체공시간 15분,
고도 5,000m
프첼라 -1T (Pchela-1T)
- 1994년 러시아로부터 10대 구입
- 모니터 통해 통제, 야간 비행 능력 없음
- 최대속력 180km/h, 고도 2,500m
공격용 무인기
미국제 MQM-17을 모델로 하는 공격용
드론 개발. 2012년 3월 북한군 군사
퍼레이드 등장.
파주·삼척 추락 무인기
- 중국 무인기 스카이-09 변형 모델
- 2014년 3월, 4월 파주와 삼척에 각각 추락
- 최대속력 120km/h, 고도 1,500m
자료/'38노스' 연구원 조지프 버뮤데스 외 종합
연합뉴스
YONHAPNEWS
반종빈 기자 20170329 페이스북 tuney.kr/LeYN1, 트위터 @yonhap_graphics

출처 : 연합뉴스 2017.03.29

■ 대한민국에 침투한 대표적 무인기 현황[5)]

구 분	백령도 무인기	파주 / 삼척 무인기
	여객기형 소형무인기	삼각형 소형무인기
특 징	• 원통기체에 날개(여객기) • 하늘색에 구름무늬	• 삼각형 모양(스텔스기 유사) • 하늘색에 구름무늬
형 상		
재 질	유리섬유를 층층이 쌓은 재질	탄소합성소재
엔 진	4기통 가솔린	2기통 가솔린
제 원	• 크기 : 2.46m × 1.83m • 속도 : 100km/h(추정) • 비행거리 : 250~300km	• 크기 : 1.92m × 1.43m • 속도 : 100km/h(추정) • 비행거리 : 173~208km
무 게	12.7kg(연료완충)	12.7kg(연료완충)
카메라	니콘 D800(3,630만 화소)	캐논 550D(1,800만 화소)
비행고도	1.4km 내외	1.2~2km
비행방법	GPS 활용 비행	
기 타	낙하산 착륙방식	
비 고	백령도 발견	파주 및 삼척 발견

5) 육군 교육회장 14-5-2, 적 무인항공기 대비작전, 2014.7.22., pp. 1-7. 및 언론보도

■ 우리나라에 침투한 북한의 소형 무인기[6]

역대 북한 무인기 발견 일지					
(추락한 것만 포함, 상공 침투 후 돌아간 것 제외)					
발견 시기	2014년 3월 24일	2014년 3월 31일	2014년 4월 6일(발견) 2013년 10월 추락	2014년 9월 15일	2017년 6월 9일
추락(발견) 지점	경기 파주	인천 백령도	강원 삼척	백령도 해상	강원 인제
비행 계획된 주요 경로	개성 북서쪽 5km 지점 이륙. 파주~고양~서울~개성 복귀	해주 남동쪽 27km 지점 이륙. 소청도~대청도~백령도~해주 복귀	평강 동쪽 17km 지점 이륙. 화천~춘천~평강 복귀	수거 당시 동체 훼손 심해 내부 비행 조종 컴퓨터 등 복원 실패, 데이터 분석 불가능	비행 경로(추정) 등 분석 위해 주요 부품 복원 중
계획된 비행거리(추정)	133km	423km	150km		
추락 원인	엔진 이상 작동	연료 부족	방향 조종 기능 상실		연료 부족(추정)
촬영한 시설	청와대 등 서울 내 핵심 방호 시설, 파주 및 고양 군사시설	백령도 등 서북도서 군사시설	사진 지워짐	복원 불가	경북 성주에 배치된 사드 촬영

⑥ 우-러 전쟁에 투입된 드론 현황

22년도 우크라이나-러시아 전쟁을 통해 드론이 현대전의 필수 전력임이 세상에 다시 한 번 증명되었다. 전쟁이 발발하면 군사용으로 개발된 드론뿐만 아니라 기존에 민간에서 사용되는 촬영용 또는 산업용 드론이 적 기동부대 감시 또는 폭탄 투하형 드론으로 활용된다. 대표적인 촬영용 드론은 중국 DJI사에서 출시된 매빅, 팬텀, 인스파이어가 있다. 산업용 드론은 Matrice 300 모델이 정찰감시용으로, Matrice 600 모델은 폭탄투하용 드론으로 운용되었으며, 투입 효과는 전쟁의 판도를 뒤바꿀 정도였다. 이러한 우-러 전쟁에선 기존 전쟁보다 훨씬 많은 민수용 드론이 활약하였으며, 이는 민수용 드론의 군수 전환이 전쟁에 매우 효과적임을 반증하는 사례라고 할 수 있을 것이다.

6) 이슈 북한무인기 제원(http://daejeonitfriend.tistory.com/167)

아래 그림은 격추된 드론의 잔해 앞에 선 젤렌스키 우크라이나 대통령의 모습으로, SNS를 비롯한 각종 매체를 통해 이 사진을 공유하여 자국민 및 군의 사기진작용으로 활용함과 동시에 국제사회에 우크라이나의 승리 가능성을 여론에 알렸다.

▮ 격추한 드론 잔해 앞에 선 젤렌스키 우크라이나 대통령(출처 : 우크라이나 대통령실 제공)

㉠ 아에로로즈비드카 요원의 민수용 드론 활용

아에로로즈비드카는 러시아어로 '공중 수색정찰'이라는 뜻을 가지고 있는 우크라이나의 항공첩보부대이다. 아에로로즈비드카는 원래 투자은행가였던 볼로디미르 코쳇코프 수카치 등 4명이 2014년에 설립한 민간 동호회로, 대학생과 소프트웨어 개발자, 엔지니어, 정보통신 분야 교수 및 판매담당자 등이 모여 전자기기나 무인기를 만드는 민간단체였다. 그러던 중 2014년에 러시아가 우크라이나 크림반도를 강제 합병한 뒤 동부 돈바스에서 정부군과 친러 반군 간 내전이 지속되자, 아에로로즈비드카는 정부군에 도움을 주기 시작하였다. 동호회의 공격 무인기가 전장에서 실제 성과를 내면서 동호회는 우크라이나 육군 참모부에 통합되었다. 그러나 이후 2019년에 당시 국방부 장관에 의해 해산되었다가 러시아의 침공 위협이 고조되면서 2021년 10월에 다시 부활하였다. 아래 그림은 아에로로즈비드카 요원들의 SNS(페이스북)에 업로드된 민수용 드론이다.

▮ 우크라이나 드론 부대 '아에로로즈비드카' 소속 드론 조종사의 모습(출처 : 아에로로즈비드카 페이스북)

▮ 아에로로즈비드카 요원 포탄 탑재 모습

▮ 아에로로즈비드카 요원 드론 결합 모습

㉡ 우크라이나-러시아 전쟁 간 UAS 사례

우크라이나-러시아 전쟁 간 사용된 미군의 드론은 민수용과 군사용 혼합의 결정체라고 해도 과언이 아닐 것이다. 기초정찰은 민간에서 촬영용으로 활용 중인 골든이글과 아이온 M440이 주로 투입되었고, 군수용에서는 AV사의 레이븐이 운용되었다. 또한 전술정찰에는 AV사의 RQ-20 푸마가, 전략타격에는 스위츠블레이드가 전장에서 운용되었다. 아래 자료는 대표적으로 우-러 전쟁에 투입된 UAS 제품과 그 운용사례이다.

▮ 우-러 전쟁에 투입된 UAS 드론

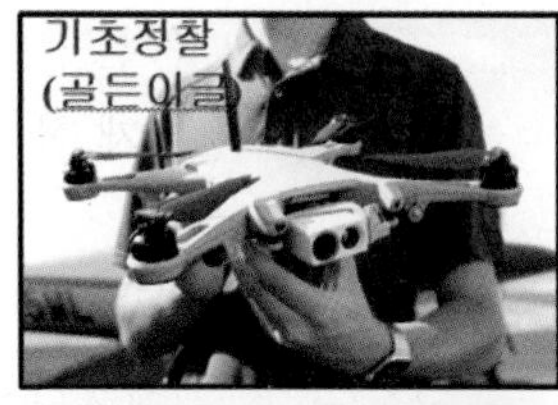

1. 골든 이글
2. RQ-11 레이븐
3. RQ-20 푸마: **포병/S2S/지역정찰**

▮ 우-러전쟁에 투입된 UAS 운용 사례

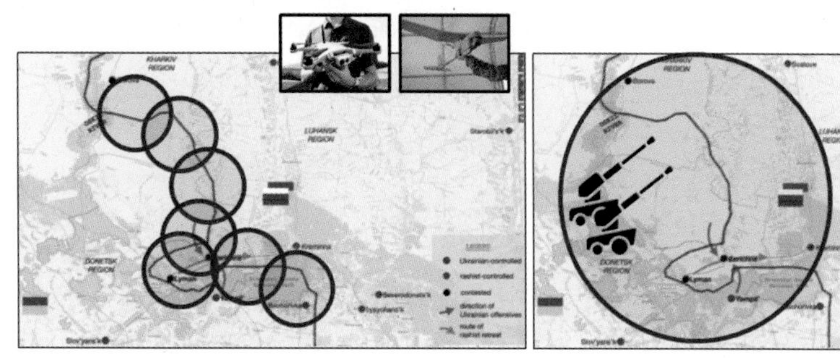

기초정찰　　　　전술정찰

㉢ 우크라이나 드론 전투사례 분석

- 전과 : 1,500억 원 규모 장비 파괴(전차 50여대 완파, 50여대 반파)
  ※ 초기 전차부대 선두 파괴(키이우 공습)
- 키이우 전투 간 드론 운용
  - 야전 부대 비공식 지원(지나가면서 요청)
  - 적 수색·정찰
  - 정찰임무 및 포탄 낙하 등 매일 적극적으로 비행
  - 전투부대 70%가 델타시스템(실시간 전장정보)에 연결되어 포병이 더 이상 좌표만 보고 사격임무를 수행하지 않게 됨

  ※ 실시간 지도 공유 및 화력 요청(GPS) → 드론의 포병 지원 사례
- 정찰드론과 화력자산(공격드론, 포병, 대전차무기 등)의 효과적 통합 운용
  ※ 93기보여단 정찰드론으로 러시아 포병 식별 및 포병화력으로 선제 타격
- 공격드론을 활용한 다양한 공격방법 개발 및 적용
  ※ TB2(바이락타르) 무장드론, 자체개발 Punisher 드론(수류탄 투하용 드론) 등을 이용한 전술차량 타격
- 가성비 높은 공격드론 활용, 효율적 공격 실시
  ※ TB2 등 저비용 드론의 손실을 감수한 공격(미사일, 방공부대, 전차, 상륙정 등)
- 드론 전문부대(아에로로즈비드카) 운용
  ※ 취약시간대에 사륜형 바이크를 이용하여 공격드론(투하형)으로 선두 차량 타격
- 드론 촬영 영상을 통한 심리전·여론전 전개
  ※ 정찰드론으로 촬영한 영상을 인터넷 등에 적극적 공개하여 러시아군의 공포 유발

(4) 무인항공기(드론) 세계적 발전 추세

① 미국 군사용 드론 발전 추세

현재 미국은 군집드론 전투부대의 개발에 주력하고 있다. F-35 1대 또는 지상요원 1명이 최대 100대의 드론까지 통제 및 운용이 가능하도록 연구 개발(2016년 10월 11일)을 하고 있다. 또한, 미 해군에서는 FA-18전투기에서 피닉스(초소형 드론) 103대를 운용하는 시범비행(2016년 10월 26일)에 성공하였고 공중에서 발진이 가능한

무인기체계를 만들기 위한 개발에 착수했으며, 공세적 군집비행전술(OFFSET)을 개발하고 DARPA에서는 원거리 도심운용이 가능한 드론 개발 방안을 모색 중이다. 또한, 이러한 전투부대 개발뿐만 아니라 적에게 탈취당했을 때를 대비한 드론 보호대책도 개발 중에 있다. DARPA에서 햇빛에 의해 파괴되는 드론인 '이카루스' 개발을 추진 중에 있고, 새로운 메타물질(자연에서 발견될 수 없는 특별한 전기적 성질을 갖도록 설계된 인공물질)을 활용한 투명드론의 현실화에도 노력을 기울이고 있다.

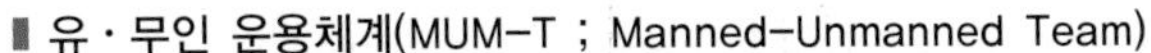
▮ 유 · 무인 운용체계(MUM-T ; Manned-Unmanned Team)

▮ 캘리포니아대, 메타물질 개발

소형 드론의 사용을 확대하기 위해서 미공군에서는 소형 드론 로드맵을 공개하고 정찰용 초소형 150g급 드론(일명 SBS ; Soldier Borne Sensors)을 2018년까지 전면에 배치 예정이다. 주로 레이더망 교란과 적표적 타격을 목적으로 하며, 소형 드론의 사용으로 전투력은 올리고 비용은 감소시키는 효과를 기대하고 있다.

▮ 블랙호넷(Black-Ⅰ, Block-Ⅱ비교)

기 종	PD-100 Black-Ⅰ	PD-100 Black-Ⅱ
형 상		
작전반경	1km	1.5km
속 도	3m/s	5m/s
비행시간	20분	25분
무 게	16.5g	18g
바람제한	5m/s(돌풍 7.5m/s)	8m/s(돌풍 10m/s)
사진화질	VGA(640 × 480)	HD(1,280 × 960)

▮ 이스라엘 IAI社 초소형 드론

기 종	MOSQUITO 1.5	BIRD EYE 100
형 상		
크 기	35cm	85cm × 80cm
무 게	0.5kg	1.3kg
작전반경	3km	5km
비행시간	42분	60분
운용고도	152m	150m
속 도	60km/h, 110km/h(최대)	150km/h
이륙 / 착륙	Gun 이륙 / 자동 낙하산 착륙	투척 / 동체착륙
전 원	배터리(LIPO)	배터리(LIPO)
감지기	EO	EO 또는 IR 中 1개 장착

또한, 이란에 의해서 미군의 RQ-170가 나포되었던 것을 계기로 해킹 방지 시스템 개발도 같이 진행되고 있는데, DARPA에서는 보안 소프트웨어를 탑재하여 해킹공격에 방호가 되는 무인기를 시험비행 중에 있으며 적의 GPS 재밍 공격에 대응하기 위하여 아래와 같이 차세대 관성항법장치 개발에도 착수했다.

▮ 미 노스톱그루먼사, 미세전자제어기술 기반 IMU

② 중국 군사용 드론 발전 추세

중국의 경우에도 미군의 프레데터 무인기와 유사한 윙룽(Yi Long, 익룡)이라는 드론이 중고도에 장기체공하면서 정찰, 감시, 공격기로 운용되고 있으며, 또한 미국의 RQ-4 글로벌 호크를 축소한 모양의 샹룽(Xianglong)을 이용하여 고고도 해상을 감시하고 정찰용으로 운용하고 있다. 이러한 고고도 드론을 실전에 배치하여 동중국해(시사군도 西沙群島, 중사군도 中沙群島, 난사군도 南沙群島)와 우리 EEZ 이어도 근해등 주요 국경 분쟁지역을 감시 중에 있다. 또한, 2023년까지 군사용 드론 4만 2,000대를 생산하고 공격용 드론인 차이훙-4 등 신종 드론을 실전에 배치하기 위하여 개발과 개량을 계속하고 있다. 또한 스텔스 무인공격기 시험비행에 성공하여, 항모에 탑재할 예정이며, 저장성에 군사용 드론 전용기지를 건설하는 등 주변국 감시 및 중국 국경 분쟁지역 감시 등에 운용을 확대할 것으로 보인다.

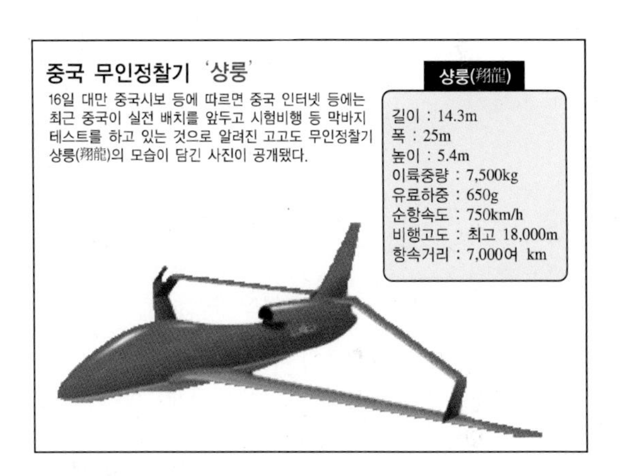

▮ 중국의 무인항공기 감시 예정 해역

③ 군사용 무인기(드론)는 미국과 이스라엘이 우위를 선점하고 있는데, 미국은 전략급 제대에서의 무인기를 이스라엘은 전술급 제대에서의 무인기를 주력 상품으로 지속적으로 개발, 수출하고 있으며, 국내에서도 KAI(Korea Aerospace Industries)와 대한항공, 유콘시스템에서 무인기를 지속 개발하고 있다.

구 분	회사명	주요 내용	사 진
한 국	KAI	• 군단급 무인기 송골매(RQ-101) 개발 • 차기 군단급 무인기 개발 중('13~'17년)	
	대한항공	• 사단급 무인기 KUS-9 개발 • 중고도 무인기 KUS-15 개발 중('08~'17년) • 미국 Boeing社와 함께 500MD 헬기 무인화 개조 중	
	유콘시스템	대대급 저고도 무인기 리모아이(Remo Eye) 개발	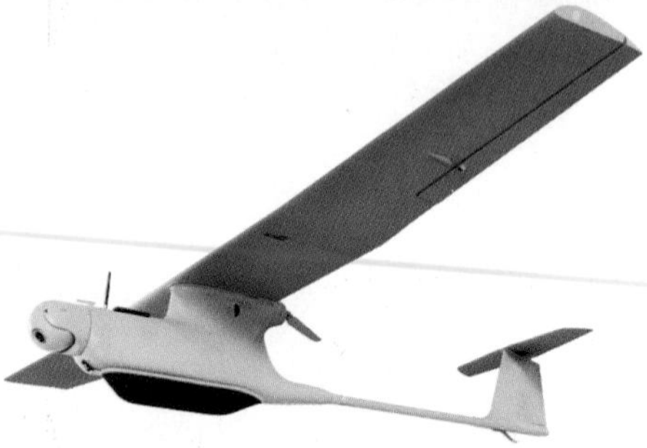

출처 : 이성엽, 드론 기술현황 및 기술경쟁력 분석, 산은조사월보, 2016.12. pp. 100.

④ 주요 국가의 군사용 무인기 개발 현황

구 분	회사명	주요 내용	사 진
미 국	Boeing	• 세계 최고 수준의 드론 기술 보유 • 수소연료 무인기 팬텀아이(Phantom Eye), 스텔스 무인기 팬텀레이(Phantom Ray) 개발	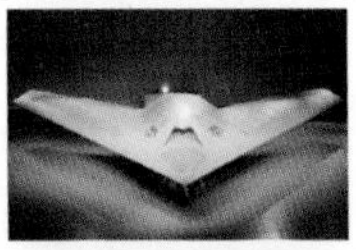
	Northrup Grumman	• 고고도 정찰기 글로벌호크(Global Hawk) 개발 • 파생형 트리톤(Triton) 개발 및 '17년까지 납품 예정 • 스텔스 무인전투기 X-47B 개발	
	Lockheed Martin	경량 무인기 스토커(Stalker) 개발	
	General Atomic	• 중고도 장기체공 폭격기 프레데터(MQ-1, Predator) 개발 • 고고도 장기체공 폭격기 리퍼(MQ-9, Reaper) 개발	
이스라엘	IAI	• 중고도 무인기 서처(Searcher) 개발 • 중고도 장기체공 무인기 헤론(Heron) 개발	
	Elbit	중고도 무인기 헤르메스(Hermes) 개발	
유 럽	BAE (영국)	중고도 무인기 허티(Herti) 개발	
	Dassault (프랑스)	무인 스텔스 전투기 nEUROn 개발 주도 (프랑스, 그리스, 이탈리아, 스페인, 스웨덴, 스위스 등이 공동 개발)	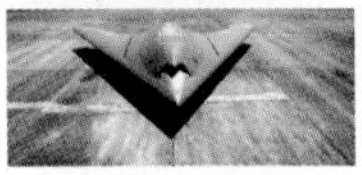
	EMT (독일)	• 전술급 무인기 루나(LUNA) 개발 • 휴대용 경량 무인기 알라딘(Aladin) 개발	
중 국	AVIC, CAIG, GAIC	• 중고도 장기체공 무인기 Yilong(Wing Loong) 개발 • 고고도 장기체공 무인기 Xianglong(Soar Dragon) 개발 • 공격형 드론 차이훙-4 개발중	
	SYADI, SAU, HAIG	세계에서 3번째로 스텔스 무인기 리젠(Sharp Sword) 개발 ※ 첫 번째 미국 X-47, 두 번째 유럽 nEUROn	

⑤ 국내외 무인기 기술수준은 하루가 멀다하고 급격하게 발전하고 있다. 전략급 제대의 무인기 기술은 미국을 능가하기 위해 중국이 빠르게 추격하고 있으며, 전세계적으로 고정날개형 뿐만 아니라 멀티콥터를 활용한 수송용 드론 등의 출시에도 경쟁이 치열하다. 따라서 현재까지 국내외 주요 국가가 보유한 기술수준을 살펴보면 다음과 같다(세부제원 : 출처보호 차원에서 000표기).

구 분		국 내	선진국
운용 · 영상 전송 거리	고정익	• 헤론(이스라엘) : 지상 000km • 군단 UAV-II(ADD) : 지상 000km • 現 군단 UAV(송골매) : 지상 000km • 충남대 : 450km(독도왕복 비행)	• 글로벌호크(美) : 지상 4,828km * 위성중계 22,000km • 리퍼(美) : 지상 1,800~2,000km
	회전익	• 수직 이·착륙형 무인기 : 00km * 항우연 / 대한항공 • 스위드(네스엔텍) : 00km	• 수직 이·착륙형 무인기 : 278km * 미(278km), 스웨덴(200km) • 스카이레이저(캐나다) : 10km • VT-11(中) : 200km(200kg 탑재하) * 실시간 영상전송 제한
체공시간	고정익	• 고고도 장기체공 무인기(항우연) : 13H * EAV-3 • 헤론(이스라엘) : 00H • 군단 UAV-II(ADD) : 00H • 군단 UAV(송골매) : 0H	• 고고도 장기체공 무인기(美) : 14일 * Zephyr • 고고도 장기체공 무인기(中) : 15H * 차이홍-T4 • 글로벌호크(美) : 42H • 리퍼(美) : 30H
	회전익	• 수소연료전지 드론 : 4H * 자이언트 드론사, 하이리움 드론사 • 스위드(네스엔텍) : 40분 • 수직 이·착륙형 무인기 : 6H * 항우연, 대한항공	• 수소연료전지 드론(中) : 4H * MMC사 • 스카이레이저(캐나다) : 50분 • 수직 이·착륙형 무인기 : 11H * 미(11H), 독일(8H), 이스라엘(6H)
군집비행		• 항공우주연구원 : 10대 * 실외 정밀 위치기술 적용 시연 • 광주과학기술원 : 6대 * '16년 지상군 페스티벌 간 시연 • Chem Essem : 5대 * 시뮬레이터 150대 성공	• 美, F-18 연계 편대비행 : 103대 * 16cm급 드론 • 美, P-3 초계기 투하 벌떼드론 • 中, 고정익 무인기 편대비행 : 119대
활 용		• 現, 정찰감시용 위주 • 드론화 지능자탄(풍산 개발 중) • 인원 수송 드론(울산과기원 개발 중) • Gryphon Dynamics사(60kg) (성인 탑승하여 20분 비행) • 군수품 수송 드론(25kg, 항공대)	• 정찰감시용(영상, 신호수집 등) • 공격용(폭격, 자폭, 레이저 장착, 화염방사기 장착 등) • 통신중계용(中, 美) • 군수품 수송 드론(中, 200kg) • 인원 수송 드론(美, 2인수송 가능) * 호버바이크, 드론택시 등 • 탄도미사일 요격드론(美, 개발 중) • 핵·화학무기 탐지 드론(美, 개발 중)
기 타		• 저소음 드론(서울대, 개발 중)	• 수중발진 드론(美) • 해킹방지 무인기(美, 개발 중) • 미사일 회피기동 무인기(이란, 개발 중) • 무인구축함 + 무인기체계(美, 개발 중)

⑥ 국내 종류별 세부제원, 능력(세부 제원은 출처보호 차원에서 000처리)

㉠ 헤론(이스라엘)

탑재중량	200여 kg
최대속도	200여 km/h
운용고도	000km
체공시간	000H
임무반경	지상 000km / 위성 000km
임무장비	EO / IR / SAR 탑재
가 격	100억원

※ UP Link 000~ 000Ghz 사용 중, DN Link 000Ghz, 보조링크 000Mhz 대역 사용

㉡ 군단 UAV-II (ADD, KAI)

최대속도	000여 km/h 이상
운용고도	000km 이상
체공시간	000H 이상
임무반경	지상 000km / 위성 000km
임무장비	EO / IR / SAR 탑재
가 격	000억원 이상

㉢ 현 군단 UAV「송골매」(ADD, KAI)

최대속도	000km/h
운용고도	000km
체공시간	000H
임무반경	000km / 000km(지상중계)
임무장비	EO / IR 탑재
가 격	000억원

㉣ 충남대 「아리스 스톰」, 450km 독도 왕복비행 성공('08년 4월)

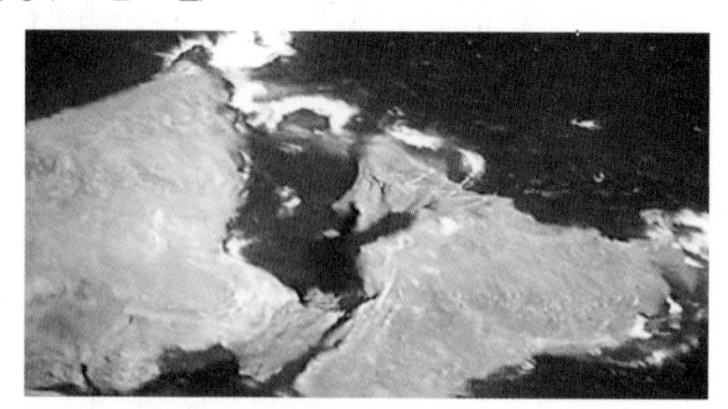

※ 실시간 영상전송 제한(회수 후 영상확인)

㉤ 수직 이·착륙형 무인기(0000, 대한항공)

최대속도	200여 km/h
운용고도	000km
체공시간	000H
임무반경	000km ※ 영상전송 미개발
가 격	약 000억원(추정)

㉥ SWID(0000)

탑재중량	00kg 미만
최대속도	000km/h
체공시간	000분
임무반경	000km
가 격	약 0억원

㉦ 고고도 장기체공 무인기 「EAV-3」(0000)

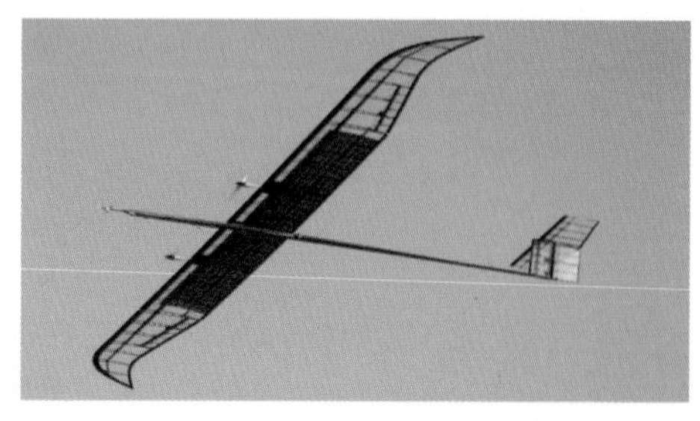

탑재중량	000kg 미만(추정)
최대속도	50km/h
운용고도	18km
체공시간	13H ※ 비행만 성공
임무장비	미개발 ※ 블랙박스 카메라 이용 전송

※ 고고도 장기체공 성층권 무인기 필요성 : 유인기 및 대기권 이하 무인기 도입·유지비용 과다

ⓞ 수소연료전지 드론, 4H 체공비행 성공(자이언트 · 하이리움 드론사)

▮ 자이언트 드론사

▮ 하이리움 드론사

ⓙ 항우연, 10대 드론 이용 군집기술 시연('16년 12월)

ⓚ 광주과기원, 지상군 페스티벌 6대 편대비행 시연('16년 10월)

ⓛ 드론화 지능자탄

▮ 풍산, 드론화 지능자탄

ⓔ 인원 수송 드론(개발 중)

▮ 울산과기원, 인원 수송 드론

Quadrotor

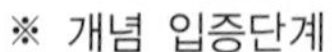

※ 개념 입증단계

▮ GRYPHON DYNAMICS

※ 60kg 인원 탑승하 20분 비행–개발중

ⓕ 군수품 수송용 드론(항공대) / ⓖ 저소음 드론(서울대) 개발 중

▮ 군수품 수송 드론

〈주요 제원〉

탑재중량 : 최대 25kg

체공시간 : 20분, 속도 50km/h

구동방식 : 배터리형

▮ 프로펠러 없는 저소음 드론

※ 개념 입증단계

⑦ 국외 종류별 세부제원, 능력(세부 제원은 출처보호 차원에서 000처리)

㉠ 글로벌호크(美)

※ 출처 : 두산백과 · 위키백과, 글로벌호크[Global Hawk]

이륙중량	10톤
최대속도	636km
운용고도	20km
체공시간	38~42H
임무반경	지상 4,828km / 위성 22,000km
임무장비	EO/IR(비공개), SAR(비공개)
가 격	3,000억 예상

ⓒ 리퍼(美)

이륙중량	4.7톤
최대속도	482km/h
운용고도	15km
체공시간	30H
항속거리	5,926km
임무장비	EO/IR(비공개), SAR(비공개)
가 격	약 3,000만달러(335억원)

※ 출처 : 위키백과, 글로벌호크[Global Hawk] / 리퍼(MQ-9) 설명 참조

ⓒ 수직 이·착륙형 무인기 「파이어 스콧」(美)

탑재중량	0000kg
최대속도	0000km/h
운용고도	0000km
체공시간	000H
임무반경	0000km

ⓔ 「스카이레인저」(캐나다)

탑재중량	000kg
최대속도	000km/h
체공시간	50분
임무반경	000km
가 격	약 000억원

ⓜ 회전익 「VT-1」, 200kg 탑재 하 200km 비행 예정(中 징둥사)

ⓑ 고고도 장기체공 무인기(美, 中), 수소연료전지 드론(中)

▮ Zephyr, 성층권 14일 비행성공

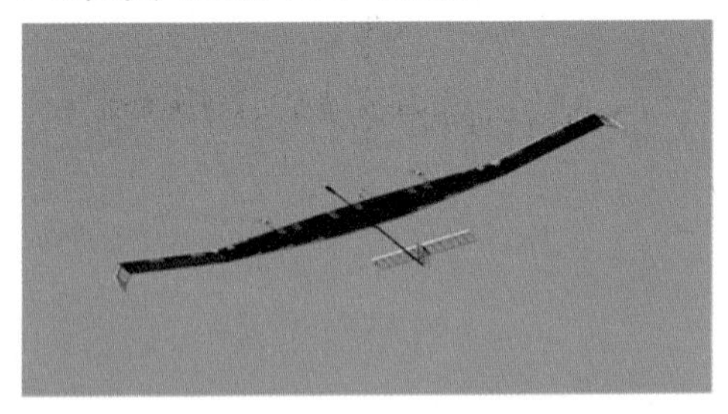

▮ Helios, 고도 29km 도달 성공

▮ 차이홍 T4, 고도 20km, 15H 비행

▮ 수소연료전지드론, 4H 체공비행

ⓢ F-18 연계 편대비행, P-3 초계기 투하 벌떼드론(美)

▮ F-18, 퍼딕스 103대 투하 편대비행

16cm, 1개 두뇌 퍼딕스와 다른 모든 드론이 상호 네트워크로 연대

▮ P-3 초계기용 벌떼드론(CICADA)

65g, 센서 네트워크 내에서 개별 드론이 노드역할 수행

(5) 무인항공기(드론)의 개념과 변천사

① 용어 및 개념 정리

무인항공기(드론)을 일컫는 용어는 다양하지만, 전세계적으로 다음과 같은 용어 중 하나를 선택하여 사용하고 있다. 결론적으로 용어의 차이점을 잘 살펴보면 원격 조정이 되는 비행장치를 총칭하는 것이며, 조종기와 비행체만으로 구성되어 있는지, 기타 지원장비가 포함되는지에 따라 용어 선별의 차이가 있음을 알 수 있다.

[무인항공기의 이름과 개념]

용 어	일반적인 개념
드론 (Drone)	대중 및 미디어에서 가장 많이 사용되는 용어로 무인항공기를 통칭. 영국에서 대공 표적기(Queen Bee)를 부를 때 처음 사용되었고, 영국의 경우 소형 무인항공기(Small Unmanned Aerial Vehicle, sUAV)로 정의한다.
무인비행장치 (UAV)	Unmanned Aerial Vehicle의 약자로 항공기의 분류를 명확하게 하는 점진적 과정에서 생겨난 용어로, 비행체를 의미한다. 우리나라 등 대다수 국가에서 사용 중이며, 현재는 항공기에 준하는 관리체계와 항공법 적용을 위해 Unmanned Aircraft Vehicle로 사용된다.
무인항공기 시스템 (UAS)	Unmanned Aircraft System or Unmanned Aerial System의 약자로 UAV 등의 비행체, 임무장비, 지상통제장비, 중계장비(데이터링크), 지원 체계를 모두 포함한 개념으로, 전반적인 시스템을 지칭할 때 사용하며, 미국은 UAS로 통칭하고 있고 현재 우리나라 군에서 UAS로 칭하고 있다.
무인항공기 (UA)	Unmanned Aircraft의 약자로 조종사가 탑승하지 않은 상태에서 원격조종 또는 탑재 컴퓨터 프로그래밍에 따라 비행이 가능한 비행체를 설명할 때 사용한다.
원격조종항공기 (RPA)	Remotely Piloted Aircraft의 약자로 ICAO에서 2011년부터 새롭게 사용하기 시작한 용어로, 원격 조종하는 자에게 책임을 물을 수 있다는 의미를 내포한다.
원격조종항공기 시스템(RPAS)	Remotely Piloted Aircraft System의 약자로 2013년부터 새롭게 시작한 용어로 UAS와 같은 의미로 보면 된다.

출처 : 안진영, 세계의 민간 무인항공기시스템(UAS) 관련 규제 현황.
항공우주산업기술동향, 2015. 7, pp. 53.

② 용어 사용 변천사

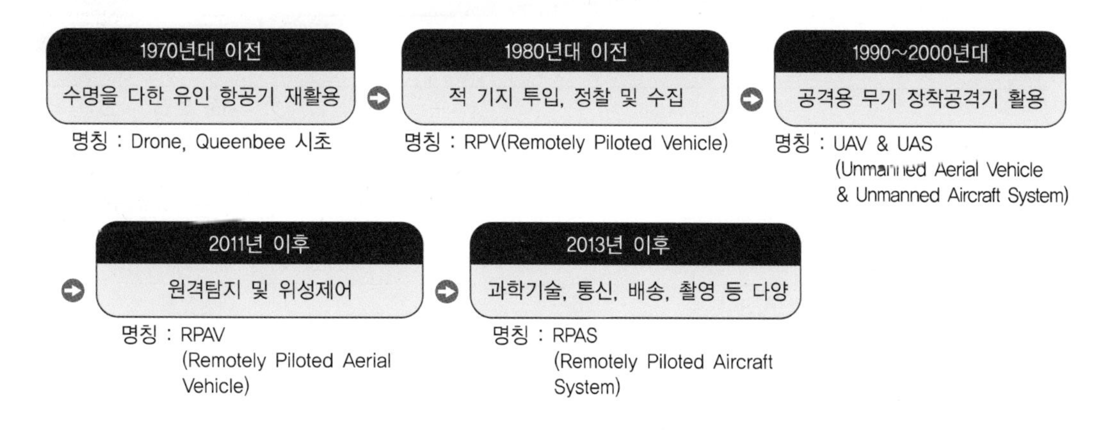

(6) 무인항공기(드론)의 분류[7]

① 운용고도에 의한 분류 : 기상과도 밀접한 관계가 있으며 국내 항공법을 기준으로 한다.

㉠ 운용고도에 의한 분류는 저고도(150m)에서 성층권(50km)까지 5단계로 분류할 수 있는데, 이는 미국식 명명법과 국내 항공안전법을 준용하여 정리한 것이다.

㉡ 항공안전법에서 초경량비행장치는 UA공역과 저고도인 150m까지만 비행할 수 있도록 되어 있다.

분 류	상승 한도(km)
초저고도 무인항공기	0.15(국내 항공안전법 준용)
저고도 무인항공기	1.5~6(미국 사례 준용)
중고도 무인항공기	13.7(대류권(10~15km), 미국 사례 준용)
고고도 무인항공기	17(대류권 계면 기준)
성층권 무인항공기	50(성층권 운용)

② 조종 방식에 의한 분류

분 류	세분류
직접전파 조종	육안조종, 원격조종, 자율조종
통신망 조종(LTE, 중계기 등)	육안조종, 원격조종, 자율조종
인공위성 통신 조종	원격조종, 자율조종
유선 조종	육안조종, 원격조종

③ 이착륙 방식에 의한 분류

분 류	형상 예
수직 이착륙	회전익, 멀티콥터, 틸트로터
활주 이착륙	고정익, 틸트로터, 무인 동력 패러글라이더, 무인 동력 행글라이더
보조장치 이착륙	발사대 이륙, 손으로 던지는 방식의 고정익(대대급UAV)

④ 에너지원에 의한 분류

분 류	사용 엔진
화석연료 무인비행체	왕복기관, 터빈기관
축전지 무인비행체	리튬폴리머 & 전기모터
수소연료 무인비행체	수소전지, 전기모터
하이브리드 무인비행체	내연기관과 전기모터
태양광 무인비행체	태양전지

---

7) 국가표준(KSW9000 무인 항공기 시스템 제1부 분류 및 용어)

⑤ 크기에 따른 분류 : 군 작전목적에 부합된 요구성능을 기준으로 분류

분 류	특 징
초소형	0.3m 이하
소 형	0.3~10m
중 형	10~20m
대 형	20m 이상

⑥ 비행(항속)거리에 따른 분류 : 군 책임지역과 현 운용을 기준으로 분류

분 류	특 징
근거리	20km 이하(여단급 부대)
단거리	60~100km(사단급 부대)
중거리	100~200km(군단급 부대)
장거리	200~500km 이상(전략 제대)

⑦ 체공 시간 분류 : 군내 현 운용을 기준으로 분류

분 류	특 징	비 고
단기체공	1H 이내	대대급
중기체공	1~12H	사단급
장기체공	12H 이상	군단급 이상

⑧ 비행체 형상(구동형태)에 따른 분류

분 류	특 징
고정익	• 날개가 기체에 수평으로 붙어 고정되어 있는 형태(비행기 형태) • 모터 구동엔진보다 왕복엔진이나 분사 추진엔진 등을 장착할 수 있어 비행속도가 빠르며 날씨 변화에 영향을 적게 받고 적재화물 무게에 제한이 적다. • 이착륙을 위해 활주로가 필요하고 빠른 속도로 비행하기 때문에 정지 비행이나 저고도 좁은 공간에서의 임무 또는 느린 속도에서의 임무비행에 제한을 받는다.
회전익 (멀티콥터)	• 회전축에 설치되어 그 축 주위에 회전운동을 하면서 양력을 발생시키는 형태(헬리콥터, 멀티콥터 형태) • 모터와 회전날개가 수평으로 장착되어 있어 상하 또는 전후좌우 어느 방향으로도 비행할 수 있으며 좁은 공간에서 정교한 비행이 가능하다. • 활주로가 필요 없으며 소형 물품 배달, 동영상 촬영 등 중저속으로 단기리 비행을 요하는 분야에서 주로 이용한다. • 축전지로 전원을 공급하기 때문에 항속시간이나 거리에 제한을 받는다. • 프로펠러(Rotor)의 숫자에 따라 트리콥터(3개), 쿼드콥터(4개), 헥사콥터(6개), 옥토콥터(8개), 도데카콥터(12개) 등으로 구분된다.
혼합형	• 틸트로터 또는 하이브리드라고 불리며, 수직상태에서는 헬기처럼 수직 이착륙을 수평상태에서는 고정익처럼 고속으로 비행한다. • 틸트로터는 고정익 고속 순항 능력과 회전익 수직 이착륙 능력을 모두 갖추어 비행능력이 뛰어나지만 복잡한 구조로 인해 조종 및 운용이 다소 복잡하고 기체 제작비가 높다. • 하이브리드는 구조가 간단하고, 가격이 저렴한 대신 두 개의 연료계통(양력과 추력) 전환 시 Dead-weight가 작용되어 추락 위험이 있다.

⑨ 운용 환경 및 사용목적에 따른 분류

㉠ 운송, 물류 분야 : 배송(택배)드론, 유인드론 화물무인기 등

㉡ 농수산업 분야 : 방제무인헬기, 농업용 드론 등

㉢ 공공치안 분야 : 치안(범죄예방), 방범드론, 귀가도우미, 치매노인 수색 드론 등

㉣ 국토인프라 관리 분야 : 전력선 관리, 교량 관리, 송유관 파손 점검, 지적 / 교량측량 등

㉤ 오락 및 스포츠 분야 : 촬영드론, 드론 레이싱, 드론 축구, 공연드론 등

㉥ 우주 개발 분야 : 행성 탐사 드론, 정거장 드론 등

㉦ 재난 구조 분야 : 인명구조, 산불감시, 지진매몰자 탐지 드론 등

㉧ 환경 분야 : 기상 관측, 동물밀렵감시, 사료채취 드론 등

㉨ 통신 분야 : 다양한 드론에 대한 중계 및 인터넷 불가 지역에 대한 인터넷 서비스 등

㉩ 의학 분야 : 응급환자 탐지 · 수송, 화상진료 드론 등

⑩ 최대 이륙중량에 의한 분류

㉠ 최대 이륙중량에 의한 분류는 2kg 이하부터 600kg 초과까지 5단계로 구분한다.

㉡ 자체중량 150kg 이하는 무인동력비행장치로, 150kg 초과 600kg 이하는 중형 무인항공기로, 600kg 초과는 대형 무인항공기로 분류한다. 항공안전법 시행규칙에서는 무인동력비행장치를 연료의 중량을 제외한 자체 중량 150kg 이하인 무인비행기, 무인헬리콥터 또는 무인멀티콥터라고 규정하고 있다.

대분류	세분류	최대 이륙중량
대형 무인항공기(Large UAV)	-	600kg 초과
중형 무인항공기(Medium UAV)	-	150kg 초과 600kg 이하

㉢ 다음 분류는 항공안전법 시행규칙 개정안 발표(2020.5.27.)자료와 현재 법률을 기준으로 분류한 내용이다.

대분류		세분류	최대 이륙중량
초경량 비행장치 (Ultra Light Vehicle)	무인비행장치 (UAV)	1종 무인동력비행장치	25kg 초과 ~ 자체중량 150kg 이하
		2종 무인동력비행장치	7kg 초과 ~ 25kg 이하
		3종 무인동력비행장치	2kg 초과 ~ 7kg 이하
		4종 무인동력비행장치	250g 초과 ~ 2kg 이하
		초초소형 무인동력비행장치	250g 이하

㉣ 국내 항공법상으로는 무인항공기와 무인비행장치는 무게를 기준으로 구별하고 있으며, 그 기준은 150kg이며, 국제민간항공협약에서는 협약 제8조에 무(無) 조종사 항공기라고 규정하고 있다. 국제민간항공기구(ICAO)에서는 최근 부속서에 무인항공기에 관한 정의 규정을 신설하고 이를 RPA(Remotedly Piloted Aircraft)라고 하고 있다. 또한, 국내에서는 무인항공기를 '항공기에 사람이 탑승하지 아니하고 원격·자동으로 비행할 수 있는 항공기'라고 정의하고 있다. 미국에서는 무인비행장치를 소형 무인항공기라고 하고 있으며 무게기준은 55lbs(25kg) 이하이며, 4.4lbs(2kg) 이하는 초소형 무인항공기로 분류된다.

※ RPA : An unmanned aircraft which is piloted from a remote pilot station.

⑪ 드론 활용 24개 분야

다빈치 연구소의 연구소장이며, 구글이 선정한 세계 최고의 미래학자인 Thomas Frey는 드론의 활용분야를 24개의 카테고리로 나누고 192가지의 분야를 소개하였다.

- 조기경보 시스템(Early Warning Systems)
- 긴급 서비스(Emergency Services)
- 뉴스 리포팅(News Reporting)
- 배달(Delivery)
- 사업활동 모니터링(Business Activity Monitoring)
- 게임용 드론(Gaming Drones)
- 스포츠 드론(Sporting Drones)
- 엔터테인먼트 드론(Entertainment Drones)
- 마케팅(Marketing)
- 농업용 드론(Farming and Agriculture)
- 목장용 드론(Ranching Drones)
- 경찰 드론(Police Drones)
- 스마트 홈 드론(Smart Home Drones)
- 부동산 드론(Real Estate)
- 도서관 드론(Library Drones)
- 군대 스파이용 드론(Military and Spy Uses)
- 건강관리 드론(Healthcare Drones)
- 교육용 드론(Educational Drones)

- 과학과 발견(Science & Discovery)
- 여행용 드론(Travel Drones)
- 로봇 팔 드론(Robotic Arm Drones)
- 실물 왜곡 영역(Reality Distortion Fields)
- 최신 드론(Novelty Drones)
- 현재, 미래의 드론(Far Out Concepts)

▮ 항공 촬영용 드론

▮ 인명 구조용 드론

▮ 드론을 이용한 물류 배송

▮ 새로운 교통수단의 출현

▮ 농촌 방역 방제

▮ 군사용 드론

▮ 스포츠 드론

드론 축구 시연 장면

▮ 엔터테인먼트 드론

평창 동계올림픽 개회식에서 1,218대 동시 비행

⑫ 드론 관련 이슈

㉠ 현재 인간 조종사가 없는 무인항공기로 육군에서 '드론봇 전투단'을 추진하고 있듯이 향후에는 드론과 로봇 중심의 전쟁이 예상되며, 중동지역에서는 이미 국지전에 드론이 활용되고 있다.

㉡ 범죄에 사용 : 금지물품(마약 등)의 거래, 폭탄 투하 등에 사용될 수 있다.

㉢ 드론이 많아질 경우 공중 충돌 등이 우려되며, 실제로 항공기와 충돌 사례가 증가하고 있다.

㉣ 사생활 침해 : 드론이 보편화된 세상에서는 누구도 감시의 눈을 피하기 어려워지며, 최근에는 여성을 대상으로 한 몰카범죄가 이슈되기도 하였다.

㉤ 드론은 언제든 FC나 주위 환경의 간섭에 따라 추락의 위험이 높기에 재산피해가 우려된다.

㉥ 동력원으로 사용되는 배터리의 위험성(발화나 폭발의 위험이 있음)이 높다.

▮ 여객기 날개와 충돌하는 드론

▮ 폭발한 배터리

(7) 무인항공기 관련 용어의 정의

① **대형 무인항공기** : 최대 이륙중량 600kg을 초과하는 항공기로 사람이 탑승하지 아니하고 원격조종 또는 자율로 비행할 수 있는 항공기

② **중형 무인항공기** : 최대 이륙중량 150kg 초과 600kg 이하인 항공기로 사람이 탑승하지 아니하고 원격조종 또는 자율로 비행할 수 있는 항공기

③ **초경량비행장치** : 초경량비행장치 연료의 중량을 제외한 자체 중량이 150kg 이하인 무인비행기 또는 무인회전익 비행장치

④ **무인항공기 시스템** : 무인비행체(UAV)에 통제체계(원격조종장치, 데이터링크 등)와 지원장비 등을 포함시킨 것

⑤ **운항** : 무인비행체가 공중에 수직과 수평방향으로 날아가는 상황

⑥ **지상 조종장비(GCS)** : 무인비행체의 비행상태와 고장여부를 감시하여 조작자가 비행장치에 지시·통제 등의 명령을 내리기 위해 지상에 기반을 둔 장비로 비행체의 조종 시스템

⑦ **탑재임무장비** : 무인비행체에 실려 지상조종장비의 지시를 받아 임무를 수행할 수 있는 장비로 대표적으로는 EO/IR, SAR 등이 있으며 운용목적에 따라 방재통, 탐지등, 구명 튜브 등이 있다. 이러한 탑재 임무 장비는 기상요소에 영향을 받는다.

⑧ **관성 측정 장치(IMU ; Inertial Measurement Unit)** : 드론제어의 기본이 되는 장치로 무인비행체의 비행 중에 삼차원 자세를 측정하기 위하여 가속도계와 각속도계로 이루어져 있으며, 자세 변환 및 위치이동에 대한 변화속도, 변위량을 측정

⑨ **항법장치** : 삼차원 공간에서 무인비행체의 위치를 측정하는 장치로 인공위성들로부터 신호를 받아 처리하는 GPS(Global Positioning System), 초정밀의 관성측정장치의 측정치를 계산하여 위치를 구하는 관성항법장치 및 지상국의 전파를 측정하여 위치를 구하는 전파항법장치 등

⑩ **항공기 질량** : 무인비행체의 물리적 현상을 표현하기 위한 물리량

⑪ **초경량비행장치 중량** : 무인비행체 질량에 중력가속도를 곱한 값으로 성능의 기본요소이고, 비행 중에 연료소모에 의해 변화할 수 있기 때문에 최대 이륙중량, 자체중량 등과 같이 측정조건을 명확하게 표기해야 함

⑫ **최대 이륙중량** : 무인비행체가 이륙할 때 상승할 수 있는 최대 중량

⑬ **자체중량** : 연료와 탑재물 질량을 뺀 무인비행체의 중량으로 정의하며 비행을 위한 고정 탑재물은 포함

⑭ **초경량비행장치 속도** : 무인비행체는 공기 중에서 날아가기 때문에 공기에 대한 속도인 대기속도로 표시하며 비행고도, 공기의 온도, 대기압 및 밀도 등의 영향을 받음

⑮ **상승률** : 무인비행체의 공기에 대한 수직방향 속도

⑯ **상승한도** : 무인비행체의 비행고도와 동력장치의 성능에 따라 더 이상 상승하기 어려운 고도인데 상승한도 근처에서는 상승률이 점점 작아져서 측정시간이 매우 길어지므로 이론적으로 정한 한도를 절대상승한도라 하며, 상승률이 특정값 이하에 도달하는 고도를 실용상승한도라 함

⑰ **국제표준대기** : 고도에 따라 공기의 온도, 대기압 및 밀도가 달라지므로 국지적인 대기의 조건에 따라 무인비행체 성능이 달리 측정될 수 있기 때문에 대기조건을 해면고도, 섭씨 15도로 환산하는 국제표준

⑱ **직접 전파 조종** : 허가된 주파수 대역에서 정해진 대역폭으로 무인비행체의 조종신호로 변조한 전파를 송신하고, 탑재 수신기에서 복조하여 서보장치를 구동·조종하는 방식

⑲ **통신망 조종** : 무인비행체의 조종과 작동명령 신호를 이동통신망의 단말기와 같은 방식으로 전송하여 조종하는 방식

⑳ **육안(시계) 조종** : 주간에 가시거리 내에서 망원경과 같은 보조 장치를 사용하지 않은 맨 눈으로 보고 판단하여 지상에서 조종하는 방식으로 통상 1km 내외의 거리

㉑ **원격 조종** : 멀리 떨어진 곳에서 수동 또는 자동으로 신호를 보내어 무인비행체를 조종하는 방식

㉒ **자율 경로(AP ; Auto Pilot)** : 무인비행체에 탑재된 자동제어장치에 의해 미리 설정된 고도, 속도, 자세를 조종하며, 공간상에 정해진 위치나 연속된 위치의 경로점들을 거치도록 조종하는 방식

㉓ **고정익(Fixed Wing) 무인비행체** : 동체와 날개가 고정되어 있는 형상의 항공기 형태

㉔ **회전익 무인비행체** : 동체에 회전하는 날개인 로터나 프로펠러가 장착되어 정지한 상태에서도 수직 방향의 추력을 발생할 수 있는 무인비행체로 회전익이 한 개 또는 두 개인 헬리콥터와 더 많은 회전익이 장착된 멀티콥터(Multi-copter)로 구분하며 국내법에는 무인헬리콥터와 무인멀티콥터로 구분

㉕ **틸트로터 무인비행체** : 이착륙할 때는 회전익의 주추력방향을 수직으로 두고, 이륙 후 비행에서는 회전익 조종장치를 사용하여 추력방향을 수평으로 전환하는 무인비행체

㉖ **불시하강** : 조종불능에 이르지는 않았지만 비행안전을 저해할 수 있는 고장이나 기상악화로 인해 예정된 비행을 취소하고 지면에 착륙하기 위해 하강하는 상태

㉗ **조종불능** : 조종계통이나 그와 연관된 장치의 고장으로 인하여 속도, 고도 및 자세 등을 의도대로 설정할 수 없는 상태

㉘ **날개면적** : 고정익 무인비행체에서 고양력장치를 작동하지 않은 날개 형상 면적

㉙ **날개하중** : 무인비행체의 중량을 날개면적으로 나눈 값

㉚ **로터면적** : 회전익이 돌아가는 원의 면적

(8) 국내 드론 시장 현황 및 실태분석(국토교통부, 드론산업 발전 기본계획(2017~2026))

① 국내 드론(멀티콥터) 시장은 태동기로서 군수요 중심으로 형성되어 있으며, 최근에는 촬영 및 농업 방재를 중심으로 민간 수요가 증가('16년, 704억원)하고 있는 실정이다.

② 국내 민수시장 중 SW 등 제작 분야는 '16년 기준 약 231억원으로 추정되며, 농・임업(56%), 영상분야(20%), 건설・측량(10%) 등의 순으로 분야가 형성되어 있다.

③ 활용 분야에서 시장은 '16년 기준 약 473억원으로 추정되며, 농・임업(53%), 영상분야(32%), 건설・측량(7%) 등의 순으로 분야가 형성되어 있는데, 저가・소형 보급으로 신고 대수, 사용사업체, 자격취득 등 드론 활용 시장이 빠르게 성장하고 있다. 그러나 주로 소규모(업체당 1~2대) 운영이 주를 이루고 있으며, 대부분 사용사업체의 구성은 사진촬영, 홍보 등 콘텐츠 제작과 농업분야가 대부분(90%)이나 최근에는 측량・탐사・건설 등 그 분야가 다양화, 세분화되고 있다. 2019년 기준으로 누적된 국내 드론 운영현황을 살펴보면 다음과 같다.

구 분	2013년	2014년	2015년	2016년	2017년	2018년	2019년
장치신고 대수	195	354	921	2,172	3,894	7,177	8,730
사용사업 업체 수	131	383	697	1,030	1,501	2,195	2,501
조종자격 취득자	64	670	875	1,329	4,201	15,492	30,136
지도조종자	–	–	278	434	897	2,166	4,901
실기평가조종자	–	–	3	7	137	280	465

* 장치신고 대상 : 사업용 드론 및 비사업용 자체중량 12kg 초과 드론
* 사용사업 업체 : 서울(1,600개), 부산(1,026개), 제주(74개)

④ 소규모 드론업체를 제외하고 대표적인 드론관련 제조업체와 업체별 특징과 주요 업체별 대표적인 드론(멀티콥터) 제품을 살펴보면 다음과 같다. 출처 : 각 업체 홈페이지 및 인터넷 검색

※ 국내 드론 관련 기업은 3,931개(2020년 기준), 종사인력은 13,979명으로 지속해서 증가하였으나, 절반 이상의 업력이 10년 미만이고, 매출액도 1억 원 미만으로 규모가 영세한 실정이다. 따라서 모든 업체를 기술하기에 제한이 있어 아래의 자료는 임의로 선정한 사항이다.

제조사	두산모빌리티이노베이션	두시텍	메타로보틱스
모델명	DP30	KnX	Vandi-A1
자체/최대중량(kg)	3.2(스택)/7.3(파워팩)	2	30
크기(mm)	520 × 590 × 290	343 × 343 × 250	1,350 × 1,350 × 777
속 도	–	–	–
거 리	–	–	–
시 간	–	25분	8분(3,300평)
특 징	• 배터리와 하이브리드 시스템으로 구성하여 스택 신뢰성 향상 • 드론의 순간 고출력 대응 가능 • 비상 착륙을 통한 안전성 확보	공공·산업현장의 주기적 정기점검 및 시계열 지형정보, 위험 구조물 안전진단, 군경 감시정찰 등 안전진단·순찰업무에 적합한 산업용 드론	농업용 무인항공기로서 소프트웨어의 강점을 두고 자동방체 및 관제 시스템을 활용
사 진			

제조사	베셀에어로스페이스	볼트라인	성우엔지니어링
모델명	SCANNER-MC2	UAM-SKYLA	ARGOS-HY
자체/최대중량(kg)	-/3.5	140/220	-/18.7
크기(mm)	600 × 500 × 190	3,800 × 3,800 × 1,600	1,530 × 2,720 × 507
속 도	-	90km/h(최대속도)	110km/h(최대속도)
거 리	-	10km	15km
시 간	25분	20분	
특 징	• Rain-proof 구조 • 임무장비 교체 탑재 기능 • 자동 이착륙 및 비행경로 자동비행 기능	1~2인승 유인 탑승 드론(UAM)으로 도심의 드론택시, 수상레저(2~3m 저공비행), 관광지 및 이벤트에 활용	• 회전익과 고정익의 장점을 결합한 무인기 • 안개·해무 등 시정제약조건 비행 능력
사 진			

제조사	순돌이드론		억세스위
모델명	SDR M2	SDR T-Dori	NEPTUNE V270
자체/최대중량(kg)	1.7/5	8	14.5(카메라, 배터리포함)
크기(mm)	550 × 600 × 245	1,200 × 840 × 660	1,700 × 445
속 도	75km/h	43km/h	100kph(최대속도)
거 리	고도 1km	고도 100m	145km
시 간	25~50분	6~24시간	120분
특 징	• 1축·3축 Gimbal System으로 안정적 촬영 • 개체 인식 온도식별 실시간 감시·촬영	초장기 체공가능(10시간 이상)	• 최대 2시간 비행 • 인공지능 타겟 자동탐지 • 타겟 자동 트랙킹 • 실시간 타겟 좌표 취득
사 진			

제조사	엑스드론	
모델명	XD-I8D	XD-I4A
자체/최대중량(kg)	21/47	8.1/20
크기(mm)	2,200 × 2,200 × 840	1,120 × 1,120 × 740
속 도	60km/h	60km/h
거 리	150m(고도)	150m(고도)
시 간	30분	35분
특 징	• 다목적 운영 시스템 구성 • 안정적인 비행성을 보유한 물류 배송용 드론	• KC 인증완료 • 다목적 운영 시스템 구성 • 안정적인 비행성을 보유한 교육용 드론
사 진		

제조사	유맥에어		유비파이
모델명	Air Strike Drone (타격드론)	Reconnaissance Drone (정찰드론)	UVify IFO
자체/최대중량(kg)	33.2/42.5	9.7/13.7	0.629/0.960
크기(mm)	1,810 × 1,810 × 750	1,000 × 1,000 × 580	430 × 320 × 140
속 도	80km/h	80km/h	-
거 리	-	-	-
시 간	20분	30분	25분
특 징	• 반동흡수장치 장착 • 조종간과 방아쇠 지상 무선조종 가능 • 단발 및 연발 변경 사격 가능	• 광학 · 열화상 카메라를 장착하여 야간수색 가능 • 자체제작 GPS 활용 가능	• 군집 비행용 • 통신 3중화로 안정성 향상 • RTK GNSS기반
사 진			

제조사	유시스	
모델명	TB-504	TB-504W(유선드론)
자체/최대중량(kg)	15/24.9	15/24.9
크기(mm)	1,330 × 1,180 × 620	1,330 × 1,180 × 620
속 도	–	–
거 리	–	–
시 간	30분	장시간 비행가능
특 징	• 해상 환경에서 다목적 임무수행 • LTE통신을 이용한 비가시권 운용 • 해수에 취약한 단점을 보완하기 위해 방수 · 방진 · 방염 설계	지상전원공급장치를 통한 장시간 비행을 통한 주변 경계감시 가능
사 진		

제조사	유콘시스템	
모델명	Multi-purpose Spatial Information Drone(고정익)	Communication Relay Drone
자체/최대중량(kg)	3.5	20
크기(mm)	1,800 × 1,440	1,200 × 1,200 × 600
속 도	80km/h	–
거 리	3km	75m(높이)
시 간	최대 90분	24시간 이상
특 징	• 주 · 야간 영상획득으로 통제지역 관리 및 감시 • 지도 제작을 위한 측량업무 및 전국 지자체 토지관리 업무	• 주 · 야간영상 획득으로 통제지역 관리 및 감시 • 야선 간 통신중계기 업무 수행 • 기상청 대기오염(미세먼지 · 오염물 · 악취) 측정 • 각종 재난상황 실시간 중계
사 진		

제조사	자이언트드론	
모델명	GD-M6	Racing Drone GD-X800
자체/최대중량(kg)	6.7/-	-/7
크기(mm)	1,140(전장)	800 × 800 × 130
속 도	80km/h	120km/h
거 리	-	500m~1km
시 간	36분	5~10분
특 징	• 전후 · 좌우 충돌방지센서 장착 • 다양한 임무장비 장착가능 : 기체 하단 및 상단에 임무 장비 장착 용이	• 시속 100km/h 이상의 고속비행 가능 • 안전성 및 빠른 응답성 • 에어로 다이나믹 프레임 설계
사 진		

제조사	케바드론	
모델명	KD-2 Mapper	NARSHA
자체/최대중량(kg)	2.7	5.7
크기(mm)	1,800 × 1,100	1,000(축간거리), 40cm(높이)
속 도	40~60km/h	35km/h
거 리	3km	-
시 간	60분	60분
특 징	• 조인드 델타윙(특허) 기체 설계의 고정익 드론 • 별도의 장치가 필요 없는 이착륙방식 • 강한 내풍성(13m/s)으로 인한 비행 안정성	• 장기체공(60분) 회전익 드론 • 인간공학적 디지로그 개념의 지상통제체계 • 항공역학적 기본에 충실한 유선형 기체 구조 • 접이식 기체로 이동성 및 운용 편의성 향상
사 진		

제조사	파인브이티로보틱스연구소	
모델명	UAV Fixed Wing eVTOL FFW-007	UAV Fixed Wing eVTOL FFW-015
자체/최대중량(kg)	-/6.8	-/6.8
크기(mm)	1,300(길이), 2,200(주익)	1,700(길이), 3,540(주익)
속 도	65km/h	65km/h
거 리	6km 이하	8km 이하
시 간	60분	2시간 30분
특 징	• 모듈형 시스템 • 고정익 회전익 겸용 시스템 : eVTOL & Quad Copter	• 모듈형 시스템 • 고정익 회전익 겸용 시스템 : eVTOL & Quad Copter
사 진		

제조사	LIG 넥스원	
모델명	MPUH	Loitering Muniton
자체/최대중량(kg)	-	-
크기(mm)	-	-
속 도	-	-
거 리	-	-
시 간	-	-
특 징	• 다목적 임무 활용(넓은 운용 반경, 고중량 탑재) • 고성능 EO/IR 탑재 및 주·야간 임무 가능 • 차량 탑재 가능 소형·경량비행체	• 수직이착륙으로 활주로 또는 발사대 불필요 • 멀티콥터 대비 저소음 및 고속비행 가능 • 고정·이동표적 자동 추적 및 타격 가능 • 타격 임무 미수행 시 회수 가능
사 진		

CHAPTER 02 기체 각 부분 명칭 및 이해

01 무인항공기의 시스템 구성과 활용

무인항공기 시스템은 이착륙 통제소(LRS ; Landing Radar System, Launcher and Recovery Station)나 지상통제소(GCS ; Ground Control System) 내에 있는 내부조종사(IP ; Internal Pilot)의 조력을 받는 외부 조종사(EP ; External Pilot)가 무선조종기(FBX ; Flight Control Box)를 이용하여 무인항공기를 활주로나 발사대에서 이륙시키며, 이륙 후 통제소의 내부조종사가 통제권을 인수받아 무인항공기를 조종하고 지상통신장비(GDT ; Ground Data Terminal)의 전파가시선(LOS ; Line Of Sight) 미확보 시, 전파가시선 확보가 가능하도록 통제소와 가시선이 이루어지는 지역에 지상중계기(Ground Relay Station) 또는 공중중계기(Airbone Data Relay Station)를 운용하여 비행 거리를 연장하게 된다.

이착륙통제소와 지상통제소가 분리 운용될 경우에는 이착륙통제소의 외부조종사로부터 지상통제소의 내부조종사가 통제권을 인수받아 임무를 수행하고, 임무가 종료되면 이착륙통제소가 다시 통제권을 인수하여 착륙 지역으로 유도한 후 외부조종사가 활주 착륙을 실시하거나, 활주로가 없는 야지에서는 파라포일(낙하산)에 의한 비상 착륙을 실시하며, 함상인 경우 그물을 이용하여 회수한다. 무인항공기 시스템에서 임무계획 및 비행체를 통제하는 최우선 장비는 지상통제소(GCS)로 차량에 탑재되어 신속한 이동 및 배치가 가능하고 발전기로 필요전력을 공급하므로 야지 운용이 가능하다. 또한 전파를 발생함으로써 적 미사일 공격의 위협이 존재하는 지상통신장비(GDT ; Ground Data Terminal)와 일정 거리를 이격시켜 운용하여 운용자의 안전을 도모할 수 있다.

(1) 무인항공기의 시스템 구성

① 무인항공기는 단순히 무인비행기뿐만 아니라 이륙・발사, 비행통제, 착륙・회수 등 전비행 과정에 여러 가지 다양한 장비와 소프트웨어 등이 필요하고, 이것이 하나의 시스템으로서 운용된다.

② 무인항공기(Unmanned Aerial Vehicle)

㉠ 무인비행체에는 엔진을 비롯하여 조종 및 운항에 필요한 탐지장비(EO/IR), 비행 제어장비, 통신장비(주, 보조) 등이 탑재된다.

㉡ 임무 수행을 위해 카메라, 센서 등 관측 장비가 탑재되며, 군사용은 경우에 따라 각종 무장이 탑재되기도 한다.

㉢ 근거리용, 단거리용, 중거리용, 장거리용, 회전익, 수직 이착륙기 등 수많은 종류의 무인항공기가 사용되거나 새로 개발되고 있다.

㉣ 다음은 현재 군에서 운용되는 대표적인 무인항공기이다.

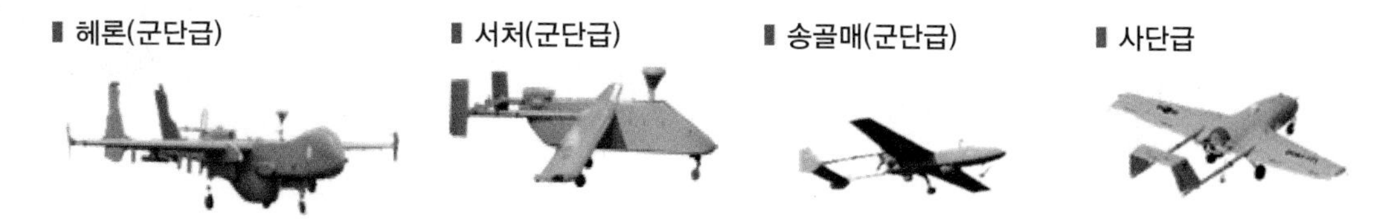

③ 발사대(Launcher)

㉠ 중·소형 무인항공기 중에는 착륙장치(Landing Gear) 없이 발사대를 이용하여 이륙하도록 설계된 경우가 많고, 착륙장치가 있더라도 협소한 공간에서 운용이 가능하도록 발사대를 이용하여 이륙시키는 방식을 겸용하는 무인기가 많다.

㉡ 발사대는 기체의 크기에 따라 손에 들고 조작할 수 있는 석궁 형태의 소형 발사대에서부터 트럭에 발사를 위한 레일(Rail)이 설치된 발사차량까지 다양한 형태가 있다.

㉢ 발사대를 이용한 이륙은 레일 위에 장착시킨 무인항공기를 끌어당겨 사출시키거나 또는 무인항공기에 로켓 부스터를 부착하여 추진력으로 이륙시키는 방법을 주로 사용하고 있다.

④ 지상통제소(GCS ; Ground Control Station)

㉠ 지상에서 무인항공기(드론)를 통제하기 위한 시설 일체를 말하며, 무인항공기의 조종실(내부조종자와 감지기 조종자로 구성)역할을 한다.

㉡ 지상통제소의 내부는 무인항공기 조종에 필요한 각종 계기와 영상모니터 조종장치, 통신장비, 컴퓨터 등이 갖추어져 있다.

㉢ 지상통제소는 이동 및 야지 운용을 위해 차량에 탑재할 수 있으며, 소형 무인항공기의 경우에는 휴대용 무선원격조종기로 운용되기도 한다.

㉣ 임무비행통제소로서 이륙 후 이착륙통제소(LRS)로부터 무인항공기를 인수 받아 실제 임무지역까지 통제하여 임무를 수행한 후, 다시 착륙 지역까지 유도하여 이착륙통제소(LRS)로 인계한다. 하지만, 지상통제소로 직접 이착륙 통제도 가능하다.

⑤ 이착륙통제소·장비(LRS ; Landing Radar System, Launch & Recovery System)

㉠ 지상에서 무인항공기(드론)의 이착륙을 통제하기 위한 시설 일체를 말하며, 무인항공기의 조종실(내부조종자와 감지기 조종자로 구성)역할을 하며, 형태와 내부는 GCS와 같은 형태가 대부분이다.

㉡ 지상에서 무인항공기(드론)를 통제하여 이륙 또는 복귀시키는 장비 및 시스템을 말하며, 발사대, 발사장치, 회수장치 등으로 구성되어 있다.

㉢ 전파로 무인기를 통제할 수 있는 거리가 지상통제소(GCS)에 비해 짧아 단거리 임무비행 통제 시 주로 사용한다.

⑥ 지상송수신장비(GDT), 발전기

㉠ GCS에서의 각종 통제 명령을 GDT로 보내면 GDT에서 무인기로 전달하고, 무인기로부터의 각종 보고사항을 수신하여 GCS로 전달하는 장비이다. 즉, 제어신호에서 임무결과(영상·신호)를 수신하기 위한 연결고리로 생각하면 되며 GDT를 사용함으로 운용거리가 확대되고 통신환경이 좋아진다.

㉡ 통상적으로 소형무인기에서 GDT는 주로 저주파대역을 사용하여 비행체의 통신거리연장에 주로 사용하기도 하는데 이때는 지상 중계기 역할도 한다.

㉢ 발전기가 지상 장비에 있어서 전원의 차단은 곧 무인항공기의 통제 불능상태를 의미하므로 안전을 고려하여 지상 장비별 2대씩을 동시에 가동하여 하나씩은 예비로 대기시킨다.

⑦ 지상중계기(Ground Relay Station), 공중중계기(Airbone Data Relay Station)

㉠ 지형 차폐로 인해 통신가시선이 제한되거나 전파가시선(통신거리)의 연장이 필요한 경우에 산 정상에 위치시킨다.

㉡ 통신중계 장비를 무인항공기에 탑재하여 지상통제소와 비행체 간의 중계임무를 수행하는 장비이다.

⑧ 탑재장비(Payload)

EO(Electro-Optic)/IR(Intra-Red) Camera, 초분광센서, 레이더, GMTI(Ground Moving Target Identification) SAR(Synthetic Aperture Radar), EW/EA장비 등 탑재장비의 종류가 무수히 많이 개발되고 있으며 민수용 확산에 따라 튜브, 탐지등, 확성기 등이 활용되고 있다.

⑨ 회수 방법(Recovery Method)

㉠ 임무를 마친 무인항공기는 착륙장치가 달려 있는 경우 활주로(회수용 훅 또는 그물망 사용)를 이용하여 착륙할 수도 있지만, 소형 무인항공기는 좁은 지역에서의 운용성을 고려하여 낙하산이나 그물 등을 이용하여 회수하거나 초지에 동체를 착륙시키는 방법을 사용한다.

㉡ 운용지역이 호수, 강 등이 많은 수변지역일 경우에는 수상에서 이착륙이 가능하도록 수상비행기 형태의 무인항공기도 있다.

▮ Payload(EO/IR)

▮ 회수용 훅(Arresting Hook)

▮ 함정무인기회수(그물망)

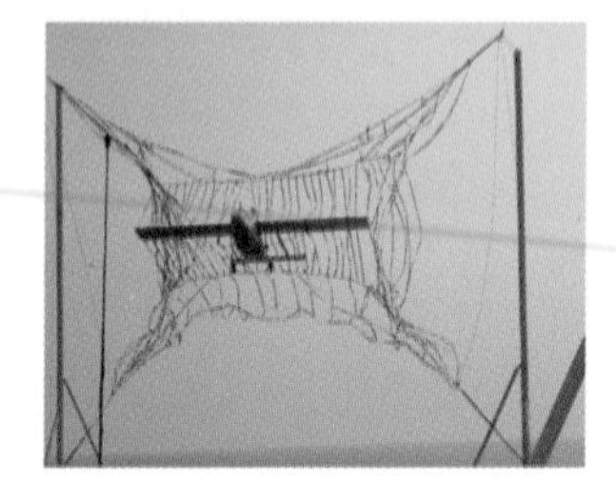

(2) 무인항공기 운용 요원

① 무인항공기 조종사(UAV Pilot)

㉠ 무인항공기 조종사는 지상통제소(GCS) 내 조종석에 앉아 있는 내부조종사(IP ; Internal Pilot)와 외부에서 무선원격조종기로 조종을 하는 외부조종사(EP ; External Pilot)로 구분할 수 있다.

㉡ 무인항공기 운용에 2명 이상의 조종사가 필요한 경우, 반드시 한 명은 기장(PIC ; Pilot In Command)의 임무를 맡으며, 다른 한 명은 부조종사 역할을 수행한다.

ⓒ 기장은 내부조종사와 외부조종사 중 어느 역할을 맡아도 상관없으며, 나머지 한 사람이 자동적으로 부조종사 역할을 담당한다.

ⓓ 고정익 형태의 무인항공기(드론)는 활주로가 필요하며, 외부조종사에 의해 활주로에서 이륙시키고 임무공역(가시권 비행 지역 내)에서 내부조종사가 통제권을 이양받아 감시임무를 수행하며, 임무완료 후 복귀 시에도 활주로 인근 1~2km 지역에서 다시 외부조종사가 통제권을 이양받아 활주로 상에 안전하게 착륙시킨다. 최근 사단급 무인기는 자동 이착륙 시스템이 적용되어 외부, 내부조종사로 구분되어 있지 않다. 추가로 임무지역에서 정찰감시 임무는 감지기조종자(OB ; Observer)가 실시한다.

② 육안 감시자(Visual Observer), 안전통제관

ⓐ 타 항공기와의 충돌예방을 위해 무인항공기를 육안으로 추적하면서 비행상태와 항로상황을 감시하여 조종사에게 조언하는 역할을 담당한다.

ⓑ 조종사 및 관제사 등과의 원활한 의사소통을 위해 비행, 기상, 관제에 대한 교육훈련과정 이수가 필수이다.

③ 기타 임무요원

ⓐ 정비사 : 기체, 엔진, 전자·통신 등 분야별로 정비사가 필요하며, 해당 분야의 유경험자나 유자격자로 운용해야 한다.

ⓑ 탐지장비 통제사(OB ; Observer) : 무인항공기에 탑재된 영상장비 및 센서를 조종하여 정보를 수집하는 역할을 담당한다.

ⓒ 임무 지휘자(MC ; Mission Commander) : 비행 전 NOTAM 정보를 포함한 각종 비행 데이터를 수집하여 브리핑을 실시한다. 또한, 비행간에는 지상관제소와 긴밀한 협조 체계를 유지한다. 특히 비상상황 발생 시 신속한 상황판단으로 각 담당관에게 지시하여 비상조치를 통제하며 안전한 임무수행이 되도록 해야 한다. 통상 내, 외부조종사 중 2년 이상 유경험자가 실시한다.

(3) 위성항법시스템(GPS)

① 위성항법시스템은 인공위성을 이용한 위치 및 시각 결정시스템이다. GPS의 기본적인 목적은 지상, 해상 및 공중에서 사용자의 위치를 시각 및 기상상황에 관계없이 계속적으로 측정이 가능하도록 하는 것이며, 우주공간에서의 항법을 위해서도 쓰이고 있다. 처음에는 군사적인 목적에 의해서 개발되었으나 시스템 구성이 완료된 현재에는 민간용으로도 폭넓게 활용되고 있고 새로운 응용분야가 많이 개발되고 있다.

② 위성항법시스템(GPS)의 기본원리는 3차원 측량법으로서 기본 개념은 위치를 알고 있는 여러 개의 인공위성으로부터 송신된 전파가 수신기에 도달하기까지의 시간을 측정하여 사용자로부터 위성까지의 거리를 구한 후 이를 이용하여 사용자의 위치를 구하는 것이다. 이를 위하여 지구 주위를 돌고 있는 30개 이상의 위성군에서 위치측정에 필요한 정보를 항상 전송하고 있으며, 사용자는 최소한 3개 이상의 위성으로부터 전파를 수신하면 그 정보를 처리함으로써 언제 어디서나 자신의 현재 위치를 측정할 수 있다. GPS는 민간용인 SPS(Standard Positioning Service)와 군사용인 PPS(Precise Positioning Service)의 두 가지 항법 서비스를 제공하고 있다.

③ 드론(멀티콥터)의 GPS 모드는 GPS 안테나를 탑재하고 GPS를 통해 멀티콥터(드론)의 고도와 위치를 지정할 수 있는 모드로 가장 조종이 쉽다. 그러나 비행 상태에서 GPS가 갑자기 수신이 안되면 이때는 자세모드 또는 수동조종을 해야 한다.

④ GPS의 장애요소는 태양의 활동변화, 주변 환경(주변 고층 빌딩 산재, 자기장 교란, 구름이 많이 낀 날씨 등)에 의한 일시적인 문제, 의도적인 방해, 위성의 수신 장애 등 다양하며, 이로 인해 GPS에 장애가 오면 드론이 조종불능(No Control) 상태가 될 수 있다.

(4) 무인항공기(드론) 운용, 영상전파 체계

① 무인항공기(드론)는 주파수에 의해 운용된다. 즉 기체 제어를 할 수 있는 제어용 주파수와 영상을 수신할 수 있는 임무용 주파수로 구분하여 할당되어 있다.

② 면허용 주파수(상업용, 공공 업무용) : 가시거리 내 운용

㉠ 제어용 주파수 : 5,030~5,091MHz(61MHz폭), 무인기 조종과 무인기 상태를 조종사에게 알리는 데 사용(지상제어 : 가시권내 제어, 위성제어(2,520MHz폭) : 원거리 제어)

㉡ 임무용 주파수 : 5,091~5,150MHz(59MHz폭), 무인항공기(드론)에 탑재된 카메라, 센서 등 장비가 수집한 정보를 전송하는 데 사용되는 주파수로 임무장비 통신용

※ 국제민간항공기구에서는 임무용 주파수 표준화 미고려, 국내 상황에 맞게 선정타여 운용

③ 비면허용 주파수(완구·취미용) : 가시거리 내 운용

㉠ 소형드론 제어용 : 2,400~2,483.5MHz(83.5MHz폭), 완구·취미용 드론 제어용

㉡ 무선데이터 통신용 : 5,650~5,850MHz(200MHz폭), 소형드론(완구, 취미, 영상 전송용 활용)

④ 모든 무인항공기(드론)는 다음 그림에서와 같이 주파수에 의해 거리별로 조종이 되며, 영상 또한 주파수를 이용하여 GCS에서 수신할 수 있다.

▌UAV 운용, 영상전파체계

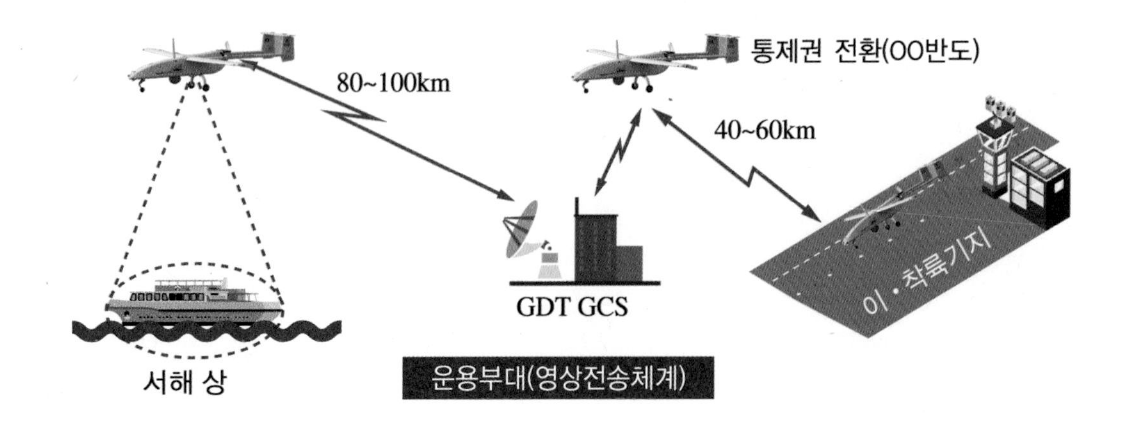

⑤ 무인항공기 분야별 주파수 활용 예시를 보면 다음과 같다.

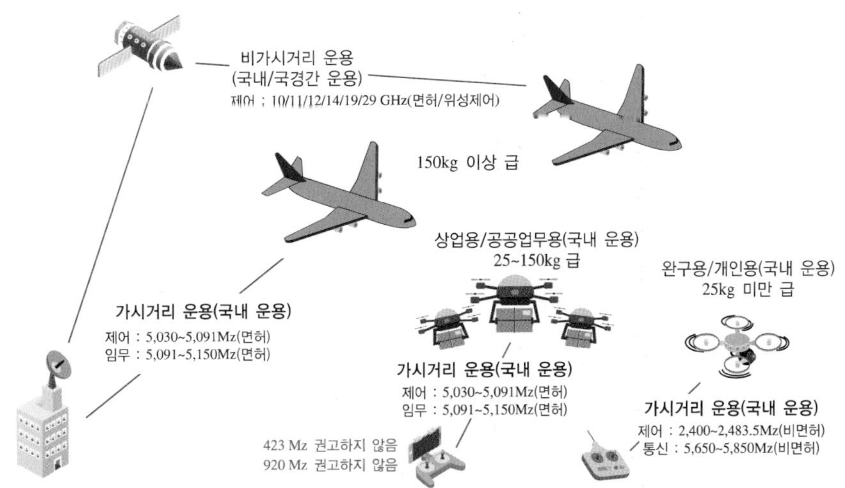

※ 위 활용 예시와 별개로 실행/개발용으로는 과학기술정보통신부 허가를 받아 일정기간 임시 운용 가능

(5) 무인항공기(드론)의 구성과 원리

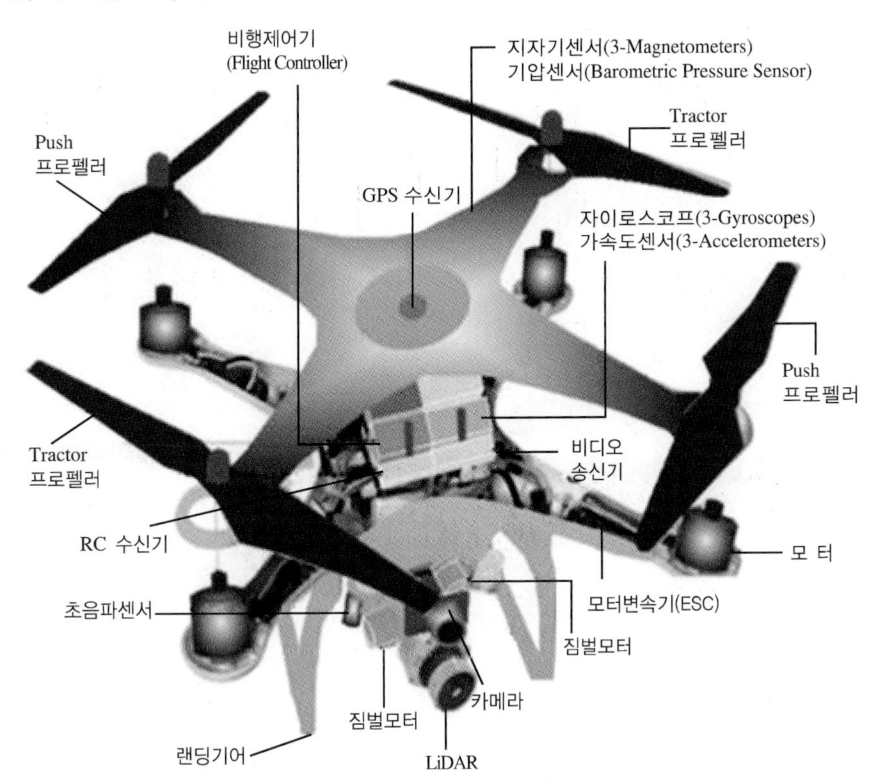

부품명	용 도
Frame	드론의 형태를 구성하는 뼈대(틀)
Motor	드론을 날리기 위한 원동력
ESC	모터의 속도를 컨트롤하는 부품
FC	드론을 컨트롤하는 주된 장치(두뇌)
Power Module	드론의 부품에 전기를 공급하기 위한 장치
Battery	드론의 주전원 공급
Propeller	공기저항을 일으켜 드론을 부양시키는 부품
조종기/수신기	드론을 무선으로 원격조종하기 위한 장치

① 멀티콥터의 구조

㉠ 멀티콥터는 2개 이상의 모터축, 프로펠러로 구성되어 있는데, 가장 기본이 되는 것이 쿼드콥터이다. 이 2개의 프로펠러는 대각선으로 짝을 지어 서로 다른 방향(시계・반시계)으로 돌아 양력을 만들어 비행할 수 있으며, 공중에서 정지할 수도 있다. 각 축의 모터 프로펠러의 기계적인 힘인 RPM(Revolution Per Minute : 분당 회전수)을 조절함으로써 전, 후, 좌, 우 및 상승・하강운동을 하게 된다.

㉡ 멀티콥터는 2개 이상의 프로펠러가 각각 나눠져 동작하기 때문에 다양한 움직임이 가능하고 유지보수도 쉽게 할 수 있다.

㉢ 또한, 다음 그림과 같이 송신기와 수신기, FC와 변속기, 모터, 프로펠러만 있다면 조립・운용이 가능하다. 즉, 구조적으로 간단하여 유지보수가 쉽기 때문에 기존 RC 헬기 인구가 이동 및 유입되고 있으며, 또한 초보자들도 쉽게 접할 수 있어 대중적으로 확산되고 있다.

▌드론(쿼드콥터)의 단순화된 구조

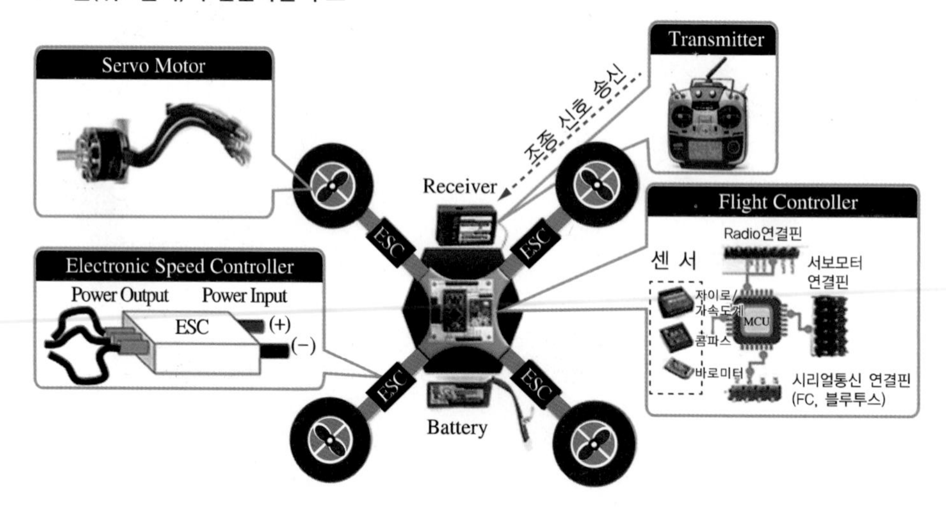

② 프레임

㉠ 모든 구성요소를 탑재, 연결하는 구조물로서 Body라고 생각하면 된다. 드론(쿼드콥터)은 '+' 형태나 '×' 형태를 가진다.

㉡ 프레임의 크기와 중량은 드론의 비행에 큰 영향을 미친다. 대부분 기체크기와 중량에 따라서 변속기와 모터, 프로펠러가 달라지게 된다.

㉢ 기체 크기에 따라 흔히 사용되는 프레임은 200~1,800급으로 구분되는데 모터축과 축간의 거리를 기준으로 명칭하고 있다. 250급은 주로 레이싱 드론으로 사용되며 개인 취미 조립용으로는 550급 이상이, 촬영용은 800~1,200급, 자격증 취득용인 자체중량 12kg 초과 멀티콥터는 주로 1,500급 이상이 운용되고 있다.

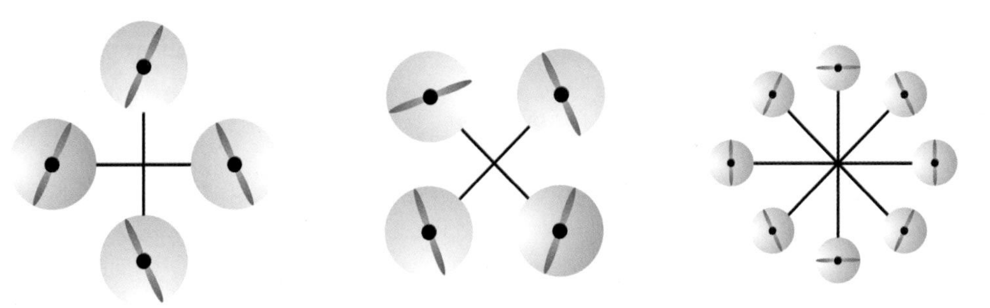

③ 모터와 프로펠러

㉠ 모터 : 멀티콥터(Multi-copter)의 모터는 계속 회전하여 드론을 공중에 머무르게 하는 기능을 가지며 브러시드와 브러시리스 모터가 있는데, 최근에는 반영구적으로 사용가능한 브러시리스 모터가 주로 사용된다.

- 브러시드 모터 : 직류 전기가 흐르면 회전하는 일반적인 모터로 모터의 회전에 마찰면이 있다. 특징은 자석이 고정되어 있는 상태에서 전기가 흐르는 코일이 회전하도록 설계되어 있다.
- 브러시리스 모터 : 모터 회전에 마찰면이 없어 고속회전이 가능하다. 반영구적이며 홀센서를 활용해 회전수 제어가 가능하다. 모터 제어를 위해 복잡한 회로가 필요하며, 전력소비가 적다. 특징은 전기가 흐르는 코일이 고정되어 있고 자석이 붙은 회전자가 회전한다.

- 모터에 표시된 수치를 보면 X6212에서 처음 두 자리 62는 모터 몸체(고정자) 직경 즉, 몸체 (고정자)의 직경이 62mm(6.2cm)라는 뜻이며 마지막 두 자리 몸체(고정자) 12는 높이가 1.2cm이라는 것이다.

- KV : 180 표시는 1V 전압을 모터에 공급했을 시 RPM(분당회전수)이 180이라는 뜻으로 KV값이 크다고 더 좋거나 빠른 것은 아니며, 이 값은 모터의 토크에 반비례한다.
- 모터 KV값과 전압, 프로펠러 크기는 매우 중요한 상관관계가 있다. 한마디로 너무 큰 프로펠러는 멀티콥터(쿼드) 시스템에 과도한 전류가 흘러 문제가 발생할 수 있으며, 작은 프로펠러는 효율성이 떨어진다.
- 모터 제조사별로 적정 프로펠러 크기를 표시하고 있으니 적정 범위 안에서 선택해야 한다.

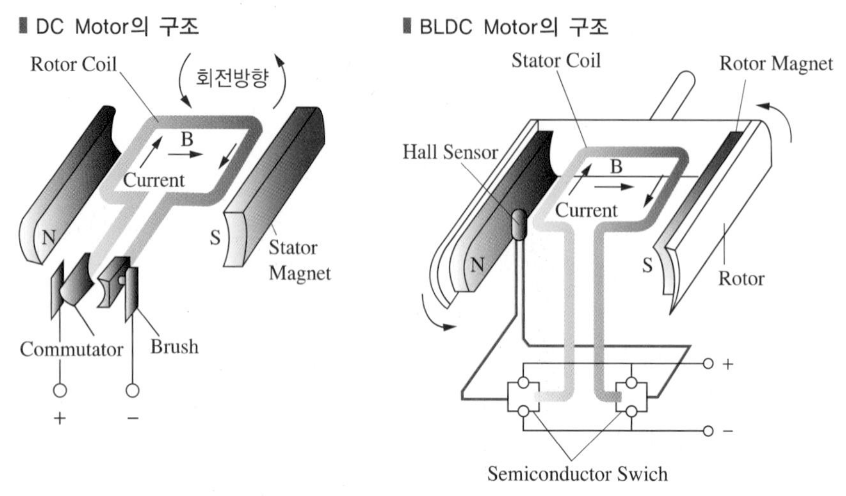

- 또한 모터 안에는 '베어링'이 들어 있는데 주기적으로 윤활유를 공급하여 베어링이 마모되지 않도록 관리를 해주어야 한다.

▮ 브러시리스 모터 : 코일 고정, 자석 회전

▮ 브러시드 모터 : 자석 고정, 코일 회전

㉡ 프로펠러

- 프로펠러의 길이는 모터 출력이 허용하는 최대치를 넘지 않아야 하는데 사용 가능한 프로펠러의 최대 길이는 일반적으로 모터 제원표에 표기되어 있다.

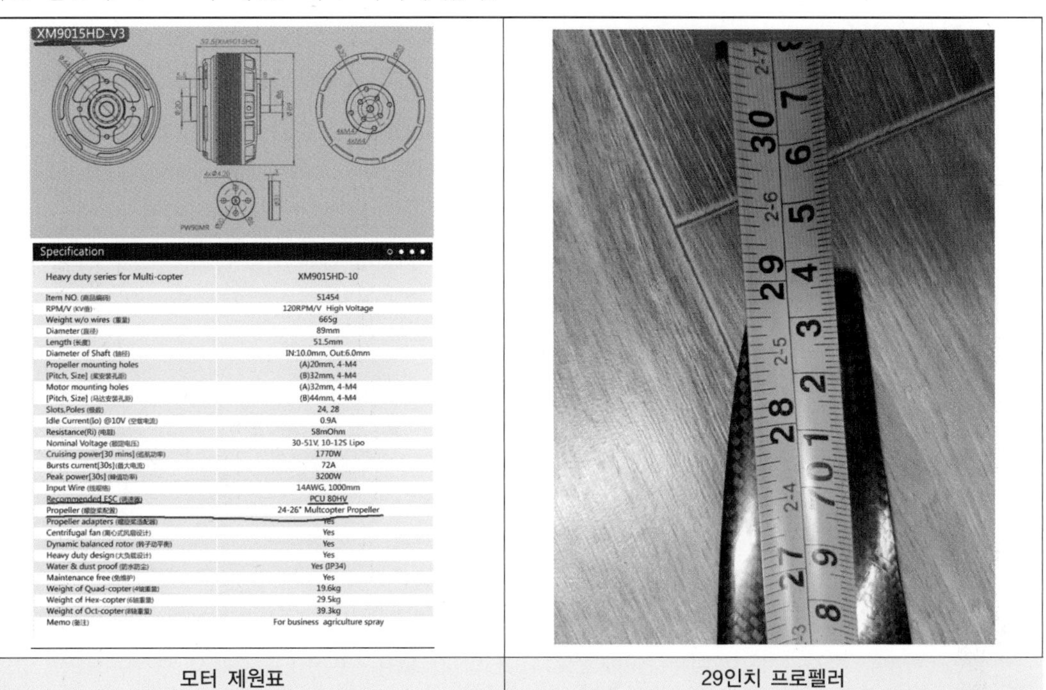

Heavy duty series for Multi-copter	XM9015HD-10
Item NO.	51454
RPM/V	120RPM/V High Voltage
Weight w/o wires	665g
Diameter	89mm
Length	51.5mm
Diameter of Shaft	IN:10.0mm, Out:6.0mm
Propeller mounting holes [Pitch, Size]	(A)20mm, 4-M4 (B)32mm, 4-M4
Motor mounting holes [Pitch, Size]	(A)32mm, 4-M4 (B)44mm, 4-M4
Slots,Poles	24, 28
Idle Current(Io) @10V	0.9A
Resistance(Ri)	58mOhm
Nominal Voltage	30-51V, 10-12S Lipo
Cruising power[30 mins]	1770W
Bursts current[30s]	72A
Peak power[30s]	3200W
Input Wire	14AWG, 1000mm
Recommended ESC	PCU 80HV
Propeller	24-26" Multcopter Propeller
Propeller adapters	Yes
Centrifugal fan	Yes
Dynamic balanced rotor	Yes
Heavy duty design	Yes
Water & dust proof	Yes (IP34)
Maintenance free	Yes
Weight of Quad-copter	19.6kg
Weight of Hex-copter	29.5kg
Weight of Oct-copter	39.3kg
Memo	For business agriculture spray

모터 제원표	29인치 프로펠러

- 프로펠러는 드론의 양력발생과 제자리에서 호버링 등 비행안정성을 결정한다. 특히, 바람에 기체가 기울어질 때 원위치하려는 성질에 크게 작용한다.
- 프로펠러의 길이를 결정하는 가장 중요한 요소는 모터 스팩이다. 각 모터의 스팩에 맞는 프로펠러를 사용해야 한다. 흔히 프로펠러의 길이가 길면 양력 발생 효율이 좋다는 오해를 하기 쉽다. 그러나 경험상 모터 스팩보다 프로펠러의 길이가 길면 모터에 과부하가 걸리는 현상이 발생한다. 또한 재질이 좋지 않은 프로펠러를 사용할 경우, 회전하면서 많은 진동이 발생하게 되고 그 진동의 영향으로 FC에 이상 현상이 발생할 수 있으니 모터 스팩에 맞는 정품 프로펠러를 사용하여야 한다.

※ 24×7.5 CCW 프로펠러 : 24의 의미는 24inch(60.9cm)로 프로펠러의 길이이며 7.5의 의미는 피치각으로 프로펠러가 한번 회전 시 7.5inch(19.05cm) 앞으로 전진하는 것을 나타낸다. 또한 CW(Clock Wise)는 시계방향을, CCW는 반시계방향(Counter Clock Wise)을 뜻한다.

④ **변속기(ESC ; Electronic Speed Controller)** : FC로부터 신호를 받아 배터리 전원(전류와 전압)을 사용하여 모터가 신호대비 적절하게 회전을 유지하도록 해주는 장치로서, 배터리 전원을 입력받아 3상 주파수를 발생시켜 모터를 제어하는 전자장비로서 직류 모터는 직류 전류를 사용하지만, 브러시리스(Brushless) 모터는 3상 전류를 사용해야 하기 때문에 전용 ESC가 필요하다. ESC는 모터 회전을 위해서 지속적으로 또 다른 고주파 신호를 만들어 모터에 인가하며, 배터리의 전원을 모터에 제공하는 역할을 한다. 적합한 ESC를 선택할 때 가장 중요한 요소는 소스 전류이다. ESC를 선택할 때는 지속적으로 흐르는 전류량을 사용하는 모터 소스 전류 이상의 ESC를 선택해야 한다. ESC는 펌웨어 다운로드를 통한 Up-grade가 가능하고, 세부 세팅을 통해 모터에 인가하는 주파수 범위를 조절할 수 있다. 초경량비행장치(무인멀티콥터) 전문 교육기관(자중 12kg 이상 기체)에서 주로 사용하는 ESC는 Hobby Wing, Flying Color(60~120A)으로 모터 제원표에 표기된 적정 ESC를 사용하는 것이 중요하다.

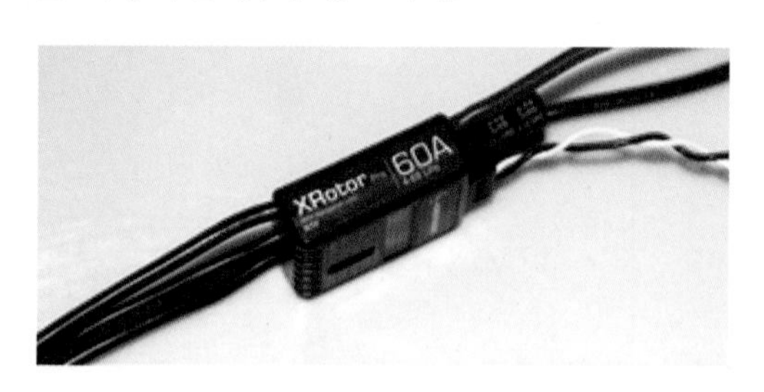

⑤ **비행 제어보드(FC ; Flight Controller Board)** : 비행 컨트롤러는 무선조종기의 수신기와 ESC(Electronic Speed Controls, 전자 속도 제어) 사이에 연결되어 있다. FC는 무선조종기에서 보내는 조종 명령과 자이로 센서 등의 입력에 따라 ESC에 모터 제어 신호를 보내는 역할을 한다. 즉, 기체를 안정적으로 비행하도록 변속기를 통해 모터를 제어한다. FC는 다양한 종류와 많은 기능을 갖고 있는데 항공 촬영 드론의 경우는 GPS 기능이 필요하지만, 레이싱 드론은 일반적으로 필요 없는 기능이다. 레이싱 드론에 많이 사용하는 FC로는 NAZE32, CC3D 및 F3, F4, KISS가 있으며, 초경량비행장치 전문교육기관(자중 7kg 이상 기체)에서 주로 사용하는 FC는 GPS・지자계・IMU・기압계 센서를 탑재하여 안정적인 비행이 가능한데, 대표적인 산업용 FC에는 DJI(A3, A2, N3, 우공), PIXHAWK, T1-A(TopXGun) 등이 있다. 이 중 가장 안정적인 FC는 A3와 PIXHAWK라 할 수 있으며, 그 이유는 현재까지 별다른 사고없이 안정적으로 운용되는 FC이기 때문이다. 교육용 기체는 개인기체가 아니기 때문에 '조종간' 운용이 개인마다 편이하므로 일반적으로 개인용 기체보다 운용주기가 짧아질 수밖에 없다.

FC에 포함되는 센서는 다음과 같다.

㉠ IMU(자이로스코프) : 각속도계라고 지칭하며 X(Roll/Aileron), Y(Pitch/Elevator), Z(Yaw/Rudder) 등 3축 운동을 하는 장치로서, 이를 통해 수평자세 제어가 가능하다.

㉡ IMU(가속도계) : 중력과 무관한 가속측정장치이다.

㉢ 기압계 : 드론의 고도를 측정하는 장치로 성능이 좋은 기압계(Barometer)일수록 비행 중 고도 변화가 적다.

㉣ 자력계 : 자기장의 방향을 측정하여 기체의 기수방향을 유지한다.

㉤ GPS : GPS 수신으로 기체의 현 위치를 유지한다.

⑥ **송수신장치** : 주파수를 사용하여 드론의 방향(전, 후, 좌, 우 이동) 및 위치 제어를 위해 조종신호를 전파 및 수신하는 장치로서 통상 조종기와 호환되는 수신기를 장착하여야 조종자가 원하는 방향으로 드론을 제어할 수 있다. 다음 그림은 대표적인 조종기인 Futaba 14SG와 그에 맞는 수신기이다.

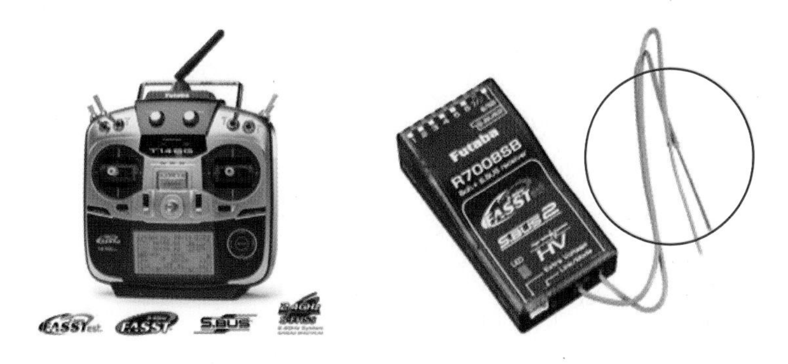

㉠ 적색 '원' 부분이 실제 전파를 수신하는 안테나 부분으로 이 부분이 짧아진다면 '수신율'이 떨어지게 된다.

㉡ 만약 수신 안테나 부분에 전도체(예 카본, 철 등)가 닿으면 잡파(Noise : 40/70MHz / 2.4GHz)로 인해 '수신율'이 저하될 수 있으니, 기체 조립 시 유의해서 설치해야 한다.

⑦ **착륙장치(Skid, Landing Gear)** : 드론이 넘어지지 않고 지면에 안정적으로 착지할 수 있게 해주는 장치이다. 랜딩기어가 짧을수록 착륙 시 안정적이지만 탑재 임무 장비의 높이에 따라 랜딩기어 길이가 결정되어야 한다. 특히 착륙장치(랜딩기어)는 메인 프레임에 견고하게 고정해야 한다. 비행 중 발생하는 진동에 의해 조임 나사가 풀리면서 착륙장치가 분리되는 현상이 종종 발생하기 때문이다.

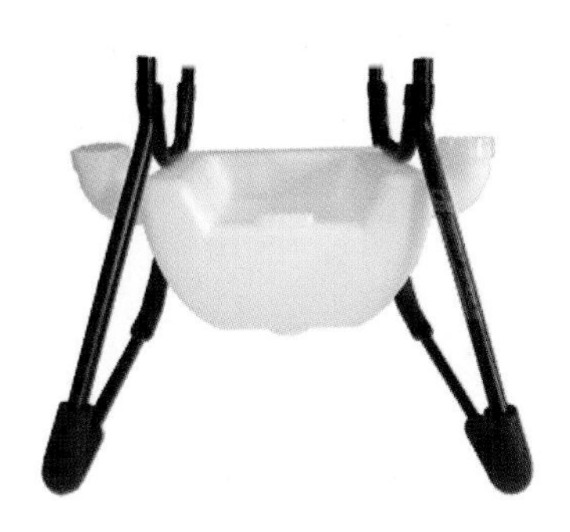

(6) 무인항공기 추가 구성 센서 종류

① 고도 센서(Altitude Sensor) : 레이더파를 지면에 방사하여 지표면으로부터 반사되는 레이더신호로 높이를 측정하는 센서

② 충돌 방지 센서(Vision Sensor) : 전・후방, 좌・우 측면에 센서를 부착하여 장애물로부터 '특정거리' 이내로 진입하지 못하도록 경고(일정거리에서 장애물 인지시 기체 '정지')해 주는 센서로 주로 촬영용 드론에 부착되어 활용되고 있다.

(7) 드론 조종 모드

① GPS : GPS를 통해 위치 제어 실시

② 자세(Attitude) : IMU에 의해 자세(수평) 유지 가능

③ 수동(Manual) : GPS 미수신, IMU 미작동

④ 자동 경로 비행(AP ; Auto Pilot) : 사전 입력된 경로에 의해 비행

⑤ 비행 중지(비상시) : RTH(홈으로 복귀), Auto-land(자동착륙), Auto-hover(제자리 비행)으로 사전 설정 가능

CHAPTER 03

비행 전후 점검, 절차

01 비행준비 / 비행 전 점검 / 비행절차 / 비행 후 점검

(1) 멀티콥터(드론)의 비행

① 비행 전 점검

㉠ 날씨 점검 : 비행을 준비하기 전에 기본적으로 일기예보, 특히 풍향, 풍속, 지구자기장 수치를 확인한다.

㉡ 기체 외관 점검 : 메인 프로펠러의 장착상태와 파손여부를 확인하고 기체의 배터리 잔량을 셀 체커기와 전압 게이지를 통해 육안으로 확인한다.

㉢ 조종기 점검 : 조종기의 스위치, 안테나, 외관, 배터리 충전상태 및 각 토글 스위치를 확인한다.

※ 토글 스위치를 스냅 스위치라고도 한다. 개폐 조작을 하면 스프링이 그 동작을 가속시키는 구조로 되어 있다. (전자용어사전 95.3.1)

㉣ 시스템 점검

- 통신상태 · GPS 수신 상태를 점검한다.
- 조종기 전원 인가 : FC 전원 인가 전에 조종기 전원을 사전 인가하여야 한다.
- GPS 수신 상태 확인 : 기체 자체 시스템 점검 후 GPS 위성이 안정적으로 수신이 되는지를 확인한다. LED등이 보라색(DJI A3-AG, N3-AG 경우)으로 점멸되는지 확인하여야 하며, GPS 수신이 최소 10개 이상될 때 운용하는 것이 좋다. 통상적으로 12~16개 이상이 수신된다.

  ※ FC별 매뉴얼 LED 표시 등 정보(색상 상이) 확인 필요
- 모드스위치를 조작하여 GPS → 자세 → 매뉴얼 조종모드로 전환이 되는지 LED 불빛을 확인하여야 하며, 정상 작동 시 조종 가능상태를 점검해야 한다(자세모드 LED등 : 노란색 등).
- 기체동작 점검 : GPS 위성의 안정적 수신 후 동작을 점검해야 하며, 조종간(스로틀, 러더, 엘리베이터, 에일러론 등) 동작 상태를 반드시 확인한다.

비행 전 점검(조종기 점검~Check List 작성까지)

ⓐ 조종기 점검

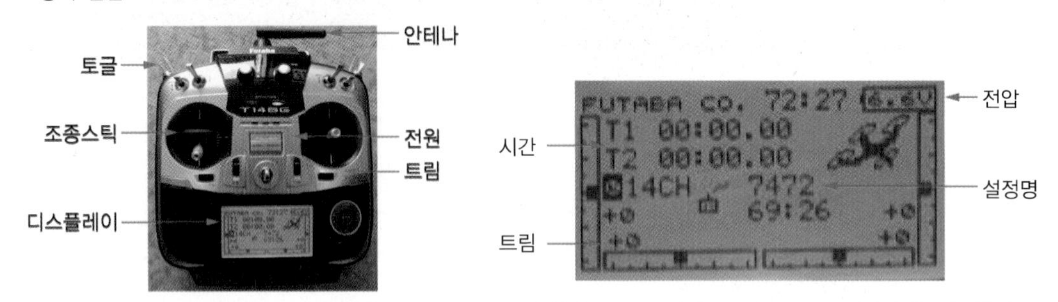

조종기 스위치를 ON한 후에 모니터 상에 안테나, 배터리 잔량(최소 6.0V 이상), 트림, 토글 스위치 등을 확인한다. 또한 토글 스위치는 항상 조종기를 잡고 있는 상태에서 뒤로 젖혀 놓아야 한다. 통상 우측 상단 토글 스위치에 GPS나 자세 모드를 설정해 놓는데 설정 방식에 따라 3단 스위치 중에 맨 위 상단 위치에 놓는 경우도 있다.

ⓑ FC 배터리, 배터리 체크

▮ 재 질

종 류	정격전압(1Cell)	완충전압(1Cell)
리튬폴리머(LiPo)	3.7V	4.2V
리튬철(LiFe)	3.3V	3.6V
니켈수소(NiMh)	1.2V	1.4V

▮ 배터리 체크

체커로 비행 전 배터리 전압을 확인하며, 비행 중 설정 전압으로 내려갈 때 경고음을 울려준다.

FC 배터리, 배터리 체크는 매우 중요하다. Cell Checking이라고 하는데 배터리 종류별로 표와 같은 전압을 유지해야 한다. 리튬폴리머의 경우 정격전압(3.7V) 이하로 과방전 사용 시 재충전하더라도 제 성능이 안 나오거나 Cell 팽창 등의 외부 변형을 가져오며, 이런 배터리는 폐기해야 한다.
표 안의 전압이 배터리 종류별 정격·완충 전압이며, 사진은 Cell Checker기를 활용한 Cell Checking 모습이다.

ⓒ 기체 점검(프로펠러, 모터, 암, 메인프레임, 스키드, GPS)

프로펠러 → 모터 → 암 → 메인 프레임 → 스키드 → GPS 순으로 점검한다.
※ 위에서 보았을 때 통상적으로 1시 방향에 있는 축이 1번, 반시계방향으로 2 → 3 → 4번 순이다.
※ 모터 점검 시에는 축별로 CW(시계방향) 또는 CCW(반시계방향)으로 회전시켜 점검하여야 한다.
※ 암 점검 시에는 페인프레임과 결합부분의 유격상태(흔들림) 여부 점검

※ 메인프레임 점검 시에는 상판과 하판의 결합여부 반드시 확인 필요
※ 스키드가 메인프레임에 견고히 고정(볼트)되어 있는지 여부 확인
※ GPS 화살표 방향이 '12'시를 가리키고 있는지 안테나 지지대가 견고하게 고정되어 있는지 확인
GPS가 11시 방향으로 돌아가 있을 시 기체가 '11시' 방향으로 흐르며, 견고히 고정되지 않으면 비행 중 GPS 안테나가 분리되어 'GPS수신'이 안 될 수 있음(FC별로 상이하니 매뉴얼 확인 필요)

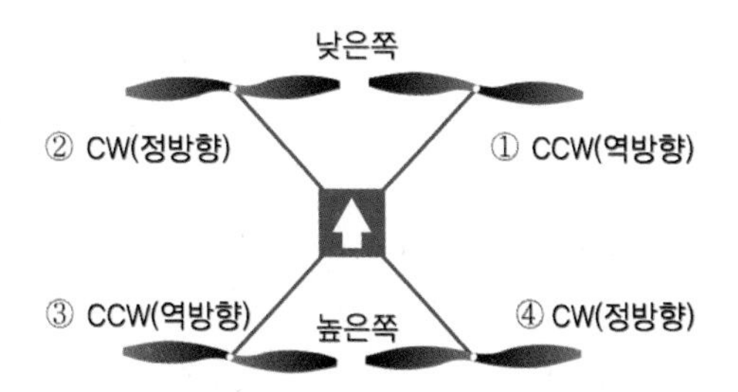

※ CCW(Counter Clock Wise) : 반시계 방향, CW(Clock Wise) : 시계 방향

ⓓ 배터리(준비, 연결)

메인 배터리는 항상 검정(음극선) → 빨강(양극선) 순으로 연결하여야 하며, 안티 스파크가 있는 쪽을 마지막에 연결하여 '스파크'가 튀지 않게 하여야 한다. 또한 결속을 견고히 하지 않으면, 비행 중 배터리가 분리되거나 기체 무게 중심 불균형으로 인한 '양력불균형' 발생으로 사고 발생가능성 높음

ⓔ 비행장 안전 점검

메인 배터리 연결 완료 후 조종기와 배터리 가방을 들고 '조종사 위치로'를 복창하면서 조종석(펜스 안쪽)으로 위치한 후 '비행장 안전점검'을 실시한다.
※ 안전점검 순서는 사람 이상무, 장애물 이상무, 풍향・풍속 남풍 초속 2m/s, GPS 이상무를 순서대로 확인한다.

ⓕ 체크리스트 작성

비행 Check List

점검일자 : 20 . . ( )

기체 번호 (호기)		운용 시간	비행 전	비행 후	점검관	확인관
	S0000B (1호기) ☐		:	:	(서 명)	(서 명)
	S0000B (2호기) ☐					
	S0000B (3호기) ☐					
	S0000B (4호기) ☐					

순번	구 분	점 검 내 용	점검결과		비 고
			비행 전	비행 후	
1	조종기부	① 조종기 충전전압(6V 이상) 확인	정상 ☐	정상 ☐	
		② 쓰로틀 및 각 채널 스위치 위치 확인	정상 ☐	정상 ☐	
2	날개부	① 4개 프롭 고정 및 좌, 우 프롭 레벨 확인	정상 ☐	정상 ☐	
		② 프롭 및 모터의 상, 하, 좌, 우 유격 확인	정상 ☐	정상 ☐	
		③ 균열, 뒤틀림, 파손, 도색 상태 확인	정상 ☐	정상 ☐	
3	모터부	① 모터 이물질여부 및 전방바디 마찰여부 확인	정상 ☐	정상 ☐	
		② 프로펠러 1회전 간 마찰여부 확인(회전방향)	정상 ☐	정상 ☐	
		③ 모터 부하여부(탄 냄새) / 코일 변색여부 확인	정상 ☐	정상 ☐	
4	암 부	① 암 고정상태 및 파손, 크랙 상태 확인	정상 ☐	정상 ☐	
		② 메인프레임, 암, 모터 간 고정상태 확인	정상 ☐	정상 ☐	
5	변속기부	① 변속기 방열판 이물질 확인 및 고정여부	정상 ☐	정상 ☐	
		② 변속기의 부하여부(탄 냄새, 고열 등) 확인	정상 ☐	정상 ☐	
6	기체부	① 메인프레임 균열, 파손, 볼트 고정 상태 확인	정상 ☐	정상 ☐	
		② GPS 안테나 고정 및 배선상태 확인	정상 ☐	정상 ☐	
		③ LED 경고등 부착상태 확인	정상 ☐	정상 ☐	
7	랜딩기어	① 기체 장착 및 균열, 파손, 마모 상태 확인	정상 ☐	정상 ☐	
8	살포장치	① 약제 펌프 및 약제탱크 고정 상태 확인	정상 ☐	정상 ☐	
		② 살포대 고정 및 노즐, 벨브 상태 확인	정상 ☐	정상 ☐	
9	배터리부	① 메인배터리 커넥터(단선, 간섭부) 확인	정상 ☐	정상 ☐	
		② 배터리 전압체크(전체 24V 이상, 각 셀별 4V 이상)	정상 ☐	정상 ☐	
		③ 메인배터리 연결 후 48V 이상	정상 ☐	정상 ☐	

비행 전 주의사항

순번	내 용	확 인	비 고
1	현재 비행할 지역에 비행승인(지방항공청)은 받으셨습니까?	☐	
2	라이센스(면허증)는 소지하고 있습니까?	☐	
3	조종자와 부조종자의 몸상태는 괜찮습니까?	☐	
4	기상상태는 확인하셨습니까?(초속 5m 비행금지)	☐	
5	안전모와 조종기 목걸이를 착용하였습니까?	☐	
6	보호안경(선글라스), 마스크 등 안전한 복장을 착용하였습니까?	☐	

체크리스트는 위에서 점검한 사항에 대해 최종적으로 Check하는 단계로서 각 부분(조종기, 날개, 모터, 암, 변속기, 기체, 랜딩기어, 살포장치, 배터리 등)에 대한 이상 유·무를 확인한 후 체크하여야 한다.

② 비행절차

㉠ 이 륙

• 이착륙지 선정 : 경사진 지형에서 이착륙을 금지하며, 사람이나 차량의 이동이 적은 곳에서 이착륙을 한다. 기체 주변에 장애물이나 바람에 의해 날아갈 물건이 없는지 확인한다.

• 안전거리 확보 : 기체 주변에 안전이 확보되었는지 확인하고 기체로부터 안전거리 15m 이상을 이격한다.

• 엔진을 사용하는 비행체는 시동 전에 여름철 약 2분, 봄 · 가을철 약 3분, 겨울철 약 5분간 반드시 워밍업을 해야 한다. 배터리 사용 비행체도 위 사항을 준용하는데 이유는 GPS 수신율 또는 송 · 수신기 신호감도 향상과 배터리의 사용가능온도 상승을 위해서이다. 만일 준수하지 않는다면 이상 증상으로 연결되어 사고 발생 가능성이 높아진다.

• 이륙 : 이륙 시 스로틀을 급조작하지 않는다.

㉡ 비 행

• 비행 중 스로틀의 급조작 · 과도한 조작을 자제한다.

• 조종자와 멀티콥터(드론) 간의 최대 수평거리 500m~1km(통상 가시권) 이내, 지면으로부터 고도 150m(항공안전법 기준) 이내를 유지한다.

• 비, 안개, 천둥, 번개가 치거나 풍속 5m/s 이상의 바람이 불 때는 비행을 자제한다.

• 비행 중 멀티콥터의 이상 반응(진동, 소리, 냄새 등)과 비정상적인 상황 발생 시에는 큰 소리로 '비상'이라고 알리고 즉시 안전한 장소에 멀티콥터(드론)를 착륙시킨다.

• 지구자기장 교란 수치가 '5' 이상일 경우 비행을 자제한다.

※ 스마트폰 어플 'Safeflight' 내 'K-index' 참조

㉢ 착륙 : 착륙 후 모터 출력이 내려가기 전에 강제로 모터 정지를 금지한다. 하드랜딩으로 기체가 착륙과 동시에 튕겨 올라갈 때 스로틀을 급조작하면 기체가 뒤집어질 확률이 높아지는데, 실제로 교육간 그런 사례가 종종 발생한다.

※ 잦은 하드랜딩은 기체 내구성 약화 / FC나 수신기 오작동 유발

③ 비행 후 점검

㉠ 기체 외관 점검 : 메인 프레임의 장착상태와 스크래치(상판, 프로펠러 등) 여부, 모터 베어링 파손, 변속기 과열, GPS 안테나 흔들림 등의 외관상 특이사항을 확인한다. 배터리의 잔량은 전압 게이지와 셀 체커기를 통해 육안으로 확인하며, 메인프레임이나 스키드(랜딩기어)의 외관상 결함이나 결합부위상의 볼트 풀림 현상 등을 반드시 확인한다.

㉡ 조종기 점검 : 조종기의 스위치, 안테나, 외관 변형여부, 배터리 사용상태를 확인한다.

㉢ 프로펠러 : 비행간 프로펠러의 파손(스크래치 여부 등)을 확인하는 단계로 외형상의 변화나 고정 나사 풀림 등을 확인해야 한다. 특히 초겨울철 비행 시에는 프로펠러 주변에 착빙 현상이 아래 그림과 같이 발생할 수 있음으로 비행 후에는 반드시 점검을 실시하며 착빙을 제거하고 새로운 비행을 실시해야 한다.

※ 멀티콥터 프로펠러의 날개 끝에 착빙이 일어나면, 날개 표면이 울퉁불퉁해지면서 날개 주위의 공기 흐름이 변형되고, 이 결과 항력이 증가되고 양력이 감소되는 등 모터 추력에 영향을 주어 멀티콥터 조작에 영향을 준다.

㉣ 모터, 변속기 : 모터 회전간 베어링 마모 현상, 변속기 과열상태 확인하는 단계로 모터 회전 간 긁히는 소리가 나는지 주의 깊게 확인한다.

㉤ 암(Arm) : 비행 중 진동에 의한 유격현상(기체와 암 연결 부위) 발생 여부를 확인한다.

㉥ 메인 프레임 : 프레임과 기타 구조물간의 연결 부위를 확인한다.

㉦ 스키드 : 랜딩기어 뒤틀림 현상이나 메인프레임과 결합된 고정나사 풀림 등을 확인한다.

㉧ GPS : 메인프레임에 GPS 안테나 지지대가 잘 고정되어 있는지 확인한다.

※ 비행 후 점검은 비행 전 점검 절차와 동일하지만 비행 전 점검단계에서는 조종기를 먼저 On하고, 비행 후 점검단계에는 메인배터리를 먼저 Off하여야 한다.

CHAPTER

04 기초 비행이론과 특성

01 멀티콥터의 기초 비행이론과 특성

(1) 기초 비행이론

① 멀티콥터 중 흔히 사용하는 쿼드콥터는 통상 12시 방향을 기준으로 1시 방향부터 반시계 방향으로 M1~M4로 구성되는데 M1, M3는 반시계 방향으로 회전하고, M2, M4는 시계 방향으로 회전하며 비행한다(제조사별로 상이하게 명칭하는 경우도 있다).

※ M은 Motor의 약자로서 모터 축에 따라 시계, 반시계 방향으로 설정 가능

② **상승·하강** : M1~M4의 회전속도(RPM : 분당 회전수)에 따라 고속회전 시 상승하고 저속회전 시 하강하게 된다.

③ **전진·후진** : M3~M4의 회전속도가 고속이 되면 기체는 앞으로 기울어지면서 전진하고, M1~M2 회전속도가 고속이 되면 반대로 기체가 뒤로 기울어지면서 후진한다.

④ **좌우수평비행** : M1 및 M4의 회전속도가 고속이 되면 기체는 왼쪽으로 기울어져 이동하고, M2 및 M3의 회전속도가 고속이 되면 오른쪽으로 기울어지면서 이동한다.

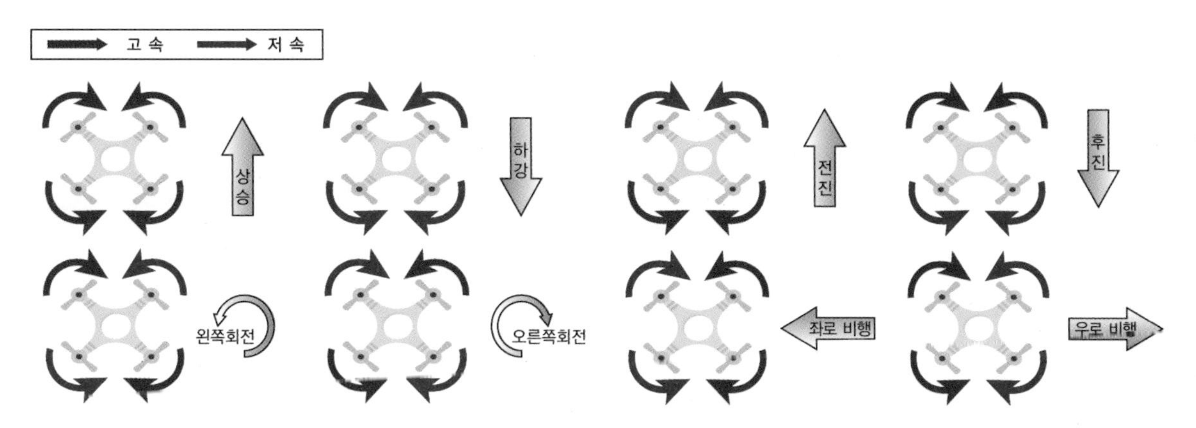

⑤ **좌우회전비행** : M1 및 M3의 회전속도가 고속이 되면 기체는 오른쪽으로 회전하게 되고 반대로 M2 및 M4의 회전속도가 고속이 되면 기체를 왼쪽으로 회전하게 된다. 이는 토크·반토크 작용 때문인데 전동드릴 사용 시 드릴을 오른편으로 돌리면 드릴 몸통이 왼쪽으로 도는 현상을 생각하면 이해가 쉽다.

(2) 특 성

① 2개 이상의 모터・프로펠러를 가진 비행체로 단일로터 방식의 헬리콥터처럼 토크상쇄를 막기 위한 꼬리날개가 필요 없고 각각의 프로펠러 회전수(속도)를 조절하여 추력을 발생시켜 전・후・좌・우를 제어할 수 있다. 프로펠러가 기준축을 중심으로 반시계(CCW) → 시계(CW)방향으로 회전하여 토크가 상쇄된다. 트리콥터의 경우에는 3번 모터 축에 가변피치를 사용하는 서보장치를 장착하여 토크 상쇄가 가능하다.

② 멀티콥터는 헬리콥터와 같이 수직 이착륙 및 호버링이 가능하며 헬리콥터보다 기계적 구조가 단순하며 안정적이다. 조종기 신호 입력에 따라 적절한 모터속도를 계산하기 위해 비행 제어장치가 필수적인데, 기본적으로 조종기, 수신기, FC, 변속기, 모터, 프로펠러, GPS가 필요하다.

③ 최근 기술의 진보로 이러한 구성 요소를 더 작고 저렴하게 만들 수 있게 되면서 헬리콥터보다 공기 역학적으로 효율적이고 조종성이 좋아 대중들이 쉽게 접할 수 있게 되었다.

④ 현재 대부분의 멀티콥터는 모터 구동을 위해 배터리를 사용하는데 비행시간을 연장하기 위해 무조건 배터리 용량을 늘릴 수는 없다. 배터리 무게 증가에 따른 에너지 소비효율이 높지 않기 때문이다. 하지만 배터리 기술 발전에 따라 비행시간이 연장되고 있는 추세이다.

⑤ 모터가 고속으로 회전 시 모터・프로펠러 RPM이 고속회전하여 양력발생이 높아 상승하게 되며, 반대로 저속으로 회전 시 하강한다.

⑥ 토크・반작용에 의해 고속으로 회전하는 모터와 반대 방향으로 비행체가 회전한다.

⑦ 각 축별로 모터의 회전속도가 다르면, 기체는 저속인 방향으로 기울어지면서 그 방향으로 이동을 한다.

⑧ 헬리콥터보다 구조적으로 간단하여 가격이 저렴하며, 유지보수 비용・시간 또한 절감된다.

CHAPTER

05 추력부분 명칭과 이해

01 멀티콥터의 추력부분 명칭과 이해

(1) 멀티콥터의 추력부분 명칭

① 멀티콥터 추력부분을 담당하는 곳은 FC → 변속기 → 모터 → 프로펠러로 이어지며, 각 부분에서 전달된 전압, 전류량에 의해 각 축별 모터 회전으로 프로펠러가 회전하게 되고 프로펠러의 RPM(분당 회전수)이 상승하면, 회전수가 적은 방향으로 멀티콥터는 이동(전・후・좌・우 운동, 좌・우 회전운동)하게 된다. CHAPTER 02에서 각각의 부품에 대해 설명하였으므로 여기에서는 추력을 발생하는 주요 부분에 대해 간략히 알아본다.

② 비행 컨트롤러(Flight Controller) : 드론(멀티콥터)의 움직임과 센서에서 감지된 정보, 조종기에서 수신된 정보를 제공받아 변속기로 보내주는 중앙 허브로서 컴퓨터로 보면 CPU라 할 수 있으며 국내에서는 주로 DJI(A3, A2, N3, 우공 등) 계열 또는 미국의 PIXHAWK가 주로 사용되고 있다.

▮ FC 내부(예)

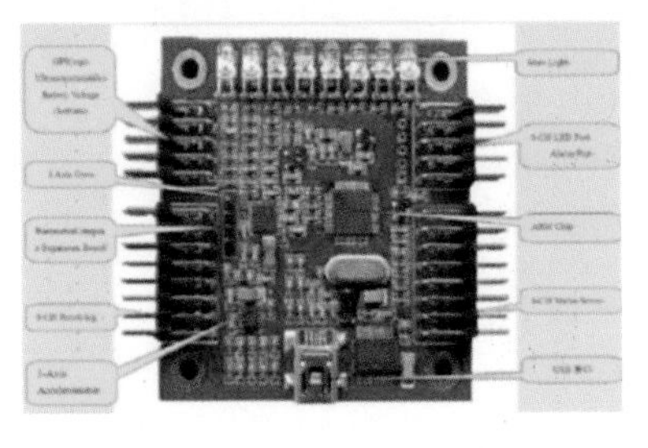

▮ DJI 계열(A3)

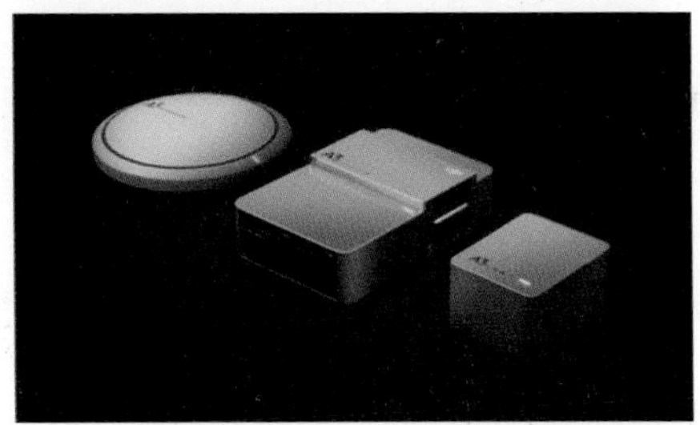

▮ 미국(PIXHAWK 1)

③ **변속기(Electronic Speed Controller)** : 조종기의 스틱 제어에 따라 FC를 통해 변속기로 전달되어 브러시리스 모터 출력을 제어하는 장치이다.

㉠ 제어장치 연결 단자 : FC에서 나오는 신호를 전달한다.

㉡ DC 입력 단자 : 배터리에서 직류(DC)로 전달한다.

㉢ 모터 커넥터 : 3개의 케이블선은 변속기에서 모터까지 교류(AC)를 전달하며, 3개의 선 중 2개의 선을 교차 연결함으로써 전류방향을 바꾸면 모터가 반대로 작동한다. 이 커넥터의 선이 잘못 연결되면 M1 모터가 CCW(역방향)으로 회전하지 않고 CW(정방향)으로 회전하여 양력 불균형 현상으로 기체가 전복될 수 있으니 주의해야 한다.

㉣ 콘덴서 : 배터리에서 나오는 직류의 흐름을 보호한다.

※ 변속기는 엄격한 온도범위 내에서 작동하기 때문에 한도를 넘어가면 효율성이 저하된다.

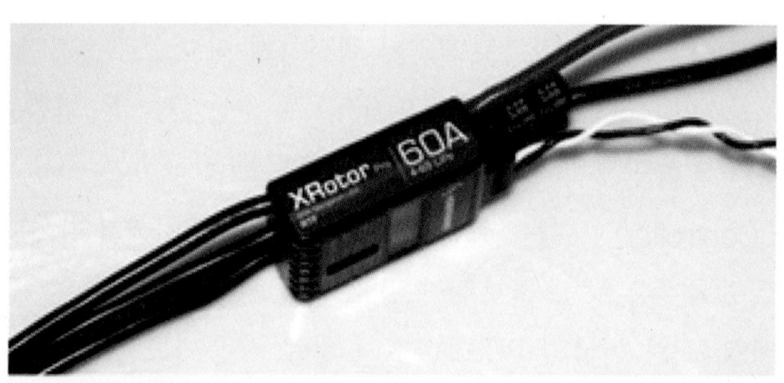

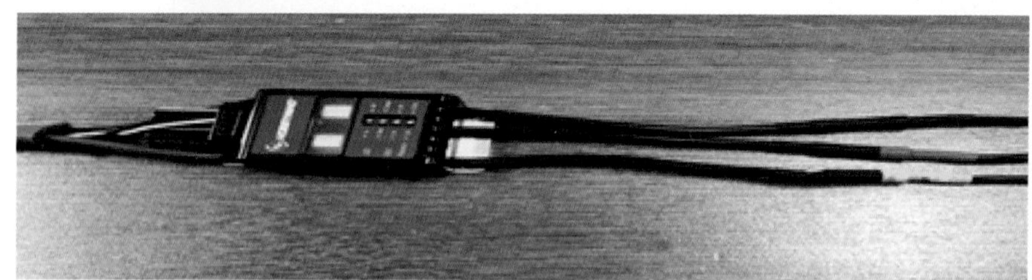

※ 모터 회전 방향 변경 시(CW → CCW) 사진상 2개의 선 교차해 연결
예 A-A, B-B, C-C ⇒ A-B, B-A, C-C

④ **모터(Motor)** : 최근에는 브러시드 모터보다 브러시가 없는 브러시리스 모터가 많이 사용되고 있는데, 이전의 브러시가 있는 모터는 회전이 빨라질수록 힘이 줄어들고 브러시가 닳아 소모되면 브러시를 교체해 주어야 하는 단점이 있지만 마이크로프로세서 제어장치가 장착된 브러시리스 모터는 신속한 속도 변환을 가능하게 해 줌으로써 정확한 비행이 가능하고 효율성이 높다.

통상 모터의 KV 표시는 수치가 낮을수록 프로펠러 고속회전이 가능하다. 즉, 프로펠러가 클수록 추진력이 커지지만, 바람에 대한 안정성은 떨어진다. 즉, RPM(분당 회전수)이 좋은 모터가 외력(바람) 등의 영향을 받았을 때 순간 회전속도를 급상승시켜 기체의 기울어짐을 쉽게 원위치시킬 수 있다는 것이다. 모터 선택 시 기체의 크기와 중량, 프로펠러의 크기를 적절하게 조화시켜야 안정적인 기체가 되며 CHAPTER 02에서 설명하였듯이 모터 스펙보다 큰 프로펠러 장착 시에는 모터, 변속기에 과부하를 주게 된다.

▮ 브러시리스 모터(예)

▮ 브러시드 모터(예)

⑤ **프로펠러** : 전진 시에 앞쪽에 있는 공기를 뒤쪽으로 밀어낸 거리만큼 전진하게 한다. 프로펠러의 측정 단위는 일반적으로 인치(inch)로 표시한다. 예를 들어 24×7.5에서 24인치는 프로펠러의 길이로 프로펠러가 회전할 때 그려지는 가상의 원의 지름을 의미하기도 한다. 7.5인치는 피치각(비틀어진 프로펠러 각)으로 프로펠러가 한 바퀴 회전하여 앞으로 이동한 거리를 말한다. CCW는 반시계방향(Counter Clock Wise)으로의 회전을 뜻한다.

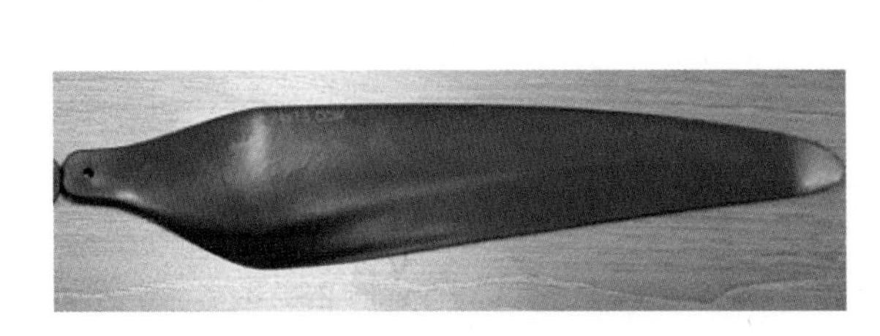

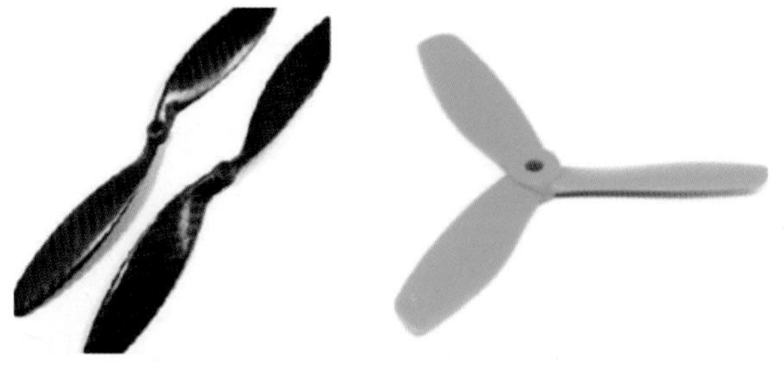

㉠ 상승 시 : 1, 2번 프로펠러와 3, 4번 프로펠러가 서로 안쪽으로 모아주면서 고속회전할 때 프로펠러에서 생기는 바람이 아래로 내려가기 때문에 '양력'이 발생하여 '중력'을 극복하며, 따라서 수직 상승하게 된다.

※ 선풍기 날개가 앞으로만 '바람'이 송출되고 뒤로는 안되는 현상을 연상하면 된다.

㉡ 하강 시 : 각 축의 프로펠러가 서로 안쪽으로 모아주면서 저속으로 회전하면 아래로 내려가는 '바람'이 적게 송출되어 중력이 양력보다 크게 되어 기체는 수직하강하게 되는 것이다.

㉢ 전・후・좌・우 이동 시 : 이동하고자 하는 방향의 반대방향 프로펠러를 고속으로 회전시키면 기체는 가고자 하는 방향으로 기울어지면서 이동한다.

㉣ 좌・우회전 시 : 쿼드콥터를 기준으로 회전히고자 하는 방향의 반대편(대칭축) 프로펠러를 고속으로 회전시키면 된다.

02 멀티콥터의 추력 부분 발생 원리 / 비행방향

(1) 멀티콥터의 추력 발생 원리

① 멀티콥터 추력 부분을 담당하는 곳은 쿼드콥터 기준으로 M1~M4 전 방향으로 발생하게 된다. 기초 원리에서 설명하였듯이 멀티콥터는 원하는 진행 방향이 있다면 그 반대편 모터, 프로펠러의 RPM(분당 회전수)을 상승시키게 되며, 회전수가 적은 방향의 '축' 방향으로 멀티콥터는 이동하게 된다.

무인항공기(드론)의 추력 발생 원리와 선박의 스크루에 의한 추력발생의 원리가 비슷한데 그림으로 보면 다음과 같다.

※ M1~4의 의미는 Motor의 약자로 축별 모터 순서를 12시 기준으로 1시부터 반시계방향의 모터 축을 의미한다(헥사는 M1~6, 옥타는 M1~8의 모터를 장착한다).

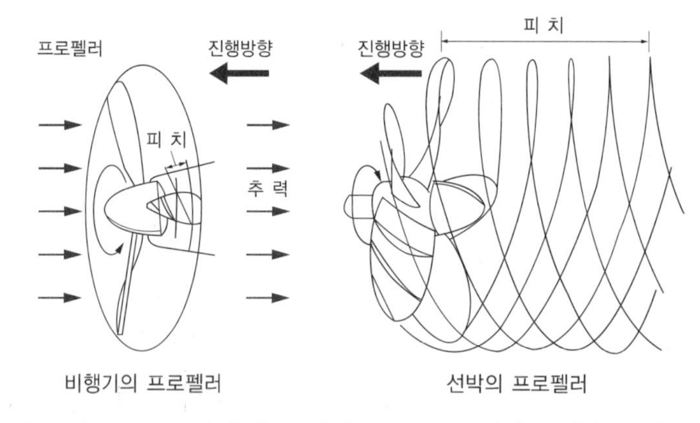

② 정지 호버링 : 쿼드콥터를 기준으로 모터에 맞는 최대 RPM 중 일정한 회전속도 이상을 유지한다면 "드론"은 정지 호버링을 실시하게 된다. 즉, 호버링하는 동안 양력과 중력, 추력과 항력은 모두 평형을 이룬다.

③ 상승 · 하강 : 모든 프로펠러가 동일한 속도로 회전을 하며 추력을 증가시키면 양력이 중력보다 크게 되어 멀티콥터는 상승비행을 시작하고, 반대로 추력을 감소시키면 멀티콥터는 하강비행을 시작한다. 즉, M1~M4축의 모터 회전속도(RPM : 분당 회전수)에 따라 상승과 하강을 한다.[8]

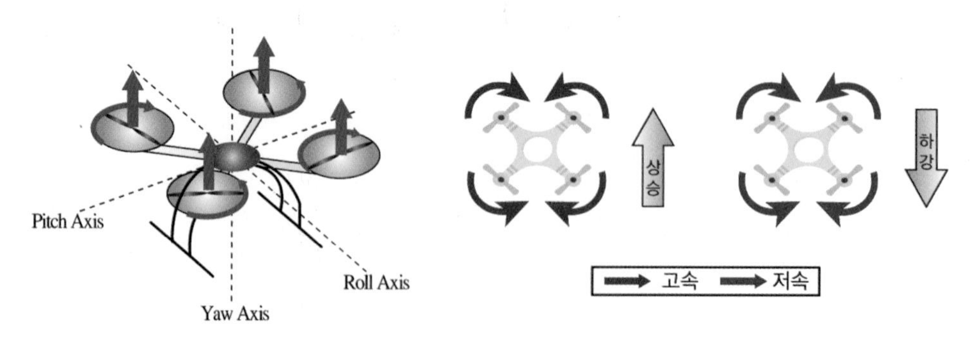

8) 쿼드콥터의 비행원리 : 숨은과학원리(HOOC TECH&SCIENCE, 15.9.1)

(2) 멀티콥터의 추력 발생별 비행방향[9]

① **전진・후진** : M3~M4 회전속도 상승 시 기체는 반대(M1, M2)방향으로 기울어져 전진하고, M1~M2 회전속도 상승 시 반대로 후진한다. 즉, 멀티콥터의 전방・후방에 위치한 프로펠러의 회전속도 차이로 전진・후진 수평 비행을 시작한다.

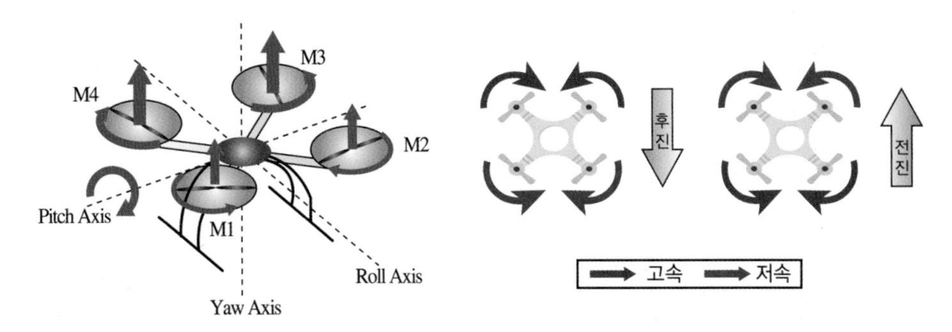

② **좌우 수평 비행** : M2 및 M3의 회전속도 상승 시 기체는 오른쪽으로 기울어져 이동하고, M1 및 M4의 회전속도 상승 시 왼쪽으로 이동한다. 즉, 다음 그림과 같이 멀티콥터의 좌・우에 위치한 프로펠러 회전속도의 차이로 좌우 수평 비행이 가능하다.

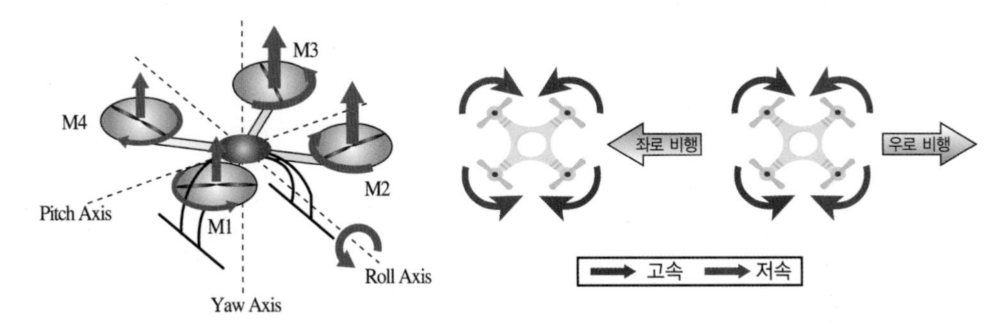

③ **좌우 회전 비행** : M1 및 M3의 회전속도 상승 시 기체는 오른쪽으로 회전하고, M2 및 M4의 회전속도 상승 시 기체는 왼쪽으로 회전한다. 즉, 다음 그림과 같이 멀티콥터의 전방・후방 대각선을 중심으로 위치한 프로펠러 회전속도의 차이로 수평 좌우 회전 비행을 시작한다.

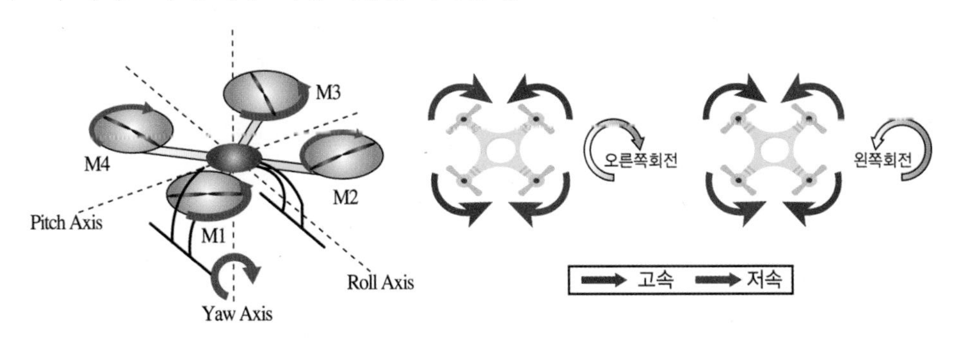

9) 쿼드콥터의 비행원리 : 숨은과학원리(HOOC TECH&SCIENCE, 15.9.1)

CHAPTER
06 고장 등 비정상 상황 시 절차

01 비정상 상황 시 절차

(1) 비정상 상황

① 환경적 요인

지구에는 자기장이 흐르며 이를 지자기라고 한다. 지구자기장 수치에 의해 드론을 제어하는 GPS・지자계・IMU 센서를 사용하는 드론을 지자기 교란에 의한 오작동을 일으킬 수 있기 때문에 드론 조종사는 항상 '지자기 수치(Safe Flight 체크)'를 확인한 후 비행을 하여야 한다. 지자기 폭풍이란 태양에서 발생하는 폭발 및 흑점의 변화로 인해 방출되는 고에너지 입자가 지구에 도달하여 지구 자기장을 교란하는 것으로 국립전파연구원 우주전파센터에서 제시한 대표적 수치는 다음과 같다.

▮ 지자기 교란(지자기 폭풍) [10]

등 급		예상되는 피해	관측값	평균발생횟수
G1		• 전력시스템 : 약한 전력망 동요현상이 일어날 수 있음 • 위성시스템 : 기능 및 운용에 약한 장애 발생가능 • 기타 : 계절에 따라 이주하는 동물의 항법기능에 영향을 줄 수 있음	Kp = 5	태양활동 1주기당(11년) 약 1,700회
G2		• 전력시스템 : 고위도지역 전력시스템에 전압 불안정 현상이 나타날 수 있으며 장시간 지속될 경우 변압기 손상이 있을 수 있음 • 위성시스템 : 지상관제소에서는 위성의 자세보정 또는 궤도수정이 필요할 수 있고 끌림현상 발생 가능 • 기타 : 고위도에서는 HF통신 장애가 발생할 수 있음	Kp = 6	태양활동 1주기당(11년) 약 600회
G3		• 전력시스템 : 전압보정이 필요할 수 있으며, 일부 보호시스템에 오작동 발생 가능 • 위성시스템 : 인공위성에 표면전하현상이 발생할 수 있으며 저궤도위성의 경우 끌림 현상이 증가하므로 자세보정이 필요할 수 있음 • 기타 : 위성 항법시스템, 저주파 항법시스템 및 HF 통신에 간헐적으로 문제가 발생할 수 있음	Kp = 7	태양활동 1주기당(11년) 약 200회
G4		• 전력시스템 : 전압제어 문제의 광범위한 확산 및 일부 보호시스템의 오작동으로 주요 전력망 기능이 상실됨 • 위성시스템 : 인공위성에 표면전하현상 및 위성추적에 문제 발생 가능하며, 위성자세 제어가 필요할 수 있음 • 기타 : 송유관에 수시간 동안 유도전류가 발생하여 제어 및 보호시스템에 문제가 발생하며, HF 통신, 위성항법시스템, 저주파 항법에 장애가 발생할 수 있음	Kp = 8	태양활동 1주기당(11년) 약 100회

10) 국립전파연구원 우주전파센터(http://spaceweather.rra.go.kr)

등 급		예산되는 피해	관측값	평균발생횟수
G5		• 전력시스템 : 광범위한 지역에 걸쳐 전압에 문제가 발생할 수 있으며, 일부 시스템에서는 오작동으로 전력망의 전력 전송체계가 완전히 훼손되고, 변압기가 파손될 수 있음 • 위성시스템 : 인공위성에 표면전하현상, 위성추적 및 상/하향 링크에 문제가 발생할 수 있음 • 기타 : 송유관 보호장비에 수백 암페어의 유도전류가 발생할 수 있으며, 광범위한 지역에 HF 통신, 위성항법시스템, 저주파 항법시스템 장애가 수일동안 발생 가능	Kp = 9	태양활동 1주기당(11년) 약 4회

※ 현재의 지자기 수평성분과 태양활동이 조용한 날의 지자기 수평성분차이를 3H 단위로 측정하여 0~9까지 등급화 시킨 것을 'K' 지수라고 하며, 지구 전역에 분포(10여 개)하고 있는 관측소에서 각각 계산된 'K' 값의 평균을 'Kp' 지수라고 함

지구자기장 수치가 Kp 5 이상 시 드론을 비행한다면 지자계와 GPS가 동시에 지자기교란의 영향을 받아 조종기 조작이 원하는 방향으로 컨트롤이 안 되거나 드론의 헤딩방향이 원하지 않는 방향으로 계속 돌면서 IMU(관성측정장치) 중 가속도센서에도 영향을 주어 속도가 2~4배로 빠르게 진행되기도 한다. 따라서 지구자기장 수치가 'Kp 5' 이상 시에는 드론 운용을 자제하는 것이 바람직하다.

이는 필자가 드론 교육 시 경험한 사항으로 자격증 시험코스 중 가장 어려운 부분인 원주비행 연습 시 지자기 간섭에 의해 처음에는 원주비행이 정확한 방향으로 이루어졌지만 어떠한 키도 조작되지 않은 상태에서 태양계처럼 원이 타원형으로 커지면서 속도도 3~4배 빨라진 경험이 있다. 이 때 '스로틀 키'는 조작이 되므로 키를 서서히 하강시켜 안전하게 착륙시키는 것이 중요하다.

▮ 지자계 센서 : 드론방향 제어

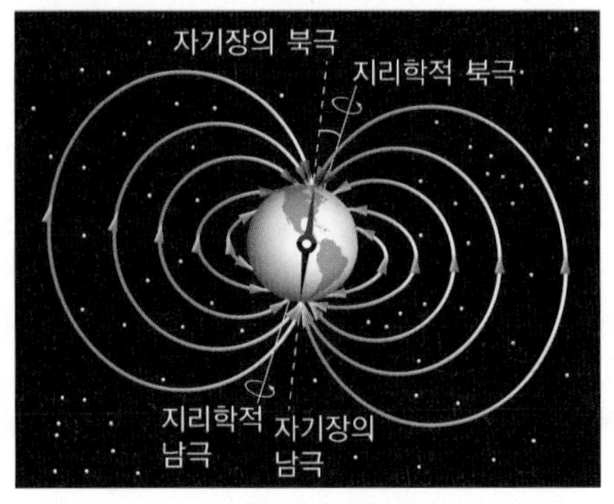

[지구의 자기장]

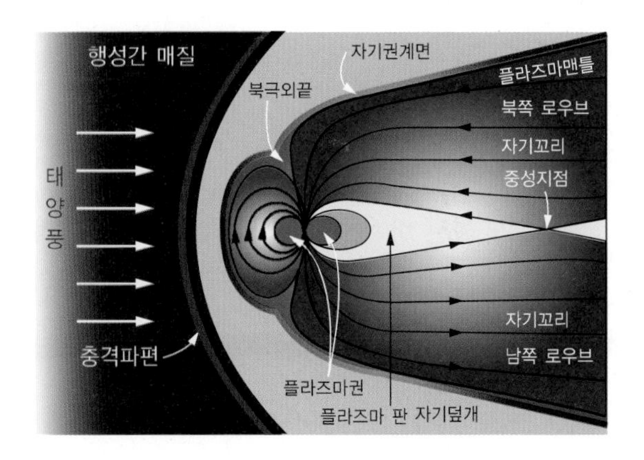

• 전력시스템 : 광범위한 지역에 걸쳐 전압에 문제가 발생할 수 있으며, 일부 시스템에서는 오작동으로 전력망의 전력 전송체계가 완전히 훼손되고, 변압기가 파손될 수 있음
• 위성시스템 : 인공위성에 표면전하현상, 위성추적 및 상/하향 링크에 문제가 발생할 수 있음
• 기타 : 송유관 보호장비에 수백 암페어의 유도전류가 발생할 수 있으며, 광범위한 지역에 HF 통신, 위성항법시스템, 저주파 항법시스템 장애가 수일동안 발생 가능

② 기계적 요인(모터 · 변속기 과부하, FC 에러 등)

드론에 사용되는 주요 부품들은 수명주기가 있다. 정비 규정에 대해서는 정확하게 매뉴얼화되어 있는 것은 없지만 필자가 교육기관을 운영하면서 자체적으로 정리한 사항은 다음과 같다.

㉠ FC는 통상 2,000여 시간(1일 6시간 비행 × 30일 × 11개월 = 1,980H)에 교체를 하면 되기 때문에 1년으로 보면 될 것이다(단, 하드랜딩으로 FC 구조적 손상 시 수명주기 단축).

㉡ 모터 · 변속기는 통상 300~500시간의 교체 주기를 고려 시(1일 6시간 비행 × 30일 × 3개월 = 540H) 3~4개월 단위로 보면 될 것이다(단, 베어링이 마모되거나 과부하로 제 성능 미발휘 시 교체).

㉢ 배터리는 통상 300~500cycle의 교체 주기 고려 시(1일 6cycle × 30일 × 3개월 = 540cycle) 통상 3~4개월로 보면 된다(단, 충전 중 또는 사용 중 '팽창'하였거나 '파손'된 배터리는 즉시 소금물에 담구어 폐기).

상기 사항은 특정 데이터를 설명한 것이고 각 교육원 또는 개인별로 각 부품에 대한 예방정비 정도에 따라 1/2 또는 2배 사용이 가능할 것이다. 특정 교육원에서는 200~300H 주기로 모터 · 변속기를 교체하여 사용하기도 한다. 중요한 것은 배터리가 갑자기 방전되거나 변속기 · 모터에 과부하가 걸려 기체가 이륙과 동시에 또는 비행 중 비정상 상황이 발생할 수 있다는 점이다. 따라서, 비행장마다 기체 2대를 구비하여 교대로 임무수행한다면 현재의 주기보다 운용시간 및 Cycle이 1/2로 줄어들기 때문에 수명주기는 2배로 연장이 가능하다. 이는 개인용 기체도 마찬가지로서, 개인적으로 사용하거나 사업을 한다면 주 · 예비 기체를 보유하는 것이 바람직하다.

(2) 비상절차

① 비정상 상황 시 조치

㉠ 모터 또는 변속기 과부하에 의해 주로 발생하는 사항은 전류, 전압이 일정치 않게 공급됨으로써 1개 축의 모터 · 프로펠러 회전이 다른 축에 비해 고속 또는 저속으로 회전함으로써 드론이 저속으로 회전하는 '축'방향으로 비정상적으로 기울었다가 수평상태로 돌아오는데, 이때는 바로 안전한 곳으로 스로틀을 서서히 내리면서 착륙하여야 한다.

㉡ 좌측 그림과 같이 2번 축의 모터 · 프로펠러가 RPM 저하로 '틱틱'거리게 되며, 심할 경우 실속상태가 되어 추락한다.

㉢ 우측 그림과 같이 2~3번 축의 변속기나 모터 이상으로 전류, 전압이 일정하게 공급되지 않는다면 모터가 저속회전하여 양력이 감소되거나 순간 실속상태가 되어 추락 또는 심하게 기울어지게 되며 경우에 따라 전복하게 된다.

▮ 2번 모터, 변속기 과부하로 RPM 저하

▮ 2~3번 모터, 변속기 실속

㉣ 배터리 : 통상적으로 리튬폴리머 배터리는 셀당 전압을 체크하고 사용하는데 셀당 완충전압은 4.2V가 기준이며, 정격전압 3.7V 이상에서 사용해야 하며, 모든 기체는 저전압 경고를 설정하고 운용한다. 만일 저전압 경고등(통상 노란색)이 비행 중 점멸한다면 안전한 곳으로 유도한 후 착륙하여야 하며, 적색등의 점멸 시 바로 착륙하여야 한다.

② 비상절차

㉠ 비상시 조치요령은 주변에 '비상'이라고 알려 사람들이 드론으로부터 대피하도록 하고, GPS 모드에서 조종기 조작이 가능할 경우 바로 안전한 곳으로 착륙시키며, 만일 GPS 모드에서 조종기 조작이 불가능할 경우 자세모드(에티모드)로 변환하여 인명, 시설에 피해가 가지 않는 장소에 빨리 착륙시킨다. 만약 에티모드 변환 후에도 조작이 원활하지 않다면 스로틀 키를 조작하여 최대한 인명, 시설에 피해가 가지 않는 장소에 불시착시켜야 한다(필요시 나무 등).

㉡ 지자기 교란상황 하에서는 엘리베이터, 에일러론, 러더 키는 간헐적으로 작동하지 않지만, 스로틀 키는 작동하므로, 만일 드론 운용간에 지자기 교란에 의해 어떠한 키도 작동하지 않는다면 '스로틀' 키를 조작하여 안전하게 착륙시키거나 미리 설정해놓은 RTH(Return to Home) 토글 스위치를 조작하여 홈으로 안전하게 이동시키는 것이 중요하다.

CHAPTER 07

송수신 장비 관리 및 점검

01 송수신 장비

(1) 송수신기

송수신기는 바늘과 실이라고 생각해도 과언이 아니다. 바늘만 있다고 봉합을 할 수 없듯이 조종기만 가지고는 드론을 제어할 수 없다. 따라서 조종기와 호환되는 수신기를 사용해야 하며, 조종기에 해당 수신기를 인식시키는 과정을 '바인딩' 또는 '페어링'이라고 한다.

송신기의 주파수는 수신기로 전달되고 수신기의 신호는 FC로 보내지며, FC에서는 조종기에서 보내온 조종값(스로틀 상승, 엘리베이터 전진 등)에 따라 변속기로 전압과 전류를 보내주면 그에 적합한 모터 회전수에 의해 프로펠러가 회전함으로써 추력을 발생시켜 가고자 하는 방향으로 드론(멀티콥터)이 이동하게 되는 것이다. 이러한 일련의 과정을 그림으로 설명하면 다음과 같다.

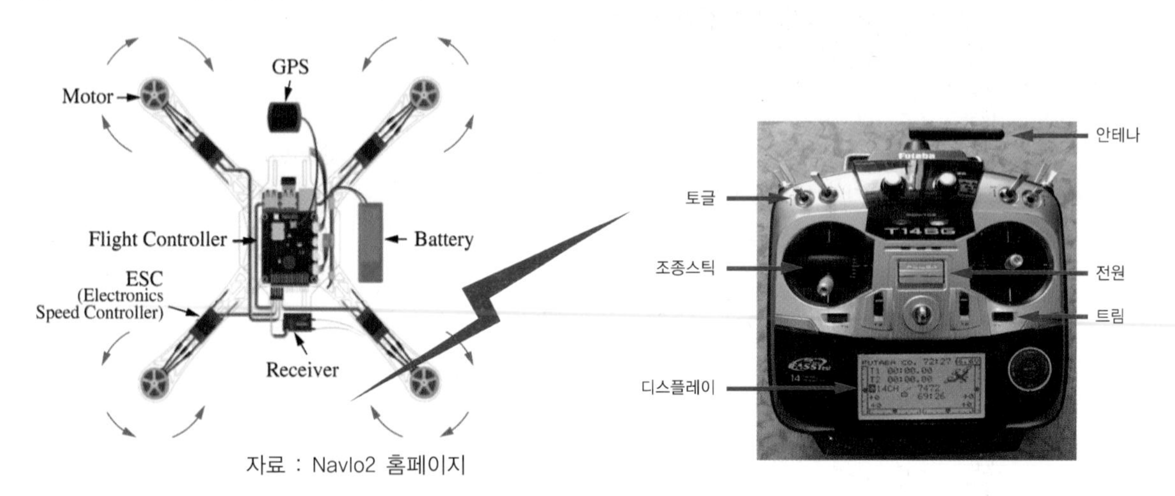

자료 : Navlo2 홈페이지

(2) 수신기

수신기는 조종기(또는 조종기의 송신기)에서 발신되는 라디오 주파수를 수신해서 멀티콥터의 FC(Flight Controller)에 보내주는 역할을 한다. 조종기를 선택할 때 호환되는 수신기도 결정이 되기 때문에 선택의 폭에 대한 부담이 적다.

① 주파수를 수신하여 FC에 신호로 변환하여 전달하는 장치로서 통상 조종기와 호환되는 수신기를 장착해야 한다.

② 송신기에서 발사한 전파를 받아들이는 부분으로 수신기 채널의 경우 2채널~18채널까지이며 4.8~6V의 전원을 인가하면 각 채널별로 FC를 통해 변속기를 거쳐 모터로 전달된다.

③ 통상적으로 사용되는 송수신기는 후타바와 그라프노, 타라니스, 스펙트럼 조종기를 많이 사용하고 있다.

④ 조종기에 맞는 수신기가 따로 있어서 해당 조종기에 맞는 수신기 선택이 매우 중요하다.

▮ 후타바 조종기용 수신기 샘플

▮ 스펙트럼 조종기용 수신기 샘플

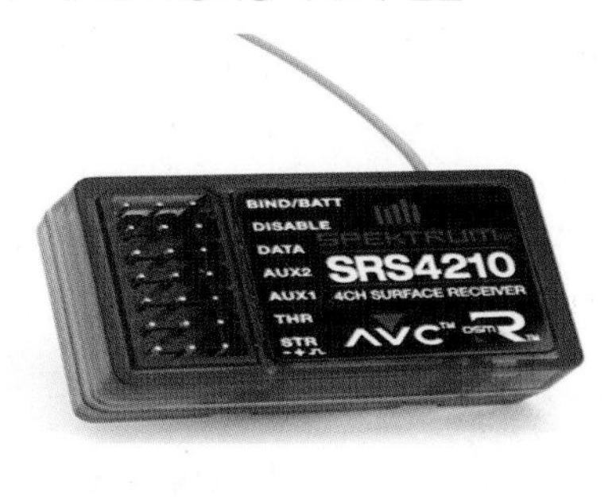

(3) 송신기(조종기)

① 송신기(조종기)란 전파를 송신하여 드론에 비행제어명령을 내리는 것으로 스틱(Stick)식과 휠(Wheel)식이 있으며, 최근에는 터치(Touch)식이 출시되기도 했다. 휠식은 통상 건 타입(Gun Type)이라고도 불리는데 RC용 자동차에 주로 사용된다. 국내 RC용 주파수는 27MHz, 40MHz, 72MHz, 2.4GHz 4개 대역으로(MHz/GHz) 1980년대 승인받아 시작된 가장 오래된 AM방식이 27MHz이며, 1990년 FM방식이 40MHz, 72MHz, 가장 최신의 방식이 2.4GHz로 대부분의 드론 제어에 사용 중이다.

② 최근에 나온 2.4GHz는 주파수 호핑(Frequency Hopping) 기술을 채택하여 좀처럼 혼선이 되지 않는 특징[11]이 있으나, 확률적으로 주파수 간섭이 일어날 수도 있다.

▮ 주파수 호핑 설명도

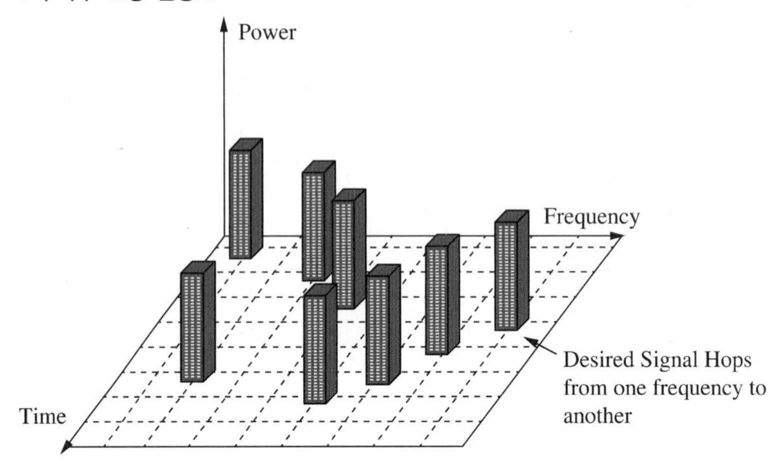

③ 조종기는 드론(비행장치)을 조종하기 위한 도구로서 드론의 비행 부분 외에 추가되는 부가임무에 따라서 각 토글 스위치에 추가 기능을 설정할 수 있다. 조종기 전원을 켜기 전 반드시 다음 사항들을 체크하는 습관을 들여야 한다.

▮ 조종기 각 부위별 명칭 ▮ 조종기 디스플레이 화면 확대 사진

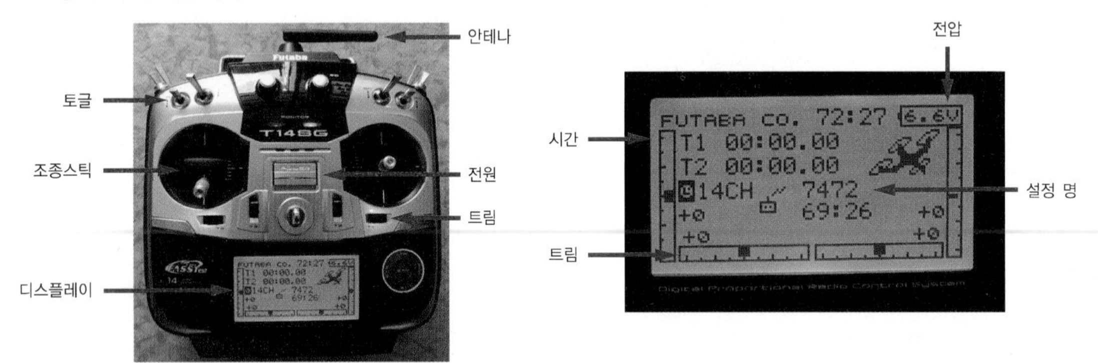

㉠ 토글 스위치 : 가장 흔하게 설정하는 것이 드론으로는 제어하는 기본모드인 GPS모드, 자세모드, 매뉴얼 모드, RTH(리턴 투 홈)가 있으며, 어떠한 임무를 실시하느냐에 따라서 방제 스프레이 작동, 인명구조 튜브 낙하, 스로틀 리밋(위험할 정도로 스로틀을 조작하는 경우 인위적으로 일정부분 이상 상승 또는 하강타가 들어가지 않게 한다)을 설정할 수도 있다.

11) http://www.wirelesscommunication.nl

ⓛ 트림 : 트림이란 모터의 추력부분을 원하는 방향으로 진행하도록 인위적으로 조절하는 장치로서 모든 조종사는 트림위치가 정중앙에 위치하였는가를 확인한 후에 비행을 실시하여야 한다. 좌측면의 트림 조절장치는 스로틀값을 조정하는 것이며, 좌측 하단의 트림장치는 러더값을, 우측하단의 트림장치는 에일러론값을, 우측면 트림장치는 엘리베이터값을 보정해 주는 것이다(Mode 2).

만약, 오른쪽 상단의 트림 조절장치를 12시 방향으로 조절 시 화면상에는 (-)값으로 전환되고, 기체는 제자리 호버링을 하지 못하고 기체가 앞으로 기울어지면서 조금씩 전진을 하게 된다.

ⓒ 안테나 : '무지향성'과 '지향성'으로 구분된다. 무지향성(Omni Directional)은 통상 '안테나'형태로 전파(신호)가 전방위로 방사되는 장점이 있는 반면 조종거리는 축소된다. 지향성은 통상 '사각형'형태로 신호를 기체에 지향하며 전파(신호)출력이 높아 원거리 송신이 가능하지만 특정 방향에 전파수신율이 저하되는 단점도 있다. 통상적으로 많이 사용되고 있는 후타바 조종기는 지향성이 있으며, 'ㄱ'형태에서 송신출력이 최대가 되며 'ㅗ'형태에서는 출력이 약하기에 안테나 끝이 기체방향으로 향하지 않은 상태에서 조작이 필요하다. 즉, 송신출력 감소 시에는 안테나 회전각도 조정을 해야 한다. 일반적으로 후타바 조종기를 포함한 상용 컨트롤러는 2km 내외로 설정되어 있다. 하지만 비행 시 주위 환경 요인에 따라 비행거리가 연장 또는 축소된다.

ⓡ 설정명 : 대다수 조종기의 경우 수신기를 여러 개 사용한다면 헬기나 드론 여러 대를 바인딩하여 한 조종기로 운용을 할 수 있다. 설정명에 해당 기체를 선택하여 만들 수도 있다. 만들어진 설정명으로 선택을 하면 해당 기체와 조종기가 연결되어 비행이 가능하다. 다음 그림은 1개의 후타바 조종기에 소형~대형 헬기까지 설정된 표시창이다.

▮ K110 헬기(후타바)

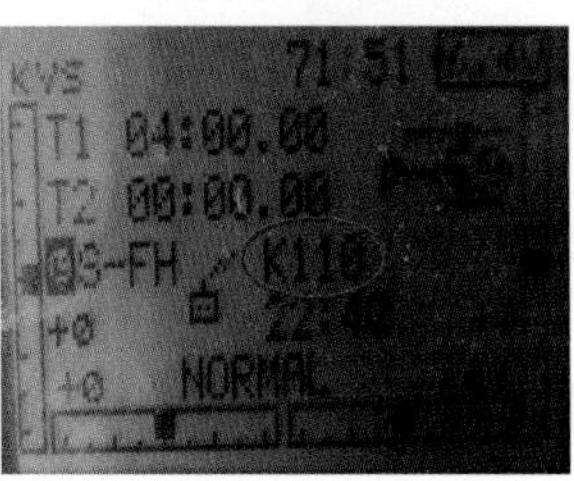

▮ TREX450 헬기(후타바)

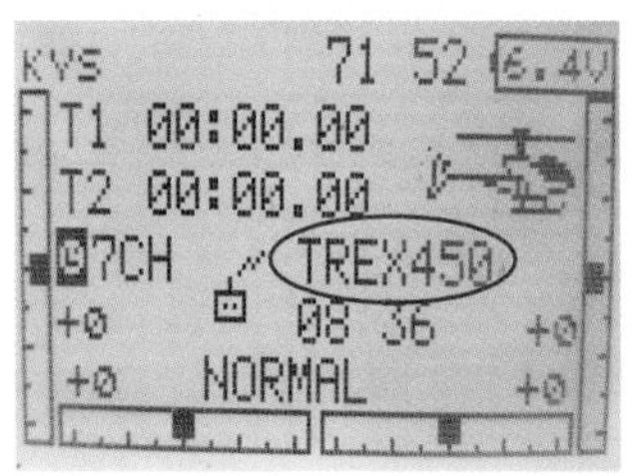

▮ VIBE90 헬기(후타바)

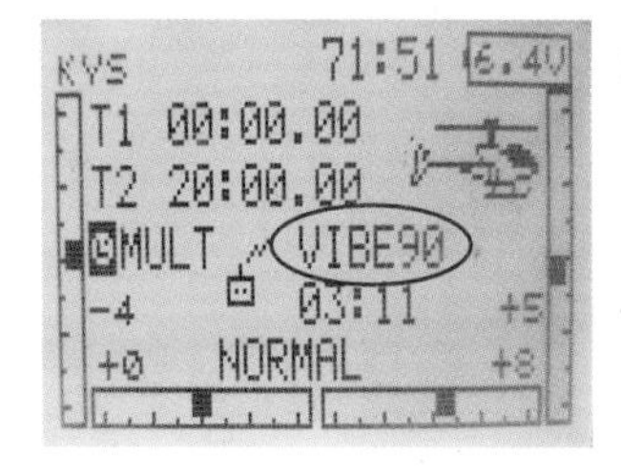

ⓜ 시간 : 후타바 조종기의 T1과 T2로 설정할 수 있는데, T1에는 최초 이륙부터 비행종료까지의 시간을 설정하고, T2에는 중간에 착륙한 후 재이륙한 순간부터 타이머가 작동되도록 세팅을 하여 운용할 수도 있다.

ⓑ 전압 : 후타바 조종기 우측 상단의 전압 표시창을 확인하여야 하며, 통상적으로 후타바 조종기 T14SG의 경우 배터리는 니켈수소(Ni-MH)로 셀당 정격전압은 1.2V, 완충전압은 1.4V이다. 완충 시 7V이고 정격전압은 6V로 조종기 전압이 6V 이하로 표시될 경우 충전 후 사용해야 한다. 만일 이를 무시하고 조종하다 보면 조종기 배터리 방전에 따른 신호중단현상이 발생될 수도 있다. 또한 조종기 운용 시간의 증가를 위해 사용하는 다른 종류의 리튬철 배터리(Li-Fe)의 경우 저전압 상태에서 급격한 전압강하가 발생하여 저전압 알람 없이 신호 중단 현상이 발생하므로 주의가 필요하다.

(4) 바인딩(Binding) : 송신기와 수신기의 연결

① 처음 송신기와 수신기를 연결하면 이후에는 바인딩이 필요 없는 경우가 대부분이지만 완구형 드론의 경우 스로틀 스틱을 상하로 움직여 바인딩을 해 주는 제품도 있다. 바인딩 방법은 조종기마다 각각 다르기 때문에 제품 매뉴얼을 참고하여 올바르게 운용하여야 한다.

② 수신기와 조종기가 서로 매칭을 하여, 송수신을 시작하도록 신호를 주고 받는 것을 '바인딩'이라고 한다. 완구용 드론에는 조종기와 수신기를 바인딩하는 것 외에도 '페어링' 타임을 분리하여 주파수 간섭을 회피할 수 있다. 실례로 2016년 드론 기네스북 도전 당시 352대의 드론을 계룡대 비상 활주로 상에서 3분간 호버링을 연출하였을 때 동일한 기종(Syma X5C 등)의 호버링 시 주파수 간섭을 받아 컨트롤이 되지 않아 준비 단계에서부터 페어링을 기체 1호기부터 10호기 순으로 순차적으로 실시한 결과 주파수 간섭없이 조종이 가능했다. 그러므로 지인들과 드론을 조종하기 위해 동일한 기체를 구매할 경우에는 반드시 지인의 드론과 '페어링 타임'을 분리하여 조종해야 동일 공간에서 주파수 간섭이 일어나지 않은 상태에서 재미있게 드론을 즐길 수 있을 것이다. 단, 같은 고도상에서 비행체가 서로 교차한다면 순간 다음 그림과 같이 간섭현상이 발생될 수도 있다.

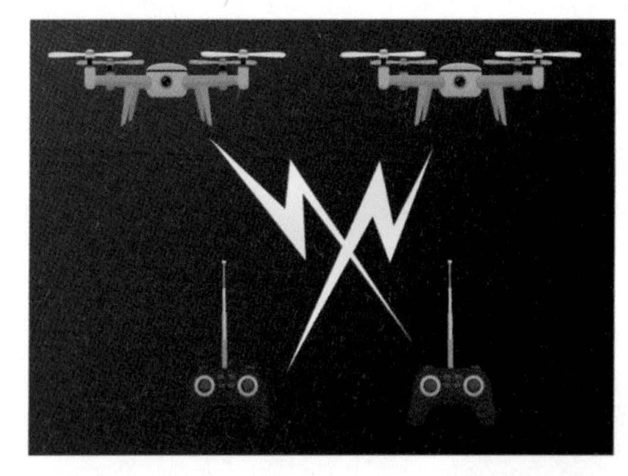

※ 페어링 : 송신기(조종기)와 수신기(드론)를 무선 연결하는 과정을 일컫는다(지형공간정보체계용어사전 16.1.3).

(5) 멀티 프로토콜

① '조종기 하나로 모든 드론을 조종할 수는 없는가?'라는 의문을 가져본 사람이 많을 것이다. 드론은 각각 다른 곳에서 시작된 여러 가지 기술이 한 곳에 집약되어 만들어진 것이다. 전파를 이용한다는 점에서 기존의 RC와 다를 바 없지만 2.4GHz에 와서 더 촘촘히 쪼개진 채널들 사이를 호핑(자동으로 옮기며)하며 사용되고 더욱 발전되고 있다.

② 주파수 호핑(Frequency Hopping)이라고 불리는 이 기술은 아무리 많은 드론이 일제히 비행을 한다 해도 서로 겹치지 않게 해준다. 즉, 이미 다른 드론이 비행 중이라 하더라도 서로 주파수 간섭이 발생할 확률이 적다(기네스북 도전 시 실험결과). 과거에는 서로 어떤 주파수를 사용할지 분류되어 있었지만 현재에는 각 회사마다 같은 2.4GHz 주파수를 사용한다 해도 각각의 다른 언어(Protocol)를 사용하게 되었다. 그러므로 조종기의 선택은 드론의 선택을 의미한다 해도 과언이 아니다. 다음은 각 조종기마다 사용되는 Protocol을 예시하고 있다.

후타바(FUTABA)	SFHSS, FASST, FASSTest
스펙트럼(SPEKTRUM)	DSM(Digital Spectrum Modulation), DSM2, DSMX
타라니스(TARANIS)	ACCST(Advanced Continuous Channel Shifting Technology)
터니지(Turnigy)	AFHDS(Automatic Frequency Hopping Digital System)
그라우프너(GRAUPNER)	HoTT(Hopping Telemetry Transmission)
JR	DMSS

③ 서로 다른 프로토콜을 사용하게 된 이유는 제작사마다 이유가 있겠지만, 각 회사가 사용하는 전파 송신 칩(RF Chip)에도 차이가 있다. 예를 들어 흔히 접할 수 있는 드론 중 Syma는 Nordic Semi-conductor사의 NRF24L01이란 칩을 사용하지만, 고급 조종기로 유명한 후타바(Futaba)는 Texas Instruments사의 CC2500 칩을 사용한다.

제 품	전파송신칩	프로토콜	
Cyprus Semiconductor	CYRF6936	• DSM/DSMX • J6Pro	• Walkera Devo
Texas Instruments	CC2500	• FrSky	• Futaba SFHSS
Amiccom	A7105	• FlySky • Hubsan	• FlySky AFHDS2A
Nordic Semiconductor	NRF24L01	• HiSky • ASSAN	• Syma • most other Chinese models

④ 즉, 사용하는 전파 송신 칩에 따라 프로토콜이 다르다. 전파 송신 칩의 크기가 작기 때문에 제조회사 및 이름을 유심히 봐야 한다. 몇 개 국어가 능통한 사람이 있듯이, 하나의 조종기로도 여러 대의 기체를 조종할 수 있는데 팬텀과 인스파이어를 한 개의 조종기로 사용하고자 할 때 기체 초기화 버튼을 누르고 바인딩을 시작하면 한 개의 조종기로 두 대의 팬텀과 인스파이어 조종이 가능하다. 단, 2대가 동시에 조종되지는 않는다. 필요시 조종하고자 하는 기체에 '바인딩' 절차를 수행해야 한다.

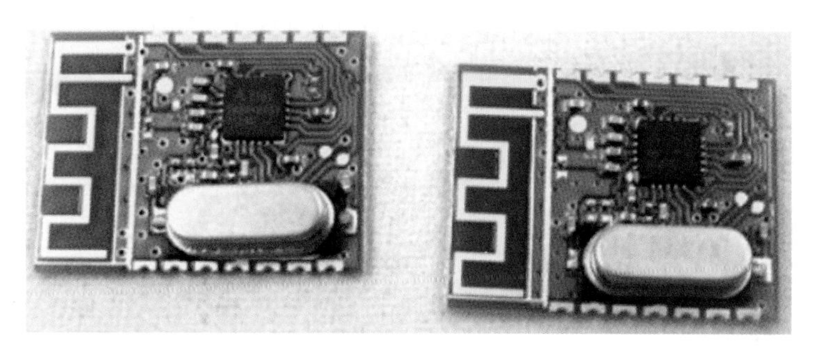

⑤ 다음의 그림은 조종기에 모든 전파 송신 칩과 프로토콜을 넣은 사진이다.

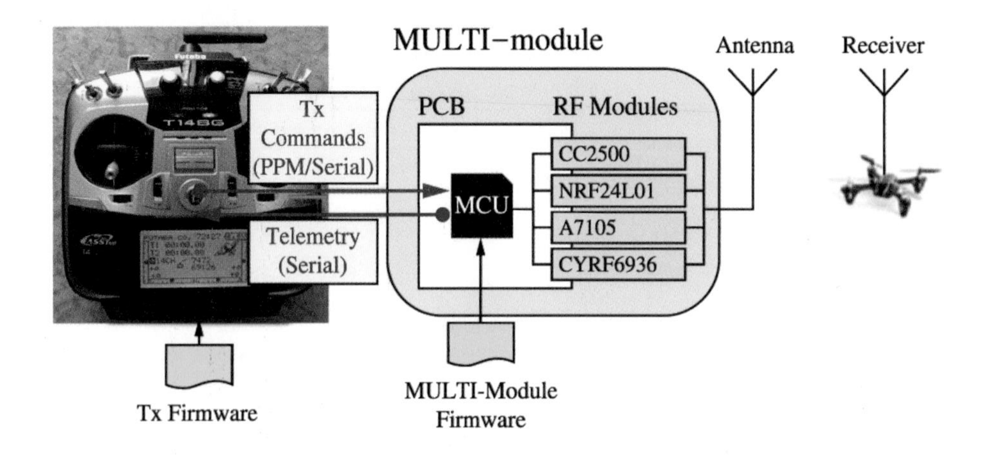

02 송수신 장비 관리 및 점검

(1) 조종기 관리

① 조종기는 수신기를 통해 FC를 제어하는 기본 Controller로서 안테나, 토글 스위치, 조종 스틱관리가 매우 중요하다. 만일 관리부주의로 인한 안테나 접합부위의 파손 시 단선으로 송수신거리가 짧아지거나 조종기 안테나 각도 조절이 안되어 원하는 방향으로 송신출력이 안 나올 수 있기 때문이다. 운용 반경면에서 '⌐'로 사용해야 고출력이 되는데, 잘못하여 '⊥' 형태로 안테나 모양이 변경된다면 전파 출력이 약해서 일정 이상 거리의 운용이 되지 않거나 전파 차폐에 의한 노콘(조종신호 두절 현상)이 일어날 수 있다.

② 토글 스위치도 각 스위치별로 기능이 설정되어 있는데 관리 부주의로 토글 스위치가 파손이 된다면 설정된 기능이 제대로 동작되지 않을 수 있다. 실례로 교육생의 부주의로 조종기를 떨어트려 토글 스위치가 파손되어 자세모드와 GPS모드가 '혼선'을 일으켜 드론(멀티콥터)이 오작동되는 사례가 있었으니 항상 조종기는 내 몸과 같이 취급해야 함을 명심하고 주의해야 한다.

(2) 수신기 관리

① 수신기는 기체에 장착하는 것을 원칙으로 한다. 따라서 기체 착륙 시 잦은 하드랜딩에 의한 충격은 수신기의 오작동 또는 직접적 파손으로 수신이 불가하게 되니 각별히 주의해야 한다.

② 수신기 안테나는 수신율 증대를 위해 대부분 기체 외부로 노출되어 있는 경우가 많다. 따라서 비행 전 점검 시 반드시 수신기 안테나를 확인하는 습관을 갖도록 한다. 수신기가 꼬여 있거나 차폐가 심한 위치에 있거나, 수신기 주변에 노이즈(잡파)의 간섭을 받을 수 있는 선 가닥들이 많지는 않은지를 확인하고 운용해야 조종기에서 송신한 신호 수신감도가 좋다.

※ 안테나 '선' 두가닥은 90° 방향으로 'V', 'L' 각을 주어야 수신 감도가 양호하니 주의해야 한다.

③ 만일 수신기의 오작동 또는 차폐가 심한 곳에 위치할 경우 노콘(조종신호 두절 현상)상황이 자주 발생하게 되며 이럴 경우 RTH(리턴 투 홈) 해야 하지만 종종 주위 환경 요인에 의해 홈으로 복귀하지 않기도 한다.

④ 기체가 하드랜딩을 자주 하게 되면 수신기에 연결된 안테나선이 단락될 수 있기에 비행 후 점검 시 안테나선 확인이 필요하다.

⑤ 수신기는 외부에 노출되어 있다 보니 외부 습기에 취약한 점도 있다. 물론 생활 방수기능이 많이 보강되어 있지만 비오는 날 비행을 하지 않았으니 문제 없을 거라 생각하면 안 되며, 주기적으로 청소를 실시하여 습기에 의한 부식여부도 점검해야 한다.

⑥ 수신기에도 전자장치와 제작사에서 권고하는 운용온도가 있다. 매뉴얼 상의 최저·최고 온도(통상 50℃)를 미리 숙지하여 여름철 직사광선에 의한 과도한 온도상승을 피하고 겨울철 저기온 환경에서 운용 시 또한 주의가 필요하다.

CHAPTER
08 배터리 관리 및 점검

01 배터리 관리

(1) 배터리 관리

① 배터리 사용

㉠ 배터리는 기체에 전력을 공급해 주는 가장 기본적이고 중요한 요소이다. 대부분 리튬폴리머(LiPo) 배터리를 사용하며 소형이고 경량이면서도 강한 전력을 얻을 수 있다.

㉡ 배터리 용량의 단위 : 밀리암페어(mAh)로 숫자가 높을수록 용량이 커 오랜 시간 비행이 가능하다.

㉢ 전압의 단위 : 볼트(V)로 표기되며 각 셀의 전압이 일치해야 전류를 안정적으로 전송하며 드론의 변속기와 모터를 구동시킨다.

㉣ 배터리 사용 시 주의사항(경고사항)

- 리튬폴리머 배터리는 완전 방전시키면 수명이 줄고 성능도 저하되므로 용량이 40~50% 정도 남았을 때 충전하는 것이 바람직하다.
- 배터리가 손상(부풀거나 누유현상 시)되면 화재의 위험이 크므로 파손 시 절대 충전해서는 안 된다.
- 드론 배터리에 사용되는 리튬은 폭발 위험물질이기 때문에 고온 다습한 곳을 반드시 피해 사용/보관해야 한다(사용적정온도 : -15~40℃ 온도 내, 보관적정온도 : 22~28℃).
  ※ 배터리마다 보관 온도가 다르니 제품설명서를 따라 보관하는 것이 좋다.
- 배터리 과충전은 내부에서 방전이 일어나 배터리 수명이 줄어드는 것은 물론 폭발 및 화재의 원인이 되므로 리튬폴리머 배터리를 충전하는 동안 자리를 뜨면 안 된다.
- 기온이 낮은 겨울철에는 배터리 효율이 떨어지므로 사용 전 배터리를 사용가능한 온도로 높여야 한다.
  예 DJI 인스파이어의 경우 -15℃ 이하의 경우 시동 자체가 안 걸린다.
- 300~500회 이상 충전 및 방전을 거치거나 전압관리에 소홀하면 배터리가 부풀어 오를 수 있으므로 배터리를 교체해 주는 것이 바람직하다.
- 리튬폴리머 배터리는 낮은 온도일수록 전력소모가 가속화되며 -15℃ 이하에서 모든 리튬폴리머 배터리에 동일하게 나타난다.

② 배터리 보관 시 주의사항

㉠ 배터리 보관에 있어서 가장 적정한 전압은 1셀(Cell)당 약 3.7~3.85V이다. 셀이란 전체 배터리를 구성하고 있는 각각의 배터리를 말한다.

㉡ A와 B라는 3셀 배터리를 보관한다고 가정한 경우 각 셀의 전압이

A : 3.7V / 3.7V / 3.7V	B : 4.0V / 3.0V / 4.1V

라고 하면, 전체 배터리의 전압은 11.1V로 동일하지만 장기간 보관 시 B에서는 과방전이나 배터리 부풀어 오름 등의 문제가 발생할 수 있다. 특히 B와 같이 셀당 전압의 균형이 깨져 있는 상태에서 충전을 하게 되면, 특정 셀에만 과한 전압이 가해져 폭발할 우려가 있다. 따라서 각 셀의 전압을 균형있게 조절해 줄 필요가 있다(셀 밸런싱).

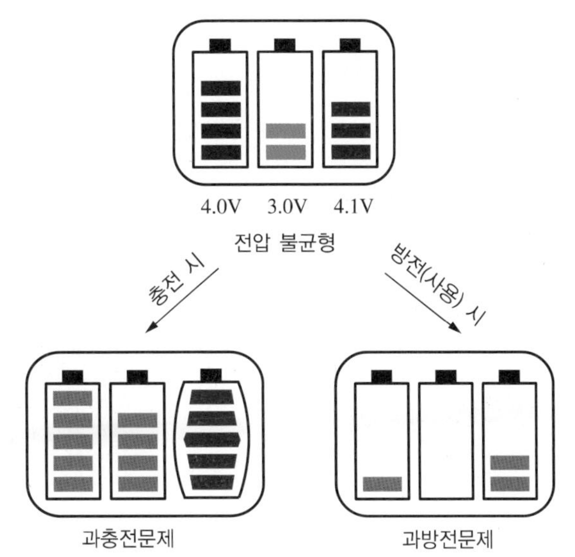

㉢ 보관 시 주의사항

- 어린이나 반려동물 접근 장소 보관금지
- 화로나 전열기구 주변 보관금지
- 22~28℃에서 보관

  ※ DJI 인스파이어의 경우이며 배터리마다 약간 상이(15~28℃ 내에서 보관)할 수 있다.
- 낙하, 충격, 추심 등 인위적 합선금지, 돌판(대리석 등) 위에 보관으로 2차 화재 방지
- 손상 배터리나 50% 전력 수준에서 배송금지
- 10일 이상 장시간 미사용 시 40~65% 수준까지 방전 후 보관

③ 리튬폴리머 배터리의 폐기 방법

㉠ 소금물에 담구어 완전 방전시킨다. 이때 반드시 밀폐된 공간이 아닌 야외에서 실행해야 하는데 양극에서 발생하는 염소가스가 0.003%만 존재해도 호흡기 점막이 상하며 장시간 노출 시 호흡 곤란 증세가 발생한다는 점에 각별히 주의하여야 한다.

㉡ 0V를 확인하고 폐기 처리한다.

㉢ 금속류와 접촉해서 혹시 모를 전기 불꽃이 생길 수 있으니 접속 단자에 절연 테이프 등으로 절연시켜 준다.

④ 배터리 종류

㉠ 배터리는 기체에 전원을 공급해 주는 에너지원으로서 배터리의 재질은 다양하지만 멀티콥터에 사용되는 배터리는 제한적이다. FC와 메인배터리는 대부분 리튬폴리머(LiPo)를 사용하지만, 조종기에는 니켈수소(Ni-MH), 리튬철(LiFe)이 많이 사용된다. 다음 그림은 드론(멀티콥터) 교육원에서 주로 사용되는 배터리의 종류이다.

▮ **메인배터리(Li-Po)** : 리튬폴리머 배터리 6셀, 정격전압 22.2V, 완충전압 25.2V

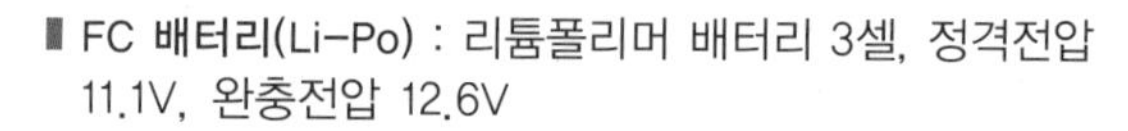

▮ **FC 배터리(Li-Po)** : 리튬폴리머 배터리 3셀, 정격전압 11.1V, 완충전압 12.6V

▮ **조종기 배터리(Ni-MH)** : 니켈수소 5셀, 정격전압 6.0V, 완충전압 7.5V

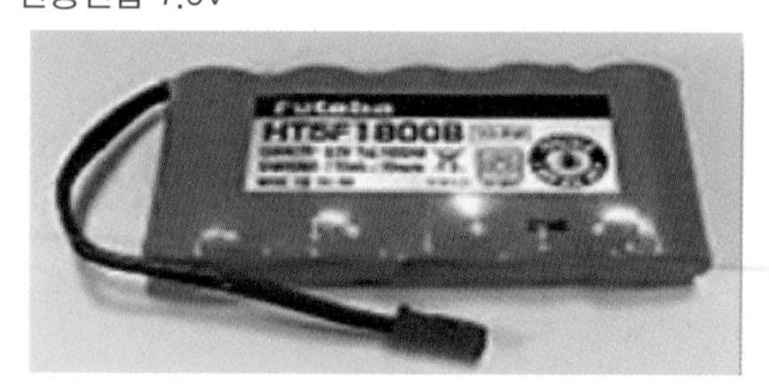

▮ **리튬철(Li-Fe) 조종기 배터리**

㉡ 각 배터리별 정격전압과 완충전압은 다음과 같다.

종 류	정격전압(1Cell)	완충전압(1Cell)
리튬폴리머(LiPo)	3.7V	4.2V
리튬철(LiFe)	3.3V	3.6V
니켈수소(Ni-MH)	1.2V	1.4V

배터리의 종류

• 1차 전지(1회용) : 한 번 사용하고 버리는 배터리

• 2차 전지(충전지) : 화학 에너지를 전기 에너지로 바꿔 여러 번 충전하여 사용할 수 있는 배터리

- 니켈카드뮴 배터리 : 지금은 거의 사용되고 있지 않으며, 추운 곳에서도 꺼지지 않고 강한 힘을 발휘하며 300~500회 정도 충·방전이 가능하다. 메모리 효과가 있어 충전 시 주의해야 한다. 메모리 효과란 충전지를 완전 방전되기 전에 재충전하면, 전기량이 남아 있음에도 불구하고 충전기가 이를 방전 상태로 기억(Memory)하게 되어, 최초에 가지고 있던 충전용량이 줄어들며 배터리 수명이 줄어들게 되는 것이다.
- 니켈수소 전지 : 니켈카드뮴 배터리의 단점인 메모리효과를 보완하였으며 대용량화를 실현하여 니켈카드뮴 배터리가 니켈수소 전지로 많이 교체되고 있는 추세이다.
- 리튬이온 배터리 : 가볍고 얇아 대부분의 휴대폰과 노트북, 디지털카메라 등 각종 스마트 기기에 들어가는 배터리이다. 메모리 효과가 거의 없어 사용자가 편할 때 수시로 충전을 해도 배터리 수명에는 크게 영향을 주지 않는다. 수은같이 환경을 오염시키는 중금속을 사용하지 않으나 리튬이온 배터리 안에 들어 있는 전해액은 휘발유보다 잘 타는 유기성 물질이므로 폭발의 위험이 있다.
- 리튬폴리머 배터리 : 리튬폴리머 배터리는 멀티콥터에 주로 사용되고 있는 제품으로 리튬이온 배터리의 다음 세대로 주목받고 있다. 전해액으로 인한 폭발의 위험이 있는 리튬이온 배터리와 달리 젤 타입의 전해질을 사용하여 폭발의 위험을 줄였으며 얇고 다양한 모양의 배터리를 만들 수 있다. 완전 방전되지 않은 상태에서 충전을 반복하면 최대 충전용량이 줄어드는 메모리 효과가 거의 없어 R/C 및 드론 사용자에게 널리 사용되고 있다. 최근 멀티콥터가 급부상하면서 대량 유통이 되고 있어 드론 관련 사업자나 교육원에서 선호되고 있는 추세이다.
- 수소연료전지 : 물을 전기분해 시 수소와 산소가 발생하는데 수소연료전지는 이러한 전기분해의 역반응을 이용한 장치이다. 석유와 가스 등에서 추출된 수소를 연료로 공급해 공기 중 산소와 반응시켜 전기와 열을 생산하는 것으로 일반적 화학전지와 달리 연료와 공기가 공급되는 한 계속 전기 생산이 가능하다. 현재까지는 저장용기의 대량생산이 제한되어 널리 보급되진 않고 있으나 현재 용기를 3ℓ → 6.8ℓ로 확장하면서 비행시간 연장이 가능하도록 테스트 중이며 향후 4시간 이상 사용 가능한 수소전지가 나올 전망이다.

02 리튬폴리머(LiPo) 배터리

(1) 리튬폴리머(LiPo) 배터리 취급 시 주의사항

① LiPo 배터리는 일반 배터리들과는 다르게 화학 내용물들이 비교적 형체가 잡히지 않은 호일 패키지에 감싸져 있다. 이것으로 인해 무게를 확연히 줄일 수 있지만, 거칠고 부적절하게 다루는 경우 손상에 취약하다. 따라서 안전하게 사용하는 것이 중요하다.

② 대부분의 배터리는 출고 시 완충이 되어 있지 않은 상태이며, 구매 후 반드시 충전을 하고 사용하여야 한다.

③ 배터리 충전 시에는 반드시 셀 밸런싱 기능을 지원하는 전용충전기를 사용하여야 한다.

④ LiPo 배터리는 셀당 3.7V를 기준으로 평균전압이 2.8V(인가전압 기준) 이하로 떨어지면 사용불능이 될 수 있다. 따로 메모리 효과가 없으므로 사용 중 수시로 충전이 가능하다. 다만, 완전 방전된 배터리를 재충전할 경우 부풀음이 발생할 수 있다.

⑤ 과충전 및 과방전으로 인해 배터리에 내부적 손상이 발생한 경우, 충전 시 화재가 발생할 수 있다. 화재를 방지하기 위해 절대 시트, 이불 위 등 화재의 위험이 있는 곳에서 충전 및 보관하여서는 안 된다. 반드시 항아리, 유리그릇 등의 화재에 대비할 수 있는 곳에 배터리를 놓고 충전하여야 한다.

⑥ LiPo 배터리 내에는 활성화 물질이 포함되어 있어 완충(셀당 4.2V)상태로 보관 시 외부 기온에 의한 전압편차로 인해 배터리 성능이 저하될 수 있다.

⑦ 장기간(10일 이상) 보관 시에는 반드시 40~65% 전후(3.7~3.8V)로 잔량을 남겨두고 보관한다.

⑧ 충전기는 반드시 외부 배터리에 직접 연결하여야 하고, 차량 내부의 시가잭은 녹을 수 있으므로 시가잭을 통해 충전하여서는 안 된다. 만일 차량 내에서 충전 중 배터리에서 화재가 발생하면 차량이 전소될 수 있으며, 특히 여름철에는 차량 내에 배터리를 방치할 경우 태양의 복사열에 의해 차량 내부 온도가 올라가 폭발할 위험이 있다(방제 시 특히 주의).

⑨ 충전 공간 근처에는 적합한 소화기 또는 커다란 모래 바구니를 마련해 둔다. 배터리에 발생한 불을 물로 끌 경우에는 전기 합선으로 인해 더 큰 화재로 번질 수 있다. 만약 배터리가 추락 등으로 인해 충격을 받았을 때에는, 금속용기에 보관한 후 부풀어 오르거나 열이 발생하는지 30분 이상 관찰하여야 한다.

⑩ 대부분의 방제 및 사업용 기체는 적절한 비행운용을 위해 FC배터리와 기체용 메인 배터리를 구분하여 장착・운용하는 것이 좋다.

(2) 리튬폴리머(LiPo) 배터리 형태

① 기본적으로 사용하는 메인 배터리에는 6S 등으로 표기되어 있는데, 6개 셀을 직렬(Serial)로 연결했다는 것을 의미한다. 배터리를 직렬로 연결하는 이유는 전압을 높여야 출력이 큰 모터를 돌릴 수가 있기 때문이다. 배터리 1개의 기본전압은 3.7V이지만 이것을 직렬로 연결하면 셀수×3.7V가 된다. 참고로 병렬(Parallel)연결은 P로 표기한다.

② 배터리를 병렬로 연결하면 전압은 유지하면서 용량을 높일 수 있다. 예를 들어 6S3P로 표기되어 있다면 6개의 직렬, 3개의 병렬로 연결했다는 의미이다.

③ 리튬폴리머 배터리에 표시된 숫자가 의미하는 것은 다음 그림과 같다.

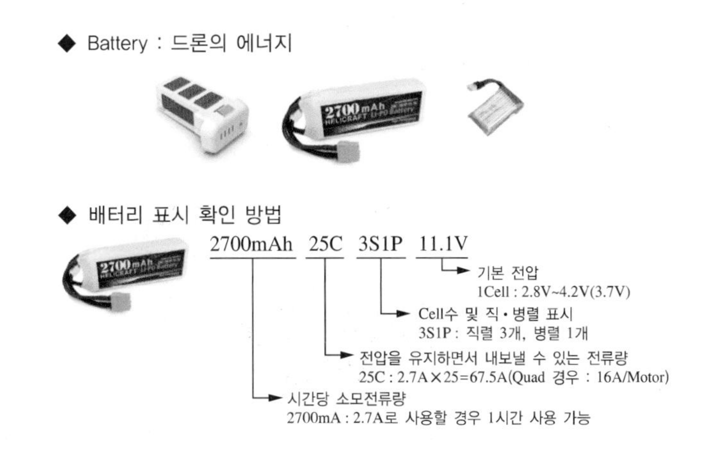

④ 일반적으로 FC 배터리는 3S 리튬폴리머 배터리를 사용한다.

(3) 리튬철(LiFe) 배터리 장단점

① 장 점

㉠ 실질적으로 사용용량이 같은 타 배터리에 비해 가볍다.

㉡ LiFe 배터리의 경우는 자기용량의 90%까지 방전시킨 후 재충전 반복횟수가 1,500회 이상이며 최초 성능용량의 80% 이상을 유지한다.

㉢ 과충전이나 과방전 시 부풀어 오르거나 화재가 발생할 위험이 적고(내부적으로만 손상됨), 강한 외부 충격이나 고온, 화재에도 폭발하거나 가스를 내뿜지 않는다.

㉣ 정기적인 유지보수가 수명 주기 내에서 필요가 없다.

② **단점** : 리튬이온이나 리튬폴리머 전지보다 에너지밀도가 낮다.

③ 단점보다 장점이 많은 배터리이며 큰 전압을 요하지 않는 조종기에 적합하다. 화재나 폭발위험성이 적고 휴대 중 떨어트리기 쉬운 조종기 특성상 외부충격에 강해서 최근 조종기 배터리로 많이 사용되고 있다.

03 배터리 측정기(셀 체커)

(1) 셀 체커 사용

① LiPo 배터리는 비행 전 안전하고 효율적인 비행을 위해 배터리 사용 전과 사용 후 배터리 전압을 체크해 주어야 한다. 배터리 사용 시 완전 방전이 되지 않게 관리하기 위해서 항상 배터리 측정기를 휴대하는 습관을 가지도록 해야 한다.

② 대부분의 체커는 배터리의 정확한 상태를 사용자가 확인 가능하게 하는 제품으로 각 제품에 따라 LiPo, LiFe, NiMH, NiCd 배터리 확인에 사용한다.

③ 테스트 용도로 사용되는 배터리의 전원을 이용하여 추가 구동 배터리가 필요 없다.

④ 리튬계열 배터리는 각 셀의 전압, 배터리 잔량, 각 셀당 가장 높은 전압, 가장 낮은 전압, 높은 전압과 낮은 전압의 차이를 보여주어 각 셀의 상태를 확인할 수 있다.

⑤ 소형사이즈로 휴대가 간편하다.

⑥ 각 셀의 특성이 한 눈에 보이므로 배터리로 인한 작동 불능에 대해 빠른 인지가 가능하다.

⑦ 화면창에 배터리의 잔량이 표시된다.

▮ 일반적인 LiPo 체커

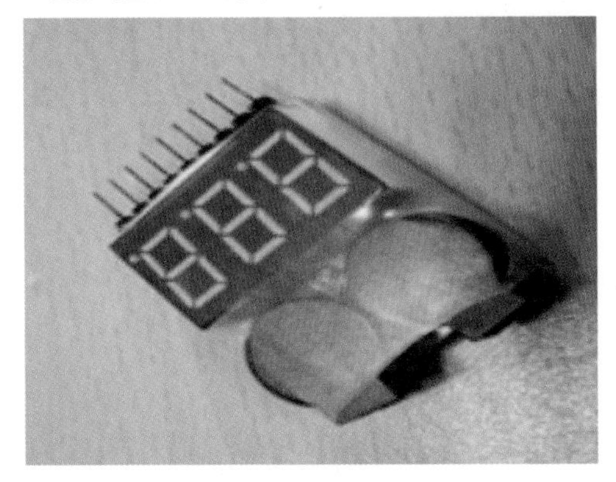

▮ 스마트 체커

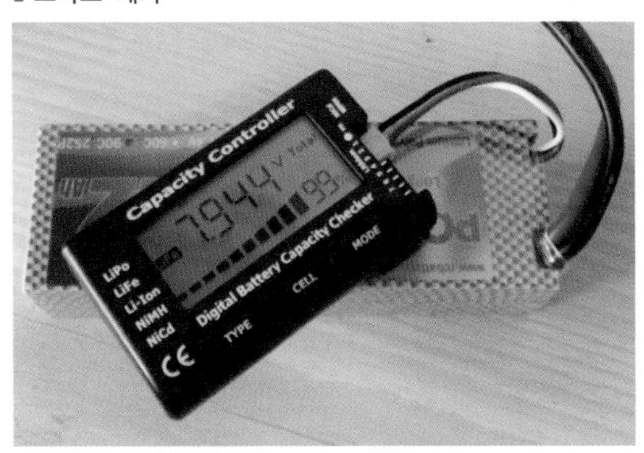

▮ 사용시에는 +극과 -극을 확인해야 한다.

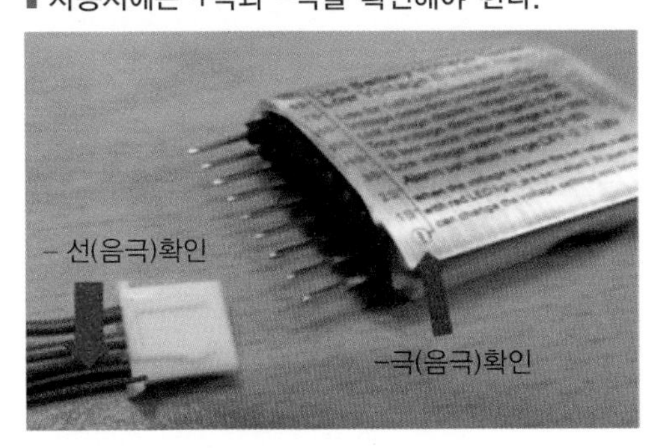

▮ 전압이 올바르게 표시되는 경우(저전압)

CHAPTER 09

조종자와 인적 요소

01 조종자

(1) 조종자 개요

조종자는 자격증을 취득하려는 순간부터, 스스로 조종자(항공종사자)로서의 인식을 정확히 하고 자신의 행동은 물론, 여러 상황 하에서 관계법령의 바른 이해나 해석에 근거하여, 정확하고 적절한 판단에 의한 의사결정은 물론, 그 결과로서 올바른 행동의 선택 및 책임지는 자세를 가져야 한다.

국내 항공안전법에 명시된 조종자 자격증명과 업무범위는 다음과 같으며, 이 책에서는 초경량비행장치 중 무인멀티콥터 조종자에 국한해서 기술하고자 한다.

▮ 자가용조종사, 경량항공기조종사, 초경량비행장치조종자 구분(항공안전법 제110조, 제125조)

자격종류	자가용조종사	경량항공기조종사	초경량비행장치조종자
조종기체	항공기	경량항공기	초경량비행장치
기체종류	비행기, 헬리콥터, 활공기, 비행선, 항공우주선	타면조종형비행기, 체중이동형 비행기, 경량헬리콥터, 자이로플레인, 동력패러슈트	동력비행장치, 회전익 비행장치, 유인자유기구(자가용, 사업용), 동력패러글라이더, 무인비행기, 무인비행선, 무인멀티콥터, 무인헬리콥터, 행글라이더, 패러글라이더, 낙하산류 ※ 21.3.1부터 무인비행기, 무인멀티콥터, 무인헬리콥터는 4종으로 분류
기체구분 (비행기 기준)	초경량비행장치 및 경량항공기 초과 기체	• 좌석 2개 이하 • 자체 중량 115kg 초과 • 최대이륙중량 600kg 이하 • 최대수평비행속도 120knots 이하 • 최대실속속도 45knots 이하 • 단발 왕복발동기 • 조종석 여압장치 미장착 • 비행 중 프로펠러 각도 조종 불가 • 고정된 착륙장치 장착	• 좌석 1개 • 자체 중량 115kg 이하
등 록	지방항공청	지방항공청	한국교통안전공단
검 사	지방항공청	항공안전기술원	항공안전기술원
보 험	보험가입 필수	보험가입 필수	사용사업에 사용할 때
조종교육	사업용조종사 + 조종교육증명 보유자	경량항공기조종사 + 조종교육증명 보유자	공단에 등록된 지도조종자

(2) 조종자의 책임

초경량비행장치 무인멀티콥터 조종자는 자격증을 취득하려는 순간부터 기체를 조종하는 것은 본인이라는 책임감을 반드시 갖고 있어야 하며, 어떠한 경우에도 범죄나 사회적 물의를 일으키는 행동을 해서는 안 된다. 과거에 기술수준이 부족했을 때는 조종자의 과실에 의한 사고보다는 기계적 결함에 의한 사고가 대다수였으나, 현재는 예방정비 부실 및 과도한 비행체의 조작 등에 따른 사고가 대부분인 실정이다. 대표적인 안전관리 모델인 SHELL 모델에서도 인간이 모든 안전관리에 있어 중심에 있음을 살펴볼 수 있다. 다음 그림은 전형적인 SHELL 모델 예시이다.

▮ 안전관리 이론(SHELL 모델)

구성요소

- Software : 규정, 절차
- Hardware : 기계, 장비, 항공기
- Environment : 습도, 온도, 기상
- Liveware : 인간

상호작용

- L-S : 각종 규정, 지식, 절차, 교육훈련
- L-H : 장비설계 적절성, 인체구조 및 취급
- L-E : 시정, 습도, 기압, 소음, 온도, 시간차
- L-L : 팀워크, 의사소통, 리더십, 성격, 대인관계

(3) 초경량비행장치 조종자의 특성(사람의 기본적 특성)

① 신체 요소 : 신장, 체중, 연령, 시력, 청력, 장애(팔, 다리 등) 등

② 생리적 요소 : 영양, 건강, 피로, 약물 복용 등

③ 심리적 요소 : 지각, 인지, 주의, 정보처리, 지식, 경험, 태도, 정서, 성격 등

④ 개인 환경요소 : 정신적 압박, 불화, 가족·연애문제 등

(4) 인간능력 한계의 이해

① 지각특성 한계 : 인지적, 맥락, 동기

② 기억특성 한계 : 작용기억, 일화기억

③ 주의집중한계 : 탐색한계, 주의배분, 자극수용

④ 상황판단과 의사결정 한계 : 시간·객관성 부족

※ 개인 차이가 있음을 명심하여 조종자는 매 비행마다 자신의 능력과 한계를 명확히 인식한 후 비행에 임해야 한다.

(5) 인적 오류가 발생되기 쉬운 조건

① 행동이 숙달되었을 때 또는 업무가 단조롭거나 지루할 때

② 복잡하고 고난도의 임무를 수행한 직후 또는 처리 정보가 너무 많아 신속히 반응하지 못할 때

③ 주 임무보다 부수 임무에 집중할 경우나 중요도의 우선순위를 설정하지 못할 때

④ 확인 절차를 소홀히 했거나, 지식(부족, 잘못, 평가)이 문제될 때

⑤ 과도한 자신감, 성급함을 가질 경우나 과정보다 결과를 중시할 때

⑥ 상황판단을 제대로 하지 못하거나, 리스크를 인식하지 못할 때

⑦ 자기중심적 판단을 시행하거나, 위반행위가 더 쉬운 환경조건일 때

(6) 조종자의 위험관리 방법

① 지식 – 무엇이, 왜, 얼마나 위험한가? 어떻게 해야 하는가?

위험관리에 대해 알지 못하거나 부족하거나, 잘못된 지식을 갖고 있는 경우에는 조종자의 조종에 의해 위험한 상황이 벌어질 수 있음을 명심하고 조종자는 항상 바른 지식을 가져야 한다. 예를 들어 기체를 대여하여 방제작업 시 기존 운용자에게 기체 특성(수시로 GPS와 자세모드로 전환, GPS 안테나 미고정 등)에 대해 인수인계가 제대로 되지 않아 지식이 없는 상태에서 비행을 하여 오작동이 일어난다면 조종자는 당황하게 될 것이고 충분히 조치가 가능한 상황에서도 조치를 못할 수가 있다.

② 태도 – 어떤 태도가 도움이 되는가?

조종자가 가져야 할 태도는 항상 일관된 태도를 유지하여야 한다. 비행 전·중·후 체크리스트에 의한 점검을 일상화하여 위험요소를 사전에 제거할 수 있는 태도를 유지하는 것이 매우 중요하다. 어제도 오늘도 아무 이상이 없었는데 내일도 이상 없겠지라는 안일한 태도에서 비행 전·후 점검을 생략하다보면 기체의 어떤 부분의 이상증상에 의해 사고로 결부될 수 있다.

③ 습관적 행동 – 구체적 행동화 방법이 무엇인가?

드론은 구조적으로 간단하지만 드론의 구성품 파트에서 설명하였듯이, 스키드(랜딩기어)나 기체 상판 및 암(ARM) 부분의 수많은 볼트가 풀려 스키드가 분리되거나 암의 유격이 많아지거나, 프로펠러가 비행 도중 어디론가 사라질 수 있음을 명심해야 하며, 비행 전이나 비행 후에 습관적으로 각 구성부의 결합상태를 확인해야 한다.

④ 이렇게 조종자가 바른 지식과 일관된 태도 및 습관적 행동을 가지고 비행장치 관리를 해야 안전한 비행이 가능할 것이다. 공군항공안전단에서 발행한 보고서에 따르면 인간의 과오율에 의한 사고는 1/1,000이며, 기계적 결함에 의한 사고 확률은 1/10,000,000으로 집계되고 있는데, 이는 기술적 수준이 올라간 만큼 조종자의 인적요소(과신과 안일함)에 의한 사고가 급증하고 있음을 반증하는 적절한 사례이다. 따라서 조종자는 항상 위험이 내재되어 있다고 인식하고 매 비행 시마다 첫 비행의 느낌으로 세부적으로 점검을 해야 한다.

⑤ 다음 그래프는 공군 항공안전단에서 집계한 사고원인에 대한 그래프이다.

▮ 사고원인

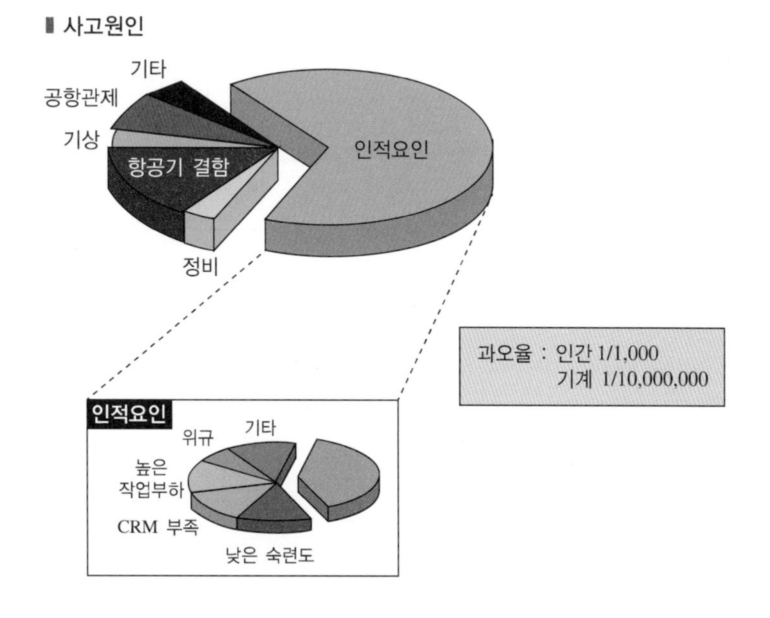

(7) 조종자에 의한 사고 발생원인

① 조종자에 의한 사고 발생원인 중 가장 중요하고 흔한 부분이 피로(Fatigue)이다. 따라서 조종자는 비행 전에 항상 최상의 컨디션 유지를 위해 전일 충분한 숙면을 실시해야 하며, 음주, 약물 복용 금지를 생활화하여야 한다.

② 다음은 피로를 유발하는 원인에 대해 퍼즐식으로 나열해 본 것으로 각각의 원인에 의해 사고가 발생할 수도 있으나, 대부분의 경우 다음의 요인들이 복합적으로 결합되어 사고가 주로 발생한다.

▮ 피로원인

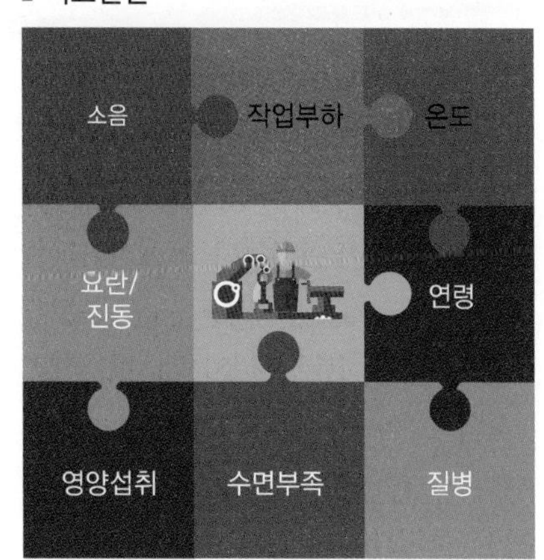

③ 조종자 준수사항에 음주, 약물 복용하 비행금지 사항이 포함된 것도 그만큼 중요하기 때문이며 음주운전이나 약물 복용하에 자동차를 운전하는 것과 같다고 생각하면 된다.

(8) 조종자의 노력

조종자는 최상의 비행 및 안전한 비행을 위해 각 개인의 신체상태, 심리상태, 지식상태를 최적화하여야 한다. 만일 불가피하게 신체나 심리 또는 지식상태가 정상이 아니라고 자체판단 시에는 반드시 부조종자 임무교대를 실시하여야 한다.

각 상태를 최상의 컨디션으로 유지하기 위해 필요한 사항은 다음과 같다.

신체상태 최적화	심리상태 최적화	지식상태 최적화
• 피로관리 • 수면관리 • 음주관리 • 적당한 운동	• 긍정적 사고 • 정서통제 • 명상(QT)	• 위험요소 인식 • 사전지식 습득 • 규정절차 이해 · 준수

02 인적 요소

(1) 인적 요인(Human Factors)의 정의

① ICAO Accident Prevention Manual : 항공기 사고, 준사고, 사고방지와 관련된 인간관계 및 인간능력을 총칭한다.

② Sanders & McComick : 인간의 기본적인 생리적 측면과 심리적 측면의 지식과 인간을 구성하고 있는 각 기관에 관한 기초 지식이다.

③ Handbook of Human Factors and Ergonomics : 안전, 효율성 그리고 편리한 사용을 위해서 인간의 능력과 한계에 관한 지식을 생산품, 도구, 기계, 직무, 조직 그리고 시스템을 설계 및 운용하는 데 사용하는 것이다.

(2) 기본 전제

인적 요소 관리에 있어 무엇보다도 중요한 것이 기본 전제일 것이다. 인간은 신이 아니기에 누구나 불완전성을 갖고 있다는 논리인데 이러한 인식에서부터 출발한다면 인적 요소에 의한 과오를 방지하는 데 도움이 될 것이다. 옛날 속담에 '원숭이도 나무에서 떨어진다' 라는 표현과도 일맥상통할텐데 아무리 유능한 조종자라도 그때의 상황과 인적요인(피로, 음주, 약물 복용)에 의해 언제든 사고가 날 수 있다는 것을 전제로 삼아야 더 큰 사고를 미연에 방지할 수 있다.

(3) 인적 요인(Human Factors)의 비중 추이

① 다음 그림과 같이 매년 인적 요인에 의한 사고는 증가되어 오다가 2000년을 계기로 감소하는 경향을 보이고 있으며, 기술적 결함은 1985년 이후로 거의 수평상태를 유지하고 있다. 최근에는 인적 요인과 더불어 조직문제가 큰 이슈화가 되고 있는 실정이다.

▮ Human Factors 비중 추이

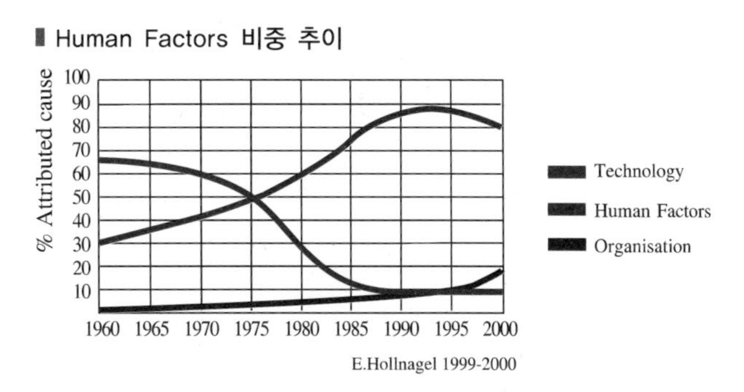

E.Hollnagel 1999-2000

② 조직이라는 것은 특정한 목적 또는 이윤을 창출해야 할 집단이라고 볼 수 있는데, 이러한 조직에서 과도한 비행을(수익 창출 등) 지시한다면 조종자의 피로가 누적되거나 비행체의 부속에 과부하가 발생하여 사고로 이어지게 될 가능성이 매우 높다.

(4) 인적 요인(Human Factors)의 적용 목적

① 임무수행의 효율성(쾌적성, 효과성)
- ㉠ 사용의 편리성
- ㉡ 에러의 감소
- ㉢ 생산성 향상

② 바람직한 인간의 가치 상승(안전성)
- ㉠ 안전 향상
- ㉡ 피로와 스트레스 감소
- ㉢ 편안함, 직무 만족
- ㉣ 삶의 질 개선

(5) 인적 요인(Human Factors)의 관심사항 변천과정

인적 요인은 시대의 환경변화에 따라 다르게 변화하였으며, 초기에는 조종자의 1차적 요인인 환경・생리적 요인에 의한 사고가 주로 발생하였으나 환경에 조화되는 기술이 발전됨에 따라서 행동 또는 인지적 요인에 의한 사고가 나타났으며, 그 다음에는 교육의 '질' 저하에 따른 사고가 증가하고 현재는 조직의 문제가 급대두되고 있는 실정이다. 이를 정리해보면 다음 도표와 같다.

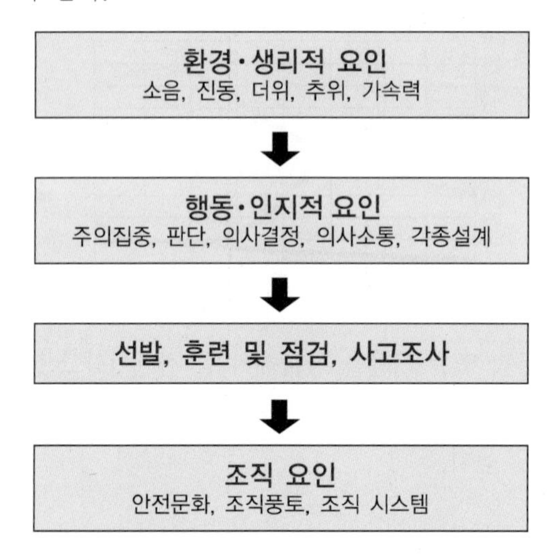

(6) 인적 요인(Human Factors)의 행동 유발 이유

① 무엇이 위험한지 알지 못해서(지식문제)

② 행동절차 모름 또는 무관심

③ 절차나 규정이 미비해서(규정문제)

④ 지나치게 높은 동기로 인해서(우월감, 모험심)

⑤ 일상적인 위반, 주변 사람들의 행동

⑥ 불안전행동-무사(無事)의 연결고리(확률)

⑦ 감각, 지각의 한계(주의고착, 방심, 망각 등)

⑧ 시간적 압박 및 감독자 압력 때문에

CHAPTER 10 비행안전 관련

01 무인항공기 안전관리

(1) 안전이란

① 인명의 사상 또는 물자 파괴 등의 손실을 초래하거나, 업무의 정상적인 수행을 저해하는 위험에 직면하지 않는 상태를 의미하며, 원어를 살펴보면 다음과 같다.

Merriam-Webster Online Dictionary : "the condition of being safe from undergoing or causing hurt, injury, or loss" ☞ "freedom from danger or injury"
'범죄, 부상, 손실로부터 안전한 곳에 있는 조건' ☞ '위험 또는 부상으로부터의 해방'

② 현실적으로 위험이 없는 상태는 존재할 수 없으므로, 조직이나 체제가 수용할 수 있는 수준 이하로 위험이 존재하는 상태를 의미하기도 한다.

③ 지속적인 위험관리 활동을 통하여 시스템 내에 잠재해 있는 위험이 수용 가능한 범위로 유지되는 상태를 의미할 수도 있다.

(2) 안전, 위험 개념의 차이

① 안전이란 위험의 원인이 없는 상태 혹은 위험의 원인이 있더라도 인간이 위해를 받는 일이 없도록 대책이 세워져 있고, 그런 사실이 확인된 상태를 뜻한다. 단순히, 재해나 사고가 발생하지 않고 있는 상태는 안전이라고 할 수 없으며, 잠재적 위험의 예측을 기초로 한 대책이 동반되어 있어야만 안전이라고 할 수 있다. 이러한 의미에서 안전이란 인위적으로 만들어지는 상태이기도 하다.

② 위험은 우리가 인지하지 못하는 사이에 발생하기 때문에 일반적으로 통제할 수 없는 경우가 대부분이며, 이러한 위험 요인들이 존재할 만한 상황을 발생시키지 않는 것이 좋다. 하지만 더 좋은 결과를 얻기 위해 자발적으로 감수하게 되는 경우가 많다. 이는 위험을 통해 더 나은 기회(Chance)와 가능성(Possibility)을 얻을 수 있기 때문이다.

안전(Safety, 이상적)	위험(Risk, 현실적)
무사(無事), 평안함을 가정	위험함이 있음을 가정
사고는 절대 일어나서는 안 된다.	사고는 항상 있을 수 있다.
사고가 난 결과에 초점	사고의 원인, 과정에 초점
수동, 소극적인 자세	능동, 적극적인 자세
개인의 실수가 허용되지 않음(실수 처벌)	개인의 실수를 허용(실수는 비 처벌, 위반은 처벌)
처벌에 대한 부담으로 실수 은폐(사고 지속 발생)	리스크 공개로 동일 실수 반복 차단(사고 예방)
개인적 자기조절 강조	개인 실수 유발 요인(절차, 환경, 시스템 개선에 초점)

(3) 안전 관련 적용 법칙

① 하인리히 법칙(Heinrich's Law)

대형사고가 발생하기 전에 그와 관련된 수많은 경미한 사고와 징후들이 반드시 존재한다는 것을 밝힌 법칙으로 1931년 허버트 윌리엄 하인리히(Herbert William Heinrich)가 펴낸 「산업재해 예방 : 과학적 접근(Industrial Accident Prevention : A Scientific Approach)」이라는 책에서 소개되었다. 이 책이 출간되었을 당시 하인리히는 미국의 트래블러스 보험사(Travelers Insurance Company)의 엔지니어링 및 손실통제 부서에 근무하고 있었는데, 업무 성격상 수많은 사고 통계를 접했던 하인리히는 산업재해 사례 분석을 통해 하나의 통계적 법칙을 발견하였다. 그것은 바로 산업재해가 발생하여 중상자가 1명 나오면 그 전에 같은 원인으로 발생한 경상자가 29명, 같은 원인으로 부상을 당할 뻔한 잠재적 부상자가 300명이 있었다는 사실이었다. 하인리히 법칙은 1 : 29 : 300법칙이라고도 부른다. 즉, 큰 재해와 작은 재해 그리고 사소한 사고의 발생 비율이 1 : 29 : 300이라는 것이다.

큰 사고는 우연히 또는 어느 순간 갑작스럽게 발생하는 것이 아니라 그 이전에 반드시 경미한 사고들이 반복되는 과정 속에서 발생한다는 것을 실증적으로 밝힌 것으로, 큰 사고가 일어나기 전 일정 기간 동안 여러 번의 경고성 징후와 전조들이 있다는 사실을 입증하였다. 다시 말하면 큰 재해는 항상 사소한 것들을 방치할 때 발생한다는 것이다. 사소한 문제가 발생하였을 때 이를 면밀히 살펴 그 원인을 파악하고 잘못된 점을 시정하면 대형사고나 실패를 방지할 수 있지만, 징후가 있음에도 이를 무시하고 방치하면 돌이킬 수 없는 대형사고로 번질 수 있다는 것을 경고한다.

▮ 하인리히 법칙(Heinrich's Law)

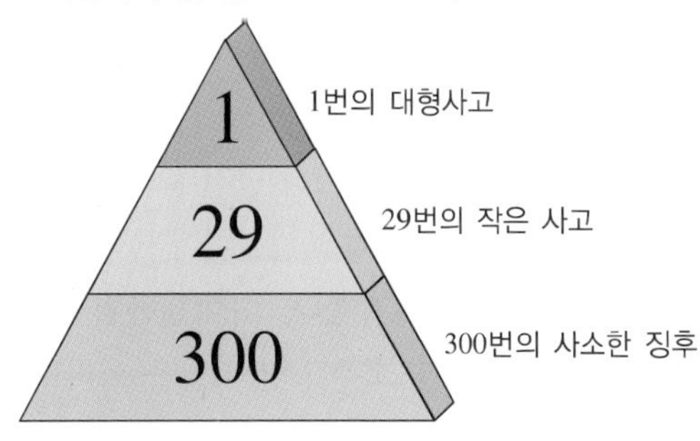

② 스위스 치즈 이론(Swiss Cheese Model)

안전 관련 휴먼 에러(Human Error) 연구의 대가인 영국 맨체스터대학교의 리즌(James T. Reason)은 사고발생 과정을 치즈 숙성과정에서 특수한 박테리아가 배출하는 기포에 의해 구멍이 숭숭 뚫려 있는 스위스(Swiss) 치즈를 가지고 설명하였는데, 이를 재해발생에 관한 '스위스 치즈 모델'(The Swiss Cheese Model)이라고 한다. 스위스 치즈는 발효균으로 인해 자연스럽게 구멍이 뚫리는데, 이런 구멍들은 웬만해서는 서로 겹치지 않는다. 하지만 치즈를 수확하기 위해 치즈 여러 개를 겹치는 순간 놀랍게도 한 구멍으로 긴 막대를 충분히 통과시킬 수 있을 만큼 구멍의 통로가 이어지는 경우가 발생한다. 이렇듯 대형사고는 사고가 일어날 수 있는 모든 조건들이 우연하게 한날 한시에 겹치면서 일어나게 되는 것이다.

이 이론에 의하면 보통 사고는 연속된 일련의 휴먼 에러에 의해 발생하는 것이 일반적이고, 사고 이전에 오래전부터 사고 발생과 관련한 전조가 있기 마련이다. 다행히 시간축 상에서 사고방지를 위한 안전장치 등 방지체계가 잘 작동하면 휴먼 에러와 사고는 방지될 수 있다. 그러나 방지체계나 인간은 완벽하지 않으므로 결함(치즈의 구멍)이 있게 마련이고, 이러한 구멍들을 통해 일련의 사건이 전개된다면 그것이 최종적인 휴먼 에러를 통해 사고로 이어지게 된다.

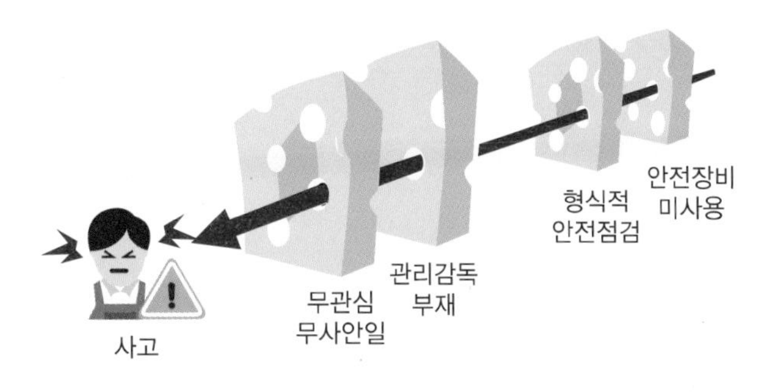

③ 도미노 이론(Domino Theory)

한 국가의 정치체제의 붕괴가 이웃나라에까지 영향을 미친다는 이론으로, 미국 정부의 베트남정권 원조에 대한 정당화에 이용되었다.

1954년 3월 프랑스가 인도차이나에서 베트민(베트남 공산주의 세력)에게 패전을 거듭하여 미국에 긴급지원요청을 하게 되자, 미국 지도층은 사태를 방치할 경우 캄보디아·라오스의 공산화에 이어 동남아 전체가 공산주의의 위협 아래 놓일 것이라는 두려움에 사로잡혔다. 아이젠하워 미국 대통령은 이것을 도미노(일종의 서양 장기)에 비유해 최초의 '장기'말이 넘어지면 그것이 옆의 말을 쓰러뜨린다고 설명한 데서 이 이론이 생겨났다. 이 이론에 입각해 미국 케네디 정부는 철수하는 프랑스군을 대신해 미군을 베트남에 파견했다.

이것을 안전 및 위험 요소에 대입해 보면 하나의 위험 및 불안 요소가 점점 더 큰 부정적 결과와 대형사고를 불러 일으킨다고 볼 수 있다.

▮ 불안정한 상태와 행동의 제거

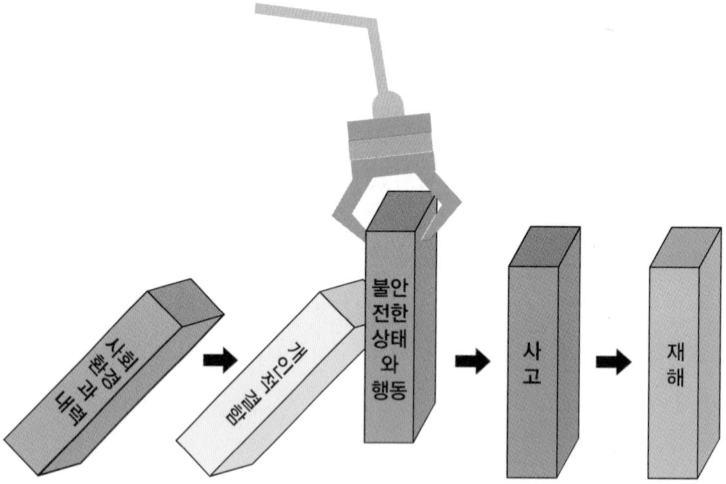

사회 환경과 내력 → 개인적 결함 → 불안전한 상태와 행동 → 사고 → 재해

02 무인비행장치의 비행안전 관련 법규

(1) 국가 항공안전프로그램 등 : 항공안전법 제58조

① 국토교통부장관은 다음 각 호의 사항이 포함된 항공안전프로그램을 마련하여 고시하여야 한다.

1. 항공안전에 관한 정책, 달성목표 및 조직체계
2. 항공안전 위험도의 관리
3. 항공안전보증
4. 항공안전증진

② 다음 각 호의 어느 하나에 해당하는 자는 제작, 교육, 운항 또는 사업 등을 시작하기 전까지 ①에 따른 항공안전프로그램에 따라 항공기사고 등의 예방 및 비행안전의 확보를 위한 항공안전관리 시스템을 마련하고, 국토교통부장관의 승인을 받아 운용하여야 한다. 승인받은 사항 중 국토교통부령으로 정하는 중요사항을 변경할 때에도 또한 같다.

1. 형식증명, 부가형식증명, 제작증명, 기술표준품형식승인 또는 부품등제작자증명을 받은 자
2. 제35조제1호부터 제4호까지의 항공종사자 양성을 위하여 제48조제1항 단서에 따라 지정된 전문교육기관
3. 항공교통업무증명을 받은 자
4. 제90조(제96조제1항에서 준용하는 경우를 포함한다)에 따른 운항증명을 받은 항공운송사업자 및 항공기사용사업자
5. 항공기정비업자로서 제97조제1항에 따른 정비조직인증을 받은 자
6. 「공항시설법」 제38조제1항에 따라 공항운영증명을 받은 자
7. 「공항시설법」 제43조제2항에 따라 항행안전시설을 설치한 자
8. 제55조제2호에 따른 국외운항항공기를 소유 또는 임차하여 사용할 수 있는 권리가 있는 자

③ 국토교통부장관은 제83조제1항부터 제3항까지에 따라 국토교통부장관이 하는 업무를 체계적으로 수행하기 위하여 ①에 따른 항공안전프로그램에 따라 그 업무에 관한 항공안전관리시스템을 구축・운용하여야 한다.

④ ②의 4.에 따른 항공운송사업자 중 국토교통부령으로 정하는 항공운송사업자는 항공안전관리시스템을 구축할 때 다음 각 호의 사항을 포함한 비행자료분석프로그램(Flight Data Analysis Program)을 마련하여야 한다.

1. 비행자료를 수집할 수 있는 장치의 장착 및 운영절차
2. 비행자료와 분석결과의 보호 및 활용에 관한 사항
3. 그 밖에 비행자료의 보존 및 품질관리 요건 등 국토교통부장관이 고시하는 사항

⑤ 국토교통부장관 또는 ②의 3.에 따라 항공안전관리시스템을 마련해야 하는 자가 제83조제1항에 따른 항공교통관제 업무 중 레이더를 이용하여 항공교통관제 업무를 수행하려는 경우에는 항공안전관리시스템에 다음 각 호의 사항을 포함하여야 한다.

1. 레이더 자료를 수집할 수 있는 장치의 설치 및 운영절차
2. 레이더 자료와 분석결과의 보호 및 활용에 관한 사항

⑥ ④에 따른 항공운송사업자 또는 ⑤에 따라 레이더를 이용하여 항공교통관제 업무를 수행하는 자는 ④ 또는 ⑤에 따라 수집한 자료와 그 분석결과를 항공기사고 등을 예방하고 항공안전을 확보할 목적으로만 사용하여야 하며, 분석결과를 이유로 관련된 사람에게 해고·전보·징계·부당한 대우 또는 그 밖에 신분이나 처우와 관련하여 불이익한 조치를 취해서는 아니 된다. 다만, 범죄 또는 고의적인 법령 위반행위가 확인되는 경우에는 그러하지 아니하다.

⑦ ①부터 ③까지에서 규정한 사항 외에 다음 각 호의 사항은 국토교통부령으로 정한다.

1. ①에 따른 항공안전프로그램의 마련에 필요한 사항
2. ②에 따른 항공안전관리시스템에 포함되어야 할 사항, 항공안전관리시스템의 승인기준 및 구축·운용에 필요한 사항
3. ③에 따른 업무에 관한 항공안전관리시스템의 구축·운용에 필요한 사항

(2) 항공안전 프로그램의 마련에 필요한 사항 : 항공안전법 시행규칙 제131조

법 제58조제7항제1호에 따라 항공안전프로그램을 마련할 때에는 다음 각 호의 사항을 반영해야 한다.

1. 항공안전에 관한 정책, 달성목표 및 조직체계
   가. 항공안전분야의 기본법령에 관한 사항
   나. 기본법령에 따른 세부기준에 관한 사항
   다. 항공안전 관련 조직의 구성, 기능 및 임무에 관한 사항
   라. 항공안전 관련 법령 등의 이행을 위한 전문인력 확보에 관한 사항
   마. 기본법령을 이행하기 위한 세부지침 및 주요 안전정보의 제공에 관한 사항
2. 항공안전 위험도 관리
   가. 항공안전 확보를 위해 국토교통부장관이 수행하는 증명, 인증, 승인, 지정 등에 관한 사항
   나. 항공안전관리시스템 이행의무에 관한 사항
   다. 항공기사고 및 항공기준사고 조사에 관한 사항
   라. 항공안전위해요인의 식별 및 항공안전 위험도 평가에 관한 사항
   마. 항공안전 위험도의 경감 등 항공안전문제의 해소에 관한 사항
3. 항공안전보증
   가. 안전감독 등 감시활동에 관한 사항
   나. 국가의 항공안전성과에 관한 사항
4. 항공안전증진
   가. 정부 내 항공안전에 관한 업무를 수행하는 부처 간의 안전정보 공유 및 안전문화 조성에 관한 사항
   나. 정부 내 항공안전에 관한 업무를 수행하는 부처와 항공안전관리시스템을 운영하는 자, 국제민간항공기구 및 외국의 항공당국 등 간의 안전정보 공유 및 안전문화 조성에 관한 사항

5. 국제기준관리시스템의 구축 · 운영

6. 그 밖에 국토교통부장관이 항공안전목표 달성에 필요하다고 정하는 사항

(3) 항공안전 의무보고 : 항공안전법 제59조

① 항공기사고, 항공기준사고 또는 항공안전장애 중 국토교통부령으로 정하는 사항(의무보고 대상 항공안전장애)을 발생시켰거나 항공기사고, 항공기준사고 또는 의무보고 대상 항공안전장애가 발생한 것을 알게 된 항공종사자 등 관계인은 국토교통부장관에게 그 사실을 보고하여야 한다. 다만, 제33조에 따라 고장, 결함 또는 기능장애가 발생한 사실을 국토교통부장관에게 보고한 경우에는 이 조에 따른 보고를 한 것으로 본다.

② 국토교통부장관은 ①에 따른 보고(항공안전 의무보고)를 통하여 접수한 내용을 이 법에 따른 경우를 제외하고는 제3자에게 제공하거나 일반에게 공개해서는 아니 된다.

③ 누구든지 항공안전 의무보고를 한 사람에 대하여 이를 이유로 해고 · 전보 · 징계 · 부당한 대우 또는 그 밖에 신분이나 처우와 관련하여 불이익한 조치를 취해서는 아니 된다.

④ ①에 따른 항공종사자 등 관계인의 범위, 보고에 포함되어야 할 사항, 시기, 보고 방법 및 절차 등은 국토교통부령으로 정한다.

(4) 항공안전 자율보고 : 항공안전법 제61조

① 누구든지 제59조제1항에 따른 의무보고 대상 항공안전장애 외의 항공안전장애(자율보고대상 항공안전장애)를 발생시켰거나 발생한 것을 알게 된 경우 또는 항공안전위해요인이 발생한 것을 알게 되거나 발생이 의심되는 경우에는 국토교통부령으로 정하는 바에 따라 그 사실을 국토교통부장관에게 보고할 수 있다.

② 국토교통부장관은 ①에 따른 보고(항공안전 자율보고)를 통하여 접수한 내용을 이 법에 따른 경우를 제외하고는 제3자에게 제공하거나 일반에게 공개해서는 아니 된다.

③ 누구든지 항공안전 자율보고를 한 사람에 대하여 이를 이유로 해고 · 전보 · 징계 · 부당한 대우 또는 그 밖에 신분이나 처우와 관련하여 불이익한 조치를 해서는 아니 된다.

④ 국토교통부장관은 자율보고대상 항공안전장애 또는 항공안전위해요인을 발생시킨 사람이 그 발생일부터 10일 이내에 항공안전 자율보고를 한 경우에는 고의 또는 중대한 과실로 발생시킨 경우에 해당하지 아니하면 이 법 및 공항시설법에 따른 처분을 하여서는 아니 된다.

⑤ ①부터 ④까지에서 규정한 사항 외에 항공안전 자율보고에 포함되어야 할 사항, 보고 방법 및 절차 등은 국토교통부령으로 정한다.

(5) 항공기의 비행 중 금지행위 : 항공안전법 제68조

항공기를 운항하려는 사람은 생명과 재산을 보호하기 위하여 다음 각 호의 어느 하나에 해당하는 비행 또는 행위를 해서는 아니 된다. 다만, 국토교통부령으로 정하는 바에 따라 국토교통부장관의 허가를 받은 경우에는 그러하지 아니하다.

1. 국토교통부령으로 정하는 최저비행고도(最低飛行高度) 아래에서의 비행
2. 물건의 투하(投下) 또는 살포
3. 낙하산 강하(降下)
4. 국토교통부령으로 정하는 구역에서 뒤집어서 비행하거나 옆으로 세워서 비행하는 등의 곡예비행
5. 무인항공기의 비행
6. 그 밖에 생명과 재산에 위해를 끼치거나 위해를 끼칠 우려가 있는 비행 또는 행위로서 국토교통부령으로 정하는 비행 또는 행위

(6) 항공안전관리시스템의 승인 : 항공안전법 시행규칙 제130조

① 법 제58조제2항에 따라 항공안전관리시스템을 승인받으려는 자는 별지 제62호서식의 항공안전관리시스템 승인신청서에 다음 각 호의 서류를 첨부하여 제작·교육·운항 또는 사업 등을 시작하기 30일 전까지 국토교통부장관 또는 지방항공청장에게 제출해야 한다.

1. 항공안전관리시스템 매뉴얼
2. 항공안전관리시스템 이행계획서 및 이행확약서
3. ②에서 정하는 항공안전관리시스템 승인기준에 미달하는 사항이 있는 경우 이를 보완할 수 있는 대체운영절차

② ①에 따라 항공안전관리시스템 승인신청서를 받은 국토교통부장관 또는 지방항공청장은 해당 항공안전관리시스템이 [별표 20]에서 정한 항공안전관리시스템 구축·운용 및 승인기준을 충족하고 국토교통부장관이 고시한 운용조직의 규모 및 업무특성별 운용요건에 적합하다고 인정되는 경우에는 별지 제63호서식의 항공안전관리시스템 승인서를 발급하여야 한다.

③ 법 제58조제2항 후단에서 '국토교통부령으로 정하는 중요사항'이란 다음 각 호의 사항을 말한다.

1. 안전목표에 관한 사항
2. 안전조직에 관한 사항
3. 항공안전장애 등 항공안전데이터 및 항공안전정보에 대한 보고체계에 관한 사항
4. 항공안전위해요인 식별 및 위험도 관리
5. 안전성과지표의 운영(지표의 선정, 경향성 모니터링, 확인된 위험에 대한 경감 조치 등)에 관한 사항
6. 변화관리에 관한 사항
7. 자체 안전감사 등 안전보증에 관한 사항

④ ③에서 정한 중요사항을 변경하려는 자는 별지 제64호서식의 항공안전관리시스템 변경승인 신청서에 다음 각 호의 서류를 첨부하여 국토교통부장관 또는 지방항공청장에게 제출하여야 한다.

1. 변경된 항공안전관리시스템 매뉴얼
2. 항공안전관리시스템 매뉴얼 신·구대조표

⑤ 국토교통부장관 또는 지방항공청장은 제4항에 따라 제출된 변경사항이 [별표 20]에서 정한 항공안전관리시스템 승인기준에 적합하다고 인정되는 경우 이를 승인하여야 한다.

(7) 항공안전관리시스템에 포함되어야 할 사항 : 항공안전법 시행규칙 제132조

① 법 제58조제7항제2호에 따른 항공안전관리시스템에 포함되어야 할 사항은 다음 각 호와 같다.

1. 항공안전에 관한 정책 및 달성목표
   가. 최고경영관리자의 권한 및 책임에 관한 사항
   나. 안전관리 관련 업무분장에 관한 사항
   다. 총괄 안전관리자의 지정에 관한 사항
   라. 위기대응계획 관련 관계기관 협의에 관한 사항
   마. 매뉴얼 등 항공안전관리시스템 관련 기록·관리에 관한 사항
2. 항공안전 위험도의 관리
   가. 항공안전위해요인의 식별절차에 관한 사항
   나. 위험도 평가 및 경감조치에 관한 사항
   다. 자체 안전보고의 운영에 관한 사항
3. 항공안전보증
   가. 안전성과의 모니터링 및 측정에 관한 사항
   나. 변화관리에 관한 사항
   다. 항공안전관리시스템 운영절차 개선에 관한 사항
4. 항공안전증진
   가. 안전교육 및 훈련에 관한 사항
   나. 안전관리 관련 정보 등의 공유에 관한 사항
5. 그 밖에 국토교통부장관이 항공안전관리시스템 운영에 필요하다고 정하는 사항

② 제58조제7항제2호에 따른 항공안전관리시스템의 구축·운용 및 그 승인기준은 [별표 20]과 같다.

(8) 항공안전 의무보고의 절차 : 항공안전법 시행규칙 제134조

① 법 제59조제1항 본문에서 '항공안전장애 중 국토교통부령으로 정하는 사항'이란 [별표 20의2]에 따른 사항을 말한다.

② 법 제59조제1항 및 법 제62조제5항에 따라 다음 각 호의 어느 하나에 해당하는 사람은 별지 제65호서식에 따른 항공안전 의무보고서 또는 국토교통부장관이 정하여 고시하는 전자적인 보고방법에 따라 국토교통부장관 또는 지방항공청장에게 보고해야 한다.

1. 항공기사고를 발생시켰거나 항공기사고가 발생한 것을 알게 된 항공종사자 등 관계인
2. 항공기준사고를 발생시켰거나 항공기준사고가 발생한 것을 알게 된 항공종사자 등 관계인
3. 법 제59조제1항 본문에 따른 의무보고 대상 항공안전장애(이하 '의무보고 대상 항공안전장애'라 한다)를 발생시켰거나 의무보고 대상 항공안전장애가 발생한 것을 알게 된 항공종사자 등 관계인(법 제33조에 따른 보고 의무자는 제외한다)

③ 법 제59조제1항에 따른 항공종사자 등 관계인의 범위는 다음 각 호와 같다.

1. 항공기 기장(항공기 기장이 보고할 수 없는 경우에는 그 항공기의 소유자 등을 말한다)
2. 항공정비사(항공정비사가 보고할 수 없는 경우에는 그 항공정비사가 소속된 기관・법인 등의 대표자를 말한다)
3. 항공교통관제사(항공교통관제사가 보고할 수 없는 경우 그 관제사가 소속된 항공교통관제기관의 장을 말한다)
4. 「공항시설법」에 따라 공항시설을 관리・유지하는 자
5. 「공항시설법」에 따라 항행안전시설을 설치・관리하는 자
6. 법 제70조제3항에 따른 위험물취급자
7. 「항공사업법」 제2조제20호에 따른 항공기취급업자 중 다음 각 호의 업무를 수행하는 자
   가. 항공기 중량 및 균형관리를 위한 화물 등의 탑재관리, 지상에서 항공기에 대한 동력지원
   나. 지상에서 항공기의 안전한 이동을 위한 항공기 유도

④ ②에 따른 보고서의 제출 시기는 다음 각 호와 같다.

1. 항공기사고 및 항공기준사고 : 즉시
2. 항공안전장애
   가. [별표 20의2] 제1호부터 제4호까지, 제6호 및 제7호에 해당하는 의무보고 대상 항공안전장애의 경우 다음의 구분에 따른 때부터 72시간 이내(해당 기간에 포함된 토요일 및 법정공휴일에 해당하는 시간은 제외한다). 다만, 제6호가목, 나목 및 마목에 해당하는 사항은 즉시 보고해야 한다.
      1) 의무보고 대상 항공안전장애를 발생시킨 자 : 해당 의무보고 대상 항공안전장애가 발생한 때
      2) 의무보고 대상 항공안전장애가 발생한 것을 알게 된 자 : 해당 의무보고 대상 항공안전장애가 발생한 사실을 안 때

나. [별표 20의2] 제5호에 해당하는 의무보고 대상 항공안전장애의 경우 다음의 구분에 따른 때부터 96시간 이내. 다만, 해당 기간에 포함된 토요일 및 법정공휴일에 해당하는 시간은 제외한다.

1) 의무보고 대상 항공안전장애를 발생시킨 자 : 해당 의무보고 대상 항공안전장애가 발생한 때

2) 의무보고 대상 항공안전장애가 발생한 것을 알게 된 자 : 해당 의무보고 대상 항공안전장애가 발생한 사실을 안 때

다. 가목 및 나목에도 불구하고, 의무보고 대상 항공안전장애를 발생시켰거나 의무보고 대상 항공안전장애가 발생한 것을 알게 된 자가 부상, 통신 불능, 그 밖의 부득이한 사유로 기한 내 보고를 할 수 없는 경우에는 그 사유가 해소된 시점부터 72시간 이내

(9) 항공안전 자율보고의 절차 : 항공안전법 시행규칙 제135조

① 법 제61조제1항에 따라 항공안전 자율보고를 하려는 사람은 별지 제66호서식의 항공안전 자율보고서 또는 국토교통부장관이 정하여 고시하는 전자적인 보고방법에 따라 한국교통안전공단의 이사장에게 보고할 수 있다.

② ①에 따른 항공안전 자율보고의 접수·분석 및 전파 등에 관하여 필요한 사항은 국토교통부장관이 정하여 고시한다.

PART
01 적중예상문제

01 2013년 이후 국제민간항공기구(ICAO)에서 채택하여 사용하고 있는 무인항공기의 공식 용어로 바르게 나타낸 것은?

① RPAS(Remote Piloted Aircraft System)
② RC(Remote Control)
③ UAV(Uninhabited Aerial Vehicle)
④ 드론(Drone)

해설
2013년 이후 국제민간항공기구(ICAO)에서는 RPAS(Remote Piloted Aircraft System)를 무인항공기의 공식 용어로 채택하여 사용하고 있다. 비행체만을 칭할 때는 RPA(Remote Piloted Aircraft · Aerial Vehicle)라고 하고, 통제시스템을 지칭할 때는 RPS(Remote Piloting Station)라고 한다.

02 우리나라 국립국어원에서는 드론(Drone)이란 영어식 표현을 (   )로 순화하여 부르기를 권장하고 있다. (   ) 안에 들어갈 단어로 알맞은 것은?

① 초경량비행기
② 멀티콥터
③ 무인기
④ 초경량비행장치

해설
드론은 학문적 용어가 아니며, 적기 대신에 표적 역할을 수행하기 위해 고안된 것으로 유인기를 대체하는 용도로 사용되는 비행체를 뜻한다. 따라서 우리나라 국립국어원에서는 '드론(Drone)'이란 영어 표현 대신에 우리말 순화어로 '무인기'로 순화하여 사용하기를 권장하고 있다.

03 다음 중 드론에 대한 설명으로 옳지 못한 것은?

① 세계 최초의 드론은 미국의 'Queen Bee'이다.
② 드론은 제자리 비행이 가능하다.
③ 드론은 주어진 경로에 따라 자동비행이 가능하다.
④ 드론은 위험한 장소나 오염된 곳에서도 임무 수행이 가능하다.

해설
1930년 영국에서 'Queen Bee'라는 무인표적기를 개발하여 400기 이상을 양산하였다. 'Queen Bee'는 오늘날 'Drone'이라는 용어로 널리 불리고 있는 무인표적기의 원조라고 할 수 있으나, 최초의 무인기 형태는 1849년 Bombing by Balloon이라 할 수 있다. 초창기 드론은 1917년 미국 스페리가 개발한 Sperry Aerial Torpedo이다.

1 ① 2 ③ 3 ① 정답

04 다음 중 드론에 대한 설명으로 틀린 것은?

① 무인항공기(UAV)는 항공기에 조종사가 탑승하지 않고 자동 또는 원격으로 비행이 가능하다.
② 무인항공기는 '벌이 윙윙거린다'는 것에서 '드론(Drone)'이라고도 부른다.
③ 드론은 느리게 또는 빠르게 날 수 있도록 속도범위의 폭이 넓다.
④ 자체중량이 155kg인 드론은 무인동력비행장치이다.

해설
자체중량 150kg 이하는 무인동력비행장치로, 150kg 초과 600kg 이하는 중형 무인항공기로, 600kg 초과는 대형 무인항공기로 분류한다. 항공안전법 시행규칙에서는 무인동력비행장치를 연료의 중량을 제외한 자체중량 150kg 이하인 무인비행기, 무인헬리콥터 또는 무인멀티콥터라고 규정하고 있다.

05 다음 중 공기보다 가벼운 항공기를 고르면?

① 비행선(Airship)
② 회전 날개 항공기(Rotorcraft)
③ 날개치기 항공기(Ornithopter)
④ 고정 날개 항공기(Airplane)

해설
항공역학적 분류

구 분	동력에 의한 분류	기준에 의한 분류
공기보다 가벼운 항공기 (부력을 이용하여 비행)	무동력 항공기(Non-power-driven)	자유 기구(Free Balloon)
		계류 기구(Captive Balloon)
	동력 항공기(Power-driven)	비행선(Airship)
공기보다 무거운 항공기 (양력을 발생하여 비행)	무동력 항공기	연(Kite)
		활공기(Glider)
	동력 항공기	고정 날개 항공기(Airplane)
		회전 날개 항공기(Rotorcraft)
		날개치기 항공기(Ornithopter)

정답 4 ④ 5 ①

06 다음 중 무인항공기(드론)의 용어의 정의를 포함한 내용으로 적절하지 않은 것은?

① 조종사가 탑승하지 않고 지상에서 지정된 임무를 수행하는 무인기

② 최초 군수용에서 시작해 민수용으로 확산

③ 조종기와 비행체 외에 지상통제장비, 지상통신장비, 지상중계장비, 이착륙통제장비로 구성된 무인항공기

④ 드론은 고정날개형인 '고정익'을 뜻한다.

해설

드론은 고정익, 회전익, 혼합형으로 구분한다.

07 다음 민간에서 대중적으로 사용되는 멀티로터 형태의 초경량 비행장치(무인멀티콥터)의 명칭은?

① UAV(Unmanned Aerial Vehicle)

② DRONE

③ RPAS(Remoted Piloted Aircraft System)

④ UAS(Unmanned Aircraft System)

해설

민수용 확산과 DJI계열의 급속확산으로 Drone이 널리 사용되고 있다.

08 드론을 지칭하는 용어로 볼 수 없는 것은?

① UAV　　② UGV

③ RPAS　　④ Drone

해설

UGV는 Under Ground Vehicle로 무인지상차량이다.

6 ④ 7 ② 8 ② **정답**

09 드론의 구동형태에 따른 분류 중 다음 보기에서 설명하고 있는 것을 고르면?

보 기

- 수직상태에서는 헬기처럼 수직이착륙을, 수평상태에서는 고정익처럼 고속으로 비행
- 복잡한 구조로 인해 조종 및 운용이 다소 복잡하고 기체 제작비가 높음

① 틸트로터　② 쿼드콥터
③ 헥사콥터　④ 옥토콥터

해설
무인항공기의 구동형태에 따른 분류 중 혼합형은 틸트로터로 불리며, 수직상태에서는 헬기처럼 수직이착륙을 하고, 수평상태에서는 고정익처럼 고속으로 비행한다.

10 다음 멀티콥터(Multi-copter)의 프로펠러 수에 따른 분류에 속하지 않는 것은?

① 틸트로터　② 쿼드콥터
③ 헥사콥터　④ 옥토콥터

해설
멀티콥터는 프로펠러(X로터, Rotor)의 숫자에 따라 듀얼콥터(2개), 트리콥터(3개), 쿼드콥터(4개), 헥사콥터(6개), 옥토콥터(8개) 등으로 구분한다.

11 다음 중 GPS의 특징으로 틀린 것은?

① 지구상의 현재 위치를 측정하는 시스템이다.
② GPS는 날씨의 영향을 받겠지만 건물 등에는 영향을 받지 않는다.
③ 실내에서는 GPS신호를 수신할 수 없다.
④ GPS 위성은 복수로 존재한다.

해설
GPS의 장애요소는 태양의 활동 변화, 주변 환경(주변 고층 빌딩 산재, 구름이 많이 낀 날씨 등)에 의한 일시적인 문제, 의도적인 방해, 위성의 수신 장애 등 다양하며, 이로 인해 GPS에 장애가 오면 드론이 조종불능(No Control) 상태가 될 수 있다.

정답　9 ①　10 ①　11 ②

12 다음 중 무인멀티콥터 비행 컨트롤러에 속하는 센서가 아닌 것은?

① 자이로스코프　　② 가속도계
③ 자력계　　④ ESC

해설

비행 제어보드 : 드론의 움직임과 포지션 센서에서 감지된 정보 그리고 무선 리모컨에서 생성된 정보를 제공받아 모터로 보내주는 중앙 허브

- 자이로스코프 : 드론 자세를 제어
- 가속도계 : 중력과 무관한 가속 측정 장치
- 기압계 : 고도를 측정하기 위해 사용
- 자력계 : 자기장의 방향을 측정

13 다음 중 FC에 포함되지 않는 센서는?

① GPS
② 고도・레이저 센서
③ 기압계
④ 자이로 및 가속도 센서(자세・방위각)

해설

고도・레이저 센서는 추가 장착 시스템으로 기본부품이 아니며 특히 기본고도는 기압계를 통해 측정된다.

14 다음 중 이착륙 공간이 협소한 지형에서 운용될 수 있는 드론이 아닌 것은?

① 고정익 비행기　　② 틸트로터
③ 하이브리드　　④ 무인헬리콥터

해설

고정익(비행기)은 이・착륙 시 비행장(활주로)이 필요하여 협소한 지형에서 운용이 불가하다.

12 ④　13 ②　14 ①　정답

15 다음 중 무인멀티콥터 추가 장착 구성품에 영향을 미치지 않는 것은 어느 것인가?

① 장애물 ② 상대습도
③ 기 온 ④ 기압, 공기밀도

해설

탑재량에 영향을 미치는 요소는 기상이다. 지형적 요소는 탑재량에 영향을 미치는 것이 아니라 운용에 영향을 준다.

16 비행조종모드 중에서 자동복귀에 대한 설명으로 맞는 것은?

① 사전에 입력된 경로에 따라 자동으로 비행하는 비행모드이다.
② GPS를 수신하여 위치제어가 가능한 모드이다.
③ 외력(바람 등)에 비행체가 기울어지면 스스로 수평을 유지시켜 주는 비행모드이다.
④ 비행 중 노콘(통신두절) 상태 발생 시 이륙 위치 복귀, 제자리 호버링, 노콘지점 착륙 등을 설정할 수 있는 모드이다.

해설

자동복귀모드 RTH(Return To Home)모드로서 Failsafe(통신두절) 시 이륙위치로 돌아오게 하는 기능이다.

17 다음 드론 조종모드 중 다른 것은?

① 자세제어 모드(Attitude Mode)
② 충돌방지모드(Vision Mode)
③ 수동 모드(Manual Mode)
④ GPS 모드(GPS Mode)

해설

충돌방지모드(전방, 측방)는 필수요소가 아닌 추가 시스템이다.

정답 15 ① 16 ④ 17 ②

18 다음에 해당하는 무인항공 비행체의 설명은?

고정익 고속순항능력과 회전익 수직 이착륙이 가능하여 비행능력이 뛰어나지만 복잡한 구조로 인해 조종 및 운용이 다소 복잡하고 기체 제작비가 높다. 한편 이 기술은 세계에서 두 번째로 국내에서 보유하고 있다.

① 하이브리드형 비행체
② 고고도 장기체공 무인비행체
③ 멀티콥터형 비행체
④ 틸트로터형 비행체

해설

상승 시 양력발생, 비행 시 추력으로 전환되는 비행체로서 조종, 제어가 상대적으로 어렵다.

19 다음 드론의 비행조종모드 중에서 자동복귀 모드의 설명으로 틀린 것은?

① 이륙 전 임의의 장소를 설정할 수 있다.
② Auto-land(자동 착륙)과 Auto-hover(자동 제자리비행)를 설정할 수 있다.
③ GPS 수신이 두절되어도 자동복귀가 가능하다.
④ 이륙장소로 자동으로 되돌아올 수 있다.

해설

자동복귀(RTH)는 GPS를 기반으로 위치를 찾아오는 기능이다.

20 비행 중 GPS 에러 경고등이 점등되었다. 이때 원인과 조치로 알맞은 것은?

① 태양흐림 활동의 영향을 받지 않는다.
② GPS 백업모드로 전환하여 방위각을 참조하며 조종사가 비행체를 통제하여 기지로 복귀한다.
③ 건물 내부에서는 절대로 발생하지 않는다.
④ GPS 신호는 안정적이며 재밍(Jamming)의 위험이 낮다.

해설

GPS 두절 시 자세모드(Non-GPS모드)로 전환된다.

18 ④ 19 ③ 20 ② 정답

21 다음 중 수신기 관리요령으로 옳지 않은 것을 고르면?

① 수신기는 전파수신의 안전성을 위하여 교차로 묶어서 노출시킨다.
② 수신기 안테나는 수신율 증대를 위해 기체 외부로 노출한다.
③ 주기적으로 습기에 의한 부식여부 등을 확인하여야 한다.
④ 하드랜딩 후에는 반드시 수신기 외형, 안테나를 점검한다.

해설
수신기 안테나는 외부에 위치시켜야 수신율이 증대된다. 또한, 수신기가 꼬여 있는지, 차폐지역에 들어가 있지는 않은지 확인하여야 한다.

22 다음 중 비행 전 점검에 대한 설명으로 올바른 것은?

① 멀티콥터는 날씨에 영향을 많이 받지 않으므로 날씨는 점검할 필요가 없다.
② 기체의 외관은 단지 외형적인 부분으로 점검이 불필요하다.
③ 조종기는 스위치, 안테나, 외관, 배터리의 충전상태, 토글스위치 등을 점검해야 한다.
④ 평소에 GPS의 수신이 양호한 장소에서는 GPS점검을 생략해도 된다.

해설
NOTAM을 포함해 기상, 지형, 기체(GPS 등) 등 전반적인 사항을 모두 점검하여야 한다.

23 다음 중 멀티콥터 이륙 시 주의사항으로 올바르지 않은 것은?

① 사전에 안전한 이착륙 장소를 설정한다.
② 기체에서 15m 이상 이격하여 안전거리를 확보하여 비행한다.
③ 시동 후 예열은 연료의 낭비를 초래하며 오히려 안전운행에 방해가 되므로 하지 않는 것이 좋다.
④ 이륙 시 스로틀을 급조작하지 않는다.

해설
엔진계통의 경우 시동 후 예열은 반드시 필요(2~5분, 봄~겨울)

정답 21 ① 22 ③ 23 ③

24 다음 중 멀티콥터의 비행 시 주의사항으로 올바르지 않은 것은?

① 비행 중 스로틀의 급조작·과조작을 자제한다.
② 최근 출시된 멀티콥터들은 성능이 향상되어 지자기 교란수치가 '7'에서 비행해도 된다.
③ 조종자와 멀티콥터 간의 최대수평거리는 가시권 이내, 지면으로부터 고도 150m 이내를 유지한다.
④ 비행 중 멀티콥터의 이상상황 발생 시에는 큰 소리로 주변에 알리고 즉시 안전한 장소에 착륙시킨다.

해설

지자기 교란수치 '7'은 위성항법시스템(GPS) 문제발생 가능성이 높다.

25 무인멀티콥터(드론)의 프로펠러에 대한 설명으로 틀린 내용은?

① 프로펠러는 멀티콥터(드론)의 날아가야 하는 방향을 결정한다.
② 프로펠러의 길이가 같을 경우 피치가 낮은 프로펠러를 피치가 높은 프로펠러와 같은 부양력으로 발생시키려면 더 빨리 회전해야 한다.
③ 프로펠러는 다양한 재질로 제작되며, 피치가 높아질수록 진동도 심해진다.
④ 프로펠러의 길이는 프로펠러 틀(프레임)이 허용하는 최대치를 넘어 제작하는 것이 유리하다.

해설

프로펠러의 길이는 프로펠러 틀(프레임)이 허용하는 최대치를 넘기지 않아야 하는데 사용 가능한 프로펠러의 최대 길이는 일반적으로 모터의 몸체에 표기되어 있다.

26 다음 중 멀티콥터의 비행에 따른 모터의 회전에 대한 설명으로 올바른 것은?

① 멀티콥터가 전진할 때 전방의 모터가 빠르게 회전한다.
② 멀티콥터가 후진할 때 전방의 모터가 빠르게 회전한다.
③ 멀티콥터가 전진할 때 시계방향으로 회전하는 모터가 빨리 회전한다.
④ 멀티콥터가 후진할 때 모든 모터가 빠르게 회전한다.

해설

멀티콥터는 진행하려는 반대방향으로 모터가 빠르게 회전한다.

24 ② 25 ④ 26 ② **정답**

27 **다음 중 멀티콥터에 대한 설명으로 틀린 것은?**

① 여러 개의 모터를 회전시키는 모터에서 소모되는 에너지가 동일한 출력을 발생시키는 헬리콥터보다 적기 때문에 비행시간이 길어지는 장점이 있다.
② 모터가 고속으로 회전 시 상승, 저속으로 회전 시 하강한다.
③ 작용·반작용에 의해 고속으로 회전하는 모터와 반대 방향으로 회전한다.
④ 모터의 회전속도가 다르면, 기체가 기울어지면서 방향이동을 한다.

해설
헬리콥터에 비해 복수의 모터(2~3개 이상)구조에 따라 배터리 소모가 많고 비행시간이 짧다.

28 **다음 중 멀티콥터의 특성에 대한 설명으로 틀린 것은?**

① 2~3개 이상의 프로펠러를 가진 비행체를 말한다.
② 단일로터 방식의 헬리콥터처럼 반토크를 막기 위한 꼬리날개가 필요 없고 각각의 프로펠러 회전수(속도)를 조절하여 반토크를 상쇄시킨다.
③ 멀티콥터는 헬리콥터와 같이 수직 이륙 및 호버링이 가능하다.
④ 헬리콥터보다 많은 프로펠러를 장착하여 구조가 복잡하고 조종자 양성과정에서 고도의 훈련을 필요로 하는 단점이 있다.

해설
멀티콥터는 헬리콥터보다 구조가 간단하고 조종이 쉬워 대중성이 높다.

29 **스스로 방향기울기를 제어하는 역할을 하며 멀티콥터에서 필요불가결한 역할을 하는 장치는?**

① 가속도계
② 자이로스코프
③ 광류 및 음파 탐지기
④ 기압계

해설
자이로스코프는 중력에 따라 자연스럽게 드론의 방향을 탐지한다. 인위적인 수평선의 디지털 버전이라고 할 수 있다.

정답 27 ① 28 ④ 29 ②

30 멀티콥터(드론)의 두뇌와 같은 역할을 하는 부분으로 멀티콥터(드론)의 움직임과 정보를 제공받아 모터로 보내주는 중앙 허브 역할을 하는 부분은?

① 전자속도 제어보드(ESC)
② 비행 제어보드(FC)
③ 프레임
④ 착륙장치

해설
비행 컨트롤러(비행 제어보드)는 멀티콥터(드론)의 두뇌와 같다. 비행 컨트롤러는 멀티콥터(드론)의 움직임과 포지션 센서에서 감지된 정보, 그리고 무선 리모컨에서 생성된 정보를 제공받아 모터로 보내주는 중앙 허브이다.

31 멀티콥터(드론)의 모터와 배터리를 연결하는 유선의 구성요소들로 동력이 모터의 회전을 바람직한 속도로 유지하도록 하는 장치는?

① 전자속도 제어보드(ESC)
② 비행 제어보드
③ 프레임
④ 착륙장치

해설
전자속도 제어보드(ESC) : 모터와 배터리를 연결하는 유선의 구성요소들로 동력이 모터의 회전을 바람직한 속도로 유지하도록 한다.

32 다음 중 멀티콥터가 좌우 회전 비행을 할 때 모터의 회전수 변화에 대해 바르게 설명한 것은?

① 멀티콥터가 좌로 회전하면 모든 모터가 빠르게 회전한다.
② 멀티콥터가 우로 회전하면 좌로 회전하는 모터의 회전수가 빨라진다.
③ 멀티콥터가 우로 회전하면 우로 회전하는 모터의 회전수가 빨라진다.
④ 멀티콥터가 좌로 회전하면 우측에 장착된 모터의 회전수가 빨라진다.

해설
토크작용에 의해 반대쪽 모터가 빨리 회전해야 한다. 즉, 우로 회전하려면 좌로 회전하는 모터가 빨라진다.

30 ② 31 ① 32 ② 정답

33 **비행 중 조종기의 배터리 경고음이 울렸을 때 취해야 할 행동은?**

① 즉시 기체를 착륙시키고 엔진 시동을 정지시킨다.
② 경고음이 꺼질 때까지 기다려 본다.
③ 재빨리 송신기의 배터리를 예비 배터리로 교환한다.
④ 기체를 원거리로 이동시켜 제자리 비행으로 대기한다.

해설
조종기 배터리가 방전되면 송·수신이 되지 않기 때문에 방전되기 전에 즉시 착륙해야 한다.

34 **비상시 조치요령으로 바르지 않은 것은?**

① 주변에 '비상'이라고 알려 사람들이 멀티콥터로부터 대피하도록 한다.
② 인명 및 시설에 피해가 가지 않는 장소에 빨리 착륙시킨다.
③ GPS 모드에 이상이 없더라도 일단 자세모드로 변경하여 안정적인 조작을 할 수 있도록 한다.
④ 조작이 원활하지 않다면 스로틀 키를 조작하여 최대한 인명 및 시설에 피해가 가지 않는 장소에 불시착시킨다.

해설
GPS수신 시에는 GPS모드로 즉시 착륙해야 한다.

35 **비행 중 배터리 저전압 경고등 점멸 시 조치 요령으로 바른 것은?**

① 안전한 곳으로 유도하여 착륙시킨다.
② 빨간불이 들어오기 전까지 배터리 잔량이 남아있으므로 비행을 계속한다.
③ 안전이 최우선이므로 경고등을 보자마자 스로틀을 가장 아래로 내린다.
④ 경고등이 정상적으로 돌아올 때까지 그 자리에 호버링한다.

해설
저전압 경고등이 점멸 시 바로 착륙시켜 배터리 점검 후 재비행하여야 한다.

정답 33 ① 34 ③ 35 ①

36 무선주파수 사용에 대해서 무선국허가가 필요치 않은 경우는?

① 가시권 내의 산업용 무인비행장치가 허용주파수 대역을 사용할 경우
② 가시권 밖으로 고출력 무선장비를 사용할 경우
③ 영상 수신을 위해 15W 이상의 5.8GHz 대역의 고출력 장비를 사용할 경우
④ 운용자들 간의 무선 연락을 위해 출력 증폭기를 사용하는 경우

해설
가시권 내 비행 시 허용주파수 사용 시에는 허가가 필요 없다.

37 다음 무인비행장치 운용 간 통신장비 사용으로 올바른 것은?

① 송수신 통달 거리를 늘리기 위해 출력 증폭 장비를 사용한다.
② 2.4GHz 주파수 대역에서는 어떤 장비도 사용가능하다.
③ 영상송수신용 등으로 사용하는 5.8GHz 대역의 장비는 주파수 인증을 받았기 때문에 사용하는 데 문제가 없다.
④ 드론 임무용으로 국내에 할당된 주파수는 5,091~5,150MHz이다.

해설
제어용 주파수 : 5,030~5,091MHz, 임무용 주파수 : 5,091~5,150MHz

38 다음 중 조종기에 관한 설명으로 틀린 것은?

① 안테나는 조종기에서 신호가 방사되는 역할을 한다.
② 트림이란 모터의 추력부분을 원하는 방향으로 진행하도록 인위적으로 조절하는 것으로 비행하기 전 트림이 정중앙에 있는지 확인해야 한다.
③ 조종기에 있는 토글스위치로 GPS, 자세, 매뉴얼 모드 등의 조종모드를 변경할 수 있다.
④ 모든 조종기는 그에 맞는 하나의 기체만을 조종할 수 있으므로 설정명을 확인하는 것은 무의미하다.

해설
조종기마다 여러 대의 기체에 바인딩이 가능하기에 반드시 설정명을 확인해야 한다.

36 ① 37 ④ 38 ④ **정답**

39 다음 중 수신기의 관리요령에 대한 설명 중 틀린 것은?

① 수신기는 송신기와 같이 장착해야 전파수신이 안정적이다.
② 기체 운영 전 반드시 수신 안테나를 확인한다.
③ 수신기 안테나는 수신율 증대를 위해 기체 외부로 노출시키는 경우가 많다.
④ 하드랜딩은 수신기의 파손에 직접적인 영향을 미치므로 주의해야 할 사항이다.

해설

수신기는 기체에 부착하고 FC에 연결해야 한다.

40 니켈카드뮴 배터리의 단점인 메모리효과를 보완한 배터리는?

① 니켈카드뮴(NiCd)
② 니켈수소(Ni-MH)
③ 리튬이온(Li-ion)
④ 리튬폴리머(LiPo)

해설

니켈카드뮴 배터리의 단점인 메모리효과를 보완하였으며 대용화를 실현하여 니켈카드뮴 배터리가 니켈수소 전지로 많이 교체되고 있는 추세이다.

41 다음 중 리튬폴리머 배터리에 대한 설명으로 잘못된 것은?

① 얇고 다양한 모양의 배터리를 만들 수 있다.
② 메모리 효과가 커서 충전 시 주의해야 한다.
③ 드론(멀티콥터)에 주로 사용한다.
④ 배터리 수명이 짧다.

해설

리튬폴리머 배터리 : 리튬폴리머 배터리는 드론에 많이 사용되고 있으며, 전해액으로 인한 폭발의 위험이 있는 리튬이온 배터리와 달리 젤 타입의 전해질을 사용하여 폭발의 위험을 줄였고 다양한 모양의 형태로 만들 수 있으며 리튬이온 배터리보다 용량이 적고 배터리 수명이 짧으며 제조공정이 복잡하고 가격이 비싸다.

정답 39 ① 40 ② 41 ②

42 수은 같이 환경을 오염시키는 중금속을 사용하지 않으나 안에 들어 있는 전해액이 휘발유보다 잘 타는 유기성 물질로 폭발의 위험이 있는 배터리는?

① 니켈카드뮴(NiCd)
② 니켈수소(Ni-MH)
③ 리튬이온(Li-ion)
④ 충전용 알칼라인(Rechargeable Alkaline)

해설

리튬이온(Li-ion) : 전해액으로 인한 폭발 위험성이 있다.

43 다음 중 리튬폴리머 배터리 보관 시 주의사항으로 거리가 먼 것은?

① 용량이 40~50% 정도 남았을 때 충전할 것
② 고온 다습한 곳을 반드시 피해 보관할 것
③ 정격 용량 및 장비별 지정된 정품 배터리를 사용할 것
④ 배터리가 부풀거나 손상된 상태일 경우에는 수리하여 사용할 것

해설

배터리 사용 시 주의사항

- 리튬 배터리는 완전 방전시키면 수명이 줄고 성능도 떨어지므로 용량이 30~40% 정도 남았을 때 충전하는 것이 바람직하다.
- 배터리가 손상되면 화재의 위험이 대단히 크므로 절대 충전해서는 안된다.
- 드론 배터리에 사용되는 리튬은 폭발의 위험이 있는 물질이기 때문에 고온 다습한 곳을 반드시 피해 보관해야 한다.
- 배터리 과충전은 내부에서 방전이 일어나 배터리 수명이 줄어드는 것은 물론 화재의 원인이 되므로 리튬 이온 배터리를 충전하는 동안 자리를 뜨면 안된다.
- 기온이 낮은 겨울철에는 배터리 효율이 떨어지므로 사용 전 배터리를 사용 가능한 온도로 높여야 한다.

44 다음 중 배터리 사용 시 주의사항과 거리가 먼 것은?

① 완전 충전해서 보관한다.
② 충전 시간을 지켜 충전한다.
③ 오랫동안 사용하지 않을 때는 배터리를 기기에서 분리해 놓는다.
④ 약 15~28℃의 상온에서 보관한다.

해설

배터리는 적정수준 충전해야 하며 완전 충·방전 시 배터리 수명이 단축된다.

42 ③ 43 ④ 44 ① **정답**

45 배터리를 오래 기간 효율적으로 사용하는 방법으로 적절한 것은?

① 주기적인 셀 밸런싱을 하는 것은 수명을 떨어뜨린다.
② 장기간 보관할 경우 100% 완충시켜서 보관한다.
③ 매 비행 시 배터리를 완충시켜 사용한다.
④ 차량용 충전기(시거 잭)를 주로 사용한다.

해설
배터리는 사용 시마다 충전하여 사용해야 한다.

46 리튬 폴리머 배터리 보관 시 주의사항이 아닌 것은?

① 과충전, 방전하지 않는다.
② 배터리를 낙하, 충격 또는 합선시키지 않는다.
③ 손상된 배터리나 전력 수준이 50% 이상인 상태에서 배송하지 않는다.
④ 상온의 장소에서 보관하면 안된다.

해설
리튬폴리머 배터리 저장온도는 상온(22~28℃)이 적당하다. 사용온도 조건은 −10~40℃ 사이에서 가능하다.

47 리튬 폴리머(Li-Po) 배터리의 취급 및 보관방법으로 옳지 못한 것은?

① 배터리가 부풀어 오른 경우에도 계속 사용한다.
② 매뉴얼 상의 적정온도 이상 환경에서는 사용하면 안된다.
③ 충전 시 매뉴얼에 표시된 적정용량만 충전한다.
④ 충격으로 손상된 배터리는 소금물에 폐기한다.

해설
부풀어 오른 배터리는 바로 소금물에 침전시켜야 한다.

정답 45 ③ 46 ④ 47 ①

48 회전익 무인비행장치의 기체 및 조종기의 배터리 점검사항 중 틀린 것은?

① 조종기에 있는 배터리 연결단자의 접촉 불량 여부를 점검한다.
② 기체의 배선과 배터리와의 고정 볼트의 고정 상태를 점검한다.
③ 배터리 단자의 +, −선 구분 없이 사용해도 된다.
④ 기체 배터리와 배선의 연결부위의 부식을 점검한다.

해설

+, −선을 구분 없이 연결하는 경우 폭발사고의 원인이 된다.

49 드론 방제작업 시 안전을 위해 활동하는 필수 인원에 속하지 않는 사람은?

① 조종자 ② 보조자
③ 신호자 ④ 운전자

해설

방제 필수인원 : 조종자, 신호자(유자격자), 보조자(무자격자)

50 무인비행장치 조종자의 자격요건이라 할 수 없는 것은?

① 정신적, 신체적 안정
② 정확하고 신속한 상황판단 능력
③ 옹고집적인 성격
④ 합리적인 정보처리 능력

해설

조종자는 타 조종사의 의견을 충분히 수용할 수 있어야 한다.

48 ③ 49 ④ 50 ③ 정답

51 드론(멀티콥터)의 이착륙 지점으로 적합한 지역에 해당하지 않는 곳은?

① 모래먼지가 나지 않는 평탄한 장소
② 평탄한 잔디지역
③ 작물이나 시설물의 피해가 없는 지역
④ 사람들 또는 차량 등의 통행이 빈번한 지역

해설
사람 및 차량의 접근이 어려운 지역, 조종자로부터 안전거리(15m)가 확보된 지역에 선정한다.

52 다음 중 드론 조종자가 갖추어야 할 신체요소와 관련 없는 것은?

① 건 강
② 시 력
③ 청 력
④ 장애(팔, 다리)

해설
건강은 “생리적 요소”이다.

53 다음 중 드론의 비행에 대한 설명으로 적절치 못한 것은?

① 비행 전 일기예보를 확인한다.
② 배터리 충전상태를 확인한다.
③ 프로펠러의 장착상태와 파손여부를 확인한다.
④ 조종자와 멀티콥터(드론)는 지면으로부터 고도 3m 이내를 유지한다.

해설
항공 안전법상에는 150m 이하 고도에서 운용한다.

정답 51 ④ 52 ① 53 ④

교육은 우리 자신의 무지를 점차 발견해 가는 과정이다.

- 윌 듀란트 -

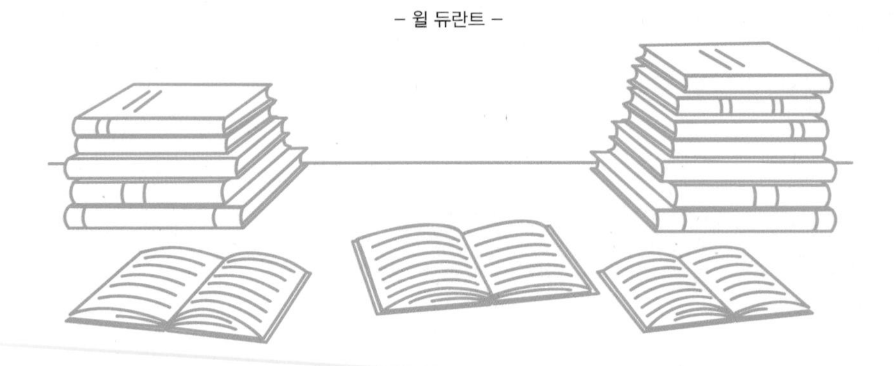

PART 02

비행운용이론

CHAPTER 01 비행원리 및 특성

01 비행원리

(1) 드론(멀티콥터) 기본 구조 및 원리

① 보통 2개 이상의 동력축(모터)과 수직프로펠러(로터)를 장착하여 각 프로펠러에 의해 발생하는 토크 현상을 상쇄시키는 구조를 가진 비행체이다.

② 각각의 프로펠러에서 발생하는 토크 현상을 상쇄시키기 위해서 구조적으로 짝수의 동력축과 프로펠러를 장착하거나 트윈이나 트라이콥터와 같이 2~3개로 축을 유지하고 있는 경우도 있다. 이때 각각의 축의 모터와 프로펠러에는 서보가 부착, 틸트가 되어 이로 인해 토크를 상쇄할 수 있다.

③ 단일로터 방식의 헬리콥터와는 달리 반토크를 상쇄하기 위한 꼬리날개가 필요 없고 각각의 프로펠러 속도를 조절하여 추력과 토크를 발생하여 방향을 제어할 수 있다.

④ 멀티콥터는 기계적 구조가 단순하며 헬리콥터와 같이 수직 이륙 및 정지 호버링이 가능하다. 안정적인 비행을 위해 적절한 모터 속도를 계산해야 하며, 이를 위해 비행 제어에 필수적인 FC, 모터, 변속기, 수신기, IMU(관성측정장치), PMU(전원분배보드)가 필요하다.

⑤ 헬리콥터보다 구조가 간단하여 유지보수 시간 및 비용이 적게 든다.

⑥ 최근에는 전자분야가 진보하면서 이러한 구성 요소를 더 작고 저렴하게 만들 수 있게 되면서 헬리콥터보다 공기역학적 측면에서 효율적이고 조종성이 좋아 대중들이 쉽게 접할 수 있게 되었다.

⑦ 멀티콥터는 여러 개의 모터, 프로펠러를 회전시켜 호버링 및 전후진 비행 등을 실시하기 때문에 동일한 출력을 발생시키는 헬리콥터보다 배터리 소모가 많아 비행시간이 길지 못하다.

⑧ 프로펠러의 개수에 따라 트윈(2개), 트라이(3개), 쿼드(4개), 헥사(6개), 옥타(8개), 도데카(12개)로 구분된다.

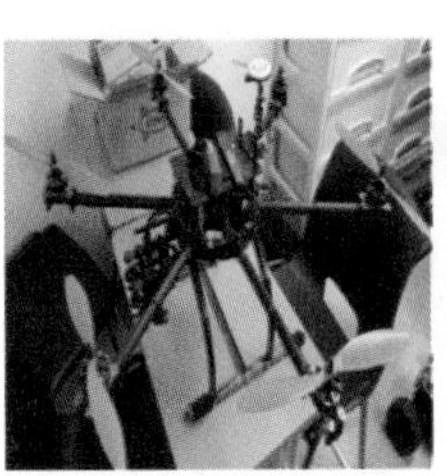

■ 멀티콥터 플랫폼의 종류

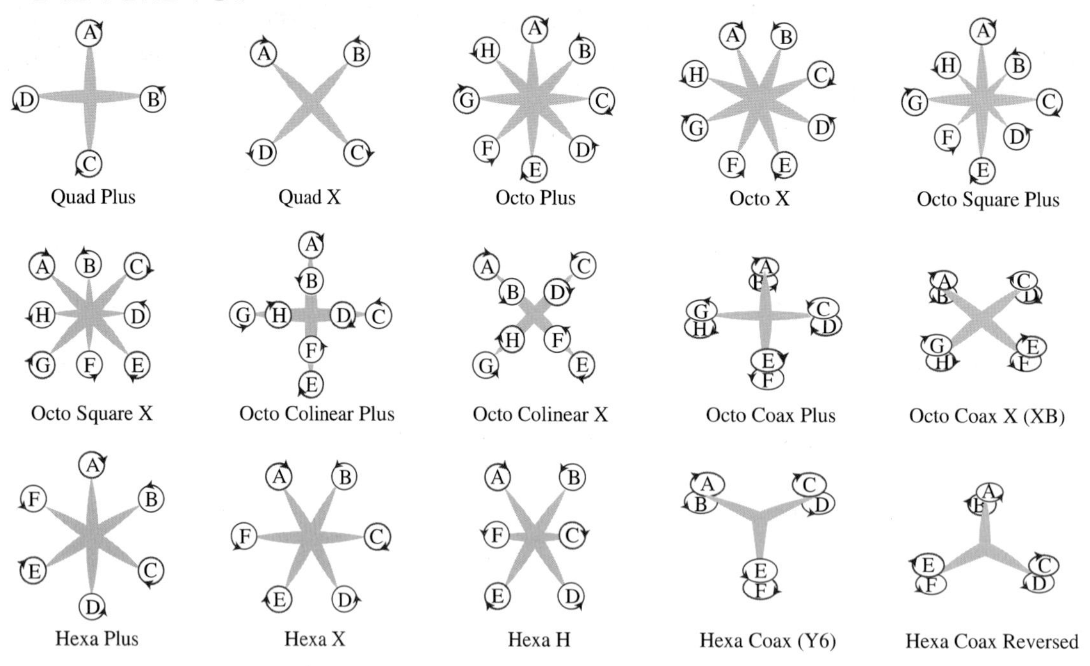

(2) 드론(멀티콥터) 비행 형태와 원리

① 비행기가 하강할 때와 상승할 때는 일부 힘의 방향이 달라진다. 즉, 드론에서 작용하는 주요한 힘이 어떻게 균형 또는 불균형을 이루느냐에 따라 드론의 비행형태(진행방향)가 다르다.

㉠ 상승비행 : 양력 > 중력

㉡ 가속비행 : 추력 > 항력

㉢ 수평비행 : 양력 = 중력

㉣ 등속비행 : 추력 = 항력

② 고정익 드론은 추력이 없으면 드론이 속도를 가질 수 없고, 드론 날개에 공기흐름이 없어 양력과 항력이 없으므로 공중에서 정지비행과 후진비행을 할 수 없다는 제한이 있다. 그러나 회전익과 멀티콥터는 추력이 없어도 정지비행을 할 수 있다. 이는 기본적으로 모터, 프로펠러의 회전수를 조절하여 추력을 발생시키기 때문이며, 발생된 추력에 의해 다음과 같은 전후좌우 운동 및 좌우회전 운동이 가능한 것이다.

■ 모터, 프로펠러 회전수 변화에 따른 드론 진행방향

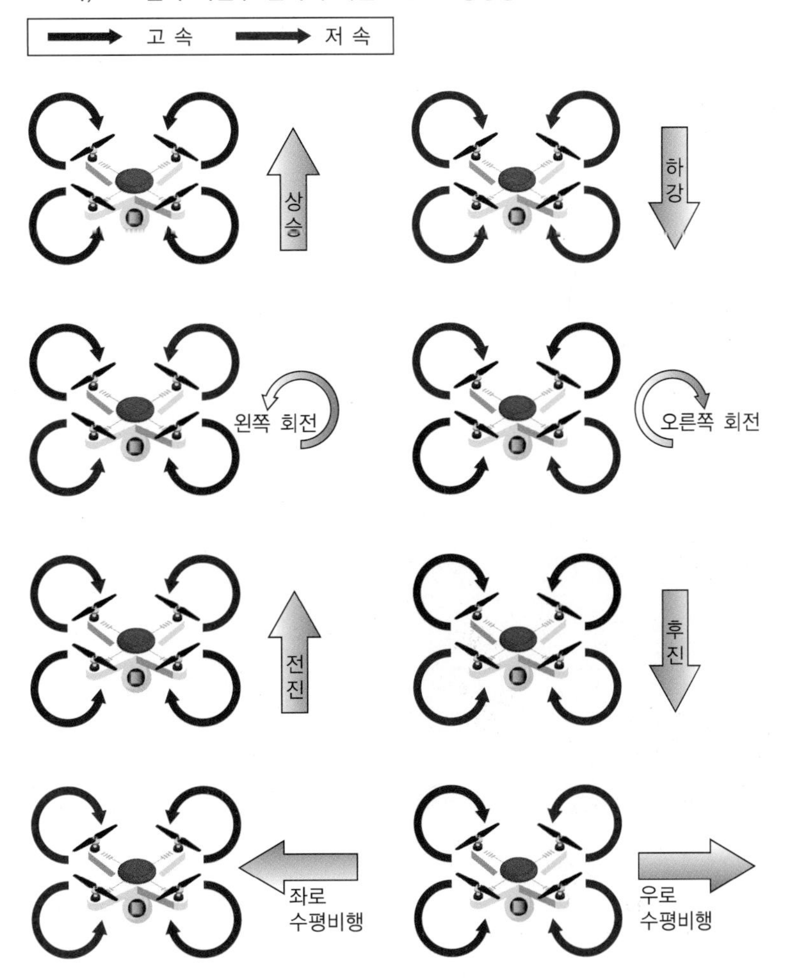

02 비행특성

(1) 토크(Torque) 효과

① **토크(Torque) 현상** : 토크의 사전적 의미는 회전하는 힘이다. 즉, 모터에서 발생한 회전력이 프로펠러에 전달되어 시계 방향으로 회전하는 경우 이에 대한 반작용으로 프로펠러에 연결되어 있는 기체가 모터 회전 방향의 반대 방향인 반시계 방향으로 회전하려는 힘이 발생하게 되는 것이다.

② 토크는 프로펠러의 회전 반대 방향으로 기체가 회전하는 현상이다. 이것은 흔히 전동드릴에서 시계 방향으로 드릴을 돌리려 할 때 전동드릴 본체는 반시계 방향으로 회전하려고 하고 이를 고정하려고 반대 방향으로 힘을 주었던 상황을 연상하면 될 것이다.

※ 토크 · 반작용 : 드릴이나 비행체가 회전할 때 동체나 기체가 반대 방향으로 회전하려는 힘

③ 헬리콥터의 테일로터는 반토크를 발생시켜서 헬리콥터의 균형을 맞춰 준다.

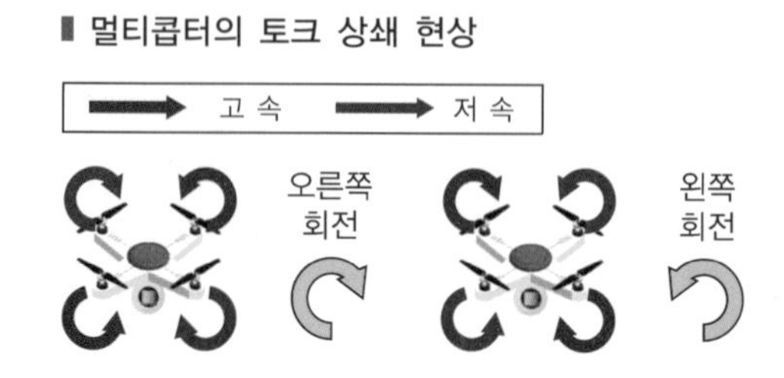

(2) 드론의 비행특성에 적용되는 원리

① 균형의 원리

㉠ 드론은 프로펠러가 회전할 때 바람을 아래로 내보내도록 설계가 되고, 이때 양력이 발생하게 된다.

㉡ 프로펠러가 도는 방향은 쿼드콥터를 기준으로 반시계(CCW, 역방향), 시계(CW, 정방향), 반시계(CCW, 역방향), 시계(CW, 정방향) 방향으로 구성이 되어 있다.

※ CCW(역방향) : Counter Clock Wise를 뜻하는 것으로 반시계 방향으로 칭한다.
CW(정방향) : Clock Wise를 뜻하는 것으로 시계 방향으로 칭한다.
조종자들은 CW 또는 CCW라고 하며, 제조나 판매업자들은 정방향 또는 역방향이라고 한다.

㉢ 수평 지지대와 수직 지지대의 힘이 서로 상쇄된 상태에서 쿼드콥터의 경우 4개의 모터에 동일한 회전을 일으키면 양력이 생성되고, 그 양력이 중력을 이길 때 공중에 부양하게 된다.

② 방향전환(전후좌우, 좌우 회전비행)의 원리

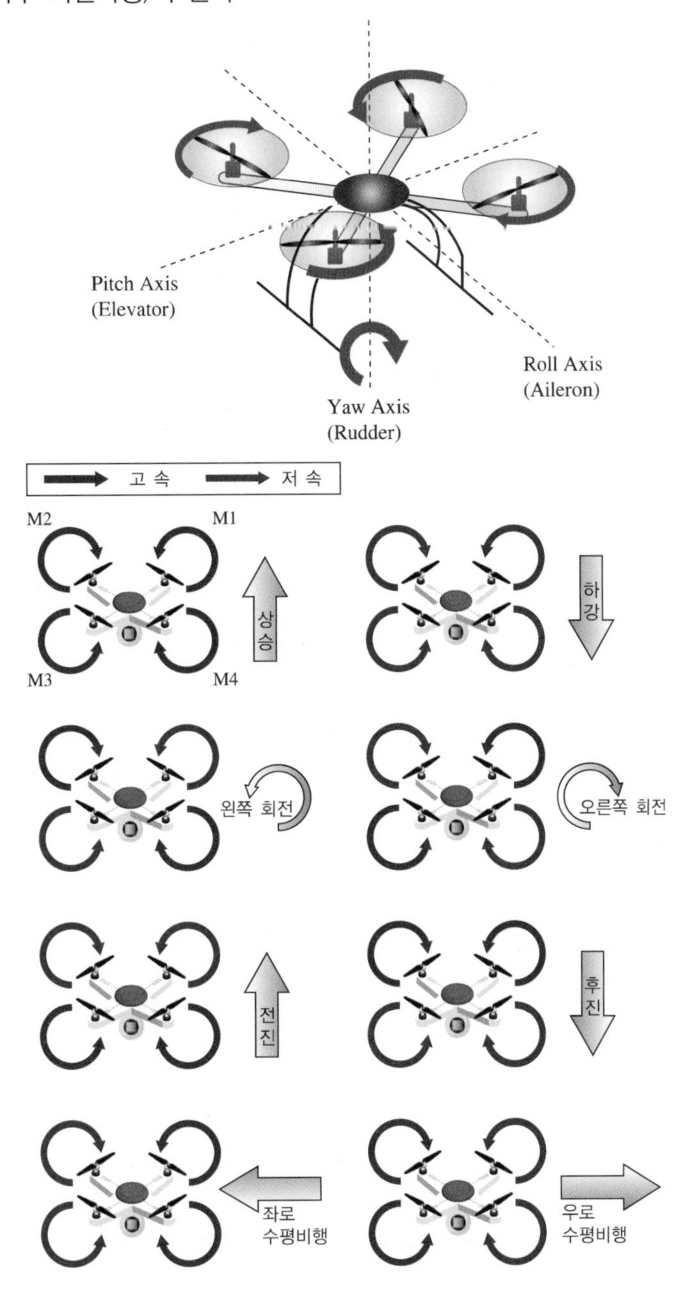

㉠ 그림에서와 같이 멀티콥터는 M1, M3와 M2, M4 등 축선별로 대각선을 중심(십자형은 가로, 세로축을 중심)으로 위치한 프로펠러 회전속도의 차이로 좌우 수평 회전 비행을 시작한다.

㉡ 드론의 방향은 크게 Rudder(Yaw), Aileron(Roll). Elevator(Pitch) 3가지로 나누고, 이를 3축 자이로 운동이라 한다.

㉢ 각 축별 모터의 회전수를 조정하여 원하는 방향으로 전환하는데 Aileron(Roll)은 X축을 기준으로 비행체의 좌우 방향으로 이동하는 것, Elevator(Pitch)는 Y축을 기준으로 비행체가 전진·후진하는 것, Rudder(Yaw)는 Z축을 기준으로 기체가 좌측 또는 우측면으로 제자리에서 회전하는 것을 나타낸다.

③ Aileron(Roll) & Elevator(Pitch) & Throttle 원리

㉠ 멀티콥터의 경우 특정 모터의 회전수를 증가시킬 경우 해당 모터의 부분만 공중으로 뜨게 된다. 즉, 특정 부분의 모터 회전수를 증가시켜 반대편 측을 기울어지게 만들면 드론 양력에 의해 상대적으로 회전이 적은 부분으로 드론이 기울어진 채로 이동하게 된다.

㉡ Aileron(Roll) 원리를 먼저 살펴보면 고정익의 경우 기체의 좌우 기울기(이동)를 담당하는 보조 날개를 가지고 있으며, 회전익 중 헬기의 경우 서보모터를 동작시켜 로터에 각을 주어 전후좌우로 기울이고 있다. 멀티콥터의 경우에는 모터, 프로펠러의 회전수에 의해 전, 후, 좌, 우 기울기(이동)를 조정한다.

㉢ Elevator(Pitch) 원리는 고정익에서 Pitch는 기수를 위, 아래로 들어 올리거나 내리면서 기체를 전진시킴과 동시에 상승·하강시키는 동작을 하게 한다. 이에 반해, 회전익 비행기(헬기, 멀티콥터)에서는 상승·하강은 Throttle(스로틀)이 담당하고, Elevator(Pitch)를 위 또는 아래로 동작할 때 전진·후진 비행만을 실시하게 되는 것이 고정익과 회전익의 차이라 할 수 있다.

최초 드론은 고정익에서 출발했는데, 현재도 고정익 용어가 멀티콥터에 준용되어 전진·후진 비행을 위한 키를 조작할 때 엘리베이터(피치) 전진·후진이라고 표현하고 있다.

가장 흔한 X형태의 멀티콥터의 경우, 기체를 중심으로 앞부분 두 개의 프로펠러가 뒷부분 두 개의 프로펠러보다 회전속도가 느리면 멀티콥터는 기체가 앞으로 기울어지면서 전진하고, 후진의 경우에는 반대로 작동한다.

㉣ Throttle 키를 위로 움직일 경우에는 모터, 프로펠러 전체가 빠르게 회전시키면서 더 높이 수직상승하게 되고, 아래로 내릴 경우에는 약하게 회전하면서 기체는 수직하강하게 된다.

CHAPTER 02 측풍 이착륙

01 측풍의 영향과 결과

(1) 측풍이 드론에 미치는 영향[1]

① 측풍[2]이란 항공기의 운동에 직각이 되는 방향의 바람 성분으로 순항 중에는 측풍에 의해 편류가 생기며, 어느 정도 이상의 측풍은 이착륙 시 장애를 주게 된다.

② 측풍을 만나게 되면 바람이 불어오는 방향에 있는 날개는 아래쪽의 압력이 높아져서 날개가 부양하려는 경향이 있으며, 측풍속도가 크면 클수록 비행체는 바람이 불어오는 반대방향으로 심하게 기울었다가 원위치로 돌아가게 된다.

(2) 측풍의 결과

① 고정익의 경우 동체가 바람을 막아서 바람이 불어가는 방향에 있는 날개가 형태에 따라 위 또는 아래로 움직이게 되어 있으며, 비행기는 바람이 불어가는 방향으로 기울어지려는 경향이 생기게 된다. 이때 고정익은 러더와 에일러론(Aileron, 보조익) 키를 사용하여 측풍을 수정하면서 비행을 할 수 있다. 하지만, 멀티콥터의 경우에는 바람이 불어가는 방향으로 기울어지게 되면, GPS와 IMU(관성측정장치)가 있어서 에일러론 등 특정 키를 조작하지 않아도 측풍에 대한 수정이 가능하다.

② 측풍 수정은 멀티콥터의 가장 큰 장점인 정지 호버링 기능과도 밀접하다. 정지 호버링이 가능한 이유는 서로 다른 방향으로 회전하는 프로펠러에서 아래로 발생한 바람에 의하여 양력이 생기기 때문이며, 이 양력으로 한자리에서 제자리 비행이 가능하다.

③ 드론(멀티콥터)이 북쪽으로 전진 또는 호버링할 때 서풍(기체가 '북쪽' 지향 시)이 불어온다면 기체는 동쪽으로 기울어지게 되는데 멀티콥터에는 GPS와 IMU(관성측정장치)가 내장되어 있어 스스로 기울어진 반대방향으로 위치, 수평을 세우려고 노력하기 때문에 M1과 M4의 프로펠러 회전이 빠르게 진행되면서 멀티콥터는 스스로 균형을 유지하게 된다.

※ IMU(Inertial Measurement Unit) : 관성측정장치라고 불리며 기본적으로 3축 각속도계와 가속도계 센서가 내장되어 있어 기울어진 방향이 감지되면 스스로 균형을 잡기 위해 반대방향의 변속기와 모터가 빠르게 회전하도록 도와준다.

---

1) 미 육군 항공대 기초비행훈련 교범 / Fighter group 블로그 참조

2) 국방기술품질원 http://www.dtaq.re.kr

02 측풍 이착륙

(1) 측풍 이륙

① 고정익 드론에서는 항공기가 이륙할 때 전진방향인 활주로 중심선에 대해 직각 성분의 풍향 상태에서 바람이 불어오는 쪽으로 수정된 기축방향을 활주로 중심선에 일치시키는 조종 조작을 측풍 이륙(Crosswind Take Off)이라고 한다. 통상적으로 고정익은 주로 맞바람을 받으면서 이륙할 때 받음각의 증가로 양력이 증가하여 상대적으로 짧은 활주거리에서도 쉽게 이륙이 가능하다.

② 멀티콥터의 경우는 고정익과는 다르게 수직 이착륙이 가능하기 때문에 상대적으로 맞바람이나 측풍의 영향을 덜 받게 되지만 정상적인 상태 즉, 무풍의 상태보다는 이륙과 동시에 바람이 부는 방향에 따라 전・후・좌・우 방향으로 기울어지면서 이륙하게 된다.

③ 멀티콥터가 이륙과 동시에 측풍의 영향을 받는다면 에일러론을 조작하여 정상적인 수직 중심각으로 기체를 이륙시키는 것이 핵심 관건이다. 즉, 이륙하려는 순간 동풍(기체가 북쪽을 바라보며 이륙 시)이 불어온다면 에일러론 키를 우로 살며시 조작하면서 이륙 시에 기체가 좌로 밀리면서 이륙하는 현상을 방지하며 정상적인 이륙이 가능하다.

▮ 측풍의 수정

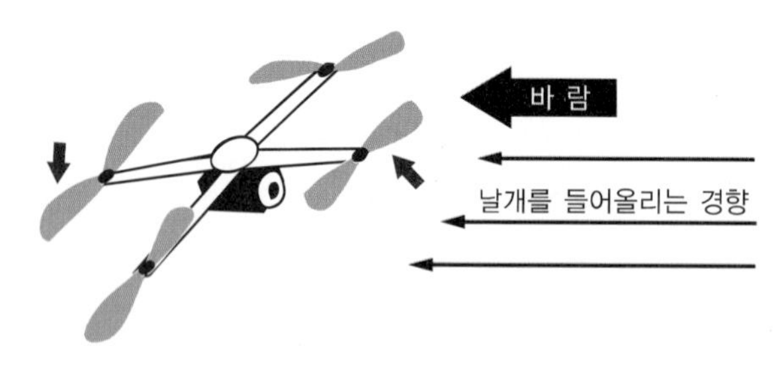

그림과 같이 동풍이 불어올 때 조종간을 '우'로 조작하여 기체 수평을 유지한 상태에서 이륙

(2) 측풍 착륙

① 고정익 항공기에서 항공기가 착륙할 때 전진방향인 활주로 중심선에 대해 직각 성분의 무시할 수 없는 풍향 상태에서 바람이 불어오는 쪽으로 수정된 기축방향을 활주로 중심선에 일치시키는 조종 조작을 측풍 착륙(Crosswind Landing)이라고 한다. 착륙 시 우측에서 바람이 불어오면 기체는 좌로 들리게 되며 이때 조종간을 우로 조작하여 기체를 수평으로 유지하면서 착륙한다.

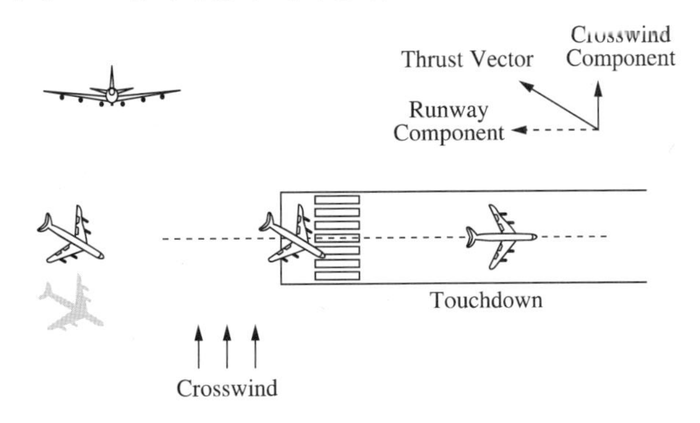

② 멀티콥터에서는 이와는 다르게 상대적으로 맞바람이나 측풍의 영향을 덜 받지만 정상적인 상태 즉, 무풍의 상태에서보다는 착륙할 때 바람의 영향에 따라 전・후・좌・우 방향으로 기울어지면서 착륙하게 되는데, 특히, 자세모드에서 착륙간 측풍의 영향으로 기체가 전복된 사례가 있다.

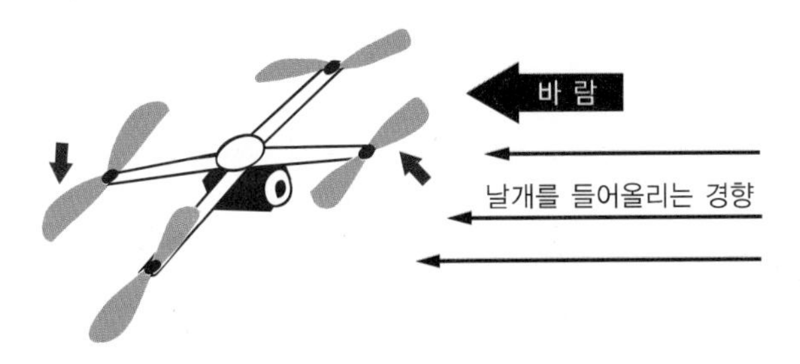

③ 멀티콥터가 착륙할 때 측풍의 영향을 받는다면 에일러론과 엘리베이터를 조작하여 정상적인 수직 중심각으로 기체를 착륙시키는 것이 중요하며 우측면 상태에서 착륙하려는 순간 서풍이 불어온다면 엘리베이터 키를 뒤로 살며시 조작하면서 착륙을 실시해야 기체가 동쪽으로 밀리는 것을 방지할 수 있으며, 정상적인 착륙이 가능하다. 이때 기수방향이 정면이 아닌 우측면 상태임을 인지하지 못한다면 조종자는 순간 '좌에일러론'을 조작하게 되며 기체는 1시 방향으로 밀리게 된다.

▮ 기체가 우측면 상태

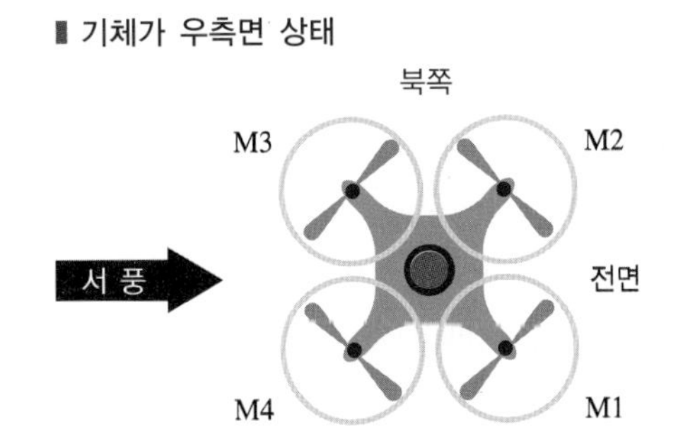

(3) 측풍 접근 · 착륙

① 멀티콥터의 측풍 접근 및 착륙은 비행체가 우측면일 때 강한 바람이 불어온다는 가정 하에 비행체를 안전하게 착륙장으로 이동한 후 착륙시키는 비행으로 앞 절에서 설명한 부분을 참조하며 에일러론과 엘리베이터, 필요시 러더 키를 조작하여 정상적인 경로로 측풍접근 · 착륙을 실시하여야 한다.

② 측풍 접근 · 착륙 평가단계에서 실기평가 기준지침을 참고해 보면 다음과 같다.

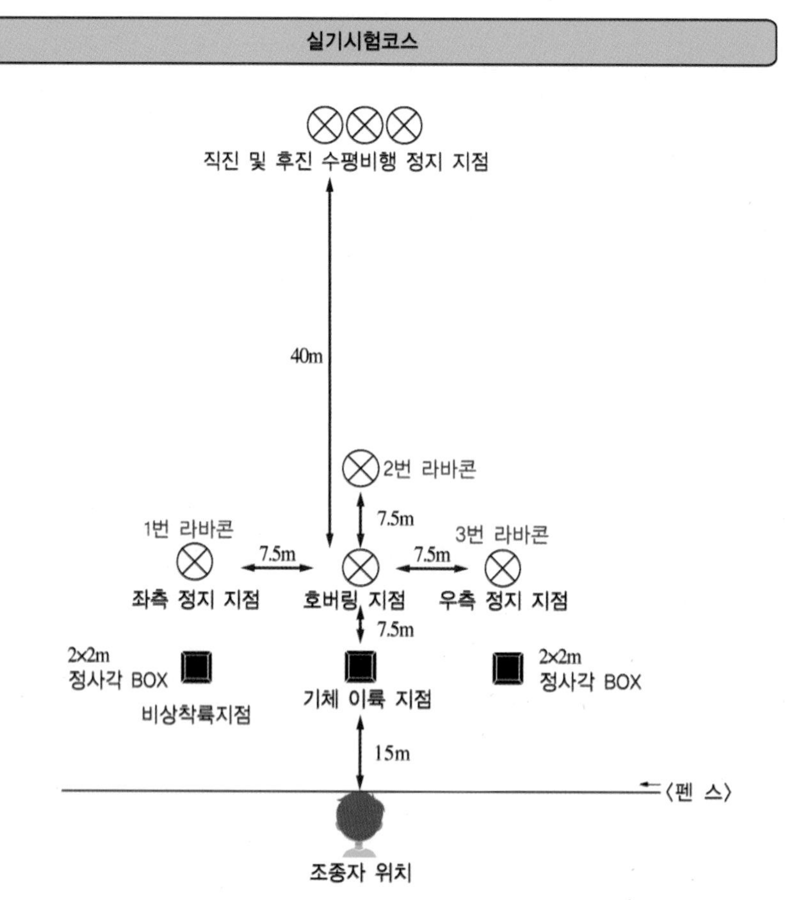

㉠ 기준고도(3m)까지 이륙한 후 기수방향 변화 없이 3번 라바콘 지점으로 이동한다. 이때 직선경로(최단경로)를 사용한다.

㉡ 3번 지점에서 비행체 기수를 우측으로 90° 돌리면서 우측면 호버링을 실시한다(3~5초간).

㉢ 우측면 상태(기수방향의 변화 없이)에서 우측 사선 후진비행으로 이륙지점까지 비행한 후 착륙장 위치 수직 방향에서 우측면 상태로 정지 호버링을 실시한다(5초간).

㉣ 우측면 상태(기수방향의 변화 없이)로 바람의 반대방향으로 에일러론 · 엘리베이터 키를 조작하면서 착륙장으로 접근 후에 2×2m 정사각형 BOX 내에서 기체가 수직 하강을 하여 착륙장 내에 소프트(기체를 부드럽게 착륙시키는 것으로 기체의 랜딩기어가 지면에 살며시 앉는 경우를 말하며 하드랜딩을 하면 랜딩기어가 지면에 부딪히자마자 일시적으로 튀어 올랐다 착륙하게 된다)랜딩을 실시한다.

③ 세부 평가기준

㉠ 수평 비행할 때 고도 변화가 없어야(상하로 0.5m까지 인정) 한다.

㉡ 우측 사선 후진비행 사이 경로이탈은 멀티콥터 무게 중심축 기준 1m까지 인정한다.

㉢ 속도를 일정하게 유지(지나치게 빠르거나 느린 속도, 기동 중 정지 등 금지)해야 한다.

㉣ 착륙할 때 수직으로 착륙한다.

㉤ 멀티콥터 중심축을 기준으로 착륙장의 이탈(착륙장 내(2×2m 사각형)에 무게중심점 위치)이 없도록 한다.

④ 측풍 접근·이착륙 단계에서의 핵심은 기체가 우측면 상태라는 점이다. 이를 감안(풍향·풍속 고려)하여 에일러론이나 엘리베이터 키를 조작하여야 하며 순간 이를 망각한 상태에서 키를 조작한다면 기체가 심하게 흔들리면서 경로를 이탈하거나 위험한(기체 전복 등) 상황이 될 수 있다. 다음 키 조작 방법은 실기시험장이 북쪽을 바라보고 있을 경우를 기준으로 설명하고 있다.

㉠ 북풍 시 : 에일러론 키를 좌로 살짝 밀면서 조작한다(바람속도에 맞추어).

㉡ 남풍 시 : 에일러론 키를 우로 살짝 밀면서 조작한다(바람속도에 맞추어).

㉢ 서풍 시 : 엘리베이터 키를 뒤로 살짝 당기면서 조작한다(바람속도에 맞추어).

㉣ 동풍 시 : 엘리베이터 키를 앞으로 살짝 밀면서 조작한다(바람속도에 맞추어).

▮ 엘리베이터 키의 조작

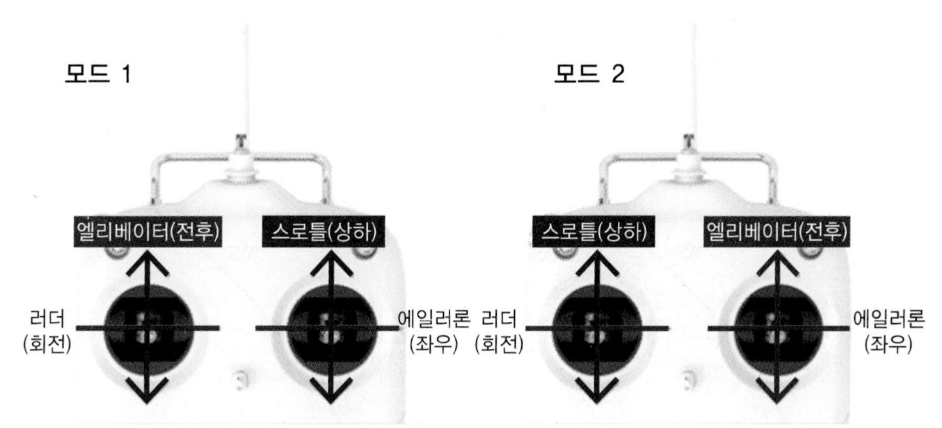

※ 스로틀(Throttle) : 상승 및 하강
요(Yaw)·러더(Rudder) : 좌측 및 우측 회전
피치(Pitch)·엘리베이터(Elevator) : 전진 및 후진
롤(Roll)·에일러론(Aileron) : 좌측·우측 이동

CHAPTER
03 비행장치의 안정과 조종

01 비행장치의 안정과 조종

(1) 드론(항공기)의 안정성과 조종성[3)]

① 비행장치의 안정성(Stability)과 조종성(Controllability)은 항상 상반된다. 안정성이란 교란(외력 : 바람 등)이 생겼을 때 외력을 극복 또는 감소시켜 원래 평형 비행 상태로 돌아오려는 성질이고, 반면에 조종성은 타각(기계적인 각 : 원하는 방향으로의 추력 상승, 고도, 속도의 변화)을 주어서 드론을 원래 평형 상태로 만들기 위해 일정량의 인위적인 가속도 상태로 만들어 주는 조작이다. 따라서 드론의 안정성과 조종성(Stability and Control)의 학문은 드론을 설계할 때 안정성과 조종성이 적정 수준을 이루도록 두 가지 성질의 적절한 타협점을 정의하는 학문이라고 할 수 있다. 먼저 설계하고자 하는 드론의 비행 목적을 달성하기 위해서 안정성과 조종성의 설계요소 중 어느 것이 우선하는가를 판단하고, 세로 안정성과 가로 및 방향 안정성이 각각 어느 수준으로 설계되어야 하는지를 고려하여야 한다. 안정성 확보를 위하여 평형 상태의 개념인 트림 상태 즉, 정적 및 동적 안정성을 유지한다.

㉠ 트림(Trim)상태 : 항공기가 일정한 고도와 속도를 유지하며 '각' 운동 없이 날고 있는 역학적인 평형 상태로 드론에 조종력을 가하지 않고도 수평비행이 가능하고, 무게중심이나 추력, 양력, 항력이 정확히 들어맞은 상태이다.

※ 트림조절장치 : 조종사가 원하는 특정 속도에서 항공기가 평형 상태에 있을 때, 조종간에 힘이 걸리지 않도록 하는 장치로서 멀티콥터에서는 트림이 작동한다면 작동되어 있는 방향으로 흐르게 된다. 예로 전진 엘리베이터에 "트림"이 설정되어 있다면 조정기 LCD 모니터 창에 '–2' 또는 '–3' 으로 표시가 되며 제자리 호버링이 되지 않고 설정된 수치의 속도로 기체가 앞으로 흐르게 된다.

㉡ 정적 안정성(Static Stability) : 시간 개념 없이 단지 평형 상태에서 벗어난 직후 다시 원래의 평형 상태로 되돌아가려는 초기 경향이다.

㉢ 동적 안정성(Dynamic Stability) : 시간 개념을 포함하여 얼마나 빨리 원래 평형 상태에 도달하는가를 고려한다.

㉣ 항공기의 안정성 설명에서 항공기 좌표계를 정의하면 항공기의 좌표계는 동체의 중심선을 기준으로 기수방향을 x축, 우측 날개방향을 y축, 오른손 법칙에 따라 자동적으로 아랫방향이 z축이 된다고 할 수 있으며 이를 정의한 내용은 다음과 같다.

---

3) http://www.americanflyers.net/aviationlibrary/pilots_handbook/chapter_3.htm
[출처] 항공우주학개론 CH03 : 비행 성능, 안정성 및 조종성(Roll,Pitch,Yaw)

▮ 좌표축에 대한 항공기 회전운동의 정의

좌표축	방 향	회전 운동	작용 모멘트	작용하는 힘
x	전진 방향	Roll	Rolling Moment	추력, 항력
y	오른쪽 날개	Pitch	Pitching Moment	측력, 외력
z	수직 하방	Yaw	Yawing Moment	중력, 양력

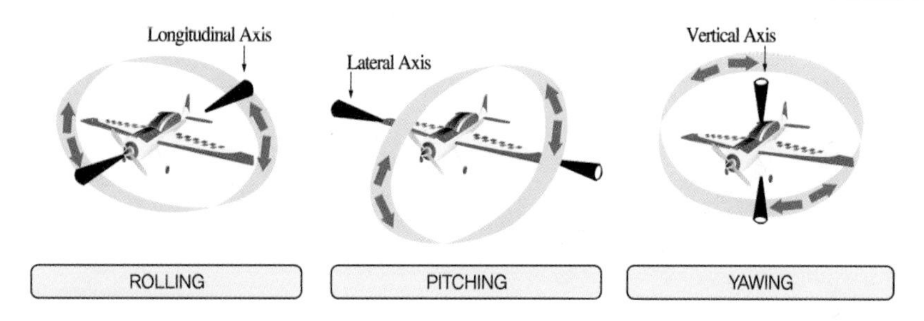

(2) 세로조종과 가로조종, 방향조종[4]

① 세로조종(가로 안정성) : 종운동(y), 피치(Pitch)운동

㉠ 항공기는 승강타(Elevator)의 조작으로 피칭(Pitching)운동을 하게 되는데, 조종간을 당기면 기수는 상승하고 조종간을 밀면 기수는 하강하게 된다.

㉡ 그림과 같이 조종간을 뒤로 당기면 승강타는 위로 움직이게 되고 수평안정판을 아래로 내리게 하는 힘을 발생시키고 이때 기수부분은 상승하게 되며 피칭모멘트는 뒤로 이동한다.

㉢ 반대로 조종간을 앞으로 밀게 되면 승강타는 내려가게 되고 수평안정판을 위로 들어 올리게 되어 기수가 하강을 하게 되며 피칭모멘트는 앞으로 이동하게 된다.

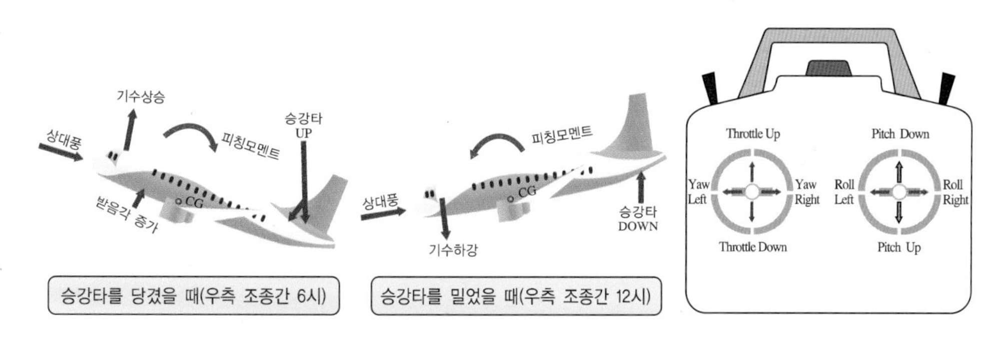

4) http://www.americanflyers.net/aviationlibrary/pilots_handbook/chapter_3.htm
[출처] 항공우주학개론 CH03 : 비행 성능, 안정성 및 조종성(Roll,Pitch,Yaw)

② 가로 조종(세로 안정성) : 횡방향운동(x), 롤(Roll) 운동

㉠ 드론(항공기)은 에일러론(Aileron ; 보조익)의 조작으로 롤링(Rolling)운동을 하게 된다. 조종간을 왼쪽으로 하면 비행기는 왼쪽으로 경사지게 되고, 조종간을 오른쪽으로 하면 비행기는 오른쪽으로 경사지게 된다.

㉡ 에일러론(보조익)이 내려간 날개는 양력이 더욱 많이 발생하게 되어 상승하게 되고 올라간 날개는 하강하게 된다. 따라서 에일러론은 좌우가 서로 반대로 움직인다.

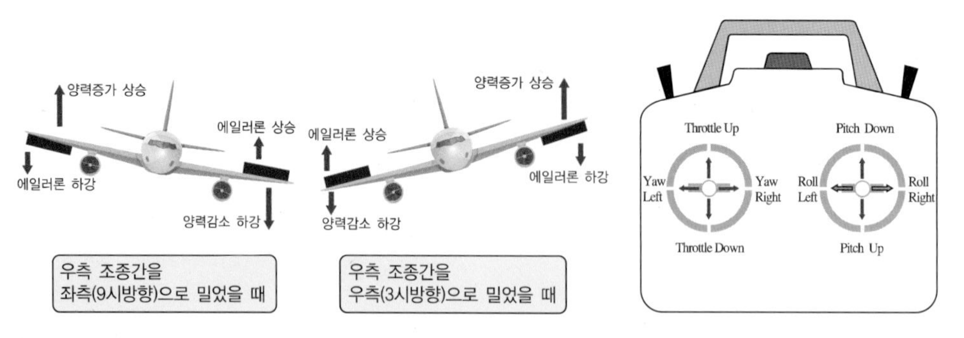

③ 방향 조종(방향 안정성 ; Vertical Stability)

㉠ 비행기는 방향타(Rudder)의 조작으로 요잉(Yawing)운동을 하게 된다.

㉡ 왼쪽 러더를 돌리면 비행기는 좌측으로 기수가 돌게 되고 오른쪽 러더를 돌리면 비행기는 오른쪽으로 기수를 돌리게 된다.

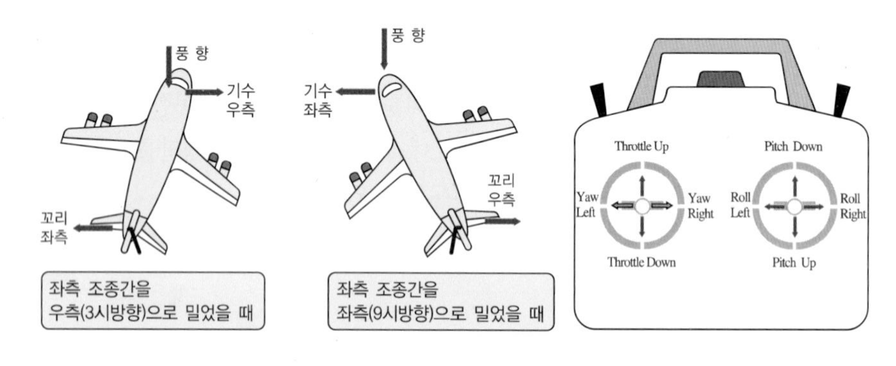

02 비행 성능[5]

(1) 드론(항공기)의 비행 종류

① **등속도 수평 비행** : 가장 단순한 비행형태로서, 항공기에 작용하는 힘인 추력과 항력, 무게와 양력이 서로 평형을 이루어 항공기가 일정한 고도와 속도로 비행한다.

② **상승 비행** : 고도를 높이기 위하여 위로 솟구쳐 올라가는 비행으로 상승 비행에서의 비행성능은 최대 상승률, 상승각, 상승한도 등이 있다.

③ 하강・활공(Gliding) 비행

㉠ 항공기가 활주로에 착륙하거나 불시착하기 위해 고도를 낮추되 동력(추력)기관을 작동하지 않고 비행하는 상태를 무동력 하강 비행 또는 활공(Gliding)이라고 하고 동력(추력)기관을 작동하는 경우를 동력 하강 비행이라 한다.

㉡ 일반적으로 활공할 때는 하강속도가 작은 것이 바람직하다.

④ 선회 비행

㉠ 고정익은 수평면 내에서 일정한 선회 반지름으로 회전 운동을 하는데, 이 비행을 정상 선회 비행이라고 한다.

㉡ 직선 비행을 하던 비행기가 선회 비행을 하기 위해서는 에일러론(보조익)과 엘리베이터(승강타)를 이용해야 하며, 기울기각, 선회 경사각(Bank Angle)을 이용하여 비행기에 경사를 주어야 한다.

(2) 드론(회전익)의 기타 비행

① 제자리 비행(정지 호버링)

㉠ 회전익(헬기)은 주로터와 테일로터의 토크 상쇄작용으로 한자리에 그대로 머무르는 비행이 가능한데 이를 제자리 비행이라고 한다.

㉡ 멀티콥터는 회전을 실시하는 프로펠러의 방향이 역방향(CCW)-정방향(CW) 형태로 회전하여 각각의 프로펠러의 움직임에 의한 반토크 작용을 통해 제자리 비행이 가능하다.

② **감속 비행** : 비행기가 진행하는 방향의 추력이 항력보다 작아질 때의 비행이다.

③ **이륙・착륙 비행** : 이착륙 비행은 순항이나 정상 선회와 달리 힘이 평형상태에 있지 않고 가속도가 작용하는 비행상태이다.

---

5) http://www.americanflyers.net/aviationlibrary/pilots_handbook/chapter_3.htm
[출처] 항공우주학개론 CH03 : 비행 성능, 안정성 및 조종성(Roll,Pitch,Yaw)

CHAPTER 04 비행장치에 미치는 힘

01 드론 비행장치에 미치는 힘

드론이 지표면을 떠나 공중을 날게 되는 일련의 운동을 할 때 드론 기체에는 힘이 작용한다. 드론 기체에 작용하는 주요한 힘은 양력, 중력(무게), 추력, 항력이다.

(1) 양 력

① 드론의 날개가 공기 중을 날 때 발생하는 힘으로, 위쪽으로 작용한다.

② 드론이 앞으로 나아가면서 날개의 위쪽 표면과 아래쪽 표면에 약간의 압력차가 발생하는데, 압력의 차이가 결국 양력이 된다. 즉, 드론 날개 윗면의 압력보다 날개 아랫면의 압력이 더 크기 때문에 발생하며, 큰 쪽에서 작은 쪽으로 작용하려는 압력으로 인해 날개를 상승시키는 힘이 양력이다. 다시 말해 공기흐름을 보면 날개 아래쪽은 공기의 흐름이 느리고 그 날개 위쪽의 공기흐름은 빠르게 된다.

③ 드론이 하늘에 떠 있을 수 있는 것은 바로 이 양력 때문이다.

④ 양력의 크기는 일정 시간에 흐르는 공기의 양에 비례한다. 즉, 속도가 빨라질수록 양력은 증가하며, 공기 밀도가 낮은 고공에서 양력은 감소한다.

⑤ 상대풍(풍판을 향한 기류방향)에 수직으로 작용하는 역학적 힘이다(부양력).

(2) 중 력

① 중력은 말 그대로 지구가 물체를 끌어당기는 힘으로, 아래쪽으로 작용하는 힘을 나타낸다.

② 드론이 난다는 것은 중력을 이긴다는 뜻으로 배터리(연료)가 소모되는 것을 제외하면 드론의 실제 중력은 비행 중 거의 변하지 않는다.

③ 비행기의 속도와 방향이 일정한 정속 비행에서는 서로 반대 방향으로 작용하는 양력과 중력이 균형을 이루게 된다.

④ 중력의 크기를 무게(Weight) 또는 중량이라고 하는데 양력이 부족한 상태에서 중력만 커진다면 비행기는 추락하고 만다.

(3) 추 력

① 추력은 기체를 앞으로 나아가게 하는 힘으로 드론의 프로펠러에 의해 발생되는 힘이다.

② 항공기의 경우 엔진이 클수록, 즉 마력이 높을수록 큰 추력이 생성되어 일정 수준까지는 항공기가 더 빨리 날 수 있다.

③ 추력과 항력은 속력과 밀접한 관계를 가지고 있다. 추력이 항력보다 크면 비행 속력이 커지고 작으면 반대로 하강하게 된다. 엔진의 출력과 모터, 프로펠러의 RPM(분당 회전수)이 높을수록 추력이 증가한다. 일정한 추력에서는 추력과 항력의 균형이 맞추어져서, 결과적으로 속력이 일정하게 유지된다.

④ 드론을 전후좌우로 움직이게 하는 힘이며 모터, 프로펠러의 RPM(분당 회전수)을 높여 추력을 발생시킨다.

(4) 항력(외력)

① 항력은 드론이 앞으로 나아가는 것에 저항하는 힘으로 드론을 뒤로 잡아당기는 힘이다. 항력을 발생시키는 주요한 힘을 외력이라고 하며, 대표적인 외력에는 기상 7대 요소(기온, 기압, 습도, 구름, 강수, 시정, 바람)가 있다.

② 대기를 뚫고 지나는 움직임에 대해 대기 속 분자들이 저항하는 힘으로 대표적으로 바람, 공기의 저항이 있다.

③ 드론이 가속할 수 있는 것은 추력 때문이지만, 최종 속도를 결정하는 것은 항력이다.

④ 항력은 공기와 부딪히는 기체의 단면적이 넓을수록 항력이 증가하고, 공기 밀도가 높은 저공에서도 역시 항력이 증가한다.

⑤ 항력 : 추력에 반대로 작용하는 힘, 외력(공기 밀도, 기온, 습도, 바람 등)의 영향을 받는다.

⑥ 유도항력 : 멀티콥터가 양력을 발생할 때 나타나는 유도기류에 의한 항력이다.

⑦ 형상항력 : 유해항력의 일종으로 회전익에서는 블레이드, 프로펠러가 회전할 때 공기와 마찰하면서 발생하는 마찰성 저항력이며, 고정익에서는 '날개와 몸체'의 형태에 따라 '항력'이 달라지게 된다. 따라서 모든 드론은 '감항인증'이 의무화되어 있다. '감항인증'이란 드론의 형상에 따라 항력을 최소화하기 위해 구조적으로 설계, 조립, 생산에 대해서 인증을 받는 것으로 국내외 항공기술은 '감항인증'을 받지 않으면 운행할 수 없다.

⑧ 유해항력 : 전체 항력에서 메인로터, 모터(날개)에 작용하는 항력을 뺀 나머지 항력으로 유해항력도 마찰성 저항이라고 할 수 있다. 이러한 유해항력을 감소시키기 위해 기체구조를 유선형으로 설계한다.

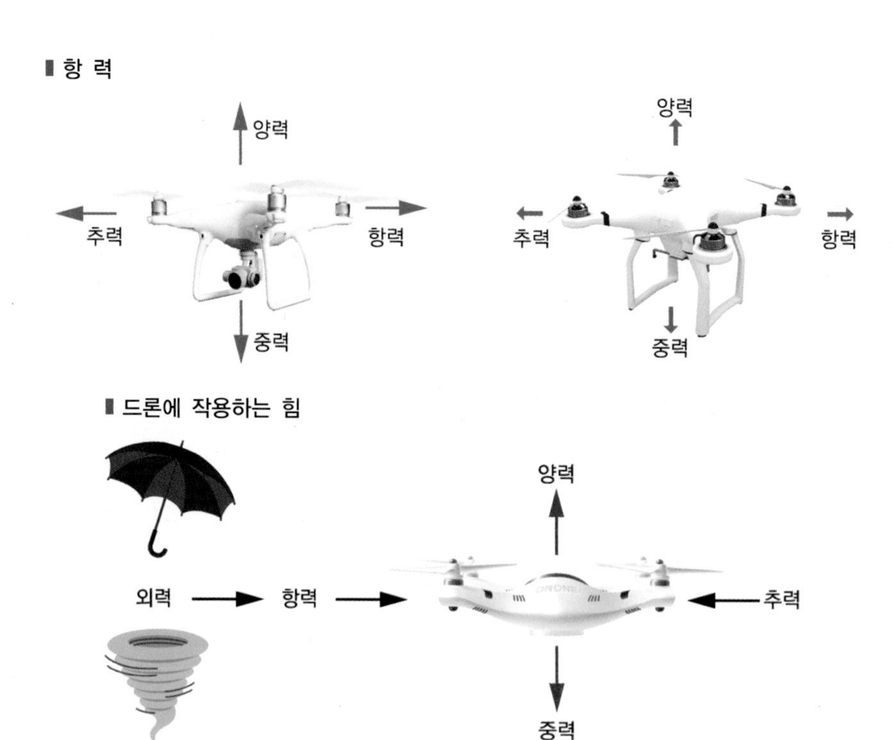

(5) 드론에 작용하는 힘의 순서

① 기본적으로 드론에 작용하는 힘 4가지는 불가분의 관계에 있어 분리해서 생각해서는 안 된다.

② 이 힘의 발생원리나 작용하는 힘을 잘 이해하기 위해서는 회전수를 연상해야 한다. 중력을 이기기 위해 양력을 발생시키고 항력을 이기기 위해 추력을 발생시킨다.

③ 쿼드콥터의 경우 양력은 4개의 프로펠러를 고속으로 회전시키며 추력은 2개의 프로펠러를 고속으로 회전시키면 된다. 따라서 힘의 순서는 양력 > 중력 > 추력 > 항력 순이다.

02 항공역학적 힘

(1) 항공역학 관련 운동 법칙

① 베르누이 법칙(Bernoulli's Equation)

㉠ 1783년 스위스의 과학자 다니엘 베르누이가 유도해낸 정리이며, '공기나 물과 같은 흐르는 물체인 유체의 속도가 증가하면 압력이 감소하고, 속도가 감소하면 압력이 증가한다'는 원리다. 이는 드론 날개의 양력 발생 원리와도 같다.

㉡ 역학적 에너지 보존 법칙 중 하나로 압력에너지(유동에너지)와 운동에너지 및 위치에너지의 합은 항상 일정하다는 것이다(전압(P_t) = 동압(O) + 정압(P)).

㉢ 역학적 에너지 중에서 위치에너지의 영향이 매우 작다면, 이를 무시할 수 있다.

㉣ 마찰항력과 압력항력의 합을 형상항력이라고 하며, 유도항력을 제외한 항공기의 전항력을 유해 항력이라고 한다. 유도항력은 양력이 발생함에 따른 하향 흐름에 의해 항공기에 발생하는 항력을 말한다. 공기의 압축성에 의해 충격파가 발생하며, 이에 따라 저항이 발생한다.

㉤ 항공기 날개 상·하부를 흐르는 공기의 압력차에 의해 발생하는 압력 원리로 주로 사용되는 법칙이기도 하다.

㉥ 다음은 일상생활에서 베르누이의 원리가 적용되는 사례를 정리해 본 결과로 이 광경을 연상하면서 베르누이 법칙을 생각해 본다면 이해가 빠를 수도 있다.

- A4 용지를 길게 반으로 자른 뒤 아랫입술 아래에 대고 바람을 세게 불면 종이가 위로 올라오고 펄럭이는 현상이 나타난다. 종이 아래쪽에 바람을 불게 되면 종이 위쪽의 공기가 빠르게 이동하게 되면서 그만큼 공기 밀도가 낮아지게 되고, 따라서 밀도가 아래보다 종이 위쪽이 낮아지기 때문에 밑에서 위로 들어올리는 힘인 양력이 생기게 되어 종이가 위로 올라가면서 펄럭이는 것이다. 이러한 종이의 펄럭임이 비행기 날개이론의 기본이 된다고 할 수 있다.
- 호스에서 나오는 물을 빨리 더 멀리 보낼 때 호스 끝 부분을 손으로 눌러본 경험이 있을 것이다. 호스 끝 부분을 손으로 눌러 줌으로써 물이 나오는 틈이 좁아져서 뒤쪽의 공기가 밀리기 때문에 물이 더 빨리, 더 멀리 나가게 되는 것이다.
- 진공상태에서 공을 커브로 던진다면 공은 꺾이지 않고 똑바로 나아간다. 이는 진공관에 공기가 없어서 베르누이 원리가 적용되지 않기 때문이다. 결국 공기나 물의 흐름이 없는 상태에서는 이 법칙이 적용되지 않는 것을 반증하는 예이다.

② 벤투리 튜브(Venturi Tube) 원리

㉠ 베르누이 원리는 '유체의 에너지는 압력과 운동에너지의 두 가지 형태로 나타나는데, 이 둘의 합은 연결된 관 속에서 같은 높이일 때 일정하다'이다. 벤투리는 이 원리 속에서 탄생한 것이다. 즉, 유속이 갑자기 빨라지면 압력은 줄어야 하며, 관의 구경을 좁히면 압력은 상대적으로 줄어든다고 할 수 있는데 이것이 벤투리 효과이다.

㉡ 벤투리 효과는 관을 지날 때 유체가 지나가는 양이 같다는 것이고 베르누이 법칙은 에너지보존이 성립한다는 것으로 정의할 수 있다. 에너지 보존법칙은 결국 속도가 빨라지면 동압은 증가되고 정압은 감소한다는 것으로, 다시 말해 압력이 증가되면 속도가 감소된다.

㉢ 벤투리 튜브의 원리

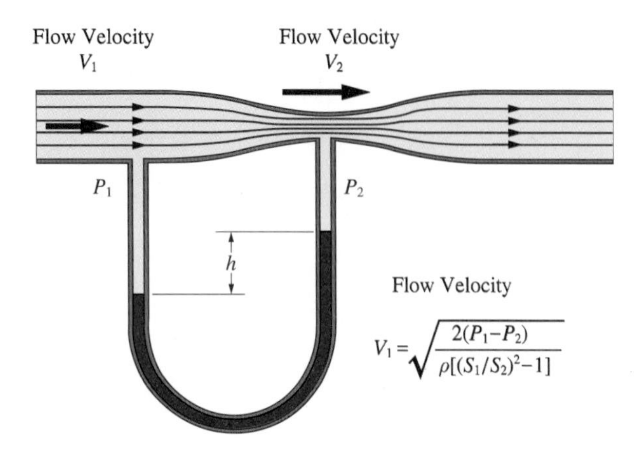

- P_1 점의 압력(전압) : $P_1 + \frac{1}{2}\rho V_1^2$
- P_2 점의 압력(전압) : $P_2 + \frac{1}{2}\rho V_2^2$
- $P_1 - P_2 = \frac{1}{2}\rho(V_2^2 - V_1^2)$에서 $S_1 V_1 = S_2 V_2$
- $P_1 - P_2 = \frac{1}{2}\rho V_1^2\left(\frac{S_1^2}{S_2^2} - 1\right) = h$

㉣ 벤투리 튜브의 응용 : 저속 측정용 속도계(글라이더)

③ 피토 튜브 원리

㉠ 피토 튜브는 베르누이 정리를 응용한 속도계로 주로 고정익 드론(항공기)에 사용한다. 현재 군에서 사용되고 있는 대대급~군단급 고정익 드론의 경우에는 동체 또는 날개 부분에 숨구멍과 같은 작은 관이 있는데 이를 피토관이라 하며 모든 드론(고정익)에 설치되어 있다. 이러한 피토관에 이물질(얼음알갱이, 미세먼지 등)이 축적되어 막힌다면 속도가 제대로 표시되지 않는다.

㉡ 이 관을 통해 통하여 들어온 공기의 힘, 즉 압력의 양을 측정하여 속도를 나타내게 되는 것으로서 고정익 등 항공기가 빠르게 날수록 피토 튜브관 속의 공기의 힘이 강해지고 느릴수록 약해진다. 그 양을 따라 속도계에 속도를 표시하는 것으로 아주 간단한 원리이다.

㉢ 피토 튜브의 원리

- A점의 압력(전압) = P(정압) + $\frac{1}{2}\rho V^2$(동압), B점의 압력 = P
- 동압(A-B) = $\frac{1}{2}\rho V^2 = \gamma h \rightarrow V$ (γ : 비중량으로 물 = 1)

㉣ 피토 튜브의 응용 : 고속 측정용 속도계(비행기 및 회전익 항공기)

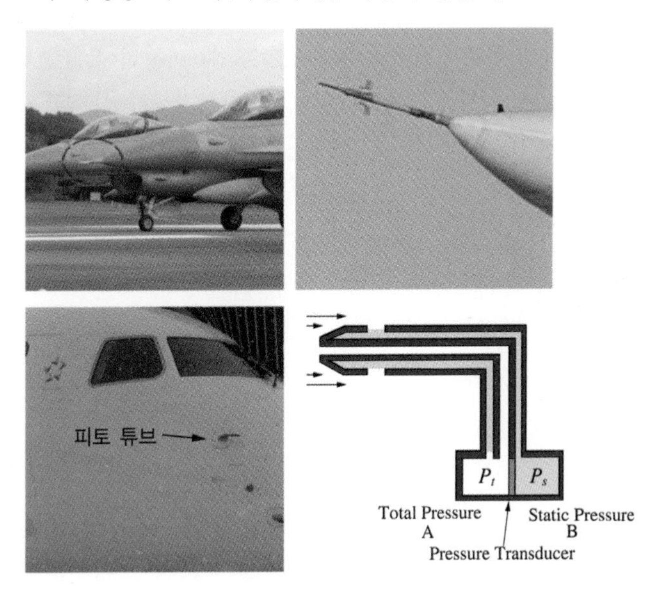

④ 뉴턴의 운동 법칙

㉠ 제1법칙(관성의 법칙) : 정지한 물체는 외부로부터 힘을 받지 않는 한 언제까지나 정지하며, 운동하는 물체는 언제까지라도 운동을 계속한다.

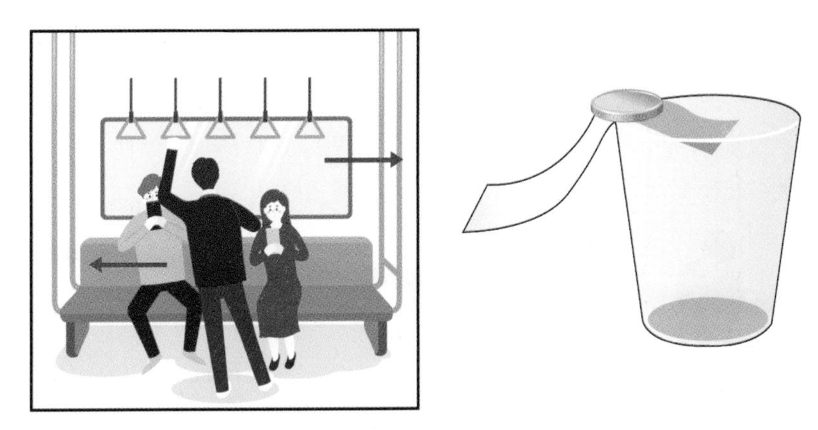

- 정지관성 : 정지하고 있는 물체는 계속 정지하려는 성질이 있다.
- 운동관성 : 움직이는 물체는 외부에서 또 다른 힘이 가해질 때까지 운동하고 있던 방향으로 같은 속도를 유지하려는 성질이 있다.

• 일상생활에서 우리는 흔히 관성의 법칙[6]을 경험한다. 정지하고 있던 버스가 갑자기 출발하면 우리의 몸은 순간 뒤로 쏠리게 된다. 이는 정지하고 있던 우리의 몸이 계속 정지해 있으려는 관성에 의해 몸은 그대로인데 차만 앞으로 가기 때문에 순간 뒤로 넘어지게 되는 것이다. 반대로 달리던 버스가 갑자기 정지하면 관성에 의해 몸은 계속 운동하여 앞으로 가고 차는 멈추므로 몸만 앞으로 쏠리는 것이다. 또한, 종이의 끝을 손으로 잡고 다른 손으로 종이를 내리쳐 재빨리 빼내면 동전은 떨어지지 않는 것도 같은 원리이다.

관성의 법칙과는 다른 마찰력을 경험을 하기도 하는데, 마찰력에 의해 마룻바닥에 놓여 있는 물체를 밀면 조금 가다가 곧 멈추게 된다. 바퀴를 달면 더 멀리까지 굴러갈 수는 있지만 언젠가는 멈춘다. 관성의 법칙에 의하면 계속 굴러가야 하지만 물체가 마룻바닥으로부터 운동을 방해하는 힘인 마찰력을 받고 있기 때문에 멈춘 것이다.

㉡ 제2법칙(가속도의 법칙) : 움직이는 물체에 같은 방향으로 힘이 작용하면 그 힘만큼 가속도가 생긴다. 가속도는 작용하는 힘의 크기에 비례하고 물체의 질량에 반비례한다.

• 정지해 있는 자전거의 페달을 밟으면 자전거는 움직이기 시작하며 페달을 더 세게 밟으면 자전거는 더 빠르게 움직이다가 브레이크를 밟으면 멈춘다. 이처럼 힘이 작용하면 자전거의 속력은 변한다. 시간에 따라 속력이 변하는 비율을 나타낸 양을 가속도라고 한다. 즉, 가속도는 운동 상태가 변하는 정도를 나타내는 것이다. 일반적으로 큰 힘이 작용하면 가속도도 커진다. 그러나 같은 크기의 힘이 작용하더라도 물체의 질량에 따라 가속도는 달라진다.

※ 질량 : 물체를 구성하는 물질의 양. 즉, 물체의 운동을 변화시키려는 외부 영향에 물체가 나타내는 관성의 크기를 말한다.

• 같은 힘으로 무거운 볼링공과 가벼운 탁구공을 각각 밀어보면 탁구공이 쉽게 움직이고 쉽게 멈춘다. 또한 두 공이 같은 속력으로 굴러가고 있을 때 볼링공처럼 질량이 클수록 속력을 변화시키기가 어렵다. 물체의 질량이 클수록 관성이 크기 때문에 질량은 운동의 변화를 방해하는 역할을 하며, 관성의 크기를 나타내는 양이라고 할 수 있다. 이처럼 물체에 작용한 힘과 물체의 질량 및 가속도 사이에는 '힘=질량×가속도'라는 관계가 성립한다.

뉴턴의 운동 제2법칙인 힘과 가속도의 법칙은 다음 그림과 같다. 즉, 물체의 가속도는 그 물체에 작용하는 힘의 크기에 비례하고, 물체의 질량에는 반비례한다. 퍼터로 큰 공과 작은 공을 칠 때처럼 질량이 큰 물체에 작용하는 힘은 상대적으로 작은 가속도를 만든다.

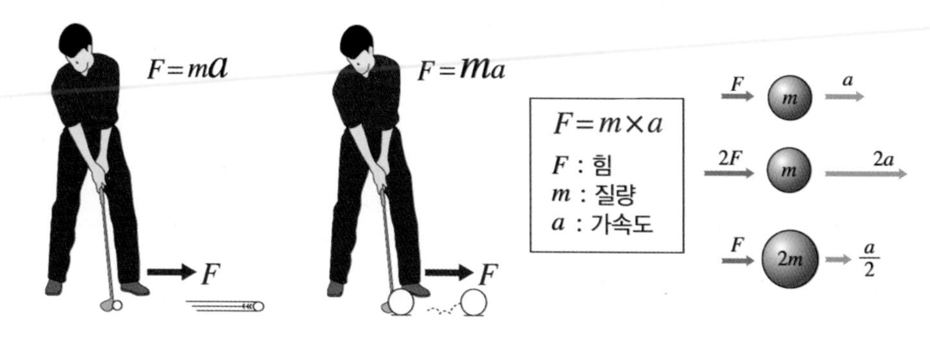

6) [네이버 지식백과] 뉴턴의 운동 제1법칙, 관성의 법칙 (살아있는 과학 교과서, 2011. 6. 20. 휴머니스트)

㉢ 제3법칙(작용·반작용의 법칙) : 모든 운동에는 힘의 크기가 같고 방향이 반대인 작용력과 반작용력이 있는데, 반작용력은 작용하는 힘에 비례하고 시간에 반비례한다.

- F_{AB}는 B가 A에 작용하는 힘, $-F_{BA}$는 A가 B에 작용하는 힘이다.

  $\rightarrow F_{AB} = -F_{BA}$
- 한 물체가 다른 물체에 힘을 작용하면 다른 물체도 힘을 작용한 물체에 크기가 같고 방향이 반대인 힘을 작용한다.
- 물체 A가 물체 B에 힘을 작용하면, 동시에 물체 B도 물체 A에 크기가 같고 방향이 반대인 반작용의 힘을 가한다.
- 예를 들어 토크 작용이나 포신의 후퇴작용이 있으며, 야구방망이로 야구공에 작용을 가하면 야구공도 야구방망이에 반작용을 가한다. 이때 작용과 반작용의 크기는 같고 방향은 반대이다.

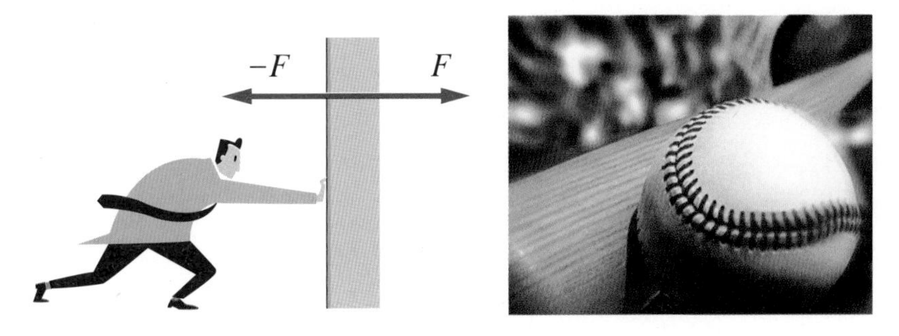

⑤ 벡터와 스칼라량

㉠ 드론(항공기) 비행에 대한 연구는 두 가지 형태의 벡터와 스칼라량을 이해함으로써 좀 더 향상시킬 수 있다.

㉡ 스칼라량은 면적, 부피, 시간 그리고 질량과 같이 크기만 가지고 설명할 수 있는 것을 말하며, 벡터량은 반드시 크기와 방향 및 속도로 설명해야만 하는 것이다.

㉢ 속도, 가속도, 중량, 양력 및 항력은 일반적인 벡터량이며 방향은 크기 또는 양만큼이나 중요하다.

(2) 항공 역학 관련 주요 현상

① 실속(Stall)

㉠ 실속이란 우리말이 아닌 일본식 한문으로 실속(失速), 즉 속도를 잃어버린 상태를 나타내지만 실제로는 임계양각을 초과함으로써 생긴 실각상태이다.

㉡ 날개의 윗면을 흐르는 공기가 표면으로부터 박리되어 일어나는 현상으로 그 결과 급속하게 양력이 줄게 되고 항력이 증가하게 된다. 항공기에서 실속은 속도, 비행자세, 무게에 불구하고 항상 일정한 영각에서 일어난다.

㉢ 실각상태의 속도는 항공기의 무게, 외장 그리고 기동상태에 따라 변한다.

㉣ 무게, 하중계수, 비행속도 또는 밀도, 고도에 관계없이 항상 같은 받음각에서 발생한다.

㉤ 실속의 원인

- 모든 실속의 직접적인 원인은 과도한 받음각(Excessive Angle of Attack)에 있다.
- 공기 속을 이동하는 날개골이 상대풍과 과도한 각도를 형성하고 있을 때 날개골은 부양력을 발생하지 못하고 큰 공기의 저항에 부딪혀 양력을 상실한다.
- 받음각의 증가를 초래할 수 있는 많은 비행 조작이 있으나, 받음각이 과도하게 증가되지 않는 한 실속은 발생하지 않는다.

㉥ 임계받음각을 초과할 수 있는 경우는 고속·저속비행, 깊은 선회비행 등이 있다.

- 고속 : 급강하 중 급상승 기동 시 받음각이 갑자기 증가
- 저속 : 속도의 감소는 고도 유지를 위해 받음각 증가 → 임계받음각 도달로 실속 발생
- 선회비행 : 선회 시 원심력과 무게 조화에 의해 부과된 하중들이 상호 균형을 위해 추가적인 양력 필요 → 날개의 받음각을 증가시키는 요인

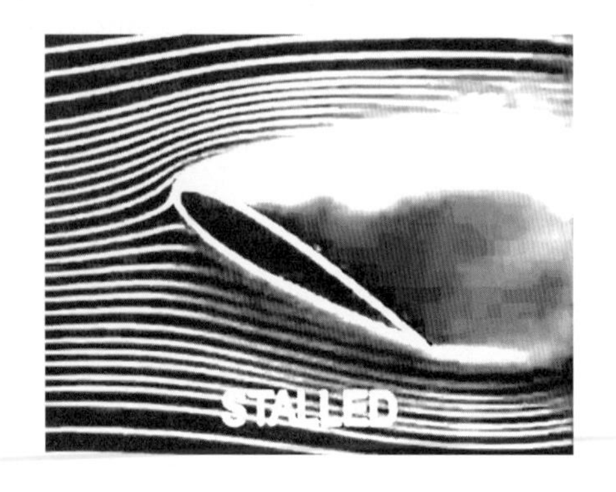

② 스핀(Spin)

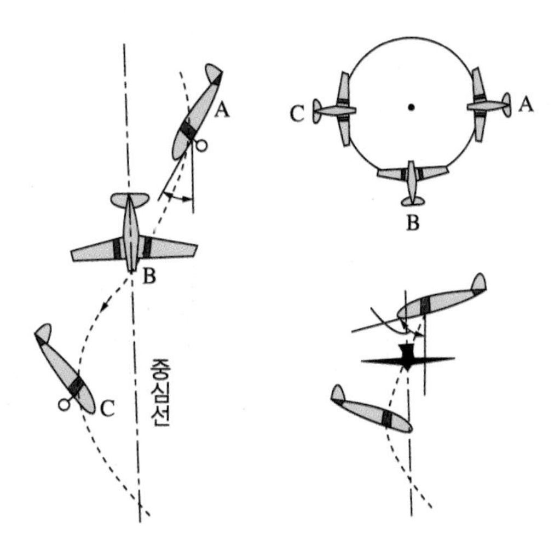

㉠ 비행기의 스핀(Spin) 현상은 비행기의 자동 회전(Auto Rotation)과 수직 강하가 조합된 비행을 말한다. 이러한 스핀 현상은 바람직한 비행상태가 아니라, 조종사에게 치명적일 수 있는 불안정한 비행상태라고 볼 수 있다.

㉡ 스핀을 회복하려면 조종간을 당겨 비행기 기수를 드는 것이 좋을 것 같지만, 받음각이 더욱 커져 스핀이 더 심하게 된다. 그러므로 조종간을 반대로 밀어 받음각을 감소시켜 급강하로 들어가야만 스핀을 회복할 수 있다.

㉢ 스핀 회복 조작 중에는 고도가 떨어지기 때문에 스핀 회복이 쉬운 비행기라고 할지라도 낮은 고도에서 스핀에 들어가는 것은 위험하다.

㉣ 빠른 속도로 회전하며, 빙빙도는 것으로 한쪽 날개가 실속되었을 때 발생한다. 실속된 날개는 추가된 항력으로 지체되고 다른 쪽 날개가 회전하게 된다.

㉤ 갑자기 발생하고 연속적으로 매우 빠르게 급강하한다. 신속한 회복 조치를 못할 경우 지면에 충돌되어 사고로 이어진다.

㉥ 스핀 회복

- 급선회하지 않도록 할 것
- 신속히 선회각을 회복하여 회전을 멈추게 할 것
- 회복 후 반대 방향으로 스핀이 발생하지 않도록 조종할 것
- 방향감각을 상실하게 되면 즉시 이탈하도록 할 것
- 적정고도(기체 형태에 따라 다름)에서 스핀이 발생하면 일정 구간 하강 후에 기수를 서서히 상승할 것
- CG(무게중심)가 전방에 위치할 때 쉽게 회복, CG 후방에 위치할 때 회복하기가 어려움

CHAPTER
05 공기흐름의 성질

01 공기흐름

(1) 공기의 이동

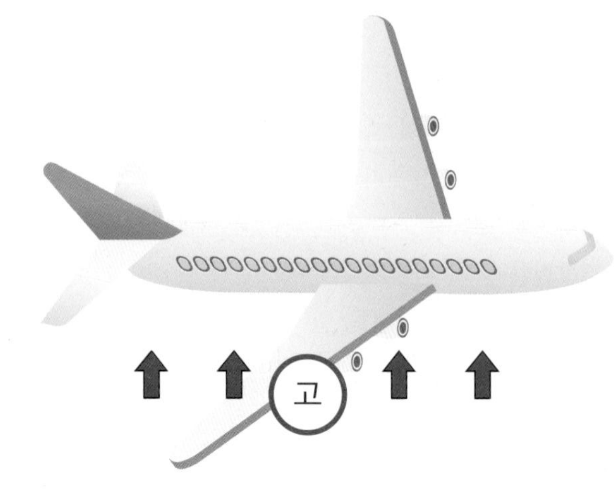

① 공기는 고기압에서 저기압으로 흐르는 것으로, 이는 날개의 구조에 의해 생기는 기압차 때문이다.

② 양력은 공기압력이 큰 아래쪽에서 공기압력이 작은 위쪽으로 밀어올리는 힘이다. 속도가 빠를수록 양력은 증가하며, 이 양력이 지구의 중력보다 커지면서 대형 드론도 부양하게 되는 것이다.

③ 항공기 날개의 상대적인 공기의 흐름과 날개의 움직임에 의해 발생되며, 날개의 방향에 따라 상대풍 방향도 달라진다.

※ 날개(Airfoil)가 평행하게 이동할 때 상대풍도 날개 방향으로 평행하게 이동하지만, 날개가 아래로 이동할 때 상대풍은 상대적으로 위로 작용하고, 반대로 날개가 위로 이동할 때 상대풍은 아래로 향하게 된다.

④ 상대풍(Relative Wind) : 풍판에 상대적인 공기의 흐름으로서 공기 속으로 풍판이 움직이는 것에 의해 발생

㉠ 상대풍은 날개에 작용하는 상대적인 공기의 흐름이다.

㉡ 날개의 움직임에 의해 상대풍 방향으로 변한다.

㉢ 날개가 평행하게 이동 시 상대풍은 날개방향으로 평행하게 이동한다.

㉣ 날개가 위로 이동 시 상대풍은 아래로 작용하며, 반대로 날개가 아래로 이동 시 상대풍은 위로 작용한다.

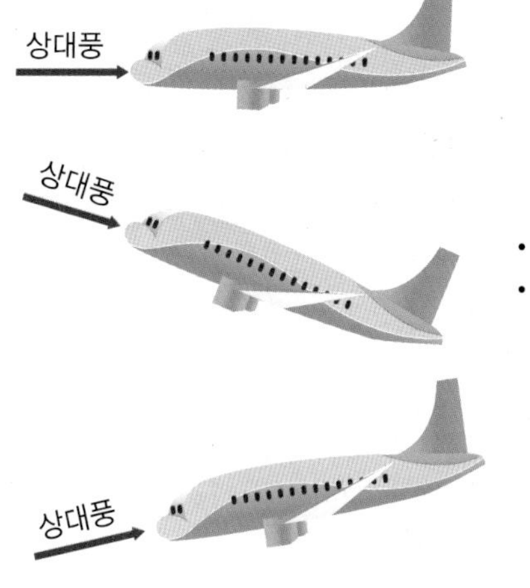

• 정의 : 날개에 작용하는 상대적인 공기의 흐름
• 공기 속으로 날개가 움직이는 것에 의해서 발생

(2) 회전 상대풍과 공기의 흐름

① 회전 상대풍은 날개의 비행경로와 반대방향으로 작용하므로 회전 상대풍과 시위선(Chordline)의 사이각은 취부각과 동일하다. 회전 상대풍의 속도는 날개가 회전하는 것에 의해 발생한다.

※ 익현선(시위선) : 날개의 곡선을 이루는 선

㉠ 날개가 마스트를 중심으로 회전하는 것에 의해 발생하는 상대풍이다.

㉡ 날개끝에서 가장 빠르고 회전축에서 0이 되면서 일률적으로 변화한다.

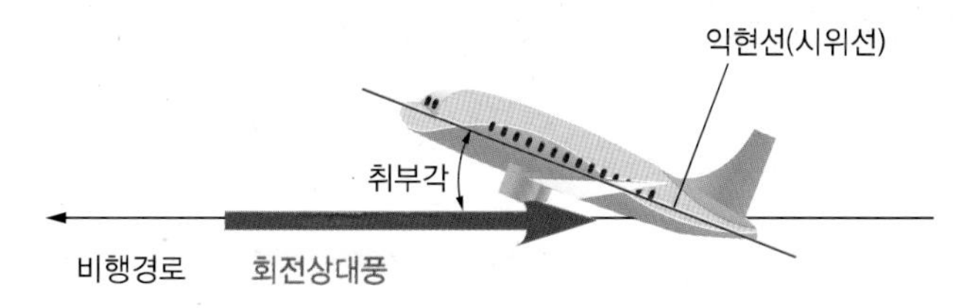

② 드론(고정익 포함)의 날개 아래쪽을 지나는 공기보다 위쪽을 지나가는 공기의 속도가 빨라서 날개 위쪽의 공기압이 낮아지고 아래쪽의 공기압은 높아지게 된다. 즉, 느린 아래쪽의 공기 흐름이 날개를 밀어 올리게 되고 이를 통해 드론(고정익 포함)이 하늘로 부양할 수 있다.

▮ 공기의 흐름에 따른 양력변화

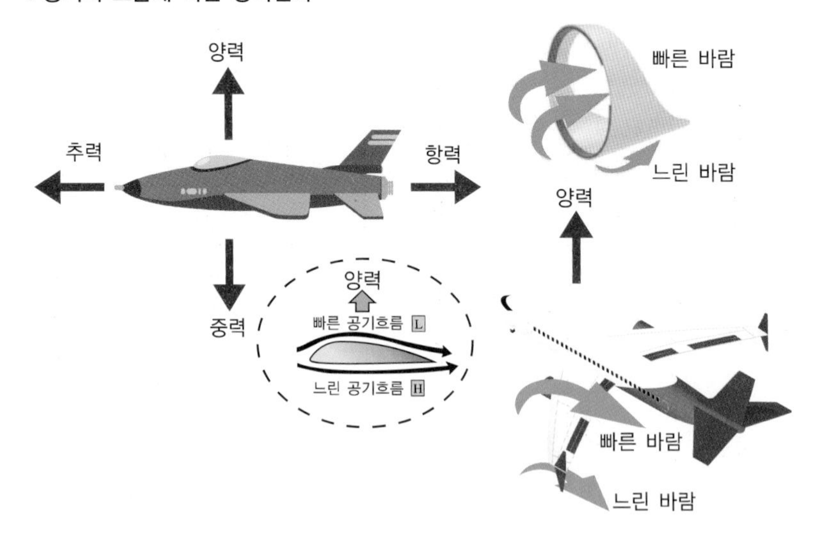

02 공기흐름의 방향과 종류

(1) 하강기류 : 내리흐름 공기[7]

① 항공역학적 작용에 의해 비행기의 날개 또는 헬리콥터 및 드론 등의 로터(Rotor), 프로펠러 아래와 후방으로 내리 밀리는 공기를 말한다.

② 상승기류와 반대로 상층에서 아래쪽을 향하는 기류를 말한다. 밑으로 향하는 연직류로서 광범위하게 하강기류가 있는 곳은 일반적으로 날씨가 좋다.

③ 지표면에서 위쪽을 향해 흐르는 상승기류와는 달리, 하강기류는 고기압 지역에서 많이 나타나는 현상이며, 고기압 내부에서는 공기가 주변부로 흐르기 때문에 상층부의 공기가 그 빈 자리를 메우기 위해 아래로 내려오게 된다. 하강속도가 초당 수 cm로 아주 느리고 공기도 매우 건조해서 하강기류가 활발한 중위도 고압대에는 사막이 형성되기도 한다.

④ 고원이나 산맥을 타고 넘어 내려오는 하강기류는 고온건조하여 국지적으로 기온상승을 가져온다. 인간 생활이나 목축업에 많은 영향을 미치며, 로키산맥의 치누크(Chinook)나 알프스의 푄(Föhn)은 모두 하강기류의 일종이다. 이 기류 속에서는 공기의 열이 차단되고 온도가 올라가므로 구름이 없고 날씨가 맑은 것이 특징인데, 열대저기압 중심부에 나타나는 태풍의 눈이 대표적인 예이다.[8]

---

7) 내리흐름 공기(지형 공간정보체계 용어사전, 2016. 1. 3. 구미서관)

8) [네이버 지식백과] 하강기류 [descending air current] (두산백과)

(2) 상승기류(Ascending Air Current)[9]

① 항공역학적 작용에 의해 상승기류는 비행기의 날개 또는 헬리콥터 및 멀티콥터 등의 로터(Rotor), 프로펠러 위로 상승하는 공기의 흐름을 말한다.

② 기압은 높이 올라갈수록 낮아지므로 공기덩어리가 상승하면 부피가 팽창해서 온도는 내려간다. 온도가 낮아지는 비율은 100m 상승할 때마다 약 0.5~1℃(건조 시 1℃, 습할 시 0.5℃)이다.

③ 공기 중에 포함된 수증기는 이슬점 온도에 도달하면 응결되어 구름을 만든다. 이 구름이 상승을 계속하면 구름 입자가 성장해서 비나 눈이 내리게 된다. 즉, 상승기류가 생기는 곳은 일반적으로 날씨가 나쁘다. 높은 산의 일기가 변덕스러운 것도 상승기류가 발생하기 쉽기 때문이다.

④ 상승기류의 발생 조건

㉠ 지형적으로 산의 경사면을 따라 위쪽으로 바람이 불 때

㉡ 두 기단의 경계면에서 찬 공기 위에 따뜻한 공기가 찬 공기 위로 상승하며 흐를 때

㉢ 지면의 따뜻해진 공기덩어리가 부력에 의해 상승했을 때, 햇빛에 의해 지표면이 강하게 가열되거나 구름 내부에서 수증기가 응결하며 발생하는 잠열에 의해 공기덩어리가 따뜻해지는 경우, 즉 적란운이 위쪽으로 발달하는 것이 잠열에 의한 경우에 해당된다.

㉣ 유사한 성질을 갖는 두 기류가 합류하면서 압력이 낮은 일부 공기가 상공으로 치솟아 밀려 나갈 때

㉤ 해상에서 육지로 향해 바람이 불 때, 바람이 해안선을 넘어설 때 갑자기 지표면과의 마찰이 커지면서 풍속이 약해진다. 이때 일부 공기가 상공으로 향한다.

㉥ 태풍과 같은 강한 저기압의 중심부에서 주위보다 기압이 낮은 저기압의 중심부로 지표면 부근의 공기가 모이고, 그 결과 상승기류가 생긴다.

---

9) [네이버 지식백과] 상승기류 [ascending air current] (두산백과)

CHAPTER

06 날개(에어포일, 풍판) 이론

01 날개(에어포일, 풍판) 이론

(1) 날개(Airfoil, 풍판 / 날개단면) 이론

① 날개(에어포일)의 정의

㉠ 에어포일은 양력을 일으킬 수 있는 비행기 날개 단면 모양을 말한다.

㉡ 드론의 날개는 양력을 발생시켜 기체를 공중에 뜨게 하는 역할을 하는 장치라고 하면, 에어포일(Airfoil)은 대기 중의 공기의 흐름 속에서 물체를 부양시킬 수 있는 힘(Lift)으로 활용 가능한 반작용을 일으킬 수 있도록 고안된 구조물이다.

㉢ 에어포일의 구조물에는 비행기의 날개(Wings), 헬리콥터의 회전판(Blade), 멀티콥터의 프로펠러(Propeller) 등이 있다.

㉣ 공기보다 무거운 항공기를 비행시키기 위해서 공기역학적인 효과로서, 양력은 크고 항력은 작은 에어포일(날개)이 요구된다.

㉤ 큰 양력을 얻기 위해 에어포일 상면은 둥글게 해 주고 뒤를 뾰족하게 하여 유선형으로 한다.

㉥ 에어포일은 활처럼 둥글게 휘어진 모양으로 날개 윗면의 공기가 아랫면의 공기보다 빠르게 흘러가게 만들어져서 날개 윗면의 압력은 낮고 아랫면의 압력은 높아진다. 이때 생기는 압력 차이에 의해서 양력이 발생하고 비행기가 뜨게 되는 것이다.

㉦ 에어포일의 모양을 보면 경항공기는 대개 낮은 속도로 비행하기 때문에 낮은 속도에서도 충분한 양력을 얻을 수 있는 두꺼운 날개를 사용하고 전투기는 얇은 날개 단면을 사용하여 빠른 속도로 날아서 충분한 양력을 얻을 수 있도록 한다.[10]

---

[10] Airfoil – 에어 포일, 비행기 날개 단면 (지형 공간정보체계 용어사전, 2016. 1. 3. 구미서관)

② 에어포일 각 부분의 명칭

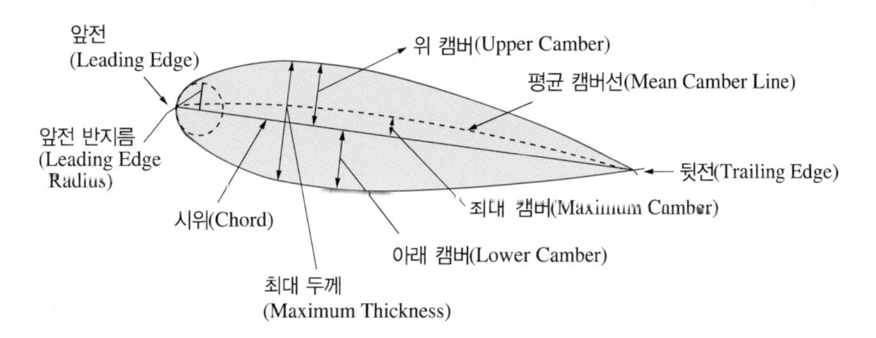

㉠ 앞전(Leading Edge) : 에어포일의 앞부분 끝 또는 평균 캠버선의 앞끝을 말하며 앞전의 모양은 둥근 원호나 뾰족한 쐐기 모양을 갖는다.

㉡ 뒷전(Trailing Edge) : 에어포일의 뒷부분 또는 평균 캠버선의 끝을 말하며 뒷전의 모양은 뾰족한 곡선이나 직선 모양을 가짐으로써 에어포일을 유선형이 되도록 한다.

㉢ 시위(Chord) : 앞전과 뒷전을 연결하는 직선 또는 평균 캠버선의 양끝을 말하며 시위선이라 한다.

㉣ 두께(Thickness) : 시위선에서 수직선을 그었을 때 윗면과 아랫면 사이의 수직거리를 말하며 가장 두꺼운 곳의 길이를 최대 두께라 하고 두께와 시위선과의 비를 두께비라고 한다. 두께비는 퍼센트로 표시하여 '00% 두께비' 등과 같이 표시한다.

㉤ 평균 캠버선(Mean Camber Line) : 위 캠버와 아래 캠버의 평균선, 두께의 중심선으로 에어포일이 휘어진 모양을 나타내는 선이다.

㉥ 최대 캠버(Maximum Camber) : 시위선에서 평균 캠버선까지의 길이를 말하며 두께비와 마찬가지로 시위선과의 비율을 나타낸다.

㉦ 앞전 반지름(Leading Edge Radius) : 에어포일을 그릴 때 앞전의 뾰족한 정도를 나타내기 위한 표현으로 앞전에서 평균 캠버선에 그은 접선에 중심을 두고 앞전의 윗면과 아랫면에 접하도록 그린 원의 반지름을 말하며 앞전모양을 나타낸다.

③ 에어포일의 형태

㉠ 대칭형 에어포일 : 시위선(Chord Line)을 기준으로 캠버가 동일하게 고안된 에어포일로 저속 항공기 및 헬리콥터 등에 적합하다.

㉡ 비대칭형 에어포일 : 시위선(Chord Line)을 중심으로 윗면과 아랫면이 서로 다른 모양의 에어포일로 주로 고정익 항공기에 사용되며 압력 중심의 위치가 받음각 변화에 따라 변하는 특성을 가진다.

■ 형태에 따른 분류

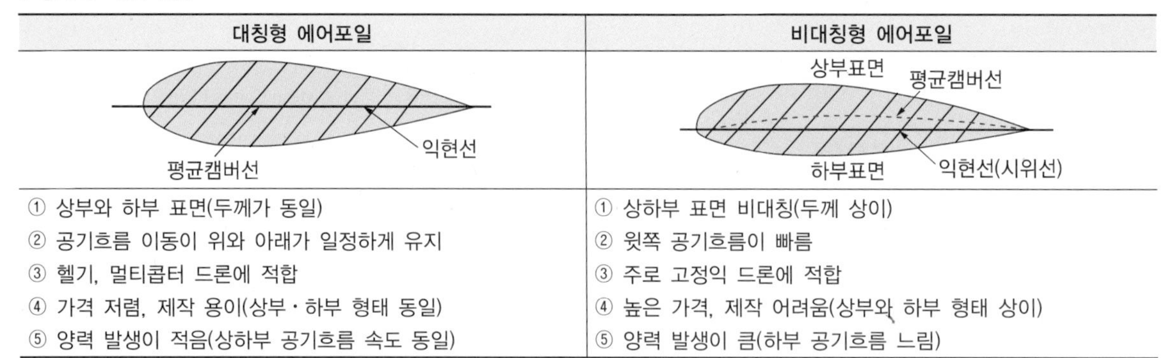

대칭형 에어포일	비대칭형 에어포일
평균캠버선, 익현선	상부표면, 평균캠버선, 하부표면, 익현선(시위선)
① 상부와 하부 표면(두께가 동일) ② 공기흐름 이동이 위와 아래가 일정하게 유지 ③ 헬기, 멀티콥터 드론에 적합 ④ 가격 저렴, 제작 용이(상부·하부 형태 동일) ⑤ 양력 발생이 적음(상하부 공기흐름 속도 동일)	① 상하부 표면 비대칭(두께 상이) ② 윗쪽 공기흐름이 빠름 ③ 주로 고정익 드론에 적합 ④ 높은 가격, 제작 어려움(상부와 하부 형태 상이) ⑤ 양력 발생이 큼(하부 공기흐름 느림)

(2) 날개(에어포일) 형상

① 날개의 형상(익형)에 따라 비행기 종류가 달라진다. 전투기 등 고속 비행기에는 날개가 얇은 것이 유리하며, 연습·수송용 저속 비행기에는 쉽게 양력을 받을 수 있는 두꺼운 날개형이 적합하다.

■ 날개의 형상에 따른 비행기 종류

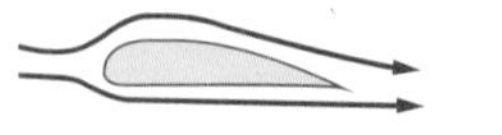

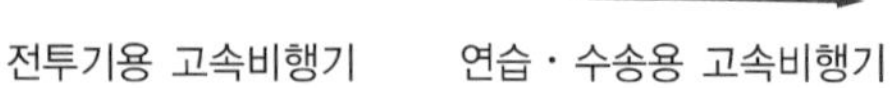

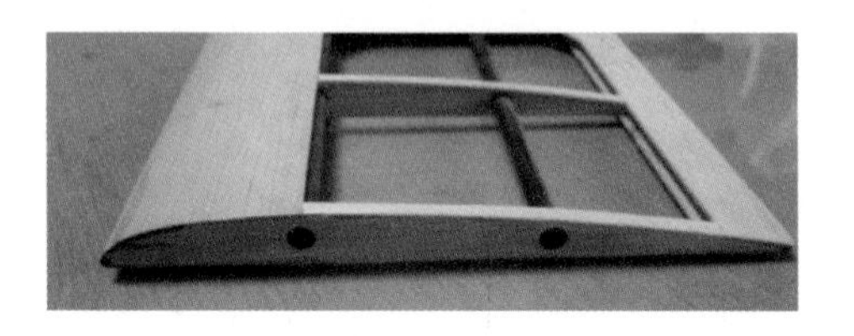

② 날개의 형상이 공력특성에 미치는 요소

㉠ 날개 두께의 영향 : 받음각이 작을 때 두께가 얇은 날개는 두께가 두꺼운 날개보다 항력이 작지만 받음각이 커지면 두께가 얇은 날개는 흐름의 떨어짐이 발생하여 항력이 급격히 증가한다. 반면 두께가 두꺼운 날개는 흐름의 떨어짐이 발생하지 않아 항력이 약간만 증가하여 상대적으로 두께가 얇은 날개보다 항력이 작다. 이는 양력이 더 크게 발생하는 것을 의미한다.

㉡ 날개 두께 분포와 앞전 반경의 영향 : 날개 두께 분포가 다른 경우 받음각이 같으면 양력은 거의 차이가 없지만 항력과 최대 받음각에 차이가 생긴다. 앞전 반경이 작은 날개는 받음각이 작을 때 항력이 작지만 받음각이 커지면 흐름에 떨어짐이 발생하기 쉬워 앞전 반경이 큰 날개보다 항력이 크다.

㉢ 캠버의 영향 : 캠버가 0인 대칭형 날개와 캠버가 있는 날개의 받음각이 $\theta°$일 때 캠버가 0인 날개는 양력이 0이지만 캠버가 있는 날개는 양력이 발생한다. 캠버가 있는 날개는 캠버가 없는 날개보다 양력이 크게 발생하며 동시에 항력도 더 크다.

㉣ 날개 시위의 길이 : 동일한 종류의 날개도 시위 길이가 다르면 공기역학적 특성이 다르다(가로-세로비가 작을 경우 항속거리 감소). 시위 길이가 짧으면 레이놀즈수가 작아서 날개 주위의 공기 흐름이 층류를 유지하므로 받음각이 클 때 공기흐름에 떨어짐이 쉽게 발생한다. 반면에 시위 길이가 긴 날개는 레이놀즈수가 커서 날개 주위의 공기 흐름이 난류로 변하여 받음각이 클 때 공기흐름의 떨어짐이 잘 발생하지 않아 상대적으로 항력이 작다. 따라서 이러한 효과가 날개의 치수 크기에 의해 발생하므로 치수 효과 또는 레이놀즈수의 크기에 의해 영향을 받으므로 레이놀즈 효과라 한다.

③ **날개의 공력 특성** : 날개는 양력과 항력 및 모멘트(모멘트 무게×암(Arm)으로 기존점으로부터 일정거리 선상에서 받는 힘)를 발생시키고 이 공기력은 날개의 형상에 따라 그 특성이 다르다. 공기 흐름 속에 날개가 놓이면 주변의 공기 입자는 날개 때문에 흐름의 속도와 방향에 영향을 받는다. 이는 공기 입자가 날개에 의해 힘을 받고 있음을 뜻한다. 따라서 날개는 이 힘의 반작용에 의해 공기 입자에 의해 힘을 받게 된다는 것을 의미한다.

㉠ 압력중심 : 에어포일 표면에 작용하는 분포된 압력(힘)이 한 점에 집중적으로 작용한다고 가정할 때 이 힘의 작용점이다. 모든 항공역학적 힘들이 집중되는 에어포일의 익현선상의 점(풍압중심). 즉, 날개(Airfoil)에 있어서 양력과 항력의 합성력(압력)이 실제로 작용하는 작용점으로서 받음각이 변화함에 따라서 위치가 변화한다.

㉡ 공력중심 : 에어포일의 피칭 모멘트의 값이 받음각 변화에도 그 점에 관한 모멘트값이 거의 변화하지 않는 가상의 점(공기력 중심)이다.

㉢ 무게중심 : 중력에 의한 알짜 토크가 0인 점이다.

㉣ 평균 공력시위 : 실제 날개꼴과 같은 동일한 항공역학적 특성을 갖는 가상 날개 끝이다. 날개 공기력 분포를 대표할 수 있는 시위로서 이 시위에 발생하는 공기력에 날개 스팬 길이를 곱하면 날개 전체에 작용하는 공기력을 구할 수 있는 시위이다.

㉤ 유동박리(Air Flow Seperation)[11] : 표면에 흐르는 공기흐름이 풍판의 표면과 공기입자 간의 마찰력으로 공기속도가 감소되면서 정체구역이 형성되는 현상으로, 유체(流體)는 정체점(Insert a, b)을 넘어서게 되면서 분리되고 날개 후미 부분에서 역류하게 되어 양력이 파괴되고 항력이 급격히 증가하게 된다.

[12]

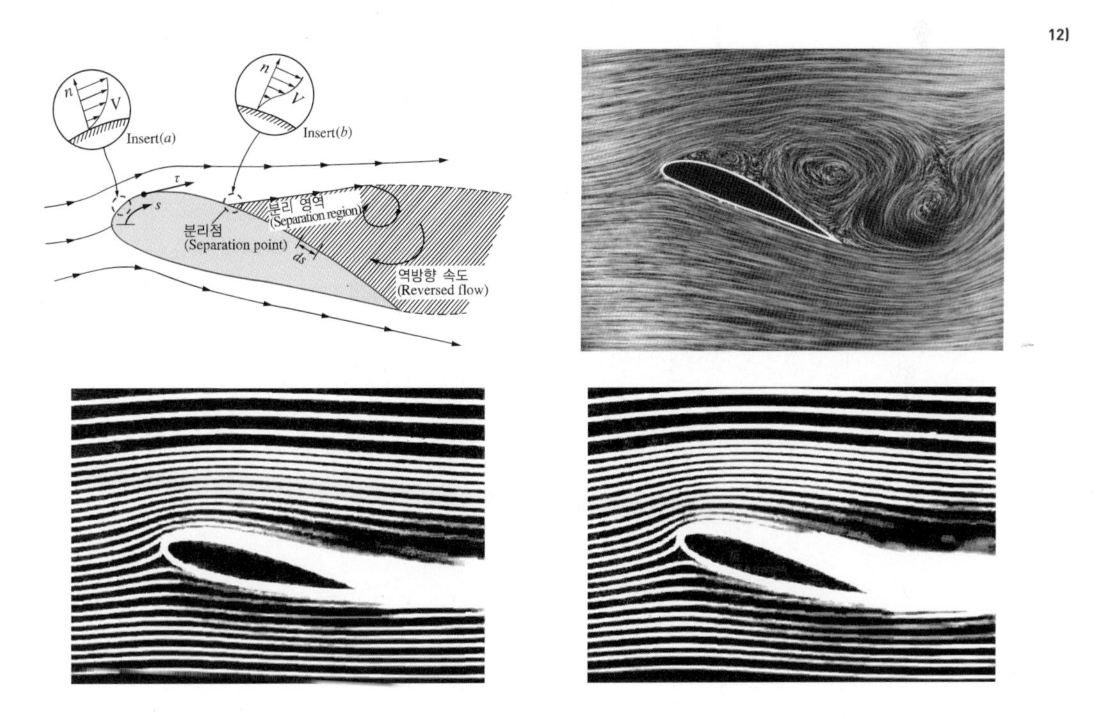

---

[11] https://blog.naver.com/mykepzzang/221104454907

[12] https://blog.naver.com/mykepzzang/221104454907

(3) 취부각과 받음각

① 취부각(Angle of Incidence)과 받음각(Angle of Attack)

㉠ 취부각(Angle of Incidence) : 항공기의 동체와 날개가 X축(세로축)에서 이루는 각으로 제작 시 고정익 항공기에 따라 10~30°의 각을 이루게 된다. 기계적인 각 또는 피치각이라고도 표현하며 유도기류와 항공기 속도가 없는 상태에서 받음각과 취부각은 동일하며, 취부각의 변화는 받음각에 변화를 주어 풍판의 양력계수가 변화된다. 즉, 취부각에 따라 양력이 증가 또는 감소한다.

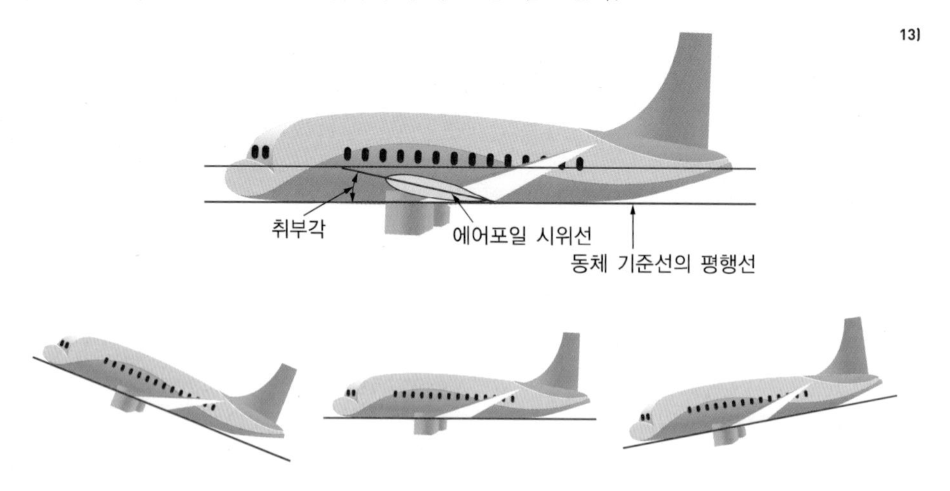

㉡ 받음각(Angle of Attack)

- 공기흐름의 속도방향(상대풍)과 시위선(X선)이 이루는 각(통상 0~15°)이다.

  ※ 아래 그림처럼 NASA 실험 결과를 토대로 보면 18.4°를 넘으면 실속이 일어날 수도 있다.

- 비행기를 부양시킬 수 있는 항공역학적 각이며 양력, 항력 및 피칭모멘트에 영향을 주는 인자이다. 따라서 날개의 형태가 바람(공기흐름)이나 조종에 의하여 변하면 그때마다 '각'이 달라진다.
- 받음각은 Airfoil에 의해서 발생되는 양력과 항력의 크기를 결정하는 중요한 요소이다. 이것은 받음각이 커지면 양력이 커지고, 그만큼 항력은 감소하는 상관관계가 형성되기 때문이다.
- 고도 증가 시 공기밀도 감소로 양력/항력이 감소한다.

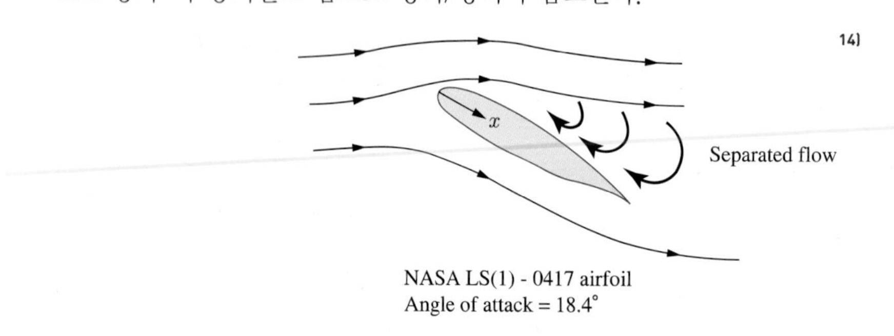

---

13) KASA항공과학

14) NASA(미항공우주국의 에어포일 받음각의 압력계수 실험자료)

02 날개 특성 및 형태

(1) 날개 특성

① 날개는 '나는 데 쓰이는 한 쌍으로 이루어진 움직일 수 있는 부속 기관'으로 고정익(Fixed Wing) 드론은 날개가 고정되어 있다.

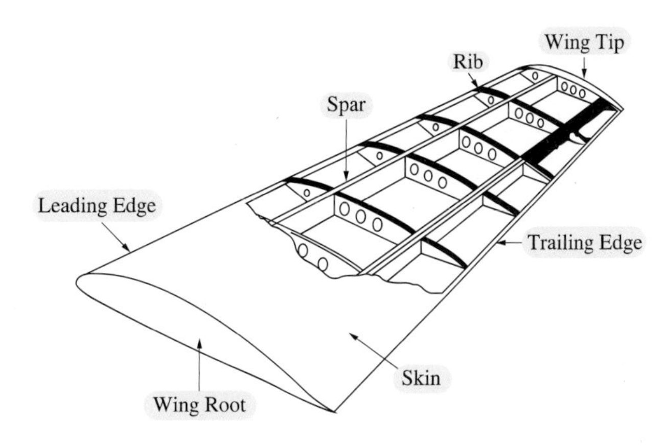

② 날개는 고정될 수도 있고, 회전할 수도 있다. 대부분의 비행체는 날개로부터 양력을 얻어낸다.

③ 날개는 날개 단면인 에어포일을 날개길이 방향으로 유한한 길이를 갖도록 한 것이다.

④ 양항비(날개가 받음각 상태에서 발생시키는 양력과 항력의 비율)값의 크고 작음에 따라 성능(거리, 시간 등)이 달라진다.

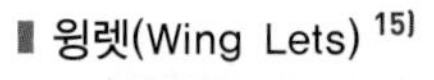
▮ 윙렛(Wing Lets) [15]

⑤ 윙렛은 미국항공우주국(NASA)의 R. 위트컴이 처음 고안했고, 연료 사용의 감소를 목적으로 사용하는 비행기들이 점점 늘고 있다.

⑥ 윙렛을 사용하면 아래쪽에서 위쪽으로 움직이려는 공기들이 날개 끝을 타고 위쪽으로 올라가 소용돌이를 만들지 않고 자연스럽게 분산시킬 수 있다.

15) https://m.insight.co.kr/newsRead.php?ArtNo=82179

(2) 날개 형태별 특징

날개는 시대에 따라 항공기의 종류에 따라 동체와 비교하여 날개의 형태와 위치가 변화되어 왔다.[16]

① 날개 형태

㉠ 후퇴날개 : 제트기에 달려 있는 화살표 모양의 날개이다.

㉡ 직선날개 : 동체와 수직을 이루며 폭이 일정하고 긴 날개로 화물수송기와 경비행기 같은 저속 비행기에 주로 사용한다.

㉢ 테이퍼날개 : 날개 끝의 시위가 날개 뿌리의 시위보다 작은 날개이다. 날개 뿌리의 두께가 날개 끝의 두께보다 두꺼워 구조강도적으로 유리하다. 현재 제작되는 대부분의 비행기에 테이퍼날개를 사용하는데, 동체와 수직을 이루며 끝으로 갈수록 폭이 점점 가늘어지는 날개이다.

㉣ 가변날개 : 전투기에 달려 있는 화살표 모양의 날개로 동체와 이루는 각을 비행 중에 변경할 수 있는 장점이 있다.

㉤ 삼각날개 : 날개의 평면 모양이 삼각형인 날개이며 뒤젖힘날개를 더 발전시킨 것이다. 뒤젖힘날개의 뒤젖힘 각을 크게 하면 구조적으로 매우 불리하기 때문에 이러한 단점을 해결한 것이 삼각날개이며, 뒤젖힘날개 비행기보다 더욱 빠른 속도로 비행하는 초음속기에 적합한 날개 모양이다.

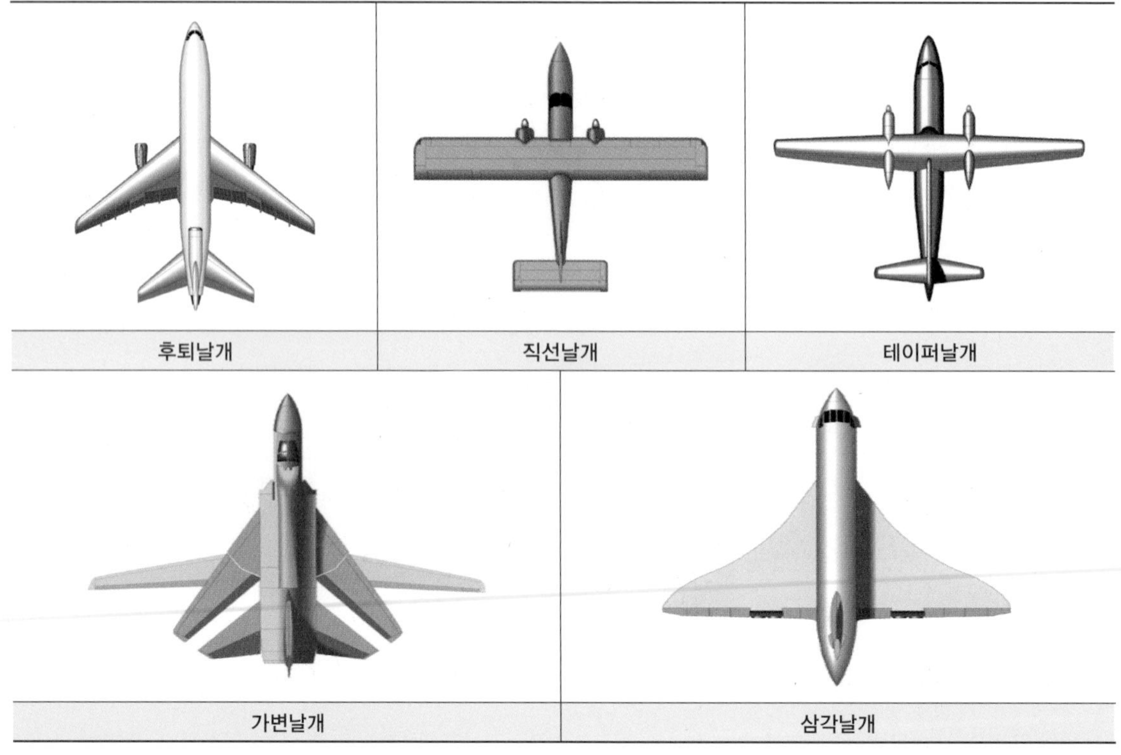

㉥ 직사각형날개 : 날개의 평면 형상이 직사각형 모양이다. 구조강도적으로 테이퍼날개에 비해 불리한 점이 있으나 제작이 용이하기 때문에 소형의 저렴한 항공기에 많이 사용된다.

16) Britannica Visual Dictionary © QA International 2012.(www.ikonet.com) All rights reserved

ⓢ 타원날개 : 타원날개는 앞전과 뒷전이 곡선이고 전체적으로 타원형을 이룬다. 날개 길이 방향의 양력계수의 분포가 일정하고 유도항력이 최소인 것이 특징이다. 이것은 실속 후 회복 성능이 불량하고 제작이 어렵기 때문에 최근에는 거의 사용하지 않는다.

ⓞ 앞젖힘날개 : 날개 전체가 날개 뿌리에서부터 날개 끝까지 앞으로 젖혀진 날개이다. 앞젖힘 정도는 날개 시위의 25% 되는 점을 연결하는 선이 비행기 가로축에 대한 사이 각도로 나타낸다. 앞젖힘날개는 날개의 효율이 높고 날개끝 실속이 발생하지 않는 장점이 있나.

ⓩ 뒤젖힘날개 : 날개 전체가 날개 뿌리에서부터 날개 끝까지 뒤로 젖혀진 날개이다. 뒤젖힘 정도는 날개 시위의 25% 되는 점을 연결하는 선이 비행기 가로축에 대한 사이 각도로 나타낸다. 뒤젖힘 날개는 충격파의 발생을 지연시키고 고속비행 시 저항을 감소시킬 수 있으므로 음속에 가까운 속도로 비행하는 제트 여객기 등에 널리 사용된다. 실제적으로 뒤젖힘날개에 테이퍼가 더해진 날개가 일반적으로 사용되고 있다.

② 날개의 공기력

㉠ 날개의 양력 : 날개에서 날개 윗면에서는 유속이 빠르고 날개 아랫면에서는 유속이 느리기 때문에 양력이 발생할 수 있다.

㉡ 날개의 항력 : 점성유체 속을 이동하는 물체의 표면과 점성유체 사이에 점성마찰력이 발생하고 흐름이 물체 표면을 지나 하류쪽으로 와류의 발생에 의하여 압력항력이 발생한다. 마찰항력과 압력항력을 합쳐서 형상항력이라 한다.

(3) 꼬리날개 형태별 특징[17]

① 꼬리에 붙어 있는 움직이는 면과 고정된 면들로 항공기의 방향을 조종하고 안정화하는 역할을 한다.

② T자형, 쌍수직형, 동체 부착형, 수직안정판 부착형 등으로 구분되며 특징은 다음과 같다.

T자형 꼬리날개	쌍수직형 꼬리날개
	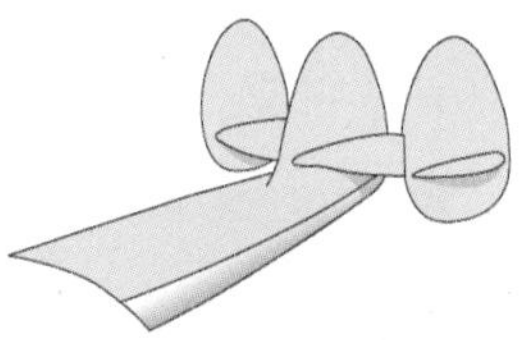
수직날개 위에 2개의 수평날개가 붙어 있는 꼬리날개 형태	수평날개 위에 3개의 수직날개가 붙어 있는 꼬리날개 형태
동체 부착형 꼬리날개	**수직안정판 부착형 꼬리날개**
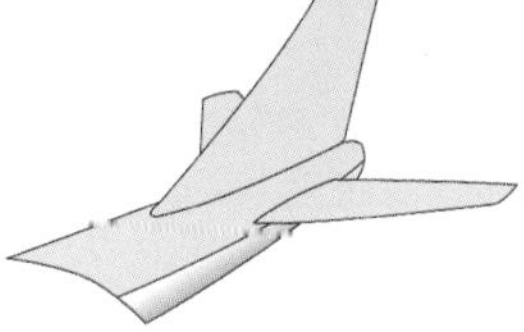	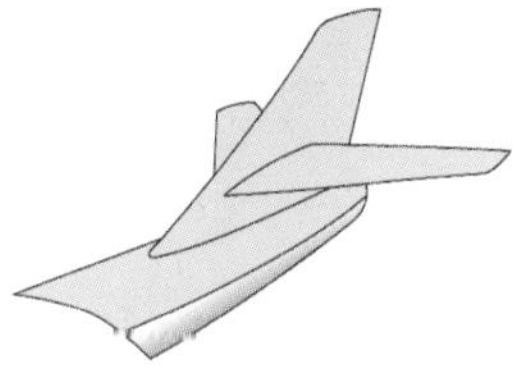
꼬리 부분에 3개의 수평날개가 붙어 있는 꼬리날개 형태	수직날개의 절반 높이에 2개의 수평날개가 붙어 있는 꼬리날개 형태

17) Britannica Visual Dictionary © QA International 2012.(www.ikonet.com) All rights reserved

(4) 프로펠러 종류와 형태별 특징[18]

① **플라스틱** : 가장 대중적인 제품으로 많이 사용된다. 파이버글래스(Fiberglass)와 레진(Resin)을 이용한 FRP (Fiber Reinforced Plastics) 프로펠러는 단면이 얇으면서도 인장 및 압축 강도는 더욱 우수하고 가격대비 성능이 좋아 가장 대중적이다.

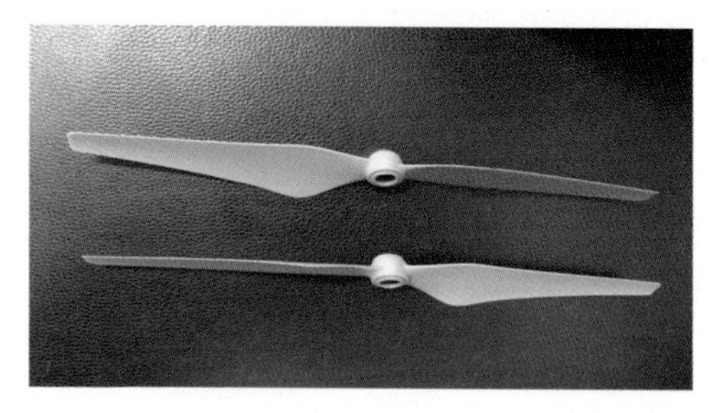

② **우드** : 나무(Wood)로 된 것은 프로펠러의 밸런스를 맞추기가 좋고 외관도 수려하다. 장점은 단단하고 가벼워 기체의 비행시간을 높이는 데 효율적이고 카본에 비해 가격이 저렴하다. 하지만, 단점으로는 원심력 때문에 프로펠러가 파손(특히 중앙)될 수 있고, 고속비행 시에는 약한 재질로 단면적이 상대적으로 좁은 프로펠러 날개 끝부분이 뒤로 휘어 효율을 저하시키는 현상이 있다.

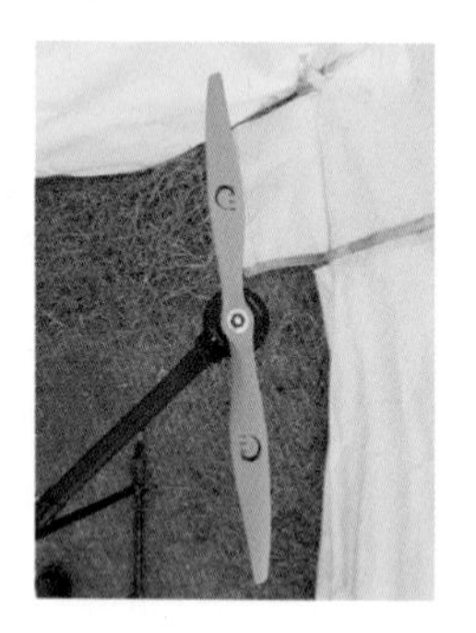

③ **카본** : 카본(Carbon) 파이프, 카본 프로펠러에 쓰이는 탄소섬유 재료와 동일한 특징을 갖는데, 높은 RPM에서 탁월한 성능을 나타내 많이 사용되고 있지만 가격이 비싸다.

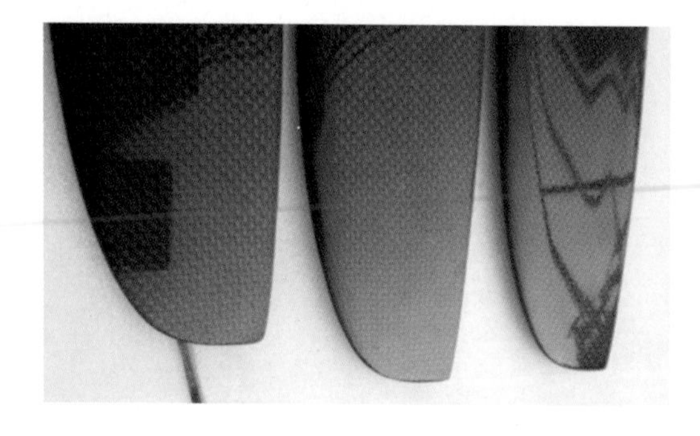
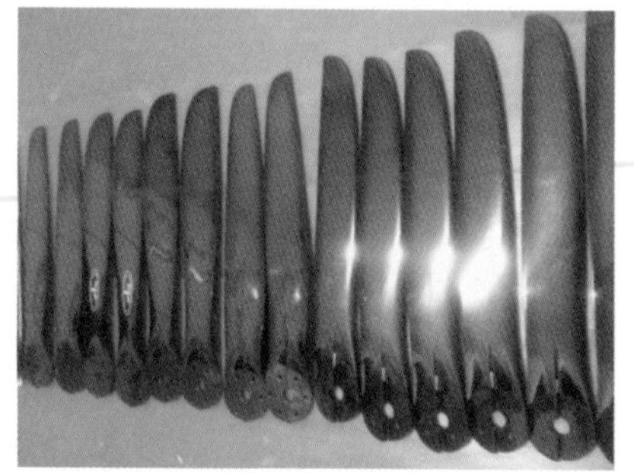

18) http://humanf.tistory.com/12 [미디어그룹 사람과 숲의 FUNFUN한 STORY]

CHAPTER 07 지면 효과, 후류

01 지면 효과(Ground Effect)

(1) 지면 효과[19]

① 지면 효과는 드론이 지면 가까이에서 제자리 비행 시 공기의 하향 흐름이 지면에 부딪치면서 드론과 지면 사이의 공기를 압축하고 공기압력을 높여 제자리 비행 위치를 유지시키는 데 도움을 주는 쿠션(Cushion) 역할을 한다. 드론은 지면 효과에 의해 추력을 절감할 수 있으며, 드론이 제자리 비행을 하는 동안 로터(Rotor), 프로펠러 직경높이까지 효력을 발생한다.

② 드론 등의 제자리 비행 시 회전익에서 발생하는 기류가 지면과의 충돌에 의해서 발생되는 것으로서 드론의 성능을 증대시켜 작은 동력으로도 제자리 비행이 가능하도록 해 준다. 지면 효과는 프로펠러, 로터의 1/2 이하인 고도에서 그 효율이 효과적으로 증대하는데, 지면에 가까울수록 더욱 증가된다. 장애물이 없는 평탄한 지형, 즉 콘크리트나 아스팔트에서 지면 효과가 가장 크고, 잔디 등에서는 프로펠러의 하향풍을 잔디가 흡수하기 때문에 효과가 줄어든다.

③ 드론이 착륙할 때에 지면과 거리가 가까워지면 양력이 더 커져서 비행체가 마치 공기쿠션 위에 놓인 것처럼 일시적으로 지면 위를 붕 떠있는 현상이다.

④ 지면에 근접 운용 시 프로펠러, 로터 하강풍이 지면과의 충돌로 양력 발생효율이 증대되는 현상이다.

⑤ 지면 효과는 외력(항력)이 없는 상태에서 주로 발생되며, 외력(측풍)이 기체에 영향을 줄 때는 거의 일어나지 않는다. 또한 스로틀 하강키를 일정량 이상 동일하게 유지하면 발생확률이 높다. 즉, 프로펠러의 회전속도가 천천히 감소될 때 발생하며, 급격히 감소시키는 '강한 키' 조작 시에는 '하드랜딩' 형태 착륙이 되어 지면 효과가 발생할 확률이 적다.

※ 강한 키 : 스로틀 조종간을 순간 급하게 위로 올리거나 내리는 키로 이러한 키는 프로펠러 회전을 순간적으로 증가시키거나 감소시킨다.

---

[19] Ground Effect – 지면효과 (지형 공간정보체계 용어사전, 2016. 1. 3. 구미서관)

(2) 지면 효과의 결과

① OGE(Out of Ground Effect, **지면 효과를 받지 않을 때**) : 하향기류에 의해 지면 반사풍이 달라지는데 프로펠러 회전속도가 빠르게 감소 시에는 하강기류의 '지면 반사효과'가 없게 되므로 수직하강 속도가 빠르게 진행되어 지면으로부터 반사되는 공기부양력이 없다.

※ 단, 프로펠러 회전속도의 급감으로 기체의 수직하강 속도가 빠르게 되어 자칫 '하드랜딩'이 될 가능성이 높다.

② IGE(In Ground Effect, **지면 효과를 받을 때**) : 하강기류가 지면과의 충돌로 인하여 반사되므로 프로펠러에서 발생한 하강기류는 수직 양력이 증가하게 된다. 즉, 지면 효과는 제자리 비행 상태를 유지하는 데 필요한 순간 양력을 유지하는 것으로, 이는 공기의 하향흐름이 지면과 부딪히게 되면서 반사되어 멀티콥터와 지면 사이의 공기를 압축(공기의 압력을 높이게 됨), 앞장에서 설명하였듯이 멀티콥터가 일시적으로 제자리 비행을 할 수 있는 '쿠션' 역할을 하는 것이다.

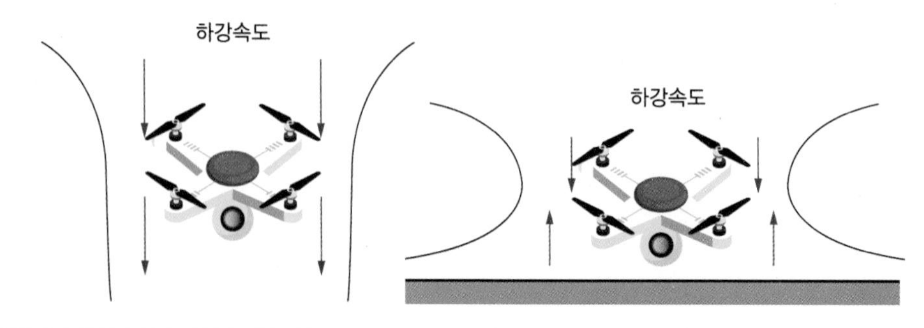

지면 효과를 받지 않을 때 나타나는 현상(OGE)	지면 효과를 받을 때 나타나는 현상(IGE)
• 프로펠러 회전속도가 빠르게 감소하며 하강기류의 지면 반사효과 감소 • 중력 증가 • 수직 양력 감소 • 지면 반사효과 없음	• 프로펠러 바람속도가 천천히 감소하여 하강기류의 지면 반사효과 증대 • 중력 감소 • 수직 양력 증가(일시적) • 지면 반사효과 증대(일시적)

③ 지면 효과를 받을 때는 '스로틀' 조종간을 현재의 하강키보다 조금 더 아래로 당겨줌으로써 수직하강 착륙을 유도할 수 있다. 단, 현재의 키량보다 2배 이상 내린다면 프로펠러의 하강풍이 급격하게 줄어들면서 하드랜딩이 될 수 있으므로 유의해야 한다.

(3) 지면 효과와 양력과의 관계

① 지면 효과는 통상 프로펠러 직경의 1배 미만 고도에서 발생하게 된다. 28인치 프로펠러의 경우 70cm 정도부터 나타나기 시작하는데 실제로 30~40cm 상공에서 일시적으로 기체가 부양하는 경우가 많다. 즉, 프로펠러의 1/2 고도에서 지면 효과가 주로 일어난다고 보면 된다.

② 지면 효과는 날개가 시상에 가까워질수록 더욱 크게 나타난다. 날개 길이와 같은 높이의 경우 유도 항력은 1.4%밖에 감소되지 않지만 날개 길이의 1/4 높이에서는 유도항력이 23.5%로, 1/10 높이에서는 47.6%로 감소한다.[20]

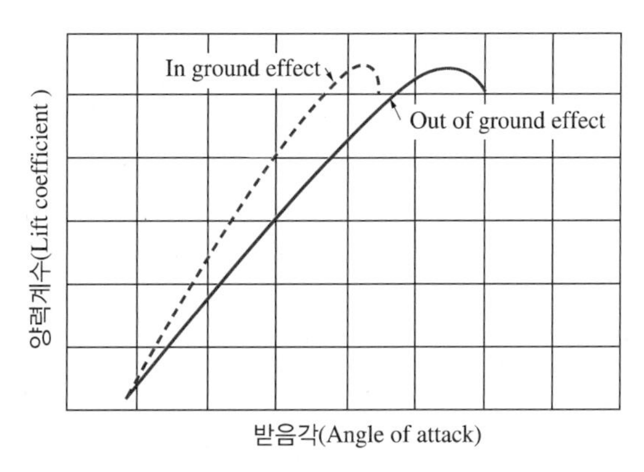

③ 이러한 지면 효과를 이용한 기체도 개발되었는데 한국해양연구원과 벤처기업이 차세대 해양수송수단인 위그선(WIG ; Wing In Ground Ship)이다. WIG선은 한마디로 날아다니는 배라 할 수 있는데 수면에서 부상해서 뜬 상태로 이동하기 때문이다.

④ 조종간의 세밀함은 지면 효과를 발생시키는 또 다른 주요 요인 중 하나이다. 즉, 조종자가 스로틀 키를 세밀하게 조작 시 지면 효과가 발생할 확률이 높다.

예를 들어 조종자가 착륙할 때 스로틀 조작키를 한 칸 이상 내린다면 프로펠러 회전수가 급격하게 감소하여 프로펠러의 하향풍의 발생이 적고 드론의 수직강하 속도가 빠르게 진행되어 지면 효과가 발생할 확률도 적다. 이런 경우에는 드론이 하드랜딩(지면에 '쿵' 착륙하는 행위)을 하게 되고 이러한 행위들이 누적되면 기체에 무리가 발생한다.

교육원에서 하드랜딩이 많았던 기체 중에 메인배터리 연결부위상의 납땜부위가 분리되어 착륙 도중에 배터리가 차단되는 상황이 있었다. 또한, 원주비행 간 공중조작 시 프로펠러의 진동에 의해 메인배터리 커넥터 부분의 납땜 부분이 분리되어 기체가 수직 추락한 경우도 있는데, 자칫 대형사고로 이어질 수 있는 상황이었다. 드론 조종자들은 이 부분을 명심하고 지면 효과를 받더라도 하드랜딩이 되지 않도록 해야 한다. 지면 효과를 체험한다면 당황하지 말고 스로틀 하강키를 좀 더 깊게 내려주면서 자연스럽게 착륙할 수 있도록 세심한 키 조작 습관을 들여야 한다.

20) https://blog.naver.com/sanskysea/220418813276

02 후류(Wake)

(1) 후 류

① 비행하는 물체나 항공기의 꼬리 부분에 생기는 교란된 공기흐름을 말하며, 과학백과사전에서는 후류에 대해 다음과 같이 정의하고 있다.

> 정지 유체 속을 물체가 운동할 때 물체 뒤를 좇는 것처럼 보이는 흐름으로 항해 중인 배의 뒤에 나타나는 항적이 대표적인 예이다. 일반적으로 물체에 흐름이 부딪칠 때, 물체 배후의 흐름이 후류로서, 속도가 작은(레이놀즈수가 작은) 흐름에서는 스토크스의 근사나 오센근사 이론에서 알 수 있듯이 정류적인 층흐름을 볼 수 있다.

② 유체에서 받는 저항을 이기고 물체를 움직이기 위해서는 일이 필요한데, 후류의 운동에너지는 이 일에서 얻어진다. 또 후류 속의 속도분포를 알면 운동량 보존법칙에 따라서 물체에 작용하는 저항을 계산할 수 있다.

③ 완전유체의 비회전운동에서는 후류는 없고 저항은 항상 0인데, 이것을 '달랑베르의 역리'라고 한다. 그러나 흐름 속에서 속도가 불연속적으로 변하는 것을 허용하면, 정지 물체의 배후에 완전히 정지하는 영역(사수영역)을 후류로서 가지는 것과 같은 흐름이 이론적으로 얻어진다.

[21]

21) https://m.insight.co.kr/newsRead.php?ArtNo=82179

(2) 후류의 영향과 조치

① 대부분 드론이 수평 형태의 프레임을 적용하는데, 이러한 수평 형태의 프레임은 바람의 저항뿐만 아니라 드론의 프로펠러(로터)가 만들어 내는 후류와도 문제가 생긴다.

② 후류는 드론의 프로펠러에 영향을 미쳐 드론 자체를 크게 흔들고, 심하면 추락하거나 전복시키기 때문에 모든 드론(멀티콥터) 조종자는 조종간을 세밀하게 조작하여야 한다. 실례로 자격증반 교육 시에 한 교육생이 자세모드로 착륙하는 순간에 수직하강 모드에서 엘리베이터를 과도하게 밀어(전진키) 타각(기체의 기울기)이 많이 생긴 상태에서, 갑작스런 돌풍(거스트)을 받아 붙임각과 받음각의 급작스런 증가로 인해 기체가 전복(기체의 상하가 뒤집어지는 현상)된 적이 있었다. 그러므로 인적 요소로 후류를 극복하기 위해서는 각속도가 없이 가속도로만 드론이 운용되도록 조종간 스틱을 세밀하게 조작하는 습관을 몸에 익혀야 한다.

③ 각도를 크게 기울인 상태에서 고속으로 이동하는 레이싱 드론에서 이러한 현상이 많이 일어나는데, 이 문제를 해결하기 위해 최근 레이싱 드론은 수평 형태에서 수직 형태의 프레임을 선호하고 있으며, 대표적 제품이 'TALON'[22]이다.

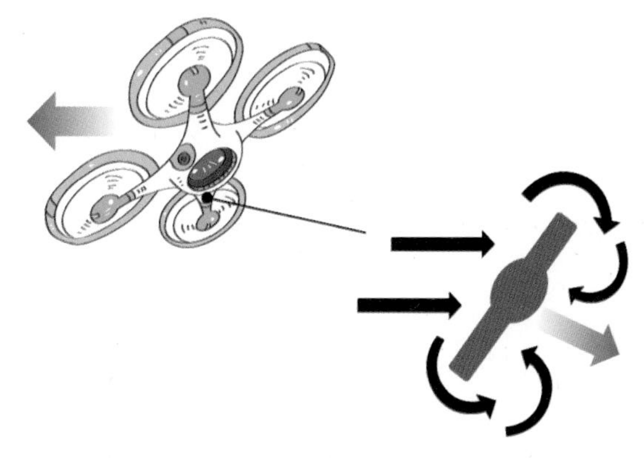

④ 구조적으로 후류를 개선할 수 있는 방안으로 기존의 수평 형태의 암을 다음 그림과 같이 수직으로 변경할 경우, 바람의 저항과 후류까지도 해결할 수 있다.

22) 강하고 섬세한 레이싱 드론 프레임, TALON(아나드론 스타팅)

⑤ 다음 그림은 암 형태를 구조적으로 변경한 것으로 수직 형태의 암이 수평 형태의 암보다 더 큰 받음각에서도 운용이 될 수 있다는 것을 보여 준다.

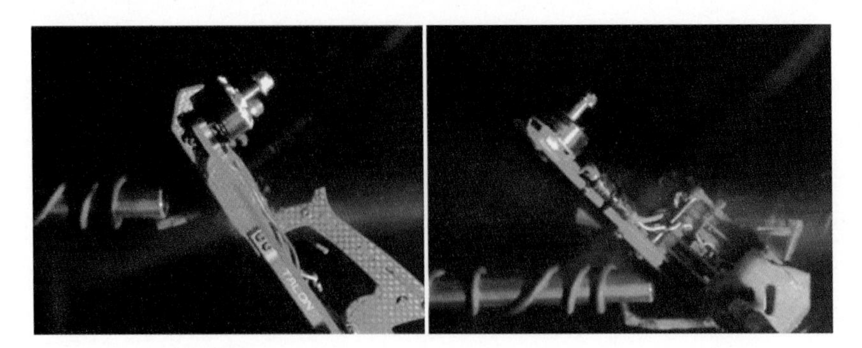

CHAPTER 08 무게중심 및 무게균형

01 무게중심

(1) 무게중심(Center of Gravity)

① 중력에 의한 알짜 토크가 0인 점이 무게중심이며, 토크(Torque)는 회전력으로서 거리와 힘의 외적(Cross Product)이며, 3축(X, Y, Z축)이 교차되는 지점이다.[23]

② 무게의 중심은 물체의 각 부분에 작용하는 중력의 합력의 작용점으로 물체의 위치와 관련이 있다. 무게중심이 물체의 윗부분에 있으면 물체가 매우 불안정하여 쓰러지기 쉽고 무게중심이 물체의 아랫부분에 있으면 안정한 상태가 된다.

③ 그림처럼 시소를 탈 때 기울지 않고 평형을 유지하려면 받침대를 기준선으로 200lb(약 80kg)의 남자가 앉은 거리는 Body Station이고, 100lb(약 40kg)의 여자가 앉은 거리는 Body Arm이다. 이때 어느 쪽으로도 기울지 않는다면 받침대, 즉 기준선 자체가 중심 위치가 된다. 그러므로 200lb × 3 = 100lb × 6ft로 양쪽에 걸리는 힘[24]은 같다.

※ 1lb = 0.454kg

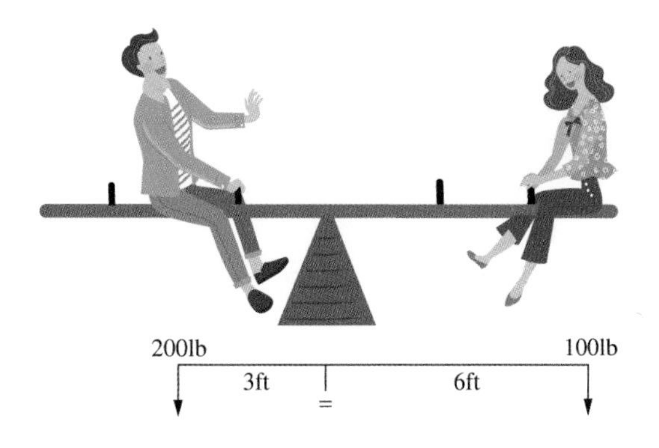

23) 두산백과 요약편

24) https://veganclaire.blog.me/220228193220

(2) 무게중심(Center of Gravity) 기본 요소

① 어떤 물체의 무게중심은 무게와 물체의 위치가 정해졌을 때 산출할 수 있다. 무게는 간단히 정의될 수 있지만, 위치는 어디서부터 측정하는가의 문제가 발생한다. 측정하는 기준 지점을 기준선(Datum Line)이라 하고, 이 기준선은 항공기 중심선상 어느 부분이든 가능한데, 운송용 항공기의 기준선은 대부분 항공기가 기수(Nose)로부터 앞쪽으로 일정한 거리를 두어 정해 준다. 이는 모든 거리를 양수(+)가 되도록 하여 각종 계산 및 이용을 편리하게 하는 데 목적이 있다.

② Balance Arm & Body Stations

기준선(Datum Line)에서 기체의 일정 부분까지의 거리를 항공용어에서는 Body Station(B.S.)라고 하며, Weight and Balance에서는 Balance Arm으로 사용[25]한다.

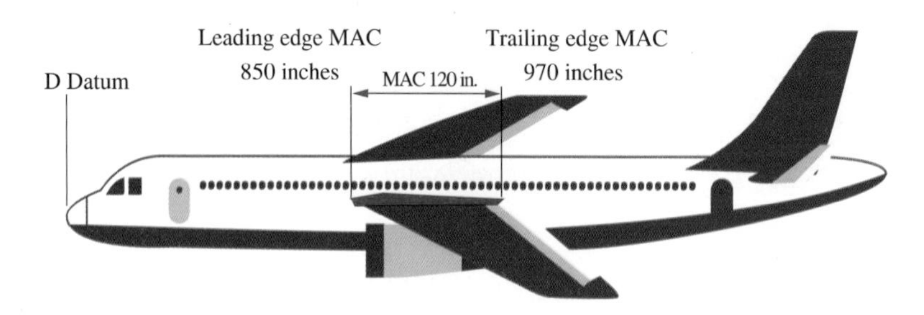

③ 단위 : 단위는 무게중심 계산에서 매우 중요하다. 상이한 단위를 사용할 경우 심각한 문제가 발생할 수 있으므로 거리의 단위인 inch를 feet로 사용하고, 현재 국내항공사에서는 inch 및 pound를 사용하지만, 탑재관리양식(Load Sheet)에서는 kilogram 단위를 사용하고 있기 때문에 주의해야 한다.

※ 단위 환산표

1kg = 2.205lb	1lb = 0.454kg
1inch = 2.54cm	1cm = 0.394inch
1ft = 0.305m	1m = 3.28ft
1Imp gall = 4.546litres	1litre = 0.22Imp gall
1US gall = 3.785litres	1litre = 0.264US G
1Imp gall = 1.205US gall	1US G = 0.83Imp gall

25) http://www.dutchops.com/Portfolio_Marcel/Articles/Flight_Operations/Loadsheet.htm

(3) 무게중심(Center of Gravity) 계산 방식

① CG계산법 예시[26]

㉠ 20,000lb 항공기에서 500lb의 화물을 50inch만큼 이동할 때 무게중심(CG)의 변화는?

$W \times A = GW \times D$

$500 \times 50 = 20,000 \times D$

$D = 1.25$inch

㉡ 항공기 총중량은 140,000lb, MAC은 Station 410~590inch, CG%MAC은 37%, CG Limit(무게중심 허용범위)은 21.0~35.0%MAC, 화물실의 위치는 전방이 210inch, 후방이 800inch이다. 이때 CG Limit(무게중심 허용범위) 내 CG가 위치하려면 몇 pound의 화물을 어디로 이동시켜야 하는가?

$W \times A = GW \times D$

A(Arm) : 화물실이 옮겨질 거리 $800 - 210 = 590$inch

GW(Gross Weight) : 140,000lb

D(Distance) : $180 \times 0.02 = 3.6$inch

이동시켜야 하는 화물의 중량 W

$W \times 590 = 140,000 \times 3.6$

$W = 854.2$lb를 전방으로 이동시켜야 한다.

02 비행과 비행 성능

(1) 무게와 균형(Weight and Balance) 용어 정의

① 무게와 균형(Weight and Balance) : 항공기에 작용하는 무게는 항공기 자체의 무게, 조종사, 승무원 및 화물을 포함한 무게로 중력에 의해 지구중심으로 향하는 힘을 말하며 항공기 구조와 운용에 직접적으로 영향을 미치는 요소이다.

② 무게효과(Effects of Weight) : 항공기 무게는 항공기를 부양시킬 수 있는 양력(Lift) 발생에 직접적인 영향을 미친다.

③ 균형(Balance) : 균형은 항공기 무게중심과 연관이 있으며, 비행 중 항공기 안전성과 안전에 중요하다. 하중과 무게, 균형상태에 만족하지 못한다면 비행해서는 안 된다.

26) https://veganclaire.blog.me/220228193220

④ 무게중심(CG ; Center of Gravity) : 항공기의 무게는 세 개의 축(종축, 횡축, 수직축)이 만나는 점(Point)에서 균형을 이루게 되는데 이 점을 무게중심점이라 한다. 무게중심은 고정된 점이 아니라 항공기 중량에 의존하며, 하중의 변화에 따라 이동한다. 항공기에 작용하는 세 개의 축이 만나는 점으로 이 점을 기준으로 균형을 이룬다.

㉠ 무게중심점 값 = 총모멘트 ÷ 총무게

㉡ 무게중심점은 한 지점이지만 전, 후, 좌, 우로 허용 한계치가 있다. 이를 무게중심점 한계라 하며, 제작사에서 지정한다.

⑤ 항공기 자체 무게(Empty Weight) : 순수한 항공기의 무게로, 항공기 기체, 엔진, 엔진라인에서 제거할 수 없는 오일 및 연료, 최초 제작 시의 기본 부품 등이 포함된다.

⑥ 가용 하중(Useful Load) : 항공기 자체 무게를 제외한 최대 중량을 말한다. 항공기 자체 무게를 제외하고 항공기의 최대 중량 범위 내에서 적재 가능한 무게 즉, 조종사를 포함한 인원, 화물, 연료 등의 총무게를 말한다.

⑦ 기준선(Datum) : 기지점이라고도 하며, 항공기 제작 시 모든 제원의 기준점이 되는 가상 수직선을 말한다.

⑧ 암(Arm) : 항공기는 수평선, 멀티콥터에서는 본체와 모터를 연결하는 붐대를 지칭한다. 항공기 기지점으로부터 측정한 수평선이며, 기지점으로부터 전방은 양성(+), 후방은 음성(−)으로 표시하고 단위는 inch를 사용한다.

⑨ 모멘트(Moment) : 수평선상에 놓여 있는 한 물체가 기준점으로부터 일정거리(Arm) 선상에서 받는 힘
모멘트 = 무게 × 암

• 왼쪽 : M = 100파운드 × 10인치(+) = 1,000

• 오른쪽 : M = 10파운드 × 100인치(−) = 1,000

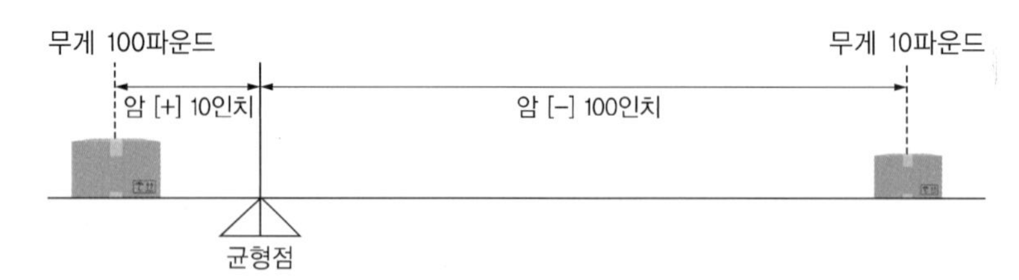

(2) 공중 항법

① 항법이란 조종사가 원하는 목적지까지 지형을 참고하여 찾아가는 비행 기술이다.

② 공중 항법에서 가장 중요한 3가지 주요 업무는 항공기 위치의 확인, 비행 방향의 결정, 도착 예정 시간의 산출이다.

③ 항공용으로 제작된 지도를 항공도라 하고 일반 지도에 표기되어 있는 요소에 항행 안전시설, 항로, 공역, 장애물, 공항 등이 추가로 묘사되어 있다.

④ 지문 항법은 가장 기초적인 항법으로 지형을 참고하여 비행하는 방법으로, 국지 공역에서 잘 알고 있는 지역을 비행할 때 주로 사용된다.

⑤ 무선 항법은 대부분의 항공기에서 현재 이용하고 있는 방법으로, 지상 무선국으로부터 전파의 방향을 측정하거나 전파 특성으로 발생하는 위치선을 맞추어서 항공기의 위치를 확인하는 방법이다.

(3) 지상 이착륙

① 측풍상태에서 이착륙을 시도하면 순항보나 현서히 닞은 비행속도기 되므로 측풍에 이해 옆으로 밀리는 현상이 나타날 수 있다.

② 측풍상태에서 이착륙은 정상 이착륙과 같은 조작과 절차에 의해 이루어지고 에일러론과 엘리베이터키를 사용하여 바람이 부는 쪽으로 기체를 기울여 줌으로써 옆 흐름을 제어해야 한다.

③ 같은 측풍이라도 이착륙 중에는 에일러론과 엘리베이터키를 적극적으로 활용하여 바람에 밀리는 것을 제어해야 한다. 특히 에일러론과 엘리베이터키를 바람부는 반대방향으로 조작하여 기체를 고정해야 한다. 만약 돌풍(Gust)에 의해 기수가 오른쪽으로 10° 기울어진다면 기체가 30~50cm 사이에 상승 또는 하강할 때 러더키를 좌로 돌리면서 스로틀키를 조작하여 기수고정과 동시에 고도를 고정해야 한다.

(4) 무게와 균형(Weight and Balance)

① 항공기에 작용하는 무게는 항공기 자체무게, 조종사, 승무원, 화물 포함 무게로 구분되며, 이는 중력에 의해 지구 중심으로 향하는 힘이다.

② 무게 중심은 항공기 구조와 운용에 직접적 영향을 미친다.

③ 무게와 균형을 맞추는 궁극적 목적은 안전 보장이다.

CHAPTER 09

비행 관련 정보(AIP, NOTAM) 등

01 비행 관련 정보(AIP, 기상예보, 항공기상보고, TAF, 항공 안전 정보)

(1) 항공정보간행물(AIP ; Aeronautical Information Publication) [27]

국제민간항공협약 부속서 제15권에 의거하여 각 체약국의 담당부서가 자국 공역에서의 공항(비행장) 및 지상시설, 항공통신, 항로, 일반사항, 수색구조 업무 등의 종합적인 정보를 수록한 정기간행물을 말한다.

'항공 정보 업무'란 항공기 운항의 안전성, 정규성 및 효율성을 확보하기 위하여 필요한 정보를 비행정보 구역에서 비행하는 사람 등에게 제공하는 업무를 말하는 것이며, 항공정보간행물은 책자 및 CD 형태로 제공되고 필요시 수정판(Amendment) 및 보충판(Supplement)으로 수정 또는 보완되고 있다. 항공 정보의 내용 및 제공 형태는 다음과 같다.

항공 정보의 수록 내용

- 일반사항(GEN) : 항공정보간행물에 수록되어 있는 항행시설, 업무 또는 절차에 대한 소관 기관의 설명, 업무 또는 시설의 국제적인 사용에 필요한 일반적인 조건, 국내규정과 국제규정의 중요 차이점 등의 수록
- 항로(ENR) : 비행정보구역, 항공로 현황, 비행제한구역 등 항행에 필요한 정보가 수록
- 비행장(AD) : 공항에 대한 일반정보, 활주로 제원, 공항 출발·도착 비행절차 등의 수록
- 기타 사항
  - 비행장과 항행 안전시설의 개시, 휴지, 재개 및 폐지에 관한 사항
  - 비행장과 항행 안전시설의 중요한 변경 및 운용에 관한 사항
  - 비행장을 이용할 때에 있어 항공기의 운항에 장애가 되는 사항
  - 비행의 방법, 결심 고도, 최저 강하 고도, 비행장 이륙·착륙 기상 최저치 등의 설정과 변경에 관한 사항
  - 항공교통 업무에 관한 사항, 그 외 운항에 도움이 되는 사항 등

27) http://korealand.tistory.com/1054 [국토교통부 블로그]

(2) 기상예보

① 비행 전 필수적으로 확인하여야 할 사항 중 하나는 비행하고자 하는 지역에 해당하는 기상정보를 미리 입수하는 것이다.

② 기상에 관한 정보를 제공하는 기관은 기상청(www.kma.go.kr)과 항공기상청(amo.kma.go.kr) 등이 있지만, 드론 조종자들이 손쉽게 이용할 수 있는 경우 기상청에서 운용하고 있는 디지털예보이다.

③ 디지털예보

㉠ 디지털예보는 한반도와 그에 따른 해상을 중심으로 생산한 예보를 디지털화하여 제공하는 서비스로 시공간적으로 구체적인 숫자, 문자, 그래픽, 음성 형태로 '언제, 어디에, 얼마나'와 같이 다양하고 상세한 예보정보를 제공하는 새로운 개념의 일기예보체계이다.

㉡ 기존의 예보가 시, 도, 군 단위의 예보구역별로 생산되던 것을 디지털예보는 읍, 면, 동의 행정구역별로 3시간 간격의 상세예보로 정량화하여 제공되는 것으로 이렇게 제공되는 상세한 예보는 다양한 기상정보로서 활용될 수 있다.

(3) 항공기상보고

① 항공 정기 기상 보고(METAR)

㉠ 정시 10분 전에 1시간 간격으로 실시하는 관측이다(지역항공항행협정에 의거 30분 간격으로 수행하기도 함 : 예 인천).

㉡ 보고 형태, ICAO(International Civil Aviation Organization) 관측소 식별 문자, 보고 일자 및 시간, 변경 수단, 바람 정보, 시정, 활주로 가시거리, 현재 기상, 하늘 상태, 온도 및 노점, 고도계, 비고(Remarks)가 포함된다.

㉢ 당해 비행장 밖으로 전파한다.

② 특별관측보고(SPECI)

㉠ 정시관측 외 기상현상의 변화가 커서 일정한 기준에 해당할 때 실시하는 관측・보고이다.

㉡ 당해 비행장 밖으로 전파한다.

③ 사고관측・보고(Accident Observation & Report) : 항공기의 사고를 목격하거나 사고발생을 통지 받았을 때 정시 관측의 모든 기상요소에 대하여 행하는 관측으로 모든 계기기록에 시간을 표시해야 한다.

(4) 터미널 공항 예보(TAF)

① 어떤 공항에서 일정한 기간 동안에 항공기 운항에 영향을 줄 수 있는 지상풍, 수평 시정, 일기, 구름 등의 중요 기상 상태에 대한 예보이다.

② 특정 시간(일반적으로 24시간) 동안의 공항의 예측된 기상 상태를 요약한 것으로, 목적지 공항에 대한 기상 정보를 얻을 수 있는 주요 기상 정보 매체이다.

③ TAF는 METAR 전문에서 상용된 부호를 사용하고, 일반적으로 1일 네 차례(0000Z, 0600Z, 1200Z, 1800Z) 보고된다.

(5) 항공 안전 정보

① 우리나라의 항공정보업무 관련 담당기관

㉠ 항공정책실

㉡ 서울지방항공청(항공정보과, 인천국제공항 비행정보실, 김포공항 비행정보실, 기타 지방공항출장소)

㉢ 부산지방항공청(항공관제국, 김해공항 비행정보실, 제주공항 비행정보실, 기타 지방공항 출장소)

㉣ 인천항공교통관제소(항공정보과, 항공관제과, 통신전자과, 운영지원과) 등

② 항공정보 출판물

㉠ 항공정보의 제공 형태

- 항공정보간행물(AIP ; Aeronautical Information Publication)
- 항공정보회람(AIC ; Aeronautical Information Circular)
- 비행 전후 정보(Pre-flight and Post-flight Information)를 적은 자료

㉡ 현대 사회의 모든 분야에서 정보 관리의 중요성이 대두되고 있는 가운데, 항공 분야에서도 항공 정보의 중요성 및 필요성에 대한 인식이 점점 더 높아지고 있으며 최근 ICAO 주도 하에 항공 선진국을 중심으로 안전한 미래 항공교통의 지원을 목표로 기존 항공 정보 체계의 획기적인 전환을 추진하는 중이다.

㉢ 항공정보간행물(AIP ; Aeronautical Information Publication) : 우리나라 항공정보간행물은 한글과 영어로 된 단행본으로 발간되며 국내에서 운항되는 모든 민간항공기의 능률적이고 안전한 운항을 위하여 영구성 있는 항공정보를 수록한다.

※ 항공정보간행물 보충판(AIP SUP) : 장기간의 일시변경(3개월 또는 그 이상)과 내용이 광범위하고 도표 등이 포함된 운항에 중대한 영향을 끼칠 수 있는 정보를 항공정보간행물 황색용지를 사용하여 보충판으로 발간한다.

㉣ 항공정보회람(AIC ; Aeronautical Information Circular) : 항공정보회람은 AIP나 NOTAM으로 전파될 수 없는 주로 행정사항에 관한 항공정보를 제공한다.

㉤ AIRAC(Aeronautical Information Regulation & Control) : 운영방식에 대한 변경을 필요로 하는 사항을 공통된 발효일자를 기준하여, 사전통보하기 위한 체제(및 관련 항공고시보)를 의미하는 약어이다.

㉥ 항공정보간행물 수정판(Amendment) : 항공정보간행물 수정판은 정기(Regular) 수정판과 항공정보관리절차(AIRAC) 수정판으로 구분되며, 정기 수정판은 정기적인 간격(28일 주기)으로 발간되고 있다. 항공정보관리절차(AIRAC)라 함은 운영방식에 대한 중요한 변경을 필요로 하는 상황을 국제적으로 합의된 공통의 발효일자를 기준으로 하여 사전에 통보하기 위해 수립된 체제를 말한다.

㉦ 항공정보간행물 보충판(Amendment) : 수정판과 마찬가지로 정기(Regular) 및 항공정보관리절차(AIRAC) 보충판으로 구분되며, 일시적(3개월 이상)으로 변경되는 사항에 대하여 발간되는 간행물이다(노란색 용지 사용).

02 항공고시보(NOTAM)

(1) 항공고시보

① 항공고시보(NOTAM ; NOtice To AirMan, 航空告示報) : 유효기간 3개월

조종사를 포함한 항공 종사자들이 적시 적절히 알아야 할 공항 시설, 항공 업무, 절차 등의 변경 및 설정 등에 관한 정보 사항을 고시하는 것을 말하며, 일반적으로 항공 고시문은 전문 형식으로 작성되어 기상 통신망으로 신속히 국내외 전기지에 전파된다.

㉠ 직접 비행에 관련 있는 항공정보(일시적인 정보, 사전 통고를 요하는 정보, 항공정보간행물에 수록되어야 할 사항으로서 시급한 전달을 요하는 정보)를 전달하고자 할 때 발행한다.

㉡ 각 항공고시보는 매년 새로운 일련번호로 발행하며, 현재 유효한 항공고시보의 확인을 위한 항공고시보 대조표는 매달 첫날에 발행하고, 평문으로 작성된 월간 항공고시보 개요서는 매월 초순에 발행한다.

㉢ 우리나라의 항공고시보는 직접비행에 관련 있는 일시적인, 사전통고를 요하는 그리고 항공정보간행물에 수록되어야 할 사항으로서 시급한 전달을 요하는 정보를 담고 있으며 항공교통관제소 항공정보과에서 NOTAM의 접수 및 발행 등의 관련 업무를 수행하고 있다.

② 안전운항을 위한 항공정보로서 항공보안을 위한 시설, 업무, 방식 등의 설치 또는 변경, 위험의 존재 등에 대해서 운항관계자에게 국가에서 실시하는 고시로 기상정보와 항공기 운항에 없어서는 안 될 중요한 정보(항공·운항 업무, 군사연습 등 포함)이다. 조종자는 비행에 앞서 반드시 NOTAM을 체크하여 출발의 가부, 코스의 선정 등 비행계획의 자료로 활용한다.

③ 고시 방법에 따라 노탐클래스 1과 2로 나누어지며, 노탐클래스 1은 돌발적 사항 또는 단기적 사항에 대해 조속히 주지시킬 필요가 있을 때 사용되며, 국제민간항공기구(ICAO) 노탐전신부호에 의해 텔레타이프(인쇄전시)로 보내진다. 노탐클래스 2는 장기적 사항을 사전에 도식 등을 사용해 상세하게 주지시킬 경우에 사용되며, 평서문으로 인쇄하여 우편으로 배포한다. 예를 들어 매번 수능일에는 모든 항공기에 수능 듣기평가 중에는 고도 3,000m 이하로 내려오지 말라는 노탐을 공지함으로써 수능 여건을 보장하고 있으며, 평창동계올림픽 등 국제적 행사기간에도 공중 테러 위협에 대비하기 위해 설정하고 있다.

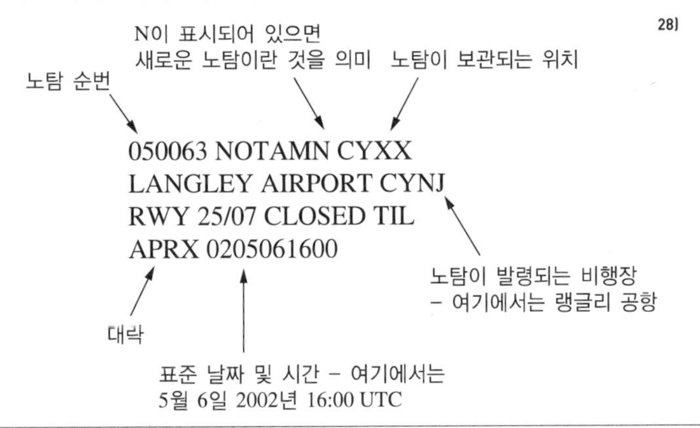

[28]

[28] http://fly.blakecrosby.com/2011/10/the-importance-of-notams.html

(2) 항공고시보 종류[29)]

① NOTAM–D(Distant)

㉠ '광범위한 영역에 걸친 항공정보'로 주로 미국공역 내에서 NAVAID, VOR, NDB 등의 항법시설이 보수작업 등으로 사용 불가능한 경우 사용한다.

㉡ 공항, 헬리포트(Heliport), 해상공항 등에서 주요 활주로가 폐쇄됐다든지 하는 내용을 수록하고 있다.

㉢ 해당 공항에 가까운 FSS가 관리한다.

② FDC(National Flight Data Center) NOTAM

㉠ '법적인 의미가 포함된 항공정보'로 종종 TFR(Temporary Flight Restriction)을 포함한다.

㉡ 안전을 확보하기 위해 경기장 위 등 정해진 공역에 대한 비행 제한·금지가 포함되기도 한다.

③ Trigger NOTAM

㉠ 항공정보가 AIRAC 시스템으로 발행된 사실 자체를 항공종사자에게 알려서 주의를 환기시키고 안전에 영향을 주는 변경된 정보가 누락되는 것을 예방한다.

㉡ AIP 수정판 또는 AIP 보충판이 AIRAC 절차에 따라 발간되는 경우 Trigger NOTAM으로 발행하고 보급한다.

㉢ AIRAC AIP 수정판 또는 AIP 보충판과 동일한 발효일자에 효력이 발생하며, 14일 동안 유효하다.

(3) 항공고시보 포함사항[30)]

① 항공기의 안전이동에 영향을 미치지 않는 주기장(Apron, 에이프런) 및 유도로(Taxiway) 관련 사항

② 다른 활주로를 이용하여 항공기를 안전하게 운항할 수 있거나 또는 필요한 경우 작업장비를 제거시킬 수 있는 활주로 표지작업

③ 항공기 안전운항에 영향을 미치지 않는 비행장(헬기장 포함) 주위의 일시적인 장애물

④ 항공기 운항에 직접적으로 영향을 미치지 않는 비행장(헬기장 포함) 등화시설의 부분적인 고장

⑤ 사용가능한 대체 주파수가 공지 또는 통신의 일시적인 장애

⑥ 항공기 유도업무의 부족 및 도로교통통제에 관한 사항

⑦ 비행장 이동지역 내 위치 표지, 행선지 표지 또는 기타 지시 표지의 고장

⑧ 시계비행규칙 하에 비관제공역 내에서 실시하는 낙하산 강하로서 관제공역의 경우 공고된 장소 또는 위험구역이나 금지구역 내에서 실시하는 낙하산 강하

⑨ 기타 이와 유사한 일시적인 상태에 관한 정보

---

29) https://veganclaire.blog.me/220229556272

30) 항공법 시행규칙 제216조(항공정보), 국토교통부 항공정책실 항공안전정책관 항공관제과

(4) 항공고시보 발행사항[31]

① 비행장(헬기장 포함) 또는 활주로의 설치, 폐쇄 또는 운용상 중요한 변경

② 항공업무(AGA, AIS, ATS, CNS, MET, SAR 등)의 신설, 폐지 등 중요한 변경

③ 무선항행과 공지통신업무의 운영성능의 중요한 변경, 설치 또는 철거

※ 여기에는 주파수의 간섭이나 운영 재개외 변경, 공고된 업무시간의 변경, 식별부호 변경, 방위 변경(방향성 시설인 경우), 위치변경, 50% 이상의 출력증감, 방송스케줄 또는 내용에 대한 변경, 특정 무선항행 운용 및 공지통신업무의 불규칙성 포함

④ 시각보조시설(Visual Aids)의 설치, 철거 또는 중요한 변경

⑤ 비행장 등화시설 중 주요 구성요소의 운용중지 또는 복구

⑥ 항행업무절차의 신설, 폐지 또는 중요한 변경

⑦ 기동지역 내 중요한 결함 또는 장애의 발생 또는 제거

⑧ 연료, 기름 및 산소공급의 변경 또는 제한

⑨ 수색구조시설 및 업무에 대한 중요한 변경

⑩ 항행에 중요한 장애물을 표시하는 항공장애 등의 설치, 철거 또는 복구

⑪ 즉각적인 조치를 필요로 하는 규정변경(예 수색구조활동을 위한 금지구역 설정)

⑫ 항행에 영향을 미치는 장애요소의 발생(공고된 장소 이외에서의 장애물, 군사훈련, 시범비행, 비행경기, 낙하산 강하를 포함)

⑬ 이륙·상승지역, 접근지역 및 착륙대에 위치한 항공항행에 중요한 장애물의 설치, 제거 또는 변경

⑭ 금지구역, 제한구역 또는 위험구역의 설정, 폐지(발효 또는 해제를 포함) 또는 상태의 변경

⑮ 요격의 가능성이 상존하여 VHF 비상주파수 121.5MHz를 계속적으로 감시할 필요가 있는 지역, 항공로 또는 항공로 일부분에 대한 설정 및 폐지

⑯ 지명부호의 부여, 취소 또는 변경

⑰ 비행장(헬기장 포함) 소방구조능력의 중요한 변경

※ 항공고시보는 등급변경의 경우에만 발행, 등급변경사실이 명확히 표시되어야 함

⑱ 이동지역의 눈, 진창, 얼음, 방사성 물질, 독성 화학물, 화산재 퇴적 또는 물로 인한 장애상태의 발생, 제거 또는 중요한 변경

⑲ 예방접종 및 검역기준의 변경을 필요로 하는 전염병의 발생

⑳ 태양우주방사선에 관한 예보(가능한 경우에 한함)

---

31) https://veganclaire.blog.me/220229556272

㉑ 항공기 운항과 관련된 기타 사항

㉠ 화산활동의 중대한 변화, 화산분출의 장소, 일시, 이동방향을 포함한 화산재 구름의 수직·수평적 범위, 영향을 받게 되는 비행고도 및 항로 또는 항로의 일부

㉡ 핵 또는 화학 사고에 수반되는 방사성 물질 또는 유독화학물의 대기 중 방출, 사고발생 위치, 일자 및 시간, 영향을 받게 되는 비행고도 및 항공로 또는 그 일부와 이동방향

㉢ 항공항행에 영향을 주는 절차 및 제한사항과 더불어 국제연합(UN)의 원조하에 수행되는 구호활동과 같은 인도주의적 구호활동의 전개

㉣ 항공교통업무 및 관련 지원업무의 중단 또는 부분적인 중단 시의 단기간의 우발 대책(Contingency Plan)의 시행

PART
02
적중예상문제

01 다음 중 드론에 작용하는 4가지 힘으로 맞는 것을 고르면?

① 추력(Thrust), 양력(Lift), 항력(Drag), 중력(Weight)
② 추력(Thrust), 양력(Lift), 항력(Drag), 비틀림력(Torque)
③ 추력(Thrust), 모멘트(Moment), 항력(Drag), 중력(Weight)
④ 비틀림력(Torque), 양력(Lift), 항력(Drag), 중력(Weight)

해설
비행기가 지표면을 떠나 공중을 날게 되는 일련의 운동을 할 때 비행기에 힘이 작용한다. 드론에 작용하는 주요한 힘은 양력, 중력, 추력, 항력이다.

02 비행 중 추력이 항력보다 크면?

① 가속비행
② 상승비행
③ 등속비행
④ 수평비행

해설
추력이 항력보다 클 때 기체는 상승하며 속력이 높아진다.
- 수직성분 : 양력과 중력은 고도의 변화, 즉 양력이 크면 상승, 작으면 하강, 같으면 수평
- 수평성분 : 추력과 항력은 속도의 변화, 즉 추력이 크면 가속도, 작으면 감속도, 같으면 등속도

03 비행기가 수평비행 중 등속비행을 하기 위해서는?

① 항력 > 양력
② 양력 = 항력
③ 추력 = 항력
④ 양력 = 중력

해설
비행기가 하강할 때와 상승할 때는 일부 힘의 방향이 달라진다. 즉, 드론에서 작용하는 주요한 힘이 어떻게 균형 또는 불균형을 이루느냐에 따라 드론의 비행형태가 다르다(등속비행 : 추력 = 항력).

정답 1 ① 2 ① 3 ③

04 다음 중 드론이 상승할 때 양력과 중력(무게)의 관계는?

① 양력 > 중력

② 양력 < 중력

③ 양력 = 중력

④ 양력과 중력은 관계가 없다.

해설

- 상승비행 : 양력 > 중력
- 가속비행 : 추력 > 항력
- 수평비행 : 양력 = 중력
- 등속비행 : 추력 = 항력

05 다음 중 항공기의 방향 안정성(Directional Stability)을 위해 고안된 것은?

① 수평 안정판

② 수직 안정판

③ 주날개의 취부각(붙임각)

④ 주날개의 받음각(AOA)

해설

수직(방향) 안정성(Directional Stability)은 수직축(Vertical)을 중심으로 한 항공기의 좌우 안정을 말한다. 또한 요(Yaw) 안정성이라고도 하며, 항공기의 수직 안정판(Vertical Fin)은 항공기의 방향 안정성을 유지하기 위하여 고안되었다.

06 드론이 일정고도에서 등속비행을 하고 있을 때의 조건으로 맞는 것은?

① 양력 = 항력, 추력 = 중력

② 추력 = 항력, 양력 < 중력

③ 추력 > 항력, 양력 > 중력

④ 양력 = 중력, 추력 = 항력

해설

수직성분인 양력과 중력이 같고, 수평성분인 추력과 항력이 같으면 등속수평비행을 한다.

4 ① 5 ② 6 ④ **정답**

07 **비행 중 항력과 추력이 같으면 어떻게 되는가?**

① 감속전진비행한다.
② 가속전진비행한다.
③ 정지한다.
④ 등속도 비행을 한다.

해설
수평성분인 추력과 항력이 같으면 등속비행을 한다.

08 **비행기의 수직 안정판이 앞쪽으로 뻗은 것은 Keel Effect(지느러미 효과)를 얻기 위해서인데 수직 안정판이 발생시키는 복원력은?**

① 횡축선상의 안정성
② 방향 안정성
③ 종축선상의 안정성
④ 수직 안정성

해설
방향 안정성(Directional Stability)은 비행기의 기수가 진행하는 방향에서 갑자기 왼쪽이나 오른쪽으로 틀어졌을 경우 수직 안정판이 발생시키는 복원력이다.

09 **비행기의 기수가 진행하는 방향에서 갑자기 왼쪽이나 오른쪽으로 틀어졌을 경우 안정성을 확보해 주는 것은?**

① Aileron(방향타)
② Elevator(승강타)
③ Vertical Stabilizer(수직 안정판)
④ Horizontal Stabilizer(수평 안정판)

해설
수직 안정판(Vertical Stabilizer)은 방향 안정성을 확보해 준다.

정답 7 ④ 8 ② 9 ③

10 날개의 양력과 꼬리날개의 힘이 무게중심을 기준으로 균형을 이루는 항공기의 안정성은?

① 세로 안정성 ② 방향 안정성
③ 트림 상태 ④ 가로 안정성

해설

세로 안정성(Longitudinal Stability, 수평 안정성)은 날개의 양력과 꼬리날개의 힘이 무게중심을 기준으로 균형을 이루어 수평 안정성을 갖도록 하는 것이다.

11 토크의 반작용(Torque Reaction)에 대한 설명으로 옳은 것은?

① 회전하고 있는 물체에 외부의 힘을 가했을 때 그 힘이 90°를 지나서 뚜렷해지는 현상
② 프로펠러에 의한 비대칭 하중 때문에 발생하는 힘
③ 프로펠러에 의한 후류로 인해 발생하는 힘
④ 프로펠러가 시계 방향으로 회전할 때 동체는 이에 반작용을 일으켜 좌측으로 횡요 또는 경사지려는 경향

해설

토크의 반작용(Torque Reaction) : 프로펠러가 시계 방향으로 회전할 때 동체는 이에 반작용을 일으켜 왼쪽으로 횡요(Rolling : 운행 중의 가로 흔들림) 또는 경사지려는 경향이다.

12 항공기에 작용하는 공기력은 항공기와 비행경로 사이의 각도에 의해 결정되는데, 수직성분은 항공기에 작용하는 중력, 수평성분은 추진력과 같아야만 일정한 고도와 속력을 유지하는 상태를 나타내는 용어는?

① 정적 안정 ② 동적 안정
③ 트림(Trim) 상태 ④ 토크 작용

해설

트림 상태 : 항공기에 작용하는 공기력은 항공기와 비행경로 사이의 각도에 의해 결정되는데, 수직성분은 항공기에 작용하는 중력, 수평성분은 추진력과 같아야만 일정한 고도와 속력을 유지할 수 있다. 즉, 일정한 고도 + 일정한 속력 + 각운동 없음 = 트림 상태이다.

10 ① 11 ④ 12 ③ 정답

13 엔진에서 발생한 회전력이 프로펠러를 돌릴 때 연결되어 있는 물체가 반대 방향으로 움직이려는 힘이 발생하는 것은?

① 정적 안정　　② 동적 안정
③ 트림(Trim) 상태　　④ 토크 작용

해설
토크(Torque) 현상 : 엔진에서 발생한 회전력이 프로펠러에 전달되어 회전할 때, 프로펠러에 연결되어 있는 물체가 엔진의 회전 방향의 반대 방향으로 회전하려는 힘이 발생하게 되는 것이다.

14 헬리콥터의 구조에서 반토크를 발생시켜 헬리콥터의 균형을 맞춰 주는 역할을 하는 곳은?

① 꼬리 로터　　② 메인 로터
③ 테일붐　　④ 착륙 장치

해설
헬리콥터의 꼬리 로터는 반토크를 발생시켜 헬리콥터의 균형을 맞춰 준다.

15 드론의 안정성과 조종성은 어떠한 관계가 있는가?

① 안정성이 좋아지면 조종성도 좋아진다.
② 안정성이 좋아지면 조종성은 저하된다.
③ 안정성과 조종성은 관련이 없다.
④ 안정성이 나빠지면 조종성도 나빠진다.

해설
안정성과 조종성은 서로 반대되는 성질을 나타내기 때문에 조종성과 안정성을 동시에 만족시킬 수는 없다.

정답 13 ④ 14 ① 15 ②

16 다음 설명 중 틀린 내용은?

① 항력보다 추력이 크면 가속비행 중이다.
② 항력보다 추력이 작으면 감속비행 중이다.
③ 양력보다 비행기 무게가 크면 상승 중이다.
④ 수평비행 시에는 양력과 비행기 무게가 같다.

해설
비행기에 작용하는 4가지 힘은 수직성분(양력과 중력)과 수평성분(추력과 항력)으로 나누어진다. 양력보다 무게가 크면 하강한다.

17 다음 중 드론에 최대로 작용하는 힘을 크기순으로 나열한 것은?

① 양력 > 중력 > 추력 > 항력
② 양력 > 항력 > 추력 > 중력
③ 양력 > 중력 > 항력 > 추력
④ 추력 > 양력 > 중력 > 항력

해설
기본적으로 드론에 발생하는 네 가지 힘은 서로 불가분의 관계를 가지고 있으며 완전히 분리해서 생각할 수 없다. 이 힘의 발생 원리나 크기나 작용하는 방향을 보다 잘 이해하기 위하여 드론에 작용하는 네 가지 힘을 최대로 작용하는 크기의 순으로 나열하면 양력 > 중력 > 추력 > 항력 순이다.

18 다음 중 양력에 대한 설명으로 옳은 것은?

① 밀도 제곱에 비례
② 날개면적의 제곱에 비례
③ 속도 제곱에 비례
④ 양력계수의 제곱에 비례

해설
양력의 크기는 일정 시간에 흐르는 공기의 양에 비례한다. 즉, 속도가 빨라질수록 양력은 증가하며, 공기 밀도가 낮은 고공에서 양력은 감소한다.

16 ③ 17 ① 18 ③ 정답

19 항공기에 작용하는 힘 중 양력에 대한 설명으로 옳지 않은 것은?

① 비행기의 날개 윗면의 압력보다 날개 아랫면의 압력이 더 크기 때문에 생긴다.
② 비행기가 하늘에 떠 있을 수 있게 한다.
③ 비행기가 착륙할 때 플랩을 펴게 되면 공기의 흐름을 방해함으로 인해 양력이 약해진다.
④ 중력과 역행하여 비행기를 아래로 내리는 힘이다.

해설
양력은 비행기의 날개가 공기 중을 날 때 진행방향에 대해 수직으로 받는 힘으로 위쪽을 향해 작용한다.

20 항공기에 작용하는 힘 중 중력에 대한 설명으로 맞지 않는 것은?

① 중력은 지구가 비행기를 당기는 힘이다.
② 연료가 소모되는 것을 제외하면 비행기의 실제 중력은 비행 중 거의 변하지 않는다.
③ 비행기의 속도와 방향이 일정한 정속 비행에서는 중력보다 양력이 약해진다.
④ 양력이 부족한 상태에서 중력만 커진다면 비행기는 추락하고 만다.

해설
비행기가 수평으로 나는 것은 날개의 양력이 비행기에 작용하는 중력과 평형을 이루고 있기 때문이다. 즉 양력이 중력보다 클 때 비행기는 상승하고, 양력이 중력과 같을 때는 일정한 고도로 비행하게 된다.

21 항공기에 작용하는 힘 중 추력에 대한 설명으로 틀린 것은?

① 추력은 기체를 앞으로 나가게 하는 힘이다.
② 추력이 항력보다 커야 비행기가 앞쪽으로 움직이게 된다.
③ 추력이 항력보다 크면 비행 속력이 작아지고 작으면 반대로 상승하게 된다.
④ 마력이 높을수록 큰 추력이 생성되어 일정 수준까지는 비행기가 더 빨리 날 수 있다.

해설
추력과 항력은 속력과 밀접한 관계를 가지고 있다. 추력이 항력보다 크면 비행 속력이 빨라지고 작으면 반대로 느려져 하강하게 된다. 엔진의 출력을 높일수록 추력이 증가하며, 일정한 추력에서는 추력과 항력의 균형을 이루어 속력이 일정하게 안정된다.

정답 19 ④ 20 ③ 21 ③

22 다음 중 항공기에 작용하는 항력(Drag)에 대한 설명 중 옳지 않은 것은?

① 항력은 비행기가 앞으로 나아가는 것에 저항하는 힘이다.
② 항력이 커지면 적은 속도로 앞으로 갈 수 있다.
③ 비행기가 가속할 수 있는 것은 추력 때문이지만 최종 속도를 결정하는 것은 항력이다.
④ 항력은 공기와 부딪히는 기체의 단면적이 넓을수록 항력이 감소하고, 공기 밀도가 높은 저공에서도 역시 항력이 감소한다.

해설

항력은 공기와 부딪히는 기체의 단면적이 넓을수록 항력이 증가하고, 공기 밀도가 높은 저공에서도 역시 항력이 증가한다.

23 헬리콥터나 멀티콥터가 제자리 비행을 하다가 이동시키면 계속 정지상태를 유지하려 한다는 것을 나타내는 물리 법칙은?

① 제1법칙(관성의 법칙)
② 제2법칙(가속도의 법칙)
③ 제3법칙(작용・반작용의 법칙)
④ 베르누이의 법칙

해설

뉴턴의 운동 법칙 중 제1법칙(관성의 법칙) : 정지관성은 정지한 물체는 언제까지나 정지한다는 것이며, 운동관성은 운동하는 물체는 외부로부터 힘을 받지 않는 한 운동을 계속한다는 것이다.

24 드론의 프로펠러가 공기를 아래로 밀어내는 것과 드론이 위로 올라가는 것에 나타나는 물리 법칙은?

① 제1법칙(관성의 법칙)
② 제2법칙(가속도의 법칙)
③ 제3법칙(작용・반작용의 법칙)
④ 베르누이의 법칙

해설

뉴턴의 운동 법칙 중 제3법칙(작용・반작용의 법칙) : 모든 운동에는 힘의 크기가 같고 방향이 반대인 작용력과 반작용력이 있는데 반작용력은 작용하는 힘에 비례하고 시간에 반비례한다. 즉, 날개 밑의 유속의 흐름이 아래 방향으로 이동하면서 이에 대한 반작용의 힘으로 비행기 날개를 들어 올리는 것이다.

22 ④ 23 ① 24 ③ 정답

25 날개의 아래 부분은 압력이 높고 위는 압력이 낮아서 두 압력차에 따라 양력이 발생한다는 이론은?

① 제1법칙(관성의 법칙)

② 제2법칙(가속도의 법칙)

③ 제3법칙(작용 · 반작용의 법칙)

④ 베르누이의 법칙

해설

베르누이 방정식(Bernoulli's Equation)은 1783년 스위스의 과학자 다니엘 베르누이가 유도해 낸 정리로 '공기나 물과 같은 흐르는 물체인 유체의 속도가 증가하면 압력이 감소하고, 속도가 감소하면 압력이 증가한다'는 원리이다. 이는 곧 항공기 날개의 양력 발생 원리와도 같다. 즉, 압력 에너지(유동 에너지)와 운동 에너지 및 위치 에너지의 합은 항상 일정하다는 것이다.

26 양력 발생의 원리를 직접적으로 설명할 수 있는 원리는?

① 관성의 법칙

② 가속도의 법칙

③ 작용 · 반작용의 법칙

④ 베르누이의 법칙

해설

양력의 가장 기본이 되는 원리가 베르누이의 법칙이다. 베르누이는 유체가 흐르는 속도와 압력, 높이의 관계를 수량적으로 나타내어 유체의 위치 에너지와 운동 에너지의 합이 항상 일정하다는 것으로, 완전유체가 규칙적으로 흐르는 경우에 대해 서술한 것이다.

27 비행운용 이론에 적용되는 뉴턴의 법칙이 아닌 것은?

① 관성의 법칙

② 가속도의 법칙

③ 각속도의 법칙

④ 작용 · 반작용의 법칙

해설

각속도는 IMU(관성측정장치) 센서로서 드론의 수평각을 보정하여 정지호버링이 가능하게 하는 장치이지, 드론의 비행운용에 적용되는 법칙은 아니다.

정답 25 ④ 26 ④ 27 ③

28 다음 중 벡터(Vector)의 물리량과 가장 거리가 먼 것은?

① 속 도
② 가속도
③ 양 력
④ 부 피

해설

속도, 가속도, 중량, 양력 및 항력은 일반적인 벡터량이며, 방향은 크기 또는 양만큼 중요하다.

29 다음 중 스칼라(Scalar)의 물리량이 아닌 것은?

① 면 적
② 부 피
③ 시 간
④ 가속도

해설

스칼라량은 면적, 부피, 시간 및 질량, 길이와 같이 크기만 가지고 설명할 수 있는 것을 말한다.

30 다음 중 드론의 실속(Stall)에 대한 설명으로 맞지 않는 것은?

① 드론이 그 고도를 더 이상 유지할 수 없는 상태를 말한다.
② 받음각(AOA)이 실속(Stall)각보다 클 때 일어나는 현상이다.
③ 날개에서 공기흐름의 떨어짐 현상이 생겼을 때 일어난다.
④ 양력이 급격히 증가하기 때문이다.

해설

실속이란 항공기가 공기의 저항에 부딪쳐 추진력을 상실하는 현상이다. 항공기 날개는 상대풍과의 적절한 각을 형성하였을 때 양력을 발생시킬 수 있지만, 만약 항공기 날개와 상대풍의 각이 수직을 이루고 있다면 받음각은 최대가 되나 공기의 저항이 최대가 되어 양력을 발생시키지 못하기 때문에 항공기는 속도를 상실하게 된다.

28 ④ 29 ④ 30 ④ 정답

31 다음 중 항공기의 실속(Stall)에 대한 설명으로 틀린 것은?

① 비행기의 고도를 유지할 수 없는 상태
② 받음각이 실속각보다 클 때
③ 실속(Stall)속도가 작을수록 착륙속도는 늦어진다.
④ 초음속 비행기일수록 실속 특성이 좋다.

해설
초음속 비행기는 대부분 뒤젖힘각을 가지고 있기 때문에 날개 끝부분에서 실속이 먼저 발생하므로 실속 특성이 좋지 않다.

32 다음 중 실속(Stall)이 일어나는 가장 큰 원인으로 올바른 것은?

① 불안정한 대기 때문에
② 받음각(AOA)이 너무 커져서
③ 엔진의 출력이 부족해서
④ 속도가 없어지므로

해설
실속의 실질적인 원인은 받음각의 증가에 의한 공기흐름의 박리현상에 의해 발생된다.

33 다음 중 항공기에 작용하는 힘에 대한 설명으로 옳지 못한 것은?

① 양력(Lift)이란 공기의 흐름이 기체표면을 따라 흐를 때 위로 작용하는 힘을 말한다.
② 항력(Drag)이란 풍판(Airfoil)이 상대풍과 반대방향으로 작용하는 항공역학적인 힘을 말하며 항공기 전방이동 방향의 반대방향으로 작용하는 힘을 말한다.
③ 추력(Thrust)이란 프로펠러 또는 터보제트엔진 등에 의하여 생성되는 항공역학적인 힘을 말한다.
④ 중력이란 항공기의 무게를 말하며 항공기가 부양할 수 있는 힘을 제공한다.

해설
항공기가 부양할 수 있는 힘은 양력이다.

정답 31 ④ 32 ② 33 ④

34 다음 중 날개의 받음각(AOA)에 대한 설명으로 올바른 것은?

① 풍판(Airfoil)의 캠버와 시위선이 이루는 각이다.
② 풍판(Airfoil)의 캠버와 공기흐름 방향이 이루는 각이다.
③ 풍판(Airfoil)의 시위선과 공기흐름의 방향이 이루는 각이다.
④ 풍판(Airfoil)의 시위선과 상대풍이 이루는 각이다.

해설

받음각(Angle of Attack)은 풍판의 시위선과 상대풍이 이루는 각을 말한다. 받음각은 항공기를 부양시킬 수 있는 항공역학적 각(Angle)이며 양력을 발생시키는 요소가 된다.

35 받음각(AOA)이 일정할 경우 고도의 증가에 따른 양력의 변화로 옳은 것은?

① 증가한다.
② 일정하다.
③ 감소한다.
④ 감소 후 증가한다.

해설

받음각이 일정하므로 속도의 변화가 없고 일정한 날개이므로 양력의 변화는 공기밀도에 비례한다. 그러므로 고도가 올라갈수록 공기밀도가 낮아져 양력은 감소한다.

36 받음각(AOA)이란 주날개의 시위선과 무엇이 이루는 각을 말하는가?

① 캠버(Camber)
② 양 력
③ 상대풍
④ 추 력

해설

받음각이란 시위선과 상대풍이 이루는 각이다.

34 ④ 35 ③ 36 ③ 정답

37 중량이 일정하고 받음각(AOA)이 일정할 때 고도를 높게 변화했을 때 항력은?

① 감소한다.

② 증가한다.

③ 일정하다.

④ 증가 후 일정해진다.

해설

항력은 속도의 제곱에 비례하고 날개면적에 비례하며, 공기밀도에 비례한다. 받음각이 일정하므로 속도가 일정하고, 날개면적이 일정하므로 고도에 변화에 따른 공기밀도의 변화 즉, 고도를 높게 하면 공기밀도가 낮아지므로 항력은 감소한다.

38 항공기의 구조에서 앞전(Leading Edge)과 뒷전(Trailing Edge)을 연결하는 직선을 나타내는 명칭은?

① 캠버(Camber)

② 에어포일(Airfoil)

③ 시위선(Chord Line)

④ 받음각(AOA)

해설

시위선은 앞전과 뒷전을 연결하는 직선이고, 받음각은 시위선과 상대풍이 이루는 각이며, 캠버는 평균캠버선과 시위선이 이루는 길이 또는 높이이다.

39 비행기의 구조에서 상대풍(Relative Airflow)과 시위선(Chord Line)이 이루는 각의 명칭은?

① 캠버(Camber)

② 앞전 반지름

③ 시위선(Chord Line)

④ 받음각(AOA)

해설

받음각(Angle of Attack, 영각)은 공기흐름의 속도방향(또는 상대풍)과 시위선이 이루는 각이다.

정답 37 ① 38 ③ 39 ④

40 받음각(AOA)이 증가하여 흐름의 떨어짐 현상이 발생할 경우 양력과 항력의 변화로 옳은 것은?

① 양력과 항력이 모두 증가한다.
② 양력과 항력이 모두 감소한다.
③ 양력은 증가하고 항력은 감소한다.
④ 양력은 감소하고 항력은 증가한다.

해설

받음각이 증가하면 양력이 증가하나 흐름의 떨어짐 현상이 발생하는 시점에서 양력이 갑작스럽게 감소하며 항력이 증가하는데, 이를 실속이라고 한다.

41 다음 중 날개(Airfoil)에서 캠버(Camber)를 설명한 것으로 옳은 것은?

① 앞전과 뒷전 사이를 말한다.
② 시위선과 평균캠버선 사이의 길이를 말한다.
③ 날개의 아랫면(Lower Camber)과 윗면(Upper Camber) 사이를 말한다.
④ 날개 앞전에서 시위선 길이의 25% 지점의 두께를 말한다.

해설

캠버는 시위선과 평균캠버선 사이의 길이(두께)를 말하며, 평균캠버선은 윗면(Upper Camber)과 아랫면(Lower Camber)의 중간지점을 잇는 선이다.

42 드론 이륙 및 착륙 시 지면 가까이에서 날개와 지면 사이를 흐르는 공기의 기류가 압축되어 날개의 부양력을 증대시키는 현상은?

① 대기 효과　② 날개 효과
③ 측면 효과　④ 지면 효과

해설

지면 효과는 항공기 이륙 및 착륙 시 지면 가까이에서 날개와 지면 사이를 흐르는 공기의 기류가 압축되어 날개의 부양력을 증대시키는 현상을 말한다.

40 ④ 41 ② 42 ④ 정답

43 다음 중 타원형 날개의 특징으로 옳은 것은?

① 설계, 제작이 간단하다.
② 실속이 잘 일어난다.
③ 전진방향에 따라 날개끝의 폭이 변화가 생긴다.
④ 유도항력이 최소이다.

해설

타원형 날개의 특징은 날개끝의 폭이 좁아 유도항력이 줄어든다.

44 다음 중 날개의 붙임각에 대한 설명으로 옳은 것은?

① 날개의 시위선과 공기흐름의 방향이 이루는 각이다.
② 날개의 중심선과 공기흐름 방향이 반대인 각이다.
③ 날개의 중심선과 수평축이 평행을 이루는 각이다.
④ 날개의 시위선과 비행기 세로축이 이루는 각이다.

해설

붙임각(취부각)이란 항공기의 동체(세로축)와 날개(시위선)가 이루는 각으로 이는 제작 시 비행기의 세로축(종축)에 따라 10~30°의 각을 이루게 된다.

45 멀티콥터의 제자리 비행(Hovering)이 가능한 관계식은?

① 멀티콥터 무게 > 양력
② 멀티콥터 무게 = 양력
③ 멀티콥터 무게 < 양력
④ 멀티콥터 무게 = 양력 + 원심력

해설

제자리 비행(Hovering)이란 일정한 고도와 방향을 유지하면서 공중에 머무는 비행술이다. 수직 및 수평방향으로 움직이지 않고 공중에 떠 있는 상태로 멀티콥터 무게와 양력은 같다(무게 = 양력).

정답 43 ④ 44 ④ 45 ②

46 공중정지비행 시 멀티콥터의 기수방향을 변경시키기 위한 방법으로 옳은 것은?

① 회전날개의 회전수를 변경시킨다.
② 회전날개의 피치각을 변경시킨다.
③ 원하는 방향의 반대측 모터의 추력을 증가시킨다.
④ 회전날개의 코닝각을 변경시킨다.

해설
멀티콥터의 방향조종은 원하는 방향의 반대측 모터를 고속회전하면 된다.

47 다음 중 날개의 받음각에 대한 설명으로 바르지 못한 것은?

① 기체의 중심선과 날개의 시위선이 이루는 각이다.
② 비행 중 받음각은 변할 수 있다.
③ 받음각이 증가하면 일정한 각까지 양력과 항력이 증가한다.
④ 공기흐름의 속도방향과 날개골의 시위선이 이루는 각이다.

해설
기체의 중심선과 날개의 시위선이 이루는 각은 취부각이다.

48 다음 중 고도계의 역할에 대한 설명으로 옳은 것은?

① 대기압을 측정한다.
② 대기속도를 측정한다.
③ 온도를 측정한다.
④ 비행자세에 따라 다르다.

해설
고도계는 정압관을 통하여 고도의 증가 또는 감소를 정압하여 고도를 측정한다. 즉, 대기압을 측정하여 지시하는 계기이다.

46 ③ 47 ① 48 ① **정답**

49 프로펠러 비행기의 항속거리를 증가시키기 위한 방법으로 볼 수 없는 것은?

① 연료소비율을 작게 한다.
② 프로펠러 효율을 크게 한다.
③ 날개의 가로-세로비를 작게 한다.
④ 양항비가 최대인 받음각으로 비행한다.

해설
날개의 가로-세로비가 작으면 유도항력이 작아지므로 항력이 커져서 항속거리가 작아진다.
※ 양항비 : 항공기의 날개가 받음각 상태에서 발생시키는 양력과 항력의 비로 에어포일의 효율성 지수이다.

50 다음 중 항공기의 무게와 균형(Weight and Balance)을 고려하는 가장 중요한 이유에 해당하는 것은?

① 비행 시의 효율성 때문에
② 소음을 줄이기 위해서
③ 안전을 위해서
④ Payload를 늘리기 위해

해설
무게와 균형(Weight and Balance) : 항공기에 작용하는 무게는 항공기 자체의 무게, 조종사, 승무원 및 화물을 포함한 무게로 이는 중력에 의해 지구중심으로 향하는 힘을 말하며, 무게중심은 항공기 구조와 운용에 직접적으로 영향을 미치는 요소이다.

51 다음 중 비행기의 무게중심이 전방에 위치해 있을 때 일어나는 현상이 아닌 것은?

① 실속(Stall)속도 증가
② 순항속도 증가
③ 종적 안정 증가
④ 쉬운 실속(Stall) 회복

해설
무게중심이 전방에 위치할 때 항공기에 미치는 영향
• 실속속도 증가 : 날개 부하의 증가로 인하여 보다 높은 속도에서 실속 영각에 도달한다.
• 낮은 순항속도 : 일정한 고도를 유지하기 위해서는 보다 큰 영각이 요구되고 항력이 증가한다.
• 안정성 증대 : 영각이 증가할 때 비행기는 영각을 감소하려는 경향이 발생하여 종적 안정성이 증가한다.

정답 49 ③ 50 ③ 51 ②

52 다음 중 지면 효과(Ground Effect)로 인한 부정적인 영향으로 옳은 것은?

① 착륙과정 중 갑자기 지상으로 침하한다.
② 고도가 강하되지 않고 드론을 부양시킨다.
③ 충분한 착륙속도라도 드론을 부양시키지 못한다.
④ 착륙과정에서 침하율과 일반적인 공기완충 효과가 작용하지 않는다.

해설
지면 효과(Ground Effect)는 이착륙을 할 때에 지면과 거리가 가까워지면 양력이 더 커지는 현상을 말한다.

53 다음 비행 성능에 영향을 미치는 요소 중 거리가 먼 것은?

① 비행 중인 고도
② 비행기의 날개 크기
③ 비행기 중량(무게)
④ 비행기의 엔진 종류

해설
엔진 형식은 비행 성능에 영향을 미치지 않는다.

54 드론을 뜨게 하는 항공역학적 각으로 양력과 항력의 크기를 결정하는 데 중요한 역할을 하며 통상 0~15° 각을 이루는 것은?

① 취부각
② 받음각
③ 붙임각
④ 타 각

해설
받음각(영각)은 공기흐름의 속도방향(또는 상대풍)과 시위선이 이루는 각으로 고정익 드론을 부양시킬 수 있는 항공역학적 각이며 양력, 항력 및 피칭모멘트에 영향을 준다.

52 ② 53 ④ 54 ② 정답

55 지면 효과에 대한 설명으로 옳은 것은?

① 공기흐름 패턴과 함께 지표면의 간섭 결과이다.
② 프로펠러 회전속도가 급감 시 발생한다.
③ 수직양력이 증가하는 현상이다.
④ 양력보다 중력이 클 때 일어난다.

해설
지면 효과는 기체가 착륙 시에 프로펠러의 하강풍이 지면에 반사되어 일시적으로 부양하는 현상으로 간섭현상으로 볼 수 있다.

56 드론이 공중에서 직진 수평비행 중 직진을 하다가 정지 포인트에서 정지하려고 하면 정지하지 않고 계속 직진을 하려는 성질이 있는데 이와 관련된 법칙으로 바른 것은?

① 작용・반작용의 법칙
② 관성의 법칙(운동 관성)
③ 가속도의 법칙
④ 관성의 법칙(정지 관성)

해설
관성의 법칙 중 운동 관성은 운동하는 물체는 언제까지라도 운동을 계속한다.

57 드론(고정익) 비행 중 스핀 회복 방법으로 옳지 않은 것은?

① 신속히 선회각을 회복하여 회전을 멈추게 할 것
② 급선회하여 스핀을 회복해야 한다.
③ 회복 후 반대방향으로 스핀이 발생하지 않도록 조종할 것
④ 방향 감각을 상실하게 되면 즉시 이탈할 것

해설
고정익 드론의 스핀(Spin) 현상은 비행기의 자동 회전(Auto Rotation)과 수직 강하가 조합된 비행을 말한다. 이러한 스핀 현상은 바람직한 비행 상태가 아니라, 조종사에게 치명적일 수 있는 불안정한 비행 상태라고 할 수 있으며, 스핀 시에는 급선회하지 않도록 해야 한다.

정답 55 ① 56 ② 57 ②

58 **주로 회전익에 발생하며 날개가 회전할 때 공기와 마찰하면서 발생하는 항력은 무슨 항력인가?**

① 유해항력
② 유도항력
③ 형상항력
④ 외적항력

해설
형상항력은 유해항력의 일종으로 주로 회전익에서 발생한다.

59 **물리량 중 스칼라량이 아닌 것은?**

① 질 량
② 부 피
③ 길 이
④ 중 력

해설
스칼라량은 면적, 부피, 시간, 길이와 같이 크기만 가지고 설명할 수 있는 것을 말한다.

60 **드론이 전복되지 않도록 기계적으로 조절하는 각도로서 항공기를 기준으로 하면 동체와 날개가 이루는 각이며, 통상 10~30° 각을 이루는 것은?**

① 받음각
② 취부각
③ 영 각
④ 앵글각

해설
취부각(붙임각)은 기계적인 각 또는 블레이드 피치각이라고도 하며, 통상 10~30° 각을 이루게 된다.

58 ③ 59 ④ 60 ② 정답

61 **비대칭형 에어포일의 설명으로 맞지 않는 것은?**

① 시위선(Chord Line)을 기준으로 캠버가 동일하게 고안된 에어포일로 저속 항공기 및 회전익 드론에 적합하다.
② 시위선(Chord Line)을 중심으로 윗면과 아랫면이 서로 다른 모양의 에어포일이다.
③ 주로 고정익 드론에 사용되며 압력 중심의 위치가 받음각 변화에 따라 변하는 특성을 가진다.
④ 가격이 높고 제작이 어렵다.

해설
시위선(Chord Line)을 기준으로 캠버가 동일하게 고안된 에어포일로 저속 항공기 및 회전익 드론에 적합한 것은 대칭형 에어포일이다.

62 **드론이 공중에서 정지 호버링 중에 좌우수평비행을 하려 하면, 즉시 좌우로 이동하지 않고 일정시간 이후 이동하려는 성질이 있는데, 이와 관련된 법칙으로 바른 것은?**

① 관성의 법칙(정지 관성)
② 관성의 법칙(운동 관성)
③ 가속도의 법칙
④ 작용·반작용의 법칙

해설
뉴턴의 제1법칙 중 관성의 법칙에 따르면 정지한 물체는 외부로부터 힘을 받지 않는 한 언제까지나 정지하며, 운동하는 물체는 언제까지라도 운동을 계속한다.

63 **항력의 종류 중 바르지 않은 것은?**

① 전체항력 ② 유도항력
③ 유해항력 ④ 형상항력

해설
항력은 드론이 앞으로 나아가는 것에 저항하는 힘으로 드론을 뒤로 잡아당기는 힘이라고 할 수 있으며, 유도·유해·형상항력으로 구분된다.

정답 61 ① 62 ① 63 ①

64 항력을 발생시키는 주요한 힘을 외력이라고 하는데 외력에 영향을 미치는 요소로 바르지 않은 것은?

① 기 온 ② 기 압
③ 바 람 ④ 착 빙

해설
항력을 발생시키는 주요한 힘을 외력이라고 하며, 대표적인 외력에는 기상 7대 요소(기온, 기압, 습도, 구름, 강수, 시정, 바람)가 있다. 착빙은 외력에 영향을 미치는 것이 아니고 항력을 증가시키는 요인이다.

65 물리량 중 벡터량이 아닌 것은?

① 속 도 ② 부 피
③ 양 력 ④ 가속도

해설
벡터량(크기와 방향표시)은 변위, 속도, 힘, 가속도 등이다.

66 드론이 전진비행을 하다가 정지 시 일정 부분 이동하는 현상은?

① 가속도 법칙
② 작용・반작용의 법칙
③ 관성의 법칙
④ 연속의 법칙

64 ④ 65 ② 66 ③ 정답

67 움직이는 물체에 같은 방향으로 힘이 작용하면 그 힘만큼 가속도가 생긴다. 이와 관련된 법칙으로 바른 것은?

① 작용·반작용의 법칙
② 관성의 법칙(운동 관성)
③ 관성의 법칙(정지 관성)
④ 가속도의 법칙

해설
뉴턴의 제2법칙 중 가속도의 법칙은 움직이는 물체에 같은 방향으로 힘이 작용하면 그 힘만큼 가속도가 생긴다는 것으로 가속도는 작용하는 힘의 크기에 비례하고 물체의 질량에 반비례한다.

68 지면 효과가 나타나기 시작하는 고도는?

① 1배 미만 고도　② 프로펠러의 1/2 고도
③ 프로펠러의 1/4 고도　④ 프로펠러의 1/5 고도

해설
지면 효과는 통상 프로펠러 직경의 1배 미만 고도에서 발생하게 된다. 28인치 프로펠러의 경우 70cm 정도부터 나타나기 시작하는데 실제로 30~40cm 상공에서 일시적으로 기체가 부양하는 경우가 많다. 즉, 프로펠러의 1/2 고도에서 지면 효과가 주로 일어난다고 보면 된다.

69 비행장치에 미치는 힘 중 드론이 하늘에 떠 있을 수 있게 하는 힘은?

① 중 력　② 추 력
③ 외 력　④ 양 력

해설
드론 날개 윗면의 압력보다 날개 아랫면의 압력이 더 크기 때문에 발생하며, 큰 쪽에서 작은 쪽으로 작용하려는 압력으로 인해 날개를 상승시키는 힘이 양력이다. 즉 날개를 상승시키기 때문에 하늘에 떠 있을 수 있다.

정답 67 ④ 68 ① 69 ④

70 항공기의 세 개 축의 교차기준점은?

① 무게중심
② 압력중심
③ 3축(x, y, z)이 교차되는 지점의 하부
④ 공력중심

해설

무게중심 : 3축(x, y, z)이 교차되는 지점

71 통상적인 드론(고정익)의 비행 종류가 아닌 것은?

① 등속도 수평비행
② 상승・하강비행
③ 선회비행
④ 배면비행

해설

배면비행은 드론 본래의 자세와 반대로, 즉 뒤집힌 자세로 비행하는 것으로 헬리콥터 등에 가능한 비행형태이다. 단, 고정익 드론 중 특수비행(곡예비행 등)을 목적으로 설계나 특수장비를 부착한 경우 가능은 하지만 통상적인 고정익 드론 비행 종류는 아니다.

72 멀티콥터의 구조와 특성을 설명한 것 중 틀린 것은?

① 통상 2개 이상의 동력축(모터)과 수직 프로펠러를 장착하여 각 프로펠러에 의해 발생하는 반작용을 상쇄시키는 구조를 가지고 있다.
② 반작용을 상쇄시키기 위해 홀수의 동력축과 프로펠러를 장착하여 2개는 역방향, 1개는 정방향으로 회전한다.
③ 각 프로펠러들이 독립적으로 통제되어 어느 한 부분이 문제가 되어도 상호 보상을 하여 자세를 유지시켜 비행하는 것이 가능하다.
④ 기존 헬리콥터에 비해 구조가 간단하고 부품수가 적으며, 구조적으로 안정성이 뛰어나서 초보자들도 조종하기 쉽다.

해설

토크상쇄를 위해 짝수형태의 동력축 구조를 지니고 있으나 홀수 동력축이나 트윈 드론의 경우 각각 축은 가변서보가 장착되어 있어야 한다.

70 ① 71 ④ 72 ② 정답

73 선회비행의 설명으로 바르지 않은 것은?

① 에일러론(보조익)을 이용하여 롤링을 실시한다.
② 엘리베이터(승강타)를 이용하여 상승 또는 하강비행을 동시에 한다.
③ 기울기각 · 선회 경사각(Bank Angle)을 이용하여 비행기에 경사를 주어야 한다.
④ 고도를 높이기 위하여 위로 솟구쳐 올라가는 비행이다.

해설

고도를 높이기 위하여 위로 솟구쳐 올라가는 비행은 상승비행으로 상승비행에서 비행성능에는 최대 상승률, 상승각, 상승한도 등이 있다.

74 후류의 설명으로 바르지 않은 것은?

① 비행하는 물체나 항공기의 꼬리 부분에 생기는 교란된 공기흐름이다.
② 일반적으로 물체에 흐름이 부딪칠 때, 물체 배후의 흐름이 후류이다.
③ 속도가 작은(레이놀즈수가 작은) 흐름에서는 스토크스의 근사나 오센근사 이론에서 알 수 있듯이 정류적인 층흐름이 생긴다.
④ 후류 방지를 위해 최근에는 수직형태에서 수평형태의 프레임을 선호한다.

해설

대부분 드론이 수평 형태의 프레임을 적용하는데, 이러한 수평 형태의 프레임은 바람의 저항뿐만 아니라 드론의 프로펠러(로터)가 만들어 내는 후류와도 문제가 생긴다. 특히, 각도를 크게 기울인 상태에서 고속으로 이동하는 레이싱 드론에서 이러한 현상이 많이 일어나는데, 이 문제를 해결하기 위해 최근 레이싱 드론은 수평 형태에서 수직 형태의 프레임을 선호하고 있다.

75 멀티콥터의 비행원리에서 축에 고정된 모터가 시계방향으로 프로펠러를 회전시킬 경우 이 모터 축에는 반시계방향으로 힘이 작용하게 되는데 이것은 뉴턴의 운동법칙 중 무슨 법칙인가?

① 가속도의 법칙 ② 중력의 법칙
③ 작용 · 반작용의 법칙 ④ 등가속도의 법칙

해설

모든 운동(작용)에는 힘의 크기가 같고 방향이 반대인 반작용이 작용한다.

정답 73 ④ 74 ④ 75 ③

76 고기압 → 저기압 지역으로 비행 시 고도는 어떻게 변화하는가?

① 실제 고도보다 낮게 지시된다.

② 실제 고도로 지시된다.

③ 실제 고도보다 높게 지시된다.

④ 변화하지 않다가 급격히 고도가 낮아진다.

해설

높은 기압에 설정된 상태이기 때문에 실제 고도보다 높게 표시된다.

77 다음 중 멀티콥터와 고정익 드론의 비행 특성상 가장 큰 차이점은?

① 우선회비행

② 정지호버링

③ 좌선회비행

④ 등가속비행

해설

무인회전익(헬리콥터, 드론)은 정지호버링이 가장 큰 특성이다.

76 ③ 77 ② 정답

PART 03

항공기상

CHAPTER

01 대기의 구조 및 특성

01 대기의 성질과 순환

(1) 대기의 구성

① 대기(Atmosphere) : 지구를 둘러싸고 있는 기체로 각종 가스(Gas)의 혼합물로 구성된다.

② 대기는 고도에 따라 물리적인 특성이 달라지지만, 대기의 주성분인 질소와 산소 등은 지표면에서 고도 80km에 이르기까지 거의 일정한 비율로 분포되어 있다.

③ 해면 고도(Sea Level)에서 대기를 구성하고 있는 공기의 체적비 : 78%의 질소, 21%의 산소, 0.93%의 아르곤, 0.04%의 이산화탄소 및 소량의 탄산가스와 수소로 이루어져 있다.

▮ 대기의 구성

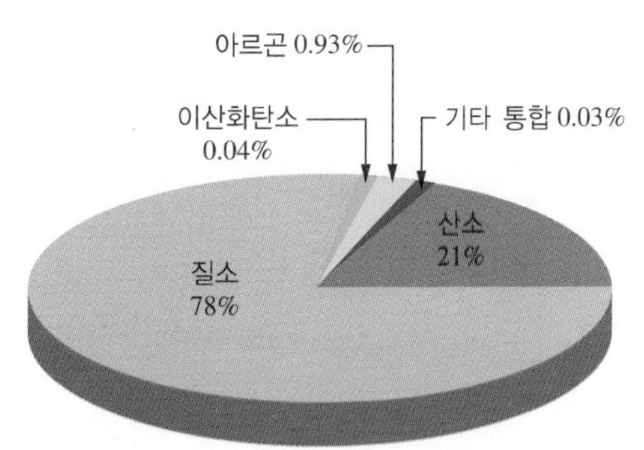

④ **대기권의 구분** : 지표면으로부터 고도가 높아지는 방향으로 대류권, 성층권, 중간권, 열권, 외기권으로 구분하는데, 상부 성층권 이상은 광화학 반응을 일으키는 화학권(Chemosphere)이라고도 부른다. 대기의 순환원인은 태양에너지에 의한 지표면의 불규칙한 가열 때문이다.

⑤ 대기는 전체 질량의 99%가 지표면으로부터 약 40km 이내에 집중되어 있다.

▮ 고도에 따른 공기 밀도 [1]

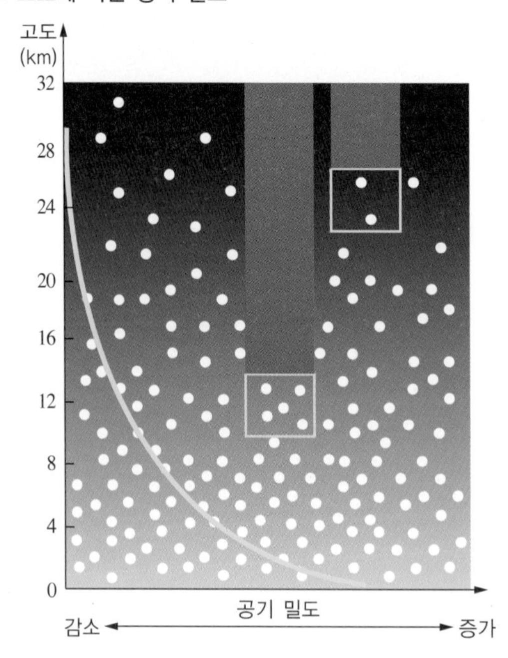

(2) 대기의 구조

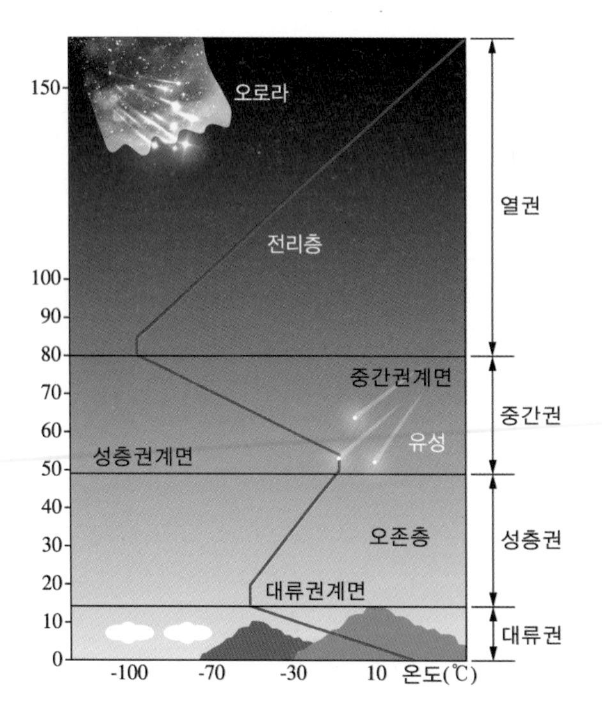

1) http://blog.naver.com/fltops/220232783042

① 대류권(Troposphere)

㉠ 대류권 : 지구 표면으로부터 형성된 공기의 층으로 통상 10~15km이며, 평균 12km이다.

- 중위도 지방 : 지표면으로부터 약 11km(약 36,000ft)까지의 고도
- 적도 지방 : 지표면으로부터 16~18km 정도
- 극지방 : 지표면으로부터 6~10km 정도

㉡ 대류권의 기상 변화

- 대부분의 구름이 대류권에 존재하는데 지표에서 복사되는 열 때문에 고도가 높아짐에 따라 기온이 감소되는 음(-)의 온도 기울기(온도 구배)가 형성되므로 온도가 감소한다.

물체 내부의 열전도는 평행한 양면의 온도가 각각 일정하고 물체 내부가 일정하다면 물체 내부의 온도 분포는 직선이 된다. 이 직선의 기울기를 온도 기울기라 한다.

- 대류권에서는 고도가 증가함에 따라 온도의 감소가 발생한다.
- 대류권의 공기에는 수증기를 포함하는데, 지구상의 지역에 따라 0~5%까지 분포되는 것으로 알려져 있다. 대기 중의 수증기는 응축되어 안개, 비, 구름, 얼음, 우박 등과 같은 상태로 존재할 수 있기 때문에, 비록 작은 비중을 차지하지만 기상 현상에 매우 중요한 요소이다.
- 대류권에서는 공기 부력에 의한 대류 현상이 나타나며, 주요 기상 현상이 발생한다.

㉢ 대류권계면(Tropopause) : 대류권의 상층부로 적도를 기준으로 대류권과 성층권 사이 17km 내외이다.

- 제트기류, 청천난류 또는 뇌우를 일으키는 기상 현상이 발생하므로 조종사에게 매우 중요하다.
- 대류권계면의 높이는 위치와 계절에 따라 다른데, 겨울에 극지방에서는 더욱 낮아지고, 여름에 적도 지방에서는 더욱 높아진다.
- 기온체감률이 2℃/km로 거의 없다.

② 성층권(Stratosphere) [2)]

㉠ 대류권 바로 위에 있는 층으로, 그 고도는 약 50km에 이르며, 25km의 고도까지는 온도가 일정하고 그 이상의 고도에서는 온도가 중간권에 이를 때까지 증가한다.

㉡ 온도가 증가하는 이유는 고도 약 20~30km에 있는 오존층(Ozonosphere)이 자외선을 흡수하기 때문이다.

㉢ 지표면 상공 약 10~13km에서 시작되어 약 50km까지 형성되며, 시작되는 높이는 위도마다 조금씩 다르다. 북극과 남극에서는 좀 더 낮은 곳에서 시작되어 약 8km 상공부터 성층권이 시작되며, 반대로 적도 근처에서는 상공 약 18km부터 시작되기도 한다.

㉣ 대류권계면을 17km로 보는 이유가 적도를 기준으로 성층권을 구분하기 때문이기도 하다. 통상적으로 비행기가 다니는 최고 높이 구간이기도 하다.

---

2) https://namu.wiki/w/%EC%84%B1%EC%B8%B5%EA%B6%8C

③ 중간권(Mesosphere) [3]

㉠ 성층권 위를 중간권이라고 하는데, 이 권역에서는 다시 고도에 따라 온도가 감소하며, 그 고도는 약 50~80km에 이른다.

㉡ 성층권계면에서 중간권계면(Mesopause)까지의 영역으로 고도가 상승할수록 온도가 계속해서 감소하며, 그 온도는 -130~-90℃에 이른다. 대기권 내에서 가장 추운 곳으로 대류권과 마찬가지로 대류의 불안정은 존재하나, 수증기가 없어 중간권에서는 날씨 변화현상, 즉 기상현상이 발생하지 않는다. 최고 높은 구름으로 불리는 야광운(Noctilucent Cloud)이 대략 70~80km 상공에서 나타나며, 메가번개 중에서는 스프라이트(Sprite)와 자이언트 제트(Giant Jet)가 발생하는 권역이기도 하다.

㉢ 유성은 50~100km 고도, 즉 중간권에서 관측이 가능한데 대기권 내로 진입하던 우주의 물체들은 이 근방에서 고밀도 공기층과 마찰을 일으키면서 최대 6,000℃에 이르는 고온으로 가열, 플라즈마화되기 때문이다. 사실상 지구의 보호막이라고 할 수 있는 권역이다.

④ 열권(Thermosphere)

㉠ 중간권 위쪽으로 지표면으로부터 고도 80~500km 사이에 존재한다.

㉡ 전리층(Ionosphere)

- 열권 하부중 태양이 방출하는 자외선에 의해 대기가 전리되어 밀도가 커지는 층이다.
- 전리층은 전파를 흡수하거나 반사하는 작용을 함으로써 무선 통신에 영향을 미친다.
- 극지방에서 발생하는 극광(Aurora)이나 유성(Meteor, Shooting Star)이 밝은 빛의 꼬리를 남기는 일도 주로 이 열권에서 발생한다.

⑤ 외기권(Exosphere)

㉠ 열권의 위쪽으로 대체로 고도 약 500km로부터 시작된다.

㉡ 공기의 농도가 매우 엷은 층으로 운동하는 공기 분자가 서로 충돌할 확률이 매우 작아 분자들이 궤적을 그리며 운동을 하는데 이 중에는 속도가 빨라 지구 중력을 벗어나는 경우도 있다.

(3) 국제 표준 대기(ISA ; International Standard Atmosphere)

① 공기 속을 비행하는 항공기의 비행 성능은 대기의 물리적인 상태인 기온, 압력, 밀도 등에 따라 많은 영향을 받는데 이러한 물리량은 시간, 장소, 고도에 따라 변화한다.

② 국제민간항공기구(ICAO)에서는 국제적으로 합의된 특정 기압, 온도, 밀도에 대한 기준이 되는 표준 대기(ISA)를 규정하고 있다.

③ ISA는 평균 중위도(Mid-latitude)의 해면 고도(Sea Level)에서 성층권 하부와 대류권의 대기를 기준으로 측정한 결과이다.

---

[3] https://namu.wiki/w/%EB%8C%80%EA%B8%B0%EA%B6%8C

④ 지구 중위도 지방의 대류권계면까지인 17km 높이까지는 고도가 1km 올라갈 때마다 기온이 약 6.5℃(1,000ft당 2℃)씩 낮아진다고 정하고 있다. 이와 같이 고도가 높아짐에 따라 기온이 감소하는 비율을 기온 감률(Lapse Rate)이라고 한다. 그 이상의 성층권에서는 -56.5℃로 일정한 기온을 유지한다고 본다. 물론 성층권 중반부터는 다시 기온이 상승한다.

⑤ 표준 대기압에 의한 압력 고도가 0이 되는 기준 고도를 해면 고도(해수면)라고 하며, 이 지점의 표준 대기압을 1기압(1atm)이라고 한다.

⑥ 표준대기(Standard Atmosphere)

㉠ 해면 기압 : 1,013.25hPa = 760mmHg = 29.92inHg

㉡ 해면 기온 : 15℃(59°F)

㉢ 해면 공기밀도 : 0.001225g/cm^3

㉣ 기온감률 : 대기의 평균기온감률은 6.5℃/km, 표준온도체감률에 의한 온도는 1,000ft당 2℃

㉤ 음속 : 340m/s(1,116ft/s)

(4) 대기의 열운동

① 전도(Conduction) : 가열한 쪽의 분자들이 바쁘게 움직임으로써 에너지를 전달하는 방법으로서, 물질의 이동 없이 열이 물체의 고온부에서 저온부로 이동하는 현상을 말하며 물체의 직접접촉에 의해 발생한다.

② 대류(Convection)

㉠ 유체의 운동에 의한 에너지 전달 방법으로서 연직방향으로의 유체 운동에 의한 수송이 우세한 경우이다(액체나 기체가 부분적으로 가열될 때, 데워진 것이 위로 올라가고 차가운 것이 아래로 내려오면서 전체적으로 데워지는 현상).

㉡ 대류는 자유대류와 강제대류로 나눌 수 있다.

- 자유대류 : 유체의 부력에 의해 발생되는 대류이다.
- 강제대류 : 유체에 기계적인 힘이 작용하여 발생하는 대류를 가리킨다.

③ 이류(Advection) : 수평방향으로의 유체 운동에 의한 기단의 성질이 변화하는 과정으로 매우 큰 공기덩어리가 수평으로 이동하여 위치를 바꾸는 것으로 수증기・열에너지를 운반한다. 수평기류라고도 하며, 이는 일반적으로 수평 방향의 변이에 관해서만 말하는 것으로 가장 흔히 볼 수 있는 이류현상은 해무(海霧)의 발생이다.[4]

④ 복사(Radiation)

㉠ 물체로부터 방출되는 전자파를 총칭하여 복사라고 한다.

㉡ 전자기파에 의한 에너지 전달 방법으로써, 전도, 대류 및 이류와는 달리 에너지가 이동하는데 매체를 필요로 하지 않는다.

---

4) https://terms.naver.com/entry.nhn?docId=1134471&cid=40942&categoryId=32299

ⓒ 우주 공간을 지나오는 태양에너지의 이동은 주로 복사 형태로 이루어진다.

▮ 열의 이동

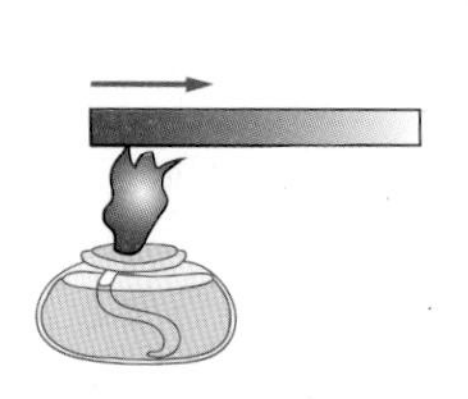

전도(Conduction)

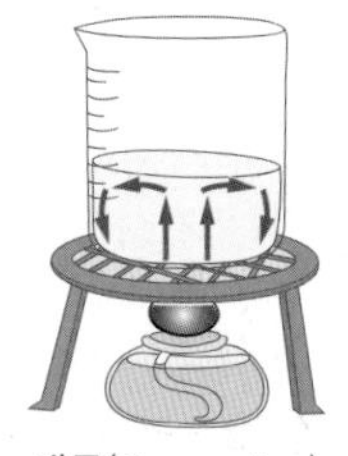

대류(Convection)

복사(Radiation)

(5) 지 구

① 지축경사는 23.5°이며 약 70.8%가 물로 구성된 타원체이다.

② 지구의 자전현상으로 낮과 밤이, 공전현상으로 사계절이 형성된다.

▮ 대기의 순환

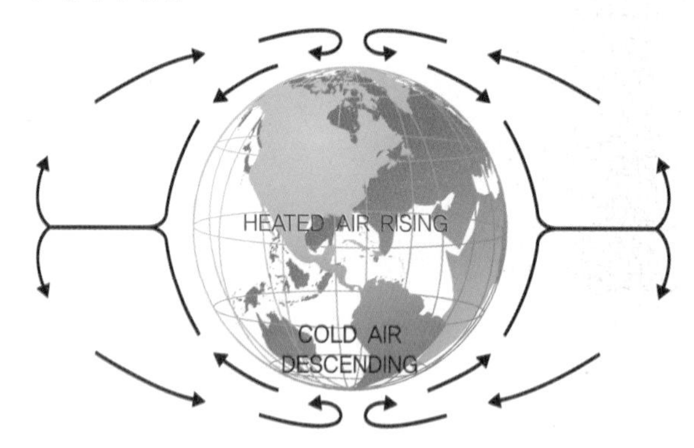

(6) 기상 요소와 해수면

① 기상을 나타내는 데 필요한 7대 요소 : 기온, 기압, 바람, 습도, 구름, 강수, 시정

② 해수면과 수준원점

㉠ 표고와 고도는 평균 해수면을 기준으로 삼지만, 바닷물의 높이는 동해, 서해, 남해 등에 따라 다르고, 밀물과 썰물에 따라 다르다.

㉡ 바닷물의 높이는 항상 변화하므로 0.00m는 실제로 존재하지 않기에 수위 측정소에서 얻은 값을 육지로 옮겨와 고정점을 정하게 되는데 이를 수준원점이라 한다.

㉢ 우리나라는 1916년 인천만의 평균 해수면을 기준으로 수준원점(인하대 수준원점 표고 : 26.6871m)을 정하였다.[5]

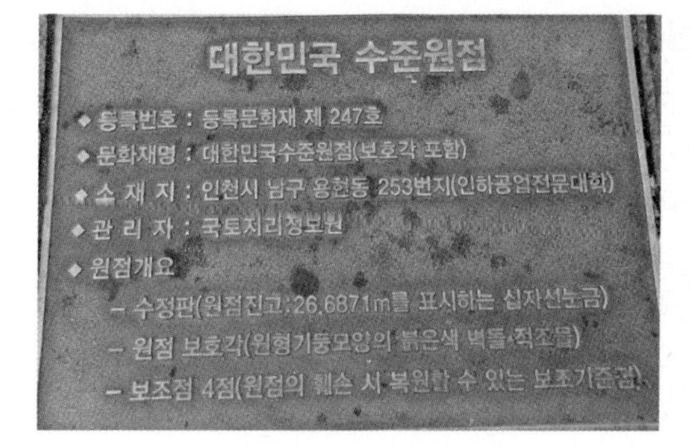

5) http://blog.naver.com/hansi1225/30181507354
http://www.kihoilbo.co.kr/news/articleView.html?idxno=488096

CHAPTER

02 착 빙

01 착빙 및 안전

(1) 착빙의 정의, 특징과 종류

① 빙결온도 이하의 상태에서 대기에 노출된 물체에 과냉각 물방울(과냉각 수적) 또는 구름 입자가 충돌하여 얼음의 피막을 형성하는 것을 착빙 현상(Icing)이라고 하며, 항공기에 발생하는 착빙은 비행안전에 있어서의 중요한 장애요소 중의 하나이다.

[6]

② 착빙 형성의 조건

㉠ 대기 중에 과냉각 물방울이 존재할 것

㉡ 항공기 표면에 자유대기 온도가 0℃ 이하일 것

③ 착빙의 특징

㉠ 착빙의 85%는 전선면에서 발생한다.

㉡ 전선면에서 온난 공기가 상승 후 빙결고도 이하의 온도에서 냉각 시 과냉각 물방울에 의해 착빙된다.

㉢ 구름이 없는 전선면 아래에서의 착빙은 어는 비, 안개비에 의한 것이다.

㉣ 강한 비가 내리는 전선의 적운층 속이나 산악에서는 심한 착빙현상이 발생할 가능성이 높다.

㉤ 얼음비 : 액체 상태의 물방울이 빙결점 이하로 기온이 떨어졌는데도 액체 상태로 유지(과냉각)된 상태로 항공기와 충돌 시 착빙이 되는데 이를 우빙(Glored Frost)이라고도 하며 활주로상에 우빙이 있다면 비행기의 이착륙에 치명적이다.

㉥ 밤에 지표면이나 물체가 이슬점 이하로 냉각된 경우 공기 중의 액화된 수증기와 접촉 시 이슬이 서서히 서리로 변한다.

---

6) http://blog.naver.com/fly2971/40189989377
https://blog.naver.com/fly_bx/220323770996

④ 착빙의 구분

㉠ 착빙은 구름 속의 수적 크기, 개수 및 온도에 따라 맑은 착빙(Clear Icing), 혼합 착빙(Mixed Icing), 거친 착빙(Rime Icing)으로 분류된다.

㉡ 맑은 착빙(Clear Icing)은 수적이 크고 주위 기온이 -10~0℃인 경우에 항공기 표면을 따라 고르게 흩어지면서 천천히 결빙된다.

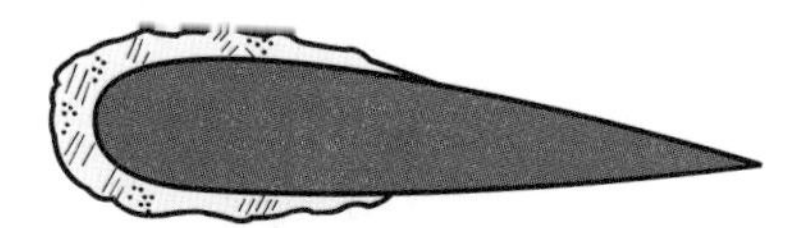

㉢ 혼합 착빙(Mixed Icing)은 -15~-10℃ 사이인 적운형 구름 속에서 자주 발생하며 맑은 착빙과 거친 착빙이 혼합되어 나타나는 착빙이다.

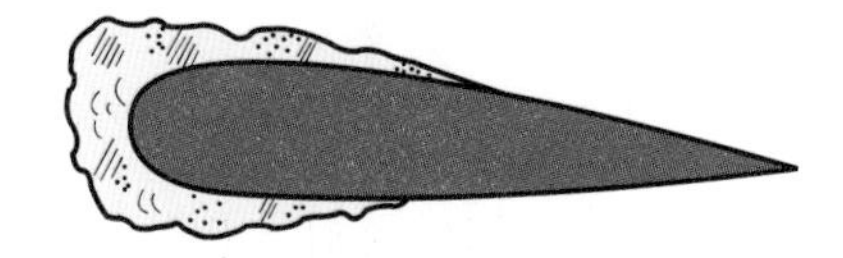

㉣ 거친 착빙(Rime Icing)은 수적이 작고 주위 기온이 -20~-15℃인 경우에 작은 수적이 공기를 포함한 상태로 신속히 결빙하여 부서지기 쉬운 거친 착빙이 형성된다.

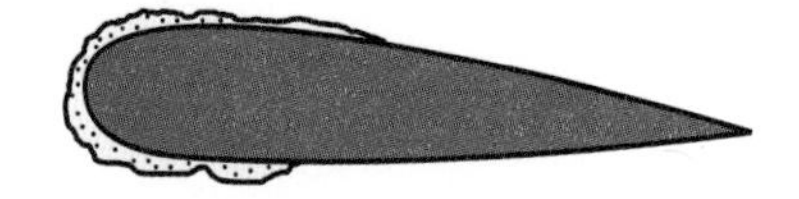

⑤ 착빙의 예[7]

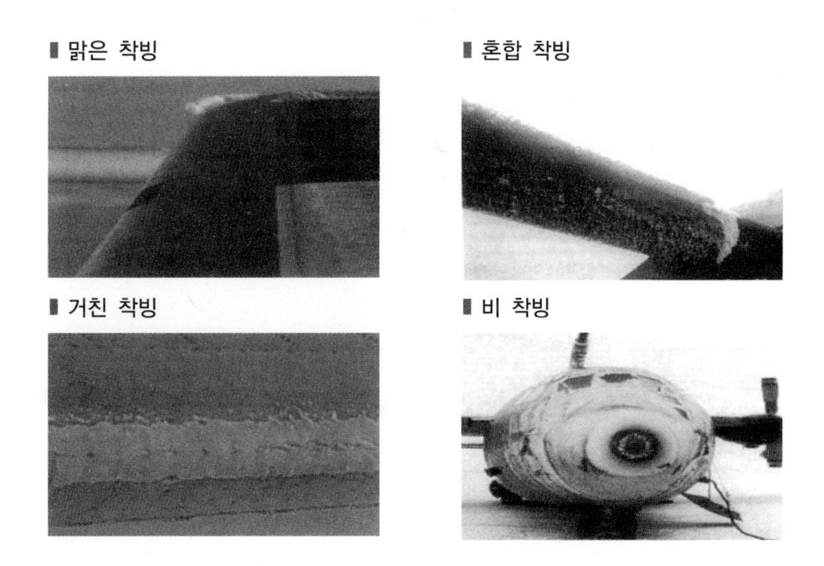

7) 네이버 기상을 사랑하는 블로그 https://m.blog.naver.com/rbtnddl123/220372892080

(2) 착빙과 항공안전

① 착빙이 생겼을 때의 영향

㉠ 날개면 착빙 : 공기 흐름을 변화시켜 양력을 감소시키고, 항력을 증가시켜서 실속의 원인이 된다.

㉡ 프로펠러 착빙 : 프로펠러의 효율을 감소시키고, 속도를 감소시켜 연료가 낭비되고 프로펠러의 진동을 유발하기 때문에 파손될 수 있는 위험성이 크다.

㉢ 연료 보조탱크(날개 밑) 착빙 : 항력이 증가한다.

㉣ 피토관, 정압구 착빙 : 조종석의 계기와 밀접한 관련이 있으며 대기 속도나 고도계의 값이 부정확해지고 안전운항에 큰 위협이 된다.

㉤ 안테나 착빙 : 통신 두절의 위험이 있다.

㉥ 조종석 유리 착빙 : 추운 지역을 비행할 시 발생할 수 있으며 시계장애를 발생시킨다.

② 서리의 위험요인

㉠ 서리 자체는 날개의 공기역학적 모양을 변화시키지는 않으며 유연한 공기흐름을 방해하여 공기속도를 감소시킨다.

㉡ 낮아진 공기속도는 정상보다 빨리 공기흐름을 분리시키는 원인이 되어 양력을 감소시키므로 미량의 서리라도 비행 전에는 반드시 제거되어야 한다.

CHAPTER
03 기온과 기압

01 습도와 기온

(1) 습 도

① 습도와 수증기

㉠ 습도의 정의 : 공기 중에 수증기(물이 증발하여 생긴 기체 또는 기체 상태로 되어 있는 물)가 포함되어 있는 정도 또는 그 양을 나타낸다. 주로 상대습도(Relative Humidity)와 노점(Dew Point)을 사용한다.

㉡ 수증기 : 산소나 다른 가스와 같이 보이지 않으나 공기 중의 습기량을 나타내는 척도

※ 이슬점(노점)기온 : 공기가 냉각되어 상대습도가 100% 포화상태가 되는 기온

② 절대습도와 상대습도

㉠ 절대습도(Absolute Humidity) : 대기 중에 포함된 수증기의 양을 표시하는 방법으로 단위 부피당 수증기의 질량을 말한다. 공기 $1m^3$ 중에 포함된 수증기의 양을 g으로 나타낸다.

㉡ 상대습도(Relative Humidity)

- 현재 포함한 수증기량과 공기가 최대로 포함할 수 있는 수증기량(포화수증기량)의 비율을 퍼센트(%)로 나타낸 것이다.
- 보통 습도라고 하면 이 상대습도를 가리키며, 상대습도는 건습구 습도계나 모발 습도계 등으로 측정한다.

㉢ 공기 중의 수증기량

- 포화 상태(Saturated) : 상대습도가 100%가 되었을 때의 상태
- 불포화 상태(Unsaturated) : 상대습도가 100% 이하의 상태

㉣ 상대습도는 수증기량 외에도 온도의 영향을 받는데 상대습도의 일변화는 기온의 일변화에 따라 달라지며 일반적으로 기온이 높을 때 습도가 낮고 기온이 낮으면 습도가 높다.

③ 수증기 상태 변화

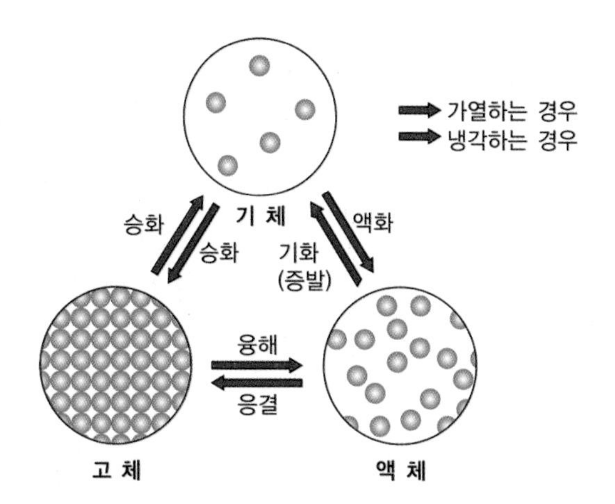

㉠ 대기 중의 수증기는 에너지 흡수·방출(온도의 변화)에 따라 고체(Solid), 액체(Liquid), 기체(Gas)의 상태로 변한다.

㉡ 수증기의 상태 변화 과정

- 액체의 증발(Evaporation) : 액체 상태에서 기체 상태로 변하는 현상
- 액체의 응결(Freezing) : 액체 상태에서 고체 상태로 변하는 현상
- 융해(Melting) : 고체 상태에서 액체 상태로 변하는 현상
- 승화(Sublimation) : 고체나 기체 상태가 중간 과정인 액체 상태를 거치지 않고 직접 기체나 고체 상태로 변하는 과정

④ 응결핵(Condensation Nuclei)

㉠ 응결핵은 대기 중의 가스혼합물과 함께 소금, 먼지, 연소 부산물과 같은 미세한 고체 및 액체 부유입자들이다.

㉡ 일부 응결핵은 물과 친화력을 가지고 공기가 거의 포화되었다고 할지라도 응결 또는 승화를 유도할 수 있다.

㉢ 수증기가 응결 또는 승화할 때 액체 또는 얼음 입자는 크기가 커지기 시작하는데 이때 입자는 액체 또는 얼음에 관계없이 전적으로 온도에 달려 있다.

㉣ 일반적으로 산업이 발달된 지역에서 안개가 잘 발달할 수 있는 것은 이 지역에 안개를 형성할 수 있는 풍부한 응결핵이 존재하기 때문이다.

⑤ 과냉각수(Supercooled Water)

㉠ 0℃ 이하의 온도에서 응결되지 않고 액체 상태로 지속되어 남아 있는 물방울이다.

㉡ 과냉각수가 노출된 표면에 부딪힐 때 충격으로 인하여 결빙될 수 있는데 항공기 착빙(Icing) 현상을 초래하는 원인 중의 하나이다.

㉢ 과냉각수는 -10~0℃ 사이의 온도에서 구름 속에 풍부하게 존재할 수 있다.

㉣ 일반적으로 -20~-10℃ 이하의 온도에서는 승화 현상이 우세하며, 구름과 안개는 대부분 과냉각수를 포함한 빙정의 상태로 존재하며 -20℃ 이하에서는 거의 빙정으로 존재한다.

⑥ 이슬(Dew)과 서리(Frost)

㉠ 이 슬

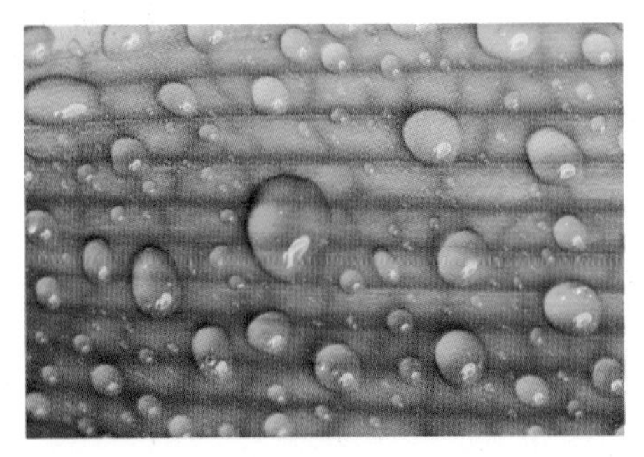

- 정의 : 바람이 없거나 미풍이 존재하는 맑은 야간에 복사냉각에 의하여 기온이 이슬점 온도 이하로 내려갔을 때 지표면 가까이에 있는 풀이나 지물(地物)에 공기 중의 수증기가 응결하여 붙어 있는 현상
- 이슬점 온도 : 공기가 포화되었을 때의 온도로 이 온도에 도달하면 공기가 포화되고 이슬이 맺히기 시작한다.

㉡ 서 리

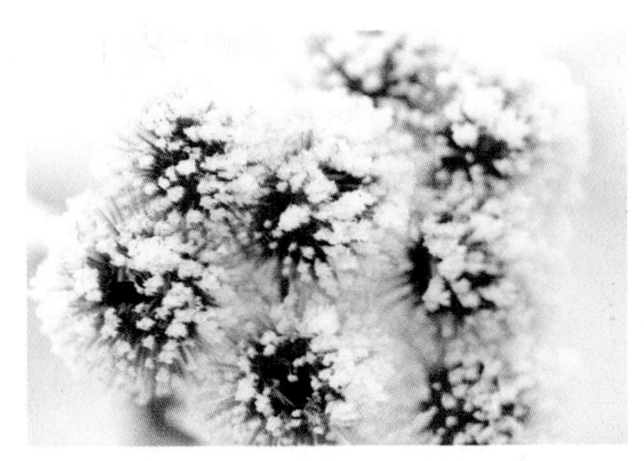

- 수증기가 침착하여 지표나 물체의 표면에 얼어붙은 것으로, 늦가을 이슬점이 0℃ 이하일 때 생성된다.
- 항공기 표면에 형성된 서리는 비행에 위험 요인으로 간주되기 때문에 반드시 비행 전에 제거되어야 한다.
- 서리는 날개의 형태를 변형시키지는 않지만 표면을 거칠게 하여 날개 위의 유연한 공기 흐름을 조기에 분산시켜 날개의 양력 발생 능력을 감소시킨다.

(2) 기 온

① 온도와 기온의 정의

지구는 태양으로부터 태양 복사 형태의 에너지를 받는데 흡수된 복사열에 의한 대기의 열은 중요한 기상 변화의 요인이다.

㉠ 온도(Temperature) : 물체의 차고 따뜻한 정도를 수치로 표시한 것

㉡ 기 온

- 공기의 차고 더운 정도를 수치로 나타낸 것이다.
- 태양열을 받아 가열된 대기의 온도로 지상에서 1.5m 정도 높이의 대기온도를 말한다.

② 기온의 단위

㉠ 섭씨온도(Celsius, ℃) : 1기압에서 물의 어는점을 0℃, 끓는점을 100℃로 하여 그 사이를 100등분한 온도이며, 단위 기호는 ℃이다(물의 빙점 0℃, 비등점 100℃, 절대영도 −273℃(아시아권)).

㉡ 화씨온도(Fahrenheit, °F) : 표준 대기압 하에서 물의 어는점을 32°F, 끓는점을 212°F로 하여 그 사이를 180등분한 것이다(물의 빙점 32°F, 비등점 212°F, 절대영도 −460°F(미국 등)).

㉢ 절대온도(Kelvin, K) : 열역학 제2법칙에 따라 정해진 온도로서, 이론상 생각할 수 있는 최저온도를 기준으로 하는 온도 단위이다. 즉, 그 기준점인 0K는 이상기체의 부피가 0이 되는 극한온도 −273.15℃와 일치한다(물의 빙점 273K, 비등점 373K, 절대영도 0K(과학자)).

㉣ 환산법

- 섭씨 → 화씨 : °F = 9/5℃ + 32
- 화씨 → 섭씨 : ℃ = 5/9(°F − 32)
- 0℃ = 32°F, 100℃ = 212°F

③ 기온 측정

㉠ 지표면 공기온도(Surface Air Temperature)는 지상으로부터 약 1.5m(5ft) 높이에 설치된 표준온도 측정대인 백엽상에서 측정되는데, 백엽상은 직사광선을 피하고 통풍이 될 수 있도록 설계되어야 한다(사방의 벽은 '겹비늘' 창살로 제작).

㉡ 주로 항공에서 활용되고 있는 상층 공기온도(Upper Air Temperature)는 기상 관측 기구(Sounding Balloons)를 띄워 직접 측정하거나 기상 관측 기구에서 라디오미터(Radiometer)를 설치하여 원격 조정에 의해서 상층부의 온도를 측정하며, 최근에는 우측 사진과 같이 3S TECH에서 기상, 미세먼지 관측용 드론을 띄워 운용하고 있다.

㉢ 항공기에서는 외부에 탐침온도계(Temperature Probe)를 설치하여 지시하는 온도를 지시 대기 온도(IAT ; Indicated Air Temperature)라 하고, 이는 마찰과 압축에 의한 온도 변화를 반영하지 않은 것으로 이를 수정한 온도를 외기온도(OAT ; Outside Air Temperature)라고 한다.

④ 온도와 열

㉠ 열량(Heat Quantity) : 열을 양적으로 표시한 것을 열량이라고 하며 물질온도가 상승함에 따라 열에너지를 흡수할 수 있는 양으로, 열은 온도가 다른 두 물체의 접촉 시에 온도가 높은 곳에서 온도가 낮은 곳으로 이동하며, 화학 반응 시에는 흡수되거나 방출된다.

㉡ 비열(Specific Heat) : 어떤 물질 1g의 온도를 1℃만큼 올리는 데 필요한 열량으로 일반적으로 질량이 m(g)인 물질이 Q(cal)만큼 열량을 공급받을 때 T(℃)만큼 온도가 발생한다.

㉢ 현열(Sensible Heat) : 물질의 온도변화를 일으키는 데 필요한 열량을 말하며, 온도계(섭씨, 화씨, 켈빈 등)로 측정할 수 있는 열량이다.

㉣ 잠열(Latent Heat)

- 기체 상태에서 액체 또는 고체 상태로 변할 때 방출하는 열에너지(Heat Energy)로 상태 변화에 매우 중요한 요소이다(고체 → 액체 → 기체 : 열에너지가 흡수되며 반대는 열에너지를 방출한다).

- 수증기가 지니고 있는 에너지 자체는 생성되거나 소멸되지 않고 단지 보이지 않는 수증기 속에 잠재되어 있는데 수증기가 응축되어 액체로 변하거나 승화에 의해서 직접 고체 상태로 변할 때 원래의 에너지가 다시 열로 나타나고 대기 중에 방출된다.

ⓜ 비등점(Boiling Point) : 액체의 표면과 내부에서 기포가 발생하면서 끓기 시작하는 온도로 1기압의 순수물은 100℃이다.

ⓑ 빙점(Freezing Point) : 물이 얼기 시작하거나 얼음이 녹기 시작할 때의 온도이다(0℃).

⑤ 온도 변화 요인

㉠ 일일 변화

- 밤낮의 온도차를 의미한다.
- 주원인은 지구의 자전(Daily Rotation) 현상 때문으로, 낮에는 태양열을 많이 받아 온도가 상승하고 밤이 되면 태양열을 받지 못하므로 온도가 떨어지는 것이다.
- 주간에 지구는 태양 방사(Solar Radiation)로부터 열을 받지만, 한편으로는 지형 복사(Terrestial Radiation)에 의해서 계속해서 열을 상실한다.
- 주간에는 태양 방사가 지형 복사를 초과하기 때문에 지구는 가열되고, 반대로 야간에는 태양 방사는 중지되나 지형 복사는 계속되기 때문에 지구는 냉각된다.

㉡ 계절 변화

- 주원인은 태양을 기준으로 지구가 공전하기 때문으로 지구가 1년 주기로 태양 주위를 돌면서 태양으로부터 받아들이는 태양 방사열의 변화에 따라 온도가 변화한다.
- 지구의 축은 궤도판에 23.5°로 기울어져 있기 때문에 태양 방사를 받아들이는 각이 계절에 따라 변한다.
- 주원인은 '지구의 공전(Revolution) 현상' 때문으로 지구의 표면이 태양에 더 많이 노출될 수 있는 각도에 있을 때 더 많은 태양 방사를 받아들이고 이는 사계절을 형성하는 요인이 된다.

▮ 지구의 자전과 공전

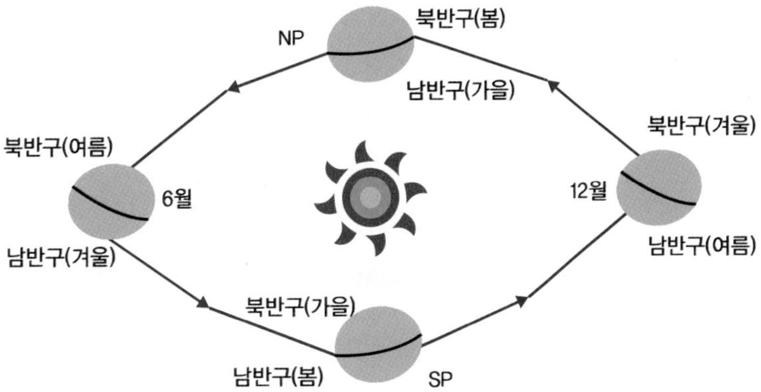

㉢ 위도에 의한 변화

- 지구의 형태는 구년체로 되어 있기 때문에 태양 복사열을 받아들이는 각도에 따라 기온의 변화가 많이 일어난다.
- 적도 지방은 극지방에 비해 상대적으로 많은 태양 방사 에너지가 유입되어 온도 변화의 주요인이 된다.

• 경사져 있는 상태에서 가장 많은 태양 방사를 받는 지역은 적도 지역을 중심으로 한 열대 지역이 되고, 6~8월 사이에는 북반구에 비해서 남반구가 보다 더 경사진 각으로 태양 방사를 받아들이고 있을 때 태양과 멀어지게 되어 계절적으로 겨울이 되고 북반구는 태양과 가까워져 여름이 된다.

※ 반대로 12~2월에는 북반구가 태양과 멀어져 겨울이 되고 남반구는 태양과 가까워져 여름이 된다.

▮ 태양 표고각

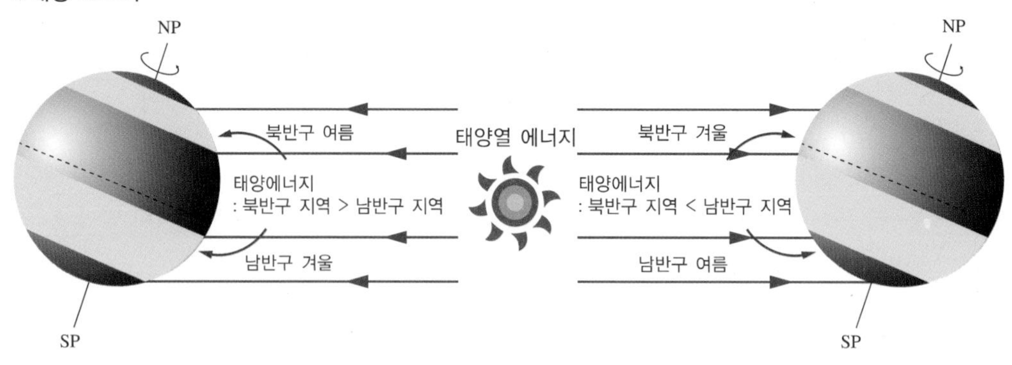

㉣ 지형에 따른 변화

• 지형의 형태에 따라 태양 방사를 반사 및 흡수할 수 있는 차이가 있기 때문에 온도 변화의 요인이 된다.

• 온도 변화가 작은 곳

  - 물은 육지보다 작은 온도 변화로 에너지를 흡수하거나 방사하기 때문에 깊고 넓은 수면은 육지에 비해 온도 변화가 그리 심하지 않다.
  - 늪지와 같이 습한 지역이나 나무와 같이 식물로 우거진 지역 역시 수분을 함유하고 있기 때문에 온도 변화가 비교적 적다.

• 온도 변화가 큰 곳 : 불모지나 사막 지역에서는 온도를 조절해 줄 수 있는 최소한의 수분이 부족하기 때문에 상당한 온도 차이가 발생한다.

• 지형적 영향으로 인하여 거대한 호수 지역이나 해안 지역에서 급격한 온도 변화가 발생할 수 있다.

• 지형적 영향으로 인한 온도의 변화는 기압 변화의 요인이 되고, 이는 곧 국지풍(Local Wind)을 발생하게 한다.

㉤ 고도 차이에 따른 변화

• 무더운 여름 산에 오르면 시원함을 느낄 수 있듯이 고도가 상승함에 따라 일정한 비율로 온도는 감소한다.

• 단적으로 산은 기온차가 심하다. 해발이 높아감에 따라 기온도 내려가는데 100m 높아질 때마다 대략 0.6~0.7℃가 낮아진다고 알려져 있다. 평지에서는 반팔로 지낼 수 있어도 산 정상에서는 추워서 견딜 수 없었던 경험이 있을 텐데, 이러한 현상이 지형변화에 의한 것이다. 또한 지형의 변화에 따라 여름의 시작이나 끝에 진눈깨비가 내리는 경우도 있다.[8)]

8) 한국의 산하 http://www.koreasanha.net/infor/climbing_infor_32.htm

• 표준온도 15℃(59°F)에서 감소율은 1,000ft당 평균 2℃(35.6°F)이고, 이를 기온감률(온도 감소율)이라고 하는데 이것은 평균치를 의미하는 것이고 정확한 온도 감소율은 아니다.

환경기온감률 : 대류권 내의 평균기온감률(약 6.5℃/km)을 말한다.

• 때로는 고도가 증가함에 따라 온도가 증가하는 현상이 발생하기도 하는데 이를 기온역전(온도의 역전)이라고 한다.

⑥ 기온역전(온도의 역전)

㉠ 대기의 기온은 고도가 증가함에 따라 1,000ft당 평균 2℃(3.5°F) 감소한다. 그러나 어느 지역이나 일정하게 기온이 감소되는 것은 아니며 어느 지역에서는 고도가 증가함에 따라 기온이 상승하는 기온역전 현상이 발생한다.

㉡ 이와 같이 고도의 증가에 따라 기온이 증가하는 현상을 기온역전(온도의 역전)이라고 한다.

㉢ 이러한 기온역전 현상은 지표면 근처에서 미풍(Light Wind)이 있는 맑고 서늘한(Cool) 밤에 주로 형성된다.

▮ 온도의 역전

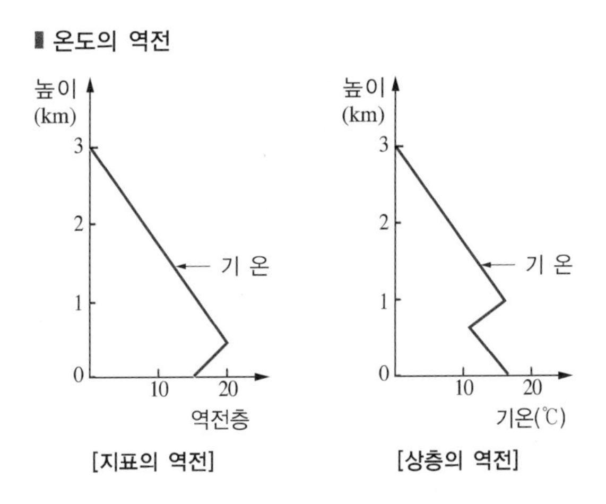

⑦ 기온과 공기

㉠ 온도의 증가에 따라 공기는 팽창하고 공기 입자가 넓게 흩어진다.

㉡ 이로서 압력(기체가 누르는 힘)이 작아진다.

㉢ 물과 양초 실험 시 3 → 2 → 1개 양초를 넣고 비커를 덮으면 양초 개수가 많은 비커의 물이 더 높이 상승한다.

02 기 압

(1) 기압의 정의

① 대기의 압력을 기압이라 한다.

② 유체 내의 어떤 점의 압력은 모든 방향으로 균일하게 작용하지만, 어떤 점의 기압이란 그 점을 중심으로 한 단위면적 위에서 수직으로 취한 공기 기둥 안의 공기의 무게를 말한다.

(2) 기압의 특성

① 고도가 증가하면 기압은 감소한다.

② 기온이 낮은 곳에서는 공기가 수축되므로 평균기온보다 기압고도는 낮아진다. 반대로 기온이 높은 지역에서는 공기의 팽창으로 기압고도는 평균기온보다 높아진다. 따라서 더운 날씨는 공기를 희박하게 하여 공기밀도를 낮게 한다.

③ 대기의 기압은 고도, 밀도, 온도, 습도 등 기상 조건에 따라 변한다. 이에 따라 일정한 기준기압이 필요하고 평균 해수면을 기준으로 하여 기타 지역의 기압을 측정하게 되는데 이를 표준 해수면 기압이라 한다.

④ 따라서 공기밀도는 기압에 비례하고, 온도와 습도에 반비례한다.

(3) 기압의 측정단위

① 공식적인 기압의 단위는 hPa이며, 소수 첫째 자리까지 측정한다.

② 수은주 760mm의 높이에 해당하는 기압을 표준기압이라 하고, 이것이 1기압(atm)이며 큰 압력을 측정하는 단위로 사용한다.

③ **환산** : 국제단위계(SI)의 압력단위 1파스칼(Pa)은 $1m^2$당 1N의 힘으로 정의되어 있다.
※ 1mb = 1hPa, 1표준기압(atm) = 760mmHg = 1,013.25hPa

▮ 수은주 높이에 의한 기압의 측정[9]

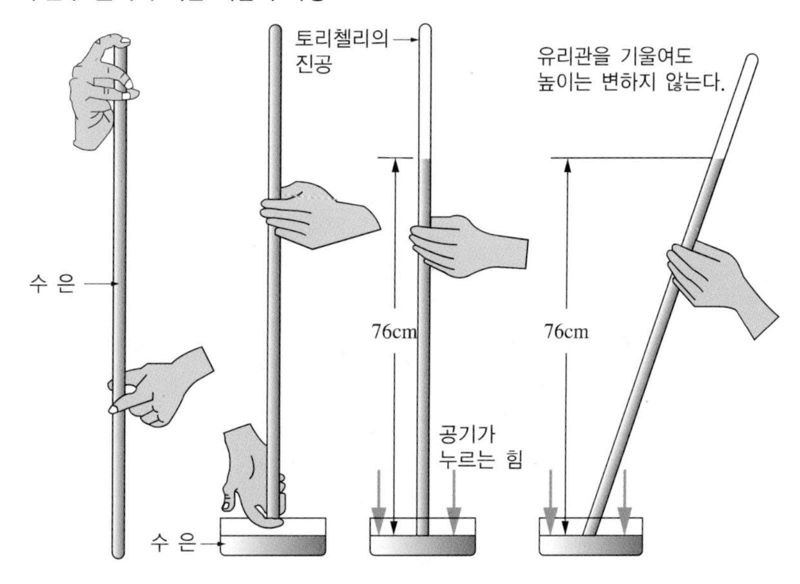

(4) 기압계의 종류

① 아네로이드 기압계 : 액체를 사용하지 않는 기압계로서, 기압의 변화에 따른 수축과 팽창으로 공합(空盒, 금속 용기)의 두께가 변하는 것을 이용하여 기압을 측정하는 것으로 고기압에서는 아네로이드가 수축하며 저기압에서는 아네로이드가 팽창한다.

▮ 아네로이드 기압계[10]

▮ 아네로이드 기압계의 원리

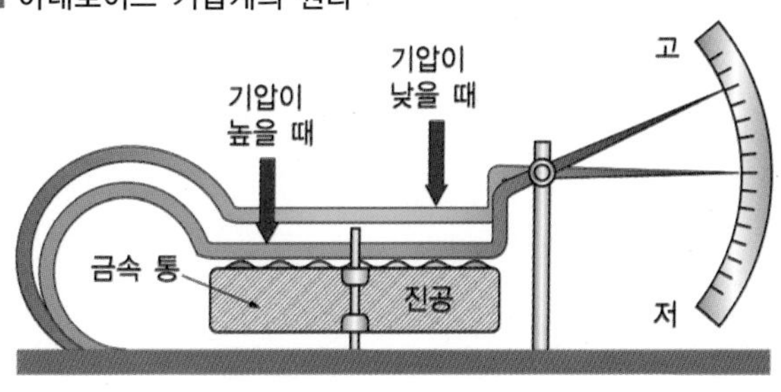

9) http://www.scienceall.com/%EA%B8%B0%EC%95%95%EA%B3%84barometer-2/

10) http://www.yuyuinst.co.kr/shop/list.php?ca_id=10h040

② 수은 기압계 : 상부를 진공으로 한 유리관의 일부를 막고 수은조 내에 세워 관 내의 수은주 높이를 재어서 그와 평행한 대기 압력을 구하는 기압계이다.

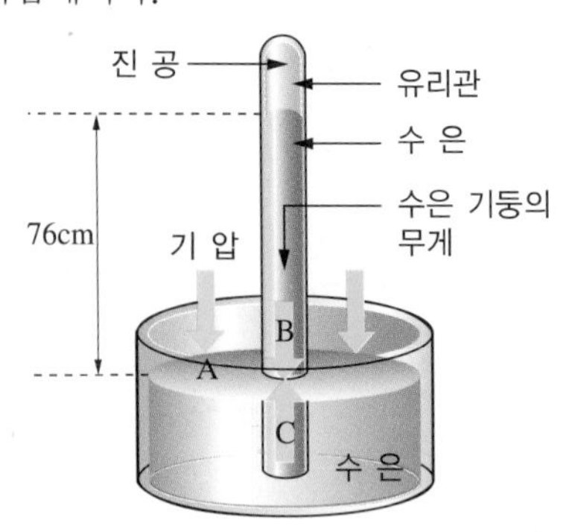

③ 자기 기압계 : 시간에 따른 기압의 변화를 자동적으로 기록되게 한 기계로서 정해진 위치에 고정시켜서 사용한다.

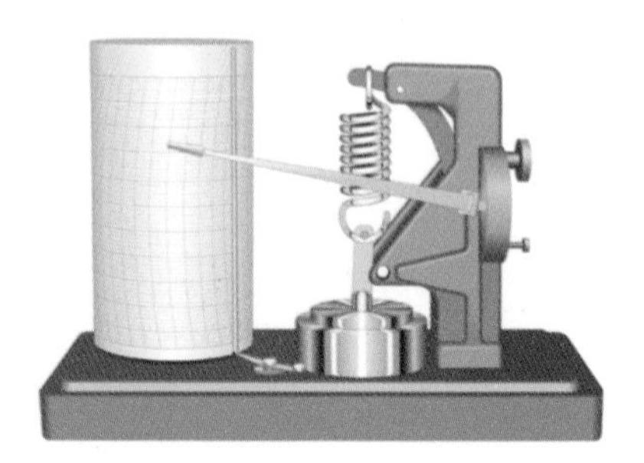

(5) 높이, 고도, 비행고도

① 높이(Height) : 특정한 기준으로부터 측정한 고도로 한 점 또는 한 점으로 간주되는 물체까지의 수직거리로서, 타원체고(Ellipsoidal Height : WGS84타원체면 기준), 지오이드고(Geoidal Height : 임의의 점에서 타원체간 수직거리), 정표고(Orthometric Height : 표고(해수면 기준)와 동의어로 사용)로 구분한다.[11]

② 고도(Altitude) : 평균 해수면 높이로부터 측정된 높이로 한 점 또는 한 점으로 간주되는 어느 층까지의 수직거리이다.

③ 비행고도(Flight Level) : 특정 기압 1,013.2hPa을 기준으로 하여 특정한 기압 간격으로 분리된 일정한 기압면으로 비행 중인 항공기와 지표면과의 수직거리, 즉 항공기가 공중에 떠 있는 높이를 말한다.[12]

---

11) https://terms.naver.com/entry.nhn?docId=3477539&cid=58439&categoryId=58439

12) https://terms.naver.com/entry.nhn?docId=1913794&cid=50323&categoryId=50323

CHAPTER
04 바람과 지형

01 바 람

(1) 개 요[13]

① 태양에너지에 의해 지표면의 불규칙적인 가열이 일어나 온도차가 형성되고 온도차에 따라 기압차가 발생한다. 기압은 높은 곳에서 낮은 곳으로 흘러가는데 이것을 바람이라고 한다. 이는 공기의 흐름이며 운동하고 있는 공기의 수평방향 흐름이다.

- 가열된 곳 : 공기가 주위보다 가벼워져서 상승한다. → 지표면의 기압이 낮아진다.
- 냉각된 곳 : 공기가 주위보다 무거워져서 하강한다. → 지표면의 기압이 높아진다.

② 바람은 대기운동의 수평적 성분만을 측정했을 때의 공기운동이다.

③ 바람은 벡터량이므로 방향과 크기가 있는데 방향을 풍향, 크기를 풍속이라고 한다.

- 바람은 기압이 높은 곳에서 낮은 곳으로 분다.
- 두 지점의 기압 차가 클수록 바람은 강하게 분다.

▮ 바람이 부는 원리

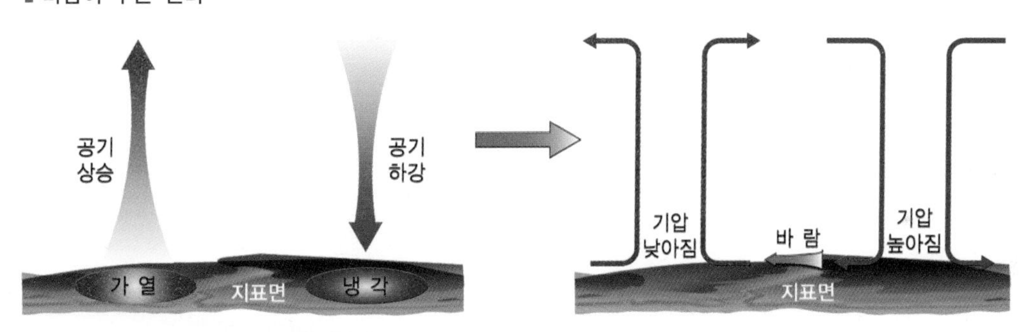

13) https://terms.naver.com/entry.nhn?docId=3344314&cid=47340&categoryId=47340

㉠ 풍 향

- 풍향은 바람이 불어오는 방향을 나타내며, 보통 일정 시간 내의 평균풍향을 말한다.
- 8방위 또는 16방위, 36방위로 나타내며, 그 어느 것이나 지리학상의 진북을 기준으로 한다.
- 풍속이 0.2m/s 이하일 때에는 '무풍'이라 하여 풍향을 취하지 않는다.

▮ 풍향 16방위

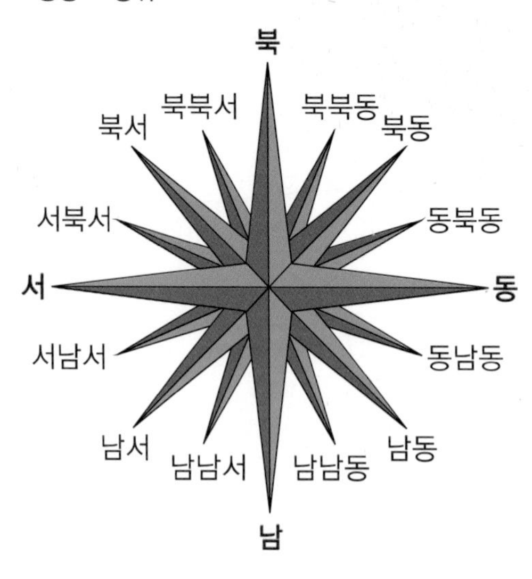

㉡ 풍 속

- 풍속은 공기가 이동한 거리와 이에 소요된 시간의 비이며, 일정 시간 동안의 평균풍속을 말한다.
- 순간적인 값을 순간풍속이라고 표현하기도 하지만, 단지 풍속이라고 할 때에는 평균풍속을 의미한다.
- 풍속의 단위는 일반적으로 m/s를 이용하고 km/h, mile/h, knot를 이용하기도 한다.

(2) 보퍼트 풍력계급

① 관측되는 사실에서 추정한 풍속에 대한 풍력계급을 말하는데, 바람이 강할수록 계급번호가 높아진다.

② 영국의 해군제독인 프랜시스 보퍼트(Francis Beaufort)가 1805년에 제안한 것이다. 처음에는 해상의 풍랑상태에서 분류하였으나, 이후에 육상에서도 사용할 수 있도록 만들어졌다.

③ 보퍼트 풍력계급 12단계

풍력 계급	풍력계급명	육지에서의 상태	바다에서의 상태	풍속 범위	
				m/s	kts
0	고요(평온) Calm	연기가 똑바로 올라감	해면이 거울과 같이 매끈함	0~0.2	<1
1	실바람(지경풍) Light Air	연기의 흐름만으로 풍향을 알고, 풍향계는 움직이지 않음	비늘과 같은 잔물결이 일	0.3~1.5	1~3
2	남실바람(경풍) Light Breeze	• 얼굴에 바람을 느낌 • 나뭇잎이 움직이고 풍속계도 움직임	잔물결이 뚜렷해짐	1.6~3.3	4~6
3	산들바람(연풍) Gentle Breeze	나뭇잎이나 가지가 움직임	물결이 약간 일고 때로는 흰 물결이 많아짐	3.4~5.4	7~10
4	건들바람(화풍) Moderate Breeze	• 작은 가지가 흔들림 • 먼지가 일고 종잇조각이 날려 올라감	물결이 높지는 않으나 흰 물결이 많아짐	5.5~7.9	11~16
5	흔들바람(지풍) Fresh Breeze	• 작은 나무가 흔들림 • 연못이나 늪의 물결이 뚜렷해짐	바다 일면에 흰 물결이 보임	8.0~10.7	17~21
6	된바람(웅풍) Strong Breeze	• 나무의 큰 가지가 흔들림 • 전선이 울고 우산을 사용할 수 없음	큰 물결이 일기 시작하고 흰 거품이 있는 물결이 많이 생김	10.8~13.8	22~27
7	센바람(강풍) Moderate Gale	• 큰 나무 전체가 흔들림 • 바람을 안고 걷기가 힘들게 됨	물결이 커지고 물결이 부서져서 생긴 흰 거품이 하얗게 흘러감	13.9~17.1	28~33
8	큰바람(질강풍) Fresh Gale	• 작은 가지가 부러짐 • 바람을 안고 걸을 수 없음	큰 물결이 높아지고 물결의 꼭대기에 물보라가 날리기 시작함	17.2~20.7	34~40
9	큰센바람(대강풍) Strong Gale	굴뚝이 넘어지고 기왓장이 벗겨지며 간판이 날아감	큰 물결이 더욱 높아지며, 물보라 때문에 시계가 나빠짐	20.8~24.4	41~47
10	노대바람(전강풍) Whole Gale	• 큰 나무가 뿌리째 쓰러짐 • 가옥에 큰 피해를 입힘 • 육지에서는 드묾	물결이 무섭게 크고 거품 때문에 바다 전체가 희게 보이며 물결이 격렬하게 부서짐	24.5~28.4	48~55
11	왕바람(폭풍) Storm	• 큰 피해를 입게 됨 • 아주 드묾	산더미 같은 큰 파도가 임	28.5~32.6	56~63
12	싹쓸이바람(태풍) Typhoon	피해가 말할 수 없이 큼	파도와 물보라로 대기가 충만하게 되어 시계가 아주 나빠짐	32.7 이상	64~71 이상

(3) 수평풍을 일으키는 힘

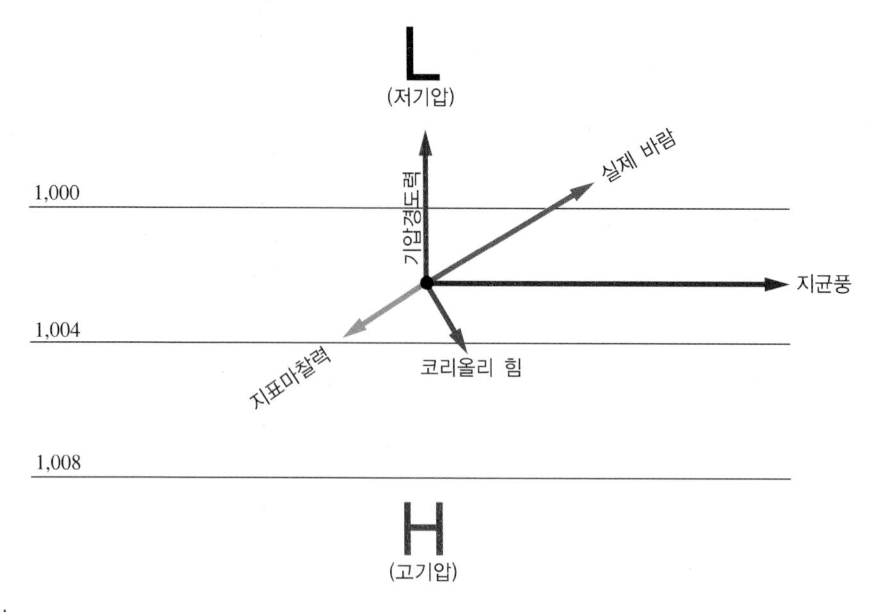

① 기압경도력

㉠ 두 지점 사이에 압력이 다르면 압력이 큰 쪽에서 작은 쪽으로 힘이 작용하게 된다.

㉡ 기압경도력은 두 지점 간의 기압차에 비례하고 거리에 반비례한다.

㉢ 바람은 기압이 높은 쪽에서 낮은 쪽으로 힘이 작용하고 등압선의 간격이 좁으면 좁을수록 바람이 더욱 세다.

② 전향력(코리올리 힘)

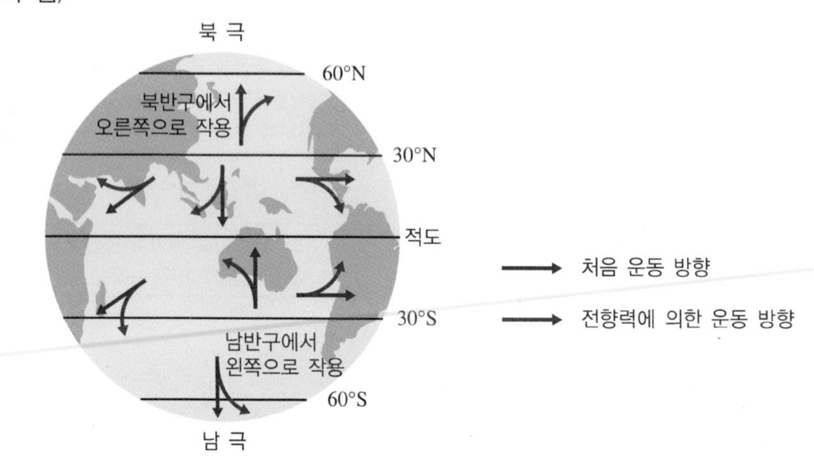

㉠ 지구 자전에 의해 지구 표면을 따라 운동하는 질량을 가진 물체는 각운동량 보존을 위해 힘을 받게 되는데 이를 전향력이라 한다.

㉡ 전향력은 매우 작은 힘이므로 큰 규모의 운동에서만 그 효과를 볼 수 있다. 실제 존재하는 힘이 아니라 지구의 자전 때문에 작용하는 것처럼 보이는 것에 불과하다.

㉢ 지구상에서 운동하는 모든 물체는 북반구에서는 오른쪽으로 편향되고, 남반구에서는 왼쪽으로 편향되며 고위도로 갈수록 크게 작용하는데 이때의 가상적인 힘이 전향력이다.

㉣ 극에서 가장 크고 적도에서는 0이며, 회전하고 있는 물체 위에서 물체가 운동할 때 나타나는 힘이다.

③ 구심력

㉠ 원운동을 하는 물체에서 원심력의 반대방향인 원의 중심을 향하는 힘이다.

㉡ 대기의 운동에서 등압선이 곡선일 때 나타나는 힘이다.

㉢ 구심력 예[14]

- 달이 지구를 중심으로 원에 가까운 궤도를 도는 이유가 달을 지구 중심으로 끌어당기는 중력 때문
- 자동차가 곡선도로에서 회전할 때 바깥쪽으로 튀어나가지 않는 이유가 자동차 바퀴와 지면 사이에 마찰력이 구심력으로 작용하기 때문

④ 지표마찰력

㉠ 대기의 분자는 서로 충돌하면서 마찰을 일으키고 지면과도 마찰을 일으키는데, 이때 발생하는 마찰열은 대개 열에너지로 전환되며 대기의 운동을 복잡하게 만드는 원인이 된다.

㉡ 지표의 영향이 아니어도 바람의 층 밀림을 약하게 만드는 내부 마찰이 있다.

(4) 지상마찰에 의한 바람

① 지상풍 : 1km 이하의 지상에서 부는 바람으로 마찰의 영향을 받는다.

㉠ 등압선이 직선일 때 : 전향력과 마찰력의 합력이 기압경도력과 평형을 이루어 등압선과 각을 이루며 저기압 쪽으로 분다.

㉡ 등압선이 원형일 때 : 바람에 작용하는 모든 힘으로 기압경도력, 전향력, 원심력, 마찰력의 합력이 균형을 이루어 분다.

㉢ 이착륙할 때 지상풍의 영향

- 보통 바람은 불어오는 방향에 따라서 이름이 붙지만 항공기에서는 항공기를 중심으로 방향을 구분한다.
  - 정풍(Head Wind) : 항공기의 전면에서 뒤쪽으로 부는 바람
  - 배풍(Tail Wind) : 항공기의 뒤쪽에서 앞쪽으로 부는 바람
  - 측풍(Cross Wind) : 항공기의 측면에서 부는 바람
  - 상승기류(Up-draft) : 지상에서 하늘을 향해 부는 상승풍
  - 하강기류(Down-draft) : 하늘에서 지상을 향해 부는 하강풍
- 항공기는 특별한 상황이 아닌 이상 항상 바람을 안고(맞바람) 이착륙해야 한다.

---

14) https://terms.naver.com/entry.nhn?docId=1066272&cid=40942&categoryId=32227

② 거스트(Gust, 돌풍) [15]

㉠ 일정 시간 내(보통 10분간)에 평균 풍속보다 10knot(5m/s) 이상의 차이가 있고, 순간 최대 풍속이 17knot(8.7m/s) 이상의 강풍으로 지속시간이 초 단위일 때를 말한다.

㉡ 돌풍이 불 때는 풍향도 급변하며, 때때로 천둥을 동반하기도 하고 수분에서 1시간 정도 지속되기도 하며, 까만 적란운이 동반되기도 한다.

㉢ 일기도상으로는 보통 발달하기 시작한 저기압에 따르는 한랭전선에 동반되며, 기온의 수직방향의 체감률과 풍속의 차이에 의하여 돌풍이 커지는지의 여부가 정해진다.

㉣ 항공기나 드론이 돌풍을 만나면 정상적인 비행을 할 수 없고 항공기의 경우 탑승객이 천장에 머리를 부딪치거나 멀미를 일으키고, 심한 경우에는 기체가 파손되기도 한다. 드론이 착륙간 돌풍을 만나게 되면 정상적인 착륙이 되지 않고 기체가 뒤집어지게 된다.

㉤ 적란운이 발달한 곳에서 강한 상승기류에 기인하는 돌풍이 일어나지만, 구름 한 점 없이 좋은 날씨에 일어나는 청천난류(晴天亂流) 또한 항공기나 드론 운용자가 예견할 수 없고, 그로 인해 갑자기 추락하는 예가 많기 때문에 주의해야 한다.

③ 스콜(Squall) [16]

㉠ 갑자기 불기 시작한 바람이 몇 분 동안 계속되다가 갑자기 멈추는 것을 스콜이라 한다.

㉡ 세계기상기구에서 채택한 스콜의 기상학적 정의 : 풍속의 증가가 매초 8m 이상, 풍속이 매초 11m 이상에 달하고 적어도 1분 이상 그 상태가 지속되는 경우

㉢ 스콜은 특징적인 모양의 구름이 나타나지만, 구름이 아예 나타나지 않는 경우도 있다.

㉣ 강수를 동반하지 않는 경우 흰 스콜, 검은 비구름이나 강수를 동반하는 경우를 뇌우스콜, 광범위하게 이동하는 선에 따라 나타나는 가상의 선을 스콜선(Squall Line)이라고 한다.

㉤ 스콜선은 한랭전선 부근이나 적도 무풍대에서 주로 발생하며, 한여름에 내리는 소나기도 일종의 스콜이지만, 일반적인 스콜은 증발량이 많은 열대지방(사이판 등)에서 주로 내린다. 사이판 등 열대지방에서는 한낮에 강한 일사로 인해 대류작용이 왕성하여 거의 매일 3~5회 스콜이 내린다.

㉥ 스콜사진 [17]

▮ 아마존(스콜 내리기 직전)

▮ 브라질 마나우스 스콜

▮ 괌 지역 스콜

---

15) https://terms.naver.com/entry.nhn?docId=1083845&cid=40942&categoryId=32299

16) https://terms.naver.com/entry.nhn?docId=1083845&cid=40942&categoryId=32299

17) https://kin.naver.com/qna/detail.nhn?d1id=11&dirId=1117&docId=225936104&qb=7Iqk7L2cIOyCrOynhA==&enc=utf8§ion=kin&rank=1&search_sort=0&spq=1&pid=TGWTmlpVuE0sscfdDwVssssstBK-481807&sid=1wqNWHa7xQgyqua%2BeWf/iQ%3D%3D

(5) 국지풍

① 해륙풍과 산곡풍

㉠ 해륙풍 : 낮에는 육지가 바다보다 빨리 가열되어서 육지에 상승기류와 함께 저기압이 발생한다(밤에는 육지가 바다보다 빨리 냉각되어서 육지에 하강기류와 함께 고기압 발생).

▮ 해풍(낮)

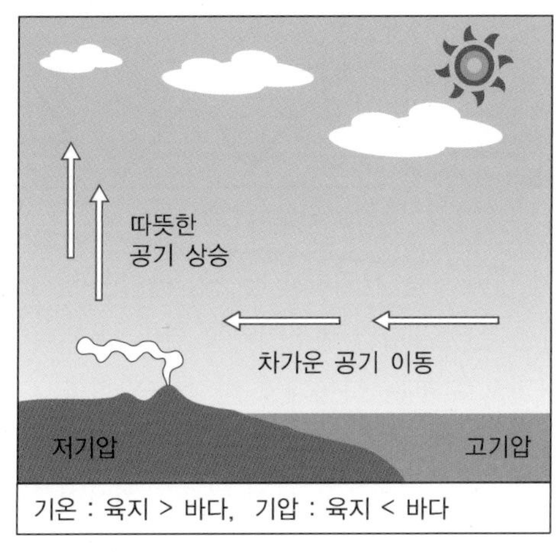

▮ 육풍(밤)

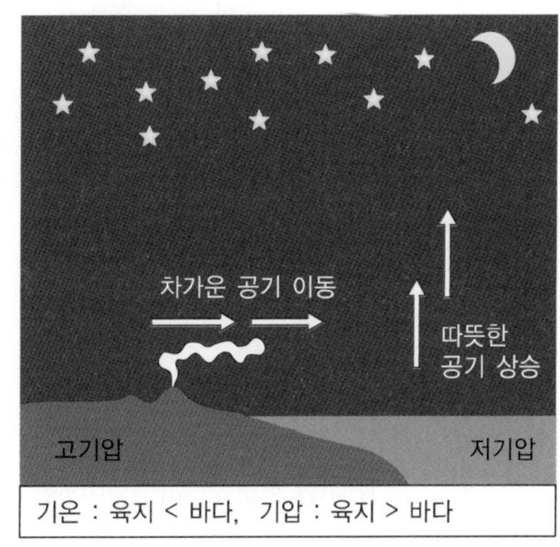

- 낮 : 바다 → 육지로 공기 이동(해풍)
- 밤 : 육지 → 바다로 공기 이동(육풍)

㉡ 산곡풍(산골바람 ; Mountain Breezes, Valley Breezes) : 낮에는 산 정상이 계곡보다 가열이 많이 되어 정상에서 공기가 발산된다(밤에는 산 정상이 주변보다 냉각이 심하여 주변에서 공기를 수렴하여 침강함). 이는 정상과 골짜기의 온도차에 의한 기압차로 발생한다.

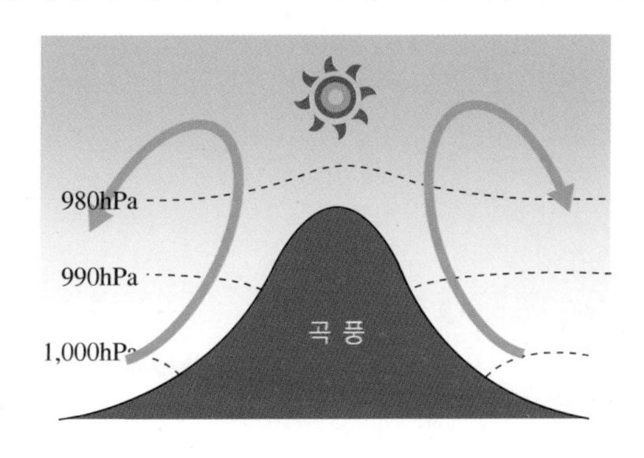

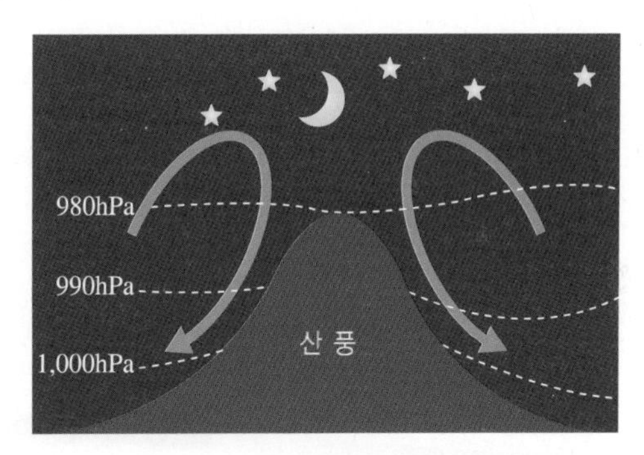

- 낮 : 골짜기 → 산 정상으로 공기 이동(곡풍/골바람)
- 밤 : 산 정상 → 산 아래로 공기 이동(산풍/산바람)

② 푄(Föhn, 높새바람) [18]

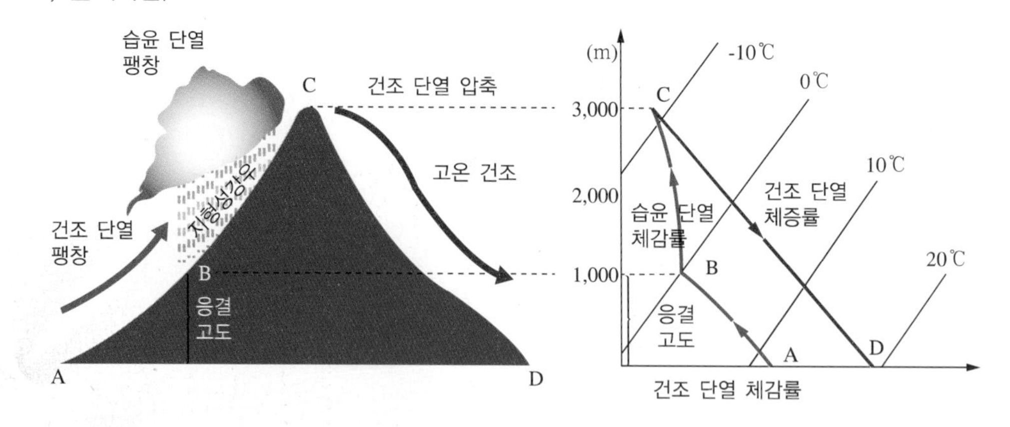

㉠ 지방풍의 일종으로 원래는 알프스 골짜기를 향해서 내려 부는 건조하고 따뜻한 바람을 말하였으나, 일반적으로 산기슭으로 불어 내려오는 고온 건조한 바람을 푄(높새바람)현상이라고 한다. 우리나라는 주로 늦은 봄~초여름 동해안에서 태백산맥을 넘어 서쪽 사면으로 부는 북동계열 바람을 말한다.

㉡ 습윤한 공기가 산맥을 넘을 경우 산허리를 따라 상승하게 되면, 점점 냉각 응결되어 비를 내리게 되고, 이 바람이 다시 반대측의 산비탈면을 따라 내려 불 때는 단열압축을 하게 되므로 기온이 상승하고 습도는 저하된다.

㉢ 따라서 산허리를 따라 상승하던 바람은 비를 내리는 반면, 산허리를 내려 부는 바람은 건조한 바람으로 변하게 되는데 우리나라의 동해안에서 볼 수 있다.

③ 지균풍

▮ 지균풍(북반구)

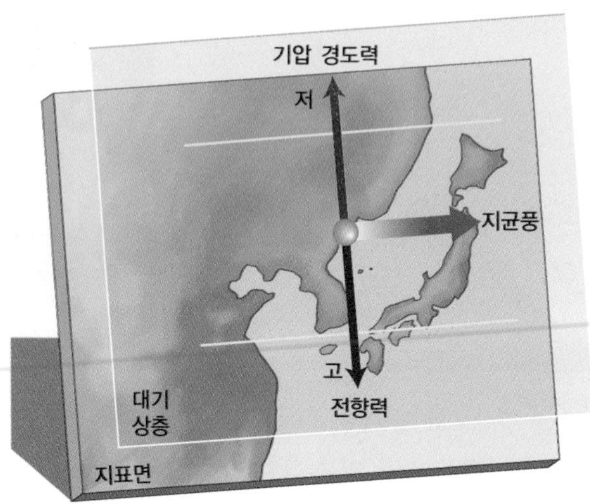

18) https://namu.mirror.wiki/w/%ED%91%84%ED%98%84%EC%83%81

㉠ 기압차에 의한 기압경도력이 작용하면 공기가 움직인다. → 공기가 움직이기 시작하면 자전에 의해 전향력이 작용하여 북반구(남반구)에서 오른쪽(왼쪽)으로 휘면서 속도는 빨라진다. → 풍속이 증가하면 전향력이 커지므로 전향력과 기압경도력이 평형을 이루면 바람은 일정한 속도로 등압선과 나란하게 불게 된다. 이를 지균풍이라고 한다.

㉡ 지균풍은 등압선이 직선일 경우 지상으로부터 1km 이상에서 마찰력이 작용하지 않을 때의 바람으로 기압경도력과 전향력이 균형을 이루어 발생한다.

④ 경도풍

▮ 경도풍

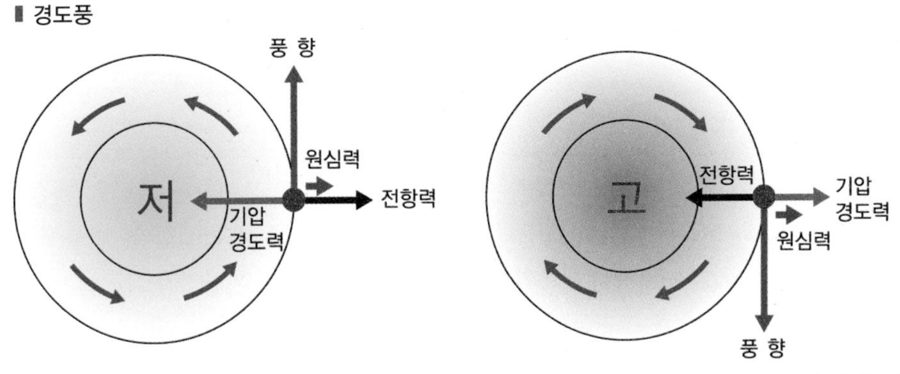

㉠ 경도풍은 등압선이 원형일 때 지상으로부터 1km 이상에서 기압경도력, 전향력, 원심력의 세 가지 힘이 균형을 이루어 부는 바람을 말한다.

㉡ 북반구(남반구)의 저기압 주변 : 원심력과 전향력의 합력이 기압경도력과 평형을 이루어서 반시계(시계)방향으로 등압선과 나란하게 분다.

㉢ 북반구(남반구)의 고기압 주변 : 원심력과 기압경도력의 합력이 전향력과 평형을 이루어서 시계(반시계)방향으로 등압선과 나란하게 분다.

⑤ 온도풍

㉠ 기온의 수평분포에 의하여 생기는 바람이며, 지균풍이 불고 있는 두 개의 등압면이 있을 경우 그 사이에 낀 기층의 평균기온의 수평경도와 비례하는 두 면의 지균풍의 차이를 말한다.

㉡ 풍향은 두 기층 간의 등온선 방향에 평행이 되며, 풍속은 등온선의 간격에 반비례한다.

⑥ 계절풍

▮ 겨 울

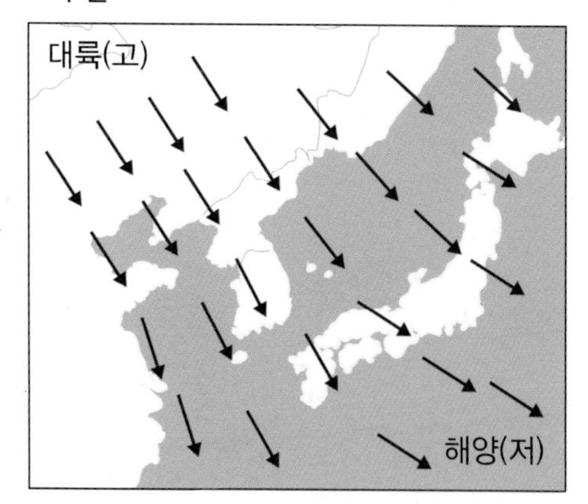

▮ 여 름

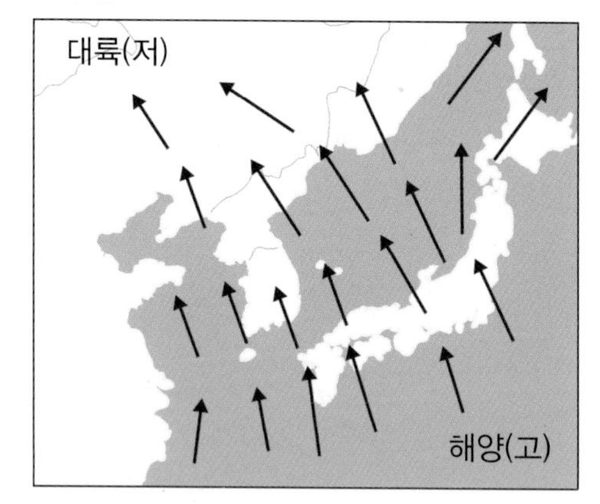

㉠ 겨울에는 대륙에서 해양으로, 여름에는 해양에서 대륙으로 불어가는 바람을 계절풍이라고 한다.

㉡ 계절풍은 겨울과 여름에 대륙과 해양의 온도차가 생기기 때문에 발생한다. 겨울에는 대륙과 대양이 모두 냉각되지만, 비열(比熱)이 작은 대륙의 냉각이 더 커서, 대륙 위의 공기가 극도로 냉각되므로 밀도가 높아지고, 이것이 퇴적하여 큰 고기압이 발생된다.

⑦ 제트기류

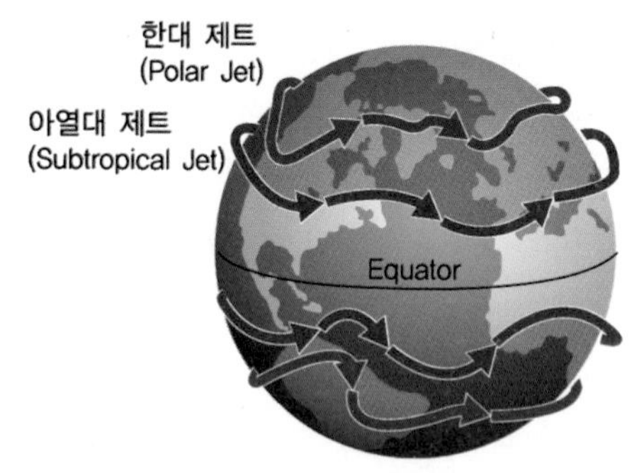

㉠ 대류권 상층의 편서풍 파동 내에서 최대 속도를 나타내는 부분이다.

㉡ 세계기상기구(WMO)에서는 '제트기류는 상부 대류권 또는 성층권 하부에서 거의 수평축에 따라 집중적으로 부는 좁고 강한 기류이며, 연직 또는 양측 방향으로 강한 바람의 풍속차(Shear)를 가지며, 하나 또는 둘 이상의 풍속 극대가 있는 것'이라고 정의한다.

㉢ 발생원인 : 30°지역 상공은 온도차에 의해 같은 높이의 60°지역보다 기압이 높다. 따라서 30°지역 상공 대류권계면 부근에서 60°지역과 기압 차가 크게 발생하여 빠른 흐름이 발생한다. 이를 제트기류라 하며 남북 간의 온도차가 큰 겨울철에 특히 빠르며 에너지 수송을 담당한다.

㉣ 제트기류의 특징

- 길이가 2,000~3,000km, 폭은 수백 km, 두께는 수 km의 강한 바람이다.
- 풍속차는 수직방향으로 1km마다 5~10m/s 정도, 수평방향으로 100km에 5~10m/s 정도이다. 겨울에는 최대 풍속이 100m/s에 달하기도 한다.

- 북반구에서는 겨울이 여름보다 강하고 남북의 기온 경도가 여름과 겨울이 크게 다르기 때문에 위치가 남으로 내려간다.
- 제트기류의 영향 : 제트기류 내의 거대한 저기압성 굴곡은 순환과 에너지를 공급함으로써, 거대한 중위도 저기압을 일으킨다. 고도 1~4km에서의 불규칙한 하층 제트기류는 헬기의 운항에 위험요소가 되기도 한다.

CHAPTER

05 구 름

01 구 름

(1) 구 름

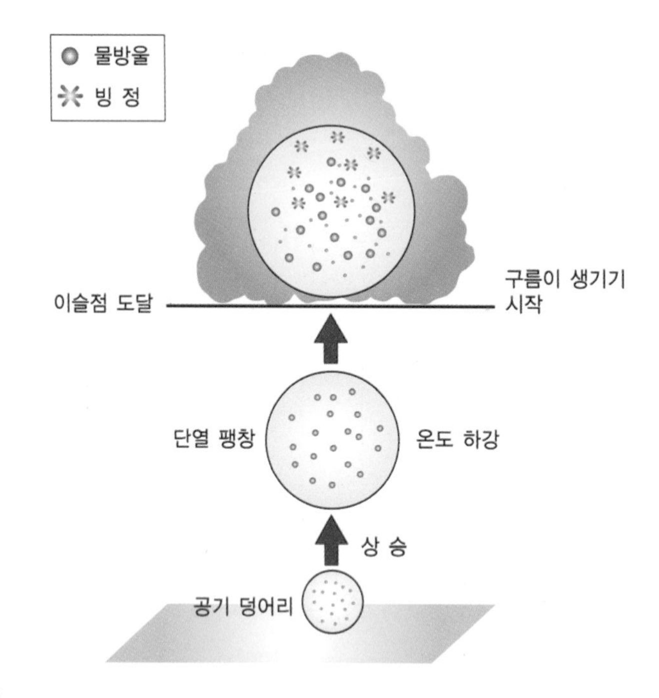

① 구름(Cloud)의 정의

㉠ 공기 중의 수증기가 응결하거나 승화해서 물방울이나 얼음 알갱이로 대기 중에 떠 있는 것을 구름이라고 한다.

㉡ 구름은 대기 중에서 발생하는 물리적 현상 중 하나이므로 구름의 양이나 구름의 형태를 정확하게 관측함으로써 기상변화를 예상할 수 있는 중요한 요소 중의 하나이다.

② 구름의 구성 요소

㉠ 구름은 어는점보다 높은 온도를 가진 물방울, 어는점보다 낮은 온도를 가진 물방울(과냉각 물방울), 빙정들로 이루어져 있다.

㉡ 과냉각 물방울은 어는점보다 높은 온도일 때 수증기에서 물방울로 응결된 후, 구름 속의 더 차가운 구역으로 운반될 경우 만들어진다.

㉢ 빙정은 기온이 어는점보다 낮을 때 수증기의 승화과정을 통해 형성된다.

㉣ 대류권 상층에서 형성된 구름은 대기가 거의 어는점 아래에 있으므로, 대부분 빙정으로 구성되어 있다.

③ 구름의 형성

㉠ 대류상승 : 지표면이 국지적으로 가열되면 대류가 일어나 공기가 상승하게 된다. 대류에 의하여 지표면에서 상승한 공기가 상승 응결고도에 이르게 되면 응결이 시작되어 구름이 발생한다.

㉡ 지형적인 상승 : 풍상측(Wind Side)에서 온난 다습한 공기가 산의 경사면을 따라 상승하게 되면 단열팽창 후 냉각되어 응결고도에 이르게 되면서 구름이 나타나기 시작한다. 이 구름은 산의 정상부에 비를 뿌리고 계속 상승하여 산의 정상을 지나 풍하측(Lee Side, 내리바람쪽)으로 이동하면 비는 거의 내리지 않고 풍하측에 강수량이 적은 비그늘(Rain Shadow)이 형성된다.

㉢ 전선에 의한 상승 : 밀도가 서로 다른 두 개의 공기덩이(기단)가 만나게 되면 경계면이 생기게 된다. 이 경계면을 전선이라고 하며, 따뜻하고 습윤한 공기가 상대적으로 찬 공기 위로 올라갈 때 생기는 전선을 온난전선, 상대적으로 찬 공기가 따뜻한 공기 밑으로 쐐기모양으로 파고들어 따뜻한 공기가 상승하면서 형성되는 전선을 한랭전선이라고 한다. 온난전선상에서 공기의 상승이 자발적이라면 한랭전선상에서의 상승은 강제상승이라고 볼 수 있다. 이렇게 상승한 공기가 응결고도에 이르게 되면 응결이 시작되어 구름이 발생하게 된다.

㉣ 공기의 수렴에 의한 상승 : 지표면 부근에서 공기가 수렴하게 되면 공기가 상승하여 구름이 형성된다.

④ **구름의 종류** : 구름은 크게 나누어 적운형 구름과 층운형 구름으로 구분된다. 보통 적운형 구름은 상승기류에 의하여 발생하고, 층운형 구름은 경사면을 타고 올라가거나 또는 기타의 원인으로 냉각되어 발생된다.[19]

㉠ 상층운 : 고도 16,500~45,000ft(5~13.7km)에서 형성된 구름이고 대부분 빙정으로 이루어져 있다(권운, 권층운, 권적운).

㉡ 중층운 : 고도 6,500~23,000ft(2~7km)에서 대부분 과냉각된 물방울로 구성되고 회색 또는 흰색의 줄무늬 형태로 발달한다(고층운, 고적운). 비를 내리는 구름이다.

㉢ 하층운 : 지표면과의 고도 6,500ft(2km) 미만에 형성되는 구름으로 대부분 과냉각된 물로 이루어져 있다(난층운(비층구름), 층운, 층적운).

㉣ 형태에 따라 권운형, 층운형 등으로 분류한다.

㉤ 높이에 따라 상층운, 중층운, 하층운, 적운계로 분류한다.

---

19) https://m.blog.naver.com/PostView.nhn?blogId=catblock&logNo=140196659752&categoryNo=44&proxyReferer=&proxyReferer=https%3A%2F%2Fwww.google.co.kr%2F

▮ 층 운

※ 안개, 가랑비, 운무 생김

▮ 난층운

※ 특이 외형 없이 어두운 회색(태양차단)

㉥ 수직으로 발달한 구름 : 대기의 불안정 때문에 수직으로 발달하고 많은 강우를 포함하고 있다. 이 구름 주위에는 소나기성 강우, 요란기류 등 기상변화 요인이 많으므로 상당한 주의가 요구된다(적운, 적란운, 층적운).

▮ 적 운

※ 수직형태 불안정 공기존재

▮ 적란운

※ 거대하게 부품(흰색, 회색, 검정색풍)

▮ 층적운

※ 회색이나 밝은 회색으로 폭풍의 전조

■ 구름의 기본 유형과 약어

기본운형	부 호	특 징
상층운 (5~13km)	Ci(권운)	작은 조각이나 흩어져 있는 띠 모양의 구름
	Cc(권적운)	흰색 또는 회색 반점이나 띠 모양을 한 구름
	Cs(권층운)	하늘을 완전히 덮어 태양 주변으로 후광을 만들어 내는 희끄무레한 구름
중층운 (2~7km)	Ac(고적운)	흰색이나 회색의 큰 덩어리로 이루어진 구름
	As(고층운)	하늘을 완전히 덮고 있으나 후광현상 없이 태양을 볼 수 있는 회색 구름
하층운 (2km 이하)	Ns(난층운)	태양을 완전히 가릴 정도로 짙고 어두운 층으로 된 구름으로 지속적인 강수의 원인
	Sc(층적운)	연속적인 두루마리처럼 둥글둥글한 층으로 늘어선 회색과 흰색의 구름
	St(층운)	안개와 비슷하게 연속적인 막을 만드는 회색 구름
적운계(수직으로 발달한 구름 0.5~8km)	Cu(적운)	갠 날씨의 윤곽이 매우 뚜렷한 구름(500m~13km)
	Cb(적란운)	세찬 강수를 일으킬 수 있는 매우 웅장한 구름(5~20km에 걸침)

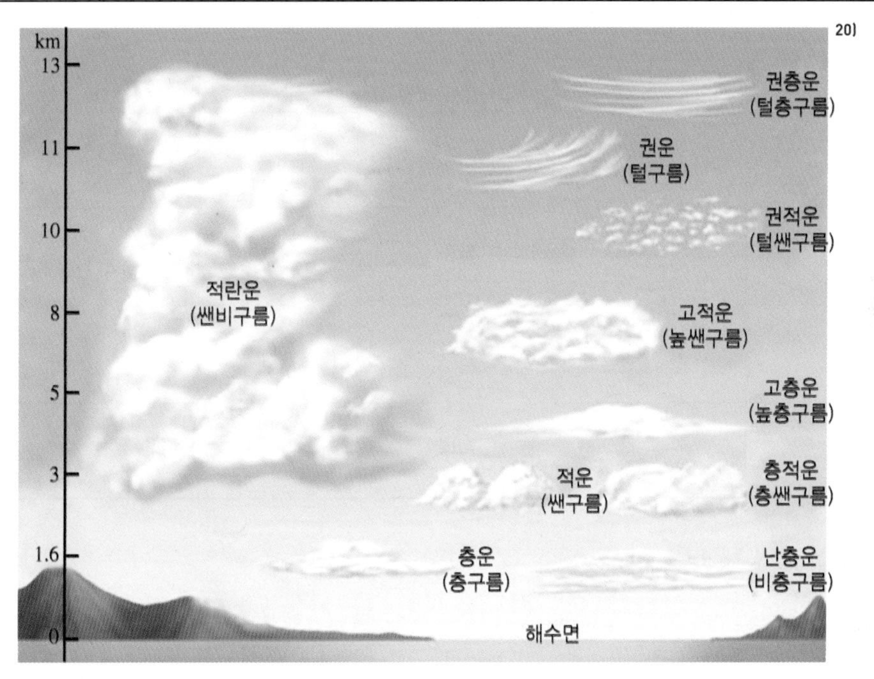

[20]

20) https://terms.naver.com/entry.nhn?docId=1139151&ref=y&cid=40942&categoryId=32299

⑤ 운고와 운량

㉠ 운고 : 지표면에서부터 구름까지의 높이, 즉 관측자를 기준으로 구름 밑면까지의 높이를 말한다. 구름이 50ft 이하에서 발생했을 때는 안개(Fog)로 분류한다. 이때의 기준은 관측자의 현재 위치를 기준으로 한다.

※ 안개는 대기 중 수증기가 응결해서 지표 가까이에 작은 물방울이 떠 있는 것으로 가시거리를 1km 미만으로 감소시킴

㉡ 운량 : 관측자를 기준으로 하늘을 8 또는 10등분하여 판단한다.

Clear는 운량이 1/8(1/10) 이하, Scattered는 운량이 1/8(1/10)~5/8(5/10)일 때이며, Broken은 운량이 5/8(5/10)~7/8(9/10)일 때이고 Overcast는 운량이 8/8(10/10)일 때이다.

숫자 부호	기 호	운 량	숫자 부호	기 호	운 량
0		구름 없음	7, 8		70~80%
1		10% 이하	9		90%
2, 3		20~30%	10		100%
4		40%			관측 불가
5		50%	/		결 측
6		60%			

■ 스카이 커버(Sky Cover)

Sky Cover(oktas***)	Symbol	Name	Abbr.	Sky Cover(tenths)
0		Sky Clear	SKC	0
1		Few* Clouds	FEW*	1
2				2~3
3		Scattered	SCT	4
4				5
5		Broken	BKN	6
6				7~8
7				9
8		Overcast	OVC	10
Unknown		Sky Obscured	**	Unknown

* "Few" is used for (0 oktas) < coverage ≤ (2 oktas).

** See text body for a list of abbreviations of various obscuring phenomena.

*** oktas = eighths of sky coverd

(2) 강 수

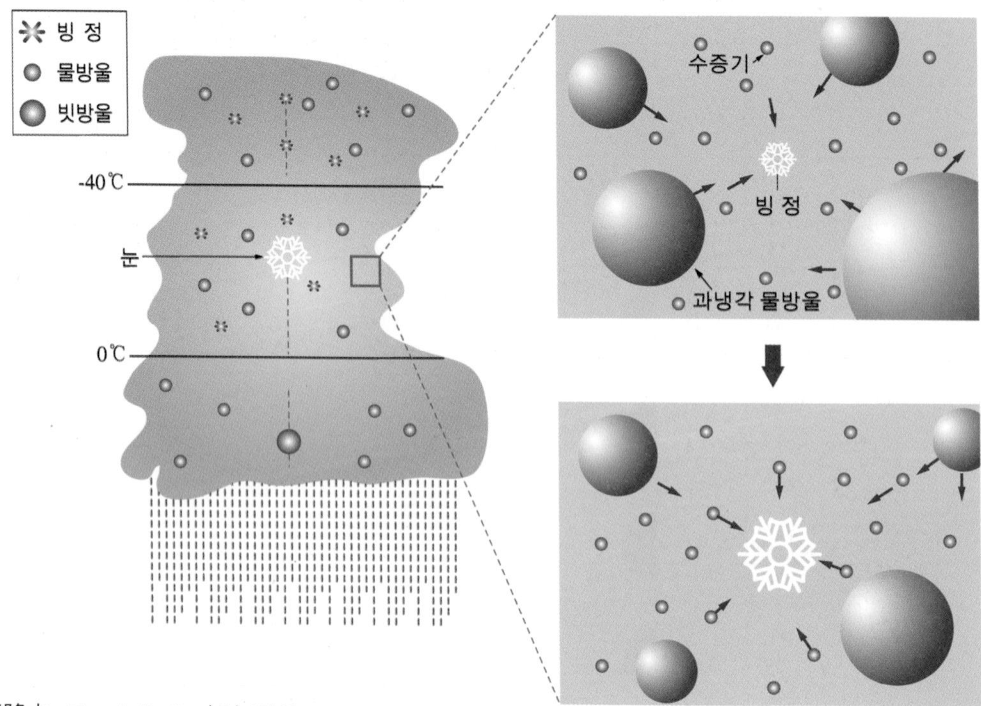

① 강수(降水, Precipitation)의 정의

㉠ 강수는 가랑비, 비, 눈, 얼음 조각, 우박(Hail) 및 빙정(Ice Crystal) 등을 모두 포함하는 용어이다.

㉡ 이들 입자들은 공기의 상승 작용에 의해서 크기와 무게가 증가하고, 수증기가 응결하여 비나 눈처럼 수적 혹은 빙정이 되어 더 이상 대기 중에 떠 있을 수 없을 때 지면으로 떨어진다.

② 강수의 형성 조건

㉠ 습윤 공기가 이슬점(Dew Point) 이하로 냉각되어야 한다.

㉡ 응결핵(Condensation Nuclei)이 존재하여야 한다.

㉢ 충분한 수분의 집적이 가능한 조건이어야 한다.

㉣ 응결된 물방울 입자가 성장 가능한 조건이어야 한다.

③ 강수의 종류 : 액체강수, 어는 강수, 언강수

㉠ 비(Rain) : 지름 0.5mm 이상의 물방울

㉡ 눈(Snow) : 대기 중 수증기가 승화하여 직접 얼음이 된다.

㉢ 설편(Snow Flake) : 여러 개의 얼음 결정

㉣ 우박(Hail) : 5~125mm의 얼음 덩어리 상태의 강수

㉤ 부슬비(Drizzle) : 0.1~0.5mm의 물방울, 강수강도 1mm/h 이하

㉥ 우빙(Glaze) : 비나 부슬비가 지표에서 바로 얼어붙음

㉦ 진눈깨비(Sleet) : 빗방울이 강하 중 영하의 기온으로 얼어붙음

④ 강수량과 강우량

㉠ 강수량

- 비나 눈, 우박 등과 같이 구름으로부터 땅에 떨어져 내린 강수의 양을 말한다.
- 어느 기간 동안에 내린 강수가 땅 위를 흘러가거나 스며들지 않고, 지표의 수평투영면에 낙하하여 증발되거나 유출되지 않은 상태로 그 자리에 고인 물의 깊이를 측정한다.
- 눈·싸락눈 등 강수가 얼음인 경우에는 이것을 녹인 물의 깊이를 측정한다.
- 비의 경우에는 우량 또는 강우량이라고도 하며, 단위는 mm로 표시한다.

㉡ 강우량 : 순수하게 비만 내린 것을 측정한 값을 말한다.

⑤ 강수강도

㉠ 단위시간당 내리는 강수량을 말한다.

㉡ 일반적으로 1분간, 10분간, 1시간을 단위로 하고 강수의 자기기록으로부터 구할 수 있다.

⑥ 강수의 발생 유형

㉠ 대류성 : 복사열에 의한 공기의 자연 상승으로 소나기 및 뇌우가 발생한다. 또한 상승기류 지속 시 강수확률이 증가한다.

▮ 대류성[21]

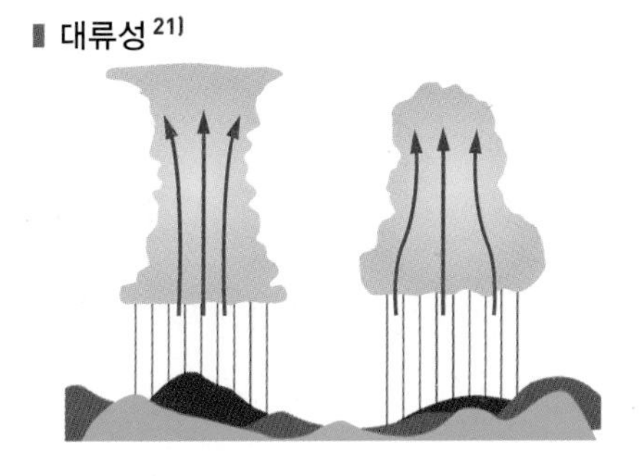

㉡ 저기압성 : 저기압 지역으로 몰려드는 기단이 상승하여 발생하는데 수렴성 강우라고도 하며, 전선성 또는 비전선성 모두 가능하다.

▮ 저기압성

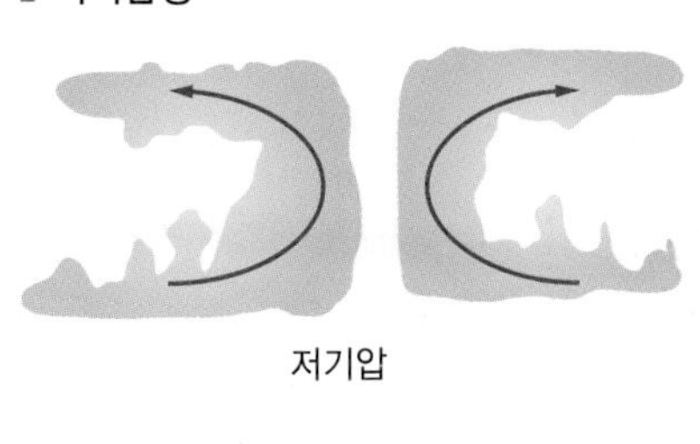

21) http://igoindol.net/siteagent/100.daum.net/encyclopedia/view/39XXX8700041

㉢ 전선성 : 따뜻한 공기층과 차가운 공기층의 이질적인 공기층이 만날 때 전선이 발생하고, 따뜻한 공기가 찬 공기층을 타고 올라가며 강수가 발생한다. 온난전선(강우강도 낮음, 장기간), 한랭전선(강우강도 높음, 단기간), 정체전선(장마전선, 장기간)이 있다.

▮ 전선성

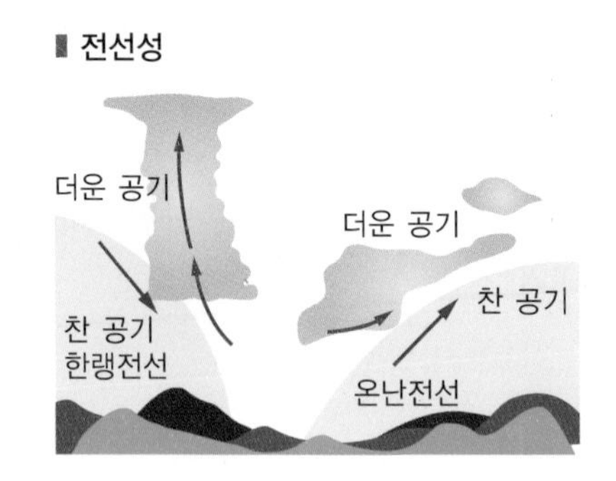

㉣ 지형성 또는 산악형 : 지형(높은 지역의 산사면)에 의해 습윤 기단이 상승하여 발생한다.

▮ 지형성

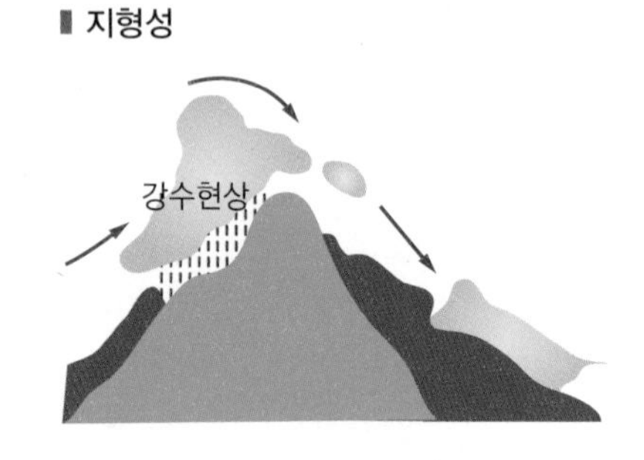

㉤ 열대성 저기압 : 해수 26℃ 이상, 17m/s 이상에서 발생한다.

CHAPTER

06 시정과 시정장애 현상

01 시정(Visibility, 視程)

(1) 시 정

① 시정의 정의와 단위

㉠ 대기의 혼탁 정도를 나타내는 기상요소로써 지표면에서 정상적인 시각을 가진 사람이 목표를 식별할 수 있는 최대 거리를 말한다.

㉡ 야간에도 주간과 같은 밝은 상태를 가정하고 관측한다.

㉢ 보통 km로 표시하며, 작은 값은 m로 표시하거나 시정계급을 사용할 때도 있다.

㉣ 시정은 대기 중에 안개, 먼지 등 부유물질의 혼탁도에 따라 좌우되며, 시정장애의 큰 요인은 안개, 황사, 강수, 하층운 등으로 육상에서는 항공기의 이착륙에 결정적인 영향을 준다.

② 시정의 종류

㉠ 우시정 : 수평원의 반원 이상을 차지하는 시정으로, 시정이 방향에 따라 다른 경우에는 각 시정에 해당하는 범위의 각도를 시정값이 큰 쪽에서부터 순차적으로 합해 180° 이상이 되는 경우의 시정값을 우시정으로 한다.

- 활주로 시정 : 시정 측정장비와 기상관측자에 의한 활주로 수평 시정이다.
- 활주로 가시거리 : 항공기가 접지하는 지점의 조종사 평균높이(지상에서 약 5m)에서 활주로의 이착륙 방향을 봤을 때 활주로, 활주로 등화, 표식 등을 확인할 수 있는 최대 거리이다.

㉡ 최단시정 : 방향에 따라 시정이 다른 경우에 그중에서 가장 짧은 시정이다.

③ 실링(Ceiling)

㉠ 지상 또는 수면으로부터 하늘을 5/8 이상 덮고 있는 구름의 밑면까지의 연직거리이다.

㉡ 두 개 이상의 구름이 있을 경우 고도가 낮은 구름부터 높은 고도로 올라가면서 운량을 합해 5/8 이상이 되는 구름의 높이가 실링이 된다.

④ 시정 장애물의 종류

㉠ 황사(Sand Storm)

- 미세한 모래 입자로 구성된 먼지 폭풍으로 대기오염 물질과 혼합되어 있다.
- 중국 황하유역 및 타클라마칸사막, 몽골 고비사막에서 발원하며 편서풍으로 이동하여 주변으로 확산된다.

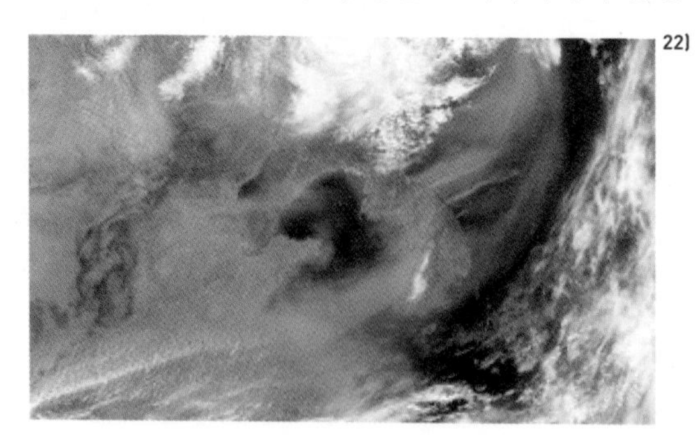
[22]

㉡ 연무 : 습도가 비교적 낮을 때 대기 중에 연기나 미세한 염분 입자 또는 건조 입자가 제한된 층에 집중되어 공기가 뿌옇게 보이는 현상이다.

㉢ 연기 : 가연성 물질이 연소할 때 발생하는 고체, 액체 상태의 미립자 모임으로 공장지대에서 주로 발생하는데 기온역전에 의해 야간이나 아침에 주로 발생한다.

㉣ 먼지 : 모래보다 미세한 고체물질로 공기 속에 떠 있는 미세한 흙 입자이며 일반적으로 '분진'이라고 한다.

㉤ 화산재 : 화산 폭발 시 분출되는 고체 상태의 '재'와 비슷한 분출물로 가스, 먼지, 재 등이 혼합된 것이다.

▮ 연 무

▮ 연 기

▮ 먼 지

▮ 화산재

---

22) http://thebetterday.tistory.com/entry/Yellow-Dust

(2) 안 개

① 안개의 발생

㉠ 대기 중의 수증기가 응결핵을 중심으로 응결해서 성장하게 되면 구름이나 안개가 된다.

㉡ 구름과 안개의 차이는 그것이 지면에 접해 있는지 아니면 하늘에 떠 있는지에 따라서 결정되며 지형에 따라 또는 관측자의 위치가 변함에 따라 구름이 되기도 하고 안개가 되기도 한다.

㉢ 일반적으로 구성입자가 수적으로 되어 있으면서 시정이 1km 이하일 때를 안개라고 한다.

② 안개가 발생하기에 적합한 조건

㉠ 대기의 성층이 안정할 것

㉡ 바람이 없을 것(기온과 이슬점온도가 5% 이내에서 쉽게 형성)

㉢ 공기 중에 수증기와 부유물질이 충분히 포함될 것

㉣ 냉각작용이 있을 것

③ 안개의 종류

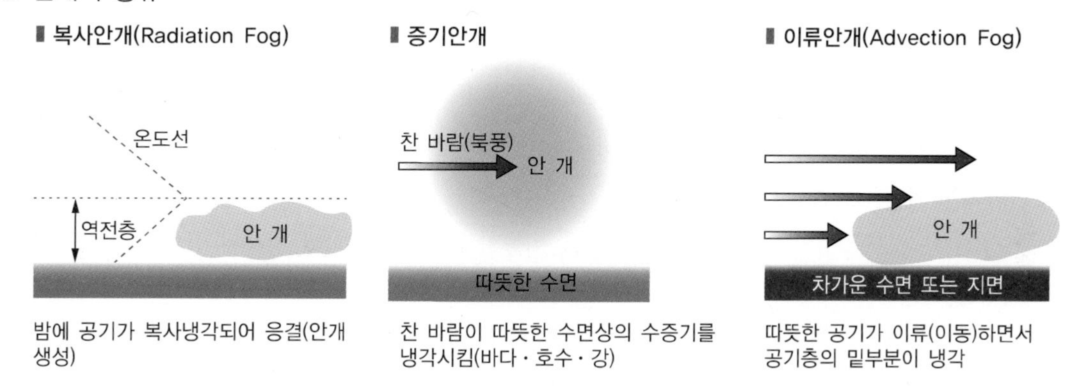

㉠ 복사안개(Radiation Fog)

- 육상에서 관측되는 안개의 대부분은 야간의 지표면 복사냉각으로 인하여 발생한다.
- 맑은 날 바람이 약한 경우 공기의 복사냉각은 지표면 근처에서 가장 심하며 때로는 기온역전층이 형성되며, 주로 낮에 기온과 이슬점 온도 차(8℃)에 의해 발생한다.
- 지면에 접한 공기가 이슬점에 도달하여 수증기가 지상의 물체 위에 응결하면 이슬이나 서리가 된다. 지면 근처 엷은 기층에 형성되기 때문에 땅안개(Ground Fog)라고도 한다.

㉡ 이류안개(Advection Fog)

- 온난 다습한 공기가 찬 지면으로 이류하여 발생한 안개를 말하며, 해상에서 형성된 안개는 해무(바다안개)라고 부른다.
- 해무는 복사안개보다 두께가 두꺼우며 발생하는 범위가 아주 넓다.
- 지속성이 커서 한번 발생되면 수일 또는 한 달 동안 지속되기도 한다.

▮ 복사안개

▮ 이류안개[23]

㉢ 활승안개(Upslope Fog)

- 습윤한 공기가 완만한 경사면을 따라 올라갈 때 단열팽창하여 냉각됨에 따라 형성된다.
- 산안개(Mountain Fog)는 대부분이 활승안개이며 바람이 강해도 형성된다.

㉣ 전선안개(Frontal Fog)

- 따뜻한 공기와 찬 공기가 만나는 전선 부근, 특히 온난전선 부근에서 잘 발생한다.
- 온난전선에서 따뜻한 공기가 찬 공기의 경사면을 타고 올라가면, 단열냉각에 의하여 구름이 생기고 비가 내리는데, 이 비로 인해 지표 부근의 수증기량이 증가하고 안개가 발생한다.
- 전선이 통과한 후 습한 지표 위에 생기기도 한다.

㉤ 증발안개(증기안개 ; Steam Fog)

- 찬 공기가 따뜻한 수면 또는 습한 지면 위를 이동할 때 증발에 의해 형성된 안개이다.
- 찬 공기가 습한 지면 위를 이동해 오면 기온과 수온의 차에 의해 수면으로부터 물이 증발하여 수증기가 공기 속으로 들어오게 된다. 이 수증기의 공급으로 공기가 포화되고, 응결되어 안개가 발생한다.
- 이른 봄이나 겨울철에 해수나 호수의 온도는 높고 그 위의 공기 온도가 매우 낮기 때문에 수면으로부터 증발이 많이 일어날 경우 자주 발생한다(기온・수온차 7℃).

▮ 활승안개

▮ 증발(증기)안개

㉥ 얼음안개(Ice Fog) : 수없이 많은 미세한 얼음의 결정이 대기 중에 부유되어 1km 이상의 거리에 있는 지물(地物)의 윤곽을 흐리게 하는 안개이다.

23) https://blog.naver.com/liebeljd/221146007512

㉦ 스모그(Smog) : 연기(Smoke)와 안개(Fog)의 합성어로 대기 중에 안개와 매연이 공존하여 일어나는 오염현상을 말한다.

▮ 위성에서 본 한반도 주변의 스모그[24]

▮ 도심의 스모그 현상

④ 구름과 안개의 높이[25]

㉠ 구름은 50ft 이상에서 생성된다.

㉡ 안개는 50ft 이하에서 생성된다.

24) https://blog.naver.com/eorus001/220537412268

25) https://cafe.naver.com/poweroflight/4043

CHAPTER
07 고기압과 저기압

01 고기압과 저기압

(1) 고기압

고기압이란 주변보다 상대적으로 기압이 높은 지역을 말한다.

① 바람 : 북반구에서는 시계 방향으로 불어 나가며 남반구에서는 반시계 방향으로 불어 나간다.

② 중심 기류(공기의 연직 운동) : 불어 나간 공기를 보충하기 위해 상공에 있는 공기가 하강하여 하강기류가 발생하면서 날씨가 맑아진다.

▮ 북반구에서의 고기압(시계방향)과 저기압(반시계방향)

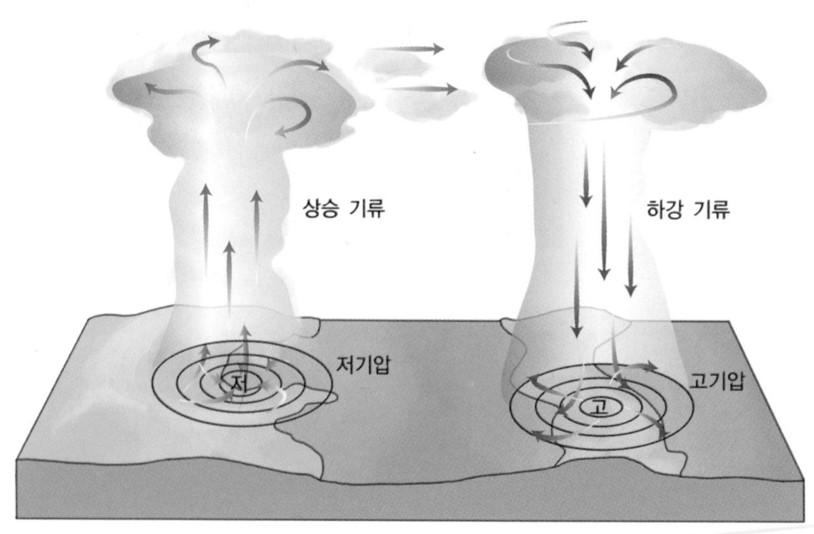

③ 고기압의 종류

㉠ 온난 고기압 : 중심지역이 온도가 주위보다 높은 고기압으로 대기 순환에서 하강기류가 있는 곳에 생기며 상층부까지 상당한 높이로 고압대가 길게 형성되어 있다. 북태평양 고기압이 대표적이고, 여름에 해상에서 발생하며 연중 하강기류가 있어 습도가 낮고 날씨가 좋은 아열대 고기압도 온난 고기압의 한 종류이다.

㉡ 한랭 고기압 : 차가운 지면에 의한 공기의 냉각으로 생성되며 대기의 저온부는 고온부보다 고도가 증가할수록 급격하게 기압이 낮아지기 때문에 키 작은 고기압이라고도 한다. 중심지역의 온도가 낮고 대규모인 것은 시베리아 고기압이 대표적인데, 겨울철 대륙이 냉각되어 만들어지며, 매우 차고 건조한 날씨가 이어진다.

(2) 저기압

저기압이란 주변보다 상대적으로 기압이 낮은 지역을 말한다.

① **바람** : 북반구에서는 반시계 방향으로 불어 들어오고 남반구에서는 시계 방향으로 불어 들어온다.

② **중심 기류(공기의 연직 운동)** : 주위에서 바람이 불어 들어와 공기가 밀려 중심부의 상공으로 상승하여 상승기류가 생기며 이로 인해 흐리고 눈, 비가 내리기 쉽다.

③ 저기압의 종류

㉠ 열대성 저기압 : 주로 열대 해상에서 발생하며 그 중 발달한 것이 태풍이다. 열대성 저기압은 북상함에 따라 점차 변형되어 전선을 동반한 온대성 저기압화된다.

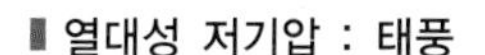

▮ 열대성 저기압 : 태풍

㉡ 온대 저기압 : 우리나라와 같은 중위도 지방에서 자주 발생하는 저기압으로 한랭전선과 온난전선을 동반하는 저기압을 온대 저기압이라고 한다.

▮ 온대 저기압

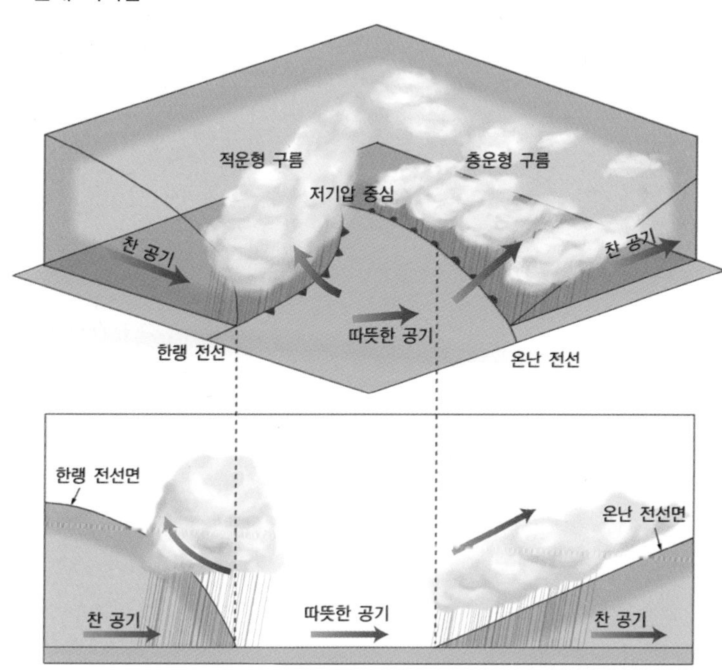

CHAPTER
08 기단과 전선

01 기단과 전선

(1) 기 단

① 정의 : 주어진 고도에서 온도와 습도 등 수평적으로 그 성질이 비슷한 큰 공기덩어리를 기단이라 한다.

▮ 기압에 따른 기단의 영향

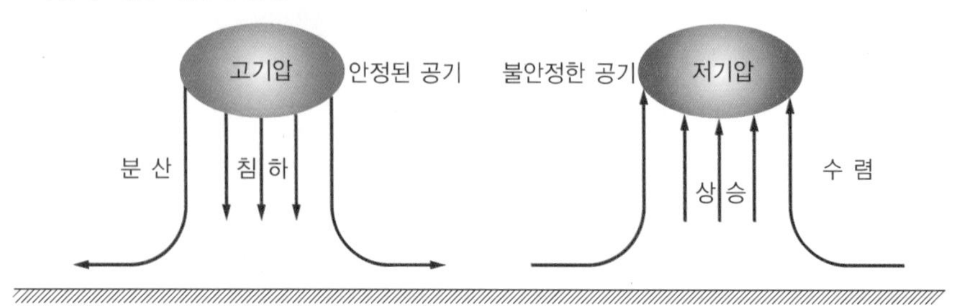

▮ 우리나라에 영향을 미치는 기단

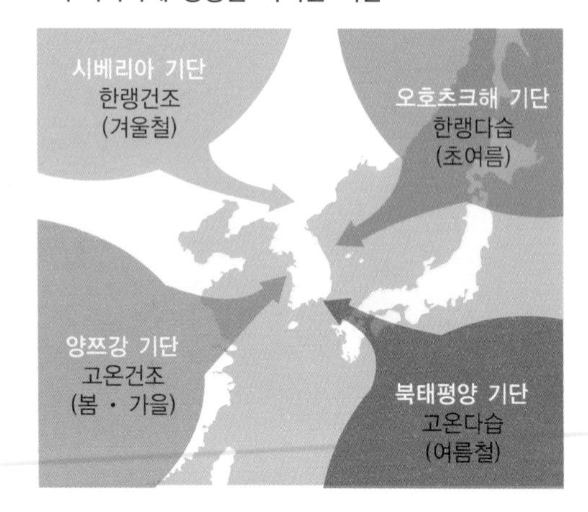

② 시베리아 기단

㉠ 발원지 : 바이칼호를 중심으로 하는 시베리아 대륙 일대

㉡ 분류 : 대륙성 한대기단(cP)

㉢ 성격 : 한랭건조

㉣ 우리나라 겨울철 날씨에 영향을 준다.

㉤ 9월부터 점차 강해져서 남하를 시작하고 1월에 최성기에 이르며 3월에 점차 쇠약해진다

㉥ 일반적으로 날씨가 맑다.

㉦ 남하 → 동해, 서해의 열과 수분을 공급 받음 → 불안정 → 많은 눈, 악천후 발생

③ 북태평양 기단

㉠ 발원지 : 북태평양에서 형성

㉡ 분류 : 해양성 열대기단(mT)

㉢ 성격 : 고온다습

㉣ 우리나라 여름철 날씨에 영향을 준다.

㉤ 북상 → 하층 냉각 → 안정화 → 더욱 북상 → 하층 포화 → 응결 → 안개 발생

㉥ 7~8월경 남동해상에서 발생하는 바다안개(해무)의 원인이 된다.

④ 오호츠크해 기단

㉠ 발원지 : 오호츠크해

㉡ 분류 : 해양성 한대기단(mP)

㉢ 성격 : 한랭습윤

㉣ 우리나라 초여름 날씨에 영향을 준다(건기의 원인).

㉤ 초여름에 우리나라로 세력이 확장되어 남쪽의 북태평양 기단과 정체전선을 형성한다.

⑤ 양쯔강 기단

㉠ 발원지 : 중국 양쯔강 유역이나 티베트 고원 등의 아열대 지역

㉡ 분류 : 대륙성 열대기단(cT)

㉢ 성격 : 고온건조

㉣ 우리나라 봄, 가을 날씨에 영향을 준다.

㉤ 구름이 형성되는 경우가 적어 날씨가 대체로 맑다.

㉥ 이동성 고기압이며 우리나라 방면으로 이동한다.

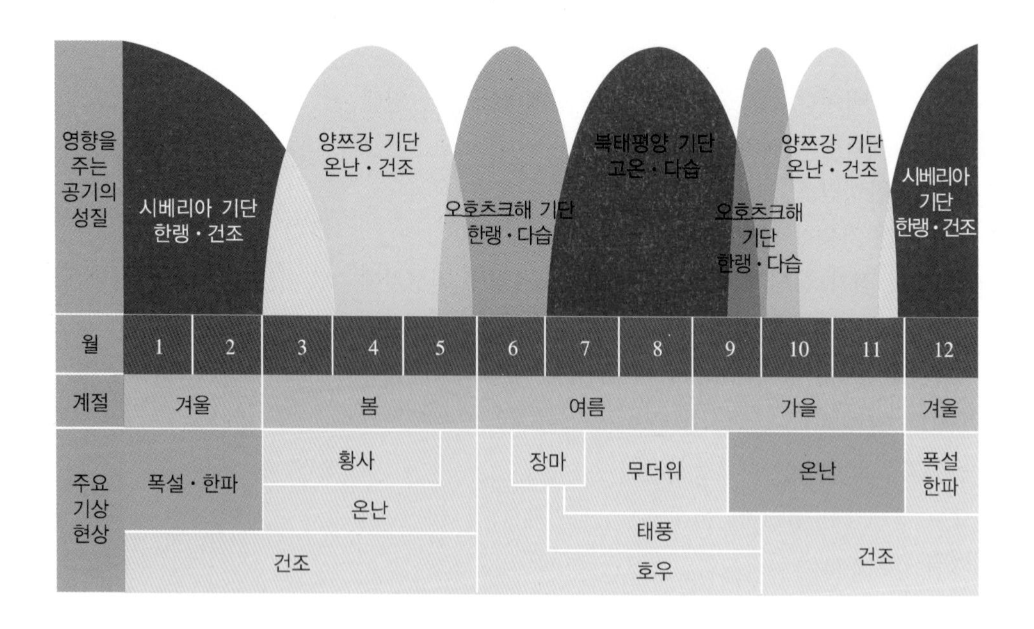

(2) 전 선

① 정 의

㉠ 서로 다른 2개의 기단이 만나면 바로 섞이지 않고 경계면을 이룬다.

㉡ 불연속면 : 서로 다른 2개의 기단이 만나는 불연속적인 성격을 가진 면이다.

㉢ 전선 : 서로 다른 2개의 기단이 만나는 경계면이 지표면과 만나는 선 즉, 불연속면과 지표면이 만나는 선이다.

㉣ 기단 내부의 성격 변화 : 완만하고 연속적으로 변화한다.

㉤ 전선 지역의 성격 변화 : 기온은 불연속적이고, 기상요소는 시·공간에 따라 급변한다.

㉥ 전선 발생 : 새로운 전선이 형성되는 것으로 기존의 전선이 더욱 강화되는 경우를 포함한다.

② 온난전선

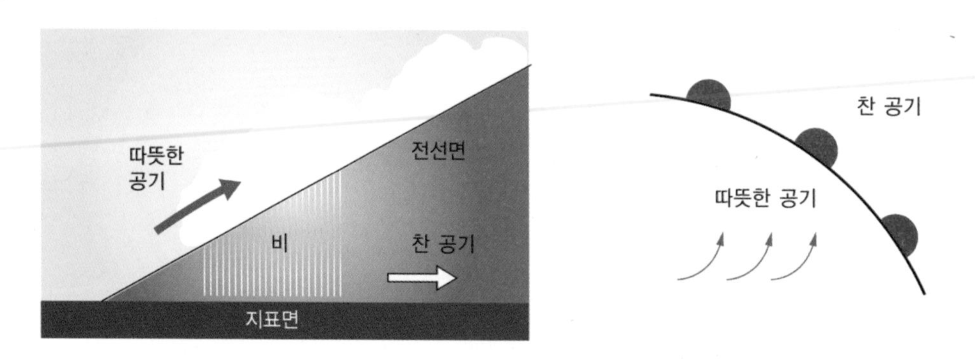

㉠ 따뜻한 공기가 찬 공기쪽으로 이동하여 만나게 되면 따뜻한 공기가 찬 공기 위로 올라가면서 전선을 형성하게 된다.

㉡ 온난전선의 접근 : 구름, 강수(넓은 지역, 약한 비), 습도가 일반적으로 증가하고 기온이 상승한다.
㉢ 온난전선 통과 후 : 기온이 상승하고 구름이 감소하며 때때로 맑은 날씨를 보일 때도 있다.

③ 한랭전선

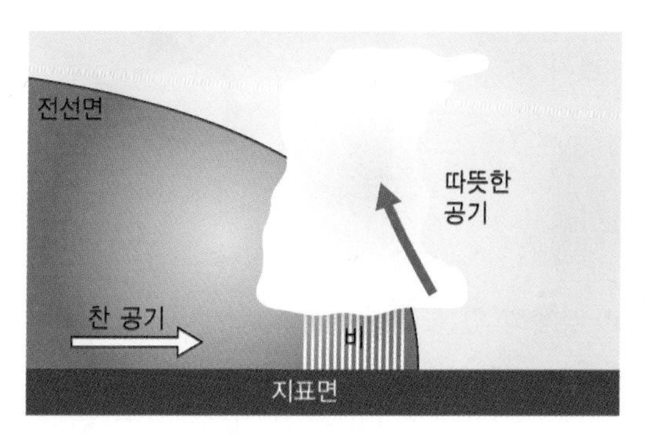

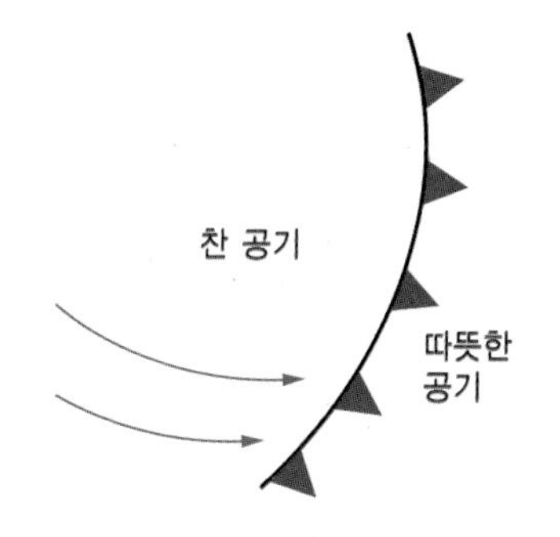

㉠ 찬 공기가 따뜻한 공기쪽으로 이동해 가서 그 밑으로 쐐기처럼 파고 들어가 따뜻한 공기를 강제적으로 상승시킬 때에 만들어지는 전선이다.
㉡ 한랭전선 접근 시 : 수직운(적운형 또는 적란운 등)이 발생하며 돌풍과 뇌우를 동반하기도 한다. 전선 통과 직후 좁은 지역에 짧은 시간 소나기가 내린다.

④ 폐색전선

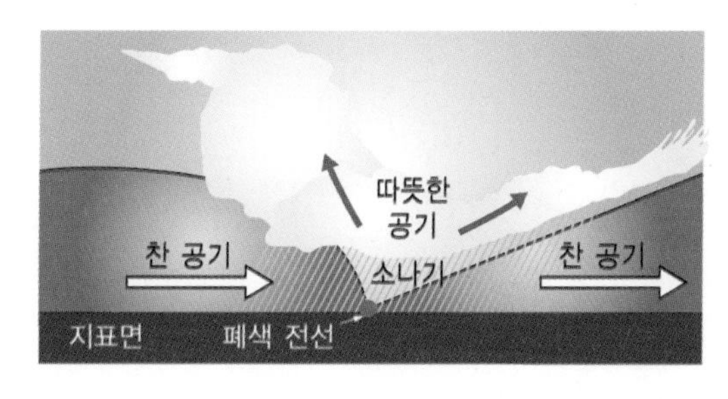

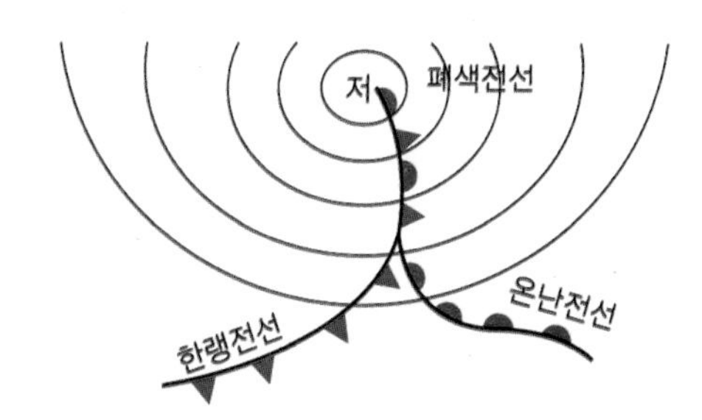

㉠ 한랭전선과 온난전선이 서로 겹쳐진 전선이다.
㉡ 온난전선은 저기압의 남동쪽, 한랭전선은 저기압의 남서쪽에 형성된다.
㉢ 온난전선의 이동 속도 < 한랭전선의 이동 속도
㉣ 양 전선의 거리가 가장 가까운 중심 부근으로부터 한랭전선이 온난전선을 추월하여 점차 겹쳐진다.

⑤ 정체전선(장마전선)

▌정체전선과 일기도의 표기

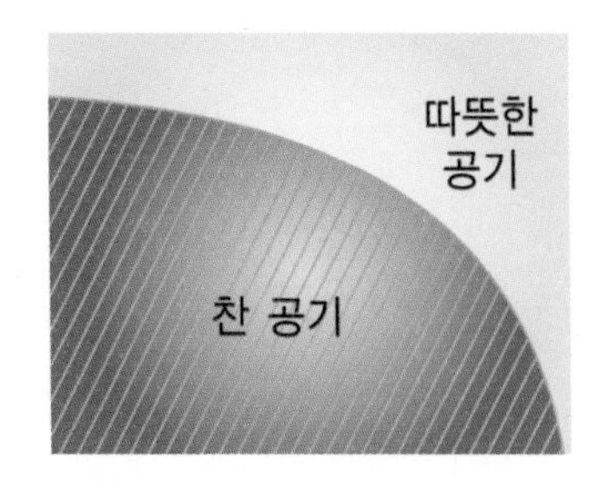

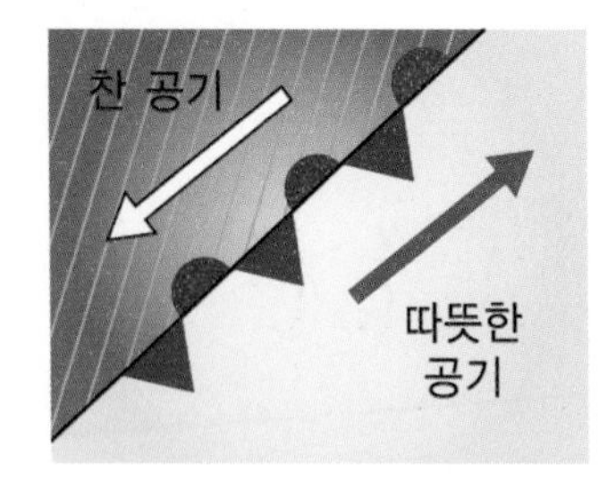

㉠ 온난전선과 한랭전선이 이동하지 않고 정체해 있는 전선이다.

㉡ 남북에서 온난기단과 한랭기단이 대립하는 형태이다.

㉢ 세력이 서로 비슷하여 크게 이동하지 않고 거의 정체되어 있다.

㉣ 나쁜 날씨가 지속된다.

㉤ 남북으로 놓이는 경우는 거의 없고, 보통 동서로 길게 놓인다.

CHAPTER 09 뇌우 및 난기류 등

01 뇌우 및 난기류

(1) 뇌우(Thunderstorm)

① 뇌우의 특징[26]

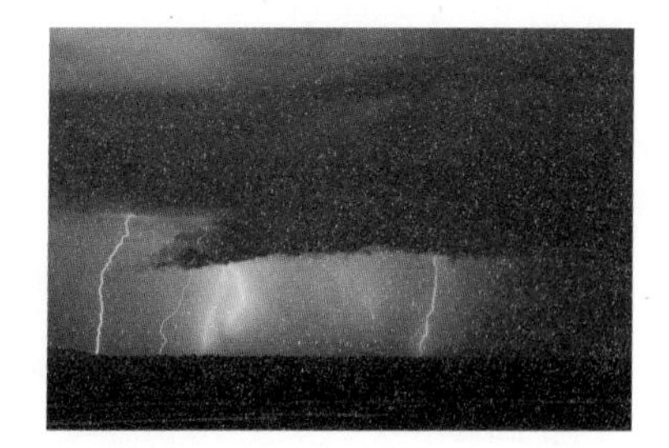

㉠ 적란운 또는 거대한 적운에 의해 형성된 폭풍우로 항상 천둥과 번개를 동반하는데, 이는 상부는 양으로 대전되고 하부는 음으로 대전되는 적란운의 특성 때문이다.

㉡ 천둥과 번개는 구름 내 양과 음인 두 전하의 방전에 의한 경우가 많고, 적란운이 어느 지역에 접근하면 구름 아래 지상의 양전하로 대전되면서 구름과 지표면 사이에 뇌전이 발생하고 낙뢰 피해가 발생하기도 한다.

㉢ 뇌우의 지속기간은 비교적 짧으나 갑자기 강한 바람이 불고, 몇 분 동안에 기온이 10℃ 이상 낮아지기도 한다. 우리나라는 주로 여름철에 특히 내륙지방에서 주로 발생한다.

㉣ 습도는 거의 100%에 이르고, 때로는 우박도 동반하는데 우리나라에서는 주로 여름철에, 특히 내륙 지방에서 자주 일어난다. 소나기와 차별되는 것은 급격한 상승기류에 의해 형성되고 천둥과 번개를 동반한다는 점이다.

② 뇌우의 생성 조건

㉠ 불안정 대기 : 대기가 불안전하다는 것은 상층이 차갑고, 하층이 따뜻하기 때문이다. 하층이 따뜻해지고 상하층 간 대류작용으로 고도까지 상승하면, 그때부터 공기는 자유롭게 상승하게 된다. 이러한 고도까지 공기를 상승시켜 주기 위해서는 대기가 불안정한 상태, 즉 조건부 불안정이나 대류 불안정 상태여야 한다.

㉡ 상승운동 : 상승작용이 일어나야 지표 부근의 따뜻한 공기가 자유롭게 상승하여 고도에 도달할 수 있다. 상승작용은 대류에 의한 일사, 지형에 의한 강제상승, 전선상에서의 온난공기의 상승, 저기압성 수렴, 상층 냉각에 의한 대기 불안정으로 인한 상승, 이류 등의 여러 요인이 있다.

㉢ 높은 습도 : 수증기가 물방울이 되어 구름이 형성되면 잠열이 방출되기 때문에 공기는 더욱 불안정해져 상승작용이 촉진된다.

26) http://cafe.naver.com/0404busan/2109

③ 뇌우의 종류

㉠ 기단 뇌우(Air-mass Thunderstorm)

• 어느 정도 균일한 기단 내에서 발견되는 뇌우로 산발적이다.

• 주간 가열의 결과 국지적으로 발달하는 것과 같이 감률이 큰 곳에서 오후에 잘 발생한다.

㉡ 선형 뇌우(Line Thunderstorm)

• 낮은 고도의 바람방향으로 선형이나 띠 모양으로 배열된다.

• 선형 뇌우는 낮 시간이면 언제라도 발달하지만 오후에 많이 발생하는 경향이 뚜렷하다.

㉢ 전선 뇌우(Frontal Thunderstorm)

• 전선은 대량의 찬 공기와 따뜻한 공기를 분리시키는 경사진 기층으로, 온난한 공기가 대류적으로 불안정하면 뇌우는 발달한다.

• 전선 뇌우는 산발적이기는 하지만 전선을 따라 이동하고 일반적인 전선 운역에 속한다는 것으로 알려져 있다.

④ 뇌우의 단계

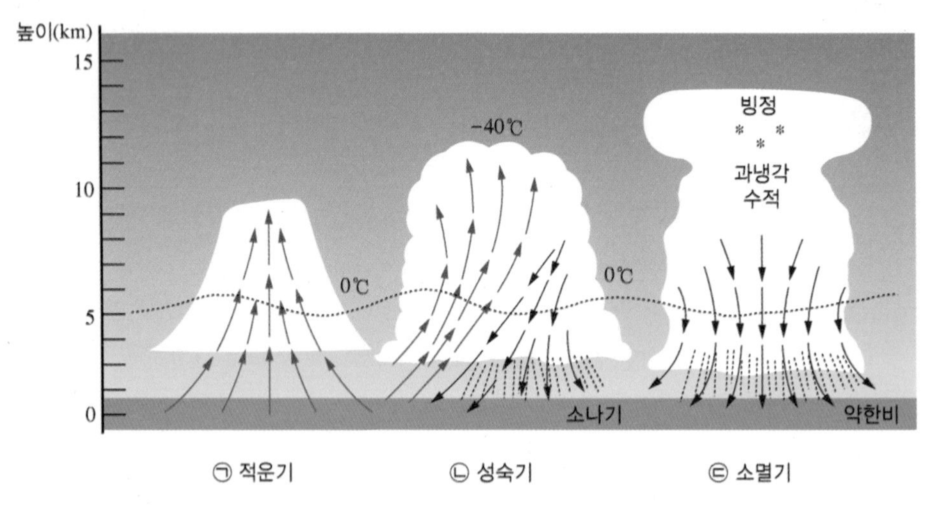

㉠ 적운 단계 : 폭풍우가 발달하기 위해서는 많은 구름이 필요하다. 적운 단계에서는 지표면 하부의 가열로 상승기류를 형성한다.

㉡ 성숙 단계 : 적운 단계에서 형성된 구름은 상승기류에 의해서 뇌우가 최고의 강도에 달했을 때 구름 속에서 상승 및 하강기류가 형성되어 비가 내리기 시작하는데 이 시기가 폭풍우의 성숙 단계이다.

㉢ 소멸 단계 : 폭풍우는 강우와 함께 하강기류가 지속적으로 발달하여 수평 또는 수직으로 분산되면서 급격히 소멸 단계에 접어든다. 소멸 단계에서는 강한 하강기류가 발생하고 강우가 그치면서 하강기류도 감소하고 폭풍우도 점차 소멸한다.

⑤ 뇌우 비행의 유의사항

㉠ 접근하는 뇌우를 마주하며 이착륙하지 않는다.

㉡ 건너편을 볼 수 있다 할지라도 뇌우 아래를 비행하지 않는다.

㉢ 기상레이더 없이 구름 속을 비행하지 않는다.

㉣ 뇌우 속에 나타나는 요란표시의 시각적 외양을 믿지 않아야 한다.

㉤ 어떤 뇌우일지라도 20mile 이상은 피한다.

㉥ 구름 위의 풍속 매 10knot당 1,000ft 고도 이상으로 높은 뇌우 꼭대기를 비켜간다.

㉦ 비행구역의 6/10이 뇌우로 덮여 있다면 전구간을 피한다.

㉧ 선명하고도 잦은 번개가 의미하는 것은 심한 뇌우일 가능성이 크다는 것을 명심한다.

㉨ 꼭대기가 35,000ft이거나 더 높은 뇌우를 눈으로 보았거나 레이더로 탐지했다면 아주 위험한 것임을 인지한다.

㉩ 빙결고도 이하 또는 −15° 이상의 고도라면 위험한 착빙을 피한다.

㉪ 최소 시간으로 뇌우구역을 통과하도록 침로를 계획한다.

㉫ 비행규정에 맞는 요란기류 속도를 준수한다.

㉬ 기상레이더를 위아래로 움직여 다른 뇌우를 확인한다.

㉭ AUTO PILOT 장치는 해제한다.

(2) 번개와 천둥

① 뇌우는 천둥(Thunder)이 동반된 폭풍우 현상으로 천둥은 번개(Lightning)에 의해 만들어지기 때문에 두 개의 현상은 같이 발생한다.

② 번 개

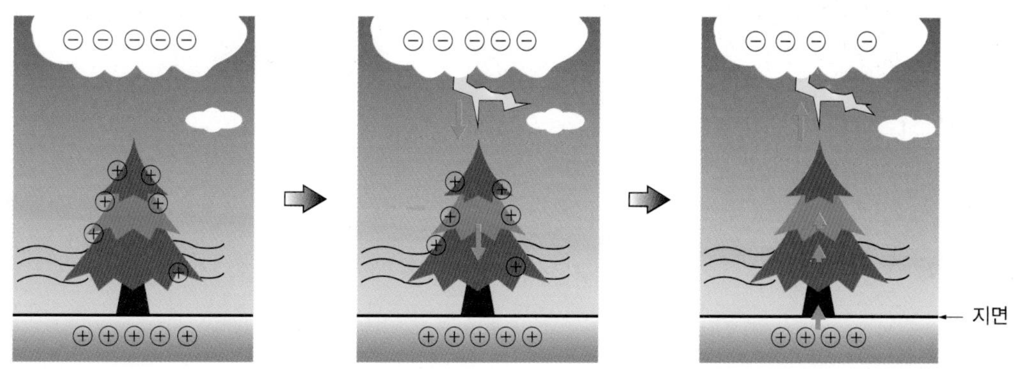

㉠ 번개는 적란운이 발달하면서 구름 내부에 축적된 음전하와 양전하 사이에서 또는 구름 하부의 음전하와 지면의 양전하 사이에서 발생하는 불꽃 방전이다.

㉡ 번개는 구름 내부, 구름과 구름 사이, 구름과 주위 공기 사이, 구름과 지면 사이의 방전을 포함하여 다양한 형태로 발생한다.

㉢ 번개의 발생 : 번개는 여러 가지 과정으로 일정한 공간 내에서 전하가 분리되고 큰 전하차가 있을 때 발생한다. 관측에 의하면 적란운 상부에는 양전하가, 하부에는 음전하가 축적되며, 지면에는 양전하가 유도된다. 적란운 속의 전하 분리에 의해 구름 하부에 음전하가 모이면 이 음전하의 척력과 인력에 의해 지면에 양전하가 모이게 된다. 지면의 양전하와 구름 하부의 음전하 사이에 전하차가 증가하면 구름 하부와 지면 사이에서 전기 방전, 즉 낙뢰 또는 벼락이 발생한다.

③ 천 둥

㉠ 번개가 지나가는 경로를 따라 발생된 방전은 수 cm에 해당하는 방전 통로의 공기를 순식간에 15,000~20,000℃ 정도까지 가열시킨다. 이러한 갑작스러운 가열로 공기는 폭발적으로 팽창되고, 이 팽창에 의해 만들어진 충격파가 그 중심에서 멀리 퍼져 나가면서 도중에 음파로 바뀌어 우리에게 천둥으로 들려온다.

㉡ 번개는 발생하는 순간 볼 수 있으나 음파의 속도는 빛의 속도보다 느리기 때문에 번개가 친 후 얼마 지나서 듣게 된다.

㉢ 번개가 치는 곳의 위치는 번개를 관측한 후 천둥소리가 들릴 때까지의 시간을 계산하여 대략적으로 알아낼 수 있다.

(3) 우 박

▮ 우 박

▮ 우박에 손상된 항공기[27]

① 우박의 정의 : 적운과 적란운 속에서의 상승 운동에 의해 빙정 입자가 직경 2cm 이상의 강수 입자로 성장하여 떨어지는 얼음 덩어리이다.

② 우박의 형성

㉠ 빙정 과정으로 형성된 작은 빙정 입자는 적란운 속의 강한 상승기류에 의해 더 높은 고도로 수송된다. 수송되는 과정에서 얼음 입자가 과냉각 수적과 충돌하면서 얼게 되는데 이러한 흡착 과정으로 빙정 입자는 성장한다. 이때 적란운 속의 상승기류가 구름 속에 떠 있는 빙정 입자를 지탱할 수 있을 정도로 충분히 강하다면 이 빙정 입자는 상당한 크기로 성장하여 우박이 된다.

---

27) http://blog.daum.net/kcgpr/8808039

㉡ 만약 이 상승기류가 충분히 강하다면 우박은 다시 적란운을 통하여 위쪽으로 옮겨지며, 지상으로 떨어질 정도로 커질 때까지 계속해서 성장한다. 우박은 강력한 상승기류가 있는 적란운의 정상 부근에서 적란운 밖으로 떨어질 수 있다.

(4) 태풍(열대성 저기압)

① 태풍의 정의

㉠ 북태평양 남서부 열대 해역(북위 5~25°와 동경 120~170° 사이)에서 주로 발생하여 북상하는 중심기압이 매우 낮은 열대성 저기압이다.

㉡ 중심부의 최대 풍속이 33m/s 이상일 때를 말한다.

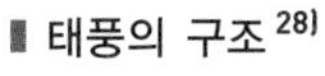
▮ 태풍의 구조 [28]

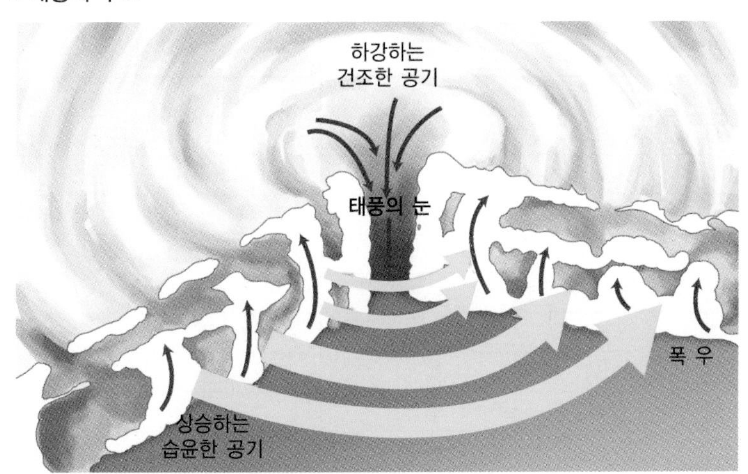

② **태풍의 종류** : 북태평양 남서부인 필리핀 부근 해역에서 발생하여 동북아시아를 내습하는 태풍(Typhoon), 서인도제도에서 발생하여 플로리다를 포함한 미국 동남부에 피해를 주는 허리케인(Hurricane), 인도양에서 발생하여 그 주변을 습격하는 사이클론(Cyclone), 호주 부근 남태평양에서 발생하는 윌리윌리 등은 열대성 저기압의 대표적인 것으로 폭풍우를 동반한다.

28) http://hopebridge.tistory.com/268

▮ 태풍의 지역별 이름 29)

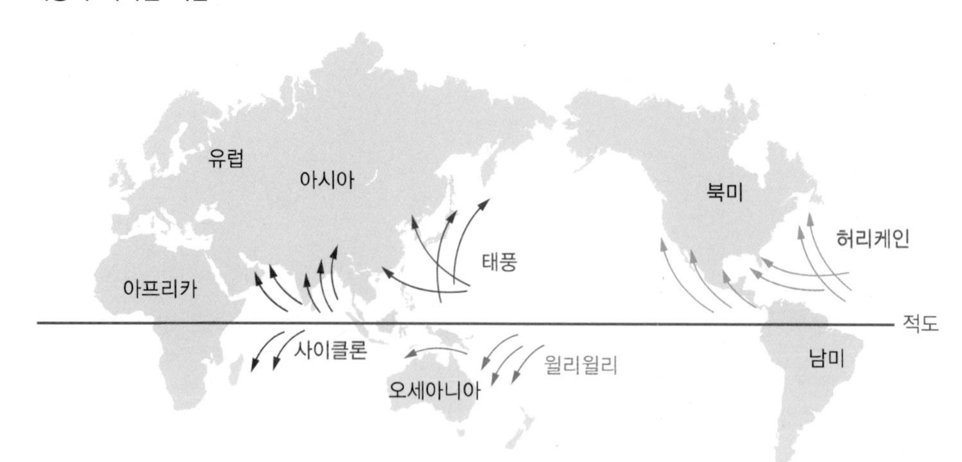

▮ 나라별 제출한 태풍 이름 30)

국가명	1조	2조	3조	4조	5조
캄보디아	담레이	콩레이	나크리	크로반	사리카
	보 파	크로사	마이삭	찬 투	네 삿
중 국	하이쿠이	위 투	펑 선	두쥐안	하이마
	우 쿵	하이옌	하이선	덴 무	하이탕
북 한	기러기	도라지	갈매기	무지개	메아리
	소나무	버 들	노 을	민들레	날 개
홍 콩	카이탁	마 니	풍 웡	초이완	망 온
	샨 샨	링 링	돌 핀	라이언록	바 냔
일 본	덴 빈	우사기	간무리	곳 푸	도카게
	야 기	가지키	구지라	곤파스	하 토
라오스	볼라벤	파 북	판 폰	참 피	녹 텐
	리 피	파사이	찬 홈	남테운	파카르
마카오	산 바	우 딥	봉 퐁	인 파	무이파
	버빙카	페이파	린 파	말 로	상 우
말레이시아	즐라왓	스 팟	누 리	멜로르	므르복
	룸비아	타 파	낭 카	므란티	마와르
미크로네시아	에위니아	피 토	실라코	네파탁	난마돌
	솔 릭	미 탁	사우델로르	라 이	구 촐
필리핀	말릭시	다나스	하구핏	루 핏	탈라스
	시마론	하기비스	몰라베	말라카스	탈 림

29) https://post.naver.com/viewer/postView.nhn?volumeNo=9330899&memberNo=1677427

30) http://typ.kma.go.kr/TYPHOON/index.jsp

국가명	1조	2조	3조	4조	5조
한 국	개 미	나 리	장 미	미리내	노 루
	제 비	너구리	고 니	메 기	독수리
태 국	쁘라삐룬	위 파	메칼라	니 다	꿀 랍
	망 쿳	람마순	앗사니	차 바	카 눈
미 국	마리아	프란시스코	히고스	오마이스	로 키
	우토르	마트모	아타우	에어리	비센티
베트남	손 띤	레끼마	바 비	꼰 선	선 까
	짜 미	할 롱	밤 꼬	송 다	사올라

③ 태풍의 발생 조건

㉠ 전향력이 적절히 큰 위도 5° 이상의 열대 해역에서 평균 해수면 온도가 26~27℃(26.5℃) 이상이어야 한다.

㉡ 대기 불안정이나 지면은 저기압이고 상층 대기는 고기압 상태 등을 유지해야 한다.

㉢ 수증기가 다량 포함된 불안정한 해상으로, 풍속이 상층으로 갈수록 크게 변동해서도 안 된다.

㉣ 우리나라의 경우 주로 7~8월경에 많이 발생하며, 북위 5~20°, 동경 110~180° 해역에서 연중 발생한다.

④ 태풍의 눈

㉠ 태풍의 중심부를 말하며 보통 직경이 약 20~40km이다.

㉡ 중심 부근에서는 기압경도력과 원심력이 커지므로 전향력과 마찰력도 함께 커지게 된다. 이로 인해 5m/s 이하의 미풍이 불게 되고 비도 내리지 않으며 날씨도 부분적으로 맑다.

⑤ 태풍의 진로

㉠ 저위도의 무역풍대에서는 서북서~북서진하고, 중・고위도에서는 편서풍을 타고 북동진한다.

㉡ 북태평양 고기압 가장자리를 따라 시계 방향으로 진행한다(북태평양 고기압의 위치, 세력의 변화에 따라 이동 방향과 속도가 결정됨).

㉢ 기압의 하강이 가장 심한 지역을 따라 진행하는 경향이 있다(전향점 부근에서는 잘 적용되지 않음).

㉣ 전선대나 기압골을 타고 진행하는 경향이 있다.

㉤ 저기압 상호 간에는 흡인하는 경향이 있다(앞쪽에 저기압이 있을 때 그 방향으로 전향함).

㉥ 고기압이 태풍의 전면에 위치하면 태풍의 속도는 느려지고 큰 각도로 전향하는 경우가 많다.

㉦ 태풍의 중심 추정 : 대양에서 바람을 등지고 양팔을 벌리면 북반구에서는 왼손 전방 약 23° 방향에 있다고 보는 바이스 발롯 법칙(Buys Ballot's Law)을 많이 이용한다.

▮ 우리나라에 영향을 주는 태풍의 진로

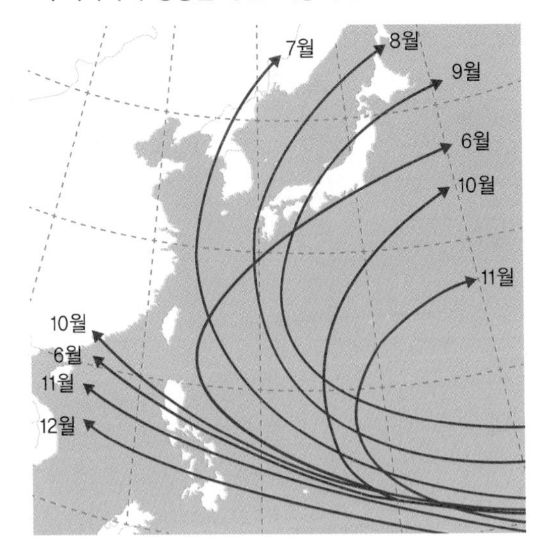

▮ 태풍 역내의 거리와 풍속의 분포

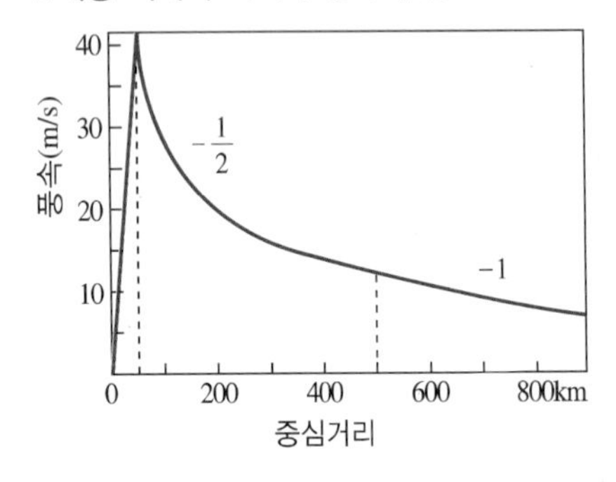

▮ 태풍 통과 시의 기압과 바람의 변화

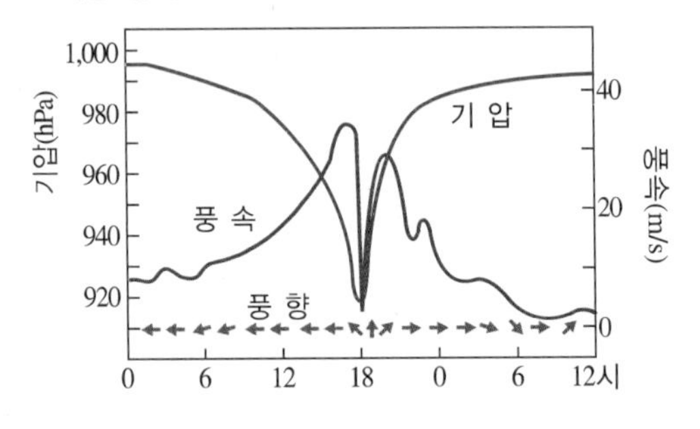

⑥ 위험 반원과 가항 반원(안전 반원)

㉠ 개 요

- 태풍 진행 방향의 오른쪽은 바람이 강해지고 왼쪽은 약해진다.
- 오른쪽 반원 : 태풍의 바람 방향과 바람의 이동 방향이 비슷하여 풍속이 증가한다.
- 왼쪽 반원 : 두 방향이 서로 반대가 되어 상쇄되므로 풍속이 감소한다.

㉡ 위험 반원 : 진행 방향의 오른쪽 반원이다.

- 왼쪽 반원에 비해 기압 경도가 크다.
- 풍파가 심하고 폭풍우가 일며 시정이 좋지 않다.

㉢ 가항 반원(안전 반원) : 진행 방향의 왼쪽 반원이다.

- 오른쪽 반원에 비해 기압 경도가 작다.
- 비교적 바람이 약하다.

▌위험 반원과 안전 반원

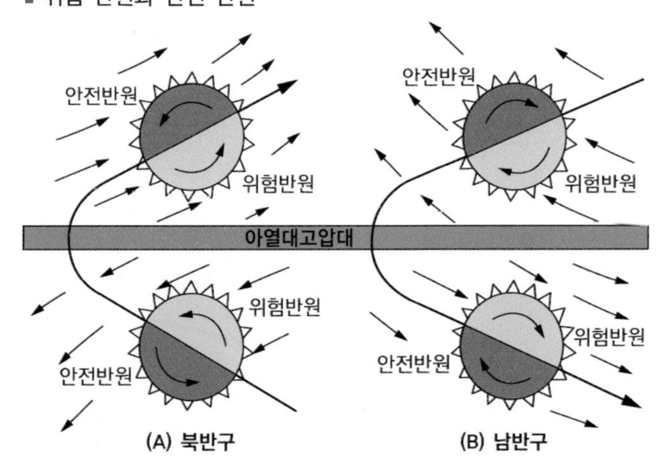

⑦ **태풍의 일생** : 태풍의 일생은 발생기, 발달기, 최성기, 쇠약기, 소멸기의 5단계이며 단계에 따라 태풍의 규모나 성질이 달라진다.

㉠ 발생기 : 회오리 시작

- 소용돌이가 태풍 강도에 도달하기 전까지의 단계이다.
- 중심기압은 1,000hPa 정도이다.
- 바람이 점차 강해지며 구름이 밀집하고 해상에 너울이 발생한다.

㉡ 발달기 : 중심기압 하강

- 중심기압이 최저가 되기 전 및 풍속이 최대가 되기 전까지의 단계이다.
- 소용돌이가 태풍으로 성장하거나 소멸된다.
- 성장하면 등압선이 거의 원형이고, 기압이 급격히 하강한다.
- 중심 부근에 두꺼운 구름띠가 형성되고, 태풍의 눈이 생성된다.
- 보통 서~북서쪽으로 20km/h 속도로 이동한다.

㉢ 최성기 : 바람이 강함

- 태풍이 가장 발달한 단계이다.
- 중심기압이 더 이상 하강하지 않는다.
- 풍속이 더 이상 증가하지 않는다.
- 폭풍 영역이 수평으로 확장되어 넓어진다.
- 막대한 공기 덩어리가 회오리 속으로 빨려 들어간다.
- 북쪽으로 이동하다가 편서풍대에 접어들면서 이동 속도가 급격히 증가한다.

㉣ 쇠약기 : 비가 강함

- 쇠약해져 소멸되거나 중위도 지방에 도달하여 온대저기압으로 변하는 시기이다.
- 전향점을 지나 북~북동쪽으로 이동하고 수증기의 공급이 급속히 감퇴한다.
- 중심기압이 점차 높아진다.
- 대칭성을 잃어버린다.

ⓜ 소멸기 : 온대성 저기압으로 전환되어 소멸됨

태풍은 육지에 상륙하면 급격히 쇠약해진다. 그 이유는 태풍의 에너지원은 따뜻한 해수로부터 증발되는 수증기가 응결할 때 방출되는 잠열이기 때문에, 동력이 되는 수증기(바닷물)의 공급이 중단되면서 점점 약해지는 것이다. 즉, 해수면 온도가 낮은 지역까지 올라오면 그 세력이 약해지며, 육지에 상륙하면 더욱 수증기를 공급받지 못하게 되고 에너지 손실이 커져서 빠른 속도로 약화된다.

▌태풍의 일생

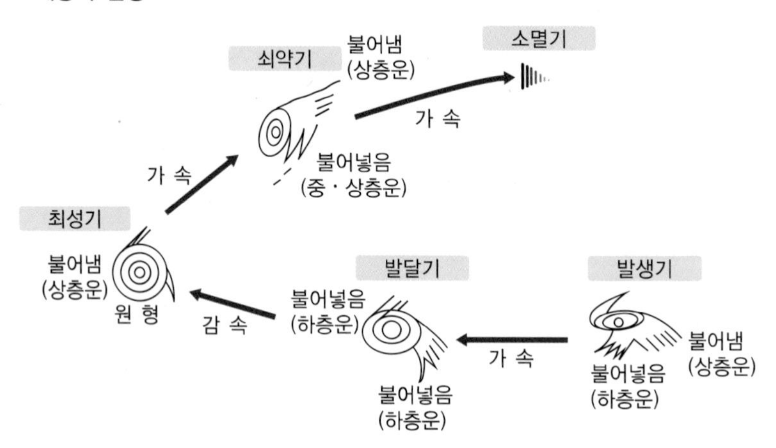

⑧ 태풍에 수반되는 현상

㉠ 풍 랑

- 태풍에 의해 강한 바람이 불기 시작한 지 약 12시간 후에 최고 파고에 가까워진다.
- 대체로 풍속의 제곱에 비례하지만 바람이 불어오는 거리에도 관계가 있으므로 비례상수는 장소에 따라 다르다.

㉡ 너 울

- 진행방향에 대해서 약간 오른쪽으로 기울어진 부분에서 가장 잘 발달한다.
- 너울의 전파속도는 파장이 긴 것일수록 빨리 전해진다.
- 너울의 진행속도는 보통 태풍 진행속도의 2~4배이고, 태풍보다도 너울이 선행하여 연안지방에 여러 가지의 태풍 전조현상을 일으킨다.

㉢ 고조(폭풍해일) : 동해안에서는 태풍의 중심이 남해안이나 서해안에 상륙하여 동해쪽으로 이동하고 있어서 강한 북동 또는 동풍계의 바람이 불 때나 태풍이 동해 해상에 있을 때 나타난다. 또한 남해안이나 서해안에서는 태풍의 중심이 해안에 상륙할 무렵이나 상륙 후 해안 쪽에 직각으로 강한 바람이 불어올 때 잘 나타나서 연안지방에 큰 피해를 준다.

㉣ 구 름

- 털구름이 생성되어 온 하늘로 퍼짐
- 구름이 빠르며, 습기가 많고 무덥다.

⑨ 우리나라의 태풍

㉠ 우리나라 주변은 7, 8, 9월에 가장 많이 통과한다.

㉡ 북태평양 고기압의 영향으로 북서쪽으로 진행하다가 북동쪽으로 전향한다(80%).

㉢ 이동 속도는 전향하기 전에는 느리다가 전향하고 난 뒤에는 빨라진다.

㉣ 진행 방향의 오른쪽인 위험반경에 자주 드는 남해안, 동해안의 태풍 피해가 빈번하다.

▮ 태풍의 일반 경로

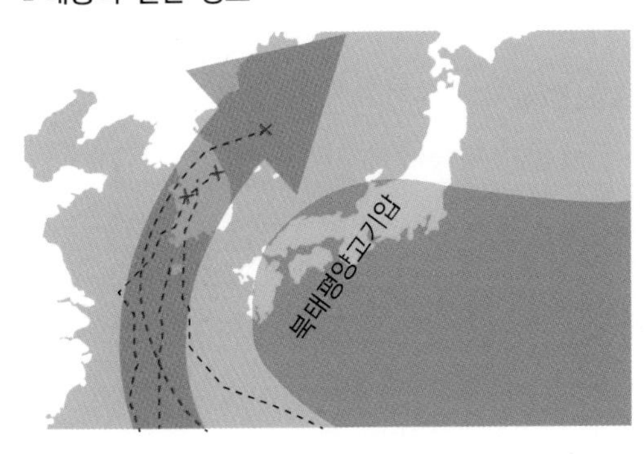

⑩ 태풍 피해 최소화 방법

㉠ 북태평양에서 발생하는 열대저기압을 감시한다.

㉡ 진로와 세기를 추적, 예보 가능한 조기예보체제를 구축하여 조기에 대처한다.

㉢ 태풍피해 방제시설을 완비한다.

(5) 난류(Turbulence)

① 난류의 특징

㉠ 난류는 지표면의 부등가열과 기복, 수목, 건물 등에 의하여 생긴 회전기류와 급변하는 바람의 결과로 불규칙한 변동을 하는 대기의 흐름을 뜻한다.

㉡ 난류는 시·공간적으로 여러 규모의 것이 있는데, 바람이 강한 날 운동장에서 맴도는 조그만 소용돌이부터 대기 상층의 수십 km에 달하는 난류가 있으며, 시간적으로도 수 초에서 수 시간까지 분포한다. 지상에는 난류가 스콜(Squall)이나 돌풍(Gust) 등에서 나타난다.

㉢ 난류를 만나면 비행 중인 항공기는 동요하게 된다.

② 난류 발생의 역학적 요인

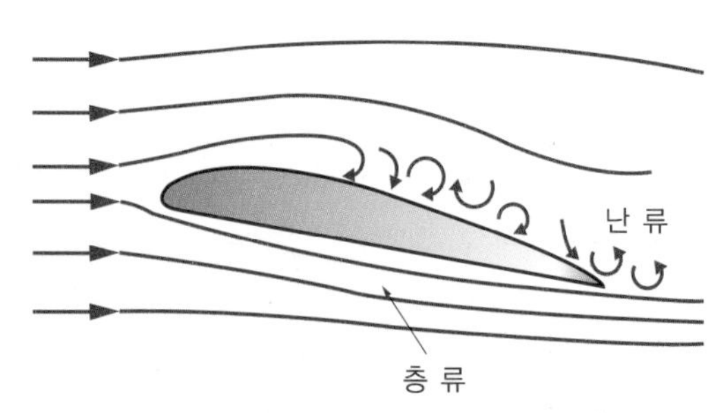

㉠ 수평기류가 시간적으로 변하거나 공간적인 분포가 다를 경우, 윈드시어(Wind Shear)가 유도되고 소용돌이가 발생하며, 지형이 복잡한 하층에서부터 윈드시어가 큰 상층까지 발생할 가능성이 크다.

㉡ 열역학적 요인으로는 공기의 열적인 성질의 변질 및 이동으로 현저한 상승하강기류가 존재할 때 난류가 발생하며, 열적인 변동이 큰 대류권 하층에서 빈번하다.

㉢ 열과 수증기를 상층으로 이동시키는 역할을 하며 난류가 강하면 공기층 내에서 상하의 혼합이 잘된다.

③ 난류의 강도

㉠ 난류의 강도는 객관적으로 결정하기는 곤란하나, 수직방향 가속도의 정도는 중력가속도를 사용하여 표시한다.

㉡ 비행기가 받는 충격은 비행기의 속도와 크기, 중량, 안정도 등의 특성에 좌우된다.

④ 난류의 종류

㉠ 대류에 의한 난류(Convective Turbulence) : 대류권 하층의 기온 상승으로 대류가 일어나면, 더운 공기가 상승하고, 상층의 찬 공기는 보상류로서 하강하는 대기의 연직 흐름이 생겨 난류가 발생된다.

㉡ 기계적 난류(Mechanical Turbulence)

- 지면이 거칠거나 장애물의 마찰 때문에 바람의 경사나 풍속의 차이가 크게 나타난다.
- 바람이 산, 언덕, 절벽, 건물 등을 넘어서 부는 경우 생기는 일련의 소용돌이(Eddy) 즉, 불규칙한 흐름을 말한다.

▮ 기계적 난류의 예[31)]

31) http://blog.daum.net/kcgpr/8808039

ⓒ 항적에 의한 난류(Vortex Wake Turbulence)

- 비행 중인 여러 비행체의 후면에서 발생하는 소용돌이를 말하며, 인공 난류(Man-made Turbulence)라고도 한다.
- 대형 항공기가 이착륙한 직후의 활주로에는 많은 소용돌이가 남아 있게 되며, 만일 이런 상태가 존속할 경우 이착륙하는 소형 항공기는 그 영향을 받게 된다.

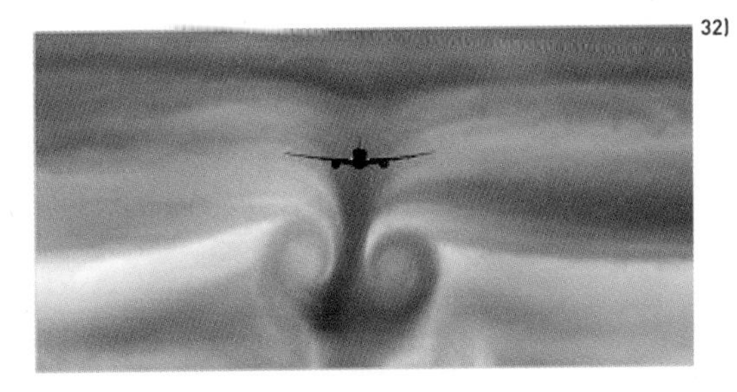
[32]

(6) 윈드시어(Wind Shear)

① 윈드시어의 특징

㉠ 윈드시어는 Wind(바람)와 Shear(자르다)가 결합된 용어로, 바람 진행 방향에 대한 수직 또는 수평 방향의 풍속 변화이며, 풍속, 풍향이 갑자기 바뀌는 돌풍 현상을 가리킨다.

[33]

㉡ 윈드시어는 수평거리에 따른 바람의 변화인 수평 윈드시어, 연직거리에 따른 바람의 변화로 나타나는 연직 윈드시어가 있으며, 두 가지 현상이 동시에 결합하여 나타나기도 한다.

32) http://www.wasco.co.kr/bbs/zboard.php?id=report&page=50&sn1=&divpage=1&sn=off&so=on&sc=on&select_arrange=hit&desc=desc&no=1025&PHPSESSID=07e423b8aa7bfb82d68a06d486f26c08
http://www.fotothing.com/hsk2012/photo/5a2feeee8509e5d2699dd0f24db782c6/

33) https://blog.naver.com/great_air/220963071745

② 윈드시어의 발생원인, 유의사항

㉠ 서로 다른 공기덩이의 경계에서 생기는 기단 전선면 전후 또는 해륙풍이 부는 곳에서 해풍과 육풍이 바뀌는 시점에서 발생한다.

㉡ 장애물이나 지형에 의한 풍향·풍속 변환 지점, 대기 하층의 강풍으로 인한 저층 제트 윈드시어와 심한 기온역전에 의해서 발생한다.

㉢ 적란운 밑에서 지상까지 강한 하강기류가 지표에 부딪쳐 사방으로 발산되면서 생기는 돌풍 현상인 마이크로버스트(Microburst)로 인해 발생한다.

㉣ 고지대 산주변에 주로 발생(한라산, 후지산 등)

㉤ 착륙 시 양쪽 활주로 끝 모두가 배풍을 지시하면 저고도 Wind Shear로 인식하고 복행을 실시해야 한다.

CHAPTER
10 기상관측과 전문(METAR)

01 기상예보, 항공기상보고(METAR / TAF), 항공안전정보

(1) 기상예보

① 비행 전 필수적으로 확인하여야 될 사항 중 하나는 비행하고자 하는 지역에 해당하는 기상정보를 미리 입수하는 것이다.

② 기상에 관한 정보를 제공하는 기관은 기상청(www.kma.go.kr)과 항공기상청(amo.kma.go.kr) 등이 있지만, 비행장치 운용자들이 손쉽게 이용할 수 있는 것은 기상청에서 운용하고 있는 디지털예보이다.

③ 디지털예보

㉠ 디지털예보는 한반도와 그에 따른 해상을 중심으로 생산한 예보를 디지털화하여 제공하는 서비스로 시공간적으로 구체적인 숫자, 문자, 그래픽, 음성 형태로 '언제, 어디에, 얼마나'와 같이 다양하고 상세한 예보정보를 제공하는 새로운 개념의 일기예보체계이다.

㉡ 기존의 예보가 시, 도, 군 단위의 예보구역별로 생산되던 것을 디지털예보에서는 읍, 면, 동의 행정구역별로 3시간 간격의 상세예보로 정량화하여 제공된다. 이렇게 제공되는 상세한 예보는 다양한 기상정보로서 활용될 수 있다.

(2) 항공기상보고

① 항공정기기상보고(METAR)

㉠ 정시 10분 전에 1시간 간격으로 실시하는 관측이다(지역항공항행협정에 의거 30분 간격으로 수행하기도 함 예 인천).

㉡ 보고형태, ICAO 관측소 식별문자, 보고일자 및 시간, 변경 수단, 바람 정보, 시정, 활주로 가시거리, 현재 기상, 하늘 상태, 온도 및 노점, 고도계, 비고(Remarks)가 포함된다.

㉢ 비행장 밖으로 전파한다.

② 특별관측보고(SPECI)

㉠ 정시관측 외 기상현상의 변화가 커서 일정한 기준에 해당할 때 실시하는 관측・보고이다.

㉡ 비행장 밖으로 전파한다.

③ 사고관측・보고(Accident Observation & Report) : 항공기의 사고를 목격하거나 사고 발생을 통지 받았을 때 정시 관측의 모든 기상요소에 대하여 행하는 관측으로 모든 계기기록에 시간을 표시해야 한다.

(3) 터미널공항예보(TAF)

① 어떤 공항에서 일정한 기간 동안에 항공기 운항에 영향을 줄 수 있는 지상풍, 수평 시정, 일기, 구름 등의 중요 기상 상태에 대한 예보이다.

② 특정 시간(일반적으로 24시간) 동안의 공항의 예측된 기상 상태를 요약한 것으로 목적지 공항에 대한 기상정보를 얻을 수 있는 주요 기상정보 매체이다.

③ TAF는 METAR 전문에서 상용된 부호를 사용하고, 일반적으로 1일 네 차례(0000Z, 0600Z, 1200Z, 1800Z) 보고된다.

(4) 항공안전정보

① 우리나라의 항공정보업무 관련 담당기관

㉠ 항공정책실

㉡ 서울지방항공청(항공정보과, 인천국제공항 비행정보실, 김포공항 비행정보실, 기타 지방공항출장소)

㉢ 부산지방항공청(항공관제국, 김해공항 비행정보실, 제주공항 비행정보실, 기타 지방공항출장소)

㉣ 항공교통관제소(항공정보과, 항공관제과, 통신전자과, 운영지원과)와 각 항공교통관제소 등

② 항공정보출판물

㉠ 항공정보간행물(AIP ; Aeronautical Information Publication) : 우리나라 항공정보간행물은 한글과 영어로 된 단행본으로 발간되며, 국내에서 운항되는 모든 민간항공기의 능률적이고 안전한 운항을 위하여 영구성 있는 항공정보를 수록하고 있다.

㉡ 항공정보간행물 보충판(AIP SUP) : 장기간의 일시 변경(3개월 또는 그 이상)과 내용이 광범위하고 도표 등이 포함된 운항에 중대한 영향을 끼칠 수 있는 정보를 항공정보간행물 황색 용지를 사용하여 보충판으로 발간한다.

㉢ 항공정보회람(AIC ; Aeronautical Information Circular) : 항공정보회람은 AIP나 NOTAM으로 전파될 수 없는 주로 행정사항에 관한 항공정보를 제공한다.

㉣ AIRAC(Aeronautical Information Regulation & Control) : 운영방식에 대한 변경을 필요로 하는 사항을 공통된 발효일자를 기준하여 사전 통보하기 위한 체제(및 관련 항공고시보)를 의미하는 약어이다.

㉤ 항공고시보(NOTAM) : 유효기간 3개월

- 직접 비행에 관련 있는 항공정보(일시적인 정보, 사전 통고를 요하는 정보, 항공정보간행물에 수록되어야 할 사항으로서 시급한 전달을 요하는 정보)를 전달하고자 할 때 발행한다.
- 각 항공고시보는 매년 새로운 일련번호로 발행하며, 현재 유효한 항공고시보의 확인을 위한 항공고시보 대조표는 매달 첫날에 발행하고, 평문으로 작성된 월간 항공고시보 개요서는 매월 초순에 발행한다.
- 우리나라의 항공고시보는 직접 비행에 관련 있는 일시적인, 사전통고를 요하며, 항공정보간행물에 수록되어야 할 사항으로서 시급한 전달을 요하는 정보를 담고 있다. 또한 NOTAM의 접수 및 발행 등의 관련 업무는 항공교통관제소 항공정보과에서 수행하고 있다.

■ AIP [34)]

■ NOTAM [35)]

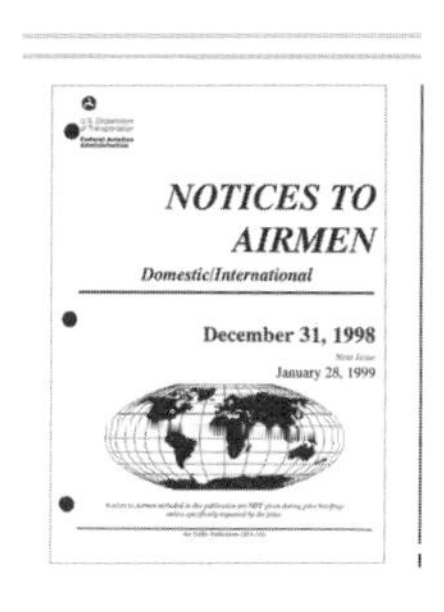

■ NOTAM

NOTAM

Number :	FDC 1/2070 Download shapefiles
Issue Date :	September 21, 2011 at 2019 UTC
Location :	NE OF LAVA HOT SPRINGS, Idaho near POCATELLO VOR/DME (PIH)
Beginning Date and Time :	September 22, 2011 at 1400 UTC
Ending Date and Time :	September 22, 2011 at 2200 UTC
Reason for NOTAM :	Temporary flight restrictions
Type :	Hazards
Replaced NOTAM(s) :	N/A
Pilots May Contact :	SALT LAKE (ZLC) Center, 801-320-2560

Jump To: **Affected Areas**
Operating Restrictions and Requirements
Other Information

Affected Area(s) Top

Airspace Definition:

Center: On the POCATELLO VOR/DME (PIH) 100 degree radial at 27.7 nautical miles. (Latitude: 42°39'47"N, Longitude: 112°05'28"W)
Radius: 2 nautical miles
Altitude: From the surface up to and including 7000 feet MSL

Effective Date(s):

From September 22, 2011 at 1400 UTC
To September 22, 2011 at 2200 UTC

Click for Sectional
NOTAM Text

```
                                              C3875/12 REVIE
HOT AIR BALLOONS (MAX 15)
WILL BE OPERATING WI 15NM RADIUS OF LAKE CULLERAINE
APRX 25NM WEST OF MILDURA
SFC TO 5000FT AMSL
FROM 06 301035 TO 07 080800
HJ

                                                        C39(
YWST NDB 127 AIP DEP AND APCH (DAP) EAST
INSERT 2500 IN 25NM MSA BETWEEN B-180 AND B-270
FROM 07 020131 TO PERM

                                                        C39:
TEMPO DANGER AREA ACT
IN CLASS G AIRSPACE AT LAKE CULLERAINE VICTORIA
DUE TO GRANT MCHERRONS FIRST BALLOON SOLO FLIGHT
WI THE LATERAL LIMITS BOUNDED BY A CIRCLE OF 15NM
RADIUS CENTRED ON S34 16.2 E141 35.6
SFC TO 5000FT AMSL
FROM 07 032100 TO 07 040030

CONGRATULATIONS ON YOUR FIRST SOLO GRANT!
FROM TEAM PCDU

                                                        C39:
AUSOTS GROUP A DOMESTIC FLEX TRACKS ACT
```

KTOA ZAMPERINI FIELD

```
FDC 8/8053 - FI/P ZAMPERINI FIELD, TORRANCE, CA.
   ILS OR LOC RWY 29R, AMDT 2A...
     LOS ANGELES ALTIMETER SETTING MINIMUMS:
     S-ILS 29R CATS A/B DA 405/HAT 308.  VISIBILITY CATS A/B 1.
     CATS C/D NA.
     S-LOC 29R CATS A/B MDA 660/HAT 563.  VISIBILITY CATS A/B 1.
     CATS C/D NA.
     CIRCLING CATS A/B MDA 660/HAA 557. VISIBILITY CATS A/B 1.
     CATS C/D NA.
   THIS IS ILS OR LOC RWY 29R, AMDT 2B. WIE UNTIL UFN. CREATED: 05 NOV 16:28
2008
```

34) http://blog.naver.com/ijcho99/220474813984

35) http://navyflightmanuals.tpub.com/P-1244/Figure-2-Civilian-Notices-To-Airmen-274.htm

PART 03

적중예상문제

01 다음 대기권 중 기상 변화가 일어나는 층으로 고도가 증가함에 따라 온도의 감소가 일어나는 층은?

① 성층권
② 열 권
③ 외기권
④ 대류권

해설
대부분의 구름이 대류권에 존재하며, 기상 변화는 대류권에서만 일어난다. 이러한 현상은 지표에서 복사되는 열로 인하여 고도가 높아짐에 따라 기온이 감소되는 음(−)의 온도 구배(온도 기울기)가 형성되기 때문이다.

02 다음 중 대기권을 고도에 따라 높은 곳부터 낮은 곳까지 순서대로 바르게 나열한 것은?

① 대류권 – 성층권 – 열권 – 중간권 – 외기권
② 외기권 – 열권 – 중간권 – 성층권 – 대류권
③ 외기권 – 대류권 – 중간권 – 성층권 – 열권
④ 대류권 – 외기권 – 성층권 – 중간권 – 열권

해설
대기권은 대체로 몇 개의 권역으로 구분되며 대기권의 순서는 지표면으로부터 고도가 낮은 곳에서 높아지는 방향으로 나열하면 대류권, 성층권, 중간권, 열권, 외기권으로 구분한다.

1 ④ 2 ② 정답

03 다음 대기권 중 지구 표면으로부터 형성된 공기의 층으로 끊임없이 공기 부력에 의한 대류 현상이 나타나는 층은?

① 성층권
② 대류권
③ 중간권
④ 열 권

해설

대류권은 지구 표면으로부터 형성된 공기의 층으로 고도가 증가함에 따라 온도의 감소가 발생하며, 공기 부력에 의한 대류 현상이 나타난다. 대류권의 공기는 수증기를 포함하며, 지구상의 지역에 따라서 0~5%까지 분포한다. 대기 중의 수증기는 응축되어 안개, 비, 구름, 얼음, 우박 등의 상태로 존재할 수 있으며 작은 비중을 차지하더라도 기상 현상에 매우 중요한 요소이다.

04 다음 중 태양이 방출하는 자외선에 의해 대기가 전리되어 밀도가 커지는 층은?

① 대류권계면
② 성층권
③ 전리층
④ 외기권

해설

전리층(Ionosphere)은 열권 중 태양이 방출하는 자외선에 의해 대기가 전리되어 밀도가 커지는 층이다. 또한 전파를 흡수하거나 반사하는 작용을 함으로써 무선통신에 많은 영향을 미친다.

05 대류권 내에서 1,000ft 상승할 때마다 평균적으로 감소하는 온도는?

① 1℃
② 2℃
③ 3℃
④ 4℃

해설

고도가 상승함에 따라 일정비율로 기온이 감소한다. 표준 기온(15℃, 59°F)에서 기온의 감소율은 1,000ft당 평균 2℃이다.

정답 3 ② 4 ③ 5 ②

06 다음 날씨를 구성하는 요소 중 기상의 7대 요소에 속하는 것은?

① 기온 · 기압 · 바람 · 습도 · 구름 · 강수 · 시정
② 일조시간 · 기온 · 기압 · 습도 · 강수 · 대기
③ 윤량 · 기온 · 기압 · 바람 · 습도 · 일조량 · 난기류
④ 대기 · 기온 · 기압 · 습도 · 강수 · 일조시간 · 전선

해설

기상을 나타내는 데 필요한 7대 요소는 기온 · 기압 · 바람 · 습도 · 구름 · 강수 · 시정이다.

07 다음 중 우리나라에서 평균 해수면을 기준으로 수준원점을 정하는 기준이 되는 지역은?

① 인천만
② 진해만
③ 광양만
④ 천수만

해설

표고와 고도는 평균 해수면을 기준으로 삼는다. 그러나 바닷물의 높이는 동해, 서해, 남해 등에 따라 다르고, 밀물과 썰물에 따라 달라지기 때문에, 바닷물의 높이는 항상 변화한다. 따라서 0.00m는 실제로 존재하지 않으므로 수위 측정소에서 얻은 값을 육지로 옮겨와 고정점을 정하게 된다. 이를 수준원점이라 한다. 우리나라는 1916년 인천 앞바다의 평균 해수면을 기준으로 인하대학교 교내에 수준원점을 정하였다.

08 해수면 고도에서의 표준 기온 및 기압이 바르게 나열된 것은?

① 15℃, 29.92inHg
② −56.5℃, 1,013.25hPa
③ 15°F, 1,013.25hPa
④ −56.5℃, 29.92inHg

해설

해수면 고도에서의 표준 기온 및 기압

- 해면 기압 : 1,013.25hPa = 760mmHg = 29.92inHg
- 해면 기온 : 15℃ = 59°F

6 ① 7 ① 8 ① 정답

09 다음 중 표준 대기를 구성하고 있는 기체성분으로 옳은 것은?

① 산소 78% - 질소 21% - 기타 1%

② 산소 49% - 질소 50% - 기타 1%

③ 산소 21% - 질소 1% - 기타 78%

④ 산소 21% - 질소 78% - 기타 1%

해설

대기는 지구를 중심으로 둘러싸고 있는 각종 가스의 혼합물로 구성되어 있다. 표준 대기의 혼합기체 비율은 78%의 질소, 21%의 산소, 1%의 기타 성분(0.93%의 아르곤, 0.04%의 이산화탄소 및 0.03%의 소량의 탄산가스와 수소)으로 구성되어 있다.

10 대기를 구성하고 있는 공기의 체적비 중 질소의 비율은?

① 0.8%

② 21%

③ 60%

④ 78%

해설

해면 고도(Sea Level)에서 대기를 구성하고 있는 공기의 체적비

78%의 질소, 21%의 산소, 0.93%의 아르곤, 0.04%의 이산화탄소 및 기타 0.03%(소량의 탄산가스와 수소)로 구성되어 있다.

11 다음 중 표준 대기(Standard Atmosphere)에 해당되지 않는 것은?

① 온도 15℃

② 압력 760mmHg

③ 압력 1,053.2mb

④ 온도 59°F

해설

해수면 고도에서의 표준 기온 및 기압

- 해면 기압 : 1,013.25hPa = 760mmHg = 29.92inHg
- 해면 기온 : 15℃ = 59°F

정답 9 ④ 10 ④ 11 ③

12 다음 중 기상의 모든 물리적 현상을 일으키는 원인으로 옳은 것은?

① 운량과 운형
② 기압의 변화
③ 열 교환
④ 풍속과 풍향

해설

지구를 둘러싸고 있는 대기의 기류(Current)는 일정 지역에 정체되어 있기보다는 특정한 형태(Patterns)를 갖추고 지구 주위를 끊임없이 순환하고 있다. 대기의 순환 원인은 태양으로부터 받아들이는 태양에너지(Sun Energy)에 의한 지표면의 불규칙한 가열(Uneven Heating) 때문이다.

13 대기의 열운동 중 물체로부터 방출되는 전자파를 총칭하는 것은?

① 전도(Conduction)
② 대류(Convection)
③ 이류(Advection)
④ 복사(Radiation)

해설

물체로부터 방출되는 전자파를 총칭하여 복사라고 한다. 전자기파에 의한 에너지 전달 방법으로서, 전도, 대류 및 이류와는 달리 에너지가 이동하는 데 매체를 필요로 하지 않는다.

14 다음 중 대기의 구성에 대한 설명으로 틀린 것을 고르면?

① 대기는 지표면으로부터 고도가 높아지는 방향으로 대류권, 성층권, 중간권, 열권, 외기권으로 구분한다.
② 대류권과 성층권 사이를 열권이라 하며, 이곳에는 제트기류가 흐른다.
③ 표준 대기압에 의한 압력 고도가 0이 되는 기준 고도를 해면 고도라고 한다.
④ 공기의 기본 성질로는 압력, 밀도, 비체적, 비중량, 비중을 들 수 있다.

해설

대류권과 성층권 사이를 대류권계면(17km 내외)이라 하며, 이곳에는 제트기류가 흐른다. 공기의 기본 성질로는 압력, 밀도, 비체적, 비중량, 비중을 들 수 있으며, 공기의 유동 특성으로는 점성과 압축성을 들 수 있다.

12 ③ 13 ④ 14 ② 정답

15 공기가 냉각되어 상대습도가 100%일 때 포화상태가 되는 기온은?

① 결빙기온
② 상대기온
③ 절대기온
④ 이슬점(노점)기온

해설
- 상대기온 : 매월 평균 기온 중 최한월 기온차를 연교차에 대한 백분율로 나타낸 것
- 결빙기온 : 영하에서 어는 기온
- 절대기온 : 켈빈온도라고도 하며 절대온도(K) = 섭씨온도(℃) + 273.15

16 지구에 대한 설명으로 적합한 것은?

① 지축의 경사는 23.5°이다.
② 지구 표면은 약 80%가 물이다.
③ 지구의 형태는 완전한 원형이다.
④ 지구 표면은 약 80%가 육지이다.

해설
지구는 약 70.8%가 물로 구성되어 있으며, 원형이 아닌 타원체이다.

17 기온체감률이 2℃/km 이하인 층이 적어도 2km 이상인 층의 최저 고도를 나타내는 것은?

① 대류권
② 대류권계면
③ 성층권계면
④ 성층권

해설
대류권계면은 대류권의 상부한계로서 성층권과의 경계면으로 그 높이는 계절과 위도 그리고 대기온란에 따라 변한다. 기온체감률이 2℃/km로 거의 없다.

정답 15 ④ 16 ① 17 ②

18 **평균 해수면은 각 나라마다 수준원점을 정해 놓는데, 우리나라의 경우 수준원점은 어디를 기준으로 하는가?**

① 아산만 ② 순천만
③ 인천만 ④ 강화만

해설
평균 해수면은 유체가 평형을 이루었을 때를 가정하며 그 높이가 0m이다. 각 나라마다 해수면에 대한 수준점을 정해 놓는데 우리나라의 경우 인하대에 있고, 인하대 수준원점 높이가 26.6871m이다.

19 **사계절의 변화에 영향을 주는 지구의 회전운동은 무엇인가?**

① 자 전 ② 공 전
③ 전향력 ④ 원심력

해설
지구 자전은 낮과 밤을, 공전은 사계절을 형성한다.

20 **다음 지역 중 우리나라 평균 해수면 높이를 인천 앞바다의 평균 해수면을 0m로 선정하여 수준원점이 정해져 있는 곳은?**

① 부산대학교 교내 ② 순천대학교 교내
③ 인하대학교 교내 ④ 광양만 원광대학교 교내

해설
수준원점은 인하대학교 교내에 위치하며 그 높이는 26.6871m이다.

18 ③ 19 ② 20 ③ 정답

21 천체의 남북을 잇는 고정된 회전축 주위를 1일 주기로 회전하는 것은?

① 자 전
② 공 전
③ 원심력
④ 전향력

22 공기부력에 의한 대류현상이 나타나며 이 때문에 주요 기상 변화 현상이 발생하는 대기의 층은?

① 대류권
② 열 권
③ 성층권
④ 중간권

해설

지구의 대부분 기상 변화 현상은 대류권에서 발생한다.

23 다음 중 착빙의 종류가 아닌 것은?

① 지형성 착빙
② 혼합 착빙
③ 거친 착빙
④ 맑은 착빙

해설

착빙은 구름 속의 수적 크기, 개수 및 온도에 따라 맑은 착빙(Clear Icing), 거친 착빙(Rime Icing), 혼합 착빙(Mixed Icing)으로 분류된다. 맑은 착빙은 수적이 크고 주위 기온이 −10∼0℃인 경우에 항공기 표면을 따라 고르게 흩어지면서 천천히 결빙된다. 거친 착빙은 수적이 작고 기온이 −20∼−15℃인 경우에 작은 수적이 공기를 포함한 상태로 신속히 결빙하여 부서지기 쉽다. 혼합 착빙은 −15∼−10℃ 사이인 적운형 구름 속에서 자주 발생하며 맑은 착빙과 거친 착빙이 혼합되어 나타나는 착빙이다.

정답 21 ① 22 ① 23 ①

24 다음 중 착빙구역에 대한 설명 중 틀린 것은?

① 과냉각수를 포함한 적운층을 비행할 때 수적운이 기체에 얼어붙는 현상이다.
② 공기역학 특성이 저하되어 양력이 감소하고 항력은 증가한다.
③ 층운형 구름 속에서 강한 착빙이 일어난다.
④ 착빙의 85%는 전선면에서 발생한다.

해설
과냉각수를 포함한 적운층을 비행할 때 수적운이 기체에 얼어붙는 현상을 착빙이라고 한다.

25 착빙(Icing)에 관한 설명으로 옳지 않은 것은?

① 항력은 증가한다.
② 항공기 표면에 자유대기 온도가 0℃ 미만이어야 한다.
③ 전선면에서 온난공기가 상승 후 빙결고도 이하의 온도에서 냉각 시 과냉각된 물방울에 의해 착빙된다.
④ Icing(착빙 현상)은 지표면의 기온이 낮은 겨울철에만 조심하면 된다.

해설
착빙은 0℃ 이하의 대기에서 발생하며 추운 겨울철에만 발생하는 것은 아니다. 기온의 일교차가 심한 경우에 주로 발생할 수 있다. 또한 날개 끝이나 항공기 표면의 착빙은 이륙 전 항공기 조작에 영향을 주게 되고 안정판이나 방향타 등에 착빙이 생기면 조작 방해를 받게 되므로 항상 조심해야 한다.

26 서리가 비행에 위험 요소로 고려되는 이유는 어느 것인가?

① 항공기가 빙점 이하의 낮은 기온 층으로부터 급속히 고온다습한 층으로 비행하여 갈 때 발생한다.
② 서리는 풍판의 기초 항공역학적 형태를 변화시켜 양력을 감소시킨다.
③ 서리는 유연한 공기흐름을 방해하여 공기속도를 감소시킨다.
④ 서리는 풍판 상부의 공기흐름을 느리게 하여 항력을 감소시킨다.

해설
서리(Frost)는 겨울철 아침에 지표면에서 볼 수 있는 것과 같으며 이것은 항공기가 빙점 이하의 낮은 기온 층으로부터 급속히 고온다습한 층으로 비행하여 갈 때 발생한다. 서리는 날개의 공기역학적 모양을 변화시키지는 않지만, 유연한 공기흐름을 방해하여 공기속도를 감소시킨다.

24 ③ 25 ④ 26 ③ **정답**

27 대기 중에 기체로 존재하는 수증기인 습도의 양이 달라지는 가장 큰 원인을 고르면?

① 지표면 물의 양
② 바람의 세기
③ 기압의 상태
④ 온 도

해설
습도란 대기 중에 기체로 존재하는 수증기의 양을 나타내는 말이다. 일정한 온도와 체적 내에 함유되는 수증기량은 한정된다. 수증기량이 이 한계에 달할 때 그 공기는 포화되었다고 한다. 단위 체적의 공기는 온도에 따라 수증기를 최대로 함유할 수 있는 양이 달라지며 고온일수록 함유량은 증가된다.

28 단위 부피당 수증기의 질량을 나타내는 용어는?

① 승 화
② 과냉각수
③ 상대습도
④ 절대습도

해설
절대습도(Absolute Humidity)는 대기 중에 포함된 수증기의 양을 표시하는 방법으로 단위 부피당 수증기의 질량을 말한다. 공기 $1m^3$ 중에 포함된 수증기의 양을 g으로 나타낸다.

29 0℃ 이하의 온도에서 응축되거나 액체 상태로 지속되어 남아 있는 물방울로 항공기의 착빙(Icing) 현상을 초래하는 원인은?

① 이슬(Dew)
② 응축핵
③ 과냉각수(Supercooled Water)
④ 서리(Frost)

해설
과냉각수(Supercooled Water)는 0℃ 이하의 온도에서 응축되거나 액체 상태로 지속되어 남아 있는 물방울이다. 과냉각수가 노출된 표면에 부딪힐 때 충격으로 인하여 결빙될 수 있는데 이는 항공기의 착빙(Icing) 현상을 초래하는 원인이다.

정답 27 ④ 28 ④ 29 ③

30 지표면 가까이에 있는 풀이나 지물(地物)에 공기 중의 수증기가 응결하여 붙어 있는 현상은?

① 이슬(Dew)
② 응축핵
③ 과냉각수(Supercooled Water)
④ 서리(Frost)

해설
이슬(Dew)은 바람이 없거나 미풍이 존재하는 맑은 야간에 복사냉각에 의하여 기온이 이슬점온도 이하로 내려갔을 때, 지표면 가까이에 있는 풀이나 지물(地物)에 공기 중의 수증기가 응결하여 붙어 있는 현상이다. 서리는 이슬과 동일하지만, 주변공기의 노점(Dew Point)이 결빙온도보다 낮아야 한다.

31 공기가 포화되고 이슬이 맺히기 시작하는 상태의 온도는?

① 섭씨온도
② 이슬점온도(노점)
③ 상대온도
④ 절대온도

해설
이슬점온도는 공기가 포화되었을 때의 온도로 이 온도에 도달하면 공기가 포화되고 이슬이 맺히기 시작한다.

32 다음 기상 현상 중 서리(Frost)에 대한 설명으로 틀린 내용을 고르면?

① 수증기가 지표면이나 물체의 표면에 얼어붙은 것이다.
② 항공기 표면에 형성된 서리는 반드시 비행 전에 제거되어야 한다.
③ 날개의 양력 발생 능력을 감소시키며 항력을 증가시킨다.
④ 0℃ 이하의 온도에서 응축되거나 액체 상태로 지속되어 남아 있는 물방울이다.

해설
④는 과냉각수에 대한 설명이다.
서리(Frost)는 수증기가 지표면이나 물체의 표면에 얼어붙은 것으로, 늦가을 이슬점이 0℃ 이하일 때 생성된다. 서리는 날개의 형태를 변형시키지는 않지만 표면을 거칠게 하여 날개 위의 공기흐름을 조기에 분산시켜 날개의 양력 발생 능력을 감소시킨다.

30 ① 31 ② 32 ④ 정답

33 기온은 직사광선을 피해서 측정을 하게 되는데 몇 m의 높이에서 측정하는가?

① 4m　② 3m
③ 2m　④ 1.5m

해설
대기의 온도를 기온이라 하는데 직사광선을 피해 1.5m 위치에서 백엽상을 설치하여 측정한다.

34 섭씨(Celsius) 0℃를 화씨(Fahrenheit)온도의 단위로 환산하면?

① 0°F　② 32°F
③ 45°F　④ 64°F

해설
섭씨온도(℃)와 화씨온도(°F)의 환산식
- °F = 9/5℃ + 32
- ℃ = 5/9(°F − 32)

※ 0℃ = 32°F, 100℃ = 212°F

35 다음 중 이론상 생각할 수 있는 최저 온도를 기준으로 하는 온도 단위는?

① 섭씨온노　② 절대온도
③ 상대온도　④ 화씨온도

해설
절대온도(Kelvin, K)는 열역학 제2법칙에 따라 정해진 온도로서 이론상 생각할 수 있는 최저 온도를 기준으로 하는 온도 단위이다. 즉, 그 기준점인 0K는 이상기체의 부피가 0이 되는 극한온도 −273.15℃와 일치한다.

정답 33 ④ 34 ② 35 ②

36 평균 해면에서의 온도가 20℃일 때 10,000m에서의 온도는 얼마인가?

① −30℃
② −35℃
③ −40℃
④ −44℃

해설

고도의 증가에 따라 1,000ft당 −2℃씩 감소한다. 10,000m는 대략 32,808ft이므로 감소온도는 −64℃이다. 따라서 10,000m에서의 온도는 −44℃이다.

37 일반적으로 질량이 m(g)인 물질이 Q(cal)만큼의 열량을 공급받을 때 T(℃)만큼의 온도가 발생한다. 이때의 열을 무엇이라 하는가?

① 열량(Heat Quantity)
② 비열(Specific Heat)
③ 현열(Sensible Heat)
④ 잠열(Latent Heat)

해설

열량은 열을 양적으로 표시한 것으로, 현열은 측정온도이고, 잠열은 물질을 상위상태(고체 → 액체 → 기체)로 변화시키는 열에너지이다.

38 어떤 물체가 온도의 변화 없이 상태가 변할 때 방출되거나 흡수되는 열을 지칭하는 용어는?

① 열량(Heat Quantity)
② 비열(Specific Heat)
③ 현열(Sensible Heat)
④ 잠열(Latent Heat)

해설

잠열(Latent Heat)은 기체 상태에서 액체 또는 고체 상태로 변할 때 방출하는 열에너지(Heat Energy)로 고체 → 액체 → 기체로 변화할 때 열에너지를 흡수하고, 기체 → 액체 → 고체로 변화할 때 열에너지를 방출한다.

36 ④ 37 ② 38 ④ 정답

39 다음 온도 변화에 대한 설명 중 틀린 것을 고르면?

① 일일 변화의 주원인은 지구의 자전(Daily Rotation) 현상 때문이다.

② 지구의 축은 궤도판에 기울어져 있기 때문에 태양 방사를 받아들이는 각이 계절에 따라 변한다.

③ 적도 지방은 극지방에 비해 상대적으로 많은 방사 에너지가 온도 변화의 요인이 된다.

④ 남반구에 비해서 북반구가 보다 더 경사진 각으로 태양 방사를 받아들일 때 북반구는 여름이 된다.

해설

경사져 있는 상태에서 가장 많은 태양 방사를 받는 지역은 적도 지역을 중심으로 한 열대 지역이 되고, 북반구에 비해서 남반구가 보다 더 경사진 각으로 태양 방사를 받아들이고 있을 때 계절적으로 겨울이 되고 북반구는 여름이 된다.

40 다음 중 기온의 역전에 대한 설명은 어느 것인가?

① 고도가 증가함에 따라 온도가 감소하는 현상이다.

② 고도가 증가함에 따라 1,000ft당 평균 2℃(35.6°F) 감소한다.

③ 지표면 근처에서 미풍이 있는 밤에 자주 형성된다.

④ 어느 지역이나 일정하게 기온이 감소되는 것은 아니다.

해설

기온역전(온도의 역전) 현상은 지표면 근처에서 미풍(Light Wind)이 있는 맑고 서늘한(Cool) 밤에 자주 형성된다. 기온감율 현상은 고도증가에 따라 기온은 감소하는 현상이다.

41 공기 중의 수증기 양을 나타내는 척도는?

① 습 도　　② 기 온

③ 밀 도　　④ 기 압

해설

습도는 공기 중 포함된 수증기 양을 나타내는 척도로 상대습도와 절대습도가 있다.

정답 39 ④ 40 ③ 41 ①

42 늦가을 이슬점이 0℃ 이하일 때 생성되는 것은?

① 서 리
② 이슬비
③ 강 수
④ 안 개

해설
이슬점기온(노점)이 결빙기온보다 낮게 되면 서리가 발생할 수 있다.

43 물질을 고체 → 액체 → 기체 즉, 상위 상태로 변화시키는 열에너지는?

① 현 열
② 열 량
③ 비 열
④ 잠 열

해설
잠열은 물질을 상위 상태(고체 → 액체 → 기체)로 변화시키는 열에너지이다.

44 다음 중 입자구성이 다른 것은?

① 가랑비
② 설 편
③ 눈
④ 우 박

해설
강수는 액체강수, 어는강수, 언강수로 구분되는데 가랑비는 액체강수이고 그 외는 언강수 형태이다.

42 ① 43 ④ 44 ① 정답

45 다음 중 공기의 온도가 증가하면 기압이 낮아지는 원인을 고르면?

① 가열된 공기는 가볍기 때문이다.
② 가열된 공기는 무겁기 때문이다.
③ 가열된 공기는 유동성이 없기 때문이다.
④ 가열된 공기는 유동성이 있기 때문이다.

해설
온도의 증가에 따라 공기는 팽창하고 공기입자가 넓게 흩어지게 되어 압력(기체가 누르는 힘)이 작아지는 것이다. 예를 들어 물과 양초 실험 시 3개 → 2개 → 1개의 양초를 넣고 비커를 덮으면 양초 개수가 많은 비커의 물이 많이 올라간다.

46 습도 및 기압 변화에 따른 공기밀도에 대한 설명이 올바른 것은?

① 공기밀도는 온도에 비례하고 기압에 반비례한다.
② 공기밀도는 기압과 습도에 비례하며 온도에 반비례한다.
③ 공기밀도는 기압에 비례하며 습도에 반비례한다.
④ 온도와 기압의 변화는 공기밀도와는 무관하다.

해설
공기밀도는 기압에 비례하며 온도와 습도에 반비례한다.

47 다음 기압계의 종류 중 기압의 변화에 따른 수축과 팽창으로 공합(空盒, 금속용기)의 두께가 변하는 것을 이용하여 기압을 측정하는 것은?

① 아네로이드 기압계
② 수은 기압계
③ 자기 기압계
④ 포르탕 기압계

해설
아네로이드 기압계는 액체를 사용하지 않는 기압계로서 기압의 변화에 따른 수축과 팽창으로 공합(空盒, 금속용기)의 두께가 변하는 것을 이용하여 기압을 측정한다.

정답 45 ① 46 ③ 47 ①

48 다음 중 기압의 단위에 해당하지 않는 것은?

① m/s
② mmHg
③ hPa
④ mb

해설

국제단위계(SI)의 압력단위 1파스칼(Pa)은 $1m^2$당 1N의 힘으로 정의되어 있으며, 1mb = 1hPa, 1표준기압(atm) = 760mmHg = 1,013.25hPa의 정의식으로 환산한다. m/s은 속도의 단위이다.

49 다음 중 풍속의 단위에 해당하지 않는 것은?

① mile/h
② km/h(kph)
③ knot
④ hPa

해설

풍속의 단위는 일반적으로 m/s를 이용하나, km/h, mile/h, knot를 이용할 때도 있다. hPa는 기압의 단위이다.

50 보퍼트 풍력등급에서 나뭇잎이나 가지가 움직이고 물결이 일어나는 풍속은?

① 0~0.2m/s
② 3.4~5.4m/s
③ 5.5~7.9m/s
④ 8.0~10.7m/s

해설

보퍼트 풍력등급에서 ① 고요(0), ② 산들바람(3), ③ 건들바람(4), ④ 흔들바람(5)
※ ( ) 안의 수치는 풍력등급을 의미한다.
산들바람, 풍력등급 3에서 나뭇잎이나 가지가 움직이고, 물결이 약간 일고 때로는 흰 물결이 많아진다.

48 ① 49 ④ 50 ② 정답

51 **보퍼트 풍력계급에서 작은 나무가 흔들리고 흰물결이 보일 때의 풍속은?**

① 1.6~3.3m/s

② 5.5~7.9m/s

③ 8.0~10.7m/s

④ 10.8~13.8m/s

해설

보퍼트 풍력계급에서 ① 남실바람, ② 건들바람, ③ 흔들바람, ④ 된바람 단계로서

- 흔들바람은 작은 나무가 흔들리기 시작하며, 흰물결이 뚜렷해진다.
- 건들바람은 종이가 날아다니고 작은 나뭇가지가 흔들린다.
- 된바람은 우산을 들지 못할 정도이다.

52 **수평풍을 일으키는 힘 중 두 지점 사이에 압력이 다를 때 압력이 큰 쪽에서 작은 쪽으로 힘이 작용하게 되는 것은?**

① 편향력 ② 지향력

③ 기압경도력 ④ 지면마찰력

해설

기압경도력은 두 지점 사이에 압력이 다르면 압력이 큰 쪽에서 작은 쪽으로 힘이 작용하게 되는 것이다. 기압경도력은 두 지점 간의 기압차에 비례하고 거리에 반비례한다.

53 **회전하고 있는 물체 위에서 물체가 운동할 때 나타나는 겉보기의 힘은 무엇인가?**

① 전향력 ② 지향력

③ 기압경도력 ④ 지면마찰력

해설

전향력(코리올리힘)은 지구 자전에 의해 지구 표면을 따라 운동하는 질량을 가진 물체가 각운동량 보존을 위해 받게 되는 힘을 말한다.

정답 51 ③ 52 ③ 53 ①

54 겨울에는 대륙에서 해양으로, 여름에는 해양에서 대륙으로 불어가는 탁월풍은?

① 지상풍
② 계절풍
③ 산곡풍
④ 대륙풍

해설

겨울에는 대륙에서 해양으로, 여름에는 해양에서 대륙으로 불어가는 탁월풍을 계절풍이라고 한다.

55 산 정상과 골짜기 사이의 온도차에 의한 기압차로 인해 발생하는 바람으로 국지풍인 것은?

① 지상풍
② 계절풍
③ 산곡풍
④ 푄(Föhn)현상

해설

평지에서보다 산악지형 비행 시 바람의 영향을 더욱 받게 되는데, 이는 지형의 마찰과 고도에 따라 태양열의 불균형 가열이 조화되어 바람의 강도와 불규칙 정도가 더욱 심하기 때문이다. 또한 산악지대에서 낮에는 산사면이 태양열에 의해 고온이 되어 계곡이나 저지대 개활지에서 산사면을 타고 상승하는데 이것을 산곡풍이라 한다.

56 온도가 주변 대륙보다 더 따뜻하기 때문에 나타나는 국지 순환에 의해서 주로 밤에 육지에서 바다 쪽으로 부는 바람은?

① 푄(Föhn)현상
② 계절풍
③ 육 풍
④ 국지풍

해설

해수면과 접해 있는 지역에서는 지면과 해수면의 가열 정도와 속도가 다르기 때문에 이로 인한 해륙풍이 형성된다. 이 중 육풍은 밤에 육지 → 바다로, 해풍은 낮에 바다 → 육지로 분다.

정답 54 ② 55 ③ 56 ③

57 바다와 육지의 온도 차이로 부는 바람을 해풍이라 한다. 다음 중 해풍에 대해 올바르게 설명한 것은?

① 겨울철 해상에서 육지로 부는 바람

② 밤에 해상에서 육지로 부는 바람

③ 낮에 해상에서 육지로 부는 바람

④ 낮에 육지에서 해상으로 부는 바람

해설

해륙풍 : 낮에는 육지가 바다보다 빨리 가열되어 육지에 상승기류와 함께 저기압이 발생된다(밤에는 육지가 바다보다 빨리 냉각되어 육지에 하강기류와 함께 고기압이 발생된다).

- 낮 : 바다 → 육지로 공기 이동(해풍)
- 밤 : 육지 → 바다로 공기 이동(육풍)

58 순간 최대 풍속이 17knot 이상이며, 실제 바람 관측시간 10분 안에 최대 풍속이 평균 풍속보다 10knot 이상이 될 때의 바람은?

① 돌풍(Gust)

② 경도풍

③ Wind Shear

④ 지균풍

해설

거스트(Gust, 돌풍)는 일정 시간 내(보통 10분간)에 평균 풍속보다 10knot 이상의 차이가 있으며, 순간 최대 풍속이 17knot 이상의 강풍이고 지속시간이 초 단위일 때를 말한다. 돌풍이 불 때는 풍향도 급변하고, 때로는 천둥을 동반하기도 하며 수분에서 1시간 정도 계속되기도 한다.

59 갑자기 불기 시작하여 몇 분 동안 계속된 후 갑자기 멈추는 바람을 무엇이라고 하는가?

① 돌풍(Gust)

② 스콜(Squall)

③ Wind Shear

④ Micro

해설

스콜(Squall)은 갑자기 불기 시작하여 몇 분 동안 계속된 후 갑자기 멈추는 바람을 말한다. 세계기상기구에서 채택한 스콜의 기상학적 정의는 '풍속의 증가가 매초 8m 이상, 풍속이 매초 11m 이상에 달하고 적어도 1분 이상 그 상태가 지속되는 경우'라고 한다.

정답 57 ③ 58 ① 59 ②

60 다음 중 제트기류에 대한 설명으로 틀린 것을 고르면?

① 남북 간의 온도차가 큰 겨울철에 특히 빠르며 에너지 수송을 담당한다.
② 길이가 2,000~3,000km, 폭은 수백km, 두께는 수km의 강한 바람이다.
③ 제트기류 내의 거대한 저기압성 굴곡은 순환과 에너지를 공급함으로써 거대한 중위도 저기압을 일으킨다.
④ 남반구에서는 겨울이 여름보다 강하고 남북의 기온 경도가 여름과 겨울이 크게 다르기 때문에 위치가 남으로 내려간다.

해설
북반구에서는 겨울이 여름보다 강하고 남북의 기온 경도가 여름과 겨울이 크게 다르기 때문에 위치가 남으로 내려간다.

61 지구 자전에 의해 질량을 가진 물체가 운동량 보존을 위해 받는 힘은?

① 구심력
② 원심력
③ 전향력
④ 마찰력

해설
전향력은 코리올리힘이라고도 하며, 물체를 던진 방향에 대해 북반구에서는 오른쪽으로, 남반구에서는 왼쪽으로 힘이 작용한다.

62 다음 구름의 종류 가운데 태양을 완전히 가리며 짙고 어두운 구름은?

① Ci(권운)
② Cc(권적운)
③ Ns(난층운)
④ St(층운)

해설
난층운(Nimbostratus)은 태양을 완전히 가릴 정도로 짙고 어두운 층으로 된 구름이다. 지속적인 강수의 원인이 된다.

60 ④ 61 ③ 62 ③ 정답

63 다음 중 하층운에 속하는 구름을 고르면?

① 층 운
② 고층운
③ 권적운
④ 권 운

해설

하층운은 지표면과 고도 6,500ft 사이에 형성되는 구름으로 대부분 과냉각된 물로 이루어져 있다. 저층운은 층운, 층적운 등의 형태로 발달한다.

64 다음 중 불안정한 공기가 존재하며 수직으로 발달한 구름이 아닌 것은?

① 권적운
② 적 운
③ 적란운
④ 층적운

해설

수직으로 발달한 구름 : 대기의 불안정 때문에 수직으로 발달하고 많은 강우를 포함하고 있다. 이들 구름 주위에는 소나기성 강우, 요란기류 등 기상 변화 요인이 많으므로 상당한 주의가 요구된다. 수직으로 발달한 구름의 높이는 통상 1,000ft에서 23,000ft까지 형성된다. 이 같은 구름의 형태는 솟구치는 적운, 층적운, 적란운 등이 있다.

65 다음 중 대류성 기류에 의해 형성되는 구름의 종류가 아닌 것은?

① 적 운
② 적란운
③ 권층운
④ 층적운

해설

대류성 구름은 대기 하층부의 온도가 상승하여 불안정도가 커지면서 발생하는 적운형의 구름을 말한다. 소나기성 강우를 동반하기도 한다. 대류성 구름은 형태에 따라 적운, 층적운, 적란운 등이 있으며, 권층운은 상층운(5~13.7km)에 형성되는 구름이다.

정답 63 ① 64 ① 65 ③

66 다음 중 국제적으로 통일된 하층운의 높이는 지표면으로부터 몇 ft인가?

① 3,500ft ② 4,000ft
③ 6,500ft ④ 7,000ft

해설
하층운은 지표면과 고도 6,500ft 사이에 형성되는 구름으로 대부분 과냉각된 물로 이루어져 있다. 하층운에는 난층운, 층운, 층적운이 있다.

67 다음 중 안정된 대기에서의 기상 특성이 아닌 것은?

① 적운형 구름 ② 층운형 구름
③ 지속성 강우 ④ 잔잔한 기류

해설
적운은 수직으로 발달되어 있고 불안정 공기가 존재한다. 대기의 안정과 불안정성이란 기류의 상승 및 하강운동을 말하는 것으로 안정된 대기는 기류의 상승 및 하강운동을 억제하게 되고 불안정한 대기는 기류의 수직 및 대류 현상을 초래한다. 공기의 안정층은 기온의 역전과 관계가 있으므로 지표면에서의 가열 등은 상층부의 대기를 불안정하게 만들고 반대로 지표면의 냉각이나 상층부 가열은 대기가 안정된다.

68 가장 큰 비행요란을 동반하는 구름의 형태는?

① 적 운 ② 적란운
③ 난층운 ④ 고적운

해설
적운형 구름은 불안정 대기 상태의 특성이다.

66 ③ 67 ① 68 ① 정답

69 다음 중 강수현상이 아닌 것은 어느 것인가?

① 가랑비 ② 안 개
③ 눈 ④ 빙 정

해설
안개는 강수현상이 아닌 대기현상이다.

70 다음 중 주위보다 온도가 높고 습한 공기의 상승운동에 의해 형성된 강수 형태는?

① 대류성 강수 ② 선풍형 강수
③ 전선성 강수 ④ 지형성 강수

해설
대류성 강수는 대기 내에 있는 수증기를 많이 포함하는 습윤불안정층에 적운대류 현상이 일어나 강수현상이 나타나는 것을 말한다.

71 구름의 분류는 통상 높이에 따라 발달한 구름과 수직으로 발달한 구름으로 분류하는데 다음 중 높이에 따라 분류한 것은?

① 상층운, 중층운, 하층운으로 발달한 구름
② 층운, 석운, 난운, 권운
③ 층운, 적란운, 권운
④ 작은 구름, 중간 구름, 큰 구름 그리고 수직으로 발달한 구름

해설
고도에 따라 상층운 → 중층운 → 하층운 → 적운계로 구분되며 형태에 따라 권운형, 층운형 등으로 구분한다.

정답 69 ② 70 ① 71 ①

72 구름과 안개를 구분하는 기준 높이는?

① AGL 50ft 이상에서 구름 생성, 50ft 이하에서 안개 생성
② AGL 70ft 이상에서 구름 생성, 70ft 이하에서 안개 생성
③ AGL 90ft 이상에서 구름 생성, 90ft 이하에서 안개 생성
④ AGL 120ft 이상에서 구름 생성, 120ft 이하에서 안개 생성

해설

구름과 안개를 구별하는 고도는 50ft이다.

73 강수 발생률을 높이는 활동은?

① 안정된 대기
② 고기압
③ 상승기류
④ 수평활동

해설

상승기류 지속 시 비가 내릴 확률이 증가한다.

74 하늘의 구름 덮임 상태가 5/10~9/10인 경우를 무엇이라 하는가?

① Sky Clear(SKC/CLR)
② Scattered(SCT)
③ Broken(BKN)
④ Overcast(OVC)

해설

Clear(1/10), Scattered(1/10~5/10), Overcast(10/10)이다.

72 ① 73 ③ 74 ③ 정답

75 복사안개의 생성온도로 알맞은 것은?

① 약 3℃ ② 약 5℃
③ 약 7℃ ④ 약 8℃

해설
대체로 낮에 기온과 이슬점 온도 차이가 약 8℃ 이상일 때 발생한다.

76 다음 안개에 관한 설명 중 틀린 것을 고르면?

① 작은 물방울이나 빙점으로 구성된 구름의 형태이다.
② 시정 3mile 이하이다.
③ 기조와 이슬점 분포가 5% 이내의 상태에서 쉽게 형성된다.
④ 복사안개는 주로 야간 혹은 새벽에 형성된다.

해설
대기 중의 수증기가 응결핵을 중심으로 응결해서 성장하게 되면 구름이나 안개가 된다. 일반적으로 구성입자가 수적으로 되어 있으면서 시정이 1km 이하일 때를 안개라고 한다.

77 다음 중 안개의 발생 조건으로 거리가 먼 것을 고르면?

① 공기 중에 수증기와 부유물질이 충분히 포함될 것
② 냉각작용이 있을 것
③ 대기의 성층이 안정할 것
④ 바람이 강하게 불 것

해설
안개가 발생하기에 적합한 조건
- 대기의 성층이 안정할 것
- 바람이 없을 것
- 공기 중에 수증기와 부유물질이 충분히 포함될 것
- 냉각작용이 있을 것

정답 75 ④ 76 ② 77 ④

78 습윤한 공기가 경사면을 따라 상승할 때 단열냉각되어 발생하는 안개는?

① 방사안개 ② 활승안개
③ 증기안개 ④ 바다안개

해설

활승안개는 습윤한 공기가 경사면을 따라 상승할 때 단열팽창하여 냉각되면서 발생한다. 사면을 오르는 기류의 속도가 빠르면 빠를수록 잘 발생한다.

79 찬 공기가 따뜻한 수면 또는 습한 지면 위를 이동할 때 형성되는 안개는?

① 전선안개 ② 활승안개
③ 증발안개 ④ 이류안개

해설

증발안개는 찬 공기가 따뜻한 수면 또는 습한 지면 위를 이동할 때 형성되는 안개이다. 이른 봄이나 겨울철에 해수나 호수의 온도는 높고 그 위의 공기 온도가 매우 낮기 때문에 수면으로부터 증발이 많이 일어날 경우 자주 발생한다.

80 다음 중 항공고시보(NOTAM)의 유효기간은?

① 3개월 ② 5개월
③ 8개월 ④ 1년

해설

항공고시보(NOTAM)는 항공 안전에 영향을 미칠 수 있는 잠재적 위험이 공항이나 항로에 있을 때 조종사 등이 미리 알 수 있도록 항공당국이 알리는 것이다. 국제적인 항공고정통신망을 통해 전문 형태로 전파되며 유효기간은 3개월이다.

78 ② 79 ③ 80 ① 정답

81 **다음 중 시정(Visibility)에 대한 설명으로 틀린 것을 고르면?**

① 지표면에서 정상적인 시각을 가진 사람이 목표를 식별할 수 있는 최대 거리를 말한다.
② 야간에도 주간과 같은 밝은 상태를 가정하고 관측한다.
③ 좌시정은 수평원의 반원 이상을 차지하는 시정이다.
④ 보통 km로 표시하나, 작은 값은 m로 표시하거나 시정계급을 사용할 때도 있다.

해설
우시정은 수평원의 반원 이상을 차지하는 시정이다. 시정이 방향에 따라 다를 때 각 시정에 해당하는 범위의 각도를 시정값이 큰 쪽에서부터 순차적으로 합해 180° 이상이 되는 경우의 시정값을 우시정으로 한다.

82 **다음 중 고기압과 저기압에 대한 설명으로 틀린 것은?**

① 북반구에서의 고기압은 시계방향으로 불어 나간다.
② 남반구에서의 고기압은 반시계방향으로 불어 나간다.
③ 북반구에서의 저기압은 시계방향으로 불어 들어온다.
④ 남반구에서의 저기압은 시계방향으로 불어 들어온다.

해설
북반구에서 저기압은 반시계방향으로 불어 들어온다.

83 **다음 중 고기압이나 저기압 상태의 공기의 흐름에 관한 설명으로 맞는 것은?**

① 고기압 지역 또는 마루에서 공기는 끝없이 올라간다.
② 고기압 지역 또는 마루에서 공기는 내려간다.
③ 저기압 지역 또는 골에서 공기는 내려간다.
④ 저기압 지역 또는 골에서 공기는 정체하다가 내려간다.

해설
고기압에서 공기는 내려가고, 저기압에서 공기는 올라간다.

정답 81 ③ 82 ③ 83 ②

84 다음 중 고기압과 저기압에 대한 설명으로 틀린 것은?

① 고기압은 주변보다 상대적으로 기압이 높은 지역이다.
② 저기압 중심지역은 상승기류가 발생한다.
③ 태풍은 열대성 고기압이다.
④ 저기압 지역은 일반적으로 날씨가 흐리고 눈, 비가 오는 경우가 많다.

해설

태풍은 열대 저기압으로 중위도의 온대 저기압과 구별된다.

85 겨울철 복사냉각에 의한 한랭한 공기가 축적되어 형성된 한랭건조한 기단은?

① 북태평양 기단
② 시베리아 기단
③ 양쯔강 기단
④ 오호츠크해 기단

해설

시베리아 기단

겨울에 고위도 내륙인 시베리아 대륙에서 형성되는 한랭건조한 기단이다. 북서계절풍, 겨울철 추위 및 봄철의 꽃샘추위의 원인이 되며 시베리아 고기압의 발달과 함께 형성된다.

86 장마가 시작되기 이전의 우리나라 기후에 영향을 미치며, 장마 전에 장기간 나타나는 건기의 원인이 되는 기단은?

① 북태평양 기단
② 시베리아 기단
③ 양쯔강 기단
④ 오호츠크해 기단

해설

오호츠크해 기단은 오호츠크해에서 발원하여 장마가 시작되기 전에 우리나라 기후에 영향을 미치는 기단이다. 장마 전에 나타나는 건기의 원인이며 한랭습윤한 해양성 기단으로 오호츠크해의 면적이 넓지 않아서 우리나라에 짧은 기간 동안 영향을 미친다. 초여름 시베리아 기단의 약화로 인하여 오호츠크해 기단이 확장하면서 북태평양 기단과 접하게 되면 경계면에 장마전선이 형성된다.

84 ③ 85 ② 86 ④ 정답

87 남북에서 온난기단과 한랭기단이 대립하는 전선은?

① 정체전선 ② 대류성 한랭전선
③ 북태평양 고기압 ④ 폐색전선

해설
정체전선은 두 기단이 인접했을 때 상호 간섭 없이 본래의 특성을 그대로 지니며 움직임이 거의 없는 전선의 형태를 말한다.

88 다음 중 한랭전선에 대한 설명으로 틀린 것을 고르면?

① 적운형 또는 적란운 구름이 형성된다.
② 따뜻한 기단 위에 형성된다.
③ 좁은 지역에 소나기나 강한 바람, 우박, 번개가 형성된다.
④ 온난전선에 비해 이동 속도가 빠르다.

해설
한랭전선은 이동하는 차가운 공기군의 전방부분을 말하며, 지표면에서 차가운 공기는 더운 공기를 흡수하거나 차가운 공기로 대치된다. 전선 표면지역에서는 일반적으로 한랭전선이 온난전선을 상층부로 밀어 올려 대기는 불안정하게 되며 이에 따라 우박, 번개, 소나기, 강한 바람이 형성된다.

89 찬 기단이 따뜻한 기단 쪽으로 이동할 때 생기는 전선은?

① 한랭전선 ② 온난전선
③ 정체전선 ④ 폐색전선

해설
한랭전선은 찬 공기가 따뜻한 공기 쪽으로 이동해 가서 그 밑으로 쐐기처럼 파고 들어가 따뜻한 공기를 강제적으로 상승시킬 때에 만들어지는 전선이다.

정답 87 ① 88 ② 89 ①

90 아열대지역에 동서로 길게 뻗쳐 있으며, 오랫동안 지속되는 키가 큰 우리나라 부근의 고기압은?

① 이동성 고기압
② 시베리아 고기압
③ 북태평양 고기압
④ 오호츠크해 고기압

해설
북태평양 고기압은 북태평양에서 발원한 해양성 아열대기단이다. 우리나라에서는 보통 여름철에 발달하며 고온다습한 특성을 가지고 있다.

91 다음 뇌우에 대한 설명으로 틀린 것을 고르면?

① 적란운 또는 거대한 적운에 의해 형성된 폭풍우이다.
② 구름과 지표면 사이에 뇌전이 발생하고 낙뢰 피해가 발생하기도 한다.
③ 뇌우는 반드시 회피해야 한다.
④ 우리나라에서는 주로 가을철에, 특히 해안 지방에서 자주 일어난다.

해설
뇌우의 지속기간은 비교적 짧으나 갑자기 강한 바람이 불고, 몇 분 동안에 기온이 10℃ 이상 낮아지기도 한다. 습도는 거의 100%에 이르고, 때로는 우박도 동반하는데 우리나라에서는 주로 여름철에, 특히 내륙 지방에서 자주 일어난다.

92 다음 뇌우의 종류 중 낮은 고도의 바람방향으로 선형이나 띠 모양으로 배열되는 것은?

① 기단 뇌우
② 선형 뇌우
③ 전선 뇌우
④ 지형성 뇌우

해설
선형 뇌우(Line Thunderstorm)는 낮은 고도의 바람방향으로 선형이나 띠 모양으로 배열된다. 선형 뇌우는 낮 시간이면 언제라도 발달하지만 오후에 많이 발생하는 경향이 뚜렷하다.

90 ③ 91 ④ 92 ② **정답**

93 다음 뇌우의 생성 조건 중 거리가 먼 것을 고르시오.

① 불안정 대기
② 높은 습도
③ 강한 상승작용
④ 안정적인 대류 작용

해설
뇌우의 생성조건에는 불안정 대기, 상승운동, 높은 습도 등이 있다.

94 태풍의 접근 징후를 설명한 것으로 옳지 않은 것은?

① 아침, 저녁에 너울이 선행한다.
② 털구름이 나타나 온 하늘로 퍼진다.
③ 기압이 급격히 높아지며 폭풍우가 온다.
④ 구름이 빨리 흐르며 습기가 많고 무덥다.

해설
태풍이 접근하면 기압이 낮아지고 일교차가 없어진다.

95 다음 열대성 저기압의 발생 해역별 명칭 중 틀린 것은?

① 태풍(Typhoon) : 북서태평양 필리핀 근해
② 허리케인(Hurricane) : 북대서양, 카리브해, 멕시코만, 북태평양 동부
③ 사이클론(Cyclone) : 인도양, 아라비아해, 벵골만 등
④ 윌리윌리(Willy-Willy) : 필리핀 근해

해설
윌리윌리(Willy-Willy)는 호주 부근 남태평양이다.

정답 93 ④ 94 ③ 95 ④

96 북태평양 남서부에서 발생하여 중심풍속이 33m/s 이상의 강풍을 동반하는 열대성 저기압을 부르는 명칭은?

① 태 풍 ② 사이클론

③ 허리케인 ④ 윌리윌리

해설

태풍은 북태평양 남서부 열대 해역(북태평양 서부 5~20°)에서 주로 발생하여 북상하는 중심 기압이 매우 낮은 열대성 저기압으로 중심 부근 최대 풍속이 17m/s 이상의 강한 폭풍우를 동반한다.

세계기상기구(WMO)는 열대저기압 중에서 중심 부근 최대 풍속이 33m/s 이상을 태풍(TY), 25~32m/s를 강한 열대폭풍(STS), 17m/s 미만을 열대저압부(TD)로 구분한다. 우리나라도 태풍을 이렇게 구분하지만, 일반적으로는 최대 풍속이 17m/s 이상인 열대저기압 모두를 태풍이라고 한다.

97 다음 중 윈드시어(Wind Shear)에 대한 내용으로 옳지 못한 것은?

① Wind Shear는 갑자기 바람의 방향이 급변하는 것으로 풍속의 변화는 없다.

② Wind Shear는 모든 고도에서 발생하며 수평, 수직적으로 일어날 수 있다.

③ 저고도 기온 역전층 부근에서 Wind Shear가 발생하기도 한다.

④ 착륙 시 양쪽 활주로 끝 모두가 배풍을 지시하면 저고도 Wind Shear로 인식하고 복행을 해야 한다.

해설

윈드시어는 짧은 거리에서 바람 속도와 방향이 급격하게 변화하는 현상이다. 항공기의 비행경로와 속도에 영향을 줄 수 있고 어느 고도와 어느 방향에서나 발생할 수 있기 때문에 항공기는 급격한 상승기류나 하강기류 또는 극심한 수평 바람 분력의 변화에 직면할 수 있는 매우 위험한 요소이다.

윈드시어의 발생요인

- 돌풍전선
- 전 선
- 복사역전층 상부의 하층 제트기류
- 해륙풍
- 고지대 산주변(제주공항의 한라산, 나리타공항의 후지산)

96 ① 97 ① 정답

98 항공정기기상보고(METAR) 형태에 포함되지 않는 것은?

① 시 정
② 온도 및 노점
③ 비고(Remarks)
④ 항공기의 사고

해설
항공정기기상보고(METAR)는 보고형태, ICAO 관측소 식별 문자, 보고일자 및 시간, 변경 수단, 바람 정보, 시정, 활주로 가시거리, 현재 기상, 하늘 상태, 온도 및 노점, 고도계, 비고(Remarks)가 포함된다.

99 직접 비행에 관련 있는 항공정보(일시적인 정보, 사전 통고를 요하는 정보, 항공정보간행물에 수록되어야 할 사항으로서 시급한 전달을 요하는 정보)를 전달하고자 할 때 조종사들에게 배포하는 공고문은?

① AIC　　② AIP
③ AIRAC　　④ NOTAM

해설
항공고시보(NOTAM)는 직접 비행에 관련 있는 항공정보(일시적인 정보, 사전 통고를 요하는 정보, 항공정보간행물에 수록되어야 할 사항으로서 시급한 전달을 요하는 정보)를 전달하고자 할 때 발행한다. 우리나라의 항공고시보는 직접비행에 관련 있는 일시적인, 사전통고를 요하는 그리고 항공정보간행물에 수록되어야 할 사항으로서 시급한 전달을 요하는 정보를 담고 있으며 항공교통관제소 항공정보과에서 NOTAM의 접수 및 발행 등의 관련 업무를 수행하고 있다.

정답 98 ④ 99 ④

교육이란 사람이 학교에서 배운 것을 잊어버린 후에 남은 것을 말한다.

– 알버트 아인슈타인 –

PART 04

항공법규

합격의 공식 SD에듀 www.sdedu.co.kr

CHAPTER

01 항공 관련 법규

01 항공법 개념 및 분류

(1) 항공법 개념

'항공법'이란 항공기에 의하여 발생하는 법적 관계를 규율하기 위한 법규의 총체로서, 공중의 비행 그 자체뿐 아니라 그 전제로 지상에 미치는 영향, 항공기 이용 등을 모두 포함한 개념이다. 즉, 항공법은 항공 분야의 특수성을 고려하여 항공 활동 또는 동활동에서 파생되어 나오는 법적 관계와 제도를 규율하는 원칙과 규범의 총체라고 말할 수 있으며, 일반적 항공법 분류 기준인 국내 항공법, 국제 항공법, 항공 공법(Public Air Law), 항공 사법(Private Air Law)을 포함한다.

(2) 항공법 분류

항공법의 분류에 대해서는 적용 지역에 따라 국제 항공법과 국내 항공법으로 구분하며, 일반적인 법률의 분류 개념에 따라 항공 공법과 항공 사법으로 구분가능하다. 이와 같은 항공법의 분류는 명확한 기준이 있는 것은 아니지만 항공분야에 대한 전반적인 법의 이해 및 적용과 관련하여 필요한 부분이다. 예를 들면 국제민간항공협약(Convention on International Civil Aviation, 이하 '시카고협약'이라 한다)은 국제민간항공의 질서와 발전에 있어서 가장 기본이 되는 국제조약으로, 대표적인 국제 항공법이면서 동시에 항공 공법에 해당한다. 시카고협약에 의거해 설립된 국제민간항공기구(International Civil Aviation Organization, 이하 'ICAO'라 한다)는 항공 안전 기준과 관련하여 부속서(Annex)를 채택하고 있으며, 부속서에서는 모든 체약국들이 준수할 필요가 있는 '표준(Standards)'과 준수하는 것이 바람직하다고 권고하는 '권고 방식(Recommended Practices)'을 규정하고 있다. 이에 따라 각 체약국은 시카고협약 및 동협약 부속서에서 정한 '표준 및 권고 방식(SARPs ; Standards and Recommended Practices, 이하 'SARPs'라 한다)'에 따라 항공법규를 제정하여 운영하고 있다. 우리나라도 SARPs에 따라 국내 항공 법령에 규정하여 적용하고 있다.

- 국제민간항공협약(Convention on International Civil Aviation)
  1944년 시카고에서 채택된 'Convention on International Civil Aviation, 국제민간항공협약, 약칭 시카고 협약'을 말하며, 항공법 및 항공·철도 사고 조사에 관한법률에서는 '국제민간항공조약'으로 표기하였으며, 항공보안법에서는 '국제민간항공협약'이라고 표기하였음. 일반적인 조약 표기법 및 외교부의 입장은 국제민간항공협약이 올바른 표현이며, 혼선을 피하기 위해 표기법 통일이 필요함. 본 교재는 가능한 한 시카고협약으로 통일하여 표기함. 체약국 191개국(2015. 7. 1. 기준).
- SARPs(Standards and Recommended Practices)
  ICAO에서 체약국이 준수할 표준 및 권고 방식으로, 19개 부속서(Annex)에 기술된 내용을 말하며, 1만 개 이상의 '표준' 조항이 있음(2014. 10. 1. 기준).

(3) 국제 항공법과 국내 항공법

국제 항공법은 국제적으로 통용되는 항공법이지만 국내 항공법은 해당 국가 내에서 적용되는 항공법을 말하며, 일반적으로 국내 항공법은 국내 실정법을 의미한다. 항공의 가장 큰 특성이 국제성에 있듯이, 국제 항공법은 국제 민간항공에 적용되는 국가 항공법 사이의 충돌과 불편을 제거하는 것을 목적으로 한다. 따라서 항공 분야에 있어서 국내법은 다양한 국제법상의 규정을 준수할 수밖에 없다. 각 국가가 국내 항공법을 규정함에 있어 국제법과 상충되게 규정한다면 항공기 운항 등과 관련하여 법 적용상의 혼선이 증대될 것은 명백하다. 이런 이유로 각 국가는 국제 항공법과 충돌하지 않도록 세부적인 기준을 국내 항공법에 반영하고 있다. 우리나라의 경우 국내 항공법에는 항공사업법, 항공안전법, 공항시설법, 항공보안법, 항공·철도사고 조사에 관한 법률, 항공안전기술원법, 상법(항공운송편) 등이 있다.

02 항공법 발달

(1) 국제 항공법 발달

1783년 몽골피에가 기구(Balloon)를 이용하여 비행한 이후 유럽 각국에서는 기구의 제작과 비행이 확산되었다. 기구의 비행은 국내뿐만 아니라 국제적으로 규제의 필요성이 대두되었고, 1880년 국제법협회(ILA)의 의제로 채택되었으며, 1889년 파리에서 최초로 국제항공회의가 개최되는 계기가 되었다. 이후 1899년 제1차 헤이그 국제평화회의에서 항공기구로부터 총포류의 발사 금지 선언이 채택되었고, 1913년에는 프랑스와 독일이 월경 항공기에 대한 규제에 동의하는 각서를 교환하였는데 이는 항공과 관련하여 최초로 국가 간에 주권 원칙을 인정한 사례로 볼 수 있다. 이러한 일련의 사건들이 국제 항공법의 초기 형태이다.

제1차 세계대전 이후, 항공 규칙의 통일을 위하여 1919년 전쟁 승리 국가 위주의 협약인 파리협약이 채택되었는데 파리협약의 내용은 시카고협약의 모델이 되었다. 파리협약에서는 제1조 영공의 절대적 주권 명시, 제27조 외국 항공기의 사진 촬영기구 부착 비행 금지, 제34조 국제항행위위원회(ICAN) 설치 등을 규정하고 있으나, 미국이 상원의 비준 거부로 협약 당사국이 되지 못하여 국제적으로 큰 힘을 발휘하지 못하였다. 파리협약 이후 자국 영공 제한 또는 금지 등 영공국의 권한이 강화되었으며, 협약은 무인항공기가 영공국의 허가 없이 비행하는 것을 금지하는 내용을 포함하였다.

전쟁 승리 국가 위주의 파리협약 이후, 1926년 중립국인 스페인 위주의 마드리드협약과 1928년 미국 및 중남미 국가 위주의 하바나협약이 채택되어 각각 세력 확장을 꾀하였으나 제2차 세계대전 이후 1944년 시카고협약을 채택하여 전 세계 국가가 명실상부한 통일 기준을 적용하는 계기가 되었다.

시카고협약은 국제 민간항공의 질서와 발전에 있어서 가장 기본이 되는 국제조약으로 이 협약에 의해 설립된 ICAO는 항공 안전 기준과 관련하여 부속서를 채택하고 있으며, 각 체약국은 시카고협약 및 같은 협약 부속서에서 정한 SARPs에 따라 항공법규를 제정하여 운영하고 있다.

(2) 국내 항공법 발달

시카고협약이 1944년 채택된 후 1947년에 발효하였지만 1948년에 수립된 대한민국 정부가 이러한 조약에 관심을 가질 형편은 아니었다. 1948년 정부수립과 동시에 제정된 대한민국 헌법은 '비준 공포된 국제 조약과 일반적으로 승인된 국제법규는 국내법과 동일한 효력을 가진다.'라고 규정하면서 국제적 지원 하에 탄생된 우리 정부의 대외적 인식을 표명함과 동시에 신생 독립국인 한국이 국제조약에 참여할 경우 바로 한국 내에도 적용되도록 하였다. 조약 등 국제법을 국내법으로 수용하는 방식은 나라마다 다르다. 한국은 국제법을 국내법과 동일한 효력을 갖는 것으로 헌법에 규정하였기 때문에 조약 등 국제법이 그대로 국내법으로 적용되지만, 국내 적용을 위하여 중요한 내용이나 국내 적용을 위하여서 국내 입법이 필요하다거나 생소한 내용을 적용하기 위해서는 관련 국내법을 제정하기도 한다.

※ 1987.10.29. 전부 개정, 1988.2.25. 시행하여 현재 적용 중인 헌법 제10호 제6조 1항은 "헌법에 의하여 체결·공포된 조약과 일반적으로 승인된 국제법규는 국내법과 같은 효력을 가진다."라고 규정되어 있다.

항공법이 그러한 부문에 해당되어 우리 정부는 관련 국내법을 제정할 필요성을 인식하였고 이에 따라 1961.3.7. 법률 제591호로 [항공법]을 제정하였다.

항공법은 제정된 후 항공 산업의 발전과 기술에 부응하는 한편 지속적으로 개정하면서 '항공 보안'과 '항공기 사고 조사'에 관한 내용 등은 별도의 국내법으로 분화시키는 작업을 하였다. 한편 대한민국 정부 수립 이전에 적용된 국내 항공법은 1927년 조선총독부령에 의해 제정되었으며 해방 후 독자적 법령이 준비되기 전까지는 1945년의 미군정청령에 의거한 기존의 여러 법령이 유지되었다. 이후 1952년에 ICAO 시카고협약에 가입하면서 독자적인 국내 항공법의 제정 필요성이 대두되었다.

1958년 미국 연방항공청(FAA)의 항공법 전문가를 초청하여 국내 항공법 제정 방안을 검토하는 등 자체적인 준비 과정을 거친 후 국내법 체계를 고려한 항공법이 마련되었으며, 입법 절차를 거친 후 1961년에 항공법이 공포됨으로써 우리나라 민간항공에 적용하는 기본법으로서의 독자적인 항공법은 1961년 6월 7일부터 시행되었다. 그러나 1961년 제정된 「항공법」은 항공 사업, 항공 안전, 공항 시설 등 항공 관련 분야를 망라하고 있어 내용이 방대하여 국제 기준 변화에 신속히 대응하는 데 미흡한 측면이 있고, 여러 차례의 개정으로 법체계가 복잡하여 국민이 이해하기 어려우므로, 국제 기준 변화에 탄력적으로 대응하고 업무 추진 효율성 및 법령 수요자의 접근성을 제고하고자 항공 관련 법규의 체계와 내용을 알기 쉽도록 「항공법」을 「항공사업법」, 「항공안전법」 및 「공항시설법」으로 분법하여 2016년 3월 29일 제정, 2017년 3월 30일부터 시행하였다.

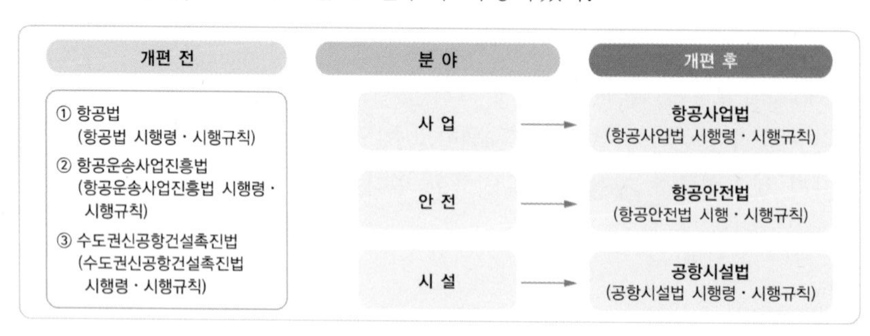

출처 : [한국교통안전공단 항공정비사 표준교재 항공법규-개정판]

(3) 항공 사업 법령

항공 운송 사업, 항공기 사용 사업, 항공기 정비업, 항공교통 이용자 보호, 항공 사업의 진흥 사항 등을 규정하고 있으며, 주요 개편 내용은 다음과 같다.

① 「항공법」 중 항공 운송 사업 등 사업에 관한 내용과 「항공운송사업진흥법」을 통합하여 「항공사업법」으로 제정하였다.

② 항공교통 이용자 보호를 위하여 당일 변경할 수 있는 사업 계획 신고사항을 기상 악화, 천재지변, 항공기 접속 관계 등 불가피한 사유로 제한하여 지연·결항을 최소화하였다.

③ 외국인 항공 운송 사업자의 운송 약관 비치 의무 및 항공교통 이용자 열람 협조 위반 시 과징금을 부과할 수 있도록 하였다.

④ 항공기 운항 시각(Slot) 조정·배분 등에 관한 법적 근거를 마련하여 항공사의 안정적 운항 및 갈등을 예방하였다.

⑤ 항공 운송 사업자 외 항공기 사용 사업자, 항공기 정비업자, 항공 레저 스포츠 사업자 등도 요금표 및 약관을 영업소 및 사업소에 비치하여 항공교통 이용자가 열람할 수 있도록 했다.

(4) 항공 안전 법령

항공기 등록, 항공기 운항, 항공기 종사자 자격 및 교육, 안전성 인증 및 안전 관리, 공역 및 항공교통 업무 등을 규정하고 있으며, 주요 개편 내용은 다음과 같다.

① 국토부 장관 외의 사람도 항공교통 업무를 제공할 수 있도록 하면서 항공교통의 안전 확보를 위해 항공교통 업무 증명 제도를 노입하였다.

② 항공기 제작자도 안전 관리 시스템을 구축하고, 설계 제작 시 나타나는 결함에 대해 국토부 장관에게 보고도록 했다.

③ 무인비행장치 종류의 다변화에 따라 무인회전익 비행장치를 무인헬리콥터와 무인멀티콥터로 세분화하고, 조종자 자격 증명을 구분하였다.

④ 항공기에 대한 정비 품질 제고를 위하여 최근 24개월 내 6개월 이상의 정비 경험을 가진 항공 정비사가 정비 확인 업무를 수행하도록 하였다.

(5) 공항 시설 법령

공항 및 비행장의 개발, 공항 및 비행장의 관리·운영, 항행 안전시설의 설치·관리 등에 관한 사항을 규정하고 있으며, 주요 개편 내용은 다음과 같다.

- 「항공법」 중 공항에 관한 내용과 「수도권신공항건설촉진법」을 통합하여 「공항시설법」으로 제정하였다.
- 비행장 개발에 대해서는 국가에서 재원을 지원할 수 있는 근거를 마련하고, 비행장의 경우에도 공항과 동일하게 관계 법률에 따른 인허가 등을 의제 처리하였다.
- 한국공항공사 및 인천국제공항공사도 비행장을 개발할 수 있도록 공사의 사업 범위에 비행장 개발 사항을 포함하였다.
- 승인을 받지 아니하고 개발 사업을 시행하는 등 법령 위반자에 대하여 인허가 등의 취소, 공사의 중지 명령 등 행정처분에 갈음하여 부과하는 과징금의 금액을 정하였다.

03 시카고협약과 국제민간항공기구

(1) 시카고협약 및 부속서

시카고협약은 협약 본문과 부속서로 구성되어 있다. 협약의 기본 원칙은 협약 본문에서 규정하고, 과학기술의 발전과 실제 적용을 바탕으로 수시 개정될 수 있는 내용들은 협약 부속서에 규정하고 있다. 이는 1919년의 파리협약의 단점 및 1928년의 하바나협약의 장점을 반영한 것으로 과학기술 발달 등으로 인한 기술적 사항의 수시 개정을 용이하게 하고 있다.

(2) 시카고협약

시카고협약은 1944.11.1.부터 12.7.까지 계속된 시카고회의 결과 채택되었으며, 국제 민간항공의 항공안전 기준 수립과 질서 정연한 발전을 위해 적용하는 가장 근원이 되는 국제조약이다. 현재 본 협약은 협약 본문 이외에 부속서를 채택하여 적용하고 있으며 부속서는 총 19개 부속서가 있으며 각 부문별 SARPs를 포함하고 있다. 1944년 시카고회의 참석자들은 협약에 전후 민간 항공 업무를 전담할 상설기구로, 국제민간항공기구(ICAO ; International Civil Aviation Organization)를 설치하는 데 아무런 이의가 없었다. 시카고협약은 ICAO의 설립 헌장일 뿐 아니라 추후 체약당사국 간 국제 항공운송에 관한 다자협약을 채택할 법적 근거도 마련하여 주었다. 국제 항공운송을 정기와 비정기로 엄격히 구분하여 비정기로 운항되는 국제 항공운송에 대해서는 타 체약당사국의 영공을 통과 또는 이착륙하도록 특정한 권리를 부여하나(제5조), 정기 국제 민간항공에 대해서는 이를 허용하지 않고 있다(제6조). 국제 민간항공기의 통과 및 이착륙의 권리를 상호 인정할 것인지에 대하여 회의 참석자들은 의견 대립을 보여, 회의는 동 권리를 인정하지 않는 내용으로 시카고협약을 채택한 다음, 통과 및 단순한 이착륙의 권리는 '국제항공통과협정'에서, 승객 및 화물의 운송을 위한 이착륙에 관한 권리는 '국제항공운송협정'에서 따로 규율하여 이를 원하는 국가들 사이에서만 서명 · 채택되도록 하였다.
2014년 1월 현재 130개국이 국제항공통과협정의 당사국으로 되어 있어 동 협정은 상당히 보편화되어 있지만 국제 항공운송협정은 미국 등 8개국이 탈퇴한 후 11개국만이 당사국으로 되어 있어 보편적인 국제 협약으로서의 의미가 없고 그 결과 국제 항공운송에 대한 양자 협정은 지속적으로 필요할 수밖에 없다. 시카고협약은 4부(Parts), 22장(Chapters), 96조항(Articles)으로 구성되어 있으며 동 협약 부속서로 총 19개 부속서(Annex)를 채택하고 있다.

(3) 시카고협약 부속서

시카고협약 부속서는 필요에 따라 제정되거나 개정될 수 있다. 현재 총 19개의 부속서가 있으며 부속서 19 Safety Management는 2013년부터 적용되고 있다. 현실적으로 부속서가 갖는 가장 중요한 의미는 각 부속서에서 국제 표준 또는 권고 방식으로 규정한 사항이 무엇이며 이에 대한 체약국의 준수 여부라고 볼 수 있다. 총 19개 부속서 중 유일하게 부속서2(Rules of the Air, 항공 규칙)의 본문은 권고 방식에 해당되는 내용은 없고 국제 표준(International Standards)으로만 규정되어 있다. 시카고협약과 시카고협약 부속서의 관계 및 시카고협약 부속서의 현황은 다음 도표를 참조한다.

구 분	내 용	비 고
시카고협약	• 제37조 국제 표준 및 절차의 채택 – 각 체약국은 항공기 직원, 항공로 및 부속 업무에 관한 규칙, 표준, 절차와 조직에 있어서의 실행 가능한 최고도의 통일성을 확보하는 데에 협력 – ICAO는 국제 표준 및 권고 방식과 절차를 수시 채택하고 개정 • 제38조 국제 표준 및 절차의 배제	ICAO를 통해 국제 표준, 권고 방식 및 절차의 채택 및 배제
	• 제43조 본 협약에 의거해 ICAO를 조직 • ICAO 이사회는 국제 표준과 권고 방식을 채택하여 협약 부속서로 하여 체약국에 통보 • 제90조 부속서의 채택 및 개정	시카고협약과 시카고협약 부속서 관계
시카고협약 부속서	• 시카고협약 부속서 – Annex 1 Personnel Licensing – Annex 19 Safety Management	총 19개 부속서
	각 부속서 전문에 표준 및 권고방식(SARPs)안내 • 표준(Standards) : 필수적인(Necessary) 준수 기준으로 체약국에서 정한 기준이 부속서에서 정한 '표준'과 다를 경우, 협약 제38조에 의거해 체약국은 ICAO에 즉시 통보 • 권고 방식(Recommended Practices) : 준수하는 것이 바람직한(Desirable) 기준으로 체약국에서 정한 기준이 부속서에서 정한 '권고 방식'과 다를 경우, 체약국은 ICAO에 차이점을 통보할 것이 요청됨	시카고협약 부속서 전문에 SARPs에 따른 체약국의 준수 의무 사항 규정

※ SARPs : Material comprising the Annex proper : Standards and Recommended Practices : 시카고협약 각 부속서 서문

■ 시카고협약 부속서(Annexes to the Convention on International Civil Aviation)

부속서	영문명	국문명
Annex 1	Personnel Licensing	항공종사자 자격 증명
Annex 2	Rules of the Air	항공 규칙
Annex 3	Meteorological Service for International Air Navigation	항공기
Annex 4	Aeronautical Chart	항공도
Annex 5	Units of Measurement to be Used in Air and Ground Operation	항공 단위
Annex 6	Operation of Aircraft	항공기 운항
Part Ⅰ	International Commercial Air Transport – Aeroplanes	국제 상업 항공 운송-비행기
Part Ⅱ	International General Aviation – Aeroplanes	국제 일반 항공-비행기
Part Ⅲ	International Operations – Helicopters	국제 운항-헬기
Annex 7	Aircraft Nationality and Registration Marks	항공기 국적 및 등록 기호
Annex 8	Airworthiness of Aircraft	항공기 감항성
Annex 9	Facilitation	출입국 간소화
Annex 10	Aeronautical Telecommunication	항공통신
Vol Ⅰ	Radio Navigation Aids	무선항법 보조 시설
Vol Ⅱ	Communication Procedures including those with PANS Status	통신 절차
Vol Ⅲ	Communications Systems	통신시스템
Vol Ⅳ	Surveillance Radar and Collision Avoidance Systems	감시레이더 및 충돌 방지 시스템
Vol Ⅴ	Aeronautical Radio Frequency Spectrum Utilization	항공무선 주파수 스펙트럼 이용
Annex 11	Air Traffic Services	항공교통 업무
Annex 12	Search and Rescue	수색 및 구조
Annex 13	Aircraft Accident and Incident Investigation	항공기 사고 조사
Annex 14	Aerodromes	비행장
Vol Ⅰ	Aerodrome Design and Operations	비행장 설계 및 운용
Vol Ⅱ	Heliports	헬기장
Annex 15	Aeronautical Information Services	항공 정보 업무
Annex 16	Environmental Protection	환경보호
Vol Ⅰ	Aircraft Noise	항공기 소음
Vol Ⅱ	Aircraft Engine Emissions	항공기 엔진 배출
Annex 17	Security	항공 보안
Annex 18	The safe Transport of Dangerous Goods by Air	위험물 수송
Annex 19	Safety Management	안전관리

출처 : [한국교통안전공단 항공정비사 표준교재 항공법규-개정판]

(4) 국제민간항공기구(ICAO ; International Civil Aviation Organization)

국제민간항공기구(ICAO)는 시카고협약에 의거해 국제 민간항공의 안전, 질서 유지와 발전, 항공 기술·시설 등의 합리적인 발전을 보장 및 증진하기 위해 설립된 준입법, 사법, 행정 권한이 있는 UN 전문기구이다. ICAO는 ICAO 설립 취지에 맞게 '글로벌 민간항공 시스템의 지속적 성장 달성'이라는 비전을 제시하고 있으며 이러한 비전 달성을 위해 ICAO의 미션 및 전략 목표도 이에 부합하는 내용들을 담고 있다. 그 중에서 항공 안전은 가장 중요한 요소 중의 하나이다. 시카고협약 제44조는 ICAO의 목적을 국제 공중 항행의 원칙과 기술을 발전시키며 국제 항공운송의 계획과 발달을 진작시킴으로써 다음과 같이 규정하였다.

① 전 세계에 걸쳐 국제 민간항공의 안전하고 질서있는 성장을 보장한다.

② 평화적 목적을 위한 비행기 디자인과 운항의 기술을 권장한다.

③ 국제 민간항공을 위한 항공로, 비행장, 항공 시설의 발달을 권장한다.

④ 안전하고, 정기적이며, 효율적임과 동시에 경제적인 항공운송을 위한 세계 모든 사람의 욕구를 충족한다.

⑤ 불합리한 경쟁에서 오는 경제적 낭비를 방지한다.

⑥ 체약국의 권리가 완전히 존중되고 각 체약국이 국제 민간항공을 운항하는 공평한 기회를 갖도록 보장한다.

⑦ 체약국 간 차별을 피한다.

⑧ 국가 공중 항행에 있어서 비행의 안전을 증진한다.

⑨ 국제 민간항공 제반 분야의 발전을 일반적으로 증진한다.

04 항공 부문 국제조약과 국내 항공법과의 관계

(1) 시카고협약과 국내 항공법과의 관계

항공법은 국제적 성격이 강한 바, 항공 질서 확립을 목적으로 하는 국내 항공법에서도 국제법과의 관계를 명시하고 있다. 따라서 항공법규의 적용 및 해석에 있어, 해당 항공 법령 이외에 헌법, 국제조약 등에서 정한 기준을 고려해야 하는 것은 당연하다. 한편 UN헌장 제103조는 어느 조약도 UN헌장에 우선할 수 없다고 규정하였다. 따라서 UN헌장과 조약, 그리고 우리 국내법 3자 간의 조약에 관련한 내용에 있어서는 UN헌장이 먼저이고 조약과 국내법은 동등한 지위에 있는 것으로 해석된다. 또한, 헌법 제6조 제1항은 '헌법에 의하여 체결·공포된 조약과 일반적으로 승인된 국제법규는 국내법과 같은 효력을 가진다.'라고 규정하고 있어 시카고협약상의 내용이 국내법과 동등한 지위에 있는 것으로 해석된다. 이와 관련하여 국제 항공법과 국내 항공법과의 관계 및 시카고협약을 인용한 국내 항공법규를 살펴보면 다음과 같다.

구 분	내 용
국제 항공법	• UN헌장 : 국제조약과 상충 시 헌장상의 의무가 우선함 • 국제민간항공협약 및 국제민간항공협약 부속서(국제 표준 및 권고 방식) • 항공기 운항상 안전을 위해 체결된 형사 법적 국제조약(1963 동경협약, 1970 헤이그협약, 1971 몬트리올협약 등) • 항공기 사고 시 승객의 사상과 화물의 피해에 대한 배상 등에 관한 국제조약(1929 바르샤바조약, 1999 몬트리올협약 등) • 항공기에 의한 지상 피해 시 배상에 관한 조약(1952 로마협약, 1978 몬트리올의정서)
국내 항공법	• 헌 법 • 항공사업법/시행령/시행규칙 • 항공안전법/시행령/시행규칙 • 공항시설법/시행령/시행규칙 • 항공보안법/시행령/시행규칙 • 항공·철도 사고 조사에 관한 법률/시행령/시행규칙 • 상법(제6편 항공운송)/시행령 • 운항 기술 기준(FSR) 등
국제 및 국내 항공법 관계	• 헌법 : 승인된 국제법규는 국내법과 같은 효력을 가진다. • 항공안전법 : 「국제민간항공조약」 및 같은 조약의 부속서에서 채택된 표준과 방식에 따라 … • 항공보안법 : 이 법에서 규정하는 사항 이외에는 다음 각 호의 국제 협약에 따른다. – 「항공기 내에서 범한 범죄 및 기타 행위에 관한 협약」 – 「항공기의 불법납치 억제를 위한 협약」 – 「민간항공의 안전에 대한 불법적 행위의 억제를 위한 협약」 등 • 항공·철도 사고 조사에 관한 법률 – 「국제민간항공조약」에 의하여 대한민국이 관할권으로 하는 항공 사고 등에도 적용 – 이 법에서 규정하지 아니한 사항은 「국제민간항공조약」과 같은 조약의 부속서에서 채택된 표준과 방식에 따라 실시한다. • 상법–제6편 항공운송 : 국제 항공조약 중 사법 성격의 내용을 반영

구 분	내 용	비 고
항공 안전법	제1조(목적) 이 법은 「국제민간항공협약」 및 같은 협약의 부속서에서 채택된 표준과 권고되는 방식에 따라 항공기, 경량항공기 또는 초경량비행장치의 안전하고 효율적인 항행을 위한 방법과 국가, 항공사업자 및 항공종사자 등의 의무 등에 관한 사항을 규정함을 목적으로 한다.	항공안전법과 시카고협약 및 부속서 관계
공항 시설법	제35조(항공학적 검토 위원회) ② 위원회에서 항공학적 검토에 관한 사항을 심의·의결하는 때에는 「국제민간항공조약」 및 같은 조약의 부속서(附屬書)에서 채택된 표준과 방식에 부합하도록 하여야 한다.	공항시설법과 시카고협약 관계
항공 보안법	제1조(목적) 이 법은 「국제민간항공협약」 등 국제협약에 따라 공항시설, 항행안전시설 및 항공기 내에서의 불법행위를 방지하고 민간항공의 보안을 확보하기 위한 기준·절차 및 의무 사항 등을 규정함을 목적으로 한다.	공항시설법과 시카고협약 관계
항공·철도 사고조사에 관한 법률	제3조(적용 범위 등) ① 이 법은 다음… 사고조사에 관하여 적용한다. 2. 대한민국 영역 밖에서 발생한 항공사고 등으로서 「국제민간항공조약」에 의하여 대한민국을 관할권으로 하는 항공사고 등 ④ 항공사고 등에 대한 조사와 관련하여 이 법에서 규정하지 아니한 사항은 「국제민간항공조약」과 같은 조약의 부속서에서 채택된 표준과 방식에 따라 실시한다.	항공·철도사고 조사에 관한 법률과 시카고협약 관계

(2) 국내 항공법규

국내 항공법은 항공 관련 국내에서 규정하고 있는 항공법규를 총칭하는 것으로 모든 국내의 항공 공법 및 항공 사법을 포함한다. 한국의 국내 항공법규는 다음과 같으며, 각 법률을 관장하는 주무부처에서 하위 법령을 제정하여 운영하고 있다.

구 분	시행령	시행규칙
항공안전법, 항공사업법, 공항시설법	동법시행령	동법시행규칙(국토교통부령)
항공보안법	동법시행령	동법시행규칙(국토교통부령)
항공·철도 사고조사에 관한 법률	동법시행령	동법시행규칙(국토교통부령)
공항소음 방지 및 소음대책지연 지원에 관한 법률	동법시행령	동법시행규칙(국토교통부령)
항공안전기술원법	동법시행령	-
한국공항공사법	동법시행령	-
인천국제공항공사법	동법시행령	-
항공우주산업개발 촉진법	동법시행령	동법시행규칙(산업통상자원부령)
우주개발 진흥법	동법시행령	동법시행규칙(과학기술정보통신부령)
우주손해배상법	-	-
군용항공기 운용 등에 관한 법률	동법시행령	동법시행규칙(국방부령)
군용항공기 비행안전성 인증에 관한 법률	동법시행령	동법시행규칙(국방부령)

05 항공안전법

항공안전법은 1961년 3월 제정된 「항공법」 중 항공 안전에 관련된 부분을 2017년 3월 30일 분법 시행한 것으로서, 항공기의 등록·안전성 인증, 항공종사자의 자격 증명, 그리고 국토교통부 장관 이외의 사람이 항공교통 업무를 제공하는 경우 항공교통 업무 증명을 받도록 하는 한편 항공운송사업자에게 운항 증명을 받도록 하는 등 항공 안전에 관한 내용으로 제정하였으며, 항공기 기술기준, 종사자, 초경량비행장치 등이 포함되었고, 항공사업법은 항공운송사업, 사용사업, 교통이용자 보호 등이 포함되었으며, 공항시설법은 공항 및 비행장의 개발, 항행안전시설 등이 포함되었다. 2011년 항공법의 분법을 추진하여 2016년 3월 29일 공포되었으며, 2017년 3월 30일부로 시행되었고 국내 항공법의 기본으로서 총칙, 항공기 등록, 항공기 기술 기준 및 형식 증명, 항공종사자, 항공기의 운항, 공역 및 항공교통 업무, 항공운송 사업자 등에 대한 안전 관리, 외국 항공기, 경량항공기, 초경량비행장치, 보칙, 벌칙 등 12장으로 구성되어 있다. 항공안전법 제1조에서 이 법의 목적을 '「국제민간항공협약」 및 같은 협약의 부속서에서 채택된 표준과 권고되는 방식에 따라 항공기, 경량항공기 또는 초경량비행장치의 안전하고 효율적인 항행을 위한 방법과 국가, 항공사업자 및 항공종사자 등의 의무 등에 관한 사항을 규정함을 목적으로 한다.'라고 규정하고 있듯이 이 법은 국제 항공법규 준수 성격이 강하여 국제 기준 변경 등 국제 환경 변화가 있을 때마다 이를 반영하기 위하여 개정 작업이 이루어지고 있다.

(1) 항공안전법 주요내용

① 항공법 분법 시행

기존의 항공법을 국제기준 변화에 따라 탄력적으로 대응하고, 국민이 이해하기 쉽도록 개선하며 운영상 나타난 미비점을 개선・보완하기 위하여 2011년 분법이 추진됨에 따라 법무법인인 태평양 연구용역에서 분법을 진행하였다. 2015년 국회 본회의 통과 후 2016년 3월 29일 공표하였으며 이에 따라 하위법령인 시행령, 시행규칙이 제정되었고, 2017년 3월 30일 기존 항공법이 항공안전법, 항공사업법, 공항시설법으로 분리되어 시행되었다.

㉠ 항공안전법 : 항공기 기술기준, 종사자, 항공교통, 초경량비행장치 등

㉡ 항공사업법 : 항공운송사업, 사용사업, 교통이용자 보호 등

㉢ 공항시설법 : 공항 및 비행장의 개발, 항행안전시설 등

② 초경량비행장치에 대한 내용은 항공안전법 제122조~제131조(신고, 인증, 비행승인, 전문교육기관 등)에 규정되어 있다.

③ 초경량비행장치 정의

초경량비행장치에 대한 정의 및 범위는 명확화를 위해서 항공안전법에 정의되어 있다.

㉠ 항공안전법 제2조 제3호(항공법 제2조 제28호)

초경량비행장치란 항공기와 경량항공기 외에 공기의 반작용으로 뜰 수 있는 장치로서 자체중량, 좌석 수 등 국토교통부령으로 정하는 기준에 해당하는 동력비행장치, 행글라이더, 패러글라이더, 기구류 및 무인비행장치

※ 기존 항공법 : 동력비행장치, 인력활공기, 기구류 및 무인비행장치

㉡ 항공안전법 시행규칙 제5조 제5호(항공법 시행규칙 제14조 제6호)

- 무인비행장치 : 사람이 탑승하지 아니하는 것으로서 다음 각 목의 비행장치
  - 무인동력비행장치 : 연료의 중량을 제외한 자체중량이 150kg 이하인 무인비행기, 무인헬리콥터 또는 무인멀티콥터
  - 무인비행선 : 연료의 중량을 제외한 자체중량이 180kg 이하이고 길이가 20m 이하인 무인비행선

    ※ 기존 항공법 : 무인비행기 또는 무인회전익비행장치
- 동력패러글라이더, 행글라이더, 패러글라이더 : 기존 항공법과 동일

④ 초경량비행장치 분류

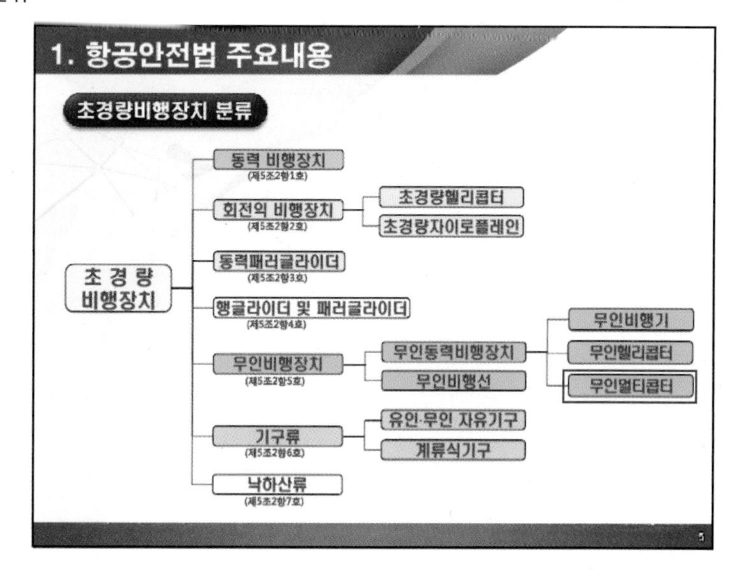

⑤ 초경량비행장치 입지

항공안전법 내 초경량비행장치 안전관리에 관하여 명시되어 있다.

㉠ 항공안전법 제1조(항공법 제1조)

이 법은 「국제민간항공협약」 및 같은 협약의 부속서에서 채택된 표준과 권고되는 방식에 따라 항공기, 경량항공기 또는 초경량비행장치의 안전하고 효율적인 항행…

※ 기존 항공법 : 단순 항공기에 한정

㉡ 항공안전법 제6조(항공법 제2조의5)

국토교통부장관은 국가항공안전정책에 관한 기본계획을 5년마다 수립하여야 한다.

- 항공기 사고 · 경량항공기 사고 · 초경량비행장치 사고예방 및 운항 안전에 관한 사항
  ※ 초경량비행장치 사고 : 초경량비행장치를 사용하여 비행을 목적으로 이륙하는 순간부터 착륙하는 순간까지 발생한 사망, 중상 등
- 항공기 · 경량항공기 · 초경량비행장치의 제작 · 정비 및 안전성 인증체계에 관한 사항

⑥ 초경량비행장치 신고(1)

초경량비행장치 신고자의 범위를 명확화하기 위한 내용이 명시되어 있다.

㉠ 항공안전법 제122조(항공법 제23조)

초경량비행장치를 소유하거나 사용할 수 있는 권리가 있는 자는 초경량비행장치의 종류, 용도, 소유자의 성명, 개인정보 및 개인위치정보의 수집 가능 여부 등을 국토교통부 장관에게 신고하여야 한다.

※ 기존 항공법 : 초경량비행장치 소유자에 한정

※ 미신고 시 : 6개월 이하 징역 또는 500만원 이하 벌금

ㄴ 항공안전법 시행규칙 제301조(항공법 시행규칙 제65조)

- 안전성인증을 받기 전까지 신고서류 제출(인증대상이 아닌 경우 권리 발생 30일 이내) : 변경 30일 이내, 말소 15일 이내 신고
  - 초경량비행장치를 소유하거나 사용할 수 있는 권리가 있음을 증명하는 서류(매매계약서, 거래명세서, 견적서 포함 영수증 등)
  - 초경량비행장치 제원 및 성능표
  - 초경량비행장치 사진(15×10cm의 측면사진)
- '보험가입을 증명할 수 있는 서류' 삭제

  항공사업법 내 초경량비행장치사용사업 보험가입 의무 명시

  ※ 신고번호 표기 필요(위반 시 과태료 100만원 이하)

⑦ 초경량비행장치 신고(2)

무인비행장치 신고 대상 기체가 확대되었다.

ㄱ 항공안전법 시행령 제24조(항공법 시행령 제14조)

신고를 필요로 하지 않는 초경량비행장치의 범위 : 무인동력비행장치 중에서 최대 이륙중량이 2kg 이하인 것

※ 기존 항공법 : 무인비행기 및 무인회전익 비행장치 중에서 연료의 무게를 제외한 자체 무게가 12kg 이하

ㄴ 초경량비행장치사용사업의 사업범위 등(항공사업법 시행규칙 제6조, 항공법 시행규칙 제16조의3)

- 비료 또는 농약 살포, 씨앗 뿌리기 등 농업 지원
- 사진촬영, 육상·해상 측량 또는 탐사
- 산림 또는 공원 등의 관측 또는 탐사
- 조종교육
- 그 밖의 업무로서 다음 각 목의 어느 하나에 해당하지 아니하는 업무
  - 국민의 생명과 재산 등 공공의 안전에 위해를 일으킬 수 있는 업무
  - 국방·보안 등에 관련된 업무로서 국가 안보를 위협할 수 있는 업무

※ 위반 시 1년 이하 징역 또는 1,000만원 이하의 벌금

ㄷ 항공사업법 제48조(사용사업의 등록)

조종교육기관 설립을 위해서는 초경량비행장치사용사업 등록이 필요하다.

- 자본금 또는 자산평가액 3천만원 이상(무인비행장치로 최대이륙중량 25kg 이하 자본금 無)
- 초경량비행장치 1대 이상

⑧ 초경량비행장치 안전성 인증

안전성 인증대상 범위를 명확하게 하기 위한 조문이 명시되어 있다.

㉠ 항공안전법 제124조, 시행규칙 제305조(항공법 제23조)

- 항공안전법 시행규칙 제305조를 별도로 신설하여 인증대상 범위를 명확화
- 다음의 어느 하나에 해당하는 무인비행장치 : 무인비행기, 무인헬리콥터 또는 무인멀티콥터 중에서 최대이륙중량이 25kg을 초과하는 것

※ 기존 항공법 : 무인비행기 및 무인회전익

※ 위반 시 500만원 이하 과태료

▮ 초경량비행장치 안전성인증검사 신청절차 및 수수료 안내

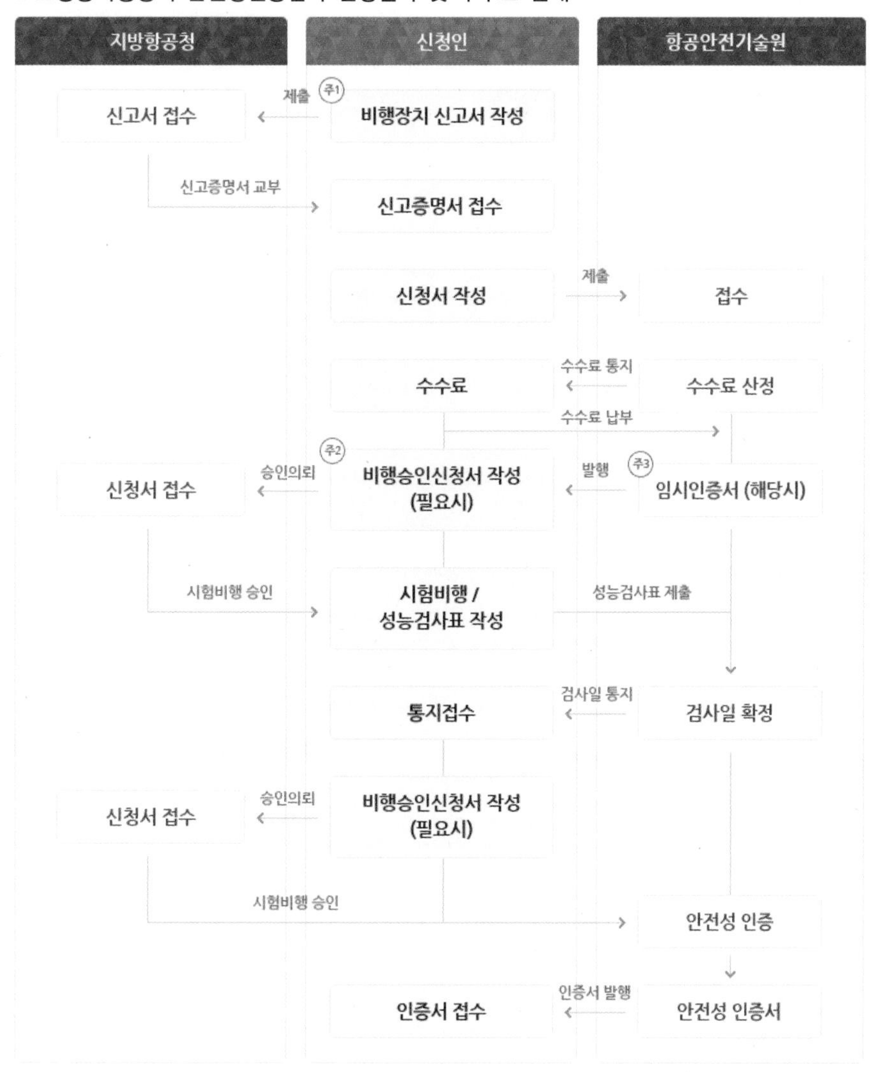

출처 : 항공안전기술원 홈페이지(https://www.safeflying.kr/frontOffice/info/inspectionInfo2.do)

⑨ 초경량비행장치 조종자 증명

항공안전법 내 조종자 증명에 관해 별도의 조항을 신설하였다.

㉠ 항공안전법 제125조(항공법 제23조)

- 항공법 제23조(초경량비행장치 등)와 제23조의3(자격취소)을 하나의 조항으로 통합
- 항공안전법 시행규칙 제306조 자격필요. 요건은 기존 항공법과 동일
  무인비행기, 무인헬리콥터 또는 무인멀티콥터 중에서 연료의 중량을 포함한 최대 이륙중량이 250g 초과는 자격 필요

㉡ 초경량비행장치 조종자 증명 취소 및 정지 기준(항공안전법 제125조)

- 거짓이나 그 밖의 부정한 방법으로 초경량비행장치 조종자 증명을 받은 경우(취소)
- 이 법을 위반하여 벌금 이상의 형을 선고받은 경우(1년 이내 정지)
- 초경량비행장치의 조종자로서 업무를 수행할 때 고의 또는 중대한 과실로 초경량비행장치 사고를 일으켜 인명피해나 재산피해를 발생시킨 경우(1년 이내 정지)
- 다른 사람에게 자기의 성명을 사용하여 초경량비행장치 조종을 수행하게 하거나 초경량비행장치 조종자 증명을 빌려준 경우(취소)
- 다음의 어느 하나에 해당하는 행위를 알선한 경우(취소)
  - 다른 사람에게 자기의 성명을 사용하여 초경량비행장치 조종을 수행하게 하거나 초경량비행장치 조종자 증명을 빌려주는 행위
  - 다른 사람의 성명을 사용하여 초경량비행장치 조종을 수행하거나 다른 사람의 초경량비행장치 조종자 증명을 빌리는 행위
- 초경량비행장치 조종자의 준수사항을 위반한 경우(1년 이내 정지)
- 주류 등의 영향으로 초경량비행장치를 사용하여 비행을 정상적으로 수행할 수 없는 상태에서 초경량비행장치를 사용하여 비행한 경우(1년 이내 정지)
- 초경량비행장치를 사용하여 비행하는 동안에 주류 등을 섭취하거나 사용한 경우(1년 이내 정지)
- 주류 등의 섭취 및 사용 여부의 측정 요구에 따르지 아니한 경우(취소)
- 이 조에 따른 초경량비행장치 조종자 증명의 효력정지기간에 초경량비행장치를 사용하여 비행한 경우(취소)

⑩ 전문교육기관 설립요건

지도조종자 및 실기평가 조종자 등록요건이 변화하였다.

㉠ 항공안전법 시행규칙 제307조(항공법 시행규칙 제66조의4)

지도조종자 및 실기평가조종자 요건의 변화

- 지도조종자 : 비행시간 200시간(무인비행장치의 경우 조종경력이 100시간) 이상이고, 조종교육교관과정을 이수
- 실기평가 조종자 : 비행시간 300시간(무인비행장치의 경우 조종경력이 150시간) 이상이고, 실기평가과정을 이수

※ 장치별 지도조종자 비행경력시간은 공단 '초경량비행장치 비행자격증명 운영세칙'

㉡ 전문교육기관 지정요령(고시)에 따른 심사 항목
- 시설 : 강의실 또는 열람실, 실기시설, 사무실, 화장실, 교구 및 설비 등
- 장비 : 교육용 기체(멀티콥터 등), 모의비행장치, 제작사 매뉴얼 등
- 인력 : 전문교육기관 운영자 및 교관의 자격, 행정요원 보유 등
- 교육규정 : 교육목적, 입교기준, 교육방법, 교육과정 편성기준, 교육평가 기준, 교육계획 등

⑪ 안전개선 명령

사용사업자에 대한 안전개선명령이 구체화되었다.

㉠ 항공안전법 제130조, 시행규칙 제313조

사용사업의 안전을 위해 필요하다고 인정되는 경우 다음의 사항 개선 명령
- 초경량비행장치 및 그 밖의 시설의 개선
- 초경량비행장치사용사업자가 운용 중인 초경량비행장치에 장착된 안전성이 검증되지 않은 장비 제거
- 초경량비행장치 제작자가 정한 정비절차의 이행
- 그 밖에 안전을 위해 한국교통안전공단 이사장이 필요하다고 인정하는 사항

㉡ 조종자 준수사항은 동일하다.

항공안전법 시행규칙 제310조(항공법 시행규칙 제68조)
- 가시권, 주간비행
- 음주상태 조종금지, 낙하물 투하금지 등

※ 위반 시 300만원 이하의 과태료(2022. 12. 8 개정)

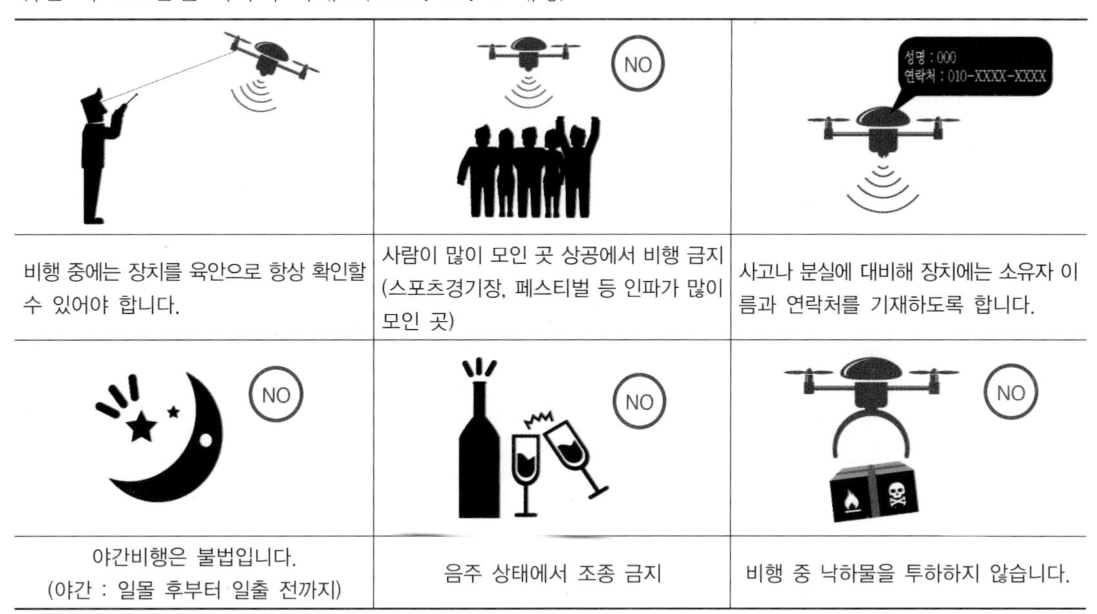

NO
성명 : 000
연락처 : 010-XXXX-XXXX
비행 중에는 장치를 육안으로 항상 확인할 수 있어야 합니다.
사람이 많이 모인 곳 상공에서 비행 금지 (스포츠경기장, 페스티벌 등 인파가 많이 모인 곳)
사고나 분실에 대비해 장치에는 소유자 이름과 연락처를 기재하도록 합니다.
NO
NO
NO
야간비행은 불법입니다. (야간 : 일몰 후부터 일출 전까지)
음주 상태에서 조종 금지
비행 중 낙하물을 투하하지 않습니다.

(2) 해외사례

① 미국사례 1

사업용 소형 무인항공기 조종자 대상 정기시험 실시

㉠ Small-UAS(2~24kg) 조종자 초기·보수 시험기준 마련

자격취득을 위해 초기시험(Initial Test), 정기시험(Recurrent) 실시 : 교통안전국(TSA) 주관, 17세 이상, 정기시험 주기 2년

Initial Knowledge Test	Recurrent Knowledge Test
• Regulation • Classification of Airspace • Flight Restriction • Collision Hazard • Weather • Load Balancing & Emergency Situation • Radio Communication Procedure etc.	• Regulation • Airspace Classification • Weather and Airport Operations • Emergency Procedure etc.

㉡ ICAO Doc10019 Chapter9는 모든 RPAS 교관 대상 보수교육 권고

> **8.5 RPAS Instructor**
>
> 8.5.9 All RPAS instructor should receive refresher training. and be reassessed using a documented training and assessment process acceptable to the licensing authority, implemented by a certificated or approved organization, at intervals established by the licensing authority but not greater than 3 years.

② 미국사례 2

사고 발생 시 드론과 운영자에 대한 신속한 정보파악을 위해 250g~25kg 소형드론 등록제를 시행했다. 모든 소형드론에 대한 식별 표기를 의무화하고, 3년 주기로 연장이 필요하도록 했다.

구 분	세부내용
등록대상	중량 55파운드(25kg) 이하 0.55파운드(250g)
등록시기	드론의 최초 운용 전
표기의무	• 모든 소형 드론은 식별 표기 의무화 • FAA가 부여한 등록번호
등록정보	• 취미 및 레크리에이션용이 아닌 경우 - 등록자 또는 승인된 대표인의 성명 - 등록자 주소, 전자우편 주소 - 드론 제조사, 모델명, 일련번호(제조번호) • 취미 및 레크리에이션용 - 등록자 성명, 등록자 주소 - 등록자 전자우편 주소
등록비	드론 1대당 $5 또는 등록자 1명당 $5
등록주기	3년마다 연장 필요
벌 금	벌금 최대 $27,500, 3년 이하의 징역
Full details available at : www.faa.gov/uas/registration	

③ 캐나다사례

25kg 이하 소형 드론을 3가지 유형으로 분류하여 관리하였다.

구 분	2kg 미만 소형드론 (Very Small UAVs)	한정된 운용만 가능 (Small UAVs Limited Operations)	다목적 활용 가능 (Small UAVs Complex Operations)
드론 등록 (Marking and Registration)	×	필 요	필 요
연령제한(Age Restrictions)	×	필 요	필 요
지식 테스트(Knowledge Test)	필 요	필 요	필 요
조종자격(Pilot Permit)	×	×	필 요
프라이버시 규제 적용 (Privacy & Other Laws)	필 요	필 요	필 요
야간 비행 허용(At Night)	×	×	필 요
비행장 근처 운용 (In Proximity to an Aerodrome)	×	×	필 요
도심 9km 내 비행 (Within 9 of a Bulit-up Area)		×	필 요
사람들 위 비행(Over People)	×	×	필 요

④ 중국사례

2013년부터 조종자 급증에 따른 안전관리를 본격화하였다.

㉠ 2013년 '민용 무인항공기 시스템 관리 잠행 규정' 발표

- 중량 7kg 이하 소형무인기 가시거리 500m, 고도 120m 이하 기준 설정
- 120m보다 낮을 경우 조종허가 불필요(높은 고도, 제한공역인 산업협회 및 민항국 허가 필요)

㉡ 2014년(4월) 민용 항공국 조종사 자격기준 마련

- 조종자 교육 및 훈련은 조종사 협회(중국 AOPA)에서 관리하도록 규정
- 7kg 이상 가시권 거리 이상 비행을 위한 조종자 자격권한 위탁

㉢ 2014년(11월) 중국 저공공역 관리 개혁

- 하이난, 광저우, 칭다오 등 도심지 저공공역에 대한 관리개혁 실시
- 2015년부터 1,000m 이하 공역을 군부의 심사 없이 사용하도록 규제 완화

⑤ 국가별 비교

구 분	한 국	미 국	중 국	일 본
고도제한	150m 이하	120m 이하	120m 이하	150m 이하
구역제한	서울 일부(9.3km), 공항(9.3km), 원전(19km), 휴전선 일대	워싱턴 주변(24km), 공항(반경 9.3km), 원전(반경 5.6km), 경기장(반경 5.6km)	베이징 일대, 공항 주변, 원전주변 등	도쿄 전역(인구 4천명 이상 거주지역), 공항(반경 9km), 원전주변 등
속도제한	제한 없음	161km/h 이하	100km/h 이하	제한 없음
비가시권, 야간 비행	원칙 불허 예외 허용	원칙 불허 예외 허용	원칙 불허 예외 허용	원칙 불허 예외 허용
군중 위 비행	원칙 불허 예외 허용	원칙 불허 예외 허용	원칙 불허 예외 허용	원칙 불허 예외 허용
기체 신고·등록	사업용/비사업용 2kg 초과	사업용 또는 250g 초과	7kg 초과	불명확
조종자격	250g 초과	사업용	7kg 초과	불명확
드론 활용 사업범위	제한 없음	제한 없음	제한 없음	제한 없음

(3) 정책방향

① 드론 현황 : 드론 시장 주요 지표가 가파르게 성장 중이다.

㉠ 국내 드론현황

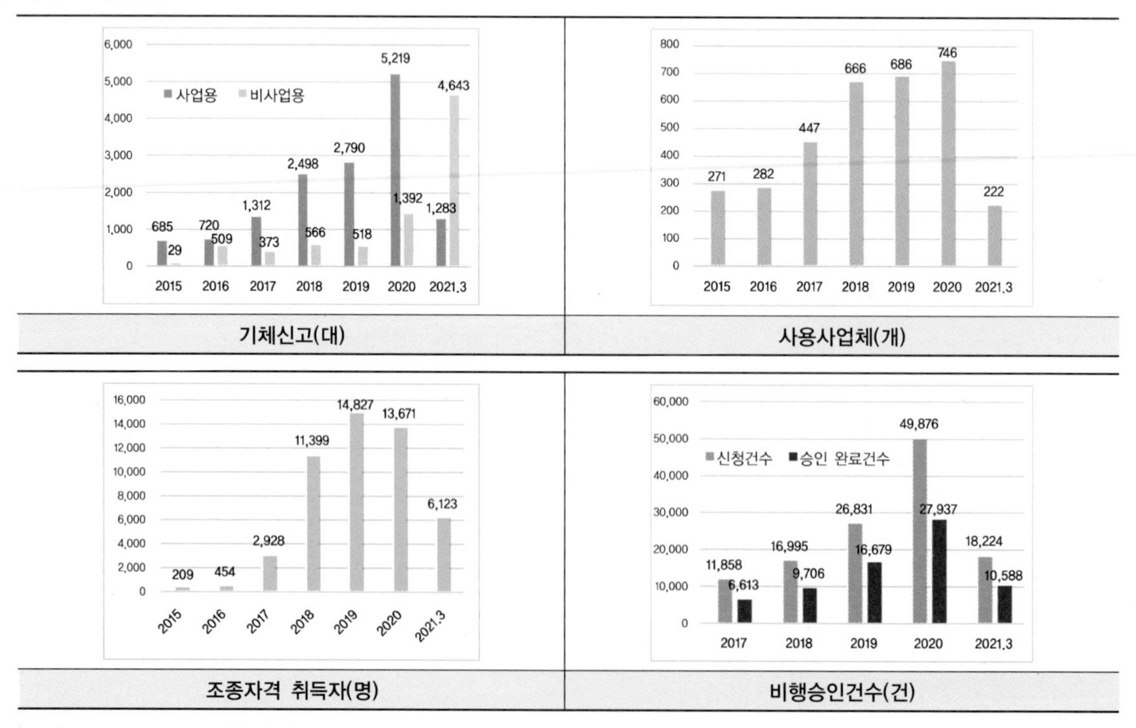

※ 자료 : 국토교통부 제출자료(2021.4.12.)

ⓒ 드론 원스톱 민원서비스 이용현황

처리연월	비행장치 신고 신청 건수	사용사업등록 신청 건수	비행승인		항공사진촬영허가	
			신청 건수	보완요구 건수	신청 건수	보완요구 건수
2020년 8월	–	206	5,180	2,227	6,487	815
2020년 9월	–	175	5,788	2,467	7,548	804
2020년 10월	–	141	7,012	3,036	9,191	1,024
2020년 11월	–	169	6,772	3,058	8,137	803
2020년 12월	1,068	192	4,402	1,768	5,944	673
2021년 1월	4,656	210	4,238	1,645	5,641	640
2021년 2월	3,163	245	4,475	1,740	6,235	609
2021년 3월	4,104	410	9,452	4,191	11,320	1,347
2021년 4월	3,644	410	10,301	4,385	12,690	1,208
2021년 5월	3,108	385	10,195	4,214	12,349	1,047
2021년 6월	3,088	451	10,840	4,608	12,177	826
2021년 7월	2,985	485	9,937	3,932	11,955	668
2021년 8월	2,202	299	9,472	3,238	11,975	797
2021년 9월	1,856	216	10,340	3,671	12,929	1,070
2021년 10월	2,136	201	11,216	3,486	14,398	1,076
2021년 11월	1,997	222	10,511	3,265	12,753	883
2021년 12월	2,060	260	8,242	2,621	10,072	596
2022년 1월	2,761	218	7,837	2,647	9,591	685
2022년 2월	1,476	237	8,405	2,897	9,750	690
2022년 3월	1,784	267	11,309	3,756	13,551	793
2022년 4월	2,251	330	12,916	3,569	15,799	1,127
2022년 5월	2,048	322	14,732	3,947	17,714	1,098
2022년 6월	2,797	390	13,361	3,465	16,213	1,040

※ 드론원스톱민원서비스 운영 개시(2020년 8월) 이후 홈페이지를 통해 신청된 민원 건수

② 무인비행장치 조종자격 차등화 및 기체신고 개선

㉠ 추진배경

- 드론 성능이 높아지고 국민생활 속 드론 활용 증가에 따라 기존 자격 체계 개선 필요
- 드론 산업 발전에 따른 불법 드론 사용 사례 증가 및 드론 뺑소니 사고 등의 국민 불안감 해소를 위한 체계적인 안전관리 필요

㉡ 진행경과

- 드론 분류체계 개선안 발표(2018.10)
  → 드론 안전 정책 토론회, 관계 기관 협의, 업계 간담회 등 10회 이상(2017~)
- 드론 실명제(드론 분류 체계 최종안) 발표(2020.02.18)
- 항공안전법 시행규칙 개정안 발표(2020.05.27)
  → 입법 예고(40일)를 통해 법령 개정안에 대한 대국민 의견 수렴

- 무인비행장치 분류 체계 개편에 따른 전문가 자문회의(2020.8.26)
- 드론 분류 체계 개편에 따른 규정 검토 회의(2020.09.16)
- 드론 분류 체계 개편에 따른 경과조치 검토 회의(2020.09~10)

ⓒ 규제 개선 : 드론 분류 체계

완구용 모형비행장치	저위험 무인비행장치	중위험 무인비행장치	고위험 무인비행장치
250g 이하	250g~7kg	7kg~25kg	25kg 초과

ⓔ 기체신고, 말소

- 정의 : 초경량비행장치를 소유하거나 사용할 권리가 있는 자가 소유자 및 비행장치 정보 등을 사전에 신고하는 제도
- 목적 : 체계적인 장치 신고 관리로 안전 관련 위법행위 예방 및 국민 인명・재산 보호, 기체별 고유번호 관리를 통한 향후 무인기 교통관리, 드론 택시・택배 상용화 기여
- 내용 : 사용업은 현행과 동일하게 무게와 무관하게 신고하고, 비사업용은 자체중량 12kg 초과 시 신고하게 되어 있었으나, 2kg 초과 시 소유주 등록(최대이륙중량)으로 변경되었고 이는 비사업용 규제를 강화한 결과이다.

구 분	내 용
신규신고	초경량비행장치를 소유하거나 사용할 권리가 있는 자가 최초로 행하는 신고
변경신고	비행장치의 용도, 소유자 등의 성명이나 명칭 또는 주소, 보관장소 등이 변경된 경우 행하는 신고
이전신고	비행장치의 소유권이 이전된 경우 행하는 신고
말소신고	비행장치의 멸실 또는 해체(정비 등, 수송 또는 보관하기 위한 해체는 제외) 등의 사유가 발생한 경우 행하는 신고

- 초경량비행8장치 신고업무 관련 변경 사항

업무수행기관	각 지방항공청 → 한국교통안전공단
신고접수	정부24 → 드론 원스톱(드론)・APS 원스톱(드론 외 초경량비행장치) 시스템
신고대상확대	자체중량 12kg 초과 기체 → 최대이륙중량 2kg 초과 기체(21.01.01부터 변경)

- 신고 시 제출서류 및 신고시기
  - 드론신고 : 드론 원스톱 시스템(drone.onestop.go.kr)
  - 드론 외 초경량 : APS 원스톱 시스템(www.onestop.go.kr:8050)

구 분	제출서류	신고시기
신규신고	• 초경량비행장치 신고서 • 초경량비행장치를 소유하거나 사용할 수 있는 권리가 있음을 증명하는 서류 • 초경량비행장치의 제원 및 성능표(자체중량 및 최대이륙중량이 확인가능한 제원표 첨부) • 초경량비행장치의 사진(소유하고 있는 기체를 직접 찍은 사진 첨부)	신규신고 사유가 있는 날부터 30일 이내(안전성인증 대상은 안전성인증 받기 전에 신고)
변경 및 이전신고	초경량비행장치 변경・이전 신고서(변경・이전 사유를 증명할 수 있는 서류 첨부)	변경・이전 사유가 발생한 날부터 30일 이내
말소신고	초경량비행장치 말소 신고서	말소 사유가 발생한 날부터 15일 이내

• 신고 내상

<table>
<tr><th colspan="3">종 류</th><th>사업용</th><th>비사업용</th><th>신고대상 제외(비사업용만 해당)</th></tr>
<tr><td rowspan="2">동력비행장치</td><td colspan="2">조종형 비행장치</td><td rowspan="13">신 고
• 사업용 : 항공사업법 제2조에 따른 초경량비행장치 사용사업, 항공레저스포츠사업에 사용되는 초경량비행장치</td><td rowspan="2">신 고</td><td rowspan="13">① 계류식 무인비행장치
② 연구기관 등이 시험·조사·연구 또는 개발을 위하여 제작한 초경량비행장치
③ 제작자 등이 판매를 목적으로 제작하였으나, 판매되지 아니한 것으로 비행에 사용되지 아니하는 초경량비행장치
④ 군사 목적으로 사용되는 초경량비행장치</td></tr>
<tr><td colspan="2">체중이동형 비행장치</td></tr>
<tr><td colspan="3">행글라이더</td><td rowspan="2">신고 불필요</td></tr>
<tr><td colspan="3">패러글라이더</td></tr>
<tr><td colspan="3">기구류</td><td>사람이 탑승하는 것은 신고</td></tr>
<tr><td rowspan="4">무인비행장치</td><td rowspan="3">무인동력비행장치</td><td>무인비행기</td><td rowspan="3">최대이륙중량 2kg 초과 신고</td></tr>
<tr><td>무인헬리콥터</td></tr>
<tr><td>무인멀티콥터</td></tr>
<tr><td colspan="2">무인비행선</td><td>자체중량 12kg 초과,
길이 7m 초과 신고</td></tr>
<tr><td rowspan="2">회전익비행장치</td><td colspan="2">초경량헬리콥터</td><td rowspan="3">신 고</td></tr>
<tr><td colspan="2">초경량자이로플레인</td></tr>
<tr><td colspan="3">동력패러글라이더</td></tr>
<tr><td colspan="3">낙하산류</td><td>신고 불필요</td></tr>
</table>

• 신고 절차

<table>
<tr><td colspan="2">장치신고 신청서 작성, 제출</td><td>• (민원인) 규정서식(항공안전법 시행규칙 별지 제116호)에 맞추어 비행장치 및 소유자 정보 기입
• (민원인) 법정 제출서류 스캔, 사진 첨부 및 제출
• 신고채널 : 원스톱 시스템
– 무인비행장치, https://drone.onestop.go.kr
– 기타 초경량, https://www.onestop.go.kr:8050
※ Fax, e-mail, 현장방문 통해서 접수 가능</td></tr>
<tr><td colspan="2">⇓</td><td></td></tr>
<tr><td colspan="2">신고접수 및 검토</td><td>• (담당자) 기입정보 적정성 확인, 제출서류 누락 및 유효성 여부 등 확인
※ 신청서 접수 당일부터 7일 내(근무일수 기준) 검토의견 제출 필요</td></tr>
<tr><td>⇓</td><td>⇓</td><td></td></tr>
<tr><td>(보완 필요시)
보완요청 및 보완</td><td rowspan="3">(보완 불필요시)
신고번호 및
신고증명서 발급</td><td rowspan="3">• (담당자) 보완 필요시 : 보완사유 명시 후 보완요청
• (민원인) 보완요청을 받은 민원인은 보완사유를 확인하여 정보 수정, 서류 추가첨부 등 보완
• (담당자) 신고내용 이상 없을 시 담당자는 규정된 양식(항공안전법 시행규칙 별지 제117조)에 맞춰 신고증명서 및 신고번호 발급
• 변경·이전 신고는 기존 신고번호 유지
• 신고수리기간 : 신규·변경·이전신고 7일 이내, 말소신고 신고서 도달 시점</td></tr>
<tr><td>⇓</td></tr>
<tr><td>신고번호 발급 및
신고증명서 발급</td></tr>
<tr><td>⇓</td><td>⇓</td><td></td></tr>
<tr><td colspan="2">신고증명서 인쇄 및 기체 신고번호 표시</td><td>• (민원인) 발급된 신고증명서 인쇄 후 비행 시 필수 지참
• (민원인) 발급된 신고번호는 규정 양식에 맞추어 기체에 표시
※ 상기 사항은 항공안전법 시행규칙 제301조에 의한 의무사항, 미 이행 시 과태료 부과</td></tr>
</table>

㉤ 안전성 인증 : 현행과 동일하게 25kg 초과되는 기체는 무조건 안전성인증 검사를 받아야 한다.

㉥ 조종자 증명(조종 자격) : 기존 사업용으로 12kg 초과되는 기체를 운용하는 자는 조종자증명(자격)이 필요하였으나 사업용·비사업용 모두 개선되었다.

- 250g~2kg : 온라인 교육
- 2~7kg : 필기시험 + 비행경력(6시간)
- 7~25kg : 필기시험 + 비행경력(10시간) + 실기시험(약식)
- 25kg 초과 : 필기시험 + 비행경력(20시간) + 실기시험

③ 조종자격 차등화 주요 내용

㉠ 조종자격 차등화 법적 근거 및 변경사항

- 초경량비행장치의 조종자 증명 등(항공안전법 시행규칙 제306조 제4항, 2021.03.01 시행)
  무인동력비행장치(무인멀티콥터, 무인헬리콥터, 무인비행기)에 대한 자격기준, 시험실시 방법 및 절차 등은 다음의 구분에 따른 무인동력비행장치별로 구분하여 달리 정해야 한다.
  개정 전은 무게기준(자체중량) 12kg 초과 150kg 이하 무인동력비행장치(무인비행기, 무인헬리콥터, 무인멀티콥터)는 조종자 증명(조종자격)을 취득해야 했지만, 개정 후 사업용 또는 비사업용 무인동력비행장치(무인비행기, 무인헬리콥터, 무인멀티콥터)는 무게기준 (최대이륙중량) 별로 분류하여 각 종별로 별도의 교육 및 자격을 이수하여야 한다.
  - 1종 : 25kg 초과 자체중량 150kg 이하
  - 2종 : 7kg 초과 25kg 이하
  - 3종 : 2kg 초과 7kg 이하
  - 4종 : 250g 초과 2kg 이하

㉡ 조종자 증명 업무범위(구분별 조종자 증명 업무범위)

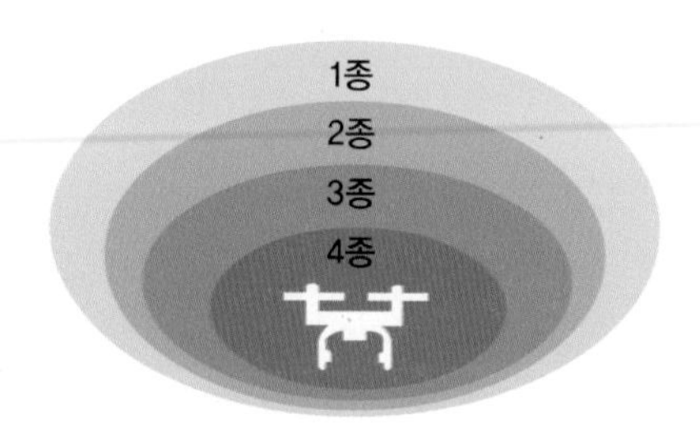

- 1종 무인동력비행장치 : 해당 종류의 1종 기체를 조종하는 행위(2종 업무범위 포함)
- 2종 무인동력비행장치 : 해당 종류의 2종 기체를 조종하는 행위(3종 업무범위 포함)
- 3종 무인동력비행장치 : 해당 종류의 3종 기체를 조종하는 행위(4종 업무범위 포함)
- 4종 무인동력비행장치 : 해당 종류의 4종 기체를 조종하는 행위
  [출처 : 국토교통부, 무인동력비행장치 조종자격 차등화 설명회 자료]

㉢ 실기시험 채점 항목(1종 및 2종)

무인비행기	무인헬리콥터	무인멀티콥터
1. 기체에 관련한 사항	1. 기체에 관련한 사항	1. 기체에 관련한 사항
2. 조종자에 관련한 사항	2. 조종자에 관련한 사항	2. 조종자에 관련한 사항
3. 공역 및 비행장에 관련한 사항	3. 공역 및 비행장에 관련한 사항	3. 공역 및 비행장에 관련한 사항
4. 일반지식 및 비상절차	4. 일반지식 및 비상절차	4. 일반지식 및 비상절차
5. 점검항목	5. 이륙 중 엔진고장 및 이륙포기	5. 이륙 중 엔진고장 및 이륙포기
6. 발동기의 시동 및 점검	6. 비행 전 점검	6. 비행 전 점검
7. 직진활주	7. 기체의 시동	7. 기체의 시동
8. 고속활주	8. 이륙 전 점검	8. 이륙 전 점검
9. 정상이륙	9. 이륙비행	9. 이륙비행
10. 측풍이륙	10. 공중 정지비행(호버링)	10. 공중 정지비행(호버링)
11. 이륙 중 엔진 고장 및 이륙 포기	11. 상승 및 하강비행	11. 직진 및 후진 수평비행
12. 상승비행	12. 직진 및 수평비행	12. 삼각비행
13. 직진수평비행	13. 좌우 수평비행	13. 원주비행(러더턴) (2종은 마름모비행)
14. 선회비행 및 저속도 비행	14. 원주비행(러더턴) (2종은 마름모 비행)	14. 비상조작
15. 실속회복 및 비상조작	15. 비상조작	15. 정상접근 및 착륙
16. 정상접근 및 착륙	16. 정상접근 및 착륙	16. 측풍접근 및 착륙
17. 측풍접근 및 착륙	17. 측풍접근 및 착륙	17. 비행 후 점검
18. 복행	18. 비행 후 점검	18. 비행기록
19. 비행 후 점검	19. 비행기록	19. 안전거리유지
20. 비행기록	20. 안전거리유지	20. 계획성
21. 계획성	21. 계획성	21. 판단력
22. 판단력	22. 판단력	22. 규칙의 준수
23. 규칙의 준수	23. 규칙의 준수	23. 조작의 원활성
24. 조작의 원활성	24. 조작의 원활성	

※ 붉은색 항목은 1종에 한함

[출처 : 국토교통부, 무인동력비행장치 조종자격 차등화 설명회 자료]

㉣ 전문교육기관 훈련기준 변경사항

구 분		학과교육	모의비행교육(시뮬레이션)	실기교육		
				교관동반(훈련)	단독(기장)	합 계
무인 비행기	1종	총 20시간	20시간	10시간	10시간	20시간
	2종	항공법규(2) 항공기상(2) 항공역학(5) 비행운용(11)	10시간	5시간	5시간	10시간
	3종		6시간	3시간	3시간	6시간
무인 헬리콥터 & 무인 멀티콥터	1종	총 20시간	20시간	8시간	12시간	20시간
	2종	항공법규(2) 항공기상(2) 항공역학(5) 비행운용(11)	10시간	4시간	6시간	10시간
	3종		6시간	2시간	4시간	6시간

※ 사설교육기관의 경우 학과시험을 반드시 응시하여야 함

CHAPTER

02 목적 및 용어 정의, 종류

01 목적 및 용어의 정의

(1) 항공안전법의 목적(항공안전법 제1조)

① 「국제민간항공협약」 및 같은 협약의 부속서에서 채택된 표준과 권고되는 방식에 따른다.

② 항공기, 경량항공기 또는 초경량비행장치의 안전하고 효율적인 항행을 위한 방법과 국가, 항공사업자 및 항공종사자 등의 의무 등에 관한 사항을 규정함을 목적으로 한다.

(2) 항공안전법 용어의 정의(항공안전법 제2조)

① 항공기 : 공기의 반작용으로 뜰 수 있는 기기로서 최대이륙중량, 좌석 수 등 국토교통부령으로 정하는 기준에 해당하는 기기와 그 밖에 대통령령으로 정하는 기기(비행기, 헬리콥터, 비행선, 활공기)

② 경량항공기 : 항공기 외에 공기의 반작용으로 뜰 수 있는 기기로서 최대이륙중량, 좌석 수 등 국토교통부령으로 정하는 기준에 해당하는 비행기, 헬리콥터, 자이로플레인(Gyroplane) 및 동력패러슈트(Powered Parachute) 등

③ 초경량비행장치 : 항공기와 경량항공기 외에 공기의 반작용으로 뜰 수 있는 장치로서 자체중량, 좌석 수 등 국토교통부령으로 정하는 기준에 해당하는 동력비행장치, 행글라이더, 패러글라이더, 기구류 및 무인비행장치 등

④ 국가기관 등 항공기 : 대통령령으로 정하는 공공기관이 소유하거나 임차(賃借)한 항공기로서 다음의 어느 하나에 해당하는 업무를 수행하기 위하여 사용되는 항공기(군용・경찰용・세관용 항공기는 제외)

㉠ 재난・재해 등으로 인한 수색(搜索)・구조

㉡ 산불의 진화 및 예방

㉢ 응급환자의 후송 등 구조・구급활동

㉣ 그 밖에 공공의 안녕과 질서유지를 위하여 필요한 업무

⑤ 항공기 사고 : 사람이 비행을 목적으로 항공기에 탑승하였을 때부터 탑승한 모든 사람이 항공기에서 내릴 때까지(무인항공기의 경우에는 비행을 목적으로 움직이는 순간부터 비행이 종료되어 발동기가 정지되는 순간까지) 항공기의 운항과 관련하여 발생한 사고

㉠ 사람의 사망, 중상 또는 행방불명

㉡ 항공기의 파손 또는 구조적 손상

㉢ 항공기의 위치를 확인할 수 없거나 항공기에 접근이 불가능한 경우

⑥ **초경량비행장치 사고** : 초경량비행장치를 사용하여 비행을 목적으로 이륙(이수(離水)를 포함)하는 순간부터 착륙(착수(着水)를 포함)하는 순간까지 발생한 다음의 어느 하나에 해당하는 것으로서 국토교통부령으로 정하는 것

㉠ 초경량비행장치에 의한 사람의 사망, 중상 또는 행방불명

㉡ 초경량비행장치의 추락, 충돌 또는 화재 발생

㉢ 초경량비행장치의 위치를 확인할 수 없거나 초경량비행장치에 접근이 불가능한 경우

⑦ **항공기준사고** : 항공안전에 중대한 위해를 끼쳐 항공기사고로 이어질 수 있었던 것으로서 국토교통부령으로 정하는 것

⑧ **항공안전장애** : 항공기사고 및 항공기준사고 외에 항공기의 운항 등과 관련하여 항공안전에 영향을 미치거나 미칠 우려가 있는 것

⑨ **비행정보구역** : 항공기, 경량항공기 또는 초경량비행장치의 안전하고 효율적인 비행과 수색 또는 구조에 필요한 정보를 제공하기 위한 공역(空域)

⑩ **영공** : 대한민국의 영토와 「영해 및 접속수역법」에 따른 내수 및 영해의 상공

⑪ **항공로** : 국토교통부장관이 항공기, 경량항공기 또는 초경량비행장치의 항행에 적합하다고 지정한 지구의 표면상에 표시한 공간의 길

⑫ **항공종사자** : 제34조 제1항에 따른 항공종사자 자격증명을 받은 사람

㉠ 항공업무에 종사하려는 사람은 국토교통부령으로 정하는 바에 따라 국토교통부장관으로부터 항공종사자 자격증명을 받아야 한다.

㉡ 다만, 항공업무 중 무인항공기의 운항 업무인 경우에는 그러하지 아니한다.

⑬ **비행장(공항시설법 제2조 제2호)** : 항공기·경량항공기·초경량비행장치의 이륙(이수(離水)를 포함)과 착륙(착수(着水)를 포함)을 위하여 사용되는 육지 또는 수면(水面)의 일정한 구역으로서 대통령령으로 정하는 것

⑭ **항행안전시설(공항시설법 제2조 제15호)** : 유선통신, 무선통신, 인공위성, 불빛, 색채 또는 전파(電波)를 이용하여 항공기의 항행을 돕기 위한 시설로서 국토교통부령으로 정하는 시설

⑮ **관제권** : 비행장 또는 공항과 그 주변의 공역으로서 항공교통의 안전을 위하여 국토교통부장관이 지정·공고한 공역

⑯ **관제구** : 지표면 또는 수면으로부터 200m 이상 높이의 공역으로서 항공교통의 안전을 위하여 국토교통부장관이 지정·공고한 공역

⑰ **초경량비행장치사용사업(항공사업법 제2조 제23호)** : 타인의 수요에 맞추어 국토교통부령으로 정하는 초경량비행장치를 사용하여 유상으로 농약살포, 사진촬영 등 국토교통부령으로 정하는 업무를 하는 사업

⑱ 초경량비행장치사용사업의 등록 요건(항공사업법 제48조)

㉠ 자본금 또는 자산평가액이 3천만원 이상으로서 대통령령으로 정하는 금액 이상일 것(다만, 최대이륙중량이 25kg 이하인 무인비행장치만을 사용하여 초경량비행장치사용사업을 하려는 경우는 제외)

㉡ 초경량비행장치 1대 이상 등 대통령령으로 정하는 기준에 적합할 것

㉢ 그 밖에 사업 수행에 필요한 요건으로서 국토교통부령으로 정하는 요건을 갖출 것

⑲ 이착륙장(공항시설법 제2조 제19호) : 비행장 외에 경량항공기 또는 초경량비행장치의 이륙 또는 착륙을 위하여 사용되는 육지 또는 수면의 일정한 구역으로서 대통령령으로 정하는 것

참고

초경량비행장치의 기준 : 항공안전법 시행규칙 제5조

1. 동력비행장치 : 동력을 이용하는 것으로서 다음의 기준을 모두 충족하는 고정익비행장치
   가. 탑승자, 연료 및 비상용 장비의 중량을 제외한 자체중량이 115kg 이하일 것
   나. 연료의 탑재량이 19L 이하일 것
   다. 좌석이 1개일 것
2. 행글라이더 : 탑승자 및 비상용 장비의 중량을 제외한 자체중량이 70kg 이하로서 체중이동, 타면조종 등의 방법으로 조종하는 비행장치
3. 패러글라이더 : 탑승자 및 비상용 장비의 중량을 제외한 자체중량이 70kg 이하로서 날개에 부착된 줄을 이용하여 조종하는 비행장치
4. 기구류 : 기체의 성질・온도차 등을 이용하는 다음의 비행장치
   가. 유인자유기구
   나. 무인자유기구(기구 외부에 2kg 이상의 물건을 매달고 비행하는 것만 해당)
   다. 계류식(繫留式)기구
5. 무인비행장치 : 사람이 탑승하지 아니하는 것으로서 다음의 비행장치
   가. 무인동력비행장치 : 연료의 중량을 제외한 자체중량이 150kg 이하인 무인비행기, 무인헬리콥터 또는 무인멀티콥터
   나. 무인비행선 : 연료의 중량을 제외한 자체중량이 180kg 이하이고 길이가 20m 이하인 무인비행선
6. 회전익비행장치 : 제1호의 동력비행장치의 요건을 갖춘 헬리콥터 또는 자이로플레인
7. 동력패러글라이더 : 패러글라이더에 추진력을 얻는 장치를 부착한 다음의 어느 하나에 해당하는 비행장치
   가. 착륙장치가 없는 비행장치
   나. 착륙장치가 있는 것으로서 제1호의 동력비행장치의 요건을 갖춘 비행장치
8. 낙하산류 : 항력(抗力)을 발생시켜 대기(大氣) 중을 낙하하는 사람 또는 물체의 속도를 느리게 하는 비행장치
9. 그 밖에 국토교통부장관이 종류, 크기, 중량, 용도 등을 고려하여 정하여 고시하는 비행장치

02 초경량비행장치 범위 및 종류

(1) 경량항공기 종류 현황

▮ 타면조종형 비행기 	동력, 즉 엔진을 이용하여 프로펠러를 회전시켜 추진력을 얻는 항공기로서 착륙장치가 장착된 고정익(날개가 움직이지 않는) 경량항공기를 말한다. 이륙중량 및 성능이 제한되어 있을 뿐 구조적으로 일반 항공기와 거의 같다고 할 수 있으며, 조종면, 동체, 엔진, 착륙장치의 4가지로 이루어져 있다. 타면조종형이라고 하는 이유는 주날개 및 꼬리날개에 있는 조종면(도움날개, 방향타, 승강타)을 움직여, 양력의 불균형을 발생시킴으로써 조종할 수 있기 때문이다.
▮ 체중이동형 비행기 	활공기의 일종인 행글라이더를 기본으로 발전해 왔으며, 높은 곳에서 낮은 곳으로 활공할 수밖에 없는 단점을 개선하여 평지에서도 이륙할 수 있도록 행글라이더에 엔진을 부착하여 개발하였다. 타면조종형 비행기의 고정된 날개와는 달리 조종면이 없이 체중을 이동하여 경량항공기의 방향을 조종한다. 또한, 날개를 가벼운 천으로 만들어 분해와 조립이 용이하게 되어 있으며, 신소재의 개발로 점차 경량화되어가고 있는 추세이다.
▮ 경량헬리콥터 	일반 항공기의 헬리콥터와 구조적으로 같지만, 이륙중량 및 성능의 제한을 받는다. 엔진을 이용하여 동체 위에 있는 주회전날개를 회전시킴으로서 양력을 발생시키고, 주회전날개의 회전면을 기울여 양력이 발생하는 방향을 변화시키면 앞으로 전진할 수 있는 추진력도 발생된다. 또, 꼬리회전날개에서 발생하는 힘을 이용하여 경량항공기의 방향조종을 할 수 있다.
▮ 자이로플레인 	고정익과 회전익의 조합형이라고 할 수 있으며 공기력 작용에 의하여 회전하는 1개 이상의 회전익에서 양력을 얻는 경량항공기를 말한다. 헬리콥터는 주회전날개에 엔진동력을 전달하여 추력과 양력을 얻는데 반해, 자이로플레인은 동력을 프로펠러에 전달하여 추력을 얻게 되고 비행장치가 전진함에 따라 공기가 아래에서 위로 흐르면서 주회전날개를 회전시켜 양력을 얻는다.
▮ 동력패러슈트 	낙하산류에 추진력을 얻는 장치를 부착한 경량항공기이다. 패러글라이더에 엔진과 조종석을 장착한 동체(Trike)를 연결하여 비행하며, 조종줄을 사용하여 경량항공기의 방향과 속도를 조종한다.

(2) 초경량비행장치 종류 현황

구분	종류	설명
동력비행장치	▮ 타면조종형 비행장치 	현재 국내에 가장 많이 있는 종류로서, 자중(115kg) 및 좌석수(1인승)가 제한되어 있을 뿐 구조적으로 일반 항공기와 거의 같다고 할 수 있으며, 조종면, 동체, 엔진, 착륙장치의 4가지로 이루어져 있다. 타면조종형이라고 하는 이유는 주날개 및 꼬리날개에 있는 조종면(도움날개, 방향타, 승강타)을 움직여, 양력의 불균형을 발생시킴으로써 조종할 수 있기 때문이다.
	▮ 체중이동형 비행장치 	활공기의 일종인 행글라이더를 기본으로 발전해 왔으며, 높은 곳에서 낮은 곳으로 활공할 수밖에 없는 단점을 개선하여 평지에서도 이륙할 수 있도록 행글라이더에 엔진을 부착하여 개발하였다. 타면조종형과 같이 자중(115kg) 및 좌석수(1인승)의 제한을 받는다. 타면조종형 비행장치의 고정된 날개와는 달리 조종면이 없이 체중을 이동하여 비행장치의 방향을 조종한다. 또한, 날개를 가벼운 천으로 만들어 분해와 조립이 용이하게 되어 있으며, 신소재의 개발로 점차 경량화되어가고 있는 추세이다.
회전익비행장치	▮ 초경량 헬리콥터 	일반 항공기의 헬리콥터와 구조적으로 같지만, 자중(115kg) 및 좌석수(1인승)의 제한을 받는다. 엔진을 이용하여 동체 위에 있는 주회전날개를 회전시킴으로써 양력을 발생시키고, 주회전날개의 회전면을 기울여 양력이 발생하는 방향을 변화시키면 앞으로 전진할 수 있는 추진력도 발생된다. 또, 꼬리회전날개에서 발생하는 힘을 이용하여 비행장치의 방향조종을 할 수 있다.
	▮ 초경량 자이로플레인 	고정익과 회전익의 조합형이라고 할 수 있으며 공기력 작용에 의하여 회전하는 1개 이상의 회전익에서 양력을 얻는 비행장치를 말한다. 자중(115kg) 및 좌석수(1인승)의 제한을 받는다. 헬리콥터는 주회전날개에 엔진 동력을 전달하여 추력과 양력을 얻는 데 반해, 자이로플레인은 동력을 프로펠러에 전달하여 추력을 얻게 되고 비행장치가 전진함에 따라 공기가 아래에서 위로 흐르면서 주회전날개를 회전시켜 양력을 얻는다.
▮ 유인자유기구 		기구란, 기체의 성질이나 온도차 등으로 발생하는 부력을 이용하여 하늘로 오르는 비행장치이다. 기구는 비행기처럼 자기가 날아가고자 하는 쪽으로 방향을 전환하는 그런 장치가 없다. 한번 뜨면 바람 부는 방향으로만 흘러 다니는, 그야말로 풍선이다. 같은 기구라 하더라도 운용목적에 따라 계류식기구와 자유기구로 나눌 수 있는데, 비행훈련 등을 위해 케이블이나 로프를 통해서 지상과 연결하여 일정고도 이상 오르지 못하도록 하는 것을 계류식기구라고 하고, 이런 고정을 위한 장치 없이 자유롭게 비행하는 것을 자유기구라고 한다.
▮ 동력패러글라이더 		낙하산류에 추진력을 얻는 장치를 부착한 비행장치이다. 조종자의 등에 엔진을 매거나, 패러글라이더에 동체(Trike)를 연결하여 비행하는 두 가지 타입이 있으며, 조종줄을 사용하여 비행장치의 방향과 속도를 조종한다. 높은 산에서 평지로 뛰어 내리는 것에 비해 낮은 평지에서 높은 곳으로 날아 올라 비행을 즐길 수 있다.

<table>
<tr><td colspan="2">▮ 행글라이더
</td><td>행글라이더는 가벼운 알루미늄합금 골조에 질긴 나일론 천을 씌운 활공기로서, 쉽게 조립하고, 분해할 수 있으며, 약 20~35kg의 경량이기 때문에 사람의 힘으로 운반할 수 있다. 사람의 체중을 이동시켜 조종한다.</td></tr>
<tr><td colspan="2">▮ 패러글라이더
</td><td>낙하산과 행글라이더의 특성을 결합한 것으로 낙하산의 안정성, 분해, 조립, 운반의 용이성과 행글라이더의 활공성, 속도성을 장점으로 가지고 있다.</td></tr>
<tr><td colspan="2">▮ 낙하산류
</td><td>항력(抗力)을 발생시켜 대기(大氣) 중을 낙하하는 사람 또는 물체의 속도를 느리게 하는 비행장치</td></tr>
<tr><td rowspan="4">무인
비행
장치</td><td>▮ 무인비행기
</td><td>사람이 타지 않고 무선통신장비를 이용하여 조종하거나, 내장된 프로그램에 의해 자동으로 비행하는 비행체로써, 구조적으로 일반 항공기와 거의 같고, 레저용으로 쓰이거나, 정찰, 항공촬영, 해안 감시 등에 활용되고 있다.</td></tr>
<tr><td>▮ 무인헬리콥터
</td><td>사람이 타지 않고 무선통신장비를 이용하여 조종하거나, 내장된 프로그램에 의해 자동으로 비행하는 비행체로써, 구조적으로 일반 회전익항공기와 거의 같고, 항공촬영, 농약살포 등에 활용되고 있다.</td></tr>
<tr><td>▮ 무인멀티콥터
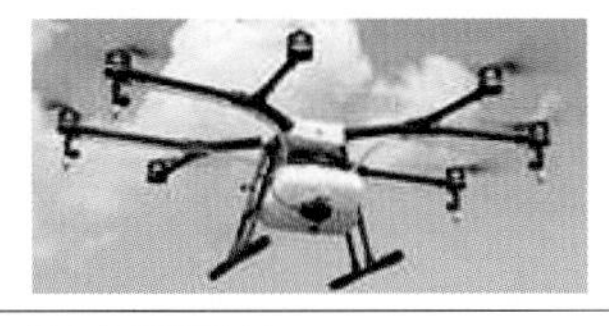</td><td>사람이 타지 않고 무선통신장비를 이용하여 조종하거나, 내장된 프로그램에 의해 자동으로 비행하는 비행체로써, 구조적으로 헬리콥터와 유사하나 양력을 발생하는 부분이 회전익이 아니라 프로펠러 형태이며 각 프로펠러의 회전수를 조정하여 방향 및 양력을 조정한다. 사용처는 항공촬영, 농약살포 등에 널리 활용되고 있다.</td></tr>
<tr><td>▮ 무인비행선
</td><td>가스기구와 같은 기구비행체에 스스로의 힘으로 움직일 수 있는 추진장치를 부착하여 이동이 가능하도록 만든 비행체이며 추진장치는 전기식 모터, 가솔린 엔진 등이 사용되며 각종 행사 축하비행, 시범비행, 광고에 많이 쓰인다.</td></tr>
</table>

CHAPTER
03 비행 관련 사항

01 공역 및 비행제한

(1) 공역의 개념

항공기 활동을 위한 공간으로서 공역의 특성에 따라 항행안전을 위한 적합한 통제와 필요한 항행지원이 이루어지도록 설정된 공간으로서 영공과는 다른 항공교통업무를 지원하기 위한 책임공역이다.

① 공역의 설정 기준(항공안전법 시행규칙 제221조)

㉠ 국가안전보장과 항공안전을 고려할 것

㉡ 항공교통에 관한 서비스의 제공 여부를 고려할 것

㉢ 이용자의 편의에 적합하게 공역을 구분할 것

㉣ 공역이 효율적이고 경제적으로 활용될 수 있을 것

② 비행공역(항공안전법 제78조)

㉠ 공역 등의 지정 : 국토교통부장관은 공역을 체계적이고 효율적으로 관리하기 위하여 필요하다고 인정할 때에는 비행정보구역을 다음 ㉡, ㉢의 공역으로 구분하여 지정·공고할 수 있다.

참고

비행금지 장소

- 비행장으로부터 반경 9.3km 이내인 곳 : '관제권'이라고 불리는 곳으로 이착륙하는 항공기와 충돌위험 있음
- 비행금지구역(휴전선 인근, 서울도심 상공 일부) : 국방, 보안상의 이유로 비행이 금지된 곳
- 150m 이상의 고도 : 항공기 비행항로가 설치된 공역임
- 인구밀집지역 또는 사람이 많이 모인 곳의 상공(예 : 스포츠 경기장, 각종 페스티벌 등 인파가 많이 모인 곳) : 기체가 떨어질 경우 인명피해 위험이 높음

ⓛ 제공하는 항공교통업무에 따른 공역 구분(항공안전법 시행규칙 별표 23)

구 분		내 용
관제 공역	A등급 공역	모든 항공기가 계기비행을 해야 하는 공역
	B등급 공역	계기비행 및 시계비행을 하는 항공기가 비행 가능하고, 모든 항공기에 분리를 포함한 항공교통관제업무가 제공되는 공역
	C등급 공역	모든 항공기에 항공교통관제업무가 제공되나, 시계비행을 하는 항공기 간에는 교통정보만 제공되는 공역
	D등급 공역	모든 항공기에 항공교통관제업무가 제공되나, 계기비행을 하는 항공기와 시계비행을 하는 항공기 및 시계비행을 하는 항공기 간에는 교통정보만 제공되는 공역
	E등급 공역	계기비행을 하는 항공기에 항공교통관제업무가 제공되고, 시계비행을 하는 항공기에 교통정보가 제공되는 공역
비관제 공역	F등급 공역	계기비행을 하는 항공기에 비행 정보업무와 항공교통조언업무가 제공되고, 시계비행항공기에 비행정보업무가 제공되는 공역
	G등급 공역	모든 항공기에 비행정보업무만 제공되는 공역

ⓒ 사용 목적에 따른 공역 구분(항공안전법 시행규칙 별표 23)

구 분		내 용
관제 공역	관제권	항공안전법 제2조 제25호에 따른 공역으로서 비행정보구역 내의 B, C 또는 D등급 공역 중에서 시계 및 계기비행을 하는 항공기에 대하여 항공교통관제업무를 제공하는 공역
	관제구	항공안전법 제2조 제26호에 따른 공역(항공로 및 접근관제구역을 포함)으로서 비행정보구역 내의 A, B, C, D, E등급 공역에서 시계 및 계기비행을 하는 항공기에 대하여 항공교통관제업무를 제공하는 공역
	비행장 교통구역	항공안전법 제2조 제25호에 따른 공역 외의 공역으로서 비행정보구역 내의 D등급에서 시계비행을 하는 항공기 간에 교통정보를 제공하는 공역
비관제 공역	조언구역	항공교통조언업무가 제공되도록 지정된 비관제공역
	정보구역	비행정보업무가 제공되도록 지정된 비관제공역
통제 공역	비행금지구역	안전, 국방상 그 밖의 이유로 항공기의 비행을 금지하는 공역
	비행제한구역	항공 사격, 대공사격 등으로 인한 위험으로부터 항공기의 안전을 보호하거나 그 밖의 이유로 비행허가를 받지 않은 항공기의 비행을 제한하는 공역
	초경량비행장치 비행제한구역	초경량비행장치의 비행안전을 확보하기 위하여 초경량비행장치의 비행활동에 대한 제한이 필요한 공역
주의 공역	훈련구역	민간항공기의 훈련공역으로서 계기비행항공기로부터 분리를 유지할 필요가 있는 공역
	군작전구역	군사작전을 위하여 설정된 공역으로서 계기비행항공기로부터 분리를 유지할 필요가 있는 공역
	위험구역	항공기의 비행 시 항공기 또는 지상시설물에 대한 위험이 예상되는 공역
	경계구역	대규모 조종사의 훈련이나 비정상 형태의 항공활동이 수행되는 공역
	초경량비행장치 비행구역	초경량비행장치의 비행활동이 수행되는 공역으로 그 주변을 비행하는 자의 주의가 필요한 공역

참고

비행금지구역

- P : Prohibited, 비행금지구역, 미확인 시 경고사격 및 경고 없이 사격가능
- R : Restricted, 비행제한구역, 지대지, 지대공, 공대지 공격 가능
- D : Danger, 비행위험구역, 실탄배치
- A : Alert, 비행경보구역

<table>
<tr><th colspan="2">구 분</th><th>관할기관</th><th>연락처</th></tr>
<tr><td>1</td><td>P73
(서울 도심)</td><td>수도방위사령부
(작전지원과)</td><td>02-524-3345~6</td></tr>
<tr><td>2</td><td>P518, P518E/W
(휴전선 지역, NLL 일대)</td><td>합동참모본부
(항공작전과)</td><td>02-748-3294</td></tr>
<tr><td>3</td><td>P61A
(고리/새울원전)</td><td rowspan="5">합동참모본부
(공중종심작전과)
02-748-3435</td><td>051-726-2051
052-715-2762</td></tr>
<tr><td>4</td><td>P62A
(월성원전)</td><td>054-779-2902</td></tr>
<tr><td>5</td><td>P63A
(한빛원전)</td><td>061-357-2823</td></tr>
<tr><td>6</td><td>P64A
(한울원전)</td><td>054-785-1061</td></tr>
<tr><td>7</td><td>P65A
(한국원자력연구원)</td><td>042-868-8811</td></tr>
<tr><td>8</td><td>P61B
(고리/새울원전)</td><td rowspan="4">부산지방항공청
(항공운항과)</td><td rowspan="4">051-974-2153</td></tr>
<tr><td>9</td><td>P62B
(월성원전)</td></tr>
<tr><td>10</td><td>P63B
(한빛원전)</td></tr>
<tr><td>11</td><td>P64B
(한울원전)</td></tr>
<tr><td>12</td><td>P65B
(한국원자력연구원)</td><td>청주공항출장소</td><td>043-210-6202</td></tr>
</table>

㉣ 비행가능공역

- 36개 초경량비행장치 비행공역(UA)에서는 비행승인 없이 비행이 가능하며, 기본적으로 그 외 지역은 비행불가 지역이다(서울 지역 4개소 포함 : 별내 IC, 광나루, 신정교, 대덕 드론비행장).
- 그러나 최대이륙중량 25kg 이하의 드론은 관제권 및 비행금지공역을 제외한 지역에서는 150m 미만의 고도에서는 비행승인 없이 비행 가능하다.

• 초경량비행장치 공역

순 번	코 드	위 치	수평범위	수직범위	특기사항
1	UA 2	구성산	354421N1270027E 반경 1.8km(1.0NM)	500FT AGL	
2	UA 3	약 산	354421N1282502E 반경 0.7km(0.4NM)	500FT AGL	
3	UA 4	봉화산	353731N1290532E 반경 4.0km(2.2NM)	500FT AGL	
4	UA 5	덕두산	352441N1273157E 반경 4.5km(2.4NM)	500FT AGL	
5	UA 6	금 산	344411N1275852E 반경 2.1km(1.1NM)	500FT AGL	
6	UA 7	홍 산	354941N1270452E 반경 1.2km(0.7NM)	500FT AGL	
7	UA 9	양 평	373010N1272300E – 373010N 1273200E –, 372700N 1273200E – 372700N 1272300E –	500FT AGL	
8	UA 10	고 창	352311N1264353E 반경 4.0km(2.2NM)	500FT AGL	
9	UA 14	공 주	363225N 1265614E – 363045N 1265746E –, 363002N 1270713E – 362604N 1270553E –, 362805N 1265427E – 363141N 1265417E –	500FT AGL	
10	UA 19	시 화	371751N 1264215E – 371724N 1265000E –, 371430N 1265000E – 371315N 1264628E –, 371245N 1264029E – 371244N 1263342E –, 371414N 1263319E –	500FT AGL	
11	UA 20	성화대	344157N 1263101E 반경 5.4km(3NM)	500FT AGL	
12	UA 21	방장산	352658N1264417E 반경 3.0km(1.6NM)	500FT AGL	
13	UA 22	고 흥	343640N1271221E 반경 5.6km(3.0NM)	500FT AGL	
14	UA 23	담 양	352030N1270148E 반경 5.6km(3.0NM)	500FT AGL	
15	UA 24	구 좌	332841N1264922E 반경 2.8km(1.5NM)	500FT AGL	
16	UA 25	하 동	350147N 1274325E – 350145N 1274741E –, 345915N 1274739E – 345916N 1274324E –	500FT AGL	
17	UA 26	장암산	372338N 1282419E – 372410N 1282810E –, 372153N 1282610E – 372211N 1282331E –	500FT AGL	
18	UA 27	마악산	331800N1263316E 반경 1.2km(0.7NM)	500FT AGL	
19	UA 28	서운산	365550N1271659E 반경 2.0km(1.1NM)	500FT AGL	
20	UA 29	오 촌	365711N1271716E 반경 2.0km(1.1NM)	500FT AGL	
21	UA 30	북 좌	370242N1271940E 반경 2.0km(1.1NM)	500FT AGL	
22	UA 31	청 라	373354N 1263730E – 373400N 1263744E –, 373351N 1263750E – 373345N 1263736E –	500FT AGL	무인비행장치 전용구역
23	UA 32	퇴 촌	372800N 1271809E 반경 0.3km(0.2NM)	500FT AGL	무인비행장치 전용구역
24	UA 33	병천천	363904N 1272103E – 363902N 1272111E –, 363850N 1272106E – 363852N 1272059E –	500FT AGL	무인비행장치 전용구역
25	UA 34	미호천	363710N 1272048E – 363705N 1272105E –, 363636N 1272049E – 363650N 1272033E –	500FT AGL	무인비행장치 전용구역
26	UA 35	김 해	352057N 1284815E – 352101N 1284825E –, 352047N 1284833E – 352043N 1284823E –	500FT AGL	무인비행장치 전용구역

순 번	코 드	위 치	수평범위	수직범위	특기사항
27	UA 36	밀 양	352801N 1284642E – 352729N 1284714E –, 352717N 1284659E – 352750N 1284627E –	500FT AGL	무인비행장치 전용구역
28	UA 37	창 원	352238N 1283856E – 352238N 1283931E –, 352216N 1283931E – 352213N 1283921E –, 352213N 1283856E –	500FT AGL	무인비행장치 전용구역
29	UA 38	울 주	353129N 1290947E – 353128N 1290957E –, 353130N 1291001E – 353126N 1291003E –, 353124N 1291001E – 353125N 1290946E –	500FT AGL	무인비행장치 전용구역
30	UA 39	김 제	355435N 1265304E – 355454N 1265257E –, 355458N 1265339E – 355437N 1265420E –, 355420N 1265408E – 355439N 1265331E –	500FT AGL	무인비행장치 전용구역
31	UA 40	고 령	355034N1282639E 반경 80m(0.05NM)	500FT AGL	무인비행장치 전용구역
32	UA 41	대 전	362754N 1272326E – 362757N 1272427E –, 362710N 1272439E – 362707N 1272306E –	500FT AGL	무인비행장치 전용구역

▌비행가능공역

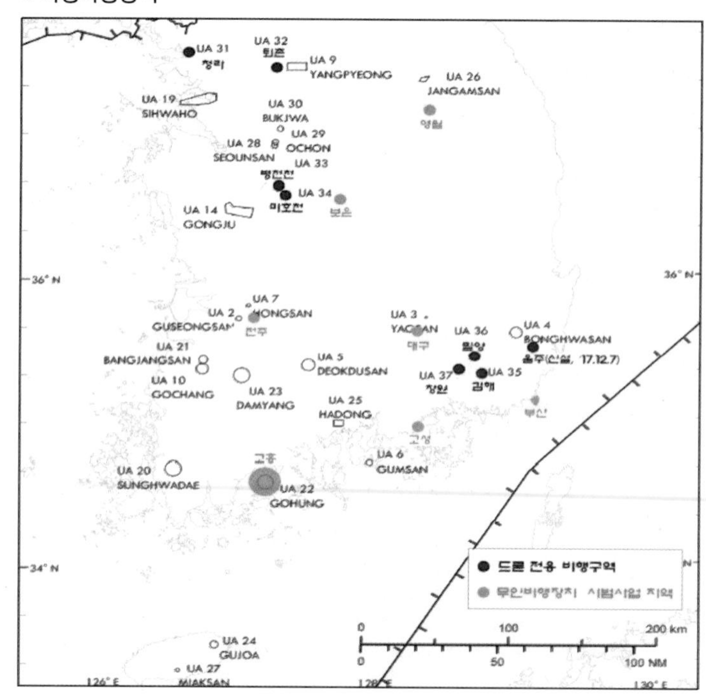

• 비행가능공역, 비행금지공역 및 관제권 현황은 국토교통부에서 제작한 스마트폰 어플 Ready to Fly 또는 V월드(http://map.vworld.kr) 지도서비스에서 확인 가능하다.

- 비행제한구역(R-75) 및 관제권 내 지역인 신정교, 가양대교 북단의 드론비행장소는 서울지방항공청, 수도방위사령부 및 한국모형항공협회의 협의를 통하여 무인비행장치 자율순찰대원(한국모형항공협회 지도조종자 중 선정)의 지도·통제 하에서 150m 미만의 고도로 비행할 경우 별도 비행승인 및 공역사용 허가 없이 비행이 가능하다.
- 관제권 및 비행금지공역 현황
  - 관제권은 통상 비행장 중심으로부터 반경 5NM(9.3km)으로 고도는 비행장별로 상이하다.
  - 육군관제권(비행장교통구역)의 경우 통상 비행장 반경 3NM(3.6km)이다.

비행장 주변 관제권 (반경 9.3km)	비행금지구역 (서울 강북지역, 휴전선·원전 주변)	고도 150m 이상

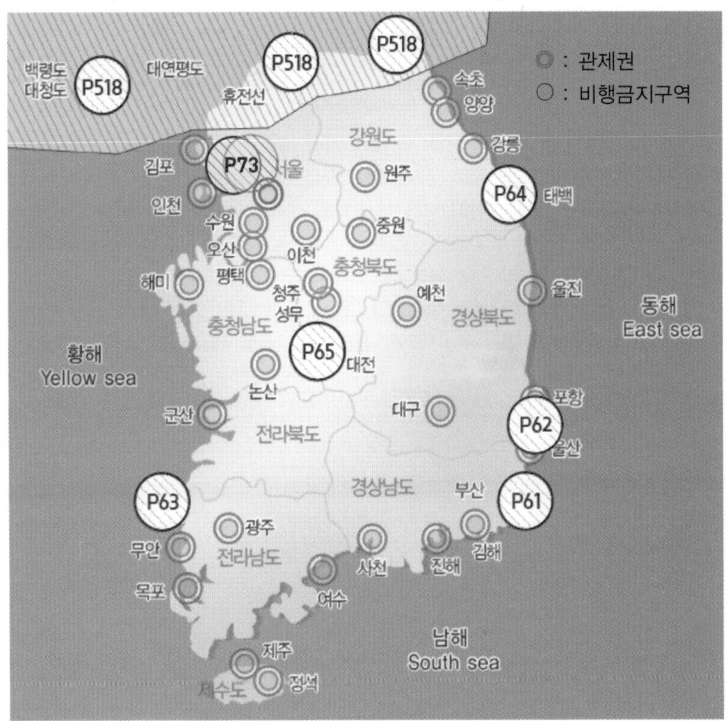

항공기 및 초경량비행장치 조종자의 안전을 위한

수도권 비행금지구역 안내서

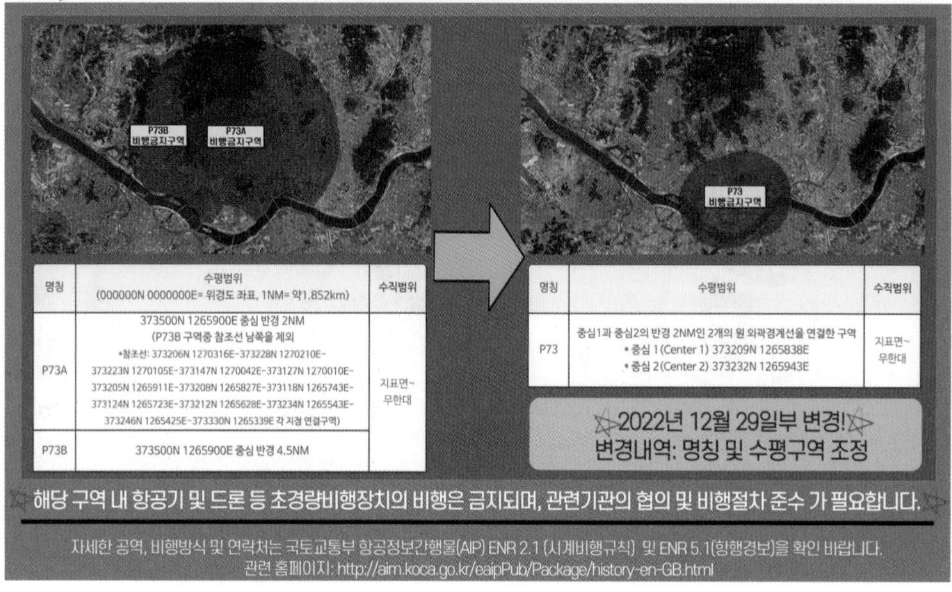

명칭	수평범위 (000000N 0000000E= 위경도 좌표, 1NM= 약1.852km)	수직범위
P73A	373500N 1265900E 중심 반경 2NM (P73B 구역중 참조선 남쪽을 제외 •참조선: 373206N 1270316E-373228N 1270210E-373223N 1270105E-373147N 1270042E-373127N 1270010E-373205N 1265911E-373208N 1265827E-373118N 1265743E-373124N 1265723E-373212N 1265628E-373234N 1265543E-373246N 1265425E-373330N 1265339E 각 지점 연결구역)	지표면~ 무한대
P73B	373500N 1265900E 중심 반경 4.5NM	

명칭	수평범위	수직범위
P73	중심1과 중심2의 반경 2NM인 2개의 원 외곽경계선을 연결한 구역 • 중심 1(Center 1) 373209N 1265838E • 중심 2(Center 2) 373232N 1265943E	지표면~ 무한대

2022년 12월 29일부 변경!
변경내역: 명칭 및 수평구역 조정

해당 구역 내 항공기 및 드론 등 초경량비행장치의 비행은 금지되며, 관련기관의 협의 및 비행절차 준수 가 필요합니다.

자세한 공역, 비행방식 및 연락처는 국토교통부 항공정보간행물(AIP) ENR 2.1 (시계비행규칙) 및 ENR 5.1(항행경보)을 확인 바랍니다.
관련 홈페이지: http://aim.koca.go.kr/eaipPub/Package/history-en-GB.html

- 청와대 인근(2NM) : 미승인 비행체 진입 시 경고 없이 격추

※ 기존 P73A,B 구역은 해제되고 새로이 D1941/22, D1942, D2325/22 공역이 대통령의 용산 이전으로 인해 한시적 비행금지구역으로 지정(2022년 8월 12일 00시부터)되었으며, 관할기관은 국토교통부

※ 국방부의 요청에 의해 2022년 12월 29일자로 위의 그림처럼 대통령 집무실과 관저를 중심으로 반경 3.7km(2NM)가 새로운 P73구역으로 지정되었으며 P73B는 폐지됨

※ 대통령 거주지인 서울 서초구 아크로비스타 반경 1.8km 상공(1NM) 역시 비행금지구역이다(공역명칭 : D1942/22, 위도 37.490355 경도 127.018898, 관할기관 : 국토교통부, 지정날짜 : 2022년 5월 9일 15시부터).

※ 변경된 P73공역을 AIM항공정보통합관리 홈페이지를 통해 AIP를 확인해보면, 두 개의 원형 공역이 겹쳐진 표시 확인 가능

- R-75 : 수도권 비행제한구역

※ 1NM(Nautical Mile, 해리) = 1.852km

▮ AIM(항공정보통합관리) E-AIP 상의 P73 공역

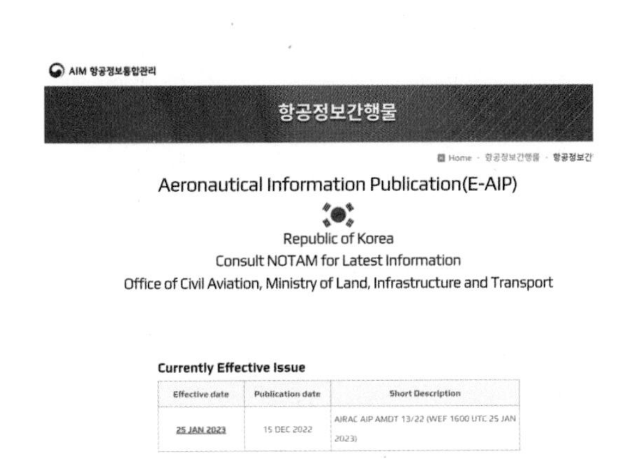

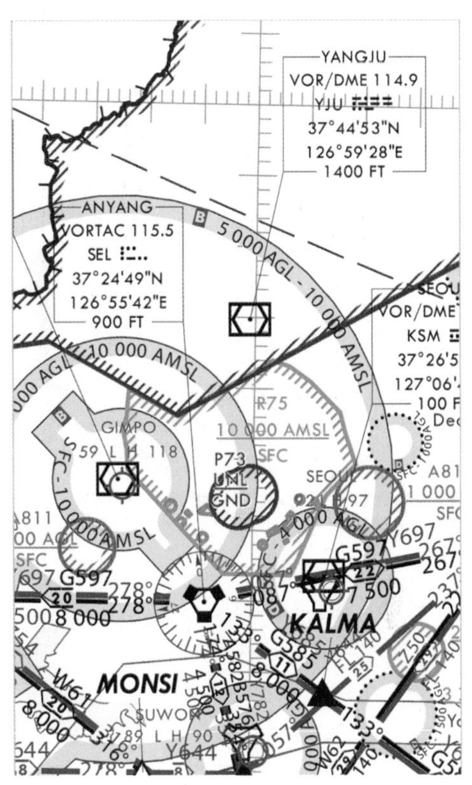

• 관제권 및 비행금지구역 허가기관은 다음과 같다.

– 관제권

구 분		관할기관	연락처
1	인 천	서울지방항공청 (항공운항과)	전화 : 032-740-2153 / 팩스 : 032-740-2159
2	김 포		
3	양 양		
4	울 진	부산지방항공청 (항공운항과)	전화 : 051-974-2146 / 팩스 : 051-971-1219
5	울 산		
6	여 수		
7	정 석		
8	무 안		
9	세 주	제주지방항공청 (안전운항과)	전화 : 064-797-1745 / 팩스 : 064-797-1759
10	광 주	광주기지(계획처)	전화 : 062-940-1110~1 / 팩스 : 062-941-8377
11	사 천	사천기지(계획처)	전화 : 055-850-3111~4 / 팩스 : 055-850-3173
12	김 해	김해기지(작전과)	전화 : 051-979-2300~1 / 팩스 : 051-979-3750
13	원 주	원주기지(작전과)	전화 : 033-730-4221~2 / 팩스 : 033-747-7801
14	수 원	수원기지(계획처)	전화 : 031-220-1014~5 / 팩스 : 031-220-1167
15	대 구	대구기지(작전과)	전화 : 053-989-3210~4 / 팩스 : 054-984-4916

구 분		관할기관	연락처
16	서 울	서울기지(작전과)	전화 : 031-720-3230~3 / 팩스 : 031-720-4459
17	예 천	예천기지(계획처)	전화 : 054-650-4517 / 팩스 : 054-650-5757
18	청 주	청주기지(계획처)	전화 : 043-200-2112 / 팩스 : 043-210-3747
19	강 릉	강릉기지(계획처)	전화 : 033-649-2021~2 / 팩스 : 033-649-3790
20	충 주	중원기지(작전과)	전화 : 043-849-3033~4, 3083 / 팩스 : 043-849-5599
21	해 미	서산기지(작전과)	전화 : 041-689-2020~4 / 팩스 : 041-689-4155
22	성 무	성무기지(작전과)	전화 : 043-290-5230 / 팩스 : 043-297-0479
23	포 항	포항기지(작전과)	전화 : 054-290-6322~3 / 팩스 : 054-291-9281
24	목 포	목포기지(작전과)	전화 : 061-263-4330~1 / 팩스 : 061-263-4754
25	진 해	진해기지 (군사시설보호과)	전화 : 055-549-4231~2 / 팩스 : 055-549-4785
26	이 천	항공작전사령부 (비행정보반)	전화 : 031-634-2202 (교환) → 3705~6 팩스 : 031-634-1433
27	논 산		
28	속 초		
29	오 산	미공군 오산기지	전화 : 0505-784-4222 문의 후 신청
30	군 산	군산기지	전화 : 063-470-4422 문의 후 신청
31	평 택	미육군 평택기지	전화 : 0503-353-7555 / 팩스 : 0503-353-7655

– 비행장 교통구역

구 분		수평범위	연락처	통제기관
1	가 평	374842N 1272124E / 반경 3NM	SFC~1,500ft MSL	한국육군
2	양 평	372959N 1273748E / 반경 2NM	SFC~1,500ft MSL	
3	홍 천	374212N 1275421E / 반경 2NM	SFC~1,500ft MSL	
4	현 리	375723N 1281859E / 반경 3NM	SFC~1,500ft MSL	
5	전 주	355242N 1270712E / 반경 2NM	SFC~1,500ft MSL	
6	덕 소	373625N 1271308E / 반경 2NM	SFC~1,000ft MSL	
7	용 인	371713N 1271332E / 반경 3NM	SFC~1,500ft MSL	
8	춘 천	375545N 1274526E / 반경 3NM	SFC~1,500ft MSL	
9	영 천	360132N 1284908E / 반경 3NM	SFC~1,500ft MSL	
10	금 왕	370008N 1273345E / 반경 3NM	SFC~1,500ft MSL	
11	조치원	363427N 1271744E / 반경 3NM	SFC~1,500ft MSL	
12	포 승	365929N 1264827E / 반경 3NM	SFC~1,000ft MSL	한국해군

③ 기준고도변경

㉠ 최저비행고도(항공안전법 시행규칙 제199조)

국토교통부령으로 정하는 최저비행고도란 다음과 같다.

• 시계비행방식으로 비행하는 항공기

– 사람 또는 건축물이 밀집된 지역의 상공에서는 해당 항공기를 중심으로 수평거리 600m 범위 안의 지역에 있는 가장 높은 장애물의 상단에서 300m(1,000ft)의 고도

– 이외의 지역에서는 지표면·수면 또는 물건의 상단에서 150m(500ft)의 고도

• 계기비행방식으로 비행하는 항공기
  – 산악지역에서는 항공기를 중심으로 반지름 8km 이내에 위치한 가장 높은 장애물로부터 600m의 고도
  – 이외의 지역에서는 항공기를 중심으로 반지름 8km 이내에 위치한 가장 높은 장애물로부터 300m의 고도

• 국토교통부는 드론 비행 전 사전승인이 필요한 고도기준을 정비하기 위해 항공안전법 시행규칙(시행 2018.11.22.)을 개정하였다. 기존에는 항공교통안전을 위해 지면, 수면 또는 물건의 상단 기준으로 150m 이상의 고도에서 드론을 비행하는 경우 사전에 비행승인을 받도록 규정해 왔었으나 고층건물 화재상황 점검 등의 소방 목적으로 드론을 활용하거나 시설물 안전진단 등에 사용하는 경우에 고도기준이 위치별로 급격히 변동되어 사전승인 없이 비행하기에는 어려움이 있었다.

  ※ 드론을 고층건물(약 40층, 150m) 옥상 기준으로 150m까지 승인 없이 비행할 수 있는 반면, 건물 근처(수평거리 150m 이외의 지역)에서 비행하는 경우 지면기준으로 150m까지 승인 없이 비행 가능

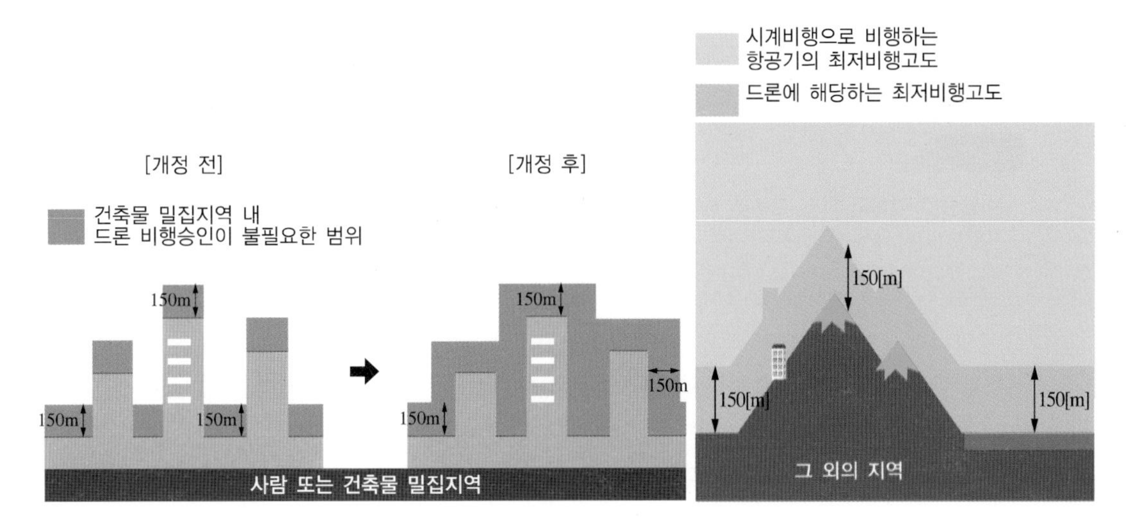

㉡ 최저비행고도 아래에서의 비행허가(항공안전법 시행규칙 제200조)

최저비행고도 아래에서 비행하려는 자는 별지 제74호 서식의 최저비행고도 아래에서의 비행허가 신청서를 지방항공청장에게 제출하여야 한다.

㉢ 물건의 투하 또는 살포의 허가 신청(항공안전법 시행규칙 제201조)

비행 중인 항공기에서 물건을 투하하거나 살포하려는 자는 물건 투하 또는 살포 허가신청서에 다음의 서류를 첨부하여 운항 예정일 7일 전까지 지방항공청장에게 제출해야 한다.

• 항공신체검사 증명서
• 비행계획서(공역 내 비행경로를 포함한다)
• 조종사 자격증명서

02 비행계획 승인

(1) 비행계획 승인

초경량비행장치를 사용하여 비행제한공역에서 비행하려는 사람은 미리 국토교통부장관으로부터 비행승인을 받아야 한다. 또한 25kg 초과 비행장비는 안정성 인증을 받아야 하며 비행을 위한 신청서를 제출하여야 하고 승인을 얻어야 한다.

① 초경량비행장치 비행승인(항공안전법 제127조, 항공안전법 시행규칙 제308조)

㉠ 국토교통부장관은 초경량비행장치의 비행안전을 위하여 필요하다고 인정하는 경우에는 초경량비행장치의 비행을 제한하는 공역을 지정하여 고시할 수 있다.

㉡ 동력비행장치 등 국토교통부령으로 정하는 초경량비행장치를 사용하여 국토교통부장관이 고시하는 초경량비행장치 비행제한공역에서 비행하려는 사람은 국토교통부령으로 정하는 바에 따라 미리 국토교통부장관으로부터 비행승인을 받아야 한다. 다만, 비행장 및 이착륙장의 주변 등 대통령령으로 정하는 제한된 범위에서 비행하려는 경우는 제외한다.

참고

비행승인 대상이 아닌 경우라 하더라도 국토교통부장관의 비행승인을 받아야 하는 경우

- 국토교통부령으로 정하는 고도 이상에서 비행하는 경우
- 관제공역·통제공역·주의공역 중 관제권 등 국토교통부령으로 정하는 구역에서 비행하는 경우

㉢ 초경량비행장치 비행승인 제외 범위(항공안전법 시행령 제25조)

- 비행장(군 비행장은 제외한다)의 중심으로부터 반지름 3km 이내의 지역의 고도 500ft 이내의 범위(해당 비행장에서 법 제83조에 따른 항공교통업무를 수행하는 자와 사전에 협의가 된 경우에 한정한다)
- 이착륙장의 중심으로부터 반지름 3km 이내의 지역의 고도 500ft 이내의 범위(해당 이착륙장을 관리하는 자와 사전에 협의가 된 경우에 한정한다)

㉣ 초경량비행장치 비행승인 관할기관 연락처

구 분	관할기관	연락처
인천, 경기 서부 (화성, 시흥, 의왕, 군포, 과천, 수원, 오산, 평택, 강화)	서울지방항공청 (항공운항과)	032-740-2157~8
서울, 경기 동부 (부천, 광명, 김포, 고양, 구리, 여주, 이천, 성남, 광주, 용인, 안성, 가평, 양평, 의정부, 남양주)	김포항공관리사무소 (안전운항과)	02-2660-5734
충청남북도	청주공항출장소	043-210-6202
전라북도	군산공항출장소	063-471-5820
강원 영동지역 (고성, 속초, 양양, 강릉, 동해, 삼척, 태백)	양양공항출장소	033-670-7206

구 분		관할기관	연락처
강원 영서지역 (철원, 화천, 양구, 인제, 춘천, 홍천, 원주, 횡성, 평창, 영월, 정선)		원주공항출장소	033-344-0166
부산, 대구, 광주, 울산, 경상남북도, 전라남도		부산지방항공청(항공운항과)	051-974-2153
제주도(정석비행장 관제권 제외)		제주지방항공청(안전운항과)	064-797-1745
제주 정석비행장 반경 9.3km 이내		정석비행장	064-780-0475
군 관할 관제권(공군)	광 주	광주기지	064-940-1111
	서 울	서울기지	031-720-3232
	김 해	김해기지	051-979-2306
	원 주	원주기지	033-730-4221~2
	수 원	수원기지	031-220-1014~5
	대 구	대구기지	053-989-3203~4
	예 천	예천기지	054-650-4722
	청 주	청주기지	043-200-2111~2
	강 릉	강릉기지	033-649-2021~2
	충 주	중원기지	043-849-3084~5
	해 미	서산기지	041-689-2020~3
	사 천	사천기지	055-850-3111~4
	성 무	성무기지	043-290-5230
군 관할 관제권(해군)	포 항	포항기지	054-290-6324
	목 포	목포기지	061-263-4330~1
	진 해	진해기지	055-549-4231~2
	포 승	2함대사령부	031-685-4336
군 관할 관제권(육군)	이천, 논산, 속초	항공작전사령부 (비행정보반)	031-644-3705~6
	[군 비행장 교통구역] 가평, 양평, 홍천, 현리, 전주, 덕소, 용인, 춘천, 영천, 금왕, 조치원		
군 관할 관제권(미공군)	오 산	오산기지	0505-748-4222(문의 후 신청)
	군 산	군산기지	063-470-4422
군 관할 관제권(미육군)	평 택	평택기지	0503-355-2497(문의 후 신청)
통제구역 (비행금지구역)	P73(서울 도심)	수도방위사령부(작전지원과)	02-524-3345~6
	P518, P518E/W (휴전선 지역, NLL 일대)	합동참모본부(항공작전과)	02-748-3294
	P61A(고리/새울원전)	합동참모본부(공중종심작전과) 02-748-3435	051-726-2051 052-715-2762
	P62A(월성원전)		054-779-2902
	P63A(한빛원전)		061-357-2823
	P64A(한울원전)		054-785-1061
	P65A(한국원자력연구원)		042-868-8811

구 분		관할기관	연락처
통제구역 (비행제한구역)	P61B(고리/새울원전)	부산지방항공청(항공운항과)	051-974-2153
	P62B(월성원전)		
	P63B(한빛원전)		
	P64B(한울원전)		
	P65B(한국원자력연구원)	청주공항출장소	043-210-6202
	R75(수도권 지역)	수도방위사령부(작전지원과)	02-524-3345~6
	공군 사격장	공군작전사령부	031-669-3014, 7095
	육군 사격장	육군본부	042-550-3321
	해군 사격장	해군작전사령부	051-679-3116
	해병대 사격장	해병대사령부	031-8012-3724
주의공역	군 작전구역	공군작전사령부(공역관리과)	031-669-7095
	위험구역		
	경계구역		

ⓜ 항공사진촬영 허가업무 책임부대 연락처

구 분	연락처
항공 사진촬영 총괄 : 국방부 보안정책과	02-748-2344
서울특별시	02-524-3345
강원도(화천군, 춘천시)	033-249-6066
강원도(인제군, 양구군)	033-461-5102 교환 : 2212
강원도 고성군(간성읍, 거진읍, 현내읍, 죽왕면)	033-639-6229
강원도 고성군(토성면), 속초시, 양양군(양양읍, 강현면)	033-671-6661
강원도 양양군(손양면, 서면, 현북면, 현남면), 강릉시, 동해시, 삼척시	033-571-6214
강원도(원주시, 회성군, 평창군, 홍천군, 영월군, 정선군, 태백시)	033-741-6204
광주광역시, 전라남도	062-260-6204
대전광역시, 충청남도, 세종특별자치시	042-829-6205
전라북도	063-640-9222
충청북도	043-835-6205
경상남도(창원시 진해구, 양산시, 거제시 중 장목면 제외)	055-259-6205
대구광역시, 경상북도(울릉도, 독도, 경주시 양북면 제외)	053-320-6204~5
부산광역시(부산 강서구 성북동, 가덕도동 제외), 울산광역시, 경상남도 양산시	051-704-1686
파주시, 고양시	031-964-9680 교환 : 2213
포천시(내촌면), 가평군(강평읍, 북면), 남양주시(진접읍, 오남읍, 수동면), 철원군(갈말읍 지포리 · 강포리 · 문혜리 · 내대리 · 동막리, 동송읍 이평리 제외한 전지역)	031-531-0555 교환 : 2215
포천시(소흘읍, 군내면, 가산면, 포천동, 선단동)	031-543-6994
양주시(마전동, 광사동, 만송동, 삼숭동, 고읍동, 산북동, 율정동, 회암동)	031-530-7660~1

구 분	연락처
양주시(그 외 지역), 양평군(강상면, 강하면 제외한 전지역), 포천시(신북면, 영중면, 일동면, 이동면, 영북면, 관인면, 화현면), 철원군(갈말읍 지포리・강포리・문혜리・내대리・동막리, 동송읍 이평리), 가평군(조종면, 상면, 설악면, 청평면, 서동면), 여주시(북내면, 청송동, 강천면, 대신면, 오학동, 신륵사), 의정부시	031-640-2215
김포시(양촌면, 대곶면), 부천시, 인천광역시(옹진군 영흥면, 덕적면, 자월면, 연평면, 중구 중산동 매도, 중구 무의동, 서구 원창동 세어도 제외)	032-510-9216
안양시, 화성시, 수원시, 평택시, 광명시, 시흥시, 안산시, 오산시, 군포시, 의왕시, 과천시, 인천광역시(옹진군 영흥면)	031-290-9209
용인시, 이천시, 하남시, 광주시, 성남시, 안성시, 양평군(강상면, 강하면), 여주시(가남읍, 점동면, 능서리, 산북면, 금사면, 흥천면, 여흥동, 중앙동, 연라동, 우만동, 상거동, 월송동, 연양동)	031-329-6220
포항시, 경주시(양북면), 간포읍, 양북면, 양남면, 강동면	054-290-3222

② 초경량비행장치의 구조지원(항공안전법 제128조, 항공안전법 시행규칙 제309조)

㉠ 초경량비행장치 구조 지원 장비 장착 의무 : 초경량비행장치를 사용하여 초경량비행장치 비행제한공역에서 비행하려는 사람은 안전한 비행과 초경량비행장치 사고 시 신속한 구조 활동을 위하여 국토교통부령으로 정하는 장비를 장착하거나 휴대하여야 한다. 다만, 무인비행장치 등 국토교통부령으로 정하는 초경량비행장치는 그러하지 아니하다.

㉡ 초경량비행장치의 구조지원 장비

- 위치추적이 가능한 표시기 또는 단말기
- 조난구조용 장비(위의 장비를 갖출 수 없는 경우만 해당한다)
- 구급의료용품
- 기상정보를 확인할 수 있는 장비
- 휴대용 소화기
- 항공교통관제기관과 무선통신을 할 수 있는 장비

③ 무인비행장치의 적용 특례(항공안전법 제131조의2 제2항, 항공안전법 시행령 제25조의2)

㉠ 국가, 지방자치단체, 공공기관으로서 대통령령으로 정하는 공공기관이 소유하거나 임차한 무인비행장치를 재해・재난 등으로 인한 수색・구조, 화재의 진화, 응급환자 후송, 그 밖에 국토교통부령으로 정하는 공공목적으로 긴급히 비행(훈련을 포함)하는 경우에는 제129조(초경량비행장치 조종자 등의 준수사항) 제1항, 제2항, 제4항 및 제5항을 적용하지 아니한다.

㉡ 위의 대통령령으로 정하는 공공기관이란 다음과 같다.

한국국토정보공사, 국립공원공단, 도로교통공단, 한국산림복지진흥원, 국토안전관리원, 한국임업진흥원, 한국전기안전공사, 한국가스공사, 한국부동산원, 한국교통안전공단, 한국도로공사, 한국산업안전보건공단, 한국수자원공사, 한국원자력안전기술원, 한국전력공사 및 한국전력공사가 출자하여 설립한 발전자회사, 한국철도공사, 국가철도공단, 한국토지주택공사, 한국환경공단, 한국해양과학기술원, 항만공사, 해양환경공단, 공공기관 중 무인비행장치를 공공목적으로 긴급히 비행할 필요가 있다고 국토교통부장관이 인정하여 고시하는 공공기관

참고

초경량비행장치 비행승인신청서 : 항공안전법 시행규칙 별지 제122호 서식

<table>
<tr><td colspan="6">초경량비행장치 비행승인신청서
※ 색상이 어두운 난은 신청인이 작성하지 아니하며, [ ]에는 해당되는 곳에 ∨표를 합니다. (앞 쪽)</td></tr>
<tr><td>접수번호</td><td></td><td>접수일시</td><td></td><td>처리기간</td><td>3일</td></tr>
<tr><td rowspan="2">신 청 인</td><td colspan="3">성명/명칭</td><td colspan="2">생년월일</td></tr>
<tr><td colspan="3">주 소</td><td colspan="2">연락처</td></tr>
<tr><td rowspan="3">비행장치</td><td colspan="3">종류/형식</td><td colspan="2">용 도</td></tr>
<tr><td colspan="5">소유자
(전화 :)</td></tr>
<tr><td colspan="3">신고번호</td><td colspan="2">안전성인증서번호
(유효만료기간) (. .)</td></tr>
<tr><td rowspan="3">비행계획</td><td colspan="3">일시 또는 기간(최대 12개월)</td><td colspan="2">구 역</td></tr>
<tr><td colspan="3">비행목적/방식</td><td colspan="2">보 험
[ ] 가입 [ ] 미가입</td></tr>
<tr><td colspan="5">경로/고도</td></tr>
<tr><td rowspan="3">조 종 자</td><td colspan="3">성 명</td><td colspan="2">생년월일</td></tr>
<tr><td colspan="3">주 소</td><td colspan="2">연락처</td></tr>
<tr><td colspan="5">자격번호 또는 비행경력</td></tr>
<tr><td rowspan="2">동 승 자</td><td colspan="3">성 명</td><td colspan="2">생년월일</td></tr>
<tr><td colspan="5">주 소</td></tr>
<tr><td rowspan="2">탑재장치</td><td colspan="5">무선전화송수신기</td></tr>
<tr><td colspan="5">2차감시레이더용트랜스폰더</td></tr>
<tr><td colspan="6">「항공안전법」 제127조 제2항 및 같은 법 시행규칙 제308조 제2항에 따라 비행승인을 신청합니다.
년 월 일
신고인 (서명 또는 인)
지방항공청장 귀 하</td></tr>
</table>

※ 항공안전법 시행규칙 제308조(초경량비행장치의 비행승인)

지방항공청장은 제출된 신청서를 검토한 결과 비행안전에 지장을 주지 않는다고 판단되는 경우에는 이를 승인해야 한다. 이 경우 동일지역에서 반복적으로 이루어지는 비행에 대해서는 다음의 구분에 따른 범위에서 비행기간을 명시하여 승인할 수 있다.

① 무인비행장치를 사용하여 비행하는 경우 : 12개월

② 무인비행장치 외의 초경량비행장치를 사용하여 비행하는 경우 : 6개월

03 초경량비행장치(신고 제외 / 시험비행)

(1) 신고를 요하지 않는 초경량비행장치

① 신고를 필요로 하지 않는 초경량비행장치의 범위(항공안전법 시행령 제24조)

㉠ 행글라이더, 패러글라이더 등 동력을 이용하지 아니하는 비행장치

㉡ 기구류(사람이 탑승하는 것은 제외)

㉢ 계류식(繫留式) 무인비행장치

㉣ 낙하산류

㉤ 무인동력비행장치 중에서 최대이륙중량이 2kg 이하인 것

㉥ 무인비행선 중에서 연료의 무게를 제외한 자체무게가 12kg 이하이고, 길이가 7m 이하인 것

㉦ 연구기관 등이 시험·조사·연구 또는 개발을 위하여 제작한 초경량비행장치

㉧ 제작자 등이 판매를 목적으로 제작하였으나 판매되지 아니한 것으로서 비행에 사용되지 아니하는 초경량비행장치

㉨ 군사목적으로 사용되는 초경량비행장치

※ 항공기대여업·항공레저스포츠사업 또는 초경량비행장치사용사업에 사용되지 아니하는 것을 말한다.

② 초경량비행장치의 시험비행 등 허가(항공안전법 시행규칙 제304조)

㉠ 초경량비행장치의 시험비행허가 대상

- 연구·개발 중에 있는 초경량비행장치의 안전성 여부를 평가하기 위하여 시험비행을 하는 경우
- 안전성인증을 받은 초경량비행장치의 성능개량을 수행하고 안전성여부를 평가하기 위하여 시험비행을 하는 경우
- 그 밖에 국토교통부장관이 필요하다고 인정하는 경우

ⓛ 초경량비행장치의 시험비행허가 서류

- 해당 초경량비행장치에 대한 소개서(설계 개요서, 설계 도면, 부품표 및 비행장치의 제원을 포함한다)
- 시험비행 등 계획서(시험비행 등의 기간, 장소 및 시험비행 등 점검표를 포함한다)
- 설계도면과 일치되게 제작되었음을 입증하는 서류
- 신청인이 제시한 시험비행 등의 범위에서 안전 수준을 입증하는 서류(지상성능시험 결과 및 안전대책을 포함한다)
- 신청인이 제시한 시험비행 등을 하기 위한 수준의 조종절차 및 안전성 유지를 위한 정비방법을 명시한 서류
- 초경량비행장치 사진(전체 및 측면사진을 말하며, 전자파일로 된 것을 포함한다) 각 1매
- 그 밖에 시험비행 등과 관련하여 국토교통부장관이 필요하다고 인정하여 고시하는 서류

ⓒ 국토교통부장관은 신청서를 접수받은 경우 초경량비행장치 시험비행 등의 기술기준에 적합한지를 확인한 후 적합하다고 인정하면 신청인에게 시험비행을 허가해야 한다.

CHAPTER

04 신고 및 안전성인증, 변경, 이전, 말소

01 신고 및 안전성인증

무인비행장치는 초경량비행장치의 분류에 포함되어 있어, 초경량비행장치의 관리 절차를 따라야 한다. 초경량비행장치를 소유한 자는 초경량비행장치의 종류, 용도, 소유자의 성명 등을 신고하게 되어 있으며 또한 이전 말소 등 변경사항도 신고하게 되어 있다.

(1) 신 고

① 신고 준비서류

- 초경량비행장치 신고서
- 초경량비행장치를 소유하거나 사용할 수 있는 권리가 있음을 증명하는 서류
- 초경량비행장치의 제원 및 성능표
- 초경량비행장치의 가로 15cm, 세로 10cm의 측면사진(무인비행장치의 경우에는 기체 제작번호 전체를 촬영한 사진을 포함)
- 처리기간 : 7일
- 수수료 : 없음

② 변경된 신고절차

㉠ 업무수행기관 : 각 지방항공청 → TS교통안전공단

㉡ 신고접수 : 정부24 → 드론 원스톱. APS 원스톱 시스템(2020년 12월 10일부터)

㉢ 무인동력비행장치 신고대상 확대(2021년 1월 1일부터)

- 자체중량 12kg 초과 기체 → 최대이륙중량 2kg 초과기체
- 새롭게 신고 대상에 포함되는 기체는 2021년 6월 30일까지 신고 필요

신고업무 접수창구
• 업무 담당자 안내 : 초경량비행장치 신고업무 담당, 054-459-7942~8 • 신고업무 접수창구 – 무인비행장치 : 드론 원스톱 민원 서비스(drone.onestop.go.kr) – 무인비행장치 외 : APS 원스톱 시스템(www.onestop.go.kr:8050) • 시스템 접수 이외 방법으로 접수 시 사전 공단에 문의 – e-mail, Fax(0502-384-5453), 우편, 방문 등을 통해서도 신청 가능 – 방문 접수 : 공단 보사 및 전국 14개 지역본부 • 다음에 해당하는 비사업용 비행장치의 경우 신고대상에서 제외 – 계류식 무인비행장치 – 연구기관 등이 시험·조사·연구 또는 개발을 위하여 제작한 초경량비행장치 – 제작자 등이 판매를 목적으로 제작하였으나 판매되지 아니한 것으로서 비행에 사용되지 아니하는 초경량비행장치 – 군사목적으로 사용되는 초경량비행장치

③ 공단 본사 및 전국 14개 지역본부

본부명	주 소
본 사	경북 김천시 혁신6로 17, 한국교통안전공단 드론관리처
서 울	서울 마포구 월드컵로 220(성산동)
경기 남부	경기 수원시 권선구 수인로 24(서둔동)
대전 충남	대전 대덕구 대덕대로 1417번길 31(문평동)
대구 경북	대구 수성구 노변로 33(노변동)
부 산	부산 사상구 학장로 256(주례동)
광주 전남	광주 남구 송암로 96(송하동)
경기 북부	경기 의정부시 평화로 285(호원동)
인 천	인천 남동구 백범로 357, 한국교직원공제회관 3F(간석동)
강 원	강원 춘천시 동내로 10(석사동 123-1)
충 북	충북 청주시 흥덕구 사운로 386번길 21(신봉동)
전 북	전북 전주시 덕진구 신행로 44(팔복동 3가)
경 남	경남 창원시 의창구 차룡로 48번길 44 창원스마트업타워 2층(팔용동)
울 산	울산 남구 번영로 90-1, 항사랑 병원빌딩 7F(달동)
제 주	제주시 삼봉로 79(도련2동)

(2) 초경량비행장치 신고

① 초경량비행장치 신고(항공안전법 제122조)

㉠ 초경량비행장치를 소유하거나 사용할 수 있는 권리가 있는 자(초경량비행장치 소유자 등)는 초경량비행장치의 종류, 용도, 소유자의 성명, 개인정보 및 개인위치정보의 수집 가능 여부 등을 국토교통부령으로 정하는 바에 따라 국토교통부장관에게 신고하여야 한다. 다만, 대통령령으로 정하는 초경량비행장치는 그러하지 아니하다.

㉡ 국토교통부장관은 ㉠에 따른 신고를 받은 날부터 7일 이내에 신고수리 여부를 신고인에게 통지하여야 한다.

㉢ 국토교통부장관이 ㉡에서 정한 기간 내에 신고수리 여부 또는 민원 처리 관련 법령에 따른 처리기간의 연장을 신고인에게 통지하지 아니하면 그 기간(민원 처리 관련 법령에 따라 처리기간이 연장 또는 재연장된 경우에는 해당 처리기간을 말한다)이 끝난 날의 다음 날에 신고를 수리한 것으로 본다.

㉣ 국토교통부장관은 ㉠에 따라 초경량비행장치의 신고를 받은 경우 그 초경량비행장치 소유자 등에게 신고번호를 발급하여야 한다.

㉤ ㉣에 따라 신고번호를 발급받은 초경량비행장치 소유자 등은 그 신고번호를 해당 초경량비행장치에 표시하여야 한다.

② 초경량비행장치 신고(항공안전법 시행규칙 제301조)

㉠ 법 제122조 ㉠에 따라 초경량비행장치 소유자 등은 법 제124조에 따른 안전성인증을 받기 전(법 제124조에 따른 안전성인증 대상이 아닌 초경량비행장치인 경우에는 초경량비행장치를 소유하거나 사용할 수 있는 권리가 있는 날부터 30일 이내를 말한다)까지 별지 제116호 서식의 초경량비행장치 신고서(전자문서로 된 신고서를 포함한다)에 다음의 서류(전자문서를 포함한다)를 첨부하여 한국교통안전공단 이사장에게 제출하여야 한다. 이 경우 신고서 및 첨부서류는 팩스 또는 정보통신을 이용하여 제출할 수 있다.

- 초경량비행장치를 소유하거나 사용할 수 있는 권리가 있음을 증명하는 서류
- 초경량비행장치의 제원 및 성능표
- 초경량비행장치의 가로 15cm, 세로 10cm의 측면사진(무인비행장치의 경우에는 기체 제작번호 전체를 촬영한 사진을 포함)

㉡ 한국교통안전공단 이사장은 초경량비행장치의 신고를 받으면 별지 제117호 서식의 초경량비행장치 신고증명서를 초경량비행장치 소유자 등에게 발급하여야 하며, 초경량비행장치 소유자 등은 비행 시 이를 휴대하여야 한다.

㉢ 한국교통안전공단 이사장은 ㉡에 따라 초경량비행장치 신고증명서를 발급하였을 때에는 별지 제118호 서식의 초경량비행장치 신고대장을 작성하여 갖추어 두어야 한다. 이 경우 초경량비행장치 신고대장은 전자적 처리가 불가능한 특별한 사유가 없으면 전자적 처리가 가능한 방법으로 작성・관리하여야 한다.

㉣ 초경량비행장치 소유자 등은 초경량비행장치 신고증명서의 신고번호를 해당 장치에 표시하여야 하며, 표시방법, 표시장소 및 크기 등 필요한 사항은 국토교통부장관의 승인을 받아 한국교통안전공단 이사장이 정한다.

③ 신고증명서의 번호

초경량비행장치 신고증명서의 번호는 해당 연도 다음에 영문 알파벳(무인비행장치 U, 기타 초경량비행장치 M) 및 접수번호(예 2020-U000001, 2020-M000001)를 연속하여 표기한다.

④ 신고번호의 부여방법

㉠ 한국교통안전공단 이사장은 신고를 받은 경우 그 초경량비행장치 소유자 등에게 신고번호를 부여하고 신고번호가 기재된 신고증명서를 발급하여야 한다.

㉡ 초경량비행장치의 신고번호는 초경량비행장치의 신고번호 부여방법에 따라 부여한다. 다만, 변경 또는 이전신고는 기존 신고번호를 유지하고, 말소신고 된 번호는 재사용하지 않는다.

㉢ 신고번호는 장식체가 아닌 알파벳 대문자와 아라비아 숫자로 표시하여야 한다.

⑤ 신고번호의 표시방법 등

㉠ 초경량비행장치 소유자 등은 신고번호를 내구성이 있는 방법으로 선명하게 표시하여야 한다.

㉡ 신고번호의 색은 신고번호를 표시하는 장소의 색과 선명하게 구분되어야 한다.

㉢ 신고번호의 표시위치는 다음 [표 2-2]의 신고번호의 표시위치 예시와 같다.

㉣ 신고번호의 각 문자 및 숫자의 크기는 다음 [표 3]의 신고번호의 각 문자 및 숫자의 크기와 같다.

㉤ ㉢부터 ㉣까지의 규정에도 불구하고, 사유가 있다고 인정하는 경우에는 신고번호의 표시방법 등을 국토교통부장관의 승인을 받아 한국교통안전공단 이사장이 별도로 정할 수 있다.

[표 1] 초경량비행장치의 신고번호 부여방법

[초경량비행장치 – 무인비행장치]

- 신고번호는 전체 11자리로 구성한다.
- 신고번호 구성 순서는 최대이륙중량 분류부호 2자리, 영리여부 분류부호 1자리, 장치종류 분류부호 1자리, 장치 종류별 일련번호 7자리를 차례대로 연결한다.
- 신고번호 표기부호의 구성은 다음과 같다.

〈신고번호 표기부호〉

구 분		부 호	구 분		부 호
최대이륙중량	250g 이하	C0	영리 여부	영 리	C(Commercial)
	250g 초과 2kg이하	C1		비영리	N(Nonprofit)
	2kg 초과 7kg 이하	C2	장치 종류	무인비행기	P(airPlane)
	7kg 초과 25kg 이하	C3		무인헬리콥터	H(Helicopter)
	25kg 초과	C4		무인멀티콥터	M(Multicopter)
				무인비행선	S(airShip)

[초경량비행장치 – 기타]

- 장치종류별 신고번호 앞에 SA~SZ까지 순차적으로 부여
- 장치종류별 신고번호는 다음과 같다.

장치종류		신고번호
동력비행장치	체중이동형	SA1001 – SZ1999
	타면조종형	SA2001 – SZ2999
회전익비행장치	초경량자이로플레인	SA3001 – SZ3999
	초경량헬리콥터	SA6001 – SZ6999
동력패러글라이더		SA4001 – SZ4999
기구류		SA5001 – SZ5999
패러글라이더, 낙하산, 행글라이더		SA9001 – SZ9999

[표 2-1] 신고번호의 표시위치

<table>
<tr><th colspan="3">구 분</th><th>표시위치</th><th>비 고</th></tr>
<tr><td colspan="3">동력비행장치
- 체중이동형
- 조종형</td><td>오른쪽 날개의 상면과 왼쪽날개의 하면에, 날개의 앞전과 뒷전으로부터 같은 거리
※ 다만, 조종면에 표시되어서는 아니 된다.</td><td rowspan="9">• 신고번호는 왼쪽에서 오른쪽으로 배열함을 원칙으로 한다.

• 신고번호를 날개에 표시하는 경우에는 신고번호의 가로부분이 비행장치의 진행방향을 향하게 표시하여야 한다.

• 신고번호를 동체 등에 표시하는 경우에는 신고번호의 가로부분이 지상과 수평하게 표시하여야 한다. 다만, 회전익비행장치의 동체 아랫면에 표시하는 경우에는 동체의 최대횡단면 부근에, 신고번호의 윗부분이 동체좌측을 향하게 표시한다.</td></tr>
<tr><td colspan="3">행글라이더</td><td>오른쪽 날개의 상면과 왼쪽날개의 하면에, 날개의 앞전과 뒷전으로부터 같은 거리, 하네스에 표시</td></tr>
<tr><td colspan="3">회전익비행장치
- 초경량자이로플레인
- 초경량헬리콥터</td><td>동체 아랫면, 동체 옆면 또는 수직꼬리날개 양쪽면</td></tr>
<tr><td colspan="3">동력패러글라이더, 패러글라이더, 낙하산</td><td>캐노피 하판 중앙부 및 하네스에 표시</td></tr>
<tr><td colspan="3">기구류</td><td>선체(Balloon 등)의 최대횡단면 부근의 대칭되는 곳의 양쪽면</td></tr>
<tr><td rowspan="4">무인비행장치</td><td rowspan="3">무인동력비행장치</td><td>무인비행기</td><td>• 오른쪽 날개의 상면과 왼쪽날개의 하면에, 날개의 앞전과 뒷전으로부터 같은 거리
• 동체 옆면 또는 수직꼬리날개 양쪽면
※ 다만, 조종면에 표시되어서는 아니 된다.</td></tr>
<tr><td>무인헬리콥터</td><td>동체 옆면 또는 수직꼬리날개 양쪽면</td></tr>
<tr><td>무인멀티콥터</td><td>좌우 대칭을 이루는 두 개의 프레임 암
※ 다만, 동체가 있는 형태인 경우 동체에 부착</td></tr>
<tr><td colspan="2">무인비행선</td><td>동체 옆면 또는 수직꼬리날개 양쪽면</td></tr>
</table>

[표 2-2] 신고번호의 표시위치 예시

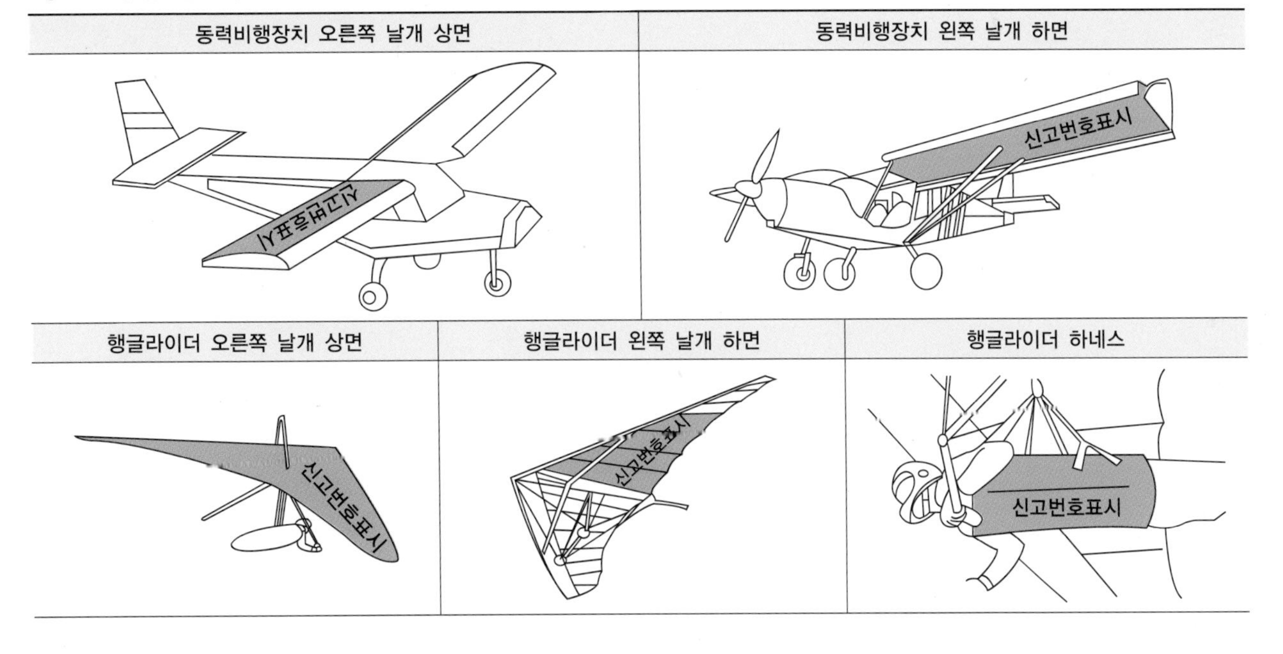

회전익비행장치 동체 아랫면	회전익비행장치 동체 옆면	회전익비행장치 수직꼬리날개 양쪽면

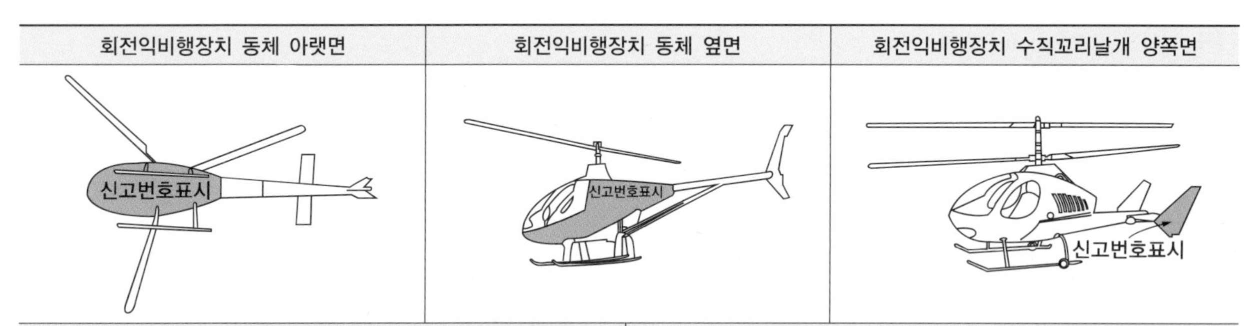

동력패러글라이더, 패러글라이더, 낙하산 등 캐노피 하판	동력패러글라이더, 패러글라이더, 낙하산 등 하네스

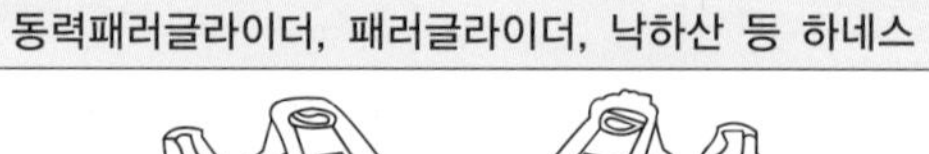

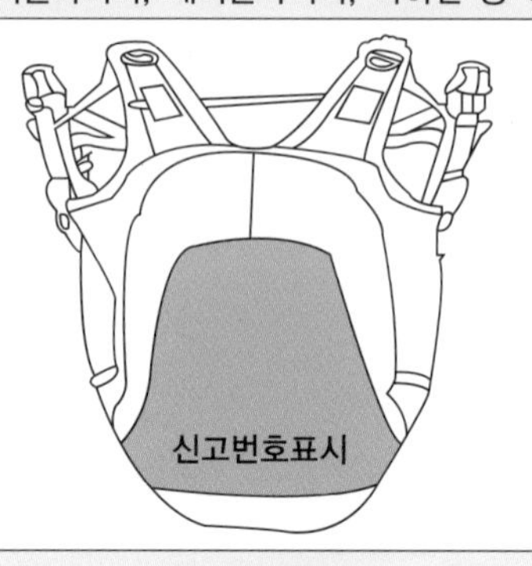

기구류 선체 최대횡단면 부근 대칭되는 양쪽면

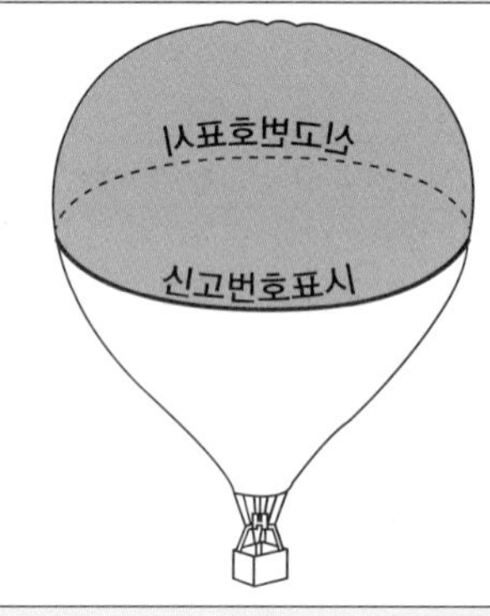

무인비행기 오른쪽 날개 상면	무인비행기 왼쪽 날개 하면 및 동체 옆면	무인비행기 수직꼬리날개 양쪽면

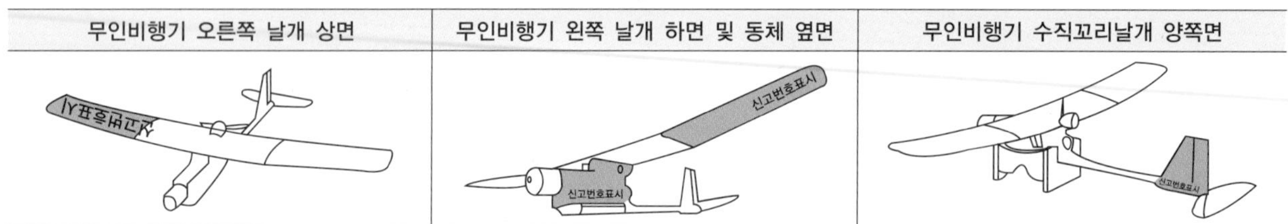

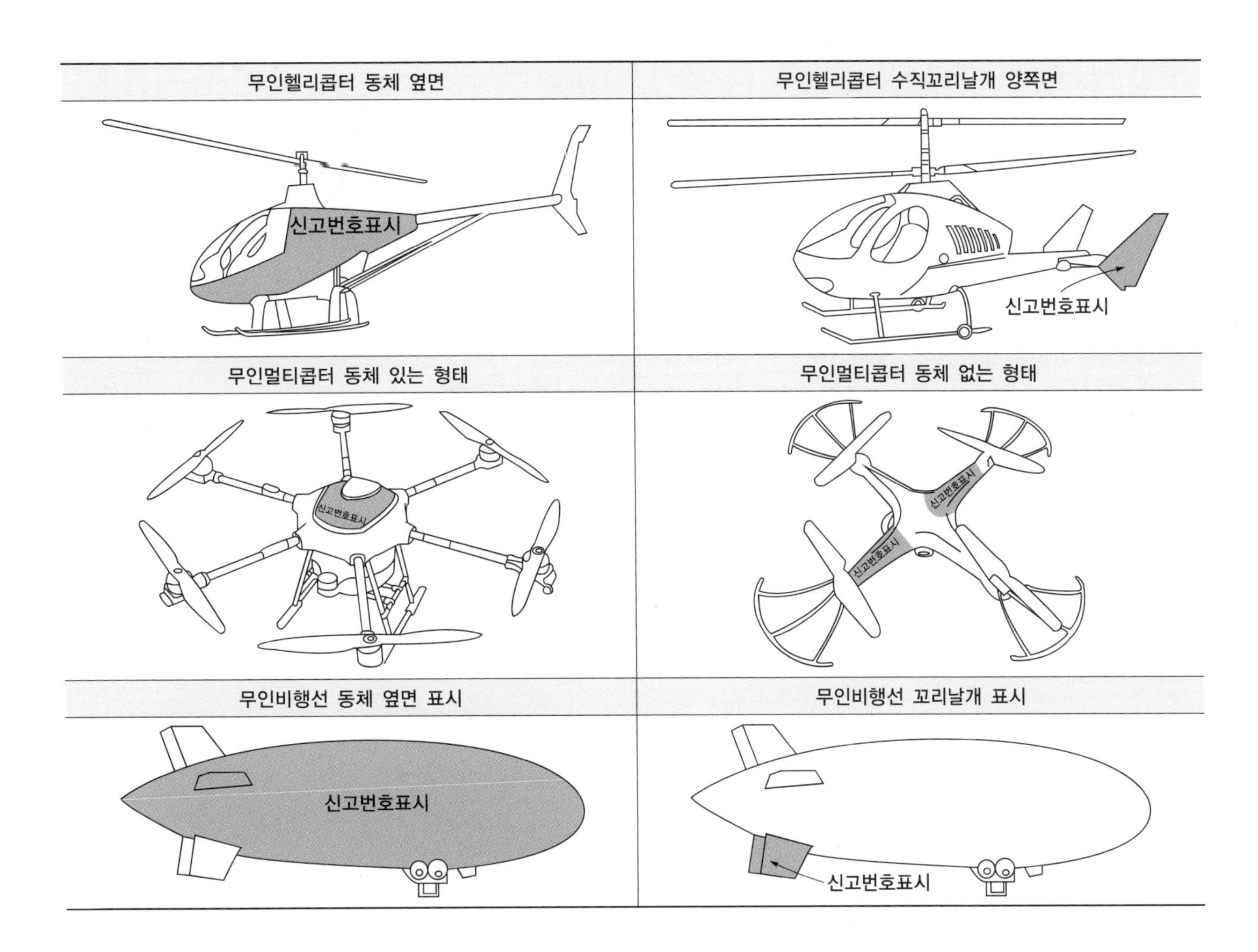

▮ [표 3] 신고번호의 각 문자 및 숫자의 크기

<table>
<tr><th colspan="2">구 분</th><th>규 격</th><th>비 고</th></tr>
<tr><td colspan="2">가로세로비</td><td>2 : 3의 비율</td><td>아라비아 숫자 1은 제외</td></tr>
<tr><td rowspan="2">세로 길이</td><td>주 날개에 표시하는 경우</td><td>20cm 이상</td><td>–</td></tr>
<tr><td>동체 또는 수직꼬리날개에 표시하는 경우</td><td>15cm 이상</td><td>회전익비행장치의 동체 아랫면에 표시하는 경우에는 20cm 이상</td></tr>
<tr><td colspan="2">선의 굵기</td><td>세로길이의 1/6</td><td>–</td></tr>
<tr><td colspan="2">간 격</td><td>가로길이의 1/4 이상 1/2 이하</td><td>–</td></tr>
</table>

※ 장치의 형태 및 크기로 인해 신고번호를 규격대로 표시할 수 없을 경우, 배터리, 프로펠러, 착륙장치, 송수신기 등 기타 탈부착이 가능한 장치를 제외한 가장 크게 부착할 수 있는 부위에 최대 크기로 표시할 수 있다.

▮ [표 4] 무인동력비행장치 표시 예시

C 3 C M 0 0 0 0 0 0 1

15cm(HY 헤드라인 M, 50pt)

C 3 C M 0 0 0 0 0 0 1

10cm(HY 헤드라인 M, 30pt)

C 3 C M 0 0 0 0 0 0 1

5cm(HY 헤드라인 M, 15pt)

C 3 C M 0 0 0 0 0 0 1

3cm(HY 헤드라인 M, 10pt)

■ 항공안전법 시행규칙 [별지 제116호 서식]

초경량비행장치 [ ] 신 규 / [ ] 변경 · 이전 신고서 / [ ] 말 소

※ 색상이 어두운 난은 신청인이 작성하지 아니하며, [ ]에는 해당되는 곳에 ✓표를 합니다.

접수번호	접수일시	처리기간 7일

구분	항목	내용	항목	내용
비행장치	종 류	예 무인멀티콥터	신고번호	
	형 식	예 ASEA-K1C1	용 도	[ ] 영리 [ ] 비영리
	제작자	예 ㈜ wangchoko	제작번호	예 DMZ.RCN.02-7304678
	보관처	예 경기도 연천군 중면 적거리 15-75 401호	제작연월일	예 2021-01-11
	자체중량	예 27Kg	최대이륙중량	예 28Kg
	카메라 등 탑재여부*	예 없 음		
소유자	성명 · 명칭	예 송 석 주		
	주 소	예 경기도 연천군 중면 적거리 15-75 401호		
	생년월일	예 19××.10.17	전화번호	예 010-××××-××××

변경 · 이전 사항	변경 · 이전 전	변경 · 이전 후
말소 사유		

「항공안전법」 제122조 제1항 · 제123조 제1항 · 제2항 및 같은 법 시행규칙 [[ ]제301조제1항 / [ ]제302조제2항 / [ ]제303조제1항]에 따라

초경량비행장치의 [[ ]신규 / [ ]변경이전 / [ ]말소] 을(를) 신고합니다.

년 월 일

신고인 (서명 또는 인)

한국교통안전공단 이사장 귀하

첨부서류		수수료
첨부서류	1. 초경량비행장치를 소유하거나 사용할 수 있는 권리가 있음을 증명하는 서류 2. 초경량비행장치의 제원 및 성능표 3. 초경량비행장치의 가로 15cm, 세로 10cm의 측면사진(무인비행장치의 경우에는 기체 제작번호 전체를 촬영한 사진을 포함) – 이전 · 변경 시에는 각 호의 서류 중 해당 서류만 제출하며, 말소 시에는 제외합니다.	수수료 없음

유의사항

신청서 * 표시 항목에는 「개인정보 보호법」에 따른 개인정보 및 「위치정보의 보호 및 이용 등에 관한 법률」에 따른 개인위치정보 수집 가능(카메라 등 탑재) 여부를 기입합니다.

처리절차

신고서 작성	→	접 수	→	검 토	→	접수처리	→	통 보
신고인		한국교통안전공단 (신고 담당부서)		한국교통안전공단 (신고 담당부서)		한국교통안전공단 (신고 담당부서)		

210mm × 297mm[백상지(80g/m^2) 또는 중질지(80g/m^2)]

■ 항공안전법 시행규칙 [별지 제117호 서식]

제 호

대 한 민 국

국 토 교 통 부

초경량비행장치 신고증명서

1. 신고번호 :
2. 종류 및 형식 :
3. 제작자 및 제작번호 :
4. 용 도 : [ ] 비영리 [ ] 영리
5. 초경량비행장치 소유자 등의 성명 또는 명칭 :
6. 초경량비행장치 소유자 등의 주소 :

「항공안전법」 제122조 제1항 및 같은 법 시행규칙 제301조 제2항에 따라 초경량비행장치를 신고하였음을 증명합니다.

년 월 일

한국교통안전공단 이사장 직 인

210mm × 297mm[백상지(150g/m²)]

초경량비행장치 신고증명서 재교부 신청서

※ 색상이 어두운 난은 신청인이 작성하지 않습니다.

접수번호	접수일시	처리기간 7일

구분	항목	내용	항목	내용
비행장치	종 류	예 무인멀티콥터	신고번호	예 C3CM3215001
	제작자	예 ㈜ wangchoko		
	제작번호	예 DMZ.RCN.02-7304678	제작년월일	예 2021-01-11
	보관처	예 경기도 연천군 중면 적거리 15-75 401호		
소유자	성명(명칭)	예 송 석 주		
	주 소	예 경기도 연천군 중면 적거리 15-75 401호		
	생년월일 (사업자등록번호)	예 19××.10.17	전화번호	예 010-××××-××××
재교부 신청 사유		예 기존 신고증명서 훼손		

상기와 같이 초경량비행장치 신고증명서를 재교부 신청합니다.

년 월 일

주 소

성명 · 명칭 (서명 또는 인)

한국교통안전공단 이사장 귀하

참고

(요약) 초경량비행장치 신고업무 제출서류 및 신고시기

신고업무	제출서류	신고시기
신규신고	• 초경량비행장치 신고서 • 초경량비행장치를 소유하거나 사용할 수 있는 권리가 있음을 증명하는 서류 • 초경량비행장치의 제원 및 성능표 • 초경량비행장치의 가로 15cm, 세로 10cm의 측면사진(무인비행장치의 경우에는 기체 제작번호 전체를 촬영한 사진을 포함)	최대이륙중량 25kg 초과(안전성인증 대상인 경우) → 안전성인증 받기 전 최대이륙중량 25kg 이하(안전성인증 대상이 아닌 경우) → 30일 이내(장치를 소유하거나 사용할 수 있는 권리가 있는 날부터)
변경신고	초경량비행장치 변경 · 이전신고서(변경사유를 증명할 수 있는 서류 첨부)	30일 이내(변경신고 사유가 있는 날부터)
이전신고	초경량비행장치 변경 · 이전신고서(이전사유를 증명할 수 있는 서류 첨부)	30일 이내(이전신고 사유가 있는 날부터)
말소신고	초경량비행장치 말소신고서	15일 이내(말소신고 사유가 있는 날부터)

(3) 드론 원스톱 민원 포털 서비스 사용 방법

홈페이지 주소 : https://drone.onestop.go.kr

※ 드론 원스톱 시스템이 지원하는 최적의 브라우저(모바일 접수도 가능)
- 구글 크롬 브라우저
- 마이크로소프트 엣지 브라우저(최소 인터넷 익스플로러 11 이상)

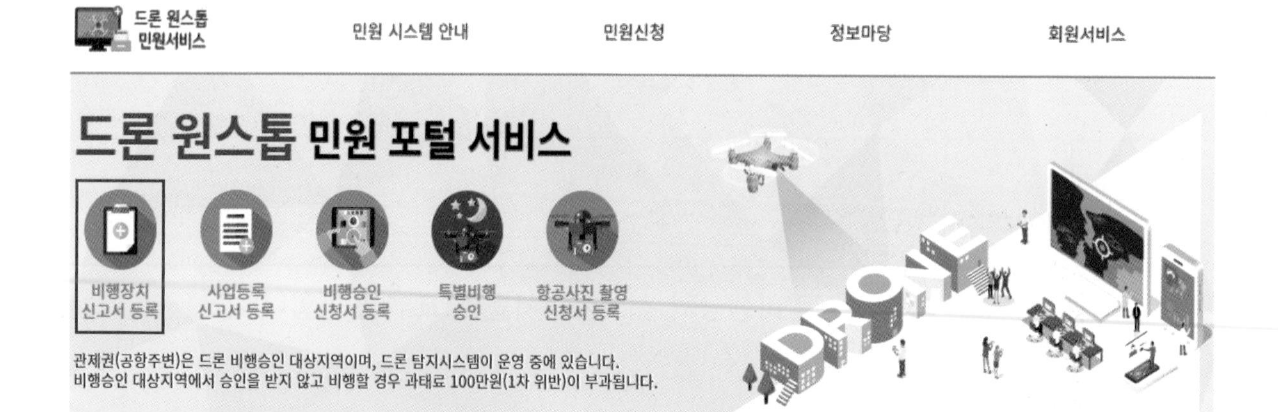

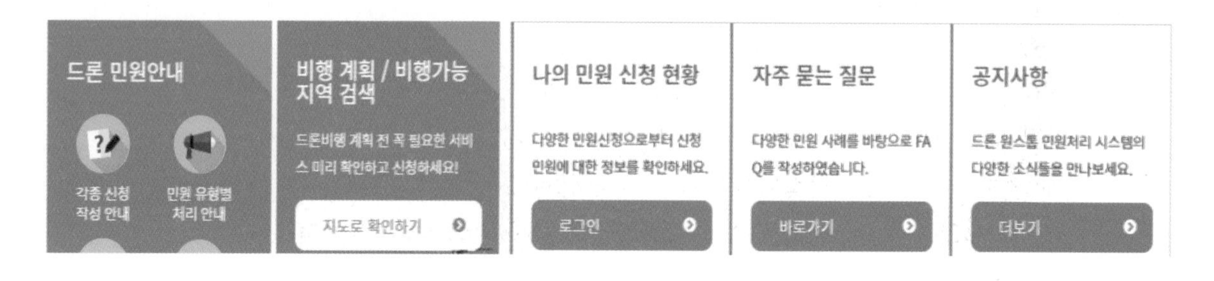

① 비행장치 신고서 등록

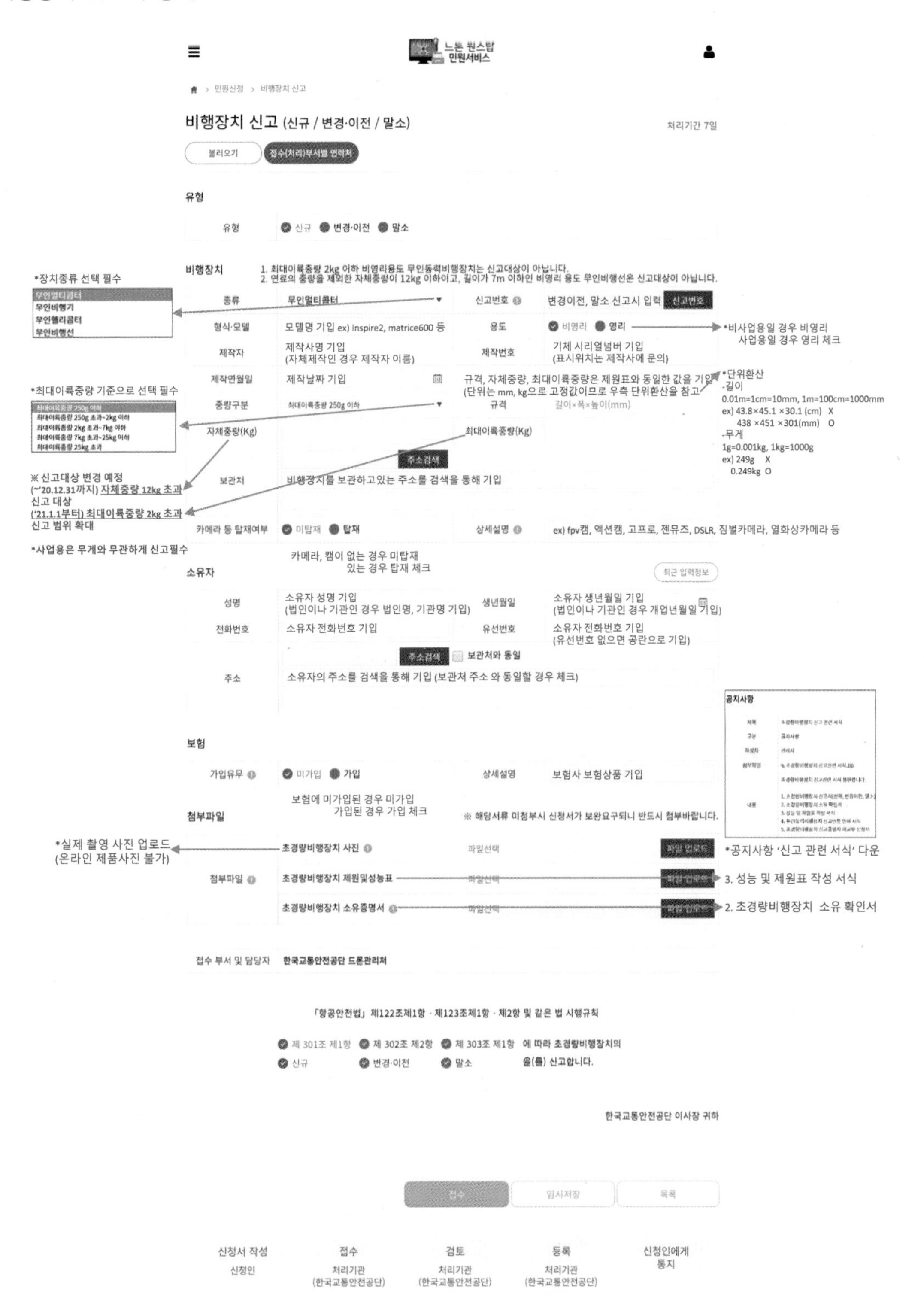

느린 원스탑 민원서비스
비행장치 신고 (신규 / 변경·이전 / 말소)
처리기간 7일
*장치종류 선택 필수
1. 최대이륙중량 2kg 이하 비영리용도 무인동력비행장치는 신고대상이 아닙니다.
2. 연료의 중량을 제외한 자체중량이 12kg 이하이고, 길이가 7m 이하인 비영리 용도 무인비행선은 신고대상이 아닙니다.
무인멀티콥터
무인비행기
무인헬리콥터
무인비행선
모델명 기입 ex) Inspire2, matrice600 등
변경이전, 말소 신고시 입력
*비사업용일 경우 비영리
사업용일 경우 영리 체크
제작사명 기입
(자체제작인 경우 제작자 이름)
기체 시리얼넘버 기입
(표시위치는 제작사에 문의)
제작날짜 기입
규격, 자체중량, 최대이륙중량은 제원표와 동일한 값을 기입
(단위는 mm, kg으로 고정값이므로 우측 단위환산을 참고)
*최대이륙중량 기준으로 선택 필수
*단위환산
-길이
0.01m=1cm=10mm, 1m=100cm=1000mm
ex) 43.8×45.1 ×30.1 (cm) X
438 ×451 ×301(mm) O
-무게
1g=0.001kg, 1kg=1000g
ex) 249g X
0.249kg O
※ 신고대상 변경 예정
(~'20.12.31까지) 자체중량 12kg 초과 신고 대상
('21.1.1부터) 최대이륙중량 2kg 초과 신고 범위 확대
*사업용은 무게와 무관하게 신고필수
비행장치를 보관하고있는 주소를 검색을 통해 기입
ex) fpv캠, 액션캠, 고프로, 젠뮤즈, DSLR, 짐벌카메라, 열화상카메라 등
카메라, 캠이 없는 경우 미탑재
있는 경우 탑재 체크
소유자 성명 기입
(법인이나 기관인 경우 법인명, 기관명 기입)
소유자 생년월일 기입
(법인이나 기관인 경우 개업년월일 기입)
소유자 전화번호 기입
소유자 전화번호 기입
(유선번호 없으면 공란으로 기입)
소유자의 주소를 검색을 통해 기입 (보관처 주소 와 동일할 경우 체크)
보험사 보험상품 기입
보험에 미가입된 경우 미가입
가입된 경우 가입 체크
※ 해당서류 미첨부시 신청서가 보완요구되니 반드시 첨부바랍니다.
*실제 촬영 사진 업로드
(온라인 제품사진 불가)
*공지사항 '신고 관련 서식' 다운
3. 성능 및 제원표 작성 서식
2. 초경량비행장치 소유 확인서
접수 부서 및 담당자 한국교통안전공단 드론관리처
「항공안전법」 제122조제1항 · 제123조제1항 · 제2항 및 같은 법 시행규칙
제 301조 제1항 제 302조 제2항 제 303조 제1항 에 따라 초경량비행장치의
신규 변경·이전 말소 을(를) 신고합니다.
한국교통안전공단 이사장 귀하
신청서 작성
신청인
접수
처리기관
(한국교통안전공단)
검토
처리기관
(한국교통안전공단)
등록
처리기관
(한국교통안전공단)
신청인에게
통지

유형에서 신규, 변경 · 이전, 말소 클릭 후 비행장치 신고 정보를 빠짐없이 기재

※ 신청서 작성 예시(기체기종 : 영리, 매빅2 줌인 경우)

종 류	*무인멀티콥터*	신고번호	*신규 신고 시에는 신고번호 입력 x*
형식 · 모델	*매빅2 줌*	용 도	*영 리*
제작자	*DJI*	제작번호	*제작번호 입력*
제작연월일	*2019.01.01.*	규 격	*길이×폭×높이(mm)*
중량구분	*최대이륙중량 250g 초과~2kg 이하*	최대이륙중량(kg)	*0.907*
자체중량(kg)	*0.907*		
보관처	*주소검색 후 입력*		
카메라 등 탑재여부	*탑 재*	상세설명	*자체 카메라 탑재*

비행장치 신고 (신규 / 변경·이전 / 말소)

처리기간 7일

불러오기 | 접수(처리)부서별 연락처

유형

유형	신규 / 변경·이전 / 말소

비행장치

1. 최대이륙중량 2kg 이하 비영리용도 무인동력비행장치는 신고대상이 아닙니다.
2. 연료의 중량을 제외한 자체중량이 12kg 이하이고, 길이가 7m 이하인 비영리 용도 무인비행선은 신고대상이 아닙니다.

종류	무인비행기 ▼	신고번호	신고번호
형식·모델		용도	비영리 / 영리
제작자		제작번호	
제작연월일			
자체중량	최대이륙중량 250g 이하 ▼	규격	길이×폭×높이(mm)
자체중량(Kg)		최대이륙중량(Kg)	
보관처	주소검색		
카메라 등 탑재여부	미탑재 / 탑재	상세설명	

소유자

최근 입력정보

성명		생년월일	
전화번호		유선번호	
주소	주소검색 □ 보관처와 동일		

보험

가입유무	미가입 / 가입	상세설명	

신규, 변경·이전 신고 시 해당 서류를 빠짐없이 첨부하여 각각 파일 업로드 클릭

※ 변경·이전 신고 시 "초경량비행장치 소유증명서" 칸에 변경·이전을 증빙하는 서류를 첨부하여 파일 업로드
※ 말소 신고 시 첨부파일 부분은 비활성화 되므로 파일 첨부 없이 접수 가능
※ "접수" 버튼 클릭 시, 관할 기관으로 접수신청 완료
※ "임시저장" 버튼 클릭 시, [마이페이지] – [민원신청 현황]에서 "작성 중"으로 저장

첨부파일

※ 해당서류 미첨부시 신청서가 보완요구되니 반드시 첨부바랍니다.

첨부파일	**초경량비행장치 측면 사진**	파일선택	파일 업로드
	제작번호 촬영 사진	파일선택	파일 업로드
	초경량비행장치 제원및성능표	파일선택	파일 업로드
	초경량비행장치 소유증명서	파일선택	파일 업로드

접수 부서 및 담당자	**한국교통안전공단 드론관리처**

「항공안전법」 제122조제1항 · 제123조제1항 · 제2항 및 같은 법 시행규칙

제 301조 제1항 / 제 302조 제2항 / 제 303조 제1항 **에 따라 초경량비행장치의**
신규 / 변경·이전 / 말소 **을(를) 신고합니다.**

2021년 11월 26일 신고인: 드론관리처
한국교통안전공단 이사장 귀하

접수 | 임시저장 | 목록

신청서 작성	접수	검토	등록	신청인에게 통지
신청인	처리기관 (한국교통안전공단)	처리기관 (한국교통안전공단)	처리기관 (한국교통안전공단)	

마이페이지 → 민원 신청 현황에서 신청 민원별 처리상태 조회 가능

민원 신청 현황

접수하신 민원문서의 상태는 '신청' 이며 담당 공무원이 민원신청서를 접수하여 상태가 '처리중' 으로 변한 후 부터 처리기간이 적용됩니다.

처리상태 전체 ▼ 신청민원 전체 ▼

전체 ▼

No.	신청번호	신청민원	처리상태
8	201208-0573 (2020-12-08)	비행장치신고 (신규) - 형식·모델: Blueye-1K	처리중
9	201208-0565 (2020-12-08)	비행장치신고 (변경.이전) - 형식·모델: IA-3 Colibri	처리완료
10	201208-0560 (2020-12-08)	비행장치신고 (변경.이전) - 형식·모델: IA-3 Colibri	보완요구
11	201208-0550 (2020-12-08)	비행장치신고 (신규) - 형식·모델: 인스파이어 1급	처리중
12	201208-0547 (2020-12-08)	비행장치신고 (신규) - 형식·모델: 인스파이어 1급	처리완료

8 - 12 / 전체 12 건

이전 1 2 다음

[보완요구 시]

마이페이지 → 민원 신청 현황에서 처리상태의 "보완요구" 해당 신청번호 클릭

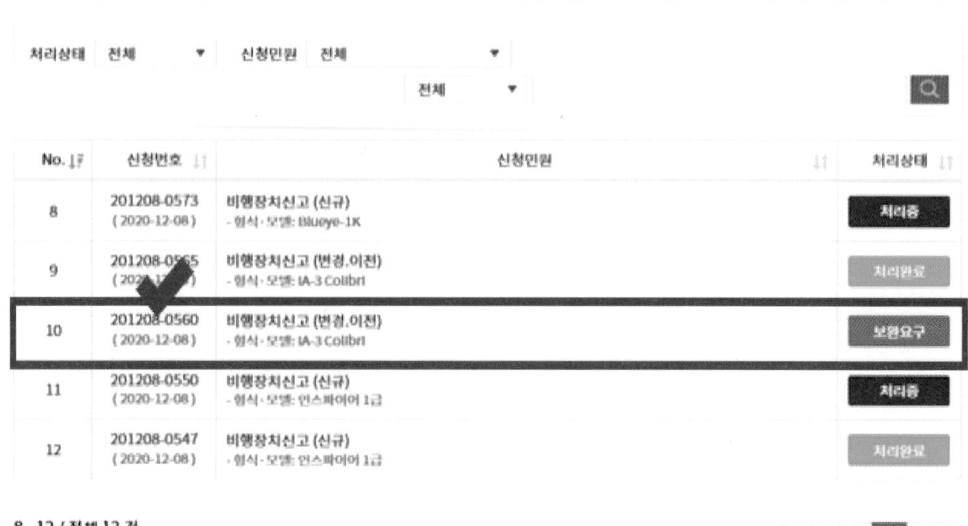

민원 신청 현황

접수하신 민원문서의 상태는 '신청' 이며 담당 공무원이 민원신청서를 접수하여 상태가 '처리중' 으로 변한 후 부터 처리기간이 적용됩니다.

처리상태 전체 ▼ 신청민원 전체 ▼

전체 ▼

No.	신청번호	신청민원	처리상태
8	201208-0573 (2020-12-08)	비행장치신고 (신규) - 형식·모델: Blueye-1K	처리중
9	201208-0565 (2020-12-08)	비행장치신고 (변경.이전) - 형식·모델: IA-3 Colibri	처리완료
10	201208-0560 (2020-12-08)	비행장치신고 (변경.이전) - 형식·모델: IA-3 Colibri	보완요구
11	201208-0550 (2020-12-08)	비행장치신고 (신규) - 형식·모델: 인스파이어 1급	처리중
12	201208-0547 (2020-12-08)	비행장치신고 (신규) - 형식·모델: 인스파이어 1급	처리완료

8 - 12 / 전체 12 건

이전 1 2 다음

민원처리결과의 보완사항 확인 후 상단의 "불러오기" 선택 → 팝업창 열림

비행장치 신고 (신규 / 변경·이전 / 말소)

처리기간 7일 보완요구

불러오기 접수(처리)부서별 연락처

신청서 미리보기

민원처리결과

첨부파일	일반 첨부파일 총 0건
보완사항	증빙자료 다시첨부

유형

유형	신규 / 변경·이전 / 말소

비행장치

1. 최대이륙중량 2kg 이하 비영리용도 무인동력비행장치는 신고대상이 아닙니다.
2. 연료의 중량을 제외한 자체중량이 12kg 이하이고, 길이가 7m 이하인 비영리 용도 무인비행선은 신고대상이 아닙니다.

종류	무인멀티콥터	신고번호	신고번호
형식·모델		용도	비영리 / 영리
제작자		제작번호	000-000-1
제작연월일	2020-12-01		
자체중량	최대이륙중량 250g 초과~2kg 이하	규격	
자체중량(Kg)	2.2	최대이륙중량(Kg)	5
보관처	주소검색		
카메라 등 탑재여부	미탑재 / 탑재	상세설명	

불러오기 팝업창에서 보완하고자 하는 신청민원의 신청번호 클릭

해당내용 보완 후 접수버튼 클릭

※ 처리기간은 보완 접수한 날로부터 7일 이내 처리 예정

[신고증명서 인쇄]
마이페이지 → 민원 신청 현황에서 처리 완료된 신청번호 클릭 후 상단 첨부파일의 신고증명서 다운

※ 첨부파일 : 신고증명서 1부, 초경량비행장치 비행 시 참고자료(zip) 1부

비행장치 신고 (신규 / 변경·이전 / 말소)

처리기간 7일 처리완료

불러오기 접수(처리)부서별 연락처

신청서 미리보기

민원처리결과

첨부파일	일반 첨부파일 총 1건 신고증명서.jpg 32KB 미리보기
보완사항	승인처리 되었습니다.

② 사업등록 신고서 등록

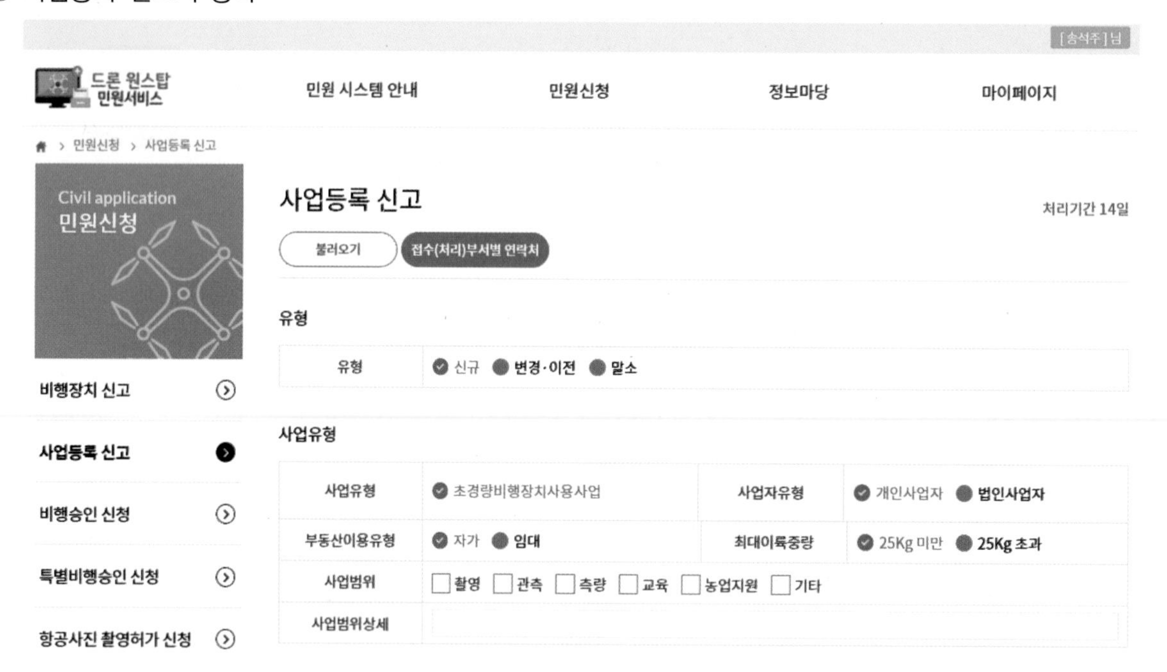

신청인 (최근 입력정보)

사업자등록번호 (법인등록번호)	중복확인		
상호(법인명)		성명(대표자)	
전화번호		팩스번호	
주소(소재지)	주소검색		

신청내용

자본금(원)	※ 최대이륙중량 25Kg 초과인 경우만 기입
기타사업소의 명칭 및 소재지	
임원의 명단	

비행장치 ※ 장치 정보를 입력하고 반드시 "추가"를 해야 합니다.

종류	무인비행기 ▼	신고번호	신고번호
형식·모델		제작자	
규격		자체중량	자체중량 12Kg 이하, 7m 이하 ▼
소유자		전화번호	
보험가입유무	미가입 가입	상세설명	

※장치 정보를 수정하려면, 목록에서 삭제하고 다시 "추가"하시면 됩니다. (+추가)

No.	신고번호	형식·모델	제작사	삭제
데이터가 없습니다.				

0 - 0 / 전체 0 건 (이전 다음)

첨부파일

※ 해당서류 미첨부시 신청서가 보완요구되니 반드시 첨부바랍니다.

첨부파일	정부수입인지(수수료)	파일선택	파일 업로드
	사업계획서	파일선택	파일 업로드
	초경량비행장치 신고증명서	파일선택	파일 업로드
	조종자증명서	파일선택	파일 업로드
	보험가입증명서 외 기타 첨부파일 (압축파일)	파일선택	파일 업로드

신청인 제출서류	1. 「항공사업법」 제42조, 제44조, 제46조, 제48조 또는 제50조에 따른 등록요건에 충족함을 증명하거나 설명하는 서류 2. 다음 사항[자본금, 상호.대표자의 성명과 사업소의 명칭 및 소재지, 해당 사업의 취급 예정 수량 및 그 산출근거와 예상 사업수지계산서, 필요한 자금 및 조달방법, 사용시설.설비 및 장비 개요, 종사자의 수, 사업 개시 예정일, 도급(하도급을 포함합니다)하려는 경우 해당 업무의 범위와 책임, 수급업체에 대한 관리감독에 관한 사항(항공기취급업 신청의 경우에만 해당합니다)]을 포함하는 사업계획서 3. 부동산을 사용할 수 있음을 증명하는 서류(타인의 부동산을 사용하는 경우에만 제출합니다) 4. 영업구역 범위 및 영업시간, 탑승료 · 대여료 등 이용요금, 항공레저 활동의 안전 및 이용자 편의를 위한 안전 관리대책(항공레저스포츠사업 신청의 경우에만 제출합니다)	수수료 「항공사업법 시행규칙」 제71조
담당공무원 확인사항	1. 법인 등기사항증명서(법인인 경우만 해당합니다) 2. 부동산 등기사항증명서(타인의 부동산을 사용하는 경우는 제외합니다)	

접수 부서 및 담당자	신청인 주소의 관할부서 및 담당자로 지정됩니다.

「항공사업법」 제42조제1항, 제44조제1항, 제46조제1항, 제48조제1항, 제50조제1항 및
같은 법 시행규칙 제41조제1항, 제43조제1항, 제45조제1항, 제47조제1항, 제49조제1항에 따라
초경량비행장치사용사업 등록을 신청 합니다.

2021년 01월 11일 신고인: 송석주

관할지방항공청장 귀하

접수 | 임시저장 | 목록

신청서 작성	접수	검토	등록	신청인에게 통지
신청인	처리기관 (지방항공청)	처리기관 (지방항공청)	처리기관 (지방항공청)	

참고

초경량비행장치사용사업 사업계획서(예시)

※ 아래 내용은 사업계획 작성 시 이해를 돕기위해 작성된 예시로 반드시 회사 및 보유 장비에 맞추어 작성하시기 바랍니다.

가. 사업목적 및 사업의 범위(하고자 하는 사업 목적 및 범위를 구체적으로 기술)

(1) 사업목적 : 방송 영상 및 광고 영상 제작 등을 위한 무인비행장치 촬영 사업 경영

(2) 사업의 범위 : 무인비행장치 촬영

나. 안전관리 대책

(1) 안전성 점검 계획

〈비행 전 점검 실시〉

	항 목	점검 사항	결 과
1	비행공역 및 기상 확인	① 관제권(공항 반경 9.3 km) 등 초경량비행장치비행제한공역 여부 확인	YES□ NO□
		② 강풍 등 악기상 여부 확인(야간비행 금지)	YES□ NO□
		③ 인구밀집장소 상공 회피	YES□ NO□
2	기체 외관 및 장착물	① 프로펠러 및 모터의 장착·결속 상태와 파손 여부 확인	YES□ NO□
		② 기체 외관 상태 확인	YES□ NO□
		③ 탑재 장비 및 장착물 상태 확인 ※ 탑재장비 : 카메라, 짐벌, 농약살포기 등	YES□ NO□
3	배터리	① 배터리 장착·결속상태 확인	YES□ NO□
		② 배터리 충전상태 확인	YES□ NO□
4	전 원	기체 및 컨트롤러 전원 작동 확인	YES□ NO□
5	통신 상태 (와이파이, GPS 등)	① 기체와 컨트롤러 간의 통신 상태(와이파이 신호 등) 확인	YES□ NO□
		② GPS 신호 수신 상태 확인(Kp 지수 포함)	YES□ NO□
6	동작점검	조작명령에 따른 모터 및 프로펠러의 정상 동작 확인(GPS모드)	YES□ NO□
7	콤파스	콤파스 교정(Calibrate the Compass)	YES□ NO□
8	펌웨어	최신 펌웨어 업그레이드	YES□ NO□
9	주변 확인	① 기체와의 안전거리 10m 이상 이격	YES□ NO□
		② 보행자 등 주변 인원 및 장애물 확인	YES□ NO□

※ 점검 중 이상 확인 시 반드시 재점검 및 기체 정비·수리 후 비행 실시

〈(예시) 농업용 드론 AGRAS MG1 100시간 점검 실시〉

	점검항목
1	Check for and replace worn propellers
2	Check for loose propellers. Replace propellers and propeller washers if needed
3	Check for aging plastic or rubber parts
4	Check for bad atomization of the nozzles. Clean nozzles thoroughly or replace them
5	Replace nozzle strainers and the spray tank strainer
6	Remove anti-sloshing equipment in the spray tank and clean the spray tank thoroughly.

※ 제작사 매뉴얼 등에 따른 안전성 점검 및 기체 정비 계획 추가 작성

(2) 사고 발생 시 조치절차(회사 규모 등을 고려하여 구체적으로 작성)

- 사고처리를 위한 사내 비상연락망 구축
  ※ 비상연락체계도 작성
- 인명 및 재산 피해 발생 시, 신속한 인명구호 및 인근 구조기관 신고
  ※ 119구조대 연락, 인근 소방서 및 경찰서 신고
- 서울지방항공청 및 항공철도사고조사위원회 보고
  ※ 항공안전법 제129조 제3항에 의거, '붙임 1'의 내용을 보고
  – 사고경위, 원인 파악 등 사고조사를 위해 현장보존

서울지방항공청 항공안전과(사고조사담당)	전화 : 032-740-2146/8, 2169 (야간/휴일 : 032-740-2107)
항공 · 철도사고조사위원회(항공조사팀)	전화 : 044-201-5447 (야간/휴일 : 02-6096-1000)

※ 사업범위(사진촬영, 농업지원 등) 특성에 따라 사고 대응 매뉴얼 추가 작성

다. 자본금

자본납입금(000원), 자기자본(000원), 정부지원(000원) 등

라. 상호 · 대표자의 성명과 사업소의 명칭 및 소재지

(1) 상 호 :

(2) 대표자 :

(3) 소재지 :

마. 사용시설 · 설비 및 장비 개요

(1) 시설 : 사무실 또는 장비보관장소, 교육장(조종교육 업체만 해당)

※ 사무실, 교육장 등 관련 사진 첨부

(2) 장비 : 무인비행장치(신고번호 : S0000), 안전모, 소화기, 업무용 차량 등

※ 무인비행장치 외에 사업 시 사용되는 주요 보유 장비 기재

(3) 장비 개요 : 성능 및 제원 등

바. 종사자 인력의 개요(총 직원 : OO명, 사업담당자 : OO)

순 번	성 명	담 당	생년월일	비 고
1	○○○	대표자		
2	○○○	이사, 감사		
3	○○○	조종자		자격증 번호 : OO-OOOOO (자체중량 12kg 초과 드론 조종자만 해당)
4	○○○	사 무		
5	○○○	· · · ·		

사. 사업 개시 예정일

20××년 ××월 중(초경량비행장치사용사업 등록 완료 후)

[사고발생 보고 양식]

수 신 :

참 조 : 작 성 일 :

조종자 성명		소유자 성명	
연 락 처		장치 신고번호	
비행장치종류			
사고발생일시			
사고발생장소			
사고 경위			
사람 사상 또는 물건 파손 개요			
사상자 인적사항			
참고사항			

작성자 직 책 성 명 서 명

[초경량비행장치사진 및 제원표 예시]

주요제원	최고속도		엔 진	0
	순항속도		탑 승 인 원	0
	실속속도	–	자체중량 (베터리포함)	
			최대이륙중량	
	길이×폭×높이	1,100mm X 1,100mm X 80mm	연 료 용 량	배터리6S10000 X 2

[초경량비행장치 사진]

③ 비행승인 신청서 등록

[송석주]님

드론 원스탑 민원서비스 | 민원 시스템 안내 | 민원신청 | 정보마당 | 마이페이지

> 민원신청 > 비행승인 신청

Civil application
민원신청

- 비행장치 신고
- 사업등록 신고
- **비행승인 신청**
- 특별비행승인 신청

비행승인 신청

처리기간 3일

불러오기 | 접수(처리)부서별 연락처

신청인

최근 입력정보

성명	송석주	생년월일	
전화번호	010-000-0000	유선번호	
팩스번호			
주소	주소검색		

비행계획

비행구역 설정

기간	~ ※ 기간은 6개월을 초과할 수 없습니다. (군공역은 주말에만 사용 가능)		
비행목적	레저비행 ▼	비행방식	
비행구역	※ 비행계획 구역이 군관련 공역인 경우 처리기간이 5일 소요될 수 있습니다.		
	주소		
	좌표		
	반경(m) / 고도(m)	/	
알림사항			

비행장치

※ 최대이륙중량 2Kg 미만 비영리 용도는 신고번호를 입력안하셔도 됩니다.
※ 장치 정보를 입력하고 반드시 "추가"를 해야 합니다.

종류	무인비행기 ▼	신고번호	신고번호
형식·모델		용도	비영리 영리
제작자		운용유형	비연구용 연구용
규격		자체중량	최대이륙중량 2Kg 미만 ▼
소유자		전화번호	
안전성인증서번호 / 유효만료기간	/ ~ 인증번호 불러오기		
보험가입유무	미가입 가입	상세설명	

※ 장치 정보를 수정하려면, 목록에서 삭제하고 다시 "추가"하시면 됩니다.

+추가

No.	신고번호	형식·모델	제작사	삭제
데이터가 없습니다.				

0 - 0 / 전체 0 건

이전 다음

조종자

※ 조종자 정보를 입력하고 반드시 "추가"를 해야 합니다.

성명	조회	생년월일	
주소	주소검색		
자격번호 또는 비행경력			

※ 조종자 정보를 수정하려면, 목록에서 삭제하고 다시 "추가"하시면 됩니다.

+추가

No.	성명	자격번호	삭제
데이터가 없습니다.			

0 - 0 / 전체 0 건

이전 다음

첨부파일 ※ 해당서류 미첨부시 신청서가 보완요구되니 반드시 첨부바랍니다.

첨부파일 ❗	초경량비행장치 사진 ❗	파일선택	파일 업로드
	초경량비행장치 제원및성능표	파일선택	파일 업로드
	초경량비행장치 신고증명서	파일선택	파일 업로드
	초경량비행장치 안전성인증 ❗	파일선택	파일 업로드
	조종자증명서 ❗	파일선택	파일 업로드
	보험가입증명서 ❗	파일선택	파일 업로드
	초경량비행장치 사용사업등록증 외 기타 첨부파일 (압축파일) ❗	파일선택	파일 업로드

	자체중량 12Kg 이하 무인동력비행장치(드론) 및 자체중량 12Kg. 7m 이하 무인비행선		자체중량 12Kg 초과 최대이륙중량 25Kg 이하 무인동력비행장치 (드론)		최대이륙중량 25Kg 초과 무인동력 비행장치 (드론)		자체중량 12Kg, 7m 초과 무인비행선	
	비영리	영리	비영리	영리	비영리	영리	비영리	영리
초경량비행장치 제원및성능표 (장치사진 포함)	○	○	○	○	○	○	○	○
초경량비행장치 신고증명서		○	○	○	○	○	○	○
초경량비행장치 안정성인증서					○	○	○	○
조종자증명서				○		○		○
보험가입증명서		○		○		○		○
초경량비행장치 사용사업등록증		○		○		○		○

접수 부서 및 담당자	비행구역 주소의 관할부서 및 담당자로 지정됩니다.

「항공안전법」 제127조2항 및 같은 법 시행규칙
제 308조 제2항에 따라 초경량비행장치 비행승인을 신청합니다.

2021년 01월 11일 신고인: 송석주

관할지방항공청장 귀하

㉠ 기능설명

- [우편번호] 버튼 : 우편번호를 조회
- [신청인 정보와 동일함] 버튼 : 신청인 정보와 동일하게 입력
- [반영] 버튼 : 신고번호를 반영
- [비행장치 추가] 버튼 : 비행장치를 추가

※ 비행장치가 다수일 경우 [추가] 버튼을 클릭해서 아래의 생성된 화면에서 추가 입력 가능합니다.

㉡ 항목설명

- 처리기한 : 업무담당자가 민원을 접수한 후의 처리기간
- 신청인-성명/명칭 : 신청인 성명
- 신청인-생년월일 : 신청인 생년월일
- 신청인-주소 : 신청인 주소
- 신청인-연락처 : 신청인 연락처
- 비행장치-종류/형식 : 비행장치 종류/형식
- 비행장치-용도 : 비행장치 용도
- 비행장치-소유자 : 비행장치 소유자
- 비행장치-신고번호 : 비행장치 신고번호
- 비행장치-안전성인증서번호 : 비행장치 안전성인증서번호
- 비행계획-일시 : 비행계획 일시(기간은 30일을 초과할 수 없습니다)
- 비행계획-구역 : 비행계획 구역
- 비행계획-비행목적/방식 : 비행계획 비행목적/방식
- 비행계획-보험 : 비행계획 보험 가입 여부
- 비행계획-경로/고도 : 비행계획 경로/고도
- 조종사-성명 : 조종사 성명
- 조종사-생년월일 : 조종사 생년월일
- 조종사-주소 : 조종사 주소
- 조종사-자격번호 또는 비행경력 : 조종사 자격번호 또는 비행경력
- 파일첨부 : 신청서 양식 이외의 내용을 입력하거나 긴 글을 입력할 경우 파일로 작성하여 첨부

㉢ 비행/촬영 원스톱 신청

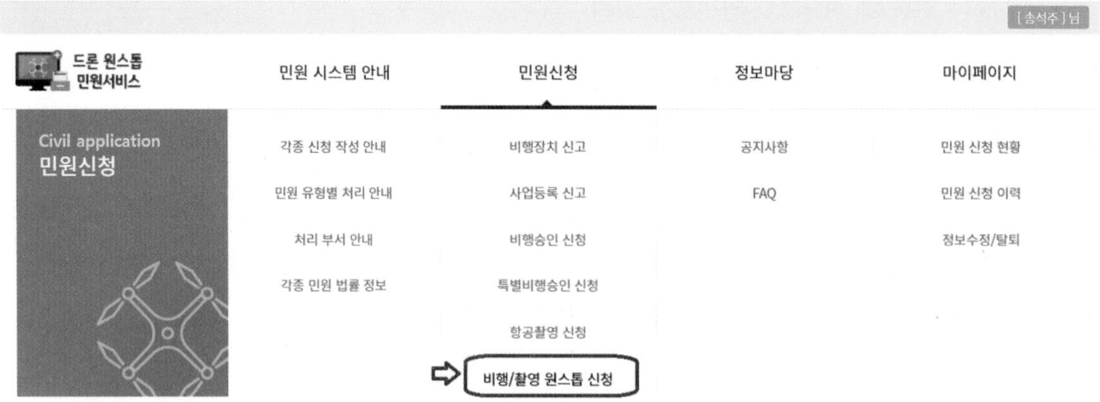

- 비행승인과 촬영승인을 동시에 접수 가능
  - 비행승인 처리기간 3일(휴일 제외), 항공촬영 처리기간 4일(휴일 제외)
  - 비행/촬영 원스톱 신청 메뉴에서 신청서 작성 후 민원 접수 시 비행승인과 항공촬영 신청 민원으로 각각 접수

  ※ 민원 접수 후 마이페이지에서 각각의 민원처리현황을 반드시 확인하여야 하며, 이용 중 도움이 필요하거나 장애가 발생 시 헬프데스크(032-740-2217)로 문의 가능
- 개정된 국방부 촬영승인 지침 사항
  - 국방부 항공촬영 지침서 개정에 따라 기존 '허가제'에서 '신청제'로 변경됨
  - 드론 신청 확인서는 1년간 유효하며 개활지 등 군시설 및 보안시설이 없는 곳에서는 신청이 필요 없다.
  - 항공촬영이 금지된 시설은 국가보안시설 및 군사보안시설, 비행장 등 군사시설, 기타 군수산업시설 등이다. 군사시설 등 촬영금지 시설은 촬영되지 않도록 유의해야 하며, 촬영금지 시설을 촬영했을 경우 법적 책임은 항공촬영을 한 개인·업체·기관에 있다. 항공촬영은 비행 승인과는 별개의 절차로 비행 승인이 필요할 때는 국토부에 비행 승인을 받아야 한다.
  - 항공촬영 관련 규제는 북한과 대치하는 우리나라의 안보 상황에 따라 1970년 이후 50여 년간 시행되었다. 그러나 신성장산업인 드론 개발·생산 및 활용 사업에 필수적으로 수반되는 항공촬영에 대한 허가제도는 드론 산업의 성장 저해요인이라는 지적이 꾸준히 제기됐다. 드론 보급이 늘어나 취미용 드론으로 항공촬영하는 개인이 늘어나면서 국민 불편 민원이 이어졌으며, 국방부는 새 정부 규제혁신 추진방향에 따라 드론 등 신산업의 성장 지속 기반을 조성하고 드론 활용 사업자와 국민 불편을 해소하기 위해 규제를 개선한 것이라고 발표하였다.

항 공 촬 영 지 침 서

2022. 12. 1.

대한민국 국방부
Ministry of National Defense

제1조(목적)
이 지침은 국가정보원법 제3조 및 보안업무규정 제33조의 규정에 의한 국가보안시설 및 보호장비 관리지침 제33조, 군사기지 및 군사시설보호법에 따른 국가보안시설 및 군사시설이 촬영되지 않도록 하기 위해 필요한 사항을 규정함을 목적으로 한다.

제2조(적용범위)
이 지침서는 항공기 및 초경량비행장치를 이용한 항공촬영 신청 민원을 처리하는 업무에 적용한다.

제3조(보안책임)
① 제6조의 촬영금지시설 촬영 시 군사기지 및 군사시설보호법 등 관련법에 따른 법적 책임은 항공촬영을 하는 개인, 업체 및 기관에 있다.
② 항공촬영을 하는 개인, 업체 및 기관의 대표는 항공촬영 후 촬영영상에 대한 보안책임을 지며 비밀사항을 지득하거나 점유 시 이를 보호할 책임이 있고, 누출되지 않도록 하여야 한다.
③ 지역책임부대장은 민원인이 항공촬영 신청 시 촬영금지시설이 촬영되지 않도록 안내하여야 한다.

제4조(항공촬영)
항공촬영이란 항공안전법에서 정한 항공기, 경량항공기, 초경량비행장치를 이용하여 공중에서 지상의 물체나 시설, 지형을 사진, 동영상 등 영상물로 촬영하는 것을 말한다.

제5조(항공촬영 신청)
① 초경량비행장치를 이용하여 항공촬영을 하고자 하는 자는 개활지 등 촬영금지시설이 명백하게 없는 곳에서의 촬영을 제외하고는 촬영금지시설 포함 여부를 확인하기 위해 드론 원스톱 민원서비스 시스템 등을 통해 항공촬영 신청을 하여야 한다(단, 신청에 대한 확인의 유효기간은 1년에 한한다).
② 항공촬영 신청자는 촬영 4일 전(근무일 기준)까지 인터넷 드론 원스톱 민원서비스 시스템이나 모바일앱 등을 이용하여 신청한다.

제6조(항공촬영 금지시설)
① 다음 각 호에 해당되는 시설에 대하여는 항공촬영을 금지한다.
  1. 국가보안시설 및 군사보안시설
  2. 비행장, 군항, 유도탄 기지 등 군사시설
  3. 기타 군수산업시설 등 국가안보상 중요한 시설·지역
② 촬영 금지시설에 대하여 촬영이 필요한 경우 군사기지 및 군사시설보호법 및 국가보안시설 및 국가보호장비 관리지침 등 관계 법·규정/절차에 따른다.

제7조(유인기 이용 항공촬영)
① 전국단위 유인기 항공촬영 신청에 대한 민원처리는 육군 제17보병사단에서 임무수행하며, 지역별 유인기 항공촬영 신청에 대한 민원처리는 지역책임부대에서 수행한다.

② 육군 제17보병사단장 및 지역책임부대장은 유인기 항공촬영 시 촬영금지지역 고지 등 보안조치를 하며, 필요시 촬영영상에 대한 보안조치를 한다.
③ 개인, 업체 및 기관이 유인기 항공촬영을 하고자 할 때는 붙임#2의 항공촬영 신청서를 문서, 팩스, 기관메일 등을 이용하여 접수 및 처리한다.
④ 유인기 항공촬영 민원 접수 후 4일 이내(근무일 기준)에 문서, 팩스, 기관메일 등을 이용하여 촬영금지시설 포함 여부를 안내한다.

제8조(보안조치)

① 항공촬영 신청 민원에 대해 촬영금지시설 포함 여부를 안내할 때는 촬영금지시설의 유・무를 안내하며, 구체적인 시설명칭은 사용하지 않는다.
② 항공촬영 민원처리 시 항공촬영 신청서 이외의 불필요서류의 제출 요구는 금지한다.
③ 항공촬영 민원인에 대한 촬영장소 현장통제는 촬영금지시설이 촬영될 가능성이 명백한 경우에 한한다. 이 경우 지역책임부대장은 사전에 객관적인 기준을 수립하고, 필요시 촬영금지시설 보안담당자에게 개인정보를 제외하고 촬영 신청과 관련된 내용을 통보한다.
④ 제1항에 따른 안내 시 다음 각 호의 내용을 포함한다.
1. 민원인이 신청한 촬영지역을 명시
2. 촬영금지시설 촬영 시 관련 법 규정 및 처벌조항 고지
3. 항공촬영 민원처리담당관 직책
4. 연락 가능한 부대 전화번호

제9조(지역책임부대 관할 조정)

① 항공촬영 민원처리 지역책임부대 상호간의 관할지역에 대한 분쟁이 있을 때는 상급부대에서 관할지역을 조정하며, 조정결과를 국방부(국방정보본부)로 보고한다.
② 전국단위 초경량비행장치 항공촬영 신청에 대한 민원처리는 육군 제17보병사단에서 실시하며, 붙임#2의 항공촬영 신청서를 문서, 팩스, 기관메일 등을 이용하여 접수 및 처리할 수 있다.

제10조(비행승인)

① 항공촬영은 비행승인과는 별개의 절차로, 비행승인이 필요할 때는 국토교통부에 비행승인을 받아야 한다. 다만, 비행금지구역을 비행할 경우 항공촬영 신청자는 해당 지역의 공역(空域)관리기관(합참, 수방사, 공군 등)의 별도 승인을 받아야 한다.
② 군사작전 지역 내 비행 및 군시설 이용이 필요할 경우 사전에 관할 군부대와 협조하여야 한다.

제11조(행정사항)

① 드론 원스톱 민원서비스 체계에서 수시로 항공촬영 신청 접수 여부를 확인하며, 민원접수 시 민원인이 신청한 촬영일 내에 처리한다.
② 항공촬영 민원 처리 후 드론 원스톱 민원서비스에서 완료 처리한다.

붙임 #1(국가보안시설)

항공촬영 허가신청서

<table>
<tr><td>촬영 신청기관
(연락처)</td><td colspan="2"></td><td>촬영목적
(용도)</td><td colspan="2"></td></tr>
<tr><td>촬영기간</td><td colspan="2"></td><td>촬영구분
(정・사각 등)</td><td colspan="2"></td></tr>
<tr><td>촬영지역</td><td></td><td>촬영대상</td><td></td><td>촬영위치
(좌표)</td><td></td></tr>
<tr><td>촬영종류
(필름・영상・수치데이터 등)</td><td colspan="2"></td><td>촬영분량</td><td colspan="2">시간 분
(미리 통)</td></tr>
<tr><td>촬영장비
명칭・종류</td><td colspan="2"></td><td>촬영고도</td><td colspan="2"></td></tr>
<tr><td>축 척</td><td colspan="2"></td><td>항공기종
(기명)</td><td colspan="2"></td></tr>
<tr><td>이륙
일시・장소</td><td colspan="2"></td><td>착륙
일시・장소</td><td colspan="2"></td></tr>
<tr><td>항 로</td><td></td><td>순항고도</td><td></td><td>항 속</td><td></td></tr>
<tr><td colspan="6">촬영관계 인적사항</td></tr>
</table>

구 분	성 명	생년월일	소 속	직 책
기 장				
승무원				
촬영기사				
기 타				

붙임 #2(일반민원)

항공촬영 신청서

신청인	성명/명칭		구 분	개인/촬영업체/관공서
	연락처		기관(단체)명	
촬영계획	일 시			
	목표물		촬영용도	
	촬영지역 주소			
	촬영고도/반경	/	순항고도/항속	/
	항 로		좌 표	
비행장치	사진의 용도 (상세)		촬영구분	청사진/시각/동영상
	촬영장비 명칭 및 종류		규격/수량	
	항공기종		항공기명	
조종사	성명/생년월일		소속/직책	
	주 소		휴대폰번호	
동승자	성명/생년월일		소속/직책	
	주 소		휴대폰번호	
첨부파일				

④ 무인비행장치 특별비행승인 신청서류 안내

㉠ 무인비행장치 특별비행승인 절차 안내

- 드론 원스톱 민원포털서비스(https://drone.onestop.go.kr)를 통하여 특별비행승인 신청
- 지방항공청에서 신청서 접수 후 항공안전기술원에 안전기준 검사 요청
- 항공안전기술원에서 검사수수료 통보 및 납부 확인, 안전성 검사(현장점검) 후 지방항공청으로 결과서 제출
- 지방항공청에서 최종 승인 후 기관 및 업체로 증명서 발송
- 기관 및 업체는 증명서 수령 후 특별비행승인 수행 가능
- 민원처리기한 : 평일 기준 30일

㉡ 무인비행장치 특별비행승인 신청서류 작성 안내

- 무인비행장치의 종류·형식 및 제원에 관한 서류([표 1]의 1. 참조)
  무인비행장치의 종류, 형식, 무게(최대이륙중량 및 자체중량), 크기 등 제원에 관한 서류(무인비행장치 전체 및 측면 사진을 포함하여 무인비행장치에 카메라·GPS 위치 발신기 등이 장착되는 경우에는 그 종류·형식 및 무게·크기 등을 제원에 관한 서류를 함께 제출)
- 무인비행장치의 성능 및 운용한계에 관한 서류(각 기체의 매뉴얼 참조)
  기체 사용 및 성능설명서 등 기체 성능과 운용한계에 대한 정보 제공 서류 제출
- 무인비행장치의 조작방법에 관한 서류(각 기체의 매뉴얼 참조)
  수동·자동·반자동 비행기능 및 시각보조장치 등의 조작방법 사용설명 서류 제출
- 무인비행장치의 비행절차, 비행지역, 운영인력 등이 포함된 비행계획서([표 1]의 2. 참조)
  실제 비행내용 확인이 가능하도록 아래 사항에 대해 구체적 작성 필요
  - 야간/비가시 비행 명시
  - 최대비행고도, 1회당 운영시간, 비행기간, 장소, 비행횟수, 절차, 책임자, 운영인력 등을 포함한 비행계획서
  - 비행경로(캡처된 지도에 표시), 관찰자 유무 및 위치(캡처된 지도에 표시), 비행금지구역 등 명시
  - 자동안전장치(충돌방지기능), 충돌방지등, GPS 위치발신기 장착 명시
- 안전성인증서(항공안전법 시행규칙 제305조 제1항에 따른 초경량비행장치 안전성인증 대상에 해당하는 무인비행장치에 한정)
  사용기체가 안전성인증 대상에 해당 시, 안전성인증서 제출
- 무인비행장치의 안전한 비행을 위한 무인비행장치 조종자의 조종 능력 및 경력 등을 증명하는 서류
  - 비행계획서에 명시된 조종자의 무인비행장치 조종 자격증 제출
  - 자격증 미소지 시, 조종능력 및 경력을 증명하는 서류 제출
- 해당 무인비행장치 사고에 따른 제3자 손해 발생 시 손해배상 책임을 담보하기 위한 보험 또는 공제 등의 가입을 증명하는 서류(항공사업법 제70조 제4항에 따라 보험 또는 공제에 가입하여야 하는 자로 한정)
  업체 또는 기체에 해당하는 보험 및 공제 가입증명 서류 제출

• 비상상황 매뉴얼([표 3] 참조)
  사고대응 절차, 비상연락・보고체계 등
• 무인비행장치 이・착륙장의 조명 및 장애물 현황에 관한 서류(이・착륙장 사진 포함, [표 3] 참조)
• 기타 서류(필요시, 별도 요청)

ⓒ 지역별 검사수수료 안내

항 목	지 역	비 용
접수・검사 수수료	–	40,000원
현장검사여비(2인・당일 기준) ※ 항공안전기술원 여비 규정에 따름	서 울	137,800원
	강 릉	263,400원
	대 전	228,200원
	대 구	303,600원
	부 산	369,000원
	광 주	311,200원
	고 흥	359,000원
	제 주	110,000원(+왕복 항공권)

※ 비용은 출장일수 및 검사환경, 장소에 따라 변경될 수 있으며 별도 부가세가 발생

▮ [표 1] 무인비행장치 특별비행승인 신청 시 제출 서류

(무인비행장치 종류 : □무인멀티콥터 · □무인헬리콥터 · □무인비행기)

1. 제원 및 성능 등

가. 무인비행장치 제원 및 성능(장치 제작사 매뉴얼 첨부)			
신 고 번 호	□ 영리 □ 비영리	소유자(연락처)	
비행장치 종류	비행기 · 헬리콥터 · 멀티콥터 중 택 1	비행장치 형식	
최대이륙중량(MTOW)	kg	자체중량	kg
안전성인증번호	해당 시 기록	크기(가로x세로x높이)	mm
장치 사진 (전체)		장치 사진 (측면)	

나. 무인비행장치 기능 및 운용한계(증명 또는 증빙서류 포함)				
최대비행고도			최대운영시간	
자동안전장치 (Fail-Safe)	□ 장착	□ 미장착	충돌방지기능	□ 탑재 □ 미탑재
GPS 위치발신기 (장착되는 경우)	종 류		무 게	g
	형 식		크기(가로×세로×높이)	mm
영상촬영 카메라 (장착되는 경우)	종 류		무 게	g
	형 식		크기(가로×세로×높이)	mm

나-1. 야간비행을 위해 필요한 기능 등(증명 또는 증빙서류 포함)					
자동비행모드	□ 장착	□ 미장착	충돌방지등(지속 점등)	□ 장착	□ 미장착
시각보조장치(FPV)	□ 장착	□ 미장착	관찰자 배치(1명 이상)	□ 확보	□ 미확보
이착륙장 조명시설	□ 설치 가능	□ 설치 불가	서치라이트	□ 구비	□ 미구비

나-2. 비가시권 비행을 위해 필요한 기능 등(증명 또는 증빙서류 포함)					
관찰자 배치(1명 이상)	□ 확보	□ 미확보	비행계획 · 경로 사전 확인	□ YES	□ NO
조종자/관찰자간 통신수단					
조종방식	□ 조종자에 의한 제어	□ 반자동 제어	□ 프로그램에 의한 제어		
비행예정 범위에서 CCC(Command & Control, Communication) 사용가능 여부					
비행계획과 비상상황 프로파일에 대한 비행장치 내 사전 프로그래밍 여부					
비행장치 내 시스템 이상 여부 알림기능	□ 조종자에게 알림 기능 있음 □ 조종자에게 알림 기능 없음		통신 이중화	□ RF □ LTE □ 기타	
GCS(Ground Control System) 기능 장착 여부 (상황 표시 또는 알림기능)			비행장치 상태 표시	□ GCS 알림	□ 조종자 알림
			비행장치 이상	□ GCS 알림	□ 조종자 알림
시각보조장치(FPV) 유무	□ 장착	□ 미장착	기타 알림 사항		
다. 무인비행장치의 시각보조장치 및 수동 · 자동 · 반자동 비행 기능 등의 조작방법에 관한 서류					

2. 비행계획서 및 운영인력, 비상상황 대응 절차

가. 비행계획			
비행목적		비행방식	
비행기간		비행횟수	
비행장소·시간·고도	(장소) (시간) (고도)		
조종자(자격 또는 경력)	조종자 성명 및 조종자별 조종자격번호 또는 경력을 기록		
비행절차			
비행경로 및 이착륙장 조명 설치 현황(사진)	(세부 비행경로) (비행경로 사진)	(이착륙장 조명 설치 사진)	
이착륙장 장애물 현황	장애물 현황 ※ 비행범위로부터의 거리, 장애물의 높이, 기타 비행장애 요소 등	(장애물 전체 현황 사진)	
나. 운영 인력 및 역할			
책임자	(역할)		
운영인력	(조종자) (관찰자) (비상상황 처리자)	(역할)	(조종자) (관찰자) (비상상황 처리자)
다. 비상상황 대응(증빙서류 첨부)			
비상상황 매뉴얼	사고대응 비상연락·보고체계 등을 포함한 비상상황 매뉴얼을 작성·비치해야 함		
비상상황 훈련 여부	모든 참여인력이 비상상황 발생에 대비한 훈련을 받아야 함		

3. 영리 목적 등 해당 사항 있을 시 첨부할 서류

초경량비행장치 안전성인증서	인증서를 첨부하여 제출 ※ 항공안전법 시행규칙 제305조 제1항에 따라 안전성인증 대상에 해당하는 무인비행장치로 한정
보험 또는 공제 가입 증서	사고에 따른 손해배상을 위하여 보험 또는 공제 등의 가입을 증명하는 서류 제출 ※ 항공사업법 제70조 제4항에 따라 보험 또는 공제에 가입하여야 하는 자로 한정
초경량비행장치 비행승인신청서	특별비행승인 신청 시 초경량비행장치 비행승인신청서를 함께 제출 ※ 항공안전법 제129조 제6항에 따라 항공안전법 제127조 제2항 및 제3항의 비행승인 신청을 함께 하려는 경우로 한정

▮ [표 2] 비행계획서 양식

무인비행장치 특별비행승인 비행계획서

허가 사항	□ 야간비행 □ 가시권 밖 비행			
비행장치	형식(모델명)			
	기체 수			
	기체 사진			
비행계획	일 시		비행지역	
	비행 목적		비행시간, 횟수	
	최대거리		최대고도	
조종자	성 명		연락처	
관찰자	성 명		연락처	
지상안전요원	성 명		연락처	
조종자-관찰자 통신수단				
자동안전장치(충돌방지기능) 장착 여부				
충돌방지등 장착 여부				
GPS 위치발신기 장착 여부				
비행지역 및 경로, 이착륙지 · 조종자 · 관찰자 위치 표시				

(사진 및 설명 첨부)

기 타

▮ [표 3] 비상상황 매뉴얼 양식

〈무인비행장치 특별비행승인 비상상황 매뉴얼〉

사고보고 절차 및 사고 시 유관기관 비상연락망				
사고보고 절차	①			
	②			
	③			
	④			
	⑤			
○○소방서	연락처			
○○경찰서	연락처			
○○병원	연락처			
기 타	연락처			
사고 발생 시 개인별 연락처 및 역할				
총 책임자	성 명		연락처	
	역 할			
조종자	성 명		연락처	
	역 할			
관찰자 1	성 명		연락처	
	역 할			
관찰자 2	성 명		연락처	
	역 할			
지상안전요원	성 명		연락처	
	역 할			
조종자-관찰자 통신수단				
비행제한 · 금지지역 여부				
이착륙장 지상조명 및 인근 장애물 현황				
	(사진 및 설명 첨부)	<예시> 이착륙장장소		
기 타				

02 안전성인증

동력비행장치 등 국토교통부령으로 정하는 초경량비행장치를 사용하여 비행하려는 사람은 국토교통부령으로 정하는 기관 또는 단체로부터 그 초경량비행장치가 국토교통부장관이 정하여 고시하는 비행안전을 위한 기술상의 기준에 적합하다는 안전성인증을 받아야 한다.

(1) 인증구분(초경량비행장치 안전성인증 업무 운영세칙 제2조)

안전성인증은 신청 유형에 따라 다음으로 구분된다.

① **초도인증** : 국내에서 설계·제작하거나 외국에서 국내로 도입한 초경량비행장치의 안전성인증을 받기 위하여 최초로 실시하는 인증

② **정기인증** : 안전성인증의 유효기간 만료일이 도래되어 새로운 안전성인증을 받기 위하여 실시하는 인증

③ **수시인증** : 초경량비행장치의 비행안전에 영향을 미치는 대개조 후 기술기준에 적합한지를 확인하기 위하여 실시하는 인증

④ **재인증** : 초도, 정기 또는 수시인증에서 기술기준에 부적합한 사항에 대하여 정비한 후 다시 실시하는 인증

(2) 안전성인증 대상

① 동력비행장치(탑승자, 연료 및 비상용 장비의 중량을 제외한 자체중량 115kg 이하, 1인승)

② 행글라이더, 패러글라이더 및 낙하산류(항공레저스포츠사업에 사용되는 것만 해당, 행글라이더와 패러글라이더는 탑승자 및 비상용 장비의 중량을 제외한 자체중량 70kg 이하)

③ 기구류(사람이 탑승하는 것만 해당)

④ 다음에 해당하는 무인비행장치

㉠ 무인비행기, 무인헬리콥터 또는 무인멀티콥터 중에서 최대이륙중량이 25kg을 초과하는 것(연료제외 자체중량 150kg 이하)

㉡ 무인비행선 중에서 연료의 중량을 제외한 자체중량이 12kg을 초과하거나 길이가 7m를 초과하는 것(연료제외 자체중량 180kg 이하, 길이 20m 이하)

⑤ 회전익비행장치(탑승자, 연료 및 비상용 장비의 중량을 제외한 자체중량 115kg 이하, 1인승)

⑥ 동력패러글라이더(착륙장치가 있는 경우 탑승자, 연료 및 비상용 장비의 중량을 제외한 자체중량 115kg 이하, 1인승)

⑦ 인증 수수료(출장비 : 기술원 여비규정에 의거 산출비용 별도 부담)

㉠ 초도인증 : 200,000(인력활공기, 낙하산류 150,000)원

㉡ 정기인증 : 150,000(인력활공기, 낙하산류 100,000)원

㉢ 수시인증 : 90,000원

㉣ 재인증 : 90,000원

㉤ 인증서 재발급 : 20,000원

▮ 신청서 작성 시 필요서류

구비서류	초도검사	정기검사	수시검사	재검사	재발급
1. 초경량비행장치 안전성 인증검사 신청서	○	○	○	○	
2. 비행장치 설계서 또는 설계도면 각 1부	○		○(해당 시)		
3. 비행장치 부품표 1부	○		○(해당 시)		
4. 비행 및 주요 정비현황	○(해당 시)	○			
5. 성능검사표	○	○	○	○	
6. 비행장치 안전기준에 따른 기술상의 기준이행완료	○		○(해당 시)		
7. 작업지시서	○		○(해당 시)	○	
8. 안전성 인증서 재발급 신청서					○
9. 보험가입 여부를 확인할 수 있는 서류 1부(사업용)	○	○	○	○	○

(3) 안전성인증(신청자) 준비내용

① 장소 및 장비 : 비행장치 안전성인증을 받고자 하는 자는 안전성인증에 필요한 장소 및 장비 등을 제공(단, 검사소 입고 시는 제외)

② 해당 비행장치의 자료

- 비행장치의 제원 및 성능 자료
- 제작회사의 기술도서 및 운용설명서
- 비행장치의 설계서 및 설계도면, 부품표 자료
- 외국정부 또는 국제적으로 공인된 기술기준인정 증명서(해당 시)

③ 기존에는 한국교통안전공단에서 진행했지만 항공안전기술원으로 업무가 이관이 되어 항공안전기술원 홈페이지에서 손쉽게 가능하다(http://www.safeflying.kr).

• 회원가입 후 로그인 → 인증검사신청 → 초경량비행장치 검사신청

• 우측 하단에 신청기체 등록 후 안내대로 진행

신청대상

초경량비행장치 안전성인증 신청은 만14세 이상만 신청이 가능합니다

최종 접수일

검사일정 협의가 완료되고 출장비를 포함한 검사 수수료의 완납이 확인된 날짜입니다.

수수료 환불

* 검사원이 현장 검사를 위해 출장을 나간 경우에는 출장비가 환불되지 않습니다.
또한, 정당한 사유 없이 협의된 일정에 검사를 진행할 수 없는 경우 불합격 처리됩니다.
* 출장비 납입 이후, 일부 기체가 수검 일정을 연장/취소하는 경우에 출장비는 환불되지 않을 수 있습니다.
(해당 기체의 출장비를 환불할 경우 남은 기체들이 부족한 출장비를 추가 납입하여야 합니다)
* 결제대행수수료 및 이체수수료가 발생될 경우 해당 금액만큼 차감 후 입금됩니다.

신청기체 현황

신청기체 등록 | 일괄 결제하기

등록/신고번호	소유자	신청자	인증 완료일	진행상태	Action

No Data

조회된 데이터가 없습니다.

(4) 초경량비행장치 안전성인증(항공안전법 제124조, 초경량비행장치 안전성인증 업무 운영세칙 제2조, 제10조)

① 시험비행 등 국토교통부령으로 정하는 경우로서 국토교통부장관의 허가를 받은 경우를 제외하고는 동력비행장치 등 국토교통부령으로 정하는 초경량비행장치를 사용하여 비행하려는 사람은 국토교통부령으로 정하는 기관 또는 단체의 장으로부터 그가 정한 안정성인증의 유효기간 및 절차·방법 등에 따라 그 초경량비행장치가 국토교통부장관이 정하여 고시하는 비행안전을 위한 기술상의 기준에 적합하다는 안전성인증을 받지 아니하고 비행하여서는 아니 된다.

② ①의 경우 안전성인증의 유효기간 및 절차·방법 등에 대해서는 국토교통부장관의 승인을 받아야 하며, 변경할 때에도 또한 같다(안전성인증의 유효기간은 발급일로부터 2년으로 한다).

③ 인증구분

㉠ 초도인증 : 국내에서 설계·제작하거나 외국에서 국내로 도입한 초경량비행장치의 안전성인증을 받기 위하여 최초로 실시하는 인증

㉡ 정기인증 : 안전성인증의 유효기간 만료일이 도래되어 새로운 안전성인증을 받기 위하여 실시하는 인증

㉢ 수시인증 : 초경량비행장치의 비행안전에 영향을 미치는 대개조 후 기술기준에 적합한지를 확인하기 위하여 실시하는 인증

㉣ 재인증 : 초도, 정기 또는 수시인증에서 기술기준에 부적합한 사항에 대하여 정비한 후 다시 실시하는 인증

④ 안전성인증 담당기관 : 항공안전기술원

(5) 초경량비행장치 안전성인증 대상(항공안전법 시행규칙 제305조)

안전성인증검사 대상은 항공안전법 시행규칙 제5조 및 제305조에 따라 다음의 초경량비행장치를 말한다.

① 동력비행장치(탑승자, 연료 및 비상용 장비의 중량을 제외한 자체중량 115kg 이하, 1인승)

② 행글라이더, 패러글라이더 및 낙하산류(항공레저스포츠사업에 사용되는 것만 해당한다. 행글라이더와 패러글라이더는 탑승자 및 비상용 장비의 중량을 제외한 자체중량 70kg 이하)

③ 기구류(사람이 탑승하는 것만 해당)

④ 다음 각 목의 어느 하나에 해당하는 무인비행장치

㉠ 무인비행기, 무인헬리콥터 또는 무인멀티콥터 중에서 최대이륙중량이 25kg을 초과하는 것(연료제외 자체중량 150kg 이하)

㉡ 무인비행선 중에서 연료의 중량을 제외한 자체중량이 12kg을 초과하거나 길이가 7m를 초과하는 것(연료제외 자체중량 180kg 이하, 길이 20m 이하)

⑤ 회전익비행장치(탑승자, 연료 및 비상용 장비의 중량을 제외한 자체중량 115kg 이하, 1인승)

⑥ 동력패러글라이더(착륙장치가 있는 경우 탑승자, 연료 및 비상용 장비의 중량을 제외한 자체중량 115kg 이하, 1인승)

03 변 경

(1) 변경신고 준비서류

① 초경량비행장치를 소유하거나 사용할 수 있는 권리가 있음을 증명하는 서류

② 초경량비행장치의 제원 및 성능표

③ 초경량비행장치의 가로 15cm, 세로 10cm의 측면사진(무인비행장치의 경우에는 기체 제작번호 전체를 촬영한 사진을 포함)

④ 이전·변경 시에는 각 호의 서류 중 해당 서류만 제출하며, 말소 시에는 제외한다.

⑤ 처리기간 : 7일

⑥ 수수료 : 없음

(2) 초경량비행장치 변경신고(항공안전법 제123조, 항공안전법 시행규칙 제302조)

① 초경량비행장치 소유자 등은 신고한 초경량비행장의 용도, 소유자의 성명 등 국토교통부령으로 정하는 사항을 변경하려는 경우에는 국토교통부령으로 정하는 바에 따라 국토교통부장관에게 변경신고를 하여야 하며, 그 사유가 있는 날부터 30일 이내에 초경량비행장치 변경·이전신고서를 한국교통안전공단 이사장에게 제출하여야 한다.

참고

초경량비행장치의 용도, 소유자의 성명 등 국토교통부령으로 정하는 사항
- 초경량비행장치의 용도
- 초경량비행장치 소유자 등의 성명, 명칭 또는 주소
- 초경량비행장치의 보관 장소

② 국토교통부장관은 ①에 따른 변경신고를 받은 날부터 7일 이내에 신고수리 여부를 신고인에게 통지하여야 한다.

③ 국토교통부장관이 ②에서 정한 기간 내에 신고수리 여부 또는 민원 처리 관련 법령에 따른 처리기간의 연장을 신고인에게 통지하지 아니하면 그 기간(민원 처리 관련 법령에 따라 처리기간이 연장 또는 재연장된 경우에는 해당 처리기간을 말한다)이 끝난 날의 다음 날에 신고를 수리한 것으로 본다.

④ 초경량비행장치 소유자 등은 신고한 초경량비행장치가 멸실되었거나 그 초경량비행장치를 해체(정비 등, 수송 또는 보관하기 위한 해체는 제외)한 경우에는 그 사유가 발생한 날부터 15일 이내에 국토교통부장관에게 말소신고를 하여야 한다.

⑤ ④에 따른 신고가 신고서의 기재사항 및 첨부서류에 흠이 없고, 법령 등에 규정된 형식상의 요건을 충족하는 경우에는 신고서가 접수기관에 도달된 때에 신고된 것으로 본다.

⑥ 초경량비행장치 소유자 등이 ④에 따른 말소신고를 하지 아니하면 국토교통부장관은 30일 이상의 기간을 정하여 말소신고를 할 것을 해당 초경량비행장치 소유자 등에게 최고하여야 한다.

⑦ ⑥에 따른 최고를 한 후에도 해당 초경량비행장치 소유자 등이 말소신고를 하지 아니하면 국토교통부장관은 직권으로 그 신고번호를 말소할 수 있으며, 신고번호가 말소된 때에는 그 사실을 해당 초경량비행장치 소유자 등 및 그 밖의 이해관계인에게 알려야 한다.

04 말 소

(1) 초경량비행장치 말소신고(항공안전법 시행규칙 제303조)

① 말소신고를 하려는 초경량비행장치 소유자 등은 그 사유가 발생한 날부터 15일 이내에 초경량비행장치 말소신고서를 한국교통안전공단 이사장에게 제출하여야 한다.

② 한국교통안전공단 이사장은 ①에 따른 신고가 신고서 및 첨부서류에 흠이 없고 형식상 요건을 충족하는 경우 지체 없이 접수하여야 한다.

③ 한국교통안전공단 이사장은 최고(催告)를 하는 경우 해당 초경량비행장치의 소유자 등의 주소 또는 거소를 알 수 없는 경우에는 말소신고를 할 것을 관보에 고시하고, 한국교통안전공단 홈페이지에 공고하여야 한다.

CHAPTER
05 비행자격 등

01 자격증명

초경량비행장치를 사용하여 비행하려는 사람은 초경량비행장치 조종자 증명을 취득하여야 한다.

(1) 초경량비행장치의 조종자 증명(항공안전법 제125조, 항공안전법 시행규칙 제306조)

① 동력비행장치 등 국토교통부령으로 정하는 초경량비행장치를 사용하여 비행하려는 사람은 국토교통부령으로 정하는 기관 또는 단체의 장으로부터 그가 정한 해당 초경량비행장치별 자격기준 및 시험의 절차・방법에 따라 해당 초경량비행장치의 조종을 위하여 발급하는 증명을 받아야 한다. 이 경우 해당 초경량비행장치별 자격기준 및 시험의 절차・방법 등에 관하여는 국토교통부령으로 정하는 바에 따라 국토교통부장관의 승인을 받아야 하며 변경할 때에도 또한 같다(만 14세).

② 초경량비행장치 조종자 증명을 취소하거나 또는 1년 이내의 기간을 정하여 효력의 정지를 명할 수 있는 경우(단, ㉠, ㉣, ㉤, ㉦ 또는 ㉧의 경우는 취소하여야 함)

㉠ 거짓이나 그 밖의 부정한 방법으로 초경량비행장치 조종자 증명을 받은 경우

㉡ 이 법을 위반하여 벌금 이상의 형을 선고받은 경우

㉢ 초경량비행장치의 조종자로서 업무를 수행할 때 고의 또는 중대한 과실로 초경량비행장치 사고를 일으켜 인명피해나 재산피해를 발생시킨 경우

㉣ 다른 사람에게 자기의 성명을 사용하여 초경량비행장치 조종을 수행하게 하거나 초경량비행장치 조종자 증명을 빌려준 경우

㉤ 다음의 어느 하나에 해당하는 행위를 알선한 경우

- 다른 사람에게 자기의 성명을 사용하여 초경량비행장치 조종을 수행하게 하거나 초경량비행장치 조종자 증명을 빌려주는 행위
- 다른 사람의 성명을 사용하여 초경량비행장치 조종을 수행하거나 다른 사람의 초경량비행장치 조종자 증명을 빌리는 행위

㉥ 제125조의2제1항을 위반하여 안전교육을 받지 아니하고 비행을 한 경우(시행일 : 2025. 1. 17.)

㉦ 초경량비행장치 조종자의 준수사항을 위반한 경우(항공안전법 제129조 제1항 위반)

㉧ 주류 등의 영향으로 초경량비행장치를 사용하여 비행을 정상적으로 수행할 수 없는 상태에서 초경량비행장치를 사용하여 비행한 경우(항공안전법 제57조 제1항 위반)

㉨ 초경량비행장치를 사용하여 비행하는 동안에 주류 등을 섭취하거나 사용한 경우(항공안전법 제57조 제2항 위반)

㉶ 주류 등의 섭취 및 사용 여부의 측정 요구에 따르지 아니한 경우(항공안전법 제57조 제3항 위반)

㉷ 초경량비행장치 조종자 증명의 효력정지기간에 초경량비행장치를 사용하여 비행한 경우

③ 초경량비행장치 관련 안전교육(항공안전법 제125조의2, 시행일 : 2025. 1. 17.)

㉠ 패러글라이더 등 국토교통부령으로 정하는 초경량비행장치에 대한 초경량비행장치 조종자 증명을 받은 사람은 안전교육을 받아야 한다.

㉡ 패러글라이더 등 국토교통부령으로 정하는 초경량비행장치를 사용하여 조종교육을 하려는 사람(제1항에 따라 안전교육을 받아야 하는 사람은 제외한다)은 안전교육을 받아야 한다.

㉢ ㉠ 및 ㉡에 따른 안전교육의 내용·시기 및 방법 등에 필요한 사항은 국토교통부령으로 정한다.

㉣ 125조의2 제2항을 위반하여 국토교통부장관이 실시하는 안전교육을 받지 아니하고 국토교통부령으로 정하는 초경량비행장치를 사용하여 조종교육을 한 자는 30만원 이하의 과태료를 부과한다(항공안전법 제166조 7항).

④ 국토교통부장관은 초경량비행장치 조종자 증명을 위한 초경량비행장치 실기시험장, 교육장 등의 시설을 지정·구축·운영할 수 있다.

⑤ 초경량비행장치 조종자 증명기관 제출서류

㉠ 초경량비행장치 조종자 증명시험의 응시자격

㉡ 초경량비행장치 조종자 증명시험의 과목 및 범위

㉢ 초경량비행장치 조종자 증명시험의 실시 방법과 절차

㉣ 초경량비행장치 조종자 증명 발급에 관한 사항

㉤ 그 밖에 초경량비행장치 조종자 증명을 위하여 국토교통부장관이 필요하다고 인정하는 사항

⑥ 초경량비행장치 조종자 증명서(국문 1장, 영문 1장 총 2장 발급)

한정사항에 1~4종 명기/특기사항에 지도조종자 및 실기평가조종사 기입

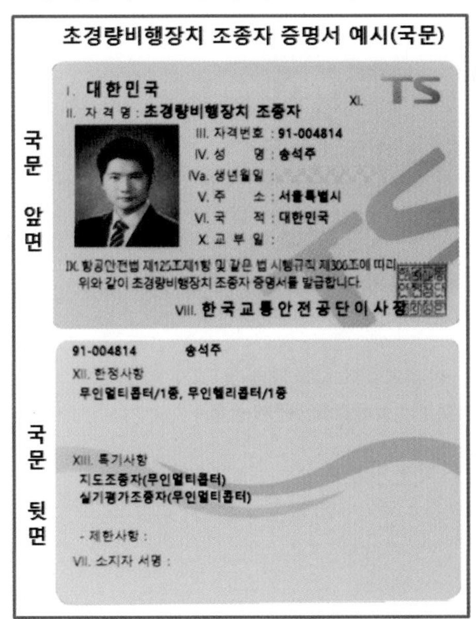
초경량비행장치 조종자 증명서 예시(국문)

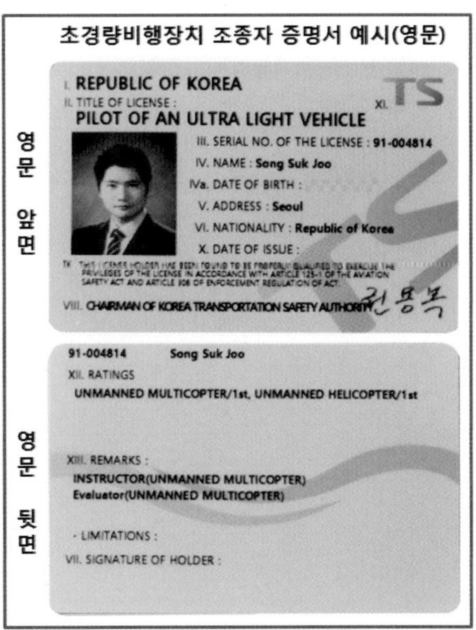
초경량비행장치 조종자 증명서 예시(영문)

참고

동력비행장치 등 국토교통부령으로 정하는 초경량비행장치

- 동력비행장치
- 행글라이더, 패러글라이더 및 낙하산류(항공레저스포츠사업에 사용되는 것만 해당)
- 유인자유기구
- 무인비행장치(제외 대상 : 무인비행기, 무인헬리콥터 또는 무인멀티콥터 중에서 연료의 중량을 포함한 최대이륙중량이 250g 이하인 것, 무인비행선 중에서 연료의 중량을 제외한 자체중량이 12kg 이하이고, 길이가 7m 이하인 것)
- 회전익비행장치
- 동력패러글라이더

⑦ 응시신청은 한국교통안전공단 홈페이지(http://www.kotsa.or.kr/mail.do)에서 신청 가능하다.

⑧ 초경량비행장치 조종자 자격시험 시행절차

응시자격 신청은 학과시험 합격과 상관없이 실기시험 접수 전에 미리 신청한다.

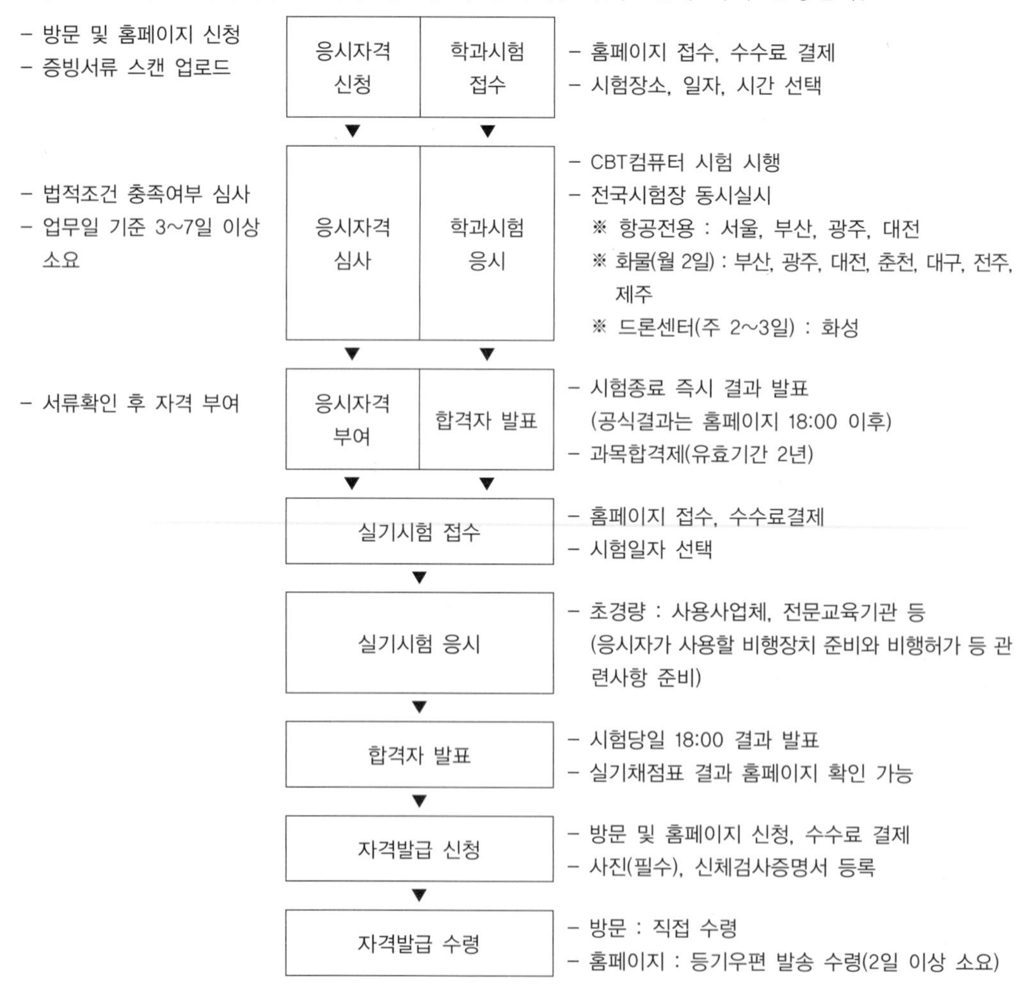

- 방문 및 홈페이지 신청
- 증빙서류 스캔 업로드
응시자격 신청
학과시험 접수
- 홈페이지 접수, 수수료 결제
- 시험장소, 일자, 시간 선택
- 법적조건 충족여부 심사
- 업무일 기준 3~7일 이상 소요
응시자격 심사
학과시험 응시
- CBT컴퓨터 시험 시행
- 전국시험장 동시실시
※ 항공전용 : 서울, 부산, 광주, 대전
※ 화물(월 2일) : 부산, 광주, 대전, 춘천, 대구, 전주, 제주
※ 드론센터(주 2~3일) : 화성
- 서류확인 후 자격 부여
응시자격 부여
합격자 발표
- 시험종료 즉시 결과 발표 (공식결과는 홈페이지 18:00 이후)
- 과목합격제(유효기간 2년)
실기시험 접수
- 홈페이지 접수, 수수료결제
- 시험일자 선택
실기시험 응시
- 초경량 : 사용사업체, 전문교육기관 등 (응시자가 사용할 비행장치 준비와 비행허가 등 관련사항 준비)
합격자 발표
- 시험당일 18:00 결과 발표
- 실기채점표 결과 홈페이지 확인 가능
자격발급 신청
- 방문 및 홈페이지 신청, 수수료 결제
- 사진(필수), 신체검사증명서 등록
자격발급 수령
- 방문 : 직접 수령
- 홈페이지 : 등기우편 발송 수령(2일 이상 소요)

⑨ 초경량비행장치 조종자 응시자격 안내

㉠ 응시자격

※ 세부사항은 항공안전법 및 관련규정의 기준을 적용

자 격		나이제한	비행경력만 있는 경우	항공종사자 자격 보유	전문교육기관 이수
공통사항			- 비행경력은 안정성 인증검사, 비행승인 등의 적법한 기준 및 절차를 따른 경력을 말함 - 보통 2종 이상 운전면허 신체검사 증명서 또는 항공신체검사증명서를 소지해야 함		
초경량 비행 장치 조종자	동력 비행 장치	14세 이상	해당종류 총 비행경력 20시간 - 단독 비행경력 5시간 포함	- 자가용, 사업용, 운송용 조종사 비행기 자격취득 ※ 타면조종형에 한함 - 해당종류 총 비행경력 5시간 - 단독 비행경력 2시간 포함	지정된 곳 없음
	회전익 비행장치	14세 이상	해당종류 총 비행경력 20시간 - 단독 비행경력 5시간 포함	- 자가용, 사업용, 운송용 조종사 회전익항공기 자격취득 - 해당종류 총 비행경력 5시간 - 단독 비행경력 2시간 포함	지정된 곳 없음
	유인자유 기구 (자가용, 사업용)	14세 이상	자가용: 해당종류 총 비행경력 16시간 - 단독 비행경력 5시간 포함 사업용: 해당종류 총 비행경력 35시간 - 단독 비행경력 5시간 포함	해당사항 없음	지정된 곳 없음
	동력패러 글라이더	14세 이상	해당종류 총 비행경력 20시간	해당사항 없음	지정된 곳 없음
	무인 비행기	14세 이상	해당종류 총 비행경력 20시간 ※ 초경량비행장치 사용사업으로 등록된 12kg 초과 무인비행장치의 비행경력	해당사항 없음	전문교육기관 해당 과정 이수
	무인 헬리콥터	14세 이상	해당종류 총 비행경력 20시간 (무인멀티콥터 자격소지자는 10시간) ※ 초경량비행장치 사용사업으로 등록된 12kg 초과 무인비행장치의 비행경력	해당사항 없음	전문교육기관 해당 과정 이수
	무인 멀티콥터	14세 이상	해당종류 총 비행경력 20시간 (무인헬리콥터 자격소지자는 10시간) ※ 초경량비행장치 사용사업으로 등록된 12kg 초과 무인비행장치의 비행경력	해당사항 없음	전문교육기관 해당 과정 이수
	무인 비행선	14세 이상	해당종류 총 비행경력 20시간 ※ 초경량비행장치 사용사업으로 등록된 12kg 초과 무인비행장치의 비행경력	해당사항 없음	전문교육기관 해당 과정 이수
	패러 글라이더	14세 이상	해당종류 총 비행경력 180시간 - 지도조종자와 동승 20회 이상 포함	해당사항 없음	지정된 곳 없음
	행 글라이더	14세 이상	해당종류 총 비행경력 180시간 - 지도조종자와 동승 20회 이상 포함	해당사항 없음	지정된 곳 없음
	낙하산류	14세 이상	100회 이상의 교육강하 경력 (사각 낙하산의 경우 200회) - 최근 1년 내에 20회 이상의 낙하 경험을 포함	해당사항 없음	지정된 곳 없음

㉡ 응시자격 제출서류

- (필수) 비행경력증명서 1부
- (필수) 유효한 보통 2종 이상 운전면허 사본 1부

※ 유효한 보통 2종 이상 운전면허 신체검사 증명서 또는 항공신체검사증명서도 가능

- (추가) 전문교육기관 이수증명서 1부(전문교육기관 이수자에 한함)

※ 과거 민간협회 자격을 공단 국가자격으로 전환하는 경우에는 시험응시와 상관없이 별도 절차에 따라 처리하니 공단에 미리 확인 필요

㉢ 응시자격 신청방법

- 정의 : 항공안전법령에 의한 응시자격 조건이 충족되었는지를 확인하는 절차
- 시기 : 학과시험 접수 전부터(학과시험 합격 무관) ~ 실기시험 접수 전까지
- 기간 : 신청일 기준 3~4일 정도 소요(실기시험 접수 전까지 미리 신청)
- 장소 : 홈페이지(한국교통안전공단) [응시자격신청] 메뉴 이용
- 대상 : 자격종류, 기체종류가 다를 때마다 신청

※ 대상이 같은 경우 한번만 신청 가능하며 한번 신청된 것은 취소 불가

- 효력 : 최종합격 전까지 한번만 신청하면 유효

※ 학과시험 유효기간 2년이 지난 경우 제출서류가 미비하면 다시 제출

※ 제출서류에 문제가 있는 경우 합격했더라도 취소 및 민·형사상 처벌 가능

- 절차 : (응시자) 제출서류 스캔파일 등록 → (응시자) 해당자격 신청 → (공단) 응시조건, 면제조건 확인·검토 → (공단) 응시자격처리(부여·기각) → (공단) 처리결과 통보(SMS) → (응시자) 처리결과 홈페이지 확인

⑩ 초경량비행장치 조종자 학과시험 안내

㉠ 학과시험 면제기준

<table>
<tr><th>구 분</th><th>응시하고자 하는 자격</th><th colspan="2">해당사항</th><th>면제과목</th></tr>
<tr><td rowspan="8">다른 종류의 자격을 보유한 경우</td><td rowspan="3">초경량비행장치조종자
(동력비행장치 또는 회전익비행장치에 한함)</td><td colspan="2">운송용 조종사 보유</td><td>전 과목</td></tr>
<tr><td colspan="2">사업용 조종사 보유</td><td>전 과목</td></tr>
<tr><td colspan="2">자가용 조종사 보유</td><td>전 과목</td></tr>
<tr><td rowspan="3">초경량비행장치조종자
(동력비행장치, 회전익비행장치, 동력패러슈트에 한함)</td><td rowspan="3">경량
항공기
조종사</td><td>타면조종형비행기 소지자</td><td>동력비행장치 학과시험</td></tr>
<tr><td>경량헬리콥터 소지자</td><td>회전익비행장치 학과시험</td></tr>
<tr><td>동력패러슈트 소지자</td><td>동력패러글라이더 학과시험</td></tr>
<tr><td rowspan="2">초경량비행장치조종자
(무인헬리콥터, 무인멀티콥터)</td><td rowspan="2">초경량
비행장치
조종자</td><td>무인헬리콥터</td><td>무인멀티콥터 학과시험</td></tr>
<tr><td>무인멀티콥터</td><td>무인헬리콥터 학과시험</td></tr>
<tr><td>전문교육기관을 이수한 경우</td><td>초경량비행장치조종자</td><td colspan="2">초경량비행장치조종자, 종류 과정 이수</td><td>전 과목</td></tr>
</table>

㉡ 학과시험 접수기간

※ 시험일자와 접수기간은 제반환경에 따라 변경될 수 있음

- 접수담당 : 031-645-2103, 2104
- 접수일자 : 연간시험일정 참조
- 접수마감일자 : 시험일자 2일 전
- 접수시작시간 : 접수 시작일자 20:00
- 접수마감시간 : 접수 마감일자 23:59
- 접수변경 : 시험일자, 장소를 변경하고자 하는 경우 환불 후 재접수
- 접수제한 : 정원제 접수에 따른 접수인원 제한(시험장별 좌석수 제한)
- 응시제한 : 이미 접수한 시험이 있는 경우 접수기회 1회로 제한
  ※ 목적 : 응시자 누구에게나 공정한 응시기회 제공
  ※ 기타 : 이미 접수한 시험의 홈페이지 결과 발표(18:00) 이후에 다음 시험 접수 가능

㉢ 학과시험 접수방법

- 인터넷 : 공단 홈페이지 항공종사자 자격시험 페이지
- 결제수단 : 인터넷(신용카드, 계좌이체)

㉣ 학과시험 응시수수료(항공안전법 시행규칙 제321조 및 별표 47)

자격종류	응시수수료(부가세 포함)	비 고
초경량비행장치조종자	48,400원	-

㉤ 학과시험 환불기준

- 환불기준 : 수수료를 과오납한 경우, 공단의 귀책사유 등으로 시험을 시행하지 못한 경우, 학과시험 시행일자 기준 2일전날 23:59까지 또는 접수가능 기간까지 취소하는 경우
  ※ 예시 : 시험일(1월 10일), 환불마감일(1월8일 23:59까지)
- 환불금액 : 100% 전액
- 환불시기 : 신청즉시(실제 환불확인은 카드사나 은행에 따라 5~6일 소요)

㉥ 학과시험 환불방법

- 환불담당 : 031-645-2102
- 환불장소 : 공단 홈페이지 항공종사자 자격시험 페이지
- 환불종료 : 환불마감일 23:59까지
- 환불방법 : 홈페이지 [시험원서 접수]-[접수취소/환불] 메뉴 이용
- 환불절차 : (응시자) 환불 신청(인터넷) → (공단) 시스템에서 즉시 환불 → (공단) 결제시스템회사에 해당 결제내역 취소 → (은행) 결제내역 취소 확인 → (응시자) 결제내역 실제 환불 확인

ⓢ 학과시험 시험과목 및 범위

자격종류	과 목	범 위
초경량비행장치 조종자 (통합 1과목 40문제)	항공법규	해당 업무에 필요한 항공법규
	항공기상	• 항공기상의 기초지식 • 항공기상 통보와 일기도의 해독 등(무인비행장치는 제외) • 항공에 활용되는 일반기상의 이해 등(무인비행장치에 한함)
	비행이론 및 운용	• 해당 비행장치의 비행 기초원리 • 해당 비행장치의 구조와 기능에 관한 지식 등 • 해당 비행장치 지상활주(지상활동) 등 • 해당 비행장치 이·착륙 • 해당 비행장치 공중조작 등 • 해당 비행장치 비상절차 등 • 해당 비행장치 안전관리에 관한 지식 등

ⓞ 학과시험 시험과목별 상세 시험범위(세목)

• 세목이란 : 학과시험 과목별 시험범위에 대한 상세 시험범위
• 활용방법 : 미리 공개된 세목을 숙지하여 수험공부에 활용
• 취약세목 : 학과시험 후 합격여부와 상관없이 틀린 문제에 대한 세목인 개인별 취약세목을 홈페이지 학과시험 결과 조회에서 확인 가능

ⓩ 2024년 초경량비행장치조종자 학과시험 시행일

구 분	시험일자			
	항공 전용 학과시험장 (서울, 부산, 광주, 대전)	지방 화물시험장		
		화성, 김천(4월부터 시행 예정)	부산, 광주, 대전, 춘천, 대구, 전주	제 주
1월	9, 16, 23, 27(토), 30	8, 10, 15, 17, 22, 24, 29, 31	10, 24	10
2월	6, 13, 20, 24(토), 27	5, 7, 14, 19, 21, 26, 28	1, 14	1
3월	5, 12, 19, 23(토), 26	4, 6, 11, 13, 18, 20, 25, 27	6, 20	6
4월	2, 16, 23, 27(토)	1, 3, 8, 15, 17, 22, 24	3, 17	3
5월	7, 14, 21, 25(토), 28	8, 13, 20, 22, 27, 29	8, 29	8
6월	4, 11, 18, 22(토), 25	3, 5, 10, 12, 17, 19, 24, 26	5, 19	5
7월	2, 9, 16, 23, 27(토)	3, 8, 10, 15, 17, 22, 24	3, 17	3
8월	6, 13, 20, 24(토), 27	5, 7, 12, 14, 19, 21, 26, 28	7, 21	7
9월	3, 10, 21(토), 24	2, 4, 9, 11, 23, 25	4, 25	4
10월	8, 15, 22, 26(토), 29	2, 7, 14, 16, 21, 23, 28, 30	2, 30	2
11월	5, 12, 19, 23(토), 26	4, 6, 11, 13, 18, 20, 25, 27	6, 20	6
12월	3, 10, 17, 21(토)	2, 4, 9, 11, 16, 18	4, 18	4

※ 정부정책에 따라 공휴일 등이 발생하는 경우 시험일정이 변경될 수 있음
※ 시험일정이 추가되는 경우 국가자격시험 홈페이지 공지사항에서 확인 가능

㉰ 학과시험 장소

- 서울시험상(50석) : 항공자격처(서울 마포구 구룡길 15)
- 부산/화물시험장(10석/15석) : 부산본부(부산 사상구 학장로 256)
- 광주/화물시험장(10석/17석) : 광주전남본부(광주 남구 송암로 96)
- 대전/화물시험장(10석/20석) : 대전세종충남본부(대전 대덕구 대덕대로 1417번길 31)
- 화성시험장(28석) : 드론자격시험센터(경기 화성시 송산면 삼존로 200)
- 춘천화물시험장(10석) : 강원본부(강원 춘천시 동내로 10)
- 대구화물시험장(20석) : 대구경북본부(대구 수성구 노변로 33)
- 전주화물시험장(6석) : 전북본부(전북 전주시 덕진구 신행로 44)
- 제주운전정밀시험장(12석) : 제주본부(제주 제주시 삼봉로 79)

㉱ 학과시험 시행방법

- 시행담당 : 031-645-2100
- 시행방법 : 컴퓨터에 의한 시험 시행
- 문제수 : 초경량비행장치조종자(과목당 40문제)
- 시험시간 : 과목당 40문제(과목당 50분)
- 시작시간 : 평일(09:30, 11:00, 13:30, 15:00, 16:30), 주말(09:30)
- 응시제한 및 부정행위 처리
  - 시험 시작시간 이후에 시험장에 도착한 사람은 응시 불가
  - 시험 도중 무단으로 퇴장한 사람은 재입장할 수 없으며 해당 시험 종료처리
  - 부정행위 또는 주의사항이나 시험감독의 지시에 따르지 아니하는 사람은 즉각 퇴장조치 및 무효처리하며, 향후 2년간 공단에서 시행하는 자격시험의 응시자격 정지

㉲ 학과시험 합격발표(항공안전법 시행규칙 제83조, 제85조, 제306조)

- 발표방법 : 시험종료 즉시 시험 컴퓨터에서 확인
- 발표시간 : 시험종료 즉시 결과확인(공식적인 결과발표는 홈페이지로 18:00 발표)
- 합격기준 : 70% 이상 합격(과목당 합격 유효)
- 합격취소 : 응시자격 미달 또는 부정한 방법으로 시험에 합격한 경우 합격 취소
- 유효기간 : 학과시험 합격일로부터 2년간 유효(실기접수 유효기간은 학과시험 합격일로부터 2년간 접수 가능)

⑪ 초경량비행장치 조종자 실기시험 안내

㉠ 실기시험 면제기준

해당사항 없음

㉡ 실기시험 접수기간

- 접수담당 : 031-645-2104(초경량 실비행시험)
- 접수일자 : 시험일 2주 전(前) 수요일 ~ 시험시행일 전(前)주 월요일까지

- 접수시작시간 : 접수 시작일 20:00
- 접수마감시간 : 접수 마감일 23:59
- 접수제한 : 정원제 접수에 따른 접수인원 제한
- 응시제한 : 같은 접수기간동안 같은 자격으로 접수기회 1회로 제한
  ※ 목적 : 응시자 누구에게나 공정한 응시기회 제공
  ※ 기타 : 이미 접수한 시험의 결과가 발표된 이후에 다음 시험 접수 가능
- 주의사항 : 무인비행기, 무인헬리콥터, 무인멀티콥터, 무인비행선 실기시험 접수 시 반드시 사전에 교육기관과 비행장치 및 장소 제공 일자에 대한 협의를 하여 협의된 날짜로 접수할 것

㉢ 실기시험 접수방법
- 인터넷 : TS국가자격시험 홈페이지
- 결제수단 : 인터넷(신용카드, 계좌이체), 방문(신용카드, 현금)

㉣ 실기시험 환불기준
- 환불기준 : 수수료를 과오납한 경우, 공단의 귀책사유 등으로 시험을 시행하지 못한 경우, 실기시험 시행일자 기준 6일 전날 23:59까지 또는 접수가능기간까지 취소하는 경우
  ※ 예시 : 시험일(1월 10일), 환불마감일(1월 4일 23:59까지)
- 환불금액 : 100% 전액
- 환불시기 : 신청즉시(실제 환불확인은 카드사나 은행에 따라 5~6일 소요)

㉤ 실기시험 환불방법
- 환불담당 : 031-645-2100, 2106
- 환불장소 : 공단 홈페이지 항공종사자 자격시험 페이지
- 환불종료 : 환불마감일 24:00까지
- 환불방법 : [신청·조회]-[예약/접수]-[접수확인] 메뉴 이용
- 환불절차 : (응시자) 환불 신청(인터넷) → (공단) 시스템에서 즉시 환불 → (공단) 결제시스템회사에 해당 결제내역 취소 → (은행) 결제내역 취소 확인 → (응시자) 결제내역 실제 환불 확인

㉥ 실기시험 장소

시험장소 : 응시자 요청에 따라 별도 협의 후 시행

㉦ 실기시험 시행방법
- 시행담당 : 031-645-2103, 2104(초경량 실비행시험)
- 시행방법 : 구술시험 및 실비행시험
- 시작시간 : 공단에서 확정 통보된 시작시간(시험접수 후 별도 SMS 통보)
- 응시제한 및 부정행위 처리
  - 사전 허락 없이 시험 시작시간 이후에 시험장에 도착한 사람은 응시 불가
  - 시험위원 허락 없이 시험 도중 무단으로 퇴장한 사람은 해당 시험 종료처리
  - 부정행위 또는 주의사항이나 시험감독의 지시에 따르지 아니하는 사람은 즉각 퇴장조치 및 무효처리하며, 향후 2년간 공단에서 시행하는 자격시험의 응시자격 정지

ⓞ 실기시험 합격발표

- 발표방법 : 시험종료 후 인터넷 홈페이지에서 확인
- 발표시간 : 시험당일 18:00(단, 기상 등의 이유로 시험이 늦어진 경우 채점 완료된 시간)
- 합격기준 : 채점항목의 모든 항목에서 "S"등급이어야 합격
- 합격취소 : 응시자격 미달 또는 부정한 방법으로 시험에 합격한 경우 합격 취소
- 유효기간 : 해당 과목 합격일로부터 2년간 유효
  - 학과합격 유효기간 : 최종과목 합격일로부터 2년간 합격 유효
  - 실기접수 유효기간 : 최종과목 합격일로부터 2년간 접수 가능

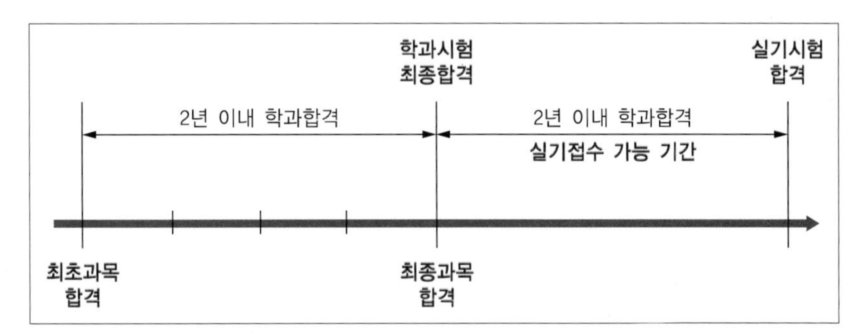

ⓩ 2024년 초경량비행장치조종자 실기시험 시행일

구 분	시험일자(시험접수 : '24년 01월 04일 20:00~시험 전주 월요일 23:59) 실기시험장(무인멀티콥터/무인헬리콥터 실기시험만 실시 가능) - 화성, 영월, 춘천, 보은, 청양, 부여, 영천, 문경, 울진, 진주, 김해, 사천, 전주, 광주, 진안, 고양, 김천(3월부터 시행 예정, 2월 말 접수시작예정) ※ 진안, 부여, 진주, 울진의 경우 응시수요가 적어 주1회만 실시 ※ 춘천 실기시험장의 경우 동절기(1~2월) 동안 사용 불가 ※ 제반환경에 따라 일정 및 장소는 추후 변경될 수 있음
1월	23(화), 24(수), 30(화), 31(수)
2월	6(화), 7(수), 20(화), 21(수), 27(화), 28(수)
3월	5(화), 6(수), 12(화), 13(수), 19(화), 20(수), 26(화), 27(수)
4월	2(화), 3(수), 16(화), 17(수), 23(화), 24(수)
5월	7(화), 8(수), 21(화), 22(수), 28(화), 29(수)
6월	11(화), 12(수), 18(화), 19(수), 25(화), 26(수)
7월	16(화), 17(수), 23(화), 24(수)
8월	13(화), 14(수), 20(화), 21(수), 27(화), 28(수)
9월	3(화), 4(수), 10(화), 11(수)
10월	1(화), 2(수), 15(화), 16(수), 22(화), 23(수), 29(화), 30(수)
11월	5(화), 6(수), 12(화), 13(수), 19(화), 20(수)
12월	3(화), 4(수), 10(화), 11(수)

- 드론자격시험센터(화성)는 실기시험장 및 전문교육기관의 모든 시험일자 시행
- 시험장소, 일자별로 응시가능인원에 따라 응시인원 제한

- 접수 인원이 5명 미만인 경우 마감일 이후, 시험장소 및 일정 변경
- 실기접수마감일 : 시험 시행일 전주(前週) 월요일
  ※ 단, 월요일이 공휴일인 경우, 시험 시행일 전주(前週) 화요일 23:59까지
- 초경량 유인분야 및 무인비행기, 무인비행선의 경우 개별접수 후 장소는 공단과별도 협의하여 지정 (031-645-2104)

ⓩ 초경량비행장치 전문교육기관 시험일정

구 분	시험일자(시험접수 : '24년 01월 04일 20:00~시험 전주 월요일 23:59)			
	인가받은 전문교육기관 교육장에서 시험 시행			
경기・충북・인천 (1구역)	1월	18(목), 19(금)	7월	25(목), 26(금)
	2월	22(목), 23(금)	8월	-
	3월	28(목), 29(금)	9월	5(목), 6(금)
	4월	25(목), 26(금)	10월	24(목), 25(금)
	5월	-	11월	21(목), 22(금)
	6월	13(목), 14(금)	12월	-
전남・광주・강원 (2구역)	1월	25(목), 26(금)	7월	-
	2월	-	8월	8(목), 9(금)
	3월	7(목), 8(금)	9월	12(목), 13(금)
	4월	4(목), 5(금)	10월	31(목)
	5월	9(목), 10(금)	11월	1(금), 28(금), 29(목)
	6월	20(목), 21(금)	12월	-
충남・대전・세종・경남・울산・부산 (3구역)	1월	-	7월	-
	2월	1(목), 2(금)	8월	22(목), 23(금)
	3월	14(목), 15(금)	9월	-
	4월	11(목), 12(금)	10월	10(목), 11(금)
	5월	23(목), 24(금)	11월	7(목), 8(금)
	6월	27(목), 28(금)	12월	5(목), 6(금)
전북・경북・대구・제주 (4구역)	1월	-	7월	18(목), 19(금)
	2월	15(목), 16(금)	8월	29(목), 30(금)
	3월	21(목), 22(금)	9월	-
	4월	18(목), 19(금)	10월	17(목), 18(금)
	5월	30(목), 31(금)	11월	14(목), 15(금)
	6월	-	12월	12(목), 13(금)

- 구역지정은 공단에 신청한 제1교육장의 주소 기준
- 접수 인원이 5명 미만인 경우 마감일 이후, 시험장소 및 일정 변경
- 전문교육기관 시험일자는 전월 시험이 종료된 후 시험실적에 따라 단축될 수 있음(응시인원에 변동이 있는 경우 시험접수 마감 6일 전까지 공단 담당자에게 연락)

⑫ 초경량비행장치 조종자 증명서 발급

㉠ 자격증 신청 제출서류

(필수) 명함사진 1부

㉡ 자격증 신청 방법

- 발급담당 : 031-645-2100
- 수수료 : 11,000원(부가세 포함)
- 신청기간 : 최종합격발표 이후(인터넷 : 24시간, 방문 : 근무시간)
- 신청장소
  - 인터넷 : TS국가자격시험 홈페이지 항공자격 페이지
  - 방문(평일 09:00~18:00) : 드론자격시험센터 사무실(경기도 화성시 송산면 삼존로 200 드론자격시험센터), 항공자격처 사무실(서울 마포구 구룡길 15 (상암동 1733번지) 상암자동차검사소 3층)
- 결제수단 : 인터넷(신용카드, 계좌이체), 방문(신용카드, 현금)
- 처리기간 : 인터넷(3~4일 소요), 방문(10~20분)
- 신청취소 : 인터넷 취소 불가(전화취소 031-645-2100 자격발급 담당자)
- 책임여부 : 발급책임(공단), 발급신청, 우편배송, 대리수령, 수령확인책임(신청자)
- 발급절차 : (신청자) 발급신청(자격사항, 인적사항, 배송지 등) → (신청자) 제출서류 스캔파일 등록(사진 등) → (공단) 신청명단 확인 후 자격증 발급 → (공단) 등기우편발송 → (우체국) 등기우편배송 → (신청자) 수령 및 이상유무 확인

⑬ 무인비행장치(무인비행기, 무인헬리콥터, 무인멀티콥터, 무인비행선) 학과시험 과목별 세목현황

과목명	세목명	
법규분야	000. 목적 및 용어의 정의	
	002. 공역 및 비행제한	
	010. 초경량비행장치 범위 및 종류	
	012. 신고를 요하지 아니하는 초경량비행장치	
	020. 초경량비행장치의 신고 및 안전성 인증	
	023. 초경량비행장치 변경, 이전, 말소	
	030. 초경량비행장치의 비행자격 등	
	031. 비행계획승인	
	032. 초경량비행장치 조종자 준수사학	
	040. 초경량비행장치 사고, 조사 및 벌칙	
이론분야	060. 비행준비 및 비행 전 점검	
	061. 비행절차	062. 비행 후 점검
	070. 기체의 각 부분과 조종면의 명칭 및 이해	
	071. 추력부분의 명칭 및 이해	
	072. 기초비행이론 및 특성	073. 측풍이착륙
	074. 엔진고장 등 비정상상황 시 절차	

과목명	세목명	
이론분야	075. 비행장치의 안정과 조종	
	076. 송수신 장비 관리 및 점검	
	077. 배터리의 관리 및 점검	078. 엔진의 종류 및 특성
	079. 조종자 및 역할	080. 비행장치에 미치는 힘
	082. 공기흐름의 성질	084. 날개 특성 및 형태
	085. 지면효과, 후류 등	
	086. 무게중심 및 Weight & Balance	
	087. 사용가능기체(GAS)	092. 비행안전 관련
	093. 조종자 및 인적요소	
	095. 비행관련 정보(AIP, NOTAM) 등	
기상분야	100. 대기의 구조 및 특성	110. 착 빙
	120. 기온과 기압	140. 바람과 지형
	150. 구 름	160. 시정 및 시정장애현상
	170. 고기압과 저기압	180. 기단과 전선
	190. 뇌우 및 난기류 등	

(2) 초경량비행장치(무인멀티콥터) 실기시험표준서(PRACTICAL TEST STANDARDS)

제1장 총 칙

1. 목 적

이 표준서는 초경량비행장치 무인멀티콥터 조종자 실기시험의 신뢰와 객관성을 확보하고 초경량비행장치 조종자의 지식 및 기량 등의 확인과정을 표준화하여 실기시험 응시자에 대한 공정한 평가를 목적으로 한다.

2. 실기시험표준서 구성

초경량비행장치 무인멀티콥터 실기시험표준서는 제1장 총칙, 제2장 실기영역, 제3장 실기영역 세부기준으로 구성되어 있으며, 각 실기영역 및 실기영역 세부기준은 해당 영역의 과목들로 구성되어 있다.

3. 일반사항

초경량비행장치 무인멀티콥터 실기시험위원은 실기시험을 시행할 때 이 표준서로 실시하여야 하며 응시자는 훈련을 할 때 이 표준서를 참조할 수 있다.

4. 실기시험표준서 용어의 정의

가. '실기영역'은 실제 비행할 때 행하여지는 유사한 비행기동들을 모아놓은 것이며, 비행 전 준비부터 시작하여 비행종료 후의 순서로 이루어져 있다. 다만, 실기시험위원은 효율적이고 완벽한 시험이 이루어질 수 있다면 그 순서를 재배열하여 실기시험을 수행할 수 있다.

나. '실기과목'은 실기영역 내의 지식과 비행기동, 절차 등을 말한다.

다. '실기영역의 세부기준'은 응시자가 실기과목을 수행하면서 그 능력을 만족스럽게 보여주어야 할 중요한 요소들을 열거한 것으로, 다음과 같은 내용을 포함하고 있다.

- 응시자의 수행능력 확인이 반드시 요구되는 항목
- 실기과목이 수행되어야 하는 조건
- 응시자가 합격될 수 있는 최저 수준

라. '안정된 접근'이라 함은 최소한의 조종간 사용으로 초경량비행장치를 안전하게 착륙시킬 수 있도록 접근하는 것을 말한다. 접근할 때 과도한 조종간의 사용은 부적절한 무인멀티콥터 조작으로 간주된다.

마. '권고된'이라 함은 초경량비행장치 제작사의 권고사항을 말한다.

바. '지정된'이라 함은 실기시험위원에 의해서 지정된 것을 말한다.

5. 실기시험표준서의 사용

가. 실기시험위원은 시험영역과 과목의 진행에 있어서 본 표준서에 제시된 순서를 반드시 따를 필요는 없으며 효율적이고 원활하게 실기시험을 진행하기 위하여 특정 과목을 결합하거나 진행순서를 변경할 수 있다. 그러나 모든 과목에서 정하는 목적에 대한 평가는 실기시험 중 반드시 수행되어야 한다.

나. 실기시험위원은 항공법규에 의한 초경량비행장치 조종자의 준수사항 등을 강조하여야 한다.

6. 실기시험표준서의 적용

가. 초경량비행장치 조종자 증명시험에 합격하려고 하는 경우 이 실기시험표준서에 기술되어 있는 적절한 과목들을 완수하여야 한다.

나. 실기시험위원들은 응시자들이 효율적이고 주어진 과목에 대하여 시범을 보일 수 있도록 지시나 임무를 명확히 하여야 한다. 유사한 목표를 가진 임무가 시간 절약을 위해서 통합되어야 하지만, 모든 임무의 목표는 실기시험 중 적절한 때에 시범보여져야 하며 평가되어야 한다.

다. 실기시험위원이 초경량비행장치 조종자가 안전하게 임무를 수행하는 능력을 정확하게 평가하는 것은 매우 중요한 것이다.

라. 실기시험위원의 판단하에 현재의 초경량비행장치나 장비로 특정 과목을 수행하기에 적합하지 않을 경우 그 과목은 구술평가로 대체할 수 있다.

7. 초경량비행장치 무인멀티콥터 실기시험 응시요건

초경량비행장치 무인멀티콥터 실기시험 응시자는 다음 사항을 충족하여야 한다. 응시자가 시험을 신청할 때에 접수기관에서 이미 확인하였더라도 실기시험위원은 다음 사항을 확인할 의무를 지닌다.

가. 최근 2년 이내에 학과시험에 합격하였을 것

나. 조종자증명에 한정될 비행장치로 비행교육을 받고 초경량비행장치 조종자증명 운영세칙에서 정한 비행경력을 충족할 것

다. 시험 당일 현재 유효한 항공신체검사증명서를 소지할 것

8. 실기시험위원과 실기시험 응시자의 위치

실기시험 응시자는 본인의 모든 실기과목의 수행을 육안으로 확인할 수 있는 장소에서 실기시험을 수행하여야 한다. 응시 장소가 실내인 경우 충분한 시야가 확보되어야 하며 실외로 소통할 수 있는 수단을 마련하여야 한다. 실기시험위원은 응시자의 실기과목 수행을 원활하게 평가할 수 있도록 응시자 기준 1m 반경에 위치하여야 하며 이를 벗어나지 않는 선에서 최적의 평가위치를 유지하여야 한다.

9. 실기시험 중 주의산만(Distraction)의 평가

사고의 대부분이 조종자의 업무부하가 높은 비행단계에서 조종자의 주의산만으로 인하여 발생된 것으로 보고되고 있다. 비행교육과 평가를 통하여 이러한 부분을 강화시키기 위하여 실기시험위원은 실기시험 중 실제로 주의가 산만한 환경을 만든다. 이를 통하여 시험위원은 주어진 환경하에서 안전한 비행을 유지하고 조종실의 안과 밖을 확인하는 응시자의 주의분배 능력을 평가할 수 있는 기회를 갖게 된다.

10. 실기시험위원의 책임

가. 실기시험위원은 관계 법규에서 규정한 비행계획 승인 등 적법한 절차를 따르지 않았거나 초경량비행장치의 안전성 인증을 받지 않은 경우(관련규정에 따른 안전성 인증면제 대상 제외) 실기시험을 실시해서는 안 된다.

나. 실기시험위원은 실기평가가 이루어지는 동안 응시자의 지식과 기술이 표준서에 제시된 각 과목의 목적과 기준을 충족하였는지의 여부를 판단할 책임이 있다.

다. 실기시험에 있어서 '지식'과 '기량' 부분에 대한 뚜렷한 구분이 없거나 안전을 저해하는 경우 구술시험으로 진행할 수 있다.

라. 실기시험의 비행부분을 진행하는 동안 안전요소와 관련된 응시자의 지식을 측정하기 위하여 구술시험을 효과적으로 진행하여야 한다.

마. 실기시험위원은 응시자가 정상적으로 임무를 수행하는 과정을 방해하여서는 안 된다.

바. 실기시험을 진행하는 동안 시험위원은 단순하고 기계적인 능력의 평가보다는 응시자의 능력이 최대로 발휘될 수 있도록 기회를 제공하여야 한다.

11. 실기시험 합격수준

실기시험위원은 응시자가 다음 조건을 충족할 경우에 합격판정을 내려야 한다.

가. 본 표준서에서 정한 기준 내에서 실기영역을 수행해야 한다.

나. 각 항목을 수행함에 있어 숙달된 비행장치 조작을 보여 주어야 한다.

다. 본 표준서의 기준을 만족하는 능숙한 기술을 보여 주어야 한다.

라. 올바른 판단을 보여 주어야 한다.

12. 실기시험 불합격의 경우

응시자가 수행한 어떠한 항목이 표준서의 기준을 만족하지 못하였다고 실기시험위원이 판단하였다면 그 항목은 통과하지 못한 것이며 실기시험은 불합격 처리가 된다. 이러한 경우 실기시험위원이나 응시자는 언제든지 실기시험을 중지할 수 있다. 다만 응시자의 요청에 의하여 시험은 계속될 수 있으나 불합격 처리된다. 실기시험 불합격에 해당하는 대표적인 항목들은 다음과 같다.

가. 응시자가 비행안전을 유지하지 못하여 시험위원이 개입한 경우

나. 비행기동을 하기 전에 공역 확인을 위한 공중경계를 간과한 경우

다. 실기영역의 세부내용에서 규정한 조작의 최대 허용한계를 지속적으로 벗어난 경우

라. 허용한계를 벗어났을 때 즉각적인 수정 조작을 취하지 못한 경우

마. 실기시험 시 조종자가 과도하게 비행자세 및 조종위치를 변경한 경우 등이다.

제2장 실기 영역

1. 구술관련 사항

가. 기체에 관련한 사항

1) 비행장치 종류에 관한 사항

2) 비행허가에 관한 사항

3) 안전관리에 관한 사항

4) 비행규정에 관한 사항

5) 정비규정에 관한 사항

나. 조종자에 관련한 사항

1) 신체조건에 관한 사항

2) 학과합격에 관한 사항

3) 비행경력에 관한 사항

4) 비행허가에 관한 사항

다. 공역 및 비행장에 관련한 사항

1) 기상정보에 관한 사항

2) 이·착륙장 및 주변 환경에 관한 사항

라. 일반지식 및 비상절차

1) 비행규칙에 관한 사항

2) 비행계획에 관한 사항

3) 비상절차에 관한 사항

마. 이륙 중 엔진 고장 및 이륙 포기

1) 이륙 중 엔진 고장에 관한 사항

2) 이륙 포기에 관한 사항

2. 실기관련 사항

가. 비행 전 절차

1) 비행 전 점검

2) 기체의 시동

3) 이륙 전 점검

나. 이륙 및 공중조작

1) 이륙비행

2) 공중 정지비행(호버링)

3) 직진 및 후진 수평비행

4) 삼각비행

5) 원주비행(러더턴)

6) 비상조작

다. 착륙조작
1) 정상접근 및 착륙
2) 측풍접근 및 착륙
라. 비행 후 점검
1) 비행 후 점검
2) 비행기록

3. 종합능력관련 사항
가. 계획성
나. 판단력
다. 규칙의 준수
라. 조작의 원활성
마. 안전거리 유지

제3장 실기영역 세부기준

1. 구술관련 사항
가. 기체관련 사항 평가기준
1) 비행장치 종류에 관한 사항
기체의 형식인정과 그 목적에 대하여 이해하고 해당 비행장치의 요건에 대하여 설명할 수 있을 것
2) 비행허가에 관한 사항
항공안전법 제124조에 대하여 이해하고, 비행안전을 위한 기술상의 기준에 적합하다는 '안전성 인증서'를 보유하고 있을 것
3) 안전관리에 관한 사항
안전관리를 위해 반드시 확인해야 할 항목에 대하여 설명할 수 있을 것
4) 비행규정에 관한 사항
비행규정에 기재되어 있는 항목(기체의 재원, 성능, 운용한계, 긴급조작, 중심위치 등)에 대하여 설명할 수 있을 것
5) 정비규정에 관한 사항
정기적으로 수행해야 할 기체의 정비, 점검, 조정 항목에 대한 이해 및 기체의 경력 등을 기재하고 있을 것
나. 조종자에 관련한 사항 평가기준
1) 신체조건에 관한 사항
유효한 신체검사증명서를 보유하고 있을 것
2) 학과합격에 관한 사항
필요한 모든 과목에 대하여 유효한 학과합격이 있을 것

3) 비행경력에 관한 사항

기량평가에 필요한 비행경력을 지니고 있을 것

4) 비행허가에 관한 사항

항공안전법 제125조에 대하여 설명할 수 있고 비행안전요원은 유효한 조종자 증명을 소지하고 있을 것

다. 공역 및 비행장에 관련한 사항 평가기준

1) 공역에 관한 사항

비행관련 공역에 관하여 이해하고 설명할 수 있을 것

2) 비행장 및 주변 환경에 관한 사항

초경량비행장치 이착륙장 및 주변 환경에서 운영에 관한 지식

라. 일반 지식 및 비상절차에 관련한 사항 평가기준

1) 비행규칙에 관한 사항

비행에 관한 비행규칙을 이해하고 설명할 수 있을 것

2) 비행계획에 관한 사항

가) 항공안전법 제127조에 대하여 이해하고 있을 것

나) 의도하는 비행 및 비행절차에 대하여 설명할 수 있을 것

3) 비상절차에 관한 사항

가) 충돌예방을 위하여 고려해야 할 사항(특히 우선권의 내용)에 대하여 설명할 수 있을 것

나) 비행 중 발동기 정지나 화재발생 시 등 비상조치에 대하여 설명할 수 있을 것

마. 이륙 중 엔진 고장 및 이륙 포기 관련한 사항 평가기준

1) 이륙 중 엔진 고장에 관한 사항

이륙 중 엔진 고장 상황에 대해 이해하고 설명할 수 있을 것

2) 이륙 포기에 관한 사항

이륙 중 엔진 고장 및 이륙 포기 절차에 대해 이해하고 설명할 수 있을 것

2. 실기관련 사항

가. 비행 전 절차 관련한 사항 평가기준

1) 비행 전 점검

점검항목에 대하여 설명하고 그 상태의 좋고 나쁨을 판정할 수 있을 것

2) 기체의 시동 및 점검

가) 올바른 시동절차 및 다양한 대기조건에서의 시동에 대한 지식

나) 기체 시동 시 구조물, 지면 상태, 다른 초경량비행장치, 인근 사람 및 자산을 고려하여 적절하게 초경량비행장치를 정대

다) 올바른 시동절차의 수행과 시동 후 점검·조정 완료 후 운전상황의 좋고 나쁨을 판단할 수 있을 것

3) 이륙 전 점검

가) 엔진 시동 후 운전상황의 좋고 나쁨을 판단할 수 있을 것

나) 각종 계기 및 장비의 작동상태에 대한 확인절차를 수행할 수 있을 것

나. 이륙 및 공중조작 평가기준

1) 이륙비행

가) 원활하게 이륙 후 수직으로 지정된 고도까지 상승할 것

나) 현재 풍향에 따른 자세수정으로 수직으로 상승이 되도록 할 것

다) 이륙을 위하여 유연하게 출력을 증가

라) 이륙과 상승을 하는 동안 측풍 수정과 방향 유지

2) 공중 정지비행(호버링)

가) 고도와 위치 및 기수방향을 유지하며 정지비행을 유지할 수 있을 것

나) 고도와 위치 및 기수방향을 유지하며 좌측면, 우측면 정지비행을 유지할 수 있을 것

3) 직진 및 후진 수평비행

가) 직진 수평비행을 하는 동안 기체의 고도와 경로를 일정하게 유지할 수 있을 것

나) 직진 수평비행을 하는 동안 기체의 속도를 일정하게 유지할 수 있을 것

4) 삼각비행

가) 삼각비행을 하는 동안 기체의 고도(수평비행 시)와 경로를 일정하게 유지할 수 있을 것

나) 삼각비행을 하는 동안 기체의 속도를 일정하게 유지할 수 있을 것

※ 삼각비행 : 호버링 위치 → 좌(우)측 포인트로 수평비행 → 호버링 위치로 상승비행 → 우(좌)측 포인트로 하강비행 → 호버링 위치로 수평비행

5) 원주비행(러더턴)

가) 원주비행을 하는 동안 기체의 고도와 경로를 일정하게 유지할 수 있을 것

나) 원주비행을 하는 동안 기체의 속도를 일정하게 유지할 수 있을 것

다) 원주비행을 하는 동안 비행경로와 기수의 방향을 일치시킬 수 있을 것

6) 비상조작

비상상황 시 즉시 정지 후 현 위치 또는 안전한 착륙위치로 신속하고 침착하게 이동하여 비상착륙할 수 있을 것

다. 착륙조작에 관련한 평가기준

1) 정상접근 및 착륙

가) 접근과 착륙에 관한 지식

나) 기체의 GPS 모드 등 자동 또는 반자동 비행이 가능한 상태를 수동비행이 가능한 상태(자세모드)로 전환하여 비행할 것

다) 안전하게 착륙조작이 가능하며, 기수방향 유지가 가능할 것

라) 이착륙장 또는 착륙지역 상태, 장애물 등을 고려하여 적절한 착륙지점(Touchdown Point) 선택

마) 안정된 접근자세(Stabilized Approach)와 권고된 속도(돌풍요소를 감안) 유지

바) 접근과 착륙 동안 유연하고 시기적절한 올바른 조종간의 사용

2) 측풍접근 및 착륙

가) 측풍 시 접근과 착륙에 관한 지식

나) 측풍상태에서 안전하게 착륙조작이 가능하며, 방향 유지가 가능할 것

다) 바람상태, 이착륙장 또는 착륙지역 상태, 장애물 등을 고려하여 적절한 착륙지점(Touchdown Point) 선택

라) 안정된 접근자세(Stabilized Approach)와 권고된 속도(돌풍요소를 감안) 유지

마) 접근과 착륙 동안 유연하고 시기적절한 올바른 조종간의 사용

바) 접근과 착륙 동안 측풍 수정과 방향 유지

라. 비행 후 점검에 관련한 평가기준

1) 비행 후 점검

가) 착륙 후 절차 및 점검 항목에 관한 지식

나) 적합한 비행 후 점검 수행

2) 비행기록

비행기록을 정확하게 기록할 수 있을 것

3. 종합능력관련 사항 평가기준

가. 계획성

비행을 시작하기 전에 상황을 정확하게 판단하고 비행계획을 수립했는지 여부에 대하여 평가할 것

나. 판단력

수립한 비행계획을 적용 시 적절성 여부에 대하여 평가할 것

다. 규칙의 준수

관련되는 규칙을 이해하고 그 규칙의 준수 여부에 대하여 평가할 것

라. 조작의 원활성

기체 취급이 신속·정확하며 원활한 조작을 하고 있는지 여부에 대하여 평가할 것

마. 안전거리 유지

실기시험 중 기종에 따라 권고된 안전거리 이상을 유지할 수 있을 것

[실기시험 채점표]

등급표기
S : 만족(Satisfactory)
U : 불만족(Unsatisfactory)

실기시험 채점표

초경량비행장치조종자(무인멀티콥터)

응시자성명		사 용 비행장치		판 정	
시험일시		시험장소			

구 분 순 번	영역 및 항목	등 급
구술시험		
1	기체에 관련한 사항	
2	조종자에 관련한 사항	
3	공역 및 비행장에 관련한 사항	
4	일반지식 및 비상절차	
5	이륙 중 엔진 고장 및 이륙 포기	
실기시험(비행 전 절차)		
6	비행 전 점검	
7	기체의 시동	
8	이륙 전 점검	
실기시험(이륙 및 공중조작)		
9	이륙비행	
10	공중 정지비행(호버링)	
11	직진 및 후진 수평비행	
12	삼각비행	
13	원주비행(러더턴)	
14	비상조작	
실기시험(착륙조작)		
15	정상접근 및 착륙(자세모드)	
16	측풍접근 및 착륙	
실기시험(비행 후 점검)		
17	비행 후 점검	
18	비행기록	
실기시험(종합능력)		
19	안전거리 유지	
20	계획성	
21	판단력	
22	규칙의 준수	
23	조작의 원활성	
실기시험위원 의견 :		

(3) 무인멀티콥터 실기시험장 규격

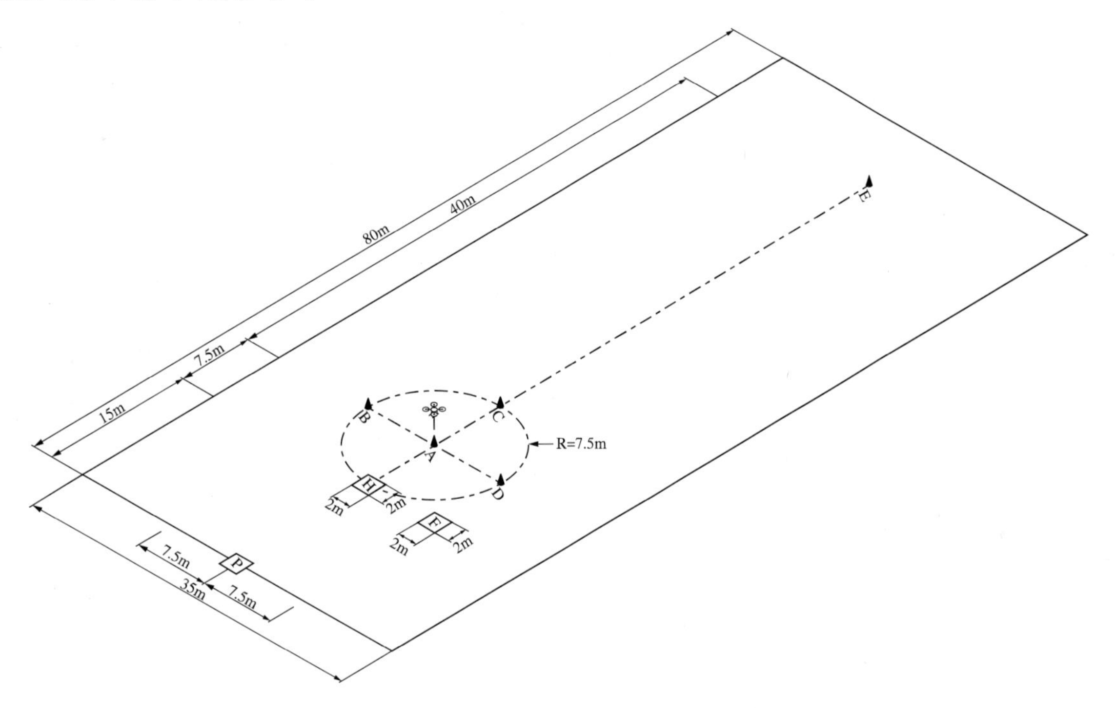

※ P : 조종자, A : 호버링 위치, H : 이착륙장, F : 비상착륙장

CHAPTER 06

조종자 준수사항

01 초경량비행장치 조종자 준수사항

(1) 초경량비행장치 조종자 등의 준수사항(항공안전법 제129조/항공안전법 시행규칙 제310조)

① 초경량비행장치를 사용하여 비행하려는 사람(이하 초경량비행장치 조종자라 한다)은 초경량비행장치로 인하여 인명이나 재산에 피해가 발생하지 아니하도록 국토교통부령으로 정하는 준수사항을 지켜야 하며, 다음의 어느 하나에 해당하는 행위를 하여서는 아니 된다. 다만, 무인비행장치의 조종자에 대해서는 ㉤ 및 ㉥을 적용하지 아니한다.

㉠ 인명이나 재산에 위험을 초래할 우려가 있는 낙하물을 투하(投下)하는 행위

㉡ 주거지역, 상업지역 등 인구가 밀집된 지역이나 그 밖에 사람이 많이 모인 장소의 상공에서 인명 또는 재산에 위험을 초래할 우려가 있는 방법으로 비행하는 행위

㉢ 사람 또는 건축물이 밀집된 지역의 상공에서 건축물과 충돌할 우려가 있는 방법으로 근접하여 비행하는 행위

㉣ 관제공역・통제공역・주의공역에서 비행하는 행위(단, 법 제127조에 따라 비행승인을 받은 경우와 다음 각 목의 행위는 제외한다)

- 군사목적으로 사용되는 초경량비행장치를 비행하는 행위
- 다음에 해당하는 비행장치를 관제권 또는 비행금지구역이 아닌 곳에서 최저비행고도(150m) 미만의 고도에서 비행하는 행위
  - ⓐ 무인비행기, 무인헬리콥터 또는 무인멀티콥터 중 최대이륙중량이 25kg 이하인 것
  - ⓑ 무인비행선 중 연료의 무게를 제외한 자체 무게가 12kg 이하이고, 길이가 7m 이하인 것

㉤ 안개 등으로 인하여 지상목표물을 육안으로 식별할 수 없는 상태에서 비행하는 행위

㉥ 비행시정 및 구름으로부터의 거리기준을 위반하여 비행하는 행위

㉦ 일몰 후부터 일출 전까지의 야간에 비행하는 행위(다만, 최저비행고도(150m) 미만의 고도에서 운영하는 계류식 기구 또는 시험비행 등 허가를 받아 비행하는 초경량비행장치는 제외)

㉧ 주류, 마약류 또는 환각물질 등의 영향으로 조종업무를 정상적으로 수행할 수 없는 상태에서 조종하는 행위 또는 비행 중 주류 등을 섭취하거나 사용하는 행위

ⓙ 제308조 제4항에 따른 조건을 위반하여 비행하는 행위

※ 항공안전법 시행규칙 제308조 제4항 : 지방항공청장은 비행승인신청서를 승인을 하는 경우에는 다음의 조건을 붙일 수 있다.

• 탑승자에 대한 안전점검 등 안전관리에 관한 사항
• 비행장치 운용한계치에 따른 기상요건에 관한 사항(항공레저스포츠사업에 사용되는 기구류 중 계류식으로 운영되지 않는 기구류만 해당한다)
• 비행경로에 관한 사항

ⓚ 지표면 또는 장애물과 가까운 상공에서 360도 선회하는 등 조종자의 인명에 위험을 초래할 우려가 있는 방법으로 패러글라이더를 비행하는 행위

ⓛ 그 밖에 비정상적인 방법으로 비행하는 행위

② 초경량비행장치 조종자는 무인자유기구를 비행시켜서는 아니 된다. 다만, 국토교통부령으로 정하는 바에 따라 국토교통부장관의 허가를 받은 경우에는 그러하지 아니하다.

③ 초경량비행장치 조종자는 초경량비행장치 사고가 발생하였을 때에는 국토교통부령으로 정하는 바에 따라 지체 없이 국토교통부장관에게 그 사실을 보고하여야 한다. 다만, 초경량비행장치 조종자가 보고할 수 없을 때에는 그 초경량비행장치 소유자 등이 초경량비행장치 사고를 보고하여야 한다.

④ 무인비행장치 조종자는 무인비행장치를 사용하여 개인정보 또는 개인위치정보 등 개인의 공적·사적 생활과 관련된 정보를 수집하거나 이를 전송하는 경우 타인의 자유와 권리를 침해하지 아니하도록 하여야 한다.

⑤ 초경량비행장치 중 무인비행장치 조종자로서 야간에 비행 등을 위하여 국토교통부령으로 정하는 바에 따라 국토교통부장관의 승인을 받은 자는 그 승인 범위 내에서 비행할 수 있다. 이 경우 국토교통부장관은 국토교통부장관이 고시하는 무인비행장치 특별비행을 위한 안전기준에 적합한지 여부를 검사하여야 한다.

⑥ ⑤에 따른 승인을 신청하고자 하는 자는 제127조 제2항 및 제3항에 따른 비행승인 신청을 함께 할 수 있다.

(2) 안전개선명령 및 준용 규정(항공안전법 제130조/항공안전법 시행규칙 제313조/항공안전법 제57조)

① 국토교통부장관은 초경량비행장치사용사업의 안전을 위하여 필요하다고 인정되는 경우에는 초경량비행장치사용사업자에게 다음의 사항을 명할 수 있다.

㉠ 초경량비행장치 및 그 밖의 시설의 개선

㉡ 그 밖에 초경량비행장치의 비행안전에 대한 방해 요소를 제거하기 위하여 필요한 사항으로서 국토교통부령으로 정하는 사항

• 초경량비행장치사용사업자가 운용 중인 초경량비행장치에 장착된 안전성이 검증되지 아니한 장비의 제거
• 초경량비행장치 제작자가 정한 정비절차의 이행
• 그 밖에 안전을 위하여 한국교통안전공단 이사장이 필요하다고 인정하는 사항

② 주류 등의 섭취 · 사용 제한

㉠ 항공종사자 및 객실승무원은 주류, 마약류 또는 환각물질 등의 영향으로 항공업무 또는 객실승무원의 업무를 정상적으로 수행할 수 없는 상태에서는 항공업무 또는 객실승무원의 업무에 종사해서는 아니 된다.

㉡ 항공종사자 및 객실승무원은 항공업무 또는 객실승무원의 업무에 종사하는 동안에는 주류 등을 섭취하거나 사용해서는 아니 된다.

㉢ 국토교통부장관은 항공안전과 위험 방지를 위하여 필요하다고 인정하거나 항공종사자 및 객실승무원이 ㉠ 또는 ㉡을 위반하여 항공업무 또는 객실승무원의 업무를 하였다고 인정할 만한 상당한 이유가 있을 때에는 주류 등의 섭취 및 사용 여부를 호흡측정기 검사 등의 방법으로 측정할 수 있으며, 항공종사자 및 객실승무원은 이러한 측정에 따라야 한다.

㉣ 국토교통부장관은 항공종사자 또는 객실승무원이 ㉢에 따른 측정 결과에 불복하면 그 항공종사자 또는 객실승무원의 동의를 받아 혈액 채취 또는 소변 검사 등의 방법으로 주류 등의 섭취 및 사용 여부를 다시 측정할 수 있다.

㉤ 주류 등의 영향으로 항공업무 또는 객실승무원의 업무를 정상적으로 수행할 수 없는 상태의 기준은 다음과 같다.

- 주정성분이 있는 음료의 섭취로 혈중알코올농도가 0.02% 이상인 경우
- 마약류를 사용한 경우
- 환각물질을 사용한 경우

※ 초경량비행장치 소유자 등 또는 초경량비행장치를 사용하여 비행하려는 사람에 대한 주류 등의 섭취 · 사용 제한에 관하여는 위의 사항을 준용한다.

CHAPTER 07 장치사고, 조사 및 벌칙

01 초경량비행장치 사고, 조사

(1) 항공 · 철도 사고 조사에 관한 법률(2005.11.8, 법률 제7692호로 제정)

항공 · 철도 사고 조사에 관한 법률은 시카고협약 및 동 협약 부속서에서 정한 항공기 사고 조사 기준을 준거하여 규정하고 있다.

※ 시카고협약 제25조(조난 항공기), 제26조(사고 조사), 시카고 협약 부속서 12(수색 및 구조), 부속서 13(항공기 사고 조사) 등에 따라 규정하고 있다.

이 법은 항공 · 철도 사고 조사에 관한 전반적인 사항을 총 5장(제1장 총칙, 제2장 항공 · 철도사고조사위원회, 제3장 사고조사, 제4장 보칙, 제5장 벌칙)으로 구분하여 규정하고 있다.

항공 · 철도사고조사위원회는 항공 · 철도 사고 조사에 관한 법률이 2006년 7월 9일 시행됨에 따라 2006년 7월 10일 항공사고조사위원회와 철도사고조사위원회가 항공 · 철도사고조사위원회로 통합 출범하였다. 항공 · 철도 사고 등의 원인 규명과 예방을 위한 사고 조사를 독립적으로 수행하기 위하여 국토교통부에 본 위원회를 두고 있으며, 국토교통부 장관은 일반적인 행정 사항에 대하여는 위원회를 지휘 · 감독하되, 사고 조사에 대하여는 관여하지 못한다고 규정하고 있다(제4조). 다시 말하여 본 위원회의 설치 목적은 사고 원인을 명확하게 규명하여 향후 유사한 사고를 방지하는 데 있으며, 더 나아가서는 고귀한 인명과 재산을 보호함으로써 국민의 삶의 질을 향상시키는 데 있다.

(2) 항공안전법 제2조 제8호에서 규정하는 초경량비행장치 사고

항공 사고 조사대상이 되는 항공 사고 등은 항공 사고 및 항공기 준사고를 포함하고 있고, 구체적인 사고항목으로 경량항공기 사고, 초경량비행장치 사고, 항공기 준사고가 있으며, 다음은 초경량비행장치 사고에 대해 기재한다. 초경량비행장치 사고는 초경량비행장치를 사용하여 비행을 목적으로 이륙하는 순간부터 착륙하는 순간까지 발생한 다음 각 목의 어느 하나에 해당하는 것으로서 국토교통부령으로 정하는 것을 말한다.

① 초경량비행장치에 의한 사람의 사망 · 중상 또는 행방불명

② 초경량비행장치의 추락 · 충돌 또는 화재 발생

③ 초경량비행장치의 위치를 확인할 수 없거나 초경량비행장치에 접근이 불가능한 경우

참고

국내의 드론 사고사례

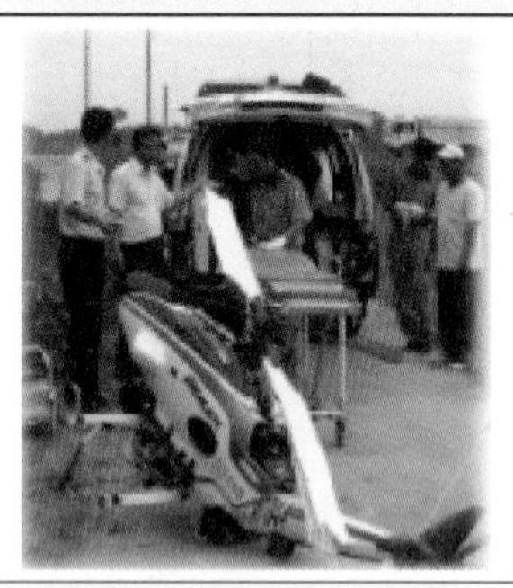	
농약살포 무인헬기 사고(2009년 8월 3일) • 전북 임실 • 농약살포 무인헬기 조종 중이었던 농협직원이 이륙 중인 무인헬기 메인로터에 부딪혀 사망 • 무인헬기 조종기 트림설정 미확인	해군 무인헬기 추락 사고(2012년 5월 11일) • 인천 송도 • 오스트리아 쉬벨사의 Camcopter S-100 • 무인헬기가 통제차량으로 추락하여 폭발 • 1명 사망, 2명 부상

(3) 초경량비행장치 사고 비상상황 조치사항

① 주위에 크게 비상이라고 외친다.

② GPS모드에서 Atti(자세제어)모드로 빠르게 반복적으로 전환하여 키가 작동하는지 확인 후 바로 착륙시켜야 한다.

③ 최대한 빨리 안전한 장소에 신속히 착륙시켜야 한다.

④ 주위에 적합한 착륙장소가 없으면 나무 쪽이나 사람들이 없는 위험하지 않은 곳에 불시착 또는 추락시켜야 한다.

(4) 초경량비행장치 사고발생 시 조치사항

① 인명구호를 위해 신속히 필요한 조치를 취할 것

② 사고조사를 위해 기체·현장을 보존할 것

㉠ 사고현장 유지

㉡ 현장 및 장비 사진 및 동영상 촬영

③ 사고조사의 보상 처리

사고발생 시 지체 없이 가입 보험사 담당자에게 전화를 하여 보상 및 절차를 진행한다. 사고현장에 대한 영상자료 및 사진을 첨부하여 정확히 제시해야 한다.

(5) 사고의 보고(항공안전법 시행규칙 제312조)

초경량비행장치의 조종자 및 소유자는 사고발생 시 다음의 사항을 신속히 지방항공청장에 보고해야 한다.

㉠ 조종자 및 초경량비행장치 소유자의 성명 또는 명칭

㉡ 사고가 발생한 일시 및 장소

㉢ 초경량비행장치의 종류 및 신고번호

㉣ 사고 경위

㉤ 사람의 사상 또는 물건의 파손 개요

㉥ 사상자의 성명 등 사상자의 인적사항 파악을 위하여 참고가 될 사항

02 벌 칙

(1) 사고, 보험, 벌칙(항공안전법 제2조, 항공사업법 제70조, 항공안전법 제161조)

① 초경량비행장치 사고의 종류와 조사

㉠ 초경량비행장치에 의한 사람의 사망, 중상 또는 행방불명

㉡ 초경량비행장치의 추락, 충돌 또는 화재 발생

㉢ 초경량비행장치의 위치를 확인할 수 없거나 초경량비행장치에 접근이 불가능한 경우

※ 초경량비행장치 사고발생 후 사고조사 담당기관 : 항공·철도사고조사위원회

② 항공보험 등의 가입의무

㉠ 다음의 항공사업자는 국토교통부령으로 정하는 바에 따라 항공보험에 가입하지 아니하고는 항공기를 운항할 수 없다.

- 항공운송사업자
- 항공기사용사업자
- 항공기대여업자

㉡ ㉠의 항공사업사 외의 항공기 소유자 또는 항공기를 사용하여 비행하려는 자는 국토교통부령으로 정하는 바에 따라 항공보험에 가입하지 아니하고는 항공기를 운항할 수 없다.

㉢ 경량항공기 소유자 등은 그 경량항공기의 비행으로 다른 사람이 사망하거나 부상한 경우에 피해자(피해자가 사망한 경우에는 손해배상을 받을 권리를 가진 자)에 대한 보상을 위하여 안전성인증을 받기 전까지 국토교통부령으로 정하는 보험이나 공제에 가입하여야 한다.

㉣ 초경량비행장치를 초경량비행장치 사용 사업, 항공기 대여업 및 항공레저스포츠사업에 사용하려는 자와 무인비행장치 등 국토교통부령으로 정하는 초경량비행장치를 소유한 국가, 지방자치단체, 「공공기관의 운영에 관한 법률」 제4조에 따른 공공기관은 국토교통부령으로 정하는 보험 또는 공제에 가입하여야 한다.

㉤ 항공보험 등에 가입한 자는 국토교통부령으로 정하는 바에 따라 보험가입신고서 등 보험가입 등을 확인할 수 있는 자료를 국토교통부장관에게 제출하여야 한다. 이를 변경 또는 갱신한 때에도 또한 같다.

③ 초경량비행장치 불법 사용 등의 죄

㉠ 음주비행 : 3년 이하의 징역 또는 3천만원 이하의 벌금

- 항공안전법 제131조에서 준용하는 제57조 제1항을 위반하여 주류 등의 영향으로 초경량비행장치를 사용하여 비행을 정상적으로 수행할 수 없는 상태에서 초경량비행장치를 사용하여 비행을 한 사람
- 항공안전법 제131조에서 준용하는 제57조 제2항을 위반하여 초경량비행장치를 사용하여 비행하는 동안에 주류 등을 섭취하거나 사용한 사람
- 항공안전법 제131조에서 준용하는 제57조 제3항을 위반하여 국토교통부장관의 측정 요구에 따르지 아니한 사람

㉡ 항공안전법 제124조에 따른 비행안전을 위한 기술상의 기준에 적합하다는 안전성인증을 받지 아니한 초경량비행장치를 사용하여 제125조 제1항에 따른 초경량비행장치 조종자 증명을 받지 아니하고 비행을 한 사람은 1년 이하의 징역 또는 1천만원 이하의 벌금에 처한다.

㉢ 항공안전법 제122조 또는 제123조를 위반하여 초경량비행장치의 신고 또는 변경신고를 하지 아니하고 비행을 한 자는 6개월 이하의 징역 또는 500만원 이하의 벌금에 처한다.

㉣ 다음의 어느 하나에 해당하는 사람은 500만원 이하의 벌금에 처한다.

- 제127조 제2항을 위반하여 국토교통부장관의 승인을 받지 아니하고 초경량비행장치 비행제한공역을 비행한 사람
- 제127조 제3항 제2호를 위반하여 국토교통부장관의 승인을 받지 아니하고 초경량비행장치를 이용하여 관제권에서 비행함으로써 항공기 이착륙을 지연시키거나 회항하게 하는 등 비행장 운영에 지장을 초래한 사람
- 제129조 제2항을 위반하여 국토교통부장관의 허가를 받지 아니하고 무인자유기구를 비행시킨 사람

※ 최대 이륙중량 25kg 이하의 드론은 관제권, 비행금지구역을 제외한 지역에서는 150m 미만의 고도에서 사전비행 승인 없이 비행이 가능하다.

<table>
<tr><th colspan="2">종 류</th><th>조종자 준수사항</th><th>장치신고</th><th>조종자 증명</th><th>사업등록</th><th>보험가입</th><th>주류, 마약류, 환각물질 비행 전, 비행 후 섭취 및 사용</th><th>안전성 인증</th><th>관제, 통제, 주의공역 미승인 비행</th><th>비행 제한공역 미승인 비행</th></tr>
<tr><td rowspan="2">안전 관리 제도</td><td>사업자</td><td>O</td><td>O</td><td rowspan="2">최대이륙 중량 250g 초과 시 (배터리 포함 무게)</td><td>O</td><td>O</td><td>O</td><td rowspan="2">최대이륙 중량 25kg 초과 시</td><td colspan="2">O</td></tr>
<tr><td>비사업자</td><td>O</td><td>최대 이륙중량 2kg 초과 시</td><td>×</td><td>×</td><td>O</td><td colspan="2">O</td></tr>
<tr><td rowspan="3">위반 시 처벌 기준</td><td>징 역</td><td>–</td><td>6개월</td><td></td><td>1년</td><td>–</td><td>3년</td><td>–</td><td>–</td><td>–</td></tr>
<tr><td>벌 금</td><td>–</td><td>500만원</td><td></td><td>1,000만원</td><td>–</td><td>3,000만원</td><td>–</td><td>500만원</td><td>500만원</td></tr>
<tr><td>과태료</td><td>300만원</td><td></td><td>400만원</td><td></td><td>500만원</td><td>–</td><td>500만원</td><td></td><td></td></tr>
</table>

참고자료

이 자료는 항공철도사고조사위원회 홈페이지에 공표용으로 기재된 사고조사 보고서이다. 국내 첫 공식 무인멀티콥터 사고조사 보고서는 2019년 4월 2일 대전광역시 동구 대전우체국 인근도로에서 행사용으로 DJI 인스파이어 기체 1기를 지도조종자(무인항공교육원장)가 빌딩풍에 의해 기체를 추락시킨 사고의 보고서[1]이다. 무인멀티콥터 두 번째 공식 사고조사보고서[2]는 여주군 대신면 당산리 443 도로(INSPIRE 2/7335C/22. 8. 12)사고로 국내 첫 무인멀티콥터 인명사고(중상) 관련 보고서이다. 주요 내용은 '제자리비행 중 뒤로 밀리면서 사람과 접촉 후 추락'한 사항으로 본문 '5.1.한국교통안전 공단에 대하여'에 조종자 준수사항 및 사고사례 강화 방안을 마련하라는 내용이 첨부되어 있기에, 본 교재로 학습하는 학습자들이 안전에 대한 중요성과 경각심을 다시 한 번 인식하고, 동시에 항공철도 사고조사보고서의 내용을 참고하여 안전한 무인멀티콥터 운용을 위한 지침서로서 활용하길 바라며 수록한다. 세부사항은 각주에 첨부된 사고보고서를 참조하기 바란다.

▮ 드론 상충사고(국내)[3]

(단위 : 건, 백만원, %)

구 분	2016년						2017년						증 감	
	발생 건수	지 급		미 결		총 금액	발생 건수	지 급		미 결		총 금액	발생건수	금 액
		건 수	보험금	건 수	추정액			건 수	보험금	건 수	추정액			
무인헬기	217	206	6,819	11	179	6,998	141	48	2,173	93	1,214	3,387	−76	−3,611
드 론	26	19	98	7	78	176	49	30	334	19	193	527	23	351
합 계	243	225	6,917	18	257	7,174	190	78	2,507	112	1,407	3,914	−53	−3,260

※ 드론사고 2배 증가 → 드론보험료 3배 인상
- 16년 평균 400만원/건 → 17년 평균 1,200만원/건
- 사고심도(상해정보) 및 사고원인 규명 미흡

▮ 드론 상충사고 원인조사[4]

사고원인	2015년	2016년
장애물 확인 부족	123	179
조종사 조작실수	20	33
기체 오류	12	19
기 타	21	16
계	176	247

※ 농업방제용 드론사고 증가
- 사고원인 85.8% 조종자 조작실수 등 인간요인에 기인
- 드론 사고예방을 위한 드론사고원인 조사시스템 필요

---

1) 초경량비행장치사고 조사보고서(항공철도사고조사위원회, 보고서 번호 : ARAIB/UAR1902)

2) 초경량비행장치사고 조사보고서(항공철도사고조사위원회, 보고서 번호 : ARAIB/UAR2211)

3) 농협손해보험(2018)

4) 농협손해보험사(2017)

▮ 드론보험 가입 법적 의무(해외)

미 국	• PART 107 상업용 드론 규제 • 16.6.21 FAA 발표 • 운영제한, 면허, 책임, 드론 요구사항, 모형항공기 항목 구성 • 책임보험 가입의무규제는 명시하지 않음
중 국	• 소형무인기 운행규정 • 15.12.29 CAAC 발표 • 드론 개념/정의, 사전준비, 운영제한, 운영자격조건 구성 • 제3자에 대한 책임보험 가입의무 부과
영 국	• 민간항공법(CAA) 항공운항명령(ANO) Regulation 785/04 • 드론 손해 시 소유자나 운영자는 무과실책임, 제조사는 소비자보호법(CPA)상 제조물책임 • EU보험규정에 따라 20~500kg 상업용 드론 제3자 책임보험, 20kg 미만 면제
홍 콩	• 민간항공법 • 17년 민간항공법 적용 • 250g 이상 드론 제3자 책임보험 가입 권장

※ 대다수 국가의 경우 드론에 대한 제3자 책임보험 법적 의무 부과(영국, 홍콩은 무게에 따라 보험가입 법적 의무 차등부과)

▮ 드론보험 가입 법적 의무(국내)

항공사업법	**제70조(항공보험 등의 가입의무)** ④ 초경량비행장치를 초경량비행장치사용사업, 항공기대여업 및 항공레저스포츠사업에 사용하려는 자와 무인비행장치 등 국토교통부령으로 정하는 초경량비행장치를 소유한 국가, 지방자치단체, 공공기관은 국토교통부령으로 정하는 보험 또는 공제에 가입하여야 한다.
시행규칙	**제70조(항공운송사업자의 항공보험 가입)** ⑤ 법 제70조 제4항에서 국토교통부령으로 정하는 보험 또는 공제란 다음의 보험 또는 공제를 말한다. 1. 다른 사람이 사망하거나 부상한 경우에 피해자에게 자동차손해배상 보장법 시행령 제3조 제1항 각 호에 따른 금액 이상을 보장하는 보험 또는 공제(동승한 사람에 대하여 보장하는 보험 또는 공제를 포함한다) 2. 다른 사람의 재물이 멸실되거나 훼손된 경우에 피해자에게 자동차손해배상 보장법 시행령 제3조 제3항에 따른 금액 이상을 보장하는 보험 또는 공제(항공안전법 시행규칙 제5조 제5호에 따른 무인비행장치를 소유한 경우에만 해당한다)
자동차손해배상 보장법 시행령	**제3조(책임보험금 등)** ① 법 제5조 제1항에 따라 자동차보유자가 가입하여야 하는 책임보험 또는 책임공제의 보험금 또는 공제금은 피해자 1명당 다음의 금액과 같다. 1. 사망한 경우에는 1억 5천만원의 범위에서 피해자에게 발생한 손해액(다만, 그 손해액이 2천만원 미만인 경우에는 2천만원) 2. 부상한 경우에는 별표 1에서 정하는 금액의 범위에서 피해자에게 발생한 손해액(다만, 그 손해액이 법 제15조 제1항에 따른 자동차보험진료수가에 관한 기준에 따라 산출한 진료비 해당액에 미달하는 경우에는 별표 1에서 정하는 금액의 범위에서 그 진료비 해당액) 3. 부상에 대한 치료를 마친 후 더 이상의 치료효과를 기대할 수 없고 그 증상이 고정된 상태에서 그 부상이 원인이 되어 신체의 장애가 생긴 경우에는 별표 2에서 정하는 금액의 범위에서 피해자에게 발생한 손해액 ③ 법 제5조 제2항에서 대통령령으로 정하는 금액이란 사고 1건당 2천만원의 범위에서 사고로 인하여 피해자에게 발생한 손해액을 말한다.

■ 이륙중량에 따른 보험 가입 의무 비교[5]

등 급	기체 추락 시 위험도	최대 운동에너지(J)
1	UAS capable of causing a non fatal injury to one or more exposed people	$KE_{max} < 42$
2	UAS capable of causing a fatal injury to one or more exposed people	$42 \leqq KE_{max} < 1,356$
3	UAS capable of causing a fatal injury to one or more people within a typical residential structure	$1,356 \leqq KE_{max} < 13,560$
4	UAS capable of causing a fatal injury to one or more people within a typical commercial structure	$13,560 \leqq KE_{max}$

※ 유럽항공안전청(EASA) : 기체 이륙중량별 사고위험도 분석 기반 보험 가입 법적 의무 및 차등부과

- 영국 : 이륙중량 20kg 초과 500kg 미만 무인항공기는 제3자 배상책임보험 의무
- 홍콩 : 250g 이상 드론에 대해 제3자 배상책임보험 의무화 예정
- 국내 : 중량에 관계없이 사업용 무인항공기에 한해 제3자 배상책임보험 의무 부과

■ 사고원인별 드론보험 필요성[6]

사고 원인		발생 빈도		
		자동차	비행기	드 론
운행자 과실		○	○	○
타인 과실		○	○	○
제조물 결함	HW	○	○	○
	SW	△	○	○
해 킹		×	△	○
전파·GPS교란		×	△	○
자연적 원인	조류충돌	△	○	○
	기상변화	×	△	○
	태양풍	×	△	○

※ ○는 발생가능, △는 발생가능하나 가능성 낮음, ×는 발생가능성이 희박하거나 없음

- 조종자 과실, 제조물 결함, 해킹, 날씨 등 환경요인에 의해 상충사고 가능
- 기체 특성상 해킹, 전파교란, 자연적 원인에 의한 상충사고 가능

5) EASA(2017)

6) 최창희(2017), 드론 사고 손해배상책임 구체화 필요, 보험연구원

▌사고유형별 드론보험 필요성[7]

사고 원인	발생 빈도		
	자동차(내연)	비행기	드 론
대인사고	○	○	○
대물사고	○	○	○
자기 신체	○	○	○
차량 · 기체고장 · 파손	○	○	○
환경 훼손	○	○	○
도난 · 분실	△	△	○
민간 주파수 교란	×	△	○
사생활 침해	×	×	○
비행금지구역 · 사유지 침입	×	△	○

※ ○는 발생가능, △는 발생가능하나 가능성 낮음, ×는 발생가능성이 희박하거나 없음

- 대인 · 대물사고, 기체파손, 도난, 분실, 사생활 침해 등 다양한 형태로 발생
- 타 교통수단과 비교해 사생활 침해, 사유지 침입 등 개인권리 침해 사고 가능

▌교통수단별 보험체계 비교[8]

보장 담보	항공보험	자동차보험
자기 신체손해	승무원	자기신체사고담보
자기 재물손해	지상 · 비행 중 기체손해	자기손해담보
제3자 신체손해	배상책임보험	대인배상Ⅰ(책임보험, 한도 존재) 대인배상Ⅱ(임의보험, 한도 없음)
제3자 재물손해		대물배상
승객 신체손해		대인배상
적재물 손해	비행화물담보로 보상	적재물보험
기 타	테러보험 가입 가능	무보험차손해담보

※ 드론 특화 보장담보는 항공보험, 자동차보험 체계의 적용이 가능하나 드론 특성상 해킹, 도난, 분실, 사생활 침해로 발생하는 손해담보 필요

7) 최창희(2017), 드론 사고 손해배상책임 구체화 필요, 보험연구원

8) Wells and Chadbourne(2007), 항공보험 보험개발원, 알기 쉬운 보험상품

(2) 개별 과태료 기준(항공안전법 시행령 별표 5)

(단위 : 만원)

위반행위	근거 법조문	과태료 금액		
		1차 위반	2차 위반	3차 이상 위반
법 제13조 또는 제15조 제1항을 위반하여 변경등록 또는 말소등록의 신청을 하지 않은 경우	법 제166조 제4항 제1호	100	150	200
법 제17조 제1항을 위반하여 항공기 등록기호표를 부착하지 않고 항공기를 사용한 경우	법 제166조 제4항 제2호	100	150	200
법 제26조를 위반하여 변경된 항공기기술기준을 따르도록 한 요구에 따르지 않은 경우	법 제166조 제4항 제3호	100	150	200
법 제33조에 따른 보고를 하지 않거나 거짓으로 보고한 경우	법 제166조 제5항 제1호	50	75	100
법 제41조의2를 위반하여 소속 항공교통관제사 또는 운항승무원을 대상으로 건강증진활동계획을 수립·시행하지 않은 경우	법 제166조 제1항 제1호	250	375	500
법 제56조 제1항을 위반하여 같은 항 각 호의 어느 하나 이상의 방법으로 소속 승무원 및 운항관리사의 피로를 관리하지 않은 경우(항공운송사업자 및 항공기사용사업자는 제외한다)	법 제166조 제1항 제1호의2	250	375	500
법 제56조 제2항을 위반하여 국토교통부장관의 승인을 받지 않고 피로위험관리시스템을 운용하거나 중요사항을 변경한 경우(항공운송사업자 및 항공기사용사업자는 제외한다)	법 제166조 제1항 제2호	250	375	500
법 제58조 제2항을 위반하여 다음의 어느 하나에 해당하는 경우(법 제58조 제2항 제1호 및 제4호에 해당하는 자 중 항공운송사업자 및 항공기사용사업자 외의 자만 해당한다)	법 제166조 제1항 제3호			
1) 제작 또는 운항 등을 시작하기 전까지 항공안전관리시스템을 마련하지 않은 경우		250	375	500
2) 국토교통부장관의 승인을 받지 않고 항공안전관리시스템을 운용한 경우		250	375	500
3) 항공안전관리시스템을 승인받은 내용과 다르게 운용한 경우		250	375	500
4) 국토교통부장관의 승인을 받지 않고 국토교통부령으로 정하는 중요사항을 변경한 경우		250	375	500
법 제59조 제1항(법 제106조 제2항에서 준용하는 경우를 포함한다)을 위반하여 항공기사고, 항공기준사고 또는 의무보고 대상 항공안전장애를 보고하지 않거나 거짓으로 보고한 경우	법 제166조 제5항 제2호	50	75	100
항공종사자가 아닌 사람으로서 고의 또는 중대한 과실로 법 제61조 제1항의 항공안전위해요인을 발생시킨 경우	법 제166조 제4항 제4호	100	150	200
항공운송사업자 외의 자가 법 제65조 제1항을 위반하여 운항관리사를 두지 않고 항공기를 운항한 경우	법 제166조 제1항 제4호	250	375	500
항공운송사업자 외의 자가 법 제65조 제3항을 위반하여 운항관리사가 해당 업무를 수행하는 데 필요한 교육훈련을 하지 않고 업무에 종사하게 한 경우	법 제166조 제1항 제5호	250	375	500

위반행위	근거 법조문	과태료 금액		
		1차 위반	2차 위반	3차 이상 위반
법 제70조 제3항에 따른 위험물취급의 절차와 방법에 따르지 않고 위험물 취급을 한 경우	법 제166조 제1항 제6호			
1) 위험물을 일반화물로 신고하는 경우		250	375	500
2) 운송서류에 표기한 위험물과 다른 위험물을 운송하려는 경우		250	375	500
3) 유엔기준을 충족하지 않은 포장용기를 사용하였거나 위험물 포장지침을 따르지 않았을 경우		250	375	500
4) 휴대 가능한 위험물의 종류 또는 수량기준을 위반한 경우		250	375	500
5) 위험물 운송서류상의 표기가 오기되었거나 서명이 누락된 경우		250	375	500
6) 위험물 라벨을 부착하지 않았거나 위험물 분류와 다른 라벨을 부착한 경우		250	375	500
법 제71조 제1항에 따른 검사를 받지 않은 포장 및 용기를 판매한 경우	법 제166조 제1항 제7호	250	375	500
법 제72조 제1항을 위반하여 위험물취급에 필요한 교육을 받지 않고 위험물취급을 한 경우	법 제166조 제1항 제8호	250	375	500
법 제84조 제2항(법 제121조 제5항에서 준용하는 경우를 포함한다)을 위반하여 항공교통의 안전을 위한 국토교통부장관 또는 항공교통업무증명을 받은 자의 지시에 따르지 않은 경우	법 제166조 제4항 제5호	100	150	200
법 제93조 제7항 후단(법 제96조 제2항에서 준용하는 경우를 포함한다)을 위반하여 운항규정 또는 정비규정을 준수하지 않고 항공기의 운항 또는 정비에 관한 업무를 수행한 경우	법 제166조 제4항 제6호	100	150	200
법 제108조 제3항을 위반하여 부여된 안전성인증 등급에 따른 운용범위를 준수하지 않고 경량항공기를 사용하여 비행한 경우	법 제166조 제4항 제7호	100	150	200
법 제108조 제4항을 위반하여 국토교통부령으로 정하는 방법에 따라 안전하게 운용할 수 있다는 확인을 받지 않고 경량항공기를 사용하여 비행한 경우	법 제166조 제3항 제1호	150	225	300
법 제115조 제2항을 위반하여 국토교통부장관이 정하는 바에 따라 교육을 받지 않고 경량항공기 조종교육을 한 경우	법 제166조 제1항 제9호	250	375	500
법 제120조 제1항을 위반하여 국토교통부령으로 정하는 준수사항을 따르지 않고 경량항공기를 사용하여 비행한 경우	법 제166조 제3항 제2호	150	225	300
경량항공기 조종사 또는 그 경량항공기소유자 등이 법 제120조 제2항을 위반하여 경량항공기사고에 관한 보고를 하지 않거나 거짓으로 보고한 경우	법 제166조 제6항 제1호	25	37.5	50
경량항공기소유자 등이 법 제121조 제1항에서 준용하는 법 제13조 또는 제15조를 위반하여 경량항공기의 변경등록 또는 말소등록을 신청하지 않은 경우	법 제166조 제6항 제2호	25	37.5	50
경량항공기소유자 등이 법 제121조 제1항에서 준용하는 법 제17조 제1항을 위반하여 경량항공기 등록기호표를 부착하지 않은 경우	법 제166조 제5항 제3호	50	75	100
초경량비행장치소유자 등이 법 제122조 제5항을 위반하여 신고번호를 해당 초경량비행장치에 표시하지 않거나 거짓으로 표시한 경우	법 제166조 제5항 제4호	50	75	100
초경량비행장치소유자 등이 법 제123조 제4항을 위반하여 초경량비행장치의 말소신고를 하지 않은 경우	법 제166조 제7항 제1호	15	22.5	30

위반행위	근거 법조문	과태료 금액		
		1차 위반	2차 위반	3차 이상 위반
법 제124조를 위반하여 초경량비행장치의 비행안전을 위한 기술상의 기준에 적합하다는 안전성인증을 받지 않고 비행한 경우(법 제161조 제2항이 적용되는 경우는 제외한다)	법 제166조 제1항 제10호	250	375	500
법 제125조 제1항을 위반하여 초경량비행장치 조종자 증명을 받지 않고 초경량비행장치를 사용하여 비행을 한 경우(법 제161조 제2항이 적용되는 경우는 제외한다)	법 제166조 제2항	200	300	400
법 제125조 제2항부터 제4항까지의 규정을 위반한 사람으로서 다음의 어느 하나에 해당되는 경우 1) 다른 사람에게 자기의 성명을 사용하여 초경량비행장치 조종을 수행하게 하거나 초경량비행장치 조종자 증명을 빌려 준 경우 2) 다른 사람의 성명을 사용하여 초경량비행장치 조종을 수행하거나 다른 사람의 초경량비행장치 조종자 증명을 빌린 경우 3) 1) 및 2)의 행위를 알선한 경우	법 제166조 제3항 제4호	150	225	300
법 제127조 제3항을 위반하여 국토교통부장관의 승인을 받지 않고 초경량비행장치를 이용하여 비행한 경우(법 제161조 제4항 제2호가 적용되는 경우는 제외한다)	법 제166조 제3항 제5호	150	225	300
법 제128조를 위반하여 국토교통부령으로 정하는 장비를 장착하거나 휴대하지 않고 초경량비행장치를 사용하여 비행을 한 경우	법 제166조 제5항 제5호	50	75	100
법 제129조 제1항을 위반하여 국토교통부령으로 정하는 준수사항을 따르지 않고 초경량비행장치를 이용하여 비행한 경우	법 제166조 제3항 제6호	150	225	300
초경량비행장치 조종자 또는 그 초경량비행장치소유자 등이 법 제129조 제3항을 위반하여 초경량비행장치사고에 관한 보고를 하지 않거나 거짓으로 보고한 경우	법 제166조 제7항 제2호	15	22.5	30
법 제129조 제5항을 위반하여 국토교통부장관이 승인한 범위 외에서 비행한 경우	법 제166조 제3항 제7호	150	225	300
법 제132조 제1항에 따른 보고 등을 하지 않거나 거짓 보고 등을 한 경우	법 제166조 제1항 제11호	250	375	500
법 제132조 제2항에 따른 질문에 대하여 거짓 진술을 한 경우	법 제166조 제1항 제12호	250	375	500
법 제132조 제8항에 따른 운항정지, 운용정지 또는 업무정지를 따르지 않은 경우	법 제166조 제1항 제13호	250	375	500
법 제132조 제9항에 따른 시정조치 등의 명령에 따르지 않은 경우	법 제166조 제1항 제14호	250	375	500
법 제133조의2 제1항에 따른 공시를 하지 않거나 거짓으로 공시한 경우	법 제166조 제1항 제15호	250	375	500

(3) 초경량비행장치 조종자 등에 대한 행정처분기준(항공안전법 시행규칙 별표 44의 2)

위반행위 또는 사유	해당 법 조문	처분내용
1. 거짓이나 그 밖의 부정한 방법으로 자격증명 등을 받은 경우	법 제125조 제5항 제1호	조종자증명 취소
2. 이 법을 위반하여 벌금 이상의 형을 선고받은 경우	법 제125조 제5항 제2호	가. 벌금 100만원 미만 : 효력정지 30일 나. 벌금 100만원 이상 200만원 미만 : 효력정지 50일 다. 벌금 200만원 이상 : 조종자증명 취소
3. 초경량비행장치의 조종자로서 업무를 수행할 때 고의 또는 중대한 과실로 초경량비행장치사고를 일으켜 다음 각 목의 인명피해를 발생시킨 경우	법 제125조 제5항 제3호	
가. 사망자가 발생한 경우		조종자증명 취소
나. 중상자가 발생한 경우		효력 정지 90일
다. 중상자 외의 부상자가 발생한 경우		효력 정지 30일
4. 초경량비행장치의 조종자로서 업무를 수행할 때 고의 또는 중대한 과실로 초경량비행장치사고를 일으켜 다음 각 목의 재산피해를 발생시킨 경우	법 제125조 제5항 제3호	
가. 초경량비행장치 또는 제3자의 재산피해가 100억원 이상인 경우		효력 정지 180일
나. 초경량비행장치 또는 제3자의 재산피해가 10억원 이상 100억원 미만인 경우		효력 정지 90일
다. 초경량비행장치 또는 제3자의 재산피해가 10억원 미만인 경우		효력 정지 30일
5. 법 제125조 제2항을 위반하여 다른 사람에게 자기의 성명을 사용하여 초경량비행장치 조종을 수행하게 하거나 초경량비행장치 조종자 증명을 빌려 준 경우	법 제125조 제5항 제3호의2	조종자 증명 취소
6. 법 제125조 제4항을 위반하여 다음 각 목에 해당하는 행위를 알선한 경우	법 제125조 제5항 제3호의3	조종자 증명 취소
가. 다른 사람에게 자기의 성명을 사용하여 초경량비행장치 조종을 수행하게 하거나 초경량비행장치 조종자 증명을 빌려 주는 행위		
나. 다른 사람의 성명을 사용하여 초경량비행장치 조종을 수행하거나 다른 사람의 초경량비행장치 조종자 증명을 빌리는 행위		
7. 법 제129조 제1항에 따른 초경량비행장치 조종자의 준수사항을 위반한 경우	법 제125조 제5항 제4호	1차 위반 : 효력 정지 30일 2차 위반 : 효력 정지 60일 3차 이상 위반 : 효력 정지 180일

위반행위 또는 사유	해당 법 조문	처분내용
8. 법 제131조에서 준용하는 법 제57조 제1항을 위반하여 주류 등의 영향으로 초경량비행장치를 사용하여 비행을 정상적으로 수행할 수 없는 상태에서 초경량비행장치를 사용하여 비행한 경우	법 제125조 제5항 제5호	가. 주류의 경우 – 혈중알코올농도 0.02% 이상 0.06% 미만 : 효력 정지 60일 – 혈중알코올농도 0.06% 이상 0.09% 미만 : 효력 정지 120일 – 혈중알코올농도 0.09% 이상 : 효력 정지 180일 나. 마약류 또는 환각물질의 경우 – 1차 위반 : 효력 정지 60일 – 2차 위반 : 효력 정지 120일 – 3차 이상 위반 : 효력 정지 180일
9. 법 제131조에서 준용하는 법 제57조 제2항을 위반하여 초경량비행장치를 사용하여 비행하는 동안에 같은 조 제1항에 따른 주류 등을 섭취하거나 사용한 경우	법 제125조 제5항 제6호	가. 주류의 경우 – 혈중알코올농도 0.02% 이상 0.06% 미만 : 효력 정지 60일 – 혈중알코올농도 0.06% 이상 0.09% 미만 : 효력 정지 120일 – 혈중알코올농도 0.09% 이상 : 효력 정지 180일 나. 마약류 또는 환각물질의 경우 – 1차 위반 : 효력 정지 60일 – 2차 위반 : 효력 정지 120일 – 3차 이상 위반 : 효력 정지 180일
10. 법 제131조에서 준용하는 법 제57조 제3항을 위반하여 같은 조 제1항에 따른 주류 등의 섭취 및 사용 여부의 측정 요구에 따르지 않은 경우	법 제125조 제5항 제7호	조종자증명 취소
11. 조종자 증명의 효력정지기간에 초경량비행장치를 사용하여 비행한 경우	법 제125조 제5항 제8호	조종자증명 취소

비 고

1. 처분의 구분
   가. 조종자증명 취소 : 초경량비행장치 조종자증명을 취소하는 것을 말한다.
   나. 효력 정지 : 일정기간 초경량비행장치를 조종할 수 있는 자격을 정지하는 것을 말한다.
2. 1개의 위반행위나 사유가 2개 이상의 처분기준에 해당되는 경우와 고의 또는 중대한 과실로 인명 및 재산피해가 동시에 발생한 경우에는 그 중 무거운 처분기준을 적용한다.
3. 위반행위의 차수에 따른 행정처분의 기준은 최근 1년간 같은 위반행위로 행정처분을 받은 경우에 적용한다. 이 경우 기간의 계산은 같은 위반행위에 대하여 행정처분을 받은 날과 그 처분 후 다시 같은 위반행위를 하여 적발된 날을 기준으로 한다.
4. 다음 각 목의 사유를 고려하여 행정처분의 2분의 1의 범위에서 가중하거나 감경할 수 있다.
   가. 가중할 수 있는 경우
      1) 위반의 내용·정도가 중대하여 공중에 미치는 영향이 크다고 인정되는 경우
      2) 위반행위가 고의나 중대한 과실에 의한 것으로 인정되는 경우
      3) 과거 효력정지 처분이 있는 경우
   나. 감경할 수 있는 경우
      1) 위반행위가 고의성이 없는 사소한 부주의나 오류로 인한 것으로 인정되는 경우
      2) 위반행위가 처음 발생한 경우
      3) 위반행위자가 법 위반상태를 시정하거나 해소하기 위하여 노력한 사실이 인정되는 경우

CHAPTER
08 전문교육기관

01 전문교육기관 지정

국토교통부장관은 초경량비행장치의 조종자에 대한 교육훈련을 위하여 전문교육기관을 지정할 수 있다.

(1) 초경량비행장치 전문교육기관의 지정 등(항공안전법 제126조)

① 국토교통부장관은 초경량비행장치 조종자를 양성하기 위하여 국토교통부령으로 정하는 바에 따라 초경량비행장치 전문교육기관(이하 '초경량비행장치 전문교육기관'이라 한다)을 지정할 수 있다.

② 국토교통부장관은 초경량비행장치 전문교육기관이 초경량비행장치 조종자를 양성하는 경우에는 예산의 범위에서 필요한 경비의 전부 또는 일부를 지원할 수 있다.

③ 초경량비행장치 전문교육기관의 교육과목, 교육방법, 인력, 시설 및 장비 등의 지정기준은 국토교통부령으로 정한다.

④ 국토교통부장관은 초경량비행장치 전문교육기관으로 지정받은 자가 다음의 어느 하나에 해당하는 경우에는 그 지정을 취소할 수 있다. 다만, ㉠에 해당하는 경우에는 그 지정을 취소하여야 한다.
㉠ 거짓이나 그 밖의 부정한 방법으로 초경량비행장치 전문교육기관으로 지정받은 경우
㉡ ③에 따른 초경량비행장치 전문교육기관의 지정기준 중 국토교통부령으로 정하는 기준에 미달하는 경우

⑤ 국토교통부장관은 초경량비행장치 전문교육기관으로 지정받은 자가 ③의 지정기준을 충족·유지하고 있는지에 대하여 관련 사항을 보고하게 하거나 자료를 제출하게 할 수 있다.

⑥ 국토교통부장관은 초경량비행장치 전문교육기관으로 지정받은 자가 ③의 지정기준을 충족·유지하고 있는지에 대하여 관계 공무원으로 하여금 사무소 등을 출입하여 관계 서류나 시설·장비 등을 검사하게 할 수 있다. 이 경우 검사를 하는 공무원은 그 권한을 나타내는 증표를 지니고 이를 관계인에게 내보여야 한다.

⑦ 국토교통부장관은 초경량비행장치 조종자의 효율적 활용과 운용능력 향상을 위하여 필요한 경우 교육·훈련 등 조종자의 육성에 관한 사업을 실시할 수 있다.

(2) 초경량비행장치 조종자 전문교육기관의 지정 등(시행규칙 제307조)

① 법 제126조 제1항에 따른 초경량비행장치 조종자 전문교육기관으로 지정받으려는 자는 별지 제120호 서식의 초경량비행장치 조종자 전문교육기관 지정신청서에 다음 각 호의 사항을 적은 서류를 첨부하여 한국교통안전공단에 제출하여야 한다.

㉠ 전문교관의 현황

㉡ 교육시설 및 장비의 현황

㉢ 교육훈련계획 및 교육훈련규정

② 법 제126조 제3항에 따른 초경량비행장치 조종자 전문교육기관의 지정기준은 다음과 같다.

㉠ 다음의 전문교관이 있을 것

- 비행시간이 200시간(무인비행장치의 경우 조종경력이 100시간) 이상이고, 국토교통부장관이 인정한 조종교육교관과정을 이수한 지도조종자 1명 이상
- 비행시간이 300시간(무인비행장치의 경우 조종경력이 150시간) 이상이고 국토교통부장관이 인정하는 실기평가과정을 이수한 실기평가조종자 1명 이상

㉡ 다음의 시설 및 장비(시설 및 장비에 대한 사용권을 포함한다)를 갖출 것

- 강의실 및 사무실 각 1개 이상
- 이륙·착륙 시설
- 훈련용 비행장치 1대 이상
- 출결 사항을 전자적으로 처리·관리하기 위한 단말기 1대 이상

㉢ 교육과목, 교육시간, 평가방법 및 교육훈련규정 등 교육훈련에 필요한 사항으로서 국토교통부장관이 정하여 고시하는 기준을 갖출 것

③ 한국교통안전공단은 ①에 따라 초경량비행장치 조종자 전문교육기관 지정신청서를 제출한 자가 ②에 따른 기준에 적합하다고 인정하는 경우에는 별지 제121호 서식의 초경량비행장치 조종자 전문교육기관 지정서를 발급하여야 한다.

(3) 전문교육기관의 지정 위반에 관한 죄(항공안전법 제144조의2)

제48조 제1항 단서를 위반하여 전문교육기관의 지정을 받지 아니하고 제35조 제1호부터 제4호까지의 항공종사자를 양성하기 위하여 항공기 등을 사용한 자는 3년 이하의 징역 또는 3천만원 이하의 벌금에 처한다.

(4) 항공안전법 시행규칙 [별지 제120호 서식]

초경량비행장치 조종자 전문교육기관 지정신청서

※ 색상이 어두운 난은 신청인이 작성하지 아니합니다. (앞 쪽)

접수번호	접수일시	처리기간 25일

교육기관	명 칭	전화번호
	주 소	

교육과정명	
교육생의 정원	
교육기간	

현장확인 검사희망일	

「항공안전법」 제126조 제1항 및 같은 법 시행규칙 제307조 제1항에 따라 초경량비행장치 전문교육기관으로 지정을 신청합니다.

년 월 일

신청인 (서명 또는 인)

한국교통안전공단 귀하

첨부서류	1. 전문교관의 현황 2. 교육시설 및 장비의 현황 3. 교육훈련계획 및 교육훈련규정	수수료 없음

CHAPTER
09 항공사업법

01 항공사업법

(1) 목적 및 용어의 정의(항공사업법 제1조, 제2조)

① 항공사업법의 목적 : 이 법은 항공정책의 수립 및 항공사업에 관하여 필요한 사항을 정하여 대한민국 항공사업의 체계적인 성장과 경쟁력 강화 기반을 마련하는 한편, 항공사업의 질서유지 및 건전한 발전을 도모하고 이용자의 편의를 향상시켜 국민경제의 발전과 공공복리의 증진에 이바지함을 목적으로 한다.

② 용어의 정의

㉠ 항공사업 : 국토교통부장관의 면허, 허가 또는 인가를 받거나 국토교통부장관에게 등록 또는 신고하여 경영하는 사업을 말한다.

㉡ 항공기사용사업 : 항공운송사업 외의 사업으로서 타인의 수요에 맞추어 항공기를 사용하여 유상으로 농약살포, 건설자재 등의 운반, 사진촬영 또는 항공기를 이용한 비행훈련 등 국토교통부령으로 정하는 업무를 하는 사업을 말한다.

㉢ 항공기대여업 : 타인의 수요에 맞추어 유상으로 항공기, 경량항공기 또는 초경량비행장치를 대여(貸與)하는 사업을 말한다.

㉣ 초경량비행장치사용사업 : 타인의 수요에 맞추어 국토교통부령으로 정하는 초경량비행장치를 사용하여 유상으로 농약살포, 사진촬영 등 국토교통부령으로 정하는 업무를 하는 사업을 말한다.

㉤ 항공레저스포츠 : 취미·오락·체험·교육·경기 등을 목적으로 하는 비행[공중에서 낙하하여 낙하산(落下傘)류를 이용하는 비행을 포함한다]활동을 말한다.

㉥ 항공레저스포츠사업 : 타인의 수요에 맞추어 유상으로 다음의 어느 하나에 해당하는 서비스를 제공하는 사업을 말한다.

- 항공기(비행선과 활공기에 한정한다), 경량항공기 또는 국토교통부령으로 정하는 초경량비행장치를 사용하여 조종교육, 체험 및 경관조망을 목적으로 사람을 태워 비행하는 서비스
- 항공레저스포츠를 위하여 대여하여 주는 서비스 : 활공기 등 국토교통부령으로 정하는 항공기, 경량항공기, 초경량비행장치
- 경량항공기 또는 초경량비행장치에 대한 정비, 수리 또는 개조서비스

(2) 초경량비행장치사용사업(항공사업법 시행규칙 제6조, 항공사업법 제48조, 제71조)

① 초경량비행장치사용사업의 사업범위

㉠ 비료 또는 농약 살포, 씨앗 뿌리기 등 농업 지원

㉡ 사진촬영, 육상·해상 측량 또는 탐사

㉢ 산림 또는 공원 등의 관측 또는 탐사

㉣ 조종교육

㉤ 그 밖의 업무로서 다음 각 목의 어느 하나에 해당하지 아니하는 업무

- 국민의 생명과 재산 등 공공의 안전에 위해를 일으킬 수 있는 업무
- 국방·보안 등에 관련된 업무로서 국가 안보를 위협할 수 있는 업무

② 초경량비행장치사용사업의 등록

㉠ 초경량비행장치사용사업을 경영하려는 자는 국토교통부령으로 정하는 바에 따라 신청서에 사업계획서와 그 밖에 국토교통부령으로 정하는 서류를 첨부하여 국토교통부장관에게 등록하여야 한다. 등록한 사항 중 국토교통부령으로 정하는 사항을 변경하려는 경우에는 국토교통부장관에게 신고하여야 한다.

㉡ 자격 요건

- 자본금 또는 자산평가액이 3천만원 이상으로서 대통령령으로 정하는 금액 이상일 것. 다만, 최대이륙중량이 25kg 이하인 무인비행장치만을 사용하여 초경량비행장치사용사업을 하려는 경우는 제외한다.
- 초경량비행장치 1대 이상 등 대통령령으로 정하는 기준에 적합할 것
- 그 밖에 사업 수행에 필요한 요건으로서 국토교통부령으로 정하는 요건을 갖출 것

③ **경량항공기 등의 영리 목적 사용금지** : 누구든지 경량항공기 또는 초경량비행장치를 사용하여 비행하려는 자는 다음의 어느 하나에 해당하는 경우를 제외하고는 경량항공기 또는 초경량비행장치를 영리 목적으로 사용해서는 아니 된다.

㉠ 항공기대여업에 사용하는 경우

㉡ 초경량비행장치사용사업에 사용하는 경우

㉢ 항공레저스포츠사업에 사용하는 경우

④ 소형항공운송사업, 항공기정비업, 항공기대여업, 항공레저스포츠사업, 항공기사용사업, 항공기취급업, 초경량비행장치사용사업 등록대장

▮ 항공사업법 시행규칙 별지 제9호 서식

[ ] 소형항공운송사업 [ ] 항공기정비업 [ ] 항공기대여업 [ ] 항공레저스포츠사업	[ ] 항공기사용사업 [ ] 항공기취급업 [ ] 초경량비행장치사용사업	등록대장

등록 번호	등록 업종	등록 수리일	상호 (법인명)	성명 (대표자)	주 소	자본금	등록구분	주요사업계획(변경)내용

⑤ 소형항공운송사업, 항공기정비업, 항공기대여업, 항공레저스포츠사업, 항공기사용사업, 항공기취급업, 초경량비행장치사용사업 등록증

▮ 항공사업법 시행규칙 별지 제10호 서식

<table>
<tr><td>

제　　호

[　] 소형항공운송사업
[　] 항공기사용사업
[　] 항공기정비업
[　] 항공기취급업
[　] 항공기대여업
[　] 초경량비행장치사용사업
[　] 항공레저스포츠사업

등록증

1. 상호(법인명)
2. 성명(대표자)
3. 생년월일(법인등록번호)
4. 주소(소재지)
5. 사업범위
6. 사업소
7. 등록연월일

</td></tr>
<tr><td>

「항공사업법」 제10조, 제30조, 제42조, 제44조, 제46조, 제48조 또는 제50조에 따라 위와 같이

[　] 소형항공운송사업
[　] 항공기사용사업
[　] 항공기정비업
[　] 항공기취급업
[　] 항공기대여업
[　] 초경량비행장치사용사업
[　] 항공레저스포츠사업

을 등록합니다.

년　　월　　일

국 토 교 통 부 장 관
지 방 항 공 청 장
한국교통안전공단 이사장　　직인

</td></tr>
</table>

CHAPTER 10

초경량비행장치 공항시설법

01 공항시설법

(1) 목적 및 용어의 정의(공항시설법 제1조, 제2조)

① 공항시설법의 목적 : 공항・비행장 및 항행안전시설의 설치 및 운영 등에 관한 사항을 정함으로써 항공산업의 발전과 공공복리의 증진에 이바지함을 목적으로 한다.

② 용어의 정의

㉠ 비행장 : 항공기・경량항공기・초경량비행장치의 이륙[이수(離水)를 포함]과 착륙[착수(着水)를 포함]을 위하여 사용되는 육지 또는 수면(水面)의 일정한 구역으로서 대통령령으로 정하는 것을 말한다.

㉡ 활주로 : 항공기 착륙과 이륙을 위하여 국토교통부령으로 정하는 크기로 이루어지는 공항 또는 비행장에 설정된 구역을 말한다.

㉢ 착륙대(着陸帶) : 활주로와 항공기가 활주로를 이탈하는 경우 항공기와 탑승자의 피해를 줄이기 위하여 활주로 주변에 설치하는 안전지대로서 국토교통부령으로 정하는 크기로 이루어지는 활주로 중심선에 중심을 두는 직사각형의 지표면 또는 수면을 말한다.

㉣ 장애물 제한표면 : 항공기의 안전운항을 위하여 공항 또는 비행장 주변에 장애물(항공기의 안전운항을 방해하는 지형・지물 등)의 설치 등이 제한되는 표면으로서 대통령령으로 정하는 구역을 말한다.

㉤ 항행안전시설 : 유선통신, 무선통신, 인공위성, 불빛, 색채 또는 전파(電波)를 이용하여 항공기의 항행을 돕기 위한 시설로서 국토교통부령으로 정하는 시설을 말한다.

㉥ 항공등화 : 불빛, 색채 또는 형상(形象)을 이용하여 항공기의 항행을 돕기 위한 항행안전시설로서 국토교통부령으로 정하는 시설을 말한다.

㉦ 항행안전무선시설 : 전파를 이용하여 항공기의 항행을 돕기 위한 시설로서 국토교통부령으로 정하는 시설을 말한다.

㉧ 항공정보통신시설 : 전기통신을 이용하여 항공교통업무에 필요한 정보를 제공・교환하기 위한 시설로서 국토교통부령으로 정하는 시설을 말한다.

㉨ 이착륙장 : 비행장 외에 경량항공기 또는 초경량비행장치의 이륙 또는 착륙을 위하여 사용되는 육지 또는 수면의 일정한 구역으로서 대통령령으로 정하는 것을 말한다.

(2) 비행장과 이착륙장(공항시설법 시행령 제2조, 제34조)

① 비행장의 구분 : 육상비행장, 육상헬기장, 수상비행장, 수상헬기장, 옥상헬기장, 선상(船上)헬기장, 해상구조물 헬기장

② 이착륙장의 관리기준

㉠ 이착륙장의 설치기준에 적합하도록 유지할 것

㉡ 이착륙장 시설의 기능 유지를 위하여 점검·청소 등을 할 것

㉢ 개량이나 그 밖의 공사를 하는 경우에는 필요한 표지의 설치 또는 그 밖의 적절한 조치를 하여 경량항공기 또는 초경량비행장치의 이륙 또는 착륙을 방해하지 아니할 것

㉣ 이착륙장에 사람·차량 등이 임의로 출입하지 아니하도록 할 것

㉤ 기상악화, 천재지변이나 그 밖의 원인으로 인하여 경량항공기 또는 초경량비행장치의 안전한 이륙 또는 착륙이 곤란할 우려가 있는 경우에는 지체 없이 해당 이착륙장의 사용을 일시 정지하는 등 위해를 예방하기 위하여 필요한 조치를 할 것

㉥ 관계 행정기관 및 유사시에 지원하기로 협의된 기관과 수시로 연락할 수 있는 설비 또는 비상연락망을 갖출 것

㉦ 그 밖에 국토교통부장관이 정하여 고시하는 이착륙장 관리기준에 적합하게 관리할 것

③ 이착륙장 관리규정

이착륙장을 관리하는 자는 다음의 사항이 포함된 이착륙장 관리규정을 정하여 관리하여야 한다.

㉠ 이착륙장의 운용 시간

㉡ 이륙 또는 착륙의 방향과 비행구역 등을 특별히 한정하는 경우에는 그 내용

㉢ 경량항공기 또는 초경량비행장치를 위한 연료·자재 등의 보급 장소, 정비·점검 장소 및 계류 장소(해당 보급·정비·점검 등의 방법을 지정하려는 경우에는 그 방법을 포함한다)

㉣ 이착륙장의 출입 제한 방법

㉤ 이착륙장 안에서의 행위를 제한하는 경우에는 그 제한 대상 행위

㉥ 경량항공기 또는 초경량비행장치의 안전한 이륙 또는 착륙을 위한 이착륙 절차의 준수에 관한 사항

④ 이착륙장 관리대장 수록 내용

이착륙장을 관리하는 자는 다음의 사항이 기록된 이착륙장 관리대장을 갖추어 두고 관리하여야 한다.

㉠ 이착륙장의 설비상황

㉡ 이착륙장 시설의 신실·증설·개량 등 시설의 변동 내용

㉢ 재해·사고 등이 발생한 경우에는 그 시각·원인·상황과 이에 대한 조치

㉣ 관계 기관과의 연락사항

㉤ 경량항공기 또는 초경량비행장치의 이착륙장 사용상황

(3) 항공 등화(공항시설법 시행규칙 별표 3, 별표 14)

① 항공등화의 종류

1. 비행장등대(Aerodrome Beacon) : 항행 중인 항공기에 공항・비행장의 위치를 알려주기 위해 공항・비행장 또는 그 주변에 설치하는 등화
2. 비행장식별등대(Aerodrome Identification Beacon) : 항행 중인 항공기에 공항・비행장의 위치를 알려주기 위해 모르스부호에 따라 켜지고 꺼지는 등화
3. 진입등시스템(Approach Lighting Systems) : 착륙하려는 항공기에 진입로를 알려주기 위해 진입구역에 설치하는 등화
4. 진입각지시등(Precision Approach Path Indicator) : 착륙하려는 항공기에 착륙 시 진입각의 적정 여부를 알려주기 위해 활주로의 외측에 설치하는 등화
5. 활주로등(Runway Edge Lights) : 이륙 또는 착륙하려는 항공기에 활주로를 알려주기 위해 그 활주로 양측에 설치하는 등화
6. 활주로시단등(Runway Threshold Lights) : 이륙 또는 착륙하려는 항공기에 활주로의 시단을 알려주기 위해 활주로의 양 시단(始端)에 설치하는 등화
7. 활주로시단연장등(Runway Threshold Wing Bar Lights) : 활주로시단등의 기능을 보조하기 위해 활주로 시단 부분에 설치하는 등화
8. 활주로중심선등(Runway Center Line Lights) : 이륙 또는 착륙하려는 항공기에 활주로의 중심선을 알려주기 위해 그 중심선에 설치하는 등화
9. 접지구역등(Touchdown Zone Lights) : 착륙하고자 하려는 항공기에 접지구역을 알려주기 위해 접지구역에 설치하는 등화
10. 활주로거리등(Runway Distance Marker Sign) : 활주로를 주행 중인 항공기에 전방의 활주로 종단(終端)까지의 남은 거리를 알려주기 위해 설치하는 등화
11. 활주로종단등(Runway End Lights) : 이륙 또는 착륙하려는 항공기에 활주로의 종단을 알려주기 위해 설치하는 등화
12. 활주로시단식별등(Runway Threshold Identification Lights) : 착륙하려는 항공기에 활주로 시단의 위치를 알려주기 위해 활주로 시단의 양쪽에 설치하는 등화
13. 선회등(Circling Guidance Lights) : 체공 선회 중인 항공기가 기존의 진입등시스템과 활주로등만으로는 활주로 또는 진입지역을 충분히 식별하지 못하는 경우에 선회비행을 안내하기 위해 활주로의 외측에 설치하는 등화
14. 유도로등(Taxiway Edge Lights) : 지상주행 중인 항공기에 유도로・대기지역 또는 계류장 등의 가장자리를 알려주기 위해 설치하는 등화
15. 유도로중심선등(Taxiway Center Line Lights) : 지상주행 중인 항공기에 유도로의 중심・활주로 또는 계류장의 출입경로를 알려주기 위해 설치하는 등화

16. 활주로유도등(Runway Leading Lighting Systems) : 활주로의 진입경로를 알려주기 위해 진입로를 따라 집단으로 설치하는 등화
17. 일시정지위치등(Intermediate Holding Position Lights) : 지상 주행 중인 항공기에 일시 정지해야 하는 위치를 알려주기 위해 설치하는 등화
18. 정지선등(Stop Bar Lights) : 유도정지 위치를 표시하기 위해 유도로의 교차부분 또는 활주로 진입정지 위치에 설치하는 등화
19. 활주로경계등(Runway Guard Lights) : 활주로에 진입하기 전에 멈추어야 할 위치를 알려주기 위해 설치하는 등화
20. 풍향등(Illuminated Wind Direction Indicator) : 항공기에 풍향을 알려주기 위해 설치하는 등화
21. 지향신호등 (Signalling Lamp, Light Gun) : 항공교통의 안전을 위해 항공기 등에 필요한 신호를 보내기 위해 사용하는 등화
22. 착륙방향지시등(Landing Direction Indicator) : 착륙하려는 항공기에 착륙의 방향을 알려주기 위해 T자형 또는 4면체형의 물건에 설치하는 등화
23. 도로정지위치등(Road-holding Position Lights) : 활주로에 연결된 도로의 정지위치에 설치하는 등화
24. 정지로등(Stop Way Lights) : 항공기를 정지시킬 수 있는 지역의 정지로에 설치하는 등화
25. 금지구역등(Unserviceability Lights) : 항공기에 비행장 안의 사용금지 구역을 알려주기 위해 설치하는 등화
26. 활주로회전패드등(Runway Turn Pad Lights) : 활주로 회전패드에서 항공기가 180° 회전하는데 도움을 주기 위하여 설치하는 등화
27. 항공기주기장식별표지등(Aircraft Stand Identification Sign) : 주기장(駐機場)으로 진입하는 항공기에 주기장을 알려주기 위해 설치하는 등화
28. 항공기주기장안내등(Aircraft Stand Maneuvering Guidance Lights) : 시정(視程)이 나쁠 경우 주기위치 또는 제빙(除氷)·방빙시설(防氷施設)을 알려주기 위해 설치하는 등화
29. 계류장조명등(Apron Floodlighting) : 야간에 작업을 할 수 있도록 계류장에 설치하는 등화
30. 시각주기유도시스템(Visual Docking Guidance System) : 항공기에 정확한 주기위치를 안내하기 위해 주기장에 설치하는 등화
31. 유도로안내등(Taxiway Guidance Sign) : 지상 주행 중인 항공기에 목적지, 경로 및 분기점을 알려주기 위해 설치하는 등화
32. 제빙·방빙시설출구등(De/Anti-Icing Facility Exit Lights) : 유도로에 인접해 있는 제빙·방빙시설을 알려주기 위해 출구에 설치하는 등화
33. 비상용등화(Emergency Lighting) : 항공등화의 고장 또는 정전에 대비하여 갖춰 두는 이동형 비상등화
34. 헬기장등대(Heliport Beacon) : 항행 중인 헬기에 헬기장의 위치를 알려주기 위해 헬기장 또는 그 주변에 설치하는 등화
35. 헬기장진입등시스템(Heliport Approach Lighting System) : 착륙하려는 헬기에 그 진입로를 알려주기 위해 진입구역에 설치하는 등화

36. 헬기장진입각지시등(Heliport Approach Path Indicator) : 착륙하려는 헬기에 착륙할 때의 진입각의 적정 여부를 알려주기 위해 설치하는 등화
37. 시각정렬안내등(Visual Alignment Guidance System) : 헬기장으로 진입하는 헬기에 적정한 진입 방향을 알려주기 위해 설치하는 등화
38. 진입구역등(Final Approach & Take-off Area Lights) : 헬기장의 진입구역 및 이륙구역의 경계 윤곽을 알려주기 위해 진입구역 및 이륙구역에 설치하는 등화
39. 목표지점등(Aiming Point Lights) : 헬기장의 목표지점을 알려주기 위해 설치하는 등화
40. 착륙구역등(Touchdown & Lift-off Area Lighting System) : 착륙구역을 조명하기 위해 설치하는 등화
41. 견인지역조명등(Winching Area Floodlighting) : 야간에 사용하는 견인지역을 조명하기 위해 설치하는 등화
42. 장애물조명등(Floodlighting of Obstacles) : 헬기장 지역의 장애물에 장애등을 설치하기가 곤란한 경우에 장애물을 표시하기 위해 설치하는 등화
43. 간이접지구역등(Simple Touchdown Zone Lights) : 착륙하려는 항공기에 복행을 시작해도 되는지를 알려주기 위해 설치하는 등화
44. 진입금지선등(No-entry Bar) : 교통수단이 부주의로 인하여 탈출전용 유도로용 유도로에 진입하는 것을 예방하기 위해 하는 등화
45. 고속탈출유도로지시등(Rapid Exit Taxiway Indicator Lights) : 활주로에서 가장 가까운 고속탈출유도로에 대한 정보를 제공하는 등화
46. 활주로상태등(Runway Status Lights) : 활주로에서 항공기와 항공기 또는 항공기와 차량과의 충돌을 예방하기 위해 설치하는 등화

② 항공등화의 설치 기준

항공등화 종류	육상비행장					육상 헬기장	최소광도 (cd)	색 상
	비계기 진입 활주로	계기진입 활주로						
		비정밀	카테고리Ⅰ	카테고리Ⅱ	카테고리Ⅲ			
비행장등대	○	○	○	○	○		2,000	흰색, 녹색
활주로등	○	○	○	○	○		10,000	노란색, 흰색
접지구역등				○	○		5,000	흰 색
유도로등	○	○	○	○	○		2	파란색
유도로중심선등					○		20	노란색, 녹색
정지선등				○	○		20	붉은색
활주로경계등			○	○	○		30	노란색
풍향등	○	○	○	○	○	○	–	흰 색
지향신호등	○	○	○	○	○		6,000	붉은색, 녹색 및 흰색
정지로등	○	○	○	○	○		30	붉은색
유도로안내등	○	○	○	○	○		10	붉은색, 노란색 및 흰색
착륙구역등						○	3	녹 색

(4) 손실보상(공항시설법 제56조의3)

① 국가, 지방자치단체, 공항운영자 또는 비행장시설을 관리·운영하는 자는 퇴치 등으로 인하여 손실을 입은 자에 대하여 그 손실을 보상하여야 한다.

② ①에 따라 국가, 지방자치단체, 공항운영자 또는 비행장시설을 관리·운영하는 자가 손실을 보상한 경우 퇴치 등의 대상인 초경량비행장치를 사용하여 비행한 자에 대하여 구상권을 행사할 수 있다.

③ ①에 따른 손실보상의 구체적인 대상·절차 등과 제2항에 따른 구상권 행사의 절차·방법 등에 필요한 사항은 대통령령으로 정한다.

※ 비행승인을 받지 아니한 초경량비행장치를 퇴치하여 타인을 사상에 이르게 한 경우 고의 또는 중과실이 없으면 정상을 참작하여 사상에 대한 형사책임을 감경·면제할 수 있도록 면책에 관한 규정을 신설하고, 퇴치 등으로 인하여 손실을 입은 자에 대한 손실보상을 규정하는 등 현행 제도의 운영상 나타난 일부 미비점을 개선·보완하였다.

PART 04 적중예상문제

01 우리나라 항공안전법의 목적 중 가장 알맞은 것은?

① 항공기의 안전한 항행과 의무에 관한 사항을 규정
② 항공사업의 이익배분
③ 국제민간항공의 안전 항행과 발전 도모
④ 국내민간항공의 안전 항행과 발전 도모

해설

각 항공법규의 목적

- 항공안전법의 목적(항공안전법 제1조) : 항공기, 경량항공기 또는 초경량비행장치의 안전하고 효율적인 항행을 위한 방법과 국가, 항공사업자 및 항공종사자의 의무 등에 관한 사항을 규정함을 목적으로 한다.
- 항공사업법의 목적(항공사업법 제1조) : 항공정책의 수립 및 항공사업에 관하여 필요한 사항을 정하여 대한민국 항공사업의 체계적인 성장과 경쟁력 강화 기반을 마련하는 한편, 항공사업의 질서유지 및 건전한 발전을 도모하고 이용자의 편의를 향상시켜 국민경제의 발전과 공공복리의 증진에 이바지함을 목적으로 한다.
- 공항시설법의 목적(공항시설법 제1조) : 공항・비행장 및 항행안전시설의 설치 및 운영 등에 관한 사항을 정함으로써 항공산업의 발전과 공공복리의 증진에 이바지함을 목적으로 한다.

02 다음 중 용어의 정의가 옳지 않은 것은 무엇인가?

① 관제구 : 지표면 또는 수면으로부터 500m 이상 높이의 공역으로서 항공교통의 안전을 위하여 국토교통부장관이 지정・공고한 공역
② 항공등화 : 불빛, 색채 또는 형상을 이용하여 항공기 항행을 돕기 위한 항행안전시설
③ 관제권 : 비행장 또는 공항과 그 주변의 공역으로서 항공교통의 안전을 위하여 국토교통부장관이 지정・공고한 공역
④ 항행안전시설 : 유선통신, 무선통신, 인공위성, 불빛, 색채 또는 전파(電波)를 이용하여 항공기의 항행을 돕기 위한 시설

해설

항공안전법(제2조 제26호)

관제구 : 지표면 또는 수면으로부터 200m 이상 높이의 공역으로서 항공교통의 안전을 위하여 국토교통부장관이 지정・공고한 공역

1 ① 2 ① 정답

03 항공안전법에서 규정하는 '항공업무'가 아닌 것은 무엇인가?

① 항공교통관제
② 운항관리 및 무선설비의 조작
③ 정비, 수리, 개조된 항공기, 발동기, 프로펠러 등의 장비품 또는 부품의 안전성 여부 확인 업무
④ 항공기 탑승하여 실시하는 조종연습 업무

해설

항공업무(항공안전법 제2조 제5호)

'항공업무'란 다음 어느 하나에 해당하는 업무를 말한다.

- 항공기의 운항(무선설비의 조작을 포함한다) 업무(제46조에 따른 항공기 조종연습은 제외한다)
- 항공교통관제(무선설비의 조작을 포함한다) 업무(제47조에 따른 항공교통관제연습은 제외한다)
- 항공기의 운항관리 업무
- 정비 · 수리 · 개조된 항공기 · 발동기 · 프로펠러, 장비품 또는 부품에 대하여 안전하게 운용할 수 있는 성능이 있는지를 확인하는 업무 및 경량항공기 또는 그 장비품 · 부품의 정비사항을 확인하는 업무

04 우리나라 항공법의 가장 기본이 되는 국제법은?

① 일본 동경협약
② 국제민간항공조약 및 같은 조약의 부속서
③ 미국의 항공법
④ 몬트리올협약

해설

시카고협약과 국내항공법과의 관계 부분에서 UN헌장과 조약, 국내법과의 지위 부분을 기재하였으며 시카고협약을 인용한 국내항공법규 정리 도표 중 국제 및 국내항공법 관계부분을 확인해보면 '이 법에서 규정하지 아니한 사항은 「국제민간항공조약」과 같은 조약의 부속서에서 채택된 표준과 방식에 따라 실시한다.'고 기재하였다.

05 공항시설법상 항행안전시설이 아닌 것은 무엇인가?

① 항공등하
② 항행안전무선시설
③ 항공교통관제시설
④ 항공정보통신시설

해설

정의(공항시설법 제2조 제15호)

'항행안전시설'이란 유선통신, 무선통신, 인공위성, 불빛, 색채 또는 전파(電波)를 이용하여 항공기의 항행을 돕기 위한 시설로서 국토교통부령으로 정하는 시설을 말한다.

항행안전시설(공항시설법 시행규칙 제5조)

법 제2조 제15호에서 '국토교통부령으로 정하는 시설'이란 다음 항공등화, 항행안전무선시설 및 항공정보통신시설을 말한다.

정답 3 ④ 4 ② 5 ③

06 항공안전관리시스템 중 안전보증활동에 포함되어야 할 사항이 아닌 것은 무엇인가?

① 안전성과의 모니터링 및 측정사항

② 변화관리 사항

③ 위해요인의 식별절차 사항

④ 항공안전관리시스템 개선사항

해설

항공안전관리시스템에 포함되어야 할 사항 등(항공안전법 시행규칙 제132조)

- 항공안전 위험도의 관리
  - 항공안전위해요인의 식별절차에 관한 사항
  - 위험도 평가 및 경감조치에 관한 사항
  - 자체 안전보고의 운영에 관한 사항
- 항공안전보증
  - 안전성과의 모니터링 및 측정에 관한 사항
  - 변화관리에 관한 사항
  - 항공안전관리시스템 운영절차 개선에 관한 사항

07 다음 중 공항시설법에서 말하는 비행장이란?

① 항공기의 이착륙을 위해 사용되는 육지 또는 수면

② 항공기가 이착륙하는 활주로

③ 항공기를 계류하는 곳

④ 항공기에 탑승객을 탑승시키는 곳

해설

정의(공항시설법 제2조 제2호)

'비행장'이란 항공기・경량항공기・초경량비행장치의 이륙[이수(離水)를 포함한다]과 착륙[착수(着水)를 포함한다]을 위하여 사용되는 육지 또는 수면(水面)의 일정한 구역으로서 대통령령으로 정하는 것을 말한다.

6 ③ 7 ① 정답

08 항공 공고문 중 비행안전에 대한 전반적 사항 또는 항행, 기술, 행정, 규정 개정 등의 정보를 수록하여 항공종사자들에게 배포하는 공고문은 무엇인가?

① AIC ② NOTAM

③ AIRAC ④ AIP

해설

- AIC : 비행안전, 항행, 기술, 행정, 규정 개정 등에 관한 내용으로서 AIP와 NOTAM에 의한 전파의 대상이 되지 않는 사항을 수록하고 있는 공고문이며 항공정보회람(Aeronautical Information Circular)의 약어이다.
- NOTAM : 항공고시보(航空告示報)라는 뜻으로 항공기가 비행함에 있어 특정 지역, 고도 등에서 제한 사항 혹은 꼭 알아야 할 사항을 전달하는 정보(Notice to Airman)의 약어로 '노탐'이라고 읽는다. 대부분 항공고정통신망을 통하여 전파되며, 기상정보와 함께 항공기 운항에 없어서는 안 될 중요한 정보이다.
- AIRAC : 웨이포인트 정보를 종합한 것으로 각 국의 항공 교통정보 및 ICAO에서 정한 웨이포인트 정보가 수록되어 있으며 항공정보규정과 통제(Aeronautical Information Regulation and Control)이다.
- AIP : 항공기 비행 및 운항에 필요한 지속적인 항공정보를 수록하고 공지하기 위해 각 국 정부가 발행하는 항공정보 간행물(Aeronautical Information Publication)이다. 총칙, 비행장, 통신, 항공기상, 항공교통규칙, 시설, 수색구조, 항공도, 계기진입 도표 등으로 분류된 책자이다.

09 초경량비행장치의 신고번호는 어느 단체의 기관장이 발급하는가?

① 국토교통부장관

② 교통안전공단 이사장

③ 항공협회장

④ 지방항공청장

해설

초경량비행장치 신고(항공안전법 제122조 제4항)

국토교통부장관은 초경량비행장치의 신고를 받은 경우 그 초경량비행장치 소유자 등에게 신고번호를 발급하여야 한다.

정답 8 ① 9 ①

10 다음 중 항공등화의 종류 중 활주로에 진입하기 전에 멈추어야 할 위치를 알려주기 위해 설치하는 등화는 무엇인가?

① 비행장등대(Aerodrome Beacon)

② 유도로등(Taxiway Edge Lights)

③ 활주로등(Runway Edge Lights)

④ 활주로경계등(Runway Guard Lights)

해설

항공등화의 종류(공항시설법 시행규칙 별표 3)

- 비행장등대(Aerodrome Beacon) : 항행 중인 항공기에 공항·비행장의 위치를 알려주기 위해 공항·비행장 또는 그 주변에 설치하는 등화
- 활주로등(Runway Edge Lights) : 이륙 또는 착륙하려는 항공기에 활주로를 알려주기 위해 그 활주로 양측에 설치하는 등화
- 유도로등(Taxiway Edge Lights) : 지상주행 중인 항공기에 유도로·대기지역 또는 계류장 등의 가장자리를 알려주기 위해 설치하는 등화
- 활주로경계등(Runway Guard Lights) : 활주로에 진입하기 전에 멈추어야 할 위치를 알려주기 위해 설치하는 등화

11 다음 조종자 준수사항에 대한 설명으로 잘못 설명한 것은 무엇인가?

① 청와대, P-61 등은 국방, 보안상의 이유로 비행이 금지된 곳이니 비행하지 않는다.

② 비행가능지역이라면 24시간 비행을 해도 괜찮다.

③ 해발 250m 산 정상에서라면 고도 400m까지 비행이 가능하다.

④ 인명이나 재산에 위험을 초래할 우려가 있는 낙하물을 투하하는 행위를 하지 않는다.

해설

② 비행가능지역 여부를 떠나 항공안전법 시행규칙 제310조 제1항 제6호에서 일몰 후부터 일출 전까지의 야간에 비행하는 행위를 하여서는 아니 된다고 명시하고 있다.

10 ④ 11 ② 정답

12 다음 비행금지구역 중 초경량비행장치의 비행이 가능한 지역은 어느 곳인가?

① P65
② R35
③ P61A
④ UA-14

해설

비행금지구역

- P(Prohibited) : 비행금지구역, 미확인 시 경고사격 및 경고 없이 사격 가능
- R(Restricted) : 비행제한구역, 지대지, 지대공, 공대지 공격 가능
- D(Danger) : 비행위험구역, 실탄배치
- A(Alert) : 비행경보구역

13 다음 공역의 등급 구분 중 모든 항공기가 계기비행을 하여야 하는 공역은 무엇인가?

① A등급 공역
② B등급 공역
③ D등급 공역
④ G등급 공역

해설

제공하는 항공교통업무에 따른 공역의 구분(항공안전법 시행규칙 별표 23)

구 분		내 용
관제 공역	A등급 공역	모든 항공기가 계기비행을 하여야 하는 공역
	B등급 공역	계기비행 및 시계비행을 하는 항공기가 비행 가능하고, 모든 항공기에 분리를 포함한 항공교통관제업무가 제공되는 공역
	C등급 공역	모든 항공기에 항공교통관제업무가 제공되나, 시계비행을 하는 항공기 간에는 교통 정보만 제공되는 공역
	D등급 공역	모든 항공기에 항공교통관제업무가 제공되나, 계기비행을 하는 항공기와 시계비행을 하는 항공기 및 시계비행을 하는 항공기 간에는 교통정보만 제공되는 공역
	E등급 공역	계기비행을 하는 항공기에 항공교통관제업무가 제공되고, 시계비행을 하는 항공기에 교통 정보가 제공되는 공역
비관제 공역	F등급 공역	계기비행을 하는 항공기에 비행정보업무와 항공교통조언업무가 제공되고, 시계비행항공기에 비행정보업무가 제공되는 공역
	G등급 공역	모든 항공기에 비행정보업무만 제공되는 공역

정답 12 ④ 13 ①

14 다음 공역 중 통제공역에 해당하지 않는 구역은 어디인가?

① 초경량비행장치 비행제한구역

② 비행제한구역

③ 비행금지구역

④ 군 작전구역

해설

사용목적에 따른 공역의 구분(항공안전법 시행규칙 별표 23)

- 통제공역 : 비행금지구역, 비행제한구역, 초경량비행장치 비행제한구역
- 주의공역 : 훈련구역, 군 작전구역, 위험구역, 경계구역, 초경량비행장치 비행구역

15 행글라이더가 초경량비행장치가 되기 위해서는 몇 kg 이하이어야 하는가?

① 70kg

② 115kg

③ 150kg

④ 180kg

해설

초경량비행장치의 기준(항공안전법 시행규칙 제5조)

1. 동력비행장치 : 동력을 이용하는 것으로서 다음의 기준을 모두 충족하는 고정익비행장치
   가. 탑승자, 연료 및 비상용 장비의 중량을 제외한 자체중량이 115kg 이하일 것
   나. 연료의 탑재량이 19L 이하일 것
   다. 좌석이 1개일 것
2. 행글라이더 : 탑승자 및 비상용 장비의 중량을 제외한 자체중량이 70kg 이하로서 체중이동, 타면조종 등의 방법으로 조종하는 비행장치
3. 패러글라이더 : 탑승자 및 비상용 장비의 중량을 제외한 자체중량이 70kg 이하로서 날개에 부착된 줄을 이용하여 조종하는 비행장치
4. 기구류 : 기체의 성질·온도차 등을 이용하는 다음의 비행장치
   가. 유인자유기구
   나. 무인자유기구(기구 외부에 2kg 이상의 물건을 매달고 비행하는 것만 해당한다. 이하 같다)
   다. 계류식(繫留式)기구
5. 무인비행장치 : 사람이 탑승하지 아니하는 것으로서 다음의 비행장치
   가. 무인동력비행장치 : 연료의 중량을 제외한 자체중량이 150kg 이하인 무인비행기, 무인헬리콥터 또는 무인멀티콥터
   나. 무인비행선 : 연료의 중량을 제외한 자체중량이 180kg 이하이고 길이가 20m 이하인 무인비행선
6. 회전익비행장치 : 1. 가, 나, 다의 동력비행장치의 요건을 갖춘 헬리콥터 또는 자이로플레인
7. 동력패러글라이더 : 패러글라이더에 추진력을 얻는 장치를 부착한 다음의 어느 하나에 해당하는 비행장치
   가. 착륙장치가 없는 비행장치
   나. 착륙장치가 있는 것으로서 1. 가, 나, 다의 동력비행장치의 요건을 갖춘 비행장치
8. 낙하산류 : 항력(抗力)을 발생시켜 대기(大氣) 중을 낙하하는 사람 또는 물체의 속도를 느리게 하는 비행장치
9. 그 밖에 국토교통부장관이 종류, 크기, 중량, 용도 등을 고려하여 정하여 고시하는 비행장치

14 ④ 15 ① 정답

16 다음 중 초경량비행장치 범위에 포함되지 않는 것은 무엇인가?

① 자체중량이 좌석 1개인 경우 150kg 이상인 동력비행장치
② 자체중량이 180kg 이하이고 길이가 20m 이하인 무인비행선
③ 자체중량이 70kg 이하인 행글라이더
④ 계류식(繫留式) 기구

해설

- 초경량비행장치(항공안전법 제2조) : 항공기와 경량항공기 외에 공기의 반작용으로 뜰 수 있는 장치로서 자체중량, 좌석 수 등 국토교통부령으로 정하는 기준에 해당하는 동력비행장치, 행글라이더, 패러글라이더, 기구류 및 무인비행장치 등
- 초경량비행장치의 기준(항공안전법 시행규칙 제5조) : 동력비행장치의 경우, 탑승자, 연료 및 비상용 장비의 중량을 제외한 자체중량이 115kg 이하이고, 연료의 탑재량이 19L 이하이며, 좌석이 1개일 것

17 탑승자 및 비상용 장비의 중량을 제외한 자체중량이 70kg 이하로서 날개에 부착된 줄을 이용하여 조종하는 비행장치는 무엇인가?

① 자이로플레인
② 무인동력비행장치
③ 패러글라이더
④ 행글라이더

해설

초경량비행장치의 기준(항공안전법 시행규칙 제5조)
패러글라이더 : 탑승자 및 비상용 장비의 중량을 제외한 자체중량이 70kg 이하로서 날개에 부착된 줄을 이용하여 조종하는 비행장치

18 초경량비행장치의 기준 중 잘못 설명된 것은 무엇인가?

① 초경량비행장치의 종류에는 동력비행장치, 패러글라이더, 기구류, 무인비행장치 등이 있다.
② 무인동력비행장치는 연료의 중량을 포함한 자체 중량이 150kg 이하인 무인비행기 또는 무인회전익 비행장치를 말한다.
③ 회전익비행장치에는 동력비행장치의 요건을 갖춘 자이로플레인 또는 헬리콥터를 말한다.
④ 무인비행선은 연료의 중량을 제외한 자체 중량이 180kg 이하이고, 길이가 20m 이하인 무인비행선을 말한다.

해설

초경량비행장치의 기준(항공안전법 시행규칙 제5조)
무인동력비행장치 : 연료의 중량을 제외한 자체중량이 150kg 이하인 무인비행기, 무인헬리콥터 또는 무인멀티콥터

정답 16 ① 17 ③ 18 ②

19 다음 중 항공법 상 초경량비행장치라고 할 수 없는 것은 무엇인가?

① 항력을 발생시켜 대기 중을 낙하하는 사람 또는 물체의 속도를 느리게 하는 낙하산류
② 자체중량이 70kg 이하로 체중이동, 타면조종 등의 방법으로 조종하는 행글라이더
③ 좌석이 1개인 비행장치로서 자체중량이 125kg을 초과하는 동력비행장치
④ 기체의 성질과 온도차를 이용한 유인 또는 계류식 기구류

해설

초경량비행장치의 기준(항공안전법 시행규칙 제5조)

동력비행장치 : 동력을 이용하는 것으로서 다음의 기준을 모두 충족하는 고정익비행장치

- 탑승자, 연료 및 비상용 장비의 중량을 제외한 자체중량이 115kg 이하일 것
- 연료의 탑재량이 19L 이하일 것
- 좌석이 1개일 것

20 다음 중 신고하지 않아도 되는 초경량비행장치로 틀린 것을 고르시오.

① 패러글라이더
② 무인동력비행장치 중에서 최대이륙중량이 2kg 이하인 것
③ 자이로플레인
④ 계류식 무인비행장치

해설

신고를 필요로 하지 않는 초경량비행장치의 범위(항공안전법 시행령 제24조)

- 행글라이더, 패러글라이더 등 동력을 이용하지 아니하는 비행장치
- 기구류(사람이 탑승하는 것은 제외)
- 계류식(繫留式) 무인비행장치
- 낙하산류
- 무인동력비행장치 중에서 최대이륙중량이 2kg 이하인 것
- 무인비행선 중에서 연료의 무게를 제외한 자체무게가 12kg 이하이고, 길이가 7m 이하인 것
- 연구기관 등이 시험·조사·연구 또는 개발을 위하여 제작한 초경량비행장치
- 제작자 등이 판매를 목적으로 제작하였으나 판매되지 아니한 것으로서 비행에 사용되지 아니하는 초경량비행장치
- 군사목적으로 사용되는 초경량비행장치

19 ③ 20 ③ 정답

21 비영리 목적으로 사용하는 초경량비행장치의 안전성인증의 유효기간은 어떻게 되는가?

① 6개월
② 1년
③ 2년
④ 3년

해설

안전성인증서 발급 등(초경량비행장치 안전성인증 업무 운영세칙 제16조)

안전성인증의 유효기간은 발급일로부터 2년으로 한다.

22 초경량비행장치 안전성인증검사의 담당 기관을 고르시오.

① 항공안전기술원
② 항공연수원
③ 지방항공청
④ 교통안전부

해설

최근 국내 운용대수가 늘어나고 이용범위도 다양해짐에 따라 그간 교통안전공단에서 수행하던 안전성인증업무를 항공분야 전문검사기관인 항공안전기술원으로 통합 이관하게 되었다.

23 다음 안전성인증 중 초경량비행장치의 비행안전에 영향을 미치는 대개조 후 초경량비행장치 기술기준에 적합한지를 확인하기 위하여 실시하는 인증을 고르시오.

① 초도인증
② 정기인증
③ 수시인증
④ 재인증

해설

안전성인증 구분(초경량비행장치 안전성인증 업무 운영세칙 제2조)

- 초도인증 : 국내에서 설계·제작하거나 외국에서 국내로 도입한 초경량비행장치의 안전성인증을 받기 위하여 최초로 실시하는 인증
- 정기인증 : 안전성인증의 유효기간 만료일이 도래되어 새로운 안전성인증을 받기 위하여 실시하는 인증
- 수시인증 : 초경량비행장치의 비행안전에 영향을 미치는 대개조 후 기술기준에 적합한지를 확인하기 위하여 실시하는 인증
- 재인증 : 초도, 정기 또는 수시인증에서 기술기준에 부적합한 사항에 대하여 정비한 후 다시 실시하는 인증

정답 21 ③ 22 ① 23 ③

24 초경량비행장치의 시험비행허가 서류에 포함되지 않는 내용을 고르시오.

① 시험비행계획서
② 항공안전관리시스템 매뉴얼
③ 해당 초경량비행장치에 대한 소개서
④ 초경량비행장치 사진

해설

초경량비행장치의 시험비행허가 서류(항공안전법 시행규칙 제304조)

시험비행 등을 위한 허가를 받으려는 자는 초경량비행장치 시험비행 등 허가 신청서에 해당 초경량비행장치가 국토교통부장관이 정하여 고시하는 초경량비행장치 시험비행 등의 안전을 위한 기술상의 기준에 적합함을 입증할 수 있는 다음의 서류를 첨부하여 국토교통부장관에게 제출하여야 한다.

- 해당 초경량비행장치에 대한 소개서(설계개요서, 설계도면, 부품표 및 비행장치의 제원을 포함한다)
- 시험비행 등 계획서(시험비행 등의 기간, 장소 및 시험비행 등 점검표를 포함한다)
- 설계도면과 일치되게 제작되었음을 입증하는 서류
- 신청인이 제시한 시험비행 등의 범위에서 안전 수준을 입증하는 서류(지상성능시험 결과 및 안전대책을 포함한다)
- 신청인이 제시한 시험비행 등을 하기 위한 수준의 조종절차 및 안전성 유지를 위한 정비방법을 명시한 서류
- 초경량비행장치 사진(전체 및 측면사진을 말하며, 전자파일로 된 것을 포함한다) 각 1매
- 그 밖에 시험비행 등과 관련하여 국토교통부장관이 필요하다고 인정하여 고시하는 서류

25 다음 보기 중 비행장치 신고 후 신고증명서와 기체번호를 발급하는 단체의 기관장을 바르게 묶은 것은?

① 신고증명서 – 지방항공청장, 신고번호 – 한국교통안전공단 이사장
② 신고증명서 – 국토교통부장관, 신고번호 – 한국교통안전공단 이사장
③ 신고증명서 – 국토교통부장관, 신고번호 – 지방항공청장
④ 신고증명서 – 한국교통안전공단 이사장, 신고번호 – 국토교통부장관

해설

초경량비행장치 신고(항공안전법 시행규칙 301조 제2항)

한국교통안전공단 이사장은 초경량비행장치의 신고를 받으면 초경량비행장치 신고증명서를 초경량비행장치 소유자 등에게 발급하여야 하며, 초경량비행장치 소유자 등은 비행 시 이를 휴대하여야 한다.

초경량비행장치 신고(항공안전법 제122조 제4항)

국토교통부장관은 초경량비행장치의 신고를 받은 경우 그 초경량비행장치 소유자 등에게 신고번호를 발급하여야 한다.

24 ② 25 ④ 정답

26 다음의 초경량비행장치 중 비행안전을 위한 기술상의 기준에 적합하다는 증명을 받지 않아도 되는 것을 고르시오.

① 12kg의 무인멀티콥터
② 동력패러글라이더
③ 항공레저스포츠사업에 사용되는 행글라이더
④ 회전익비행장치

해설

초경량비행장치 안전성인증 대상(항공안전법 시행규칙 제305조)

- 동력비행장치, 회전익비행장치, 동력패러글라이더
- 행글라이더, 패러글라이더 및 낙하산류(항공레저스포츠사업에 사용되는 것만 해당)
- 기구류(사람이 탑승하는 것만 해당)
- 무인비행기, 무인헬리콥터 또는 무인멀티콥터 중에서 최대이륙중량이 25kg을 초과하는 것
- 무인비행선 중에서 연료의 중량을 제외한 자체중량이 12kg을 초과하거나 길이가 7m를 초과하는 것

27 다음 중 국토교통부령으로 정하는 보험 또는 공제에 가입하여야 하는 경우는 어떤 경우인가?

① 영리 목적으로 사용되는 인력활공기
② 개인의 취미생활에 사용되는 자이로플레인
③ 초경량비행장치 사용 사업용 동력비행장치
④ 개인의 취미생활에 사용되는 낙하산

해설

항공보험 등의 가입의무(항공사업법 제70조)

초경량비행장치를 초경량비행장치 사용 사업, 항공기 대여업 및 항공 레저스포츠사업에 사용하려는 자와 무인비행장치 등 국토교통부령으로 정하는 초경량비행장치를 소유한 국가, 지방자치단체, 「공공기관의 운영에 관한 법률」 제4조에 따른 공공기관은 국토교통부령으로 정하는 보험 또는 공제에 가입하여야 한다.

28 신고한 초경량비행장치가 멸실되었거나 그 초경량비행장치를 해체(정비등, 수송 또는 보관하기 위한 해체는 제외)한 경우에는 그 사유가 발생한 날부터 며칠 이내에 말소신고를 하여야 하는가?

① 10일
② 15일
③ 30일
④ 45일

해설

초경량비행장치 변경신고 등(항공안전법 제123조)

초경량비행장치 소유자 등은 신고한 초경량비행장치가 멸실되었거나 그 초경량비행장치를 해체(정비 등, 수송 또는 보관하기 위한 해체는 제외)한 경우에는 그 사유가 발생한 날부터 15일 이내에 국토교통부장관에게 말소신고를 하여야 한다.

정답 26 ① 27 ③ 28 ②

29 초경량비행장치의 말소신고를 하지 않은 경우 1차 과태료 금액을 고르시오.

① 5만원
② 15만원
③ 30만원
④ 50만원

해설

과태료의 부과기준(항공안전법 시행령 별표 5)

위반행위	근거 법조문	과태료 금액(단위 : 만원)		
		1차 위반	2차 위반	3차 이상 위반
초경량비행장치 소유자 등이 법 제123조 제4항을 위반하여 초경량비행장치의 말소신고를 하지 않은 경우	법 제166조 제7항 제1호	15	22.5	30

30 초경량비행장치의 조종자는 초경량비행장치로 인하여 인명이나 재산에 피해가 발생하지 아니하도록 국토교통부령으로 정하는 준수사항을 지켜야 함에도 불구하고 초경량비행장치 중 무인비행장치 조종자로서 비행제한공역의 비행을 위하여 국토교통부령으로 정하는 바에 따라 국토교통부장관의 승인을 받은 자는 그 승인 범위 내에서 비행할 수 있다. 이를 위반한 자에 대한 벌금은 얼마인가?

① 100만원 이하의 과태료
② 200만원 이하의 과태료
③ 500만원 이하의 과태료
④ 800만원 이하의 과태료

해설

초경량비행장치 불법 사용 등의 죄(항공안전법 제161조 제4항)

다음의 어느 하나에 해당하는 사람은 500만원 이하의 벌금에 처한다.

- 제127조 제2항을 위반하여 국토교통부장관의 승인을 받지 아니하고 초경량비행장치 비행제한공역을 비행한 사람
- 제127조 제3항 제2호를 위반하여 국토교통부장관의 승인을 받지 아니하고 초경량비행장치를 이용하여 관제권에서 비행함으로써 항공기 이착륙을 지연시키거나 회항하게 하는 등 비행장 운영에 지장을 초래한 사람
- 제129조 제2항을 위반하여 국토교통부장관의 허가를 받지 아니하고 무인자유기구를 비행시킨 사람

29 ② 30 ③ 정답

31 초경량비행장치의 변경신고는 사유발생일로부터 며칠 이내에 신고하여야 하는가?

① 30일 ② 40일
③ 50일 ④ 90일

해설

초경량비행장치 변경신고(항공안전법 시행규칙 제302조 제2항)

초경량비행장치 소유자 등은 초경량비행장치의 용도・소유자 등의 성명, 명칭 또는 주소・보관장소의 사항을 변경하려는 경우에는 그 사유가 있는 날부터 30일 이내에 별지 제116호 서식의 초경량비행장치 변경・이전신고서를 한국교통안전공단 이사장에게 제출하여야 한다.

32 초경량비행장치 조종자 증명을 받지 않고 비행을 한 경우 1차 과태료 금액을 고르시오.

① 20만원 ② 30만원
③ 100만원 ④ 200만원

해설

과태료의 부과기준(항공안전법 시행령 별표 5)

위반행위	근거 법조문	과태료 금액(단위 : 만원)		
		1차 위반	2차 위반	3차 이상 위반
법 제125조 제1항을 위반하여 초경량비행장치 조종자 증명을 받지 않고 초경량비행장치를 사용하여 비행을 한 경우(법 제161조 제2항이 적용되는 경우는 제외한다)	법 제166조 제2항	200	300	400

33 초경량비행장치 조종자 전문교육기관의 지정기준 중 무인비행장치의 경우 실기평가조종자의 조종경력시간을 고르시오.

① 100시간 이상 ② 150시간 이상
③ 200시간 이상 ④ 300시간 이상

해설

초경량비행장치 조종자 전문교육기관의 지정 등(항공안전법 시행규칙 제307조)

다음의 전문교관이 있을 것

- 비행시간이 200시간(무인비행장치의 경우 조종경력이 100시간) 이상이고, 국토교통부장관이 인정한 조종교육교관과정을 이수한 지도조종자 1명 이상
- 비행시간이 300시간(무인비행장치의 경우 조종경력이 150시간) 이상이고 국토교통부장관이 인정하는 실기평가과정을 이수한 실기평가조종자 1명 이상

정답 31 ① 32 ④ 33 ②

34 다음 중 초경량비행장치 조종자 자격기준 연령으로 옳은 것을 고르시오.

① 연령에 관계없다.
② 만 14세 이상
③ 만 16세 이상
④ 만 18세 이상

해설

초경량비행장치 조종자 자격기준(초경량비행장치 조종자의 자격기준 및 전문교육기관 지정요령 제4조)

초경량비행장치 조종자 자격기준은 연령이 만 14세 이상인 자로서, 한국교통안전공단이사장이 발급한 초경량비행장치 조종자의 자격증명을 소지한 자를 말한다.

35 초경량비행장치 조종자 전문교육기관의 지정기준에 대한 설명으로 틀린 것을 고르시오.

① 강의실 및 사무실 각 2개 이상
② 훈련용 비행장치 1대 이상
③ 비행시간이 200시간(무인비행장치의 경우 조종경력이 100시간) 이상이고 국토교통부장관이 인정한 조종교육교관과정을 이수한 지도조종자 1명 이상
④ 비행시간이 300시간(무인비행장치의 경우 조종경력이 150시간) 이상이고 국토교통부장관이 인정하는 실기평가과정을 이수한 실기평가조종자 1명 이상

해설

초경량비행장치 조종자 전문교육기관의 지정 등(항공안전법 시행규칙 제307조)

- 비행시간이 200시간(무인비행장치의 경우 조종경력이 100시간) 이상이고 국토교통부장관이 인정한 조종교육교관과정을 이수한 지도조종자 1명 이상
- 비행시간이 300시간(무인비행장치의 경우 조종경력이 150시간) 이상이고 국토교통부장관이 인정하는 실기평가과정을 이수한 실기평가조종자 1명 이상
- 강의실 및 사무실 각 1개 이상
- 이륙 · 착륙 시설
- 훈련용 비행장치 1대 이상
- 출결 사항을 전자적으로 처리 · 관리하기 위한 단말기 1대 이상
- 교육과목, 교육시간, 평가방법 및 교육훈련규정 등 교육훈련에 필요한 사항으로서 국토교통부장관이 정하여 고시하는 기준을 갖출 것

34 ② 35 ① 정답

36 초경량비행장치 조종자 전문교육기관의 지정기준으로 맞는 것은 무엇인가?

① 무인비행장치 비행시간이 100시간 이상인 지도조종자 2명 이상 보유
② 무인비행장치 비행시간이 200시간 이상인 지도조종자 2명 이상 보유
③ 무인비행장치 비행시간이 150시간 이상인 실기평가조종자 1명 이상 보유
④ 무인비행장치 비행시간이 300시간 이상인 실기평가조종자 2명 이상 보유

해설

초경량비행장치 조종자 전문교육기관의 지정 등(항공안전법 시행규칙 제307조 제2항)

다음의 전문교관이 있을 것

- 비행시간이 200시간(무인비행장치의 경우 조종경력이 100시간) 이상이고 국토교통부장관이 인정한 조종교육교관과정을 이수한 지도조종자 1명 이상
- 비행시간이 300시간(무인비행장치의 경우 조종경력이 150시간) 이상이고 국토교통부장관이 인정하는 실기평가과정을 이수한 실기평가조종자 1명 이상

37 초경량비행장치 조종자 전문교육기관의 지정을 위해 교통안전공단에 제출할 서류가 아닌 것을 고르시오.

① 전문교관의 현황
② 교육시설 및 장비의 현황
③ 교육훈련계획 및 교육훈련규정
④ 책정된 교육비용

해설

초경량비행장치 조종자 전문교육기관의 지정 등(항공안전법 시행규칙 제307조 제1항)

초경량비행장치 조종자 전문교육기관으로 지정받으려는 자는 별지 제120호 서식의 초경량비행장치 조종자 전문교육기관 지정신청서에 다음의 사항을 적은 서류를 첨부하여 한국교통안전공단에 제출하여야 한다.

- 전문교관의 현황
- 교육시설 및 장비의 현황
- 교육훈련계획 및 교육훈련규정

정답 36 ③ 37 ④

38 초경량비행장치 비행계획승인 신청 시 포함되지 않는 내용을 고르시오.

① 비행목적 및 방식
② 동승자의 소지자격
③ 조종자의 자격번호 또는 비행경력
④ 비행장치의 안전성인증서번호

해설

초경량비행장치 비행승인신청서(항공안전법 시행규칙 별지 제122호 서식)

초경량비행장치 비행승인신청서에는 신청인의 성명・생년월일・주소・연락처, 비행장치의 종류・형식・용도・소유자, 비행장치의 신고번호・안전성인증서번호, 비행계획의 일시 또는 기간・구역・비행목적 및 방식・보험・경로 및 고도, 조종자의 성명・생년원일・주소・연락처・자격번호 또는 비행경력, 동승자의 성명・생년월일・주소, 탑재장치 등의 내용이 들어간다.

39 다음 항공사업법 용어의 정의 중 잘못 설명된 것은?

① 항공사업 : 국토교통부장관의 면허, 허가 또는 인가를 받거나 국토교통부장관에게 등록 또는 신고하여 경영하는 사업
② 항공기대여업 : 타인의 수요에 맞추어 유상으로 항공기, 경량항공기 또는 초경량비행장치를 대여하는 사업(활공기 등 국토교통부령으로 정하는 항공기, 경량항공기, 초경량비행장치 중 어느 하나를 항공레저스포츠를 위하여 대여하여 주는 서비스를 제공하는 사업을 포함한다)
③ 항공레저스포츠 : 취미・오락・체험・교육・경기 등을 목적으로 하는 비행활동을 말한다.
④ 항공레저스포츠사업자 : 국토교통부장관에게 항공레저스포츠사업을 등록한 자를 말한다.

해설

정의(항공사업법 제2조)

- '항공사업'이란 이 법에 따라 국토교통부장관의 면허, 허가 또는 인가를 받거나 국토교통부장관에게 등록 또는 신고하여 경영하는 사업을 말한다.
- '항공기대여업'이란 타인의 수요에 맞추어 유상으로 항공기, 경량항공기 또는 초경량비행장치를 대여(貸與)하는 사업(활공기 등 국토교통부령으로 정하는 항공기, 경량항공기, 초경량비행장치 중 어느 하나를 항공레저스포츠를 위하여 대여하여 주는 서비스를 제공하는 사업은 제외한다)을 말한다.
- '항공레저스포츠'란 취미・오락・체험・교육・경기 등을 목적으로 하는 비행[공중에서 낙하하여 낙하산(落下傘)류를 이용하는 비행을 포함한다]활동을 말한다.
- '항공레저스포츠사업자'란 국토교통부장관에게 항공레저스포츠사업을 등록한 자를 말한다.

38 ② 39 ② 정답

40 항공고시보(NOTAM)의 최대유효기간으로 알맞은 것은 무엇인가?

① 수시로 바뀐다.　② 1개월 동안
③ 3개월 이상　④ 3개월 미만

해설

NOTAM

항공고시보(航空告示報)의 최대유효기간은 3개월 미만이다. 영구적으로 유효한 정보는 AIP(항공정보간행물)이고 NOTAM의 경우는 일시적으로 유효한 정보임을 정확히 구분하여야 한다.

41 다음 중 관할 지방항공청 중 존재하지 않는 곳을 고르시오.

① 제주지방항공청　② 서울지방항공청
③ 부산지방항공청　④ 전주지방항공청

해설

전주지방항공청은 존재하지 않는다.

42 항공종사자가 업무를 정상적으로 수행할 수 없는 혈중 알코올농도의 기준을 고르시오.

① 제한 기준 없이 무조건 금지이다.
② 0.04% 이상
③ 0.03% 이상
④ 0.02% 이상

해설

주류 등의 섭취 · 사용 제한(항공안전법 제57조 제5항)

주류 등의 영향으로 항공업무 또는 객실승무원의 업무를 정상적으로 수행할 수 없는 상태의 기준은 다음과 같다.

- 주정성분이 있는 음료의 섭취로 혈중알코올농도가 0.02% 이상인 경우
- 마약류 관리에 관한 법률 제2조 제1호에 따른 마약류를 사용한 경우
- 화학물질관리법 제22조 제1항에 따른 환각물질을 사용한 경우

정답 40 ④ 41 ④ 42 ④

43 초경량비행장치의 조종자는 초경량비행장치로 인하여 인명이나 재산에 피해가 발생하지 아니하도록 국토교통부령으로 정하는 준수사항을 지켜야 한다. 이를 따르지 않고 초경량비행장치를 이용하여 비행한 경우 1차 과태료 금액을 고르시오.

① 10만원
② 20만원
③ 50만원
④ 150만원

해설

과태료의 부과기준(항공안전법 시행령 별표 5)

위반행위	근거 법조문	과태료 금액(단위 : 만원)		
		1차 위반	2차 위반	3차 이상 위반
법 제129조 제1항을 위반하여 국토교통부령으로 정하는 준수사항을 따르지 않고 초경량비행장치를 이용하여 비행한 경우	법 제166조 제3항 제6호	150	225	300

44 다음 중 항공보험 등의 가입의무에 대한 설명 중 옳은 설명은 무엇인가?

① 항공사업자의 경우 기체 중량에 따라 보험 가입 여부가 다르다.
② 항공운송사업자, 항공기사용사업자, 항공기대여업자 외의 항공기 소유자 또는 항공기를 사용하여 비행하려는 자는 반드시 보험에 가입해야 한다.
③ 항공기대여업 및 항공레저스포츠사업에 사용하려는 자의 보험 가입은 필수가 아니다.
④ 항공사업자의 항공보험 가입 여부는 대통령령으로 정해져 있다.

해설

항공보험 등의 가입업무(항공사업법 제70조)

- 항공사업자(항공운송사업자, 항공기사용사업자, 항공기대여업자)는 국토교통부령으로 정하는 바에 따라 항공보험에 가입하지 아니하고는 항공기를 운항할 수 없다.
- 위의 항공사업자 외의 항공기 소유자 또는 항공기를 사용하여 비행하려는 자는 국토교통부령으로 정하는 바에 따라 항공보험에 가입하지 아니하고는 항공기를 운항할 수 없다.
- 초경량비행장치를 초경량비행장치 사용 사업, 항공기 대여업 및 항공 레저스포츠사업에 사용하려는 자와 무인비행장치 등 국토교통부령으로 정하는 초경량비행장치를 소유한 국가, 지방자치단체, 「공공기관의 운영에 관한 법률」 제4조에 따른 공공기관은 국토교통부령으로 정하는 보험 또는 공제에 가입하여야 한다.

43 ④ 44 ② 정답

45 다음 중 국토교통부령으로 정하는 비행승인을 받지 않고 초경량비행장치를 이용하여 비행한 사람의 과태료를 고르시오.

① 400만원 이하의 과태료 ② 300만원 이하의 과태료
③ 200만원 이하의 과태료 ④ 10만원 이하의 과태료

해설

과태료(항공안전법 제166조 제3항)

300만원 이하의 과태료 : 제127조 제3항을 위반하여 국토교통부장관의 승인을 받지 아니하고 초경량비행장치를 사용하여 비행한 사람(제161조 제4항 제2호가 적용되는 경우는 제외한다)

46 초경량비행장치의 운용시간으로 옳은 것을 고르시오.

① 일출부터 일몰 30분 전까지 ② 일출 후부터 일몰 전까지
③ 일출 30분 후부터 일몰까지 ④ 일출 30분 후부터 일몰 30분 전까지

해설

초경량비행장치 조종자의 준수사항(항공안전법 시행규칙 제310조 제1항 제6호)

일몰 후부터 일출 전까지의 야간에 비행하는 행위를 하여서는 아니 된다. 다만, 제199조에 따른 최저비행고도(150m) 미만의 고도에서 운영하는 계류식 기구 또는 법 제124조 전단에 따른 허가를 받아 비행하는 초경량비행장치는 제외한다.

47 항공안전법에서 말하는 초경량비행장치 사고에 관한 설명 중 잘못된 것은 무엇인가?

① 초경량비행장치에 의한 사람의 사망, 중상 또는 행방불명
② 초경량비행장치의 추락, 충돌 또는 화재 발생
③ 초경량비행장치에의 위치를 확인할 수 없거나 초경량비행장치에 접근이 불가능한 경우
④ 초경량비행장치를 순간 돌풍으로 인해 비상착륙한 경우

해설

정의(항공안전법 제2조 제8호)

초경량비행장치 사고란 초경량비행장치를 사용하여 비행을 목적으로 이륙[이수(離水)를 포함한다]하는 순간부터 착륙[착수(着水)를 포함한다]하는 순간까지 발생한 다음의 어느 하나에 해당하는 것으로서 국토교통부령으로 정하는 것을 말한다.

- 초경량비행장치에 의한 사람의 사망, 중상 또는 행방불명
- 초경량비행장치의 추락, 충돌 또는 화재 발생
- 초경량비행장치의 위치를 확인할 수 없거나 초경량비행장치에 접근이 불가능한 경우

정답 45 ② 46 ② 47 ④

48 초경량비행장치를 이용하여 비행 시 유의사항이 아닌 것을 고르시오.

① 군 방공비상사태 인지 시 즉시 비행을 중지하고 착륙하여야 한다.
② 항공기 부근에는 접근하지 말아야 한다.
③ 초경량비행장치 무인멀티콥터 자격증 취득 시 제한없이 비행금지구역에서 비행이 가능하다.
④ 비행 중 사주경계를 철저히 하여야 한다.

해설
①, ②, ④번 보기는 따로 법률로 명시하지 않는다 하더라도 무인멀티콥터 조종자로서 갖추어야 할 기본 상식의 범위이다. ③번의 경우 자격증 취득 여부와 관계가 없다.

49 초경량비행장치 조종자의 준수사항에 어긋나는 것은 무엇인가?

① 초경량비행장치 조종자는 항공기 또는 경량항공기를 육안으로 식별하여 미리 피할 수 있도록 주의하여 비행하여야 한다.
② 무인비행장치 조종자는 해당 무인비행장치를 육안으로 확인할 수 있는 범위 내에서 조종해야 한다.
③ 동력을 이용하는 초경량비행장치 조종자는 모든 항공기, 경량항공기 및 동력을 이용하지 아니하는 초경량비행장치에 대하여 우선권을 가지고 비행하여야 한다.
④ 항공레저스포츠사업에 종사하는 초경량비행장치 조종자는 비행 전에 비행안전을 위한 주의사항에 대하여 동승자에게 충분히 설명하여야 한다.

해설
초경량비행장치 조종자의 준수사항(항공안전법 시행규칙 제310조)
- 초경량비행장치 조종자는 항공기 또는 경량항공기를 육안으로 식별하여 미리 피할 수 있도록 주의하여 비행하여야 한다.
- 동력을 이용하는 초경량비행장치 조종자는 모든 항공기, 경량항공기 및 동력을 이용하지 아니하는 초경량비행장치에 대하여 진로를 양보하여야 한다.
- 무인비행장치 조종자는 해당 무인비행장치를 육안으로 확인할 수 있는 범위에서 조종하여야 한다. 다만, 법 제124조 전단에 따른 허가를 받아 비행하는 경우는 제외한다.
- 항공사업법 제50조에 따른 항공레저스포츠사업에 종사하는 초경량비행장치 조종자는 다음의 사항을 준수하여야 한다.
  - 비행 전에 해당 초경량비행장치의 이상 유무를 점검하고, 이상이 있을 경우에는 비행을 중단할 것
  - 비행 전에 비행안전을 위한 주의사항에 대하여 동승자에게 충분히 설명할 것
  - 해당 초경량비행장치의 제작자가 정한 최대이륙중량 및 풍속 기준을 초과하지 아니하도록 비행할 것
  - 탑승자의 인적사항(성명, 생년월일 및 주소)과 사고 발생 시 비상연락・보고체계 등에 관한 사항 등을 기록하고 유지할 것
- 무인자유기구 조종자는 정해진 바에 따라 무인자유기구를 비행해야 한다. 다만, 무인자유기구가 다른 국가의 영토를 비행하는 경우로서 해당 국가가 이와 다른 사항을 정하고 있는 경우에는 이에 따라 비행해야 한다.

48 ③ 49 ③ 정답

50 초경량비행장치를 이용하여 비행 시 유의사항이 아닌 것은 무엇인가?

① 제원표에 표시된 최대이륙중량을 초과하여 비행하지 말아야 한다.

② 태풍 및 돌풍 등 악기상 조건하에서는 비행하지 말아야 한다.

③ 주변에 지상 장애물이 없는 장소에서 이・착륙하여야 한다.

④ 안정성인증을 받았다면 기체의 무게에 제약 없이 어느 곳에서나 비행이 가능하다.

해설

초경량비행장치 안전성인증(항공안전법 제124조)

시험비행 등 국토교통부령으로 정하는 경우로서 국토교통부장관의 허가를 받은 경우를 제외하고는 동력비행장치 등 국토교통부령으로 정하는 초경량비행장치를 사용하여 비행하려는 사람은 국토교통부령으로 정하는 기관 또는 단체의 장으로부터 그가 정한 안정성인증의 유효기간 및 절차・방법 등에 따라 그 초경량비행장치가 국토교통부장관이 정하여 고시하는 비행안전을 위한 기술상의 기준에 적합하다는 안전성인증을 받지 아니하고 비행하여서는 아니 된다.

51 다음 중 초경량비행장치 사고 발생 후 사고조사 담당 기관은?

① 항공・철도사고조사위원회

② 육군정보학교

③ 도로교통공단

④ 교통안전관리공단

해설

항공・철도사고조사위원회의 설치(항공・철도사고조사에 관한 법률 제4조)

항공・철도사고 등의 원인규명과 예방을 위한 사고조사를 독립적으로 수행하기 위하여 국토교통부에 항공・철도사고조사위원회를 둔다.

52 안전성인증검사를 받지 않은 초경량비행장치를 비행에 사용하다 적발되었을 경우 부과되는 과태료는 얼마인가?

① 200만원 이하의 과태료

② 300만원 이하의 과태료

③ 400만원 이하의 과태료

④ 500만원 이하의 과태료

해설

과태료(항공안전법 제166조)

500만원 이하의 과태료 : 항공안전법 제124조를 위반하여 초경량비행장치의 비행안전을 위한 기술상의 기준에 적합하다는 안전성인증을 받지 아니하고 비행한 사람(제161조 제2항이 적용되는 경우는 제외한다)

정답 50 ④ 51 ① 52 ④

53 초경량비행장치 전문교육기관의 지정 등에 관한 설명 중 틀린 것을 고르시오.

① 초경량비행장치 전문교육기관의 교육과목, 교육방법, 인력, 시설 및 장비 등의 지정기준은 국토교통부령으로 정한다.

② 국토교통부장관은 거짓이나 그 밖의 부정한 방법으로 초경량비행장치 전문교육기관으로 지정받은 경우 지정을 취소하여야 한다.

③ 국토교통부장관은 초경량비행장치 전문교육기관이 초경량비행장치 조종자를 양성하는 경우에는 예산의 범위에서 필요한 경비의 전부 또는 일부를 지원할 수 있다.

④ 초경량비행장치 전문교육기관의 지정기준 중 대통령령으로 정하는 기준에 미달 시 지정이 취소된다.

해설

초경량비행장치 전문교육기관의 지정 등(항공안전법 제126조)

㉠ 국토교통부장관은 초경량비행장치 조종자를 양성하기 위하여 국토교통부령으로 정하는 바에 따라 초경량비행장치 전문교육기관을 지정할 수 있다.

㉡ 국토교통부장관은 초경량비행장치 전문교육기관이 초경량비행장치 조종자를 양성하는 경우에는 예산의 범위에서 필요한 경비의 전부 또는 일부를 지원할 수 있다.

㉢ 초경량비행장치 전문교육기관의 교육과목, 교육방법, 인력, 시설 및 장비 등의 지정기준은 국토교통부령으로 정한다.

㉣ 국토교통부장관은 초경량비행장치 전문교육기관으로 지정받은 자가 다음의 어느 하나에 해당하는 경우에는 그 지정을 취소할 수 있다. 다만, 제1호에 해당하는 경우에는 그 지정을 취소하여야 한다.

1. 거짓이나 그 밖의 부정한 방법으로 초경량비행장치 전문교육기관으로 지정받은 경우
2. ㉢에 따른 초경량비행장치 전문교육기관의 지정기준 중 국토교통부령으로 정하는 기준에 미달하는 경우

㉤ 국토교통부장관은 초경량비행장치 전문교육기관으로 지정받은 자가 ㉢의 지정기준을 충족·유지하고 있는지에 대하여 관련 사항을 보고하게 하거나 자료를 제출하게 할 수 있다.

㉥ 국토교통부장관은 초경량비행장치 전문교육기관으로 지정받은 자가 ㉢의 지정기준을 충족·유지하고 있는지에 대하여 관계 공무원으로 하여금 사무소 등을 출입하여 관계 서류나 시설·장비 등을 검사하게 할 수 있다. 이 경우 검사를 하는 공무원은 그 권한을 나타내는 증표를 지니고 이를 관계인에게 내보여야 한다.

㉦ 국토교통부장관은 초경량비행장치 조종자의 효율적 활용과 운용능력 향상을 위하여 필요한 경우 교육·훈련 등 조종자의 육성에 관한 사업을 실시할 수 있다.

54 초경량비행장치를 사용하여 영리 목적을 취할 경우 보험에 가입하여야 한다. 그 경우가 아닌 것은?

① 항공기 대여업에서의 사용

② 초경량비행장치 사용 사업에의 사용

③ 항공레저스포츠사업에의 사용

④ 초경량비행장치의 조립판매 시 사용

해설

항공보험 등의 가입의무(항공사업법 제70조)

초경량비행장치를 초경량비행장치 사용 사업, 항공기 대여업 및 항공레저스포츠사업에 사용하려는 자와 무인비행장치 등 국토교통부령으로 정하는 초경량비행장치를 소유한 국가, 지방자치단체, 「공공기관의 운영에 관한 법률」 제4조에 따른 공공기관은 국토교통부령으로 정하는 보험 또는 공제에 가입하여야 한다.

53 ④ 54 ④ **정답**

55 다음 중 틀린 것을 고르시오.

① 말소신고를 하지 아니한 초경량비행장치 소유자 등은 30만원 이하의 과태료
② 신고번호 표시를 하지 아니 하거나 거짓으로 표시한 초경량비행장치 소유자 등은 100만원 이하의 과태료
③ 안전성 인증을 받지 아니하고 비행한 사람은 1,000만원 이하의 과태료
④ 국토교통부령으로 정하는 장비를 장착하거나 휴대하지 아니하고 비행을 한 자는 100만원 이하의 과태료

해설

과태료(항공안전법 제166조)

① 초경량비행장치의 말소신고를 하지 아니한 초경량비행장치 소유자 등 : 30만원 이하의 과태료
② 신고번호를 해당 초경량비행장치에 표시하지 아니하거나 거짓으로 표시한 초경량비행장치 소유자 등 : 100만원 이하의 과태료
③ 초경량비행장치의 비행안전을 위한 기술상의 기준에 적합하다는 안전성인증을 받지 아니하고 비행한 사람 : 500만원 이하의 과태료
④ 국토교통부령으로 정하는 장비를 장착하거나 휴대하지 아니하고 초경량비행장치를 사용하여 비행을 한 자 : 100만원 이하의 과태료

56 초경량비행장치 운용 관련 벌칙에 대한 내용 중 맞는 것은 무엇인가?

① 국토교통부장관의 승인을 받지 아니하고 초경량비행장치 비행제한공역을 비행한 사람은 100만원 이하의 벌금에 처한다.
② 초경량비행장치의 신고 또는 변경신고를 하지 아니하고 비행을 한 자는 300만원 이하의 벌금에 처한다.
③ 국토교통부장관의 승인을 받지 아니하고 초경량비행장치 비행제한공역을 비행한 사람은 500만원 이하의 벌금에 처한다.
④ 국토교통부장관의 허가를 받지 아니하고 무인자유기구를 비행시킨 사람은 300만원 이하의 벌금에 처한다.

해설

초경량비행장치 불법사용 등의 죄(항공안전법 제161조 제4항)

국토교통부장관의 승인을 받지 아니하고 초경량비행장치 비행제한공역을 비행한 사람은 500만원 이하의 벌금에 처한다.

57 다음 괄호 안에 알맞은 것은?

보 기

초경량무인비행장치의 신고 또는 변경신고를 아니하고 비행을 한 자는 6개월 이하의 징역 또는 (　　) 이하의 벌금에 처한다.

① 30만원　　② 200만원
③ 500만원　　④ 1,000만원

해설

초경량비행장치 불법사용 등의 죄(항공안전법 제161조 제3항)

초경량비행장치의 신고 또는 변경신고를 하지 아니하고 비행을 한 자는 6개월 이하의 징역 또는 500만원 이하의 벌금에 처한다.

정답　55 ③　56 ③　57 ③

우리 인생의 가장 큰 영광은

결코 넘어지지 않는 데 있는 것이 아니라

넘어질 때마다 일어서는 데 있다.

– 넬슨 만델라

PART 05

무인비행선

CHAPTER 01 무인비행선 개론

01 무인비행선 소개

(1) Goodyear Aerospace GZ-20A

무인비행선의 시초는 Goodyear Aerospace GZ-20A 모델이며, 광고용 연식 비행선으로 총 6대가 생산되어 운영되다가 2015년 8월 퇴역하였다.

[1]

(2) 경식 비행선 USS 마콘

경식 비행선 USS 마콘은 미 해군의 아크론급 공중항공모함으로 크기에 어울리지 않게 작은 프롭기 4기만을 탑재하였다. 최후에는 폭풍우를 만나 침몰하였다.

[2]

1) http://cdn-www.airliners.net/photos/airliners/4/6/3/1941364.jpg

2) http://static.origos.hu/s/img/i/1307/20130701uss-macon-leghajo-zeppelin.jpg

(3) 더 왈러스(The Walrus ; 바다코끼리)

미 육군이 개발하려고 했던 세계 최대 비행선으로 설계상으로는 1,000톤의 화물을 싣고 10,000마일(16,000km)의 비행이 가능했다. 크기는 나미츠급 항공모함보다 크고, 쉽고 싸게 만들 수 있으며 연료비도 적게 들 것이라 예상했으나 2010년에 개발이 취소되었다.

[3]

02 무인비행선의 개요 및 특징

(1) 무인비행선 개요

① 비행선이란 비행기와는 달리 날개에 바람을 맞게 해서 양력을 생성하지 않고, 공기보다 가벼운 기체를 담고 있거나 공기를 데워서 '부력을 일으키는 기관'을 장착해 부력을 생성하는 비행체를 의미한다.

② 추진 · 조종 장치가 있다면 비행선, 없다면 기구로 구분한다.

③ 비행선과 기구는 기본적으로 하늘에 뜨는 원리가 동일하다.

④ 비행선과 기구는 근본적으로 동일하지만 추진 · 조종 장치를 설치하기 위해 모양을 많이 변형하기 때문에 실질적으로 볼 수 있는 '기구'와 '비행선'의 모양은 다르다.

⑤ 동체 위에 크게 달린 풍선이 있다는 점은 동일하지만, 풍선의 모양도 기구 또는 비행선에 따라 차이를 보이는 경우가 많다.

⑥ 일반적인 기구는 둥근 데 반해 비행선은 공기역학을 고려하여 원통형인 것이 일반적이다.

---

3) http://cfs12.blog.daum.net/image/21/blog/2008/06/21/09/00/485c44863e511&filename=4-3.jpg

(2) 무인비행선 특징

① 비행선은 그 득징이 매우 뚜렷하다. 일단 양력이 아닌 부력을 통해 하늘을 날아다니는 운송수단으로 속도에 관계없이 이착륙이 가능하다.

② 물 위를 떠다니는 배와 달리 밀도가 낮은 대기(공기) 속을 더욱 가벼운 기체(예 수소, 헬륨)를 통해 비행한다.

③ 탑재중량에 비해 비행선의 체적은 매우 크다.

④ 공중에서 비행선이 뒤집히지 않게 무게중심이 아래쪽에 있어야 하기 때문에 승객 거주구(곤돌라)가 차지하는 크기 비율이 매우 적은데, 무인비행선의 소개 편에서도 볼 수 있듯이 실제 비행선의 크기에 비해 거주구가 매우 적은 것도 이 때문이다.

⑤ 체적이 거대하면서 가벼워야 되는 비행선의 구조적 특성상 기체강도를 무작정 늘릴 수 없기 때문에 비행선은 악천후에 매우 취약하다.

⑥ 비행선 추락사고의 원인은 대부분이 폭풍우나 태풍 등이다.

⑦ 비단 추락사고뿐만 아니라 지상계류 중 중심을 못 잡아서 비행선이 수직으로 정지하거나, 갑작스런 상승으로 계류색을 고정하던 지상요원이 끌려 올라가 추락하는 사고가 발생하기도 한다.
※ 타 초경량비행장치에 비해 기상의 영향을 많이 받음

⑧ 하늘을 뜨고 내리는 데 속도가 필요하지 않기 때문에 비행기처럼 따로 택싱할 필요 없이 지상에서 살짝 뜬 상태로 사람이 이리저리 잡아당기면 그대로 끌려온다.

⑨ 비행선은 착륙 후 반드시 계류탑(Mooring Mast)에 결박해야 하며, 미결박 시 비행선이 갑자기 상승하거나 바람에 흘러갈 수도 있다.

⑩ 속도로 하늘을 날아다니는 것이 아닌 만큼 추진엔진의 선택권이 다양하다. 과거에는 경유를 사용하는 일반적인 디젤 엔진이 아닌 선박에 사용하는 중유 디젤 엔진을 탑재한 모델이 존재하기도 했다.

03 무인비행선의 장단점

(1) 장 점

① 소음이 적고 탑승감이 뛰어나며, 비행기와는 달리 이착륙에 대규모 활주로가 필요 없다.

② 수직 이착륙이 가능하며 얼음 위에도 착륙이 가능하다.

③ 화물 적재량이 탁월하다. 과거 힌덴부르크호의 화물 적재량은 60톤으로 2차 대전 당시 최대급의 폭격기인 B-29의 화물 적재량이 9톤인 것과 비교하면 비행선의 적재량은 가히 압도적이라 할 수 있다.
※ 미군은 이러한 이유로 더 왈러스(The Walrus ; 바다코끼리)라는 화물 적재량 1,000톤짜리 비행선을 계획하였으나 2010년 이를 돌연 취소한 바 있다.

④ 비행선은 느리다는 편견이 팽배하나, 고속이며 지형의 영향을 적게 받는다.

※ 비행선의 대명사라고 할 수 있는 그라프 체펠린의 경우 21일 7시간 26분에 걸쳐 세계일주를 하기도 했고, 최고시속은 128km였다.

※ 지형의 영향을 적게 받기 때문에 타 수송수단과 비교 시에도 경쟁력 있는 속도를 보장

⑤ 비행기는 비행능력 자체를 내연기관의 추진력에 의존하여 연료 소비량이 크고 엔진에 가해지는 부하도 클 수밖에 없지만, 비행선은 기낭(공기주머니)을 이용하여 부상하고 내연기관은 추진이나 조종에만 사용하므로 적은 연료로 큰 중량을 수송 가능하다.

⑥ 속도가 감속하거나 균형을 상실했을 시에 양력을 상실하는 비행기와 달리 속도나 방향에 상관없이 비행선은 일단 부양이 가능하다.

⑦ 현재 비행선이 유지되는 이유는 압도적인 공중 체공시간이다.

⑧ 타 분야는 비행기에 대부분 뒤처져 경쟁력을 상실했으나, 공중에 반나절 이상 체공하기 힘든 항공기에 비해 비행선은 일주일에서 몇 달까지 체공할 수 있는 엄청난 체공능력을 보유하고 있다.

※ 현재 연구 중인 성층권 비행선이나 그 이상의 궤도를 도는 비행선 등은 무려 1년이 넘는 시간 동안 체공이 가능

⑨ **종 합**

비행선은 수송기가 갖추어야 할 장점을 모두 보유하고 있다.

- 뛰어난 연료 효율
- 우수한 정숙성
- 큰 화물 적재량
- 지형의 간섭 최소화
- 수송속도 탁월

(2) 단 점

① 비행선의 가장 큰 단점은 속도로, 비행기(3~400km)와는 달리 고속비행에 한계가 있다.

※ 그라프 체펠린의 최고속도 : 시속 128km, 현대에 개발된 비행선 에어랜더 10의 최고속도 : 시속 148km

② 거대한 기체의 크기 때문에 수리, 생산 등에 대형시설이 필요하다.

③ 하늘에 뜨면 간단히 눈치 챌 수 있으며, 당연히 레이더에도 탐지된다.

④ 내구성을 비교해 보면 전함, 비행기는 튼튼하여 공격을 잘 버티지만, 비행선은 '기낭(공기주머니)'이라는 약점을 보유하고 있다.

⑤ 기낭(공기주머니)에 요격, 조준 시 즉시 추락할 위험이 있다.

※ 피탄율을 감안한다 해도 비행기는 회피가 가능하지만 비행선은 제한

⑥ 미군이 대형 비행선을 포기한 이유도 방어력, 속도, 생존성 등이 현대 전장에 부적합하기 때문이다.

⑦ 악천후를 만났을 때 속도가 느려서 잘 빠져나가지도 못하며 쉽게 추락하는 등 기상 변화에 굉장히 민감하다.

※ 비행선은 공중에 뜨기 위해서 같은 부피의 공기보다 비중을 낮춰야 하기에 악천후의 영향을 그만큼 크게 받으며, 비행기처럼 실속이나 균형상실로 추락하지는 않지만 강한 바람이라도 불면 그대로 바람에 떠내려가며 벼락에도 취약한 점이 있다.

⑧ 종 합

방어력, 속도, 생존성 등의 문제로 현대 전장에 부적합하여 군사용으로는 사용이 불가능하다.

- 기체 크기 과다로 대형 생산·수리 시설 필요
- 탐지 확률이 높아 군사용으로 부적합
- 기낭으로 인해 내구성과 적의 공격에 취약
- 번개, 바람 등 악천후에 취약(예 연평도 비행선 사업 실패)

04 무인비행선의 종류, 연료

(1) 기낭 : 연식, 경식, 반경식

① 크게 연식, 경식으로 구분하고, 두 방식을 같이 쓰는 절충형(반경식)도 존재한다.

② 연식은 일반적인 기구처럼 풍선에 가스를 주입하기만 하면 운행이 가능하다. 비교적 규모가 작은 비행선의 경우 연식을 사용하며, 제작이 용이하고 비상시 가스를 빼서 접어 보관할 수도 있지만 내구도는 높지 않다. 단, 풍선 전체가 터지는 건 아니고 가스가 조금 유출될 뿐이지만 이렇게 되면 지상으로 하강할 수 밖에 없다.

③ 경식은 풍선 밖에 뼈대를 설치하여 가스가 없더라도 그 형태를 유지할 수 있다. 비교적 큰 규모의 비행선에 경식을 사용하며, 힌덴부르크 또한 경식 비행선이다.

④ 뼈대가 있어 큰 외장 풍선 안에 가스가 들어간 기낭을 여러 개 배치하여 안정성이 뛰어나다(일종의 격벽). 기구나 연식 비행선보다 내구도가 높으며, 여러 개의 기낭으로 인해 풍선이 하나밖에 없는 연식 비행선보다 방향전환이나 자세제어에 유리하다.

⑤ 독일의 페르디난트 폰 체펠린 백작이 경식 비행선을 강력히 지지했기 때문에 사람들은 체펠린이 만든 비행선의 형식을 체펠린 비행선이라고 칭했으며, 그런 방식으로 만든 몇몇 비행선에 제벨린의 이름을 따서 붙였다. 이 단어는 지금까지도 비행선, 특히 경식 비행선을 뜻하는 고유명사로 사용되고 있고, 그래서 비행선을 영문으로 표현할 때 'Zeppelin'이라고도 한다.

⑥ 후기형 제펠린 비행선은 '이중기낭'으로 구성되어 있는데 뼈대가 있는 기낭은 외장을 구성하고 실제 부양가스는 내부에 위치한 여러 개의 구형기낭에 집어넣는 구조이다.

(2) 가스 : 수소, 헬륨

① 부력을 생성하는 것은 보통 기낭에 주입되는 가스인데 주로 수소나 헬륨을 사용한다. 원래 수소를 사용했으나 수소의 위험성이 강해 사고가 잦았다.

② 수소의 위험성이 대두되면서 힌덴부르크호에 헬륨을 채우려는 시도가 있었으나 당시 헬륨의 유일한 생산지는 텍사스였고 제2차 세계대전이 발발하기 얼마 전 헬륨 수출을 금지한 미국 때문에 이는 실패하였다. 결국 수소를 가득 담은 힌덴부르크호가 사고로 인해 폭발하여 언론에 대대적으로 보도되면서 비행선의 생산이 중단되었다.

③ 고도 조절은 기구처럼 추를 떨어뜨리거나 가스를 빼 하강하거나, 열기구의 원리를 적용하여 가스를 가열해 부력을 높여 상승하는 하이브리드형 가열식 비행선도 고려되었다.

④ 수소 가스를 쓴 비행선도 사고율 자체는 당시의 비행기와 비교해 그리 높지 않았다. 대부분의 비행선 사고는 악천후에 균형을 잃고 조난을 당하는 것이었고, 기낭이 통째로 불타버린 힌덴부르크호 같은 대형사고는 매우 드물었다.

⑤ 폭발사고가 적었던 이유는 수소를 쓴다는 게 위험하다는 건 당시 사람들도 충분히 인지하고 있었으므로 기내에서 담배도 피우지 못하게 할 정도로 철저하게 위험을 관리했기 때문이다. 이러한 이유로 비행선 옹호자들은 충분히 주의한다면 수소 역시 상당히 안전하게 쓸 수 있다고 주장한다.

⑥ 비행선이 몰락한 것은 수소의 위험성보다도 비행기보다 느린 속도와 대형 비행선의 낮은 효율성이 더 큰 문제였다는 것이 현재의 중론이다.

CHAPTER 02 무인비행선의 구조 · 원리 · 조종

01 무인비행선의 구조

(1) 비행선의 주요 구성품

비행선은 기수보강재, 전·후방 보조기낭, 카테나리 커튼, 꼬리날개 및 조종면, 곤돌라, 엔진 등으로 구성되어 있다.

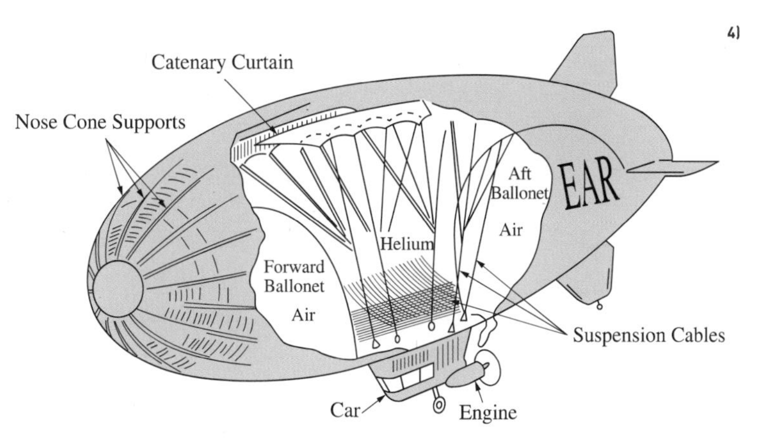

4)

① 기수 보강재(Nose Cone & Battens)

노즈콘(Nose Cone)은 비행 중 발생하는 동압이 기낭 내부 압력보다 커질 경우 기낭이 함몰하는 것을 막기 위해 장착한다. 기낭의 모양이 변형되면 항력이 증가하는 등 전체적인 비행성능이 저하되기 때문이다. 비행선이 정박해 있을 경우 노즈콘을 마스트에 고정하고, 지상이나 해상에서 비행선을 운용할 경우 케이블 등을 노즈콘에 연결하여 사용할 수 있다. 필요시 무게중심을 맞추기 위한 더미 중량이나 발라스트(Ballast)를 장착하거나, 경우에 따라서 추적장치를 부착할 수 있다.

배튼(Batten)은 노즈콘에 우산살처럼 장착된 구조물로 마스트(Mast)에 고정 시의 응력과 비행 시의 항력을 기낭의 천으로 분산시키는 역할을 한다. 만약 이 배튼이 존재하지 않으면 노즈 부분이 쉽게 상할 수 있으며 항력이 증가하여 비행성능을 저하시킬 수 있다.

4) http://central.oak.go.kr/journallist/journaldetail.do?article_seq=11304

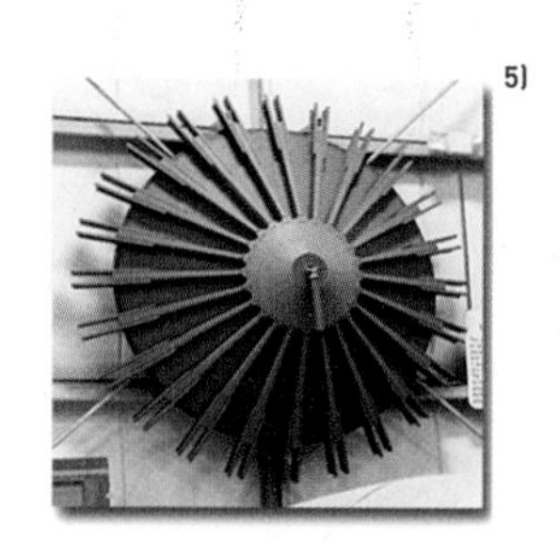

5)

② 전방 보조기낭(Forward Ballonet)

기낭 속의 공기낭이라고도 한다. 비행선이 상승 또는 하강할 때 기낭 안의 헬륨은 팽창하거나 수축하는데, 상승 시에는 헬륨이 팽창하여 보조기낭의 압력이 증가하기 때문에 공기는 공기 밸브를 통하여 밖으로 빠져나온다. 하강 시에는 헬륨이 수축하여 내압이 떨어지기 때문에 팬 등을 통하여 보조기낭으로 공기를 넣어줌으로써 전체 기낭의 내압은 일정하게 유지된다. 전방 보조기낭은 비행선 앞부분의 자세를 잡는 데 사용되기도 한다.

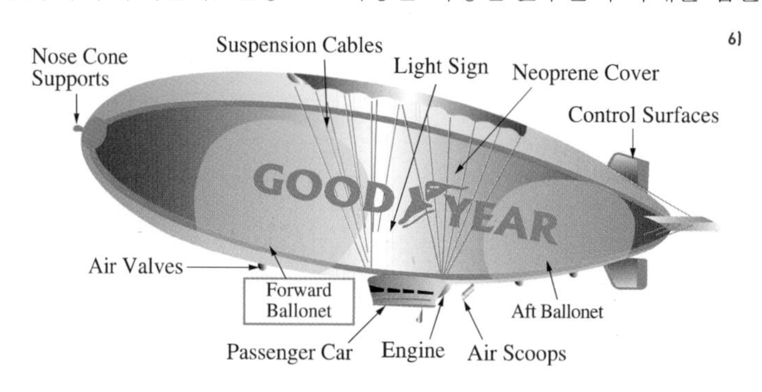

6)

③ 공기 밸브

기낭 안의 공기압을 조절하는 기능을 한다. 과도한 압력이 기낭에 발생할 경우 보조기낭의 공기를 밖으로 내보내는 역할을 함으로써 기낭의 전체 압력을 적정하게 유지시켜 준다.

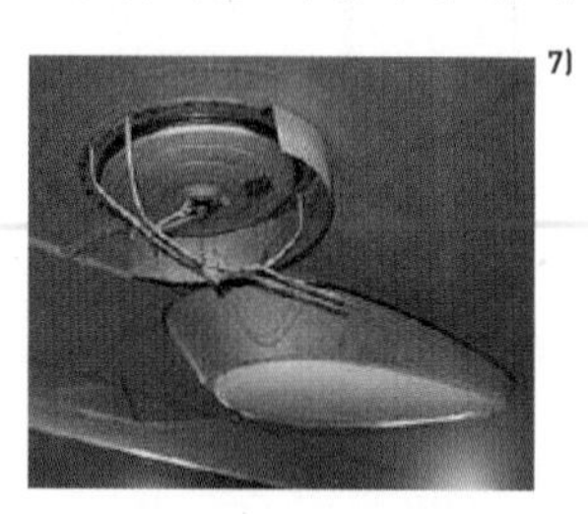

7)

5) https://www.neam.org/ac-goodyear-znpk28.php

6) http://avstop.com/ac/Aviation_Maintenance_Technician_Handbook_General/3-28.html

7) https://science.howstuffworks.com/transport/flight/modern/blimp1.htm

④ 카테나리 커튼, 지지 케이블(Catenary Curtain and Suspension Cables)

카테나리 커튼은 곤돌라(Gondola)나 엔진, 연료탱크 등을 장착한 구조물을 기낭에 고정시키기 위하여 기낭 내부에 설치하는 천이다. 일반적으로 내부의 카테나리 커튼은 앞뒤 방향으로 붙여지며, 좌우로 약 10~30° 정도의 각을 주어 붙인다.

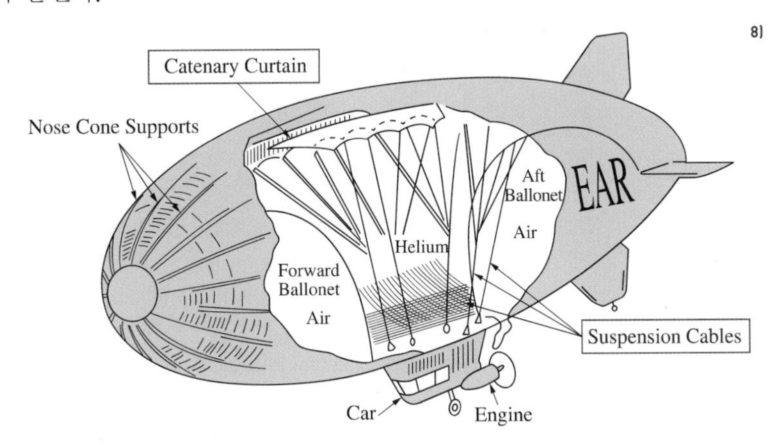

[8]

⑤ 헬륨 밸브(Helium Valves)

헬륨낭에 과도압력이 발생할 경우 헬륨 밸브를 통하여 압력을 조절한다. 수동 혹은 자동으로 작동하며, 기낭의 가장 윗부분에 설치하는 것은 피한다. 기낭의 가장 윗부분에 설치될 경우 기낭이 모든 헬륨을 잃어버릴 수 있기 때문이다.

⑥ 곤돌라(Gondola)

승객과 조종사 등이 타는 곳으로 기낭의 아래 부분에 위치하며, 카테나리 커튼으로 지지한다. 중량을 줄이기 위해 복합소재가 널리 이용되고 있다.

[9]

---

8) http://central.oak.go.kr/journallist/journaldetail.do?article_seq=11304

9) https://m.blog.naver.com/PostView.nhn?blogId=kgs_safety&logNo=220845778864&proxyReferer=http%3A%2F%2Fwww.google.co.kr%2Furl%3Fsa%3Dt%26rct%3Dj%26q%3D%26esrc%3Ds%26source%3Dweb%26cd%3D11%26ved%3D2ahUKEwjencWAvq3eAhXbZt4KHd6lCC4QFjAKegQIAxAB%26url%3Dhttp%253A%252F%252Fm.blog.naver.com%252Fkgs_safety%252F220845778864%26usg%3DAOvVaw16FBVMm-7ElzyhMsNfTgch

⑦ 엔 진

비행선의 추진시스템은 디젤엔진에 덕트 팬(Ducted Fan) 프로펠러가 일반적이다. 주로 곤돌라에 연결하나 추진시스템의 효율 향상을 위해 꼬리에 연결하기도 한다.

10)

⑧ 공기 흡입구(Air Scoops)

프로펠러가 작동하지 않을 경우를 대비하여 전기 모터를 이용한 보조 공기 흡입장치를 두기도 하며, 몇몇 비행선은 오직 전기 모터만을 사용한다. 공기 흡입구는 기낭 안의 공기압이 일정하게 유지되도록 공기를 보조기낭에 공급하는 역할을 한다. 일반적으로 광고용의 소형 저고도 비행선은 보조기낭이 없으며 공기 흡입구 또한 설치하지 않는 것처럼 모든 비행선이 공기 흡입구를 가지는 것은 아니다.

11)

10) https://science.howstuffworks.com/transport/flight/modern/blimp1.htm

11) https://science.howstuffworks.com/transport/flight/modern/blimp1.htm

⑨ 후방 보조기낭(Aft Ballonet)

기낭 속의 공기낭 구조인 비행선이 상승 또는 하강할 때, 기낭 안의 헬륨은 팽창하거나 수축한다. 비행선이 상승할 경우에는 헬륨이 팽창하여 보조기낭의 압력이 증가한다. 이 경우, 공기가 밸브를 통하여 밖으로 빠져나온다. 하강 시에는 헬륨이 수축하고 내압이 떨어진다. 이 경우, 팬 등을 통하여 보조기낭으로 공기를 넣어줌으로써 전체 기낭의 내압은 일정하게 유지, 후방 보조기낭은 비행선 뒷부분의 자세를 잡는 데 사용되기도 한다.
※ 전방 보조기낭과 같은 역할을 한다.

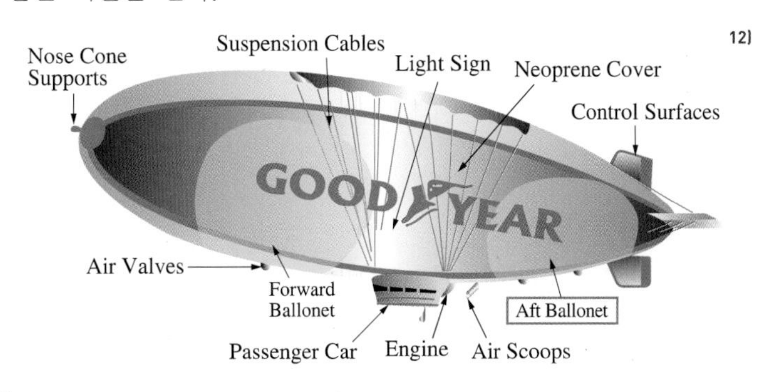

[12]

⑩ 꼬리날개 및 조종면(Rudder and Elevator Flap)

비행선에 안정성을 부여하기 위하여 수직 및 수평 안정판을 부착하는데 이를 꼬리날개라고 한다. 꼬리날개는 +형과 X형 그리고 Y형 혹은 거꾸로 부착된 Y형 등 다양한 형식을 가진다. 수직 안정판에 러더를 부착하여 좌우방향을 조종하고, 수평 안정판에 엘리베이터 플랫을 부착하여 상승과 하강을 조종한다.

▮ 러 더

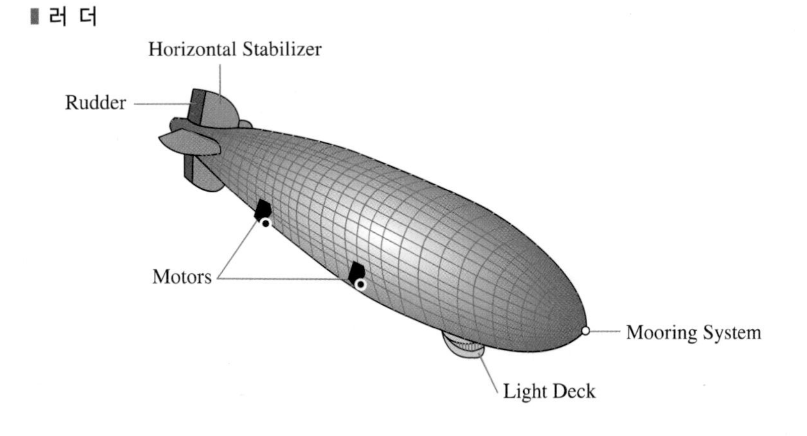

12) http://avstop.com/ac/Aviation_Maintenance_Technician_Handbook_General/3-28.html

▮ 엘리베이터 플랩

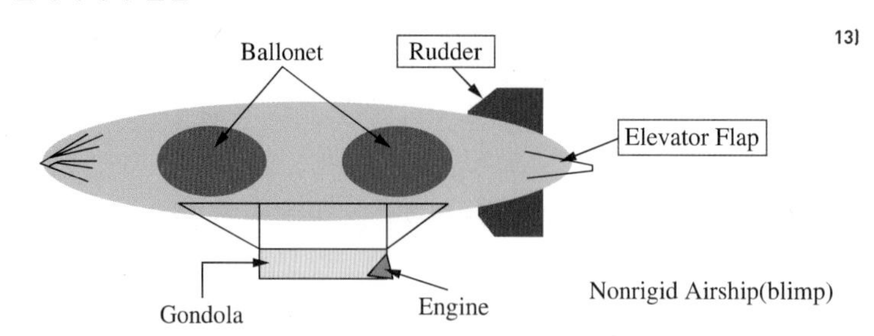

02 무인비행선의 비행원리

(1) 부 력

비행선은 공기와 헬륨의 밀도 차로 발생하는 부력이 작용하여 비행한다. 과거 비행선의 대부분은 수소 가스를 이용하여 부양력을 얻었지만, 최근 거의 모든 비행선은 일반 비행기의 날개가 제공하는 양력을 얻기 위해 헬륨(He) 가스를 사용한다. 헬륨 가스는 지상에서 $1m^3$ 약 1kg의 부양력을 제공한다. 이 부양력은 아주 작아 보이겠지만 중형 비행선의 기낭 크기가 $1,000m^3$ 이상이므로 사용 용도에 따라 크기를 손쉽게 조절할 수 있다.

(2) 양 력

① 헬륨은 천연 비활성 가스로 비행선 초기에는 희귀했지만 이제는 천연가스 제조의 부산물로 세계도처에서 손쉽게 구할 수 있게 되었다. 비행선의 고도가 상승하면 헬륨의 부피가 팽창하고, 하강하면 압축된다. 그러므로 형상 유지를 위하여 압력을 조절할 수 있는 시스템이 구축되어야 한다.

② 헬륨가스의 부력 이외에 비행선은 비행기의 날개와 같은 원리로 추가 양력을 얻을 수 있다. 즉, 정해진 속도로 비행하는 동안 받음각이 증가하면 비행선의 양력도 증가한다. 그러나 비행선은 일반 비행기처럼 양력을 얻기 위해 고속비행이 필요한 것은 아니며, 따라서 대용량의 동력원이 필요치 않아 소형 엔진만으로도 비행이 가능하다.

---

13) http://www.daviddarling.info/encyclopedia/A/airship.html

(3) 온도와 압력

① 온도와 압력 또한 비행선에 중요하게 작용하는 요소이다. 기낭의 내부와 외부의 압력차는 1/200기압으로 아주 작다. 이처럼 압력 차이가 매우 작기 때문에 불의의 사고로 발생한 기낭 구멍으로부터의 가스 누출속도가 극히 완만하여 안전비행에 영향을 미치기까지는 몇 시간 심지어는 몇 주가 걸리기도 한다.

② 보조기낭은 기낭의 내부압력을 일정하게 유지하기 위해 설치하는데 기종에 따라 복수인 것도 있다. 이것은 일반 공기를 저장하는 주머니로, 팽창과 압력의 순환과정 속에 기낭 내부압력을 일정하게 유지하는 역할을 한다.

③ 보조기낭의 부피 변화에 맞추어 헬륨도 체적이 늘거나 줄어드는데 보조기낭의 부피가 0일 때의 고도를 순수압력 고도라 한다. 초기 설계 시 보조기낭의 크기는 헬륨 저장량을 결정짓게 되고 순수압력 고도일 때 헬륨 체적이 최대가 된다. 순수압력 고도는 바로 비행 최고고도와 밀접한 관련이 있다.

④ 비행선의 양력은 무게와 직접적으로 관련된다. 비행선의 구성요소를 공기 중에 떠있도록 하기 위해서 비행선은 최소한 구성요소의 무게 이상의 양력을 필요로 한다. 그런데 온도의 변화와 기압 변동으로 인해 요구되는 최적의 양력이 변하게 되므로 이러한 변화요소를 극복할 수 있을 정도의 양력을 계산하여야 한다.

(4) 상 승

비행선의 상승은 보조기낭의 밸브를 열어 공기가 빠져나가 공기가 차지하는 부피를 줄이면 그만큼 공기보다 가벼운 기체가 차지하는 공간이 늘어나 비행선은 상승한다.

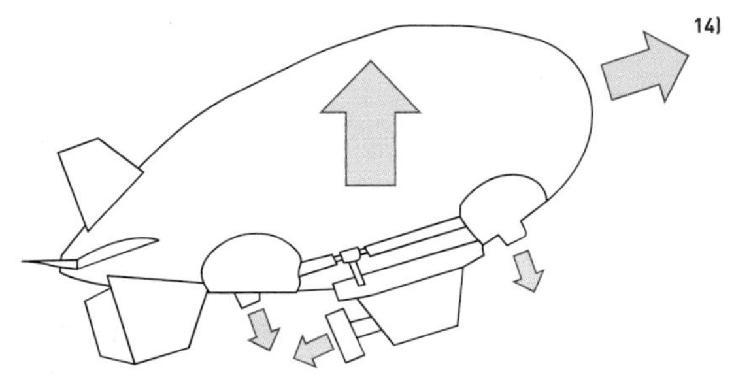

14) https://blog.naver.com/ykham1/110180220329

(5) 하 강

비행선의 하강은 수소나 헬륨가스로 비행선 내부에 있는 발로넷(Ballonet)이라는 보조기낭을 이용한다. 보조기낭에 공기를 불어넣으면 그만큼 공기보다 가벼운 기체가 차지하는 공간이 줄어들어 비행선은 하강을 한다.

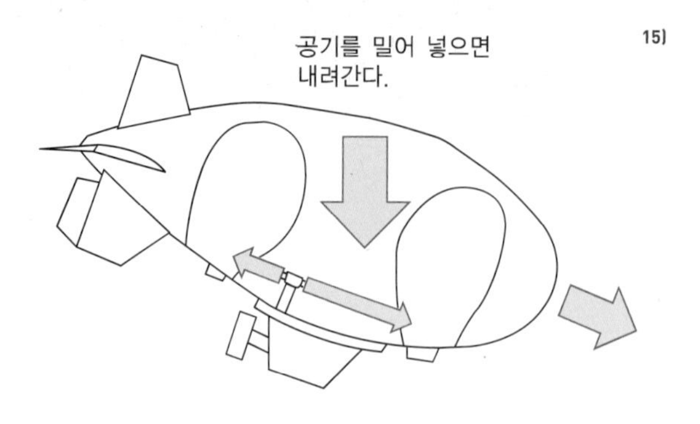

[15]

(6) 수평조절

두 개 이상의 보조기낭을 갖는 비행선의 경우에 보조기낭은 비행선의 상승・하강뿐 아니라 두 보조기낭의 공기량을 조절함으로써 수평조절 역할도 수행한다.

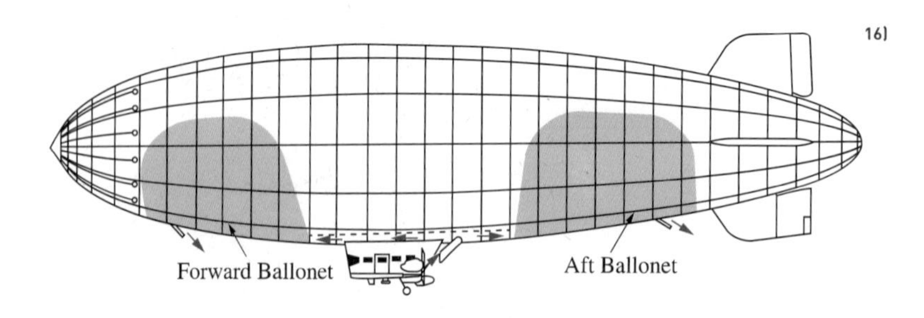

[16]

---

15) https://blog.naver.com/ykham1/110180220329

16) https://www.airships.net/blimp-filled/

03 무인비행선의 조종

(1) 조종원리

① 비행선은 사람이 직접 타고 조종하는 유인비행선과 사람이 탑승하지 않고 지상에서 무선 조종장치(RC ; Radio Control)로 조종하는 무선 조종 무인비행선으로 구분할 수 있다. 유인비행선은 주로 항공측량, 항공정찰 내지 관광레저용으로 사용되고, 무인비행선은 주로 항공촬영, 항공정찰 내지 광고・홍보용으로 사용된다. 최근에는 재난안전시스템으로 개발되고 있다.

② 비행선은 공기보다 7배나 가벼운 헬륨을 내장하는 큰 부피의 기낭을 가지며 기낭 아래에는 곤돌라가 부착되는 구조로, 유인비행선의 곤돌라에는 조종실 및 탑승실을 설치하고, 무인비행선의 곤돌라에는 추진장치, 방향조종장치, 지상의 무선 조종기로부터 발신되는 전파를 수신하는 수신장치를 설치한다.

③ 가볍고 출력이 우수한 모터(브러시리스 모터)를 사용하며 고용량의 축전지인 리튬-이온배터리를 동력원으로 사용한다. 무인비행선은 곤돌라 외측에 프로펠러를 장착한 모터에 의해 상승 및 전진하게 되며, 곤돌라 내측에는 상기 모터를 구동하는 배터리가 설치된다.

④ 기낭의 후방에는 수직타를 갖는 수직날개와, 수평타를 갖는 수평날개가 십자형태로 부착되어 비행선의 비행방향을 잡아주며 비행선을 안정적으로 비행하게 해준다.

⑤ 기구와 달리 비행선은 모터로 회전하는 프로펠러가 달려 있어 원하는 방향으로 조종이 가능하다. 비행선이 진행할 때 방향타와 승강타를 움직여서 기울거나 방향을 조정한다.

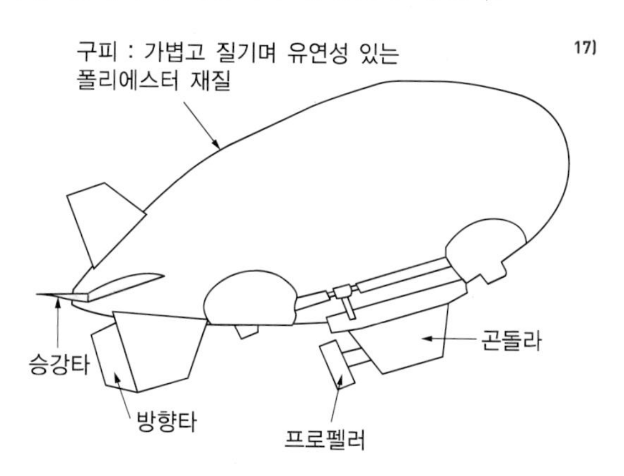

17) https://blog.naver.com/ykham1/110180220329

CHAPTER

03 국내 개발 비행선

01 에어로스탯(Aerostat)

산악 및 지형 극복을 위해 고도 300m~4km의 높이에 카메라, 레이더, 통신장비 등을 탑재한 대형 유선형 헬륨 부양선을 띄워서 저비용으로 고효율의 각종 정보(지상, 공중, 공간)를 획득하고 지원하기 위한 플랫폼이다.

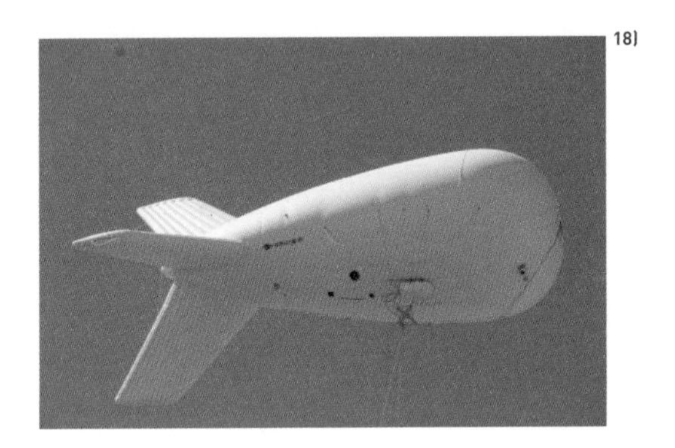
[18]

[18] https://blog.naver.com/mc341/70043848251

02 스카이십(Sky Ship)

현재까지 개발된 스카이십 중 가장 최신버전은 '스카이십2'로 에어포일(Air Foil) 형상을 적용해 이전 모델보다 공기저항을 최소화한 것이 특징이다. 덕분에 초속 13m의 바람 속에서도 안정적인 비행이 가능하다. 스카이십2의 최대 속도는 시속 80km, 최장 비행시간은 6시간으로 5kg까지 적재가 가능하다.

[19]

참고

무인비행선의 활용

재난구조 '스카이십'으로 10분 만에 OK [20]

사고가 발생하자마자 인근 상공을 비행 중이던 스카이십은 바로 스카이스캔을 통해 조난자 위치파악에 나섰다. 재난 구조의 핵심 기술인 스카이스캔은 4세대 이동통신(LTE)과 5세대 이동통신(5G) 모듈을 수용할 수 있다. 반경 50m 이내 조난자 유무를 파악해 수색범위를 좁혀 초반 구조 작업에 큰 도움을 줄 수 있다.

또 조난자 휴대전화 신호를 통신사 데이터와 연동하면 이름과 나이 등 정보를 확인할 수 있다. 재난안전통신망과 주민기록, 의료기록 데이터 연동이 가능해지면 혈액형, 병력 등 정보를 의료기관에 전달해 신속하고 정확한 응급 조치가 가능해질 전망이다.

19) http://www.ftoday.co.kr/news/articleView.html?idxno=100581

20) 파이낸셜투데이(http://www.ftoday.co.kr)

CHAPTER 04

초경량비행장치(무인비행선) 실기시험 표준서(Practical Test Standards)

01 총 칙

(1) 목 적

이 표준서는 초경량비행장치 무인비행선 조종자 실기시험의 신뢰와 객관성을 확보하고 초경량비행장치 조종자의 지식 및 기량 등의 확인과정을 표준화하여 실기시험 응시자에 대한 공정한 평가를 목적으로 한다.

(2) 실기시험표준서 구성

초경량비행장치 무인비행선 실기시험 표준서는 제1장 총칙, 제2장 실기영역, 제3장 실기영역 세부기준으로 구성되어 있으며, 각 실기영역 및 실기영역 세부기준은 해당 영역의 과목들로 구성되어 있다.

(3) 일반사항

초경량비행장치 무인비행선 실기시험위원은 실기시험을 시행할 때 이 표준서로 실시하여야 하며 응시자는 훈련을 할 때 이 표준서를 참조할 수 있다.

(4) 실기시험표준서 용어의 정의

① 실기영역은 실제 비행할 때 행하여지는 유사한 비행기동들을 모아놓은 것이며, 비행 전 준비부터 시작하여 비행종료 후의 순서로 이루어져 있다. 다만, 실기시험위원은 효율적이고 완벽한 시험이 이루어질 수 있다면 그 순서를 재배열하여 실기시험을 수행할 수 있다.

② 실기과목은 실기영역 내의 지식과 비행기동, 절차 등을 말한다.

③ 실기영역의 세부기준은 응시자가 실기과목을 수행하면서 그 능력을 만족스럽게 보여주어야 할 중요한 요소들을 열거한 것으로, 다음과 같은 내용을 포함하고 있다.

㉠ 응시자의 수행능력 확인이 반드시 요구되는 항목

㉡ 실기과목이 수행되어야 하는 조건

㉢ 응시자가 합격될 수 있는 최저 수준

④ 안정된 접근이라 함은 최소한의 조종간 사용으로 초경량비행장치를 안전하게 착륙시킬 수 있도록 접근하는 것을 말한다. 접근할 때 과도한 조종간의 사용은 부적절한 무인비행선 조작으로 간주된다.

⑤ 권고된이라 함은 초경량비행장치 제작사의 권고사항을 말한다.

⑥ 지정된이라 함은 실기시험위원에 의해서 지정된 것을 말한다.

(5) 실기시험표준서의 사용

① 실기시험위원은 시험영역과 과목의 진행에 있어서 본 표준서에 제시된 순서를 반드시 따를 필요는 없으며 효율적이고 원활하게 실기시험을 진행하기 위하여 특정 과목을 결합하거나 진행순서를 변경할 수 있다. 그러나 모든 과목에서 정하는 목적에 대한 평가는 실기시험 중 반드시 수행되어야 한다.

② 실기시험위원은 항공법규에 의한 초경량비행장치 조종자의 준수사항 등을 강조하여야 한다.

(6) 실기시험표준서의 적용

① 초경량비행장치 조종자 증명시험에 합격하려고 하는 경우 이 실기시험표준서에 기술되어 있는 적절한 과목들을 완수하여야 한다.

② 실기시험위원들은 응시자들이 효율적이고 주어진 과목에 대하여 시범을 보일 수 있도록 지시나 임무를 명확히 하여야 한다. 유사한 목표를 가진 임무가 시간 절약을 위해서 통합되어야 하지만, 모든 임무의 목표는 실기시험 중 적절한 때에 시범보여져야 하며 평가되어야 한다.

③ 실기시험위원이 초경량비행장치 조종자가 안전하게 임무를 수행하는 능력을 정확하게 평가하는 것은 매우 중요한 것이다.

④ 실기시험위원의 판단하에 현재의 초경량비행장치나 장비로 특정 과목을 수행하기에 적합하지 않을 경우 그 과목은 구술평가로 대체할 수 있다.

(7) 초경량비행장치 무인비행선 실기시험 응시요건

초경량비행장치 무인비행선 실기시험 응시자는 다음 사항을 충족하여야 한다. 응시자가 시험을 신청할 때에 접수기관에서 이미 확인하였더라도 실기시험위원은 다음 사항을 확인할 의무를 지닌다.

① 최근 2년 이내에 학과시험에 합격하였을 것

② 조종자증명에 한정될 비행장치로 비행교육을 받고 초경량비행장치 조종자증명 운영세칙에서 정한 비행경력을 충족할 것

③ 시험 당일 현재 유효한 항공신체검사증명서를 소지할 것

(8) 실기시험 중 주의산만(Distraction)의 평가

사고의 대부분이 조종자의 업무부하가 높은 비행단계에서 조종자의 주의산만으로 인하여 발생된 것으로 보고되고 있다. 비행교육과 평가를 통하여 이러한 부분을 강화시키기 위하여 실기시험위원은 실기시험 중 실제로 주의가 산만한 환경을 만든다. 이를 통하여 시험위원은 주어진 환경하에서 안전한 비행을 유지하고 조종실의 안과 밖을 확인하는 응시자의 주의분배 능력을 평가할 수 있는 기회를 갖게 된다.

(9) 실기시험위원의 책임

① 실기시험위원은 관계 법규에서 규정한 비행계획 승인 등 적법한 절차를 따르지 않았거나 초경량비행장치의 안전성 인증을 받지 않은 경우 실기시험을 실시해서는 안 된다.

② 실기시험위원은 실기평가가 이루어지는 동안 응시자의 지식과 기술이 표준서에 제시된 각 과목의 목적과 기준을 충족하였는지의 여부를 판단할 책임이 있다.

③ 실기시험에 있어서 '지식'과 '기량' 부분에 대한 뚜렷한 구분이 없거나 안전을 저해하는 경우 구술시험으로 진행할 수 있다.

④ 실기시험의 비행부분을 진행하는 동안 안전요소와 관련된 응시자의 지식을 측정하기 위하여 구술시험을 효과적으로 진행하여야 한다.

⑤ 실기시험위원은 응시자가 정상적으로 임무를 수행하는 과정을 방해하여서는 안 된다.

⑥ 실기시험을 진행하는 동안 시험위원은 단순하고 기계적인 능력의 평가보다는 응시자의 능력이 최대로 발휘될 수 있도록 기회를 제공하여야 한다.

(10) 실기시험 합격수준

실기시험위원은 응시자가 다음 조건을 충족할 경우에 합격판정을 내려야 한다.

① 본 표준서에서 정한 기준 내에서 실기영역을 수행해야 한다.

② 각 항목을 수행함에 있어 숙달된 비행장치 조작을 보여 주어야 한다.

③ 본 표준서의 기준을 만족하는 능숙한 기술을 보여 주어야 한다.

④ 올바른 판단을 보여 주어야 한다.

(11) 실기시험 불합격의 경우

응시자가 수행한 어떠한 항목이 표준서의 기준을 만족하지 못하였다고 실기시험위원이 판단하였다면 그 항목은 통과하지 못한 것이며 실기시험은 불합격 처리가 된다. 이러한 경우 실기시험위원이나 응시자는 언제든지 실기시험을 중지할 수 있다. 다만 응시자의 요청에 의하여 시험은 계속될 수 있으나 불합격 처리된다. 실기시험 불합격에 해당하는 대표적인 항목들은 다음과 같다.

① 응시자가 비행안전을 유지하지 못하여 시험위원이 개입한 경우

② 비행기동을 하기 전에 공역 확인을 위한 공중경계를 간과한 경우

③ 실기영역의 세부내용에서 규정한 조작의 최대 허용한계를 지속적으로 벗어난 경우

④ 허용한계를 벗어났을 때 즉각적인 수정 조작을 취하지 못한 경우 등이다.

02 실기 영역

(1) 구술관련 사항

① 기체에 관련한 사항
- ㉠ 비행장치 종류에 관한 사항
- ㉡ 비행허가에 관한 사항
- ㉢ 안전관리에 관한 사항
- ㉣ 비행규정에 관한 사항
- ㉤ 정비규정에 관한 사항

② 조종자에 관련한 사항
- ㉠ 신체조건에 관한 사항
- ㉡ 학과합격에 관한 사항
- ㉢ 비행경력에 관한 사항
- ㉣ 비행허가에 관한 사항

③ 공역 및 비행장에 관련한 사항
- ㉠ 비행 공역에 관한 사항
- ㉡ 비행장 및 주변 환경에 관한 사항

④ 풍향 및 풍속에 관련한 사항
- ㉠ 풍향에 관한 사항
- ㉡ 풍속에 관한 사항

⑤ 일반지식 및 비상절차
㉠ 비행규칙에 관한 사항
㉡ 비행계획에 관한 사항
㉢ 비상절차에 관한 사항

(2) 실기관련 사항

① 비행 전 절차
㉠ 비행 전 점검
㉡ 발동기의 시동
㉢ 이륙 전 점검

② 이륙과 상승
㉠ 이륙 및 상승
㉡ 비상상황 발생 시 이륙포기

③ 공중조작
㉠ 정지비행
㉡ 상승비행
㉢ 직진수평비행
㉣ 표준 및 선회비행
㉤ 비상조작

④ 착륙조작
㉠ 정상접근 및 착륙
㉡ 측풍접근 및 착륙

⑤ 비행 후 점검
㉠ 비행 후 점검
㉡ 비행기록

(3) 종합능력관련 사항

① 계획성

② 판단력

③ 규칙의 준수

④ 조작의 원활성

03 실기영역 세부기준

(1) 구술관련 사항

① 기체관련 사항 평가기준

㉠ 비행장치 종류에 관한 사항

기체의 형식인정과 그 목적에 대하여 이해하고 해당 비행장치의 요건에 대하여 설명할 수 있을 것

㉡ 비행허가에 관한 사항

항공안전법 제124조에 대하여 이해하고, 비행안전을 위한 기술상의 기준에 적합하다는 '안전성인증서'를 보유하고 있을 것

㉢ 안전관리에 관한 사항

안전관리를 위해 반드시 확인해야 할 항목에 대하여 설명할 수 있을 것

㉣ 비행규정에 관한 사항

비행규정에 기재되어 있는 항목(기체의 재원, 성능, 운용한계, 긴급조작, 중심위치 등)에 대하여 설명할 수 있을 것

㉤ 정비규정에 관한 사항

정기적으로 수행해야 할 기체의 정비, 점검, 조정 항목에 대한 이해 및 기체의 경력 등을 기재하고 있을 것

② 조종자에 관련한 사항 평가기준

㉠ 신체조건에 관한 사항

유효한 신체검사증명서를 보유하고 있을 것

㉡ 학과합격에 관한 사항

필요한 모든 과목에 대하여 유효한 학과합격이 있을 것

㉢ 비행경력에 관한 사항

기량평가에 필요한 비행경력을 지니고 있을 것

㉣ 비행허가에 관한 사항

항공안전법 제125조에 대하여 설명할 수 있고 비행안전요원은 유효한 조종자 증명을 소지하고 있을 것

③ 공역 및 비행장에 관련한 사항 평가기준

㉠ 공역에 관한 사항

비행관련 공역에 관하여 이해하고 설명할 수 있을 것

㉡ 비행장 및 주변 환경에 관한 사항

초경량비행장치 이착륙장 및 주변 환경에서 운영에 관한 지식

④ 풍향 및 풍속에 관련한 사항

㉠ 풍향에 관한 사항

비행관련 공역에 관하여 이해하고 설명할 수 있을 것

㉡ 풍속에 관한 사항

- 초경량비행장치 이착륙장 및 주변 환경에서 운영에 관한 지식
- 풍향과 풍속에 따른 비행가능 여부를 판단하고 예측하여 운용하는 지식

⑤ 일반 지식 및 비상절차에 관련한 사항

㉠ 비행규칙에 관한 사항

비행에 관한 비행규칙을 이해하고 설명할 수 있을 것

㉡ 비행계획에 관한 사항

- 항공안전법 제127조에 대하여 이해하고 있을 것
- 의도하는 비행 및 비행절차에 대하여 설명할 수 있을 것

㉢ 비상절차에 관한 사항

- 충돌예방을 위하여 고려해야 할 사항(특히 우선권의 내용)에 대하여 설명할 수 있을 것
- 비행 중 발동기 정지나 화재발생 시 등 비상조치에 대하여 설명할 수 있을 것

(2) 실기관련 사항

① 비행 전 절차 평가기준

㉠ 비행 전 점검

점검항목에 대하여 설명하고 그 상태의 좋고 나쁨을 판정할 수 있을 것

㉡ 발동기의 시동

- 올바른 시동절차 및 다양한 대기조건에서의 시동에 대한 지식
- 발동기 시동 시 구조물, 지면 상태, 다른 초경량비행장치, 인근 사람 및 자산을 고려하여 적절하게 초경량비행장치를 정대

㉢ 이륙 전 점검

올바른 시동 절차의 수행과 시동 후 점검·조정 완료 후 운전상황의 좋고 나쁨을 판단할 수 있을 것

② 이륙과 상승 평가기준

㉠ 이륙 및 상승

- 원활하게 이륙 후 지정된 고도까지 상승할 것
- 현재 풍향에 따른 자세수정으로 수직으로 상승이 되도록 할 것
- 이륙을 위하여 유연하게 출력을 증가
- 이륙과 상승을 하는 동안 측풍 수정과 방향 유지

㉡ 비상상황 발생 시 이륙포기

이륙 중 엔진 고장 시 절차 및 이륙 포기에 관한 지식

③ 공중조작 평가기준

㉠ 정지비행

저속비행(정풍 시에는 정지비행)으로 자세와 기수방향 및 고도를 유지할 수 있을 것

㉡ 상승비행

적절한 상승속도 및 상승각을 유지하며 방향을 유지할 수 있을 것

㉢ 직진수평비행

직진수평비행을 하는 동안 기체의 고도와 경로 유지

㉣ 표준 및 선회비행

- 정해진 고도를 유지하며 완선회 및 급선회가 가능할 것
- 조화된 선회(Coordinated Turn)가 되도록 선회비행을 실시할 수 있을 것
- 선회비행을 하는 동안 기체의 뱅크각과 고도 유지

㉤ 비상조작

- 비상시 접근 및 착륙절차에 관한 지식
- 비상상황을 분석하고 적절한 조치
- 적절한 착륙지역 선택
- 고도, 바람, 지형과 장애물 등의 요소를 고려하여 선택한 장소에 착륙할 수 있도록 비행경로를 계획하고 실행
- 비행고장에 대한 원인 분석과 가능하다면 고장을 수정하도록 시도
- 공중에서 발동기가 정지(시험 시에는 Idle로 고정)되어도 안전하게 비상착륙할 수 있을 것
- 실기시험위원의 지시에 따라 착륙 또는 복행(Go-Around) 실시

④ 착륙조작 평가기준

㉠ 정상접근 및 착륙

- 정풍 시 접근과 착륙에 관한 지식
- 정풍상태에서 안전하게 착륙조작이 가능하며, 방향 유지가 가능할 것
- 이착륙장 또는 착륙지역 상태, 장애물 등을 고려하여 적절한 착륙지점(Touchdown Point) 선택
- 안정된 접근자세(Stabilized Approach)와 권고된 속도 유지
- 접근과 착륙 동안 유연하고 시기적절한 올바른 조종간의 사용

㉡ 측풍접근 및 착륙

- 측풍 시 접근과 착륙에 관한 지식
- 측풍상태에서 안전하게 접근 및 착륙조작이 가능하며, 방향 유지가 가능할 것
- 바람상태, 이착륙장 또는 착륙지역 상태, 장애물 등을 고려하여 적절한 착륙지점(Touchdown Point) 선택
- 안정된 접근자세(Stabilized Approach)와 권고된 속도(돌풍요소를 감안) 유지
- 접근과 착륙 동안 유연하고 시기적절한 올바른 조종간의 사용

⑤ 비행 후 점검 평가기준

㉠ 비행 후 점검

- 착륙 후 절차 및 점검 항목에 관한 지식
- 장애물 회피 및 적절한 풍향의 영향을 수정하면서 주기장으로 지상 활주
- 적합한 비행 후 점검 수행

㉡ 비행기록

비행기록을 정확하게 기록할 수 있을 것

(3) 종합능력관련 사항 평가기준

① 계획성

비행을 시작하기 전에 상황을 정확하게 판단하고 비행계획을 수립했는지 여부에 대하여 평가할 것

② 판단력

수립한 비행계획을 적용 시 적절성 여부에 대하여 평가할 것

③ 규칙의 준수

관련되는 규칙을 이해하고 그 규칙의 준수 여부에 대하여 평가할 것

④ 조작의 원활성

기체 취급이 신속·정확하며 원활한 조작을 하고 있는지 여부에 대하여 평가할 것

[실기시험 채점표]

등급표기
S : 만족(Satisfactory)
U : 불만족(Unsatisfactory)

실기시험 채점표

초경량비행장치조종자(무인비행선)

응시자성명		사 용 비행장치		판 정	
시험일시		시험장소			

구 분 / 순 번	영역 및 항목	등 급
구술시험		
1	기체에 관련한 사항	
2	조종자에 관련한 사항	
3	공역 및 비행장에 관련한 사항	
4	풍향 및 풍속에 관련한 사항	
5	일반지식 및 비상절차	
실기시험(비행 전 절차)		
6	비행 전 점검	
7	발동기의 시동	
8	이륙 전 점검	
실기시험(이륙과 상승)		
9	이륙 및 상승	
10	비상상황 발생 시 이륙포기	
실기시험(공중조작)		
11	정지비행	
12	상승비행	
13	직진수평비행	
14	표준 및 선회비행	
15	비상조작	
실기시험(착륙조작)		
16	정상접근 및 착륙	
17	측풍접근 및 착륙	
실기시험(비행 후 점검)		
18	비행 후 점검	
19	비행기록	
실기시험(종합능력)		
20	계획성	
21	판단력	
22	규칙의 준수	
23	조작의 원활성	
실기시험위원 의견 :		

PART
05 적중예상문제

01 2013년 이후 국제민간항공기구(ICAO)에서 채택하여 사용하고 있는 무인항공기의 공식 용어를 바르게 나타낸 것은?

① RPAS(Remote Piloted Aircraft System)

② RC(Remote Control)

③ UAV(Uninhabited Aerial Vehicle)

④ 드론(Drone)

해설

2013년 이후 국제민간항공기구(ICAO)에서는 RPAS(Remote Piloted Aircraft System)를 무인항공기의 공식 용어로 채택하여 사용하고 있다. 비행체만을 칭할 때는 RPA(Remote Piloted Aircraft/Aerial Vehicle)라고 하고, 통제시스템을 지칭할 때는 RPS(Remote Piloting Station)라고 한다.

02 초경량비행장치 안정성 인증검사의 담당기관은 무엇인가?

① 항공안전기술원

② 항공연수원

③ 지방항공청

④ 교통안전부

해설

최근 국내 운용대수가 늘어나고 이용범위도 다양해짐에 따라 그간 한국교통안전공단에서 수행하던 안전성인증업무를 항공분야 전문검사기관인 항공안전기술원으로 통합 이관하게 되었다.

1 ① 2 ① 정답

03 다음 중 무인비행선에 작용하는 4가지 힘으로 맞는 것은?

① 추력, 양력, 항력, 중력
② 추력, 양력, 항력, 비틀림력
③ 추력, 모멘트, 항력, 중력
④ 비틀림력, 양력, 항력, 중력

해설
비행기가 지표면을 떠나 공중을 날게 되는 일련의 운동을 할 때 비행기에 힘이 작용한다. 비행선에 작용하는 주요한 힘은 양력, 중력, 추력, 항력이다.

04 착빙(Icing)에 대한 설명 중 틀린 것은?

① 항력은 증가한다.
② 전선면에서 온난공기가 상승 후 빙결고도 이하의 온도에서 냉각 시 과냉각된 물방울에 의해 착빙된다.
③ 착빙은 지표면의 기온이 낮은 겨울철에만 조심하면 된다.
④ 항공기 표면에 자유대기 온도가 0℃ 미만이어야 한다.

해설
착빙은 0℃ 이하의 대기에서 발생하며 추운 겨울철에만 발생하는 것은 아니다. 기온의 일교차가 심한 경우에 주로 발생할 수 있다. 또한 날개 끝이나 항공기 표면의 착빙은 이륙 전 항공기 조작에 영향을 주게 되고 안정판이나 방향타 등에 착빙이 생기면 조작 방해를 받게 되므로 항상 조심해야 한다.

05 다음 대기권 중 지구 표면으로부터 형성된 공기의 층으로 끊임없이 공기 부력에 의한 대류 현상이 나타나는 층은?

① 대류권
② 열 권
③ 성층권
④ 중간권

해설
대류권은 지구 표면으로부터 형성된 공기의 층으로 고도가 증가함에 따라 온도의 감소가 발생하며, 공기 부력에 의한 대류 현상이 나타난다. 대류권의 공기는 수증기를 포함하며, 지구상의 지역에 따라서 0~5%까지 분포한다. 대기 중의 수증기는 응축되어 안개, 비, 구름, 얼음, 우박 등의 상태로 존재할 수 있으며 작은 비중을 차지하더라도 기상 현상에 매우 중요한 요소이다.

정답 3 ① 4 ③ 5 ①

06 수평 직진비행을 하다가 상승비행으로 전환 시 받음각(영각)이 증가하면 양력은 어떻게 변하는가?

① 순간적으로 감소한다.
② 순간적으로 증가한다.
③ 변화가 없다.
④ 지속적으로 감소한다.

해설
받음각(영각)이 증가하면 양력은 순간적으로 증가한다.

07 다음 중 항공안전법상 초경량비행장치의 종류가 아닌 것은?

① 무인비행선
② 패러글라이더
③ 동력패러슈트
④ 회전익비행장치

해설
초경량비행장치의 기준(항공안전법 시행규칙 제5조)
동력비행장치, 행글라이더, 패러글라이더, 기구류, 무인비행장치, 회전익비행장치, 동력패러글라이더 및 낙하산류 등을 말한다.

08 다음 무게중심과 관련된 설명 중 옳지 않은 것은?

① 항공기의 무게는 세 개의 축(종축, 횡축, 수직축)이 만나는 점에서 균형을 이룬다.
② 기체마다 무게중심은 한 곳으로 고정되어 있다.
③ 가용하중이란 항공기 자체의 무게를 제외하고 최대 적재 가능한 무게를 말한다.
④ 균형상태가 되지 않으면 비행을 해서는 안 된다.

해설
무게중심은 항공기 중량, 하중의 변화에 따라 이동한다.

6 ② 7 ③ 8 ② **정답**

09 무인비행선의 장점으로 틀린 것은?

① 수직 이착륙이 가능하고, 얼음 위에도 착륙이 가능하다.
② 비행기와는 달리 이착륙에 대규모 활주로가 필요 없다.
③ 고속이며 지형의 영향을 적게 받는다.
④ 소음이 크다.

해설

무인비행선의 장점은 부력을 이용하기에 소음이 적다는 것이다.

10 다음 중 GPS의 특징으로 틀린 것은?

① 지구 상의 현재 위치를 측정하는 시스템이다.
② 실내에서는 GPS신호를 수신할 수 없다.
③ GPS위성은 복수로 존재한다.
④ GPS는 날씨의 영향을 받겠지만 건물 등에는 영향을 받지 않는다.

해설

GPS의 장애요소는 태양의 활동 변화, 주변 환경(주변 고층 빌딩 산재, 구름이 많이 낀 날씨 등)에 의한 일시적인 문제, 의도적인 방해, 위성의 수신 장애 등 다양하며, 이로 인해 GPS에 장애가 오면 드론이 조종불능(No Control) 상태가 될 수 있다.

11 기낭의 종류가 아닌 것은?

① 연 식　　② 반연식
③ 경 식　　④ 반경식

해설

기낭은 연식, 경식, 반경식으로 구분된다.

정답 9 ④ 10 ④ 11 ②

12 다음 중 따로 신고가 필요한 비행장치는 무엇인가?

① 연구기관 등이 시험·조사·연구 또는 개발을 위하여 제작한 초경량비행장치

② 사람이 탑승하지 않는 기구류

③ 무인비행선 중에서 연료의 무게를 제외한 자체무게가 20kg 이하이고, 길이가 5m 이하인 것

④ 군사목적으로 사용되는 초경량비행장치

해설

신고를 필요로 하지 아니하는 초경량비행장치의 범위(항공안전법 시행령 제24조)

다음의 어느 하나에 해당하는 것으로서 「항공사업법」에 따른 항공기대여업·항공레저스포츠사업 또는 초경량비행장치사용사업에 사용되지 아니하는 것

- 행글라이더, 패러글라이더 등 동력을 이용하지 아니하는 비행장치
- 기구류(사람이 탑승하는 것은 제외한다)
- 계류식 무인비행장치
- 낙하산류
- 무인동력비행장치 중에서 최대이륙중량이 2kg 이하인 것
- 무인비행선 중에서 연료의 무게를 제외한 자체무게가 12kg 이하이고, 길이가 7m 이하인 것
- 연구기관 등이 시험·조사·연구 또는 개발을 위하여 제작한 초경량비행장치
- 제작자 등이 판매를 목적으로 제작하였으나 판매되지 아니한 것으로서 비행에 사용되지 아니하는 초경량비행장치
- 군사목적으로 사용되는 초경량비행장치

13 헬륨 밸브에 대한 설명으로 틀린 것은?

① 과도압력이 발생할 경우 헬륨 밸브를 통하여 압력을 조절한다.

② 기낭의 가장 윗부분에 설치한다.

③ 기낭의 가장 윗부분에 설치하는 것은 피한다.

④ 수동 또는 자동으로 작동한다.

해설

기낭 가장 윗부분에 설치 시 기낭이 모든 헬륨을 잃어버릴 수 있기 때문에 윗부분 설치는 피해야 한다.

12 ③ 13 ② 정답

14 무인비행선일 경우 곤돌라에 장착되는 장치가 아닌 것은?

① 추진장치
② 공기흡입장치
③ 수신장치
④ 수평방향 조종장치

해설

수평방향 조종장치는 비행선 후면에 위치한다.

15 다음 중 리튬폴리머 배터리에 대한 설명으로 잘못된 것은?

① 얇고 다양한 모양의 배터리를 만들 수 있다.
② 배터리 수명이 짧다.
③ 리튬이온 배터리보다 용량이 작다.
④ 메모리 효과가 커서 충전 시 주의해야 한다.

해설

리튬폴리머 배터리 : 리튬폴리머 배터리는 드론에 많이 사용되고 있으며, 전해액으로 인한 폭발의 위험이 있는 리튬이온 배터리와 달리 젤 타입의 전해질을 사용하여 폭발의 위험을 줄였고 다양한 모양의 형태로 만들 수 있다. 리튬이온 배터리보다 용량이 적고 배터리 수명이 짧으며 제조공정이 복잡하고 가격이 비싸다.

16 다음 중 조종기에 관한 설명으로 틀린 것은?

① 안테나는 조종기에서 신호가 방사되는 역할을 한다.
② 트림이란 모터의 추력부분을 원하는 방향으로 진행하도록 인위적으로 조절하는 것으로 비행하기 전 트림이 정중앙에 있는지 확인해야 한다.
③ 조종기에 있는 토글스위치로 GPS, 자세, 매뉴얼 모드 등의 모드를 변경할 수 있다.
④ 모든 조종기는 그에 맞는 하나의 기체만을 조종할 수 있으므로 설정명을 확인하는 것은 무의미하다.

해설

조종기마다 여러 대의 기체에 바인딩이 가능하기에 반드시 설정명을 확인해야 한다.

정답 14 ④ 15 ④ 16 ④

17 초경량비행장치의 운용시간으로 옳은 것을 고르시오.

① 일출부터 일몰 30분 전까지
② 일출 후부터 일몰 전까지
③ 일출 30분 후부터 일몰까지
④ 일출 30분 후부터 일몰 30분 전까지

해설

초경량비행장치 조종자의 준수사항(항공안전법 시행규칙 제310조 제1항 제6호)

일몰 후부터 일출 전까지의 야간에 비행하는 행위를 하여서는 아니 된다.

18 다음 배터리 사용 시 주의사항 중 옳은 것은?

① 리튬 배터리는 완전 방전시킨 뒤에 충전하도록 한다.
② 리튬 배터리는 고온 다습한 곳에 보관하도록 한다.
③ 배터리의 가운데 부분이 부풀어 올라도 전압이 적당하면 사용해도 된다.
④ 충전기에 배터리를 물려 놓고 자리를 비우지 않는다.

해설

배터리 사용 시 주의사항

- 리튬 배터리는 완전 방전시키면 수명이 줄고 성능도 떨어지므로 용량이 30~40% 정도 남았을 때 충전한다.
- 충전기에 배터리를 물려놓고 자리를 비우는 것은 옳지 않은 자세이다.
- 드론 배터리에 사용되는 리튬은 폭발 위험물질이기 때문에 반드시 고온 다습한 곳을 피해 보관한다.
- 배터리가 부풀어 오른 경우 교체해 주는 것이 바람직하다.

19 다음 중 초경량비행장치 조종자가 안전한 비행을 위해 해야 할 사항으로 옳지 않은 것은?

① 비행 전에는 과도한 운동이나 음주를 피한다.
② 체크리스트에 의한 점검을 일상화하여 위험요소를 사전에 제거한다.
③ 몸 상태가 정상이 아니라고 판단 시 부조종자와 임무를 교대하여 실시한다.
④ 조종에 부족한 지식은 비행 당일에 습득하도록 한다.

해설

비행 전에 기체에 대한 이해, 비행 당일 기상 등의 사전지식을 습득한 후 부족한 것을 보충하고 조종하여야 한다.

17 ② 18 ④ 19 ④ 정답

20 다음 안정성과 조종성에 대한 설명 중 틀린 것은?

① 안정성은 외력에 의해 교란이 생겼을 때 이를 극복하고 원래의 평형상태로 돌아오려는 성질이다.
② 조종성은 평형상태에서 원하는 고도, 속도 등의 변화를 주는 조작과 관련된 성질이다.
③ 대체적으로 조종성이 높아질수록 안정성도 높아진다.
④ 안정성과 조종성이 적정수준을 이루도록 설계요소의 판단이 요구된다.

해설

보통 안정성과 조종성은 서로 상반되는 성질을 나타내기 때문에 적정 수준을 이루도록 조절해야 한다.

21 송수신장비 점검 시 내용으로 옳지 않은 것은?

① 안테나 접합부위의 파손 시 조종기 전파가 무지향성과 지향성으로 혼선될 수 있다.
② 수신기가 꼬여 있거나 차폐가 심한 위치에 있는지 확인한다.
③ 조종기 스위치들은 한 개만 샘플로 점검한다.
④ 수신기 주변에 노이즈의 간섭을 받을 수 있는 물체가 있는지 확인한다.

해설

각 스위치별로 기능이 설정되어 있는데 스위치가 파손이 된다면 제대로 설정된 기능이 동작하지 않을 수 있다.

22 다음 중 안개가 발생할 수 있는 대기 조건으로 옳지 않은 것은?

① 대기가 안정할 것
② 바람이 강하게 불 것
③ 공기 중에 수증기가 풍부할 것
④ 온도가 낮을 것

해설

안개가 발생하기에 적합한 조건

- 대기의 성층이 안정할 것
- 바람이 없을 것
- 공기 중에 수증기와 부유물질이 충분히 포함될 것
- 냉각작용이 있을 것

정답 20 ③ 21 ③ 22 ②

23 다음 모드 중 무인비행장치들이 가지고 있는 일반적인 비행모드에 해당되지 않는 것은?

① 자세제어 모드(Attitude Mode)
② GPS 모드(GPS Mode)
③ 수동 모드(Manual Mode)
④ 고도제어 모드(Altitude Mode)

해설
비행모드는 GPS, 자세, 수동 모드로 구성된다.

24 상승 가속도 비행을 하고 있는 무인비행선에 작용하는 힘의 크기를 옳게 비교한 것은?

① 부력(양력) > 중력, 추력 < 항력
② 부력(양력) < 중력, 추력 > 항력
③ 부력(양력) > 중력, 추력 > 항력
④ 부력(양력) < 중력, 추력 < 항력

해설
양력이 중력보다 크면 상승비행을 하고 추력이 항력보다 크면 가속비행을 한다.

25 무인비행장치 비행모드 중에서 자동복귀에 대한 설명으로 맞는 것은?

① 설정된 경로에 따라 자동으로 비행하는 비행모드이다.
② 자동으로 자세를 잡아주면서 수평을 유지시켜 주는 비행모드이다.
③ 비행 중 통신두절 상태가 발생했을 때 이륙 위치나 이륙 전 설정한 위치로 자동복귀한다.
④ 자세 제어에 GPS를 이용한 위치 제어가 포함되어 위치와 자세를 잡아 준다.

해설
자동복귀 모드는 통신두절 시 지정한 위치로 복귀하는 것이다.

23 ④ 24 ③ 25 ③ 정답

26 대류권 내에서 1,000ft마다 평균 감소하는 온도는?

① 1℃ ② 2℃
③ 3℃ ④ 4℃

해설
고도가 상승함에 따라 일정비율로 기온이 감소한다. 표준기온(15℃, 59°F)에서 기온의 감소율은 1,000ft당 평균 2℃이다.

27 다음 중 기상 7대 요소는 무엇인가?

① 기압, 전선, 기온, 습도, 구름, 강수, 바람
② 기압, 기온, 습도, 구름, 강수, 바람, 시정
③ 해수면, 전선, 기온, 난기류, 시정, 바람, 습도
④ 기압, 기온, 대기, 안정성, 해수면, 바람, 시정

해설
기상을 나타내는 데 필요한 7대 요소는 기온·기압·바람·습도·구름·강수·시정이다.

28 다음 바람에 대한 설명 중 틀린 것은?

① 바람은 대기운동의 수평적 성분만을 측정했을 때의 공기운동이다.
② 풍향의 기준은 진북으로 한다.
③ 풍속은 기체가 움직인 거리와 그 시간의 비이다.
④ 기압이 낮은 곳에서 높은 곳으로 분다.

해설
공기가 기압이 높은 곳에서 낮은 곳으로 흘러가는 것을 바람이라고 한다.

정답 26 ② 27 ② 28 ④

29 해수면의 표준 기온 및 기압은 얼마인가?

① 15℃, 29.92inchHg

② 59℃, 1,013.2mbar

③ 9°F, 29.92mbar

④ 15℃, 1,013.2inchHg

해설

해수면의 표준기온 및 기압 : 15℃(59°F), 29.92inchHg(1,013.2mbar)

30 기낭에 들어가는 가스의 종류로 옳은 것은?

① 수소, 산소

② 헬륨, 수소

③ 산소, 수소

④ 헬륨, 산소

해설

기낭에 들어가는 가스는 헬륨, 수소이다.

31 안개의 시정은 (   )m 이하이다. (   ) 안에 들어갈 알맞은 것을 고르시오.

① 100

② 1,000

③ 200

④ 2,000

해설

시정이 1km 이하일 때를 '안개'라고 한다.

29 ① 30 ② 31 ② 정답

32 비행제한공역에서 초경량비행장치를 비행하고자 할 때 허가를 받기 위해 작성해야 하는 서류는 무엇이며 누구한테 제출하여야 하는가?

① 무인비행장치 특별비행승인서, 항공작전사령관
② 초경량비행장치 비행승인신청서, 항공작전사령관
③ 초경량비행장치 비행승인신청서, 지방항공청장
④ 무인비행장치 특별비행승인서, 지방항공청장

해설
초경량비행장치의 비행승인(항공안전법 시행규칙 제308조 제2항)
초경량비행장치를 사용하여 비행제한공역을 비행하려는 사람은 초경량비행장치 비행승인신청서를 지방항공청장에게 제출하여야 한다.

33 다음 중 고기압에 대한 설명으로 틀린 것은?

① 북반구에서 고기압의 공기는 시계 방향으로 불어 나간다.
② 중심에서는 상승기류가 형성된다.
③ 주변보다 기압이 높은 곳은 고기압이다.
④ 근처에서는 주로 맑은 날씨가 나타난다.

해설
고기압은 주변보다 상대적으로 기압이 높은 지역으로 북반구에서 시계방향으로 불어 나간다. 불어 나간 공기를 보충하기 위해 상공에 있는 공기가 하강하여 하강기류가 발생하므로 날씨가 맑아진다.

34 다음 중 우리나라에서 평균 해수면을 기준으로 수준원점을 정하는 기준이 되는 지역은?

① 광양만 ② 천수만
③ 진해만 ④ 인천만

해설
표고와 고도는 평균 해수면을 기준으로 삼는다. 그러나 바닷물의 높이는 동해, 서해, 남해 등에 따라 다르고, 밀물과 썰물에 따라 달라지기 때문에, 바닷물의 높이는 항상 변화한다. 따라서 0.00m는 실제로 존재하지 않으므로 수위 측정소에서 얻은 값을 육지로 옮겨와 고정점을 정하게 된다. 이를 수준원점이라 한다. 우리나라는 1916년 인천 앞바다의 평균 해수면을 기준으로 인하대학교 교내에 수준원점을 정하였다.

정답 32 ③ 33 ② 34 ④

35 다음 중 항공고시보(NOTAM)의 유효기간은?

① 5개월　② 1년
③ 8개월　④ 3개월

해설

항공고시보(NOTAM)는 항공 안전에 영향을 미칠 수 있는 잠재적 위험이 공항이나 항로에 있을 때 조종사 등이 미리 알 수 있도록 항공당국이 알리는 것이다. 국제적인 항공고정통신망을 통해 전문 형태로 전파되며 유효기간은 3개월이다.

36 다음 비행금지구역 중 초경량비행장치의 비행이 가능한 지역은?

① P73　② R35
③ P61A　④ UA-14

해설

비행금지구역

- P(Prohibited) : 비행금지구역, 미확인 시 경고사격 및 경고 없이 사격 가능
- R(Restricted) : 비행제한구역, 지대지, 지대공, 공대지 공격 가능
- D(Danger) : 비행위험구역, 실탄배치
- A(Alert) : 비행경보구역

37 다음 중 항공안전법상 항공기가 아닌 것은?

① 발동기가 1개 이상이고 조종사 좌석을 포함한 탑승좌석 수가 1개 이상인 유인비행선
② 연료의 중량을 제외한 자체 중량이 150kg을 초과하고 발동기가 1개 이상인 무인조종비행기
③ 자체중량이 50kg을 초과하는 활공기
④ 지구 대기권 내외를 비행할 수 있는 항공우주선

해설

항공기의 기준(항공안전법 시행규칙 제2조 제3호)

활공기는 자체중량이 70kg을 초과할 것

35 ④　36 ④　37 ③　정답

38 비영리 목적으로 사용하는 초경량비행장치의 안정성인증의 유효기간은 어떻게 되는가?

① 6개월
② 1년
③ 2년
④ 3년

해설

안전성인증서 발급 등(초경량비행장치 안전성인증 업무 운영세칙 제16조 제2항)

안전성인증의 유효기간은 발급일로부터 2년으로 한다.

39 항공종사자가 업무를 정상적으로 수행할 수 없는 혈중 알코올농도의 기준을 고르시오.

① 제한 기준 없이 무조건 금지이다.
② 0.04% 이상
③ 0.03% 이상
④ 0.02% 이상

해설

주류 등의 섭취 · 사용 제한(항공안전법 제57조 제5항)

주류 등의 영향으로 항공업무 또는 객실승무원의 업무를 정상적으로 수행할 수 없는 상태의 기준은 다음과 같다.

- 주정성분이 있는 음료의 섭취로 혈중 알코올 농도가 0.02% 이상인 경우
- 마약류 관리에 관한 법률 제2조 제1호에 따른 마약류를 사용한 경우
- 화학물질관리법 제22조 제1항에 따른 환각물질을 사용한 경우

정답 38 ③ 39 ④

얼마나 많은 사람들이 책 한권을 읽음으로써

인생에 새로운 전기를 맞이했던가.

– 헨리 데이비드 소로 –

PART 06

기출복원문제

CHAPTER 01 기출복원문제

01 지구의 대기는 4개의 기류층으로 구성되어 있다. 지구에서 가장 가까운 층부터 기류층의 순서는?

① 성층권, 대류권, 중간권, 외기권
② 대류권, 성층권, 중간권, 외기권
③ 대류권, 중간권, 성층권, 외기권
④ 성층권, 중간권, 대류권, 외기권

해설
지구의 대기는 대류권, 성층권, 중간권, 열권, 외기권으로 구분되어 있다.

02 수평등속도 비행을 하던 비행기의 속도를 증가시켰을 때 그 상태에서 수평비행을 하기 위해서는 받음각은 어떻게 하여야 하는가?

① 감소시킨다.
② 증가시킨다.
③ 감소하다 증가시킨다.
④ 변화시키지 않는다.

해설
속도가 증가하면 양력이 증가하므로 대신 받음각을 감소시켜야 양력이 일정하게 유지된다.

03 상승 가속도 비행을 하고 있는 항공기에 작용하는 힘의 크기 비교로 옳은 것은?

① 양력 > 중력, 추력 < 항력
② 양력 < 중력, 추력 > 항력
③ 양력 > 중력, 추력 > 항력
④ 양력 < 중력, 추력 < 항력

해설
양력이 중력보다 크면 상승비행을 하고 추력이 항력보다 크면 가속비행을 한다.

정답 1 ② 2 ① 3 ③

04 정상흐름의 베르누이 방정식에 대한 설명으로 옳은 것은?

① 동압은 속도에 반비례한다.
② 정압과 동압의 합은 일정하지 않다.
③ 유체의 속도가 커지면 정압은 감소한다.
④ 정압은 유체가 갖는 속도로 인해 속도의 방향으로 나타나는 압력이다.

해설

공기의 정상흐름 시 적용되는 베르누이의 방정식은 $P+\frac{1}{2}\rho V^2=C$, 정압 + 동압 = 일정이다. 따라서 유체의 속도가 커지면, 즉 동압이 커지면 정압은 감소한다.

05 회전익(헬리 · 멀티콥터) 날개의 후류가 지면에 영향을 줌으로써 회전면 아래의 압력이 증가되어 양력의 증가를 일으키는 현상은?

① 위빙효과
② 랜드업효과
③ 지면효과
④ 자동회전효과

해설

지면효과에 의해서 헬리 · 멀티콥터의 양력이 증가한다.

06 빙결온도 이하의 대기에서 과냉각 물방울이 어떤 물체에 충돌하여 얼음 피막을 형성하는 현상은?

① 푄현상
② 대류현상
③ 착빙현상
④ 역전현상

해설

빙결온도 이하의 상태에서 대기에 노출된 물체에 과냉각 물방울(과냉각 수적) 혹은 구름 입자가 충돌하여 얼음의 피막을 형성하는 것을 착빙현상이라고 하며, 드론에 발생하는 착빙은 비행안전에 있어서의 중요한 장애요소 중의 하나이다.

4 ③ 5 ③ 6 ③ 정답

07 화씨온도에서 물이 어는 온도와 끓는 온도는 각각 몇 °F인가?

① 어는 온도 : 0, 끓는 온도 : 100
② 어는 온도 : 12, 끓는 온도 : 192
③ 어는 온도 : 22, 끓는 온도 : 202
④ 어는 온도 : 32, 끓는 온도 : 212

해설
화씨 온도는 어는점을 32°F, 끓는점을 212°F로 해서 180등분한 것이다.

08 항공기 이륙성능을 향상시키기 위한 가장 적절한 바람의 방향은?

① 정풍(맞바람)
② 좌측 측풍(옆바람)
③ 배풍(뒷바람)
④ 우측 측풍(옆바람)

해설
맞바람은 날개면을 지나는 흐름 속도를 증가시켜 날개의 양력을 향상시키므로 이륙성능이 향상되는 효과를 가진다.

09 대기의 불안정 때문에 수직으로 발달하고 많은 강우를 포함하고 있는 적란운의 부호로 옳은 것은?

① Cb
② Cs
③ As
④ Ns

해설
Cb : 적란운, Cs : 권층운, As : 고층운, Ns 난층운

정답 7 ④ 8 ① 9 ①

10 다음 중 안개가 발생할 수 있는 대기 조건으로 옳지 않은 것은?

① 대기가 안정할 것
② 바람이 강하게 불 것
③ 공기 중에 수증기가 풍부할 것
④ 온도가 낮을 것

해설

안개가 발생하기에 적합한 조건

- 대기의 성층이 안정할 것
- 바람이 없을 것
- 공기 중에 수증기와 부유물질이 충분히 포함될 것
- 냉각작용이 있을 것

11 다음 중 주로 열대 해상에서 발생하고, 발달하여 태풍이 되는 기압은?

① 한랭 고기압
② 열대성 저기압
③ 온대 저기압
④ 온난 고기압

해설

열대성 저기압 : 주로 열대 해상에서 발생하며 그 중 발달한 것이 태풍이다. 열대성 저기압은 북상함에 따라 점차 변형되어 전선을 동반한 온대성 저기압화된다.

12 우리나라에 주로 봄 · 가을에 영향을 주며, 온난 건조한 성질을 가지는 기단은?

① 오호츠크해 기단
② 양쯔강 기단
③ 북태평양 기단
④ 시베리아 기단

해설

양쯔강 기단

- 발원지 : 중국 양쯔 강 유역이나 티베트 고원 등의 아열대 지역
- 분류 : 대륙성 열대기단(cT)
- 성격 : 온난 건조
- 우리나라 봄, 가을 날씨에 영향
- 구름이 형성되는 경우가 적어 날씨가 대체로 맑음
- 이동성 고기압으로 우리나라 방면으로 이동함

10 ② 11 ② 12 ② 정답

13 다음 중 뇌우의 생성 조건으로 거리가 먼 것은?

① 불안정 대기 ② 강한 상승작용
③ 높은 습도 ④ 낮은 대기 온도

해설

뇌우의 생성 조건
- 불안정한 대기
- 강한 상승운동
- 높은 습도

14 다음 배터리 사용 시 주의사항 중 옳은 것은?

① 리튬 배터리는 완전히 방전시킨 뒤에 충전하도록 한다.
② 리튬 배터리는 고온 다습한 곳에 보관하도록 한다.
③ 배터리의 가운데 부분이 부풀어 올라도 전압이 적당하면 사용해도 된다.
④ 충전기에 배터리를 연결시켜 놓고 자리를 비우지 않는다.

해설

배터리 사용 시 주의 사항
- 리튬 배터리는 완전히 방전시키면 수명이 줄고 성능도 떨어지므로 용량이 30~40% 정도 남았을 때 충전한다.
- 충전기에 배터리를 연결시켜 놓고 자리를 비우는 것은 옳지 않은 자세이다.
- 드론 배터리에 사용되는 리튬은 폭발 위험물질이기 때문에 고온 다습한 곳을 반드시 피해 보관한다.
- 배터리가 부풀어 오른 경우 교체해 주는 것이 바람직하다.

정답 13 ④ 14 ④

15 비상상황 시 조종자가 취해야 할 절차에 대한 내용 중 옳지 않은 것은?

① 주변에 비상상황을 알려 사람들이 드론으로부터 대피하도록 한다.
② GPS모드에서 조종기 조작이 가능할 경우 바로 안전한 곳으로 착륙시킨다.
③ GPS모드에서 조종기 조작이 불가능할 경우 자세모드(에티모드)로 변환하여 인명 시설에 피해가 가지 않는 장소에 빨리 착륙시킨다.
④ 드론이 비정상적으로 기울었다가 수평상태로 돌아오는 현상이 계속되면 RPM을 올려 공중에서 수평을 맞춘다.

해설
전류, 전압이 일정치 않게 공급되면 드론이 비정상적으로 기울었다가 수평상태로 돌아오는데 이때는 바로 안전한 곳으로 스로틀을 서서히 내리면서 착륙하여야 한다.

16 쿼드콥터를 오른쪽으로 회전하고 싶을 때 모터의 회전방향으로 옳은 것은?(단, 모터의 번호는 1시 방향부터 반시계방향으로 M1, M2, M3, M4이다)

① M1 및 M3의 회전속도를 올리고, M2 및 M4의 회전속도를 낮춘다.
② M1 및 M2의 회전속도를 올리고, M3 및 M4의 회전속도를 낮춘다.
③ M2 및 M3의 회전속도를 올리고, M1 및 M4의 회전속도를 낮춘다.
④ M3 및 M4의 회전속도를 올리고, M1 및 M2의 회전속도를 낮춘다.

해설
멀티콥터의 전방·후방 대각선을 중심으로 위치한 프로펠러 회전속도의 차이로 수평 좌우 회전 비행을 한다. 즉 M1 및 M3의 회전속도를 올리면 토크·반작용에 의해 기체는 오른쪽으로 회전한다.

17 다음 멀티콥터의 기본 비행이론에 대한 설명 중 틀린 것은?

① 헬리콥터처럼 꼬리날개가 필요없다.
② 멀티콥터는 수직 이륙 및 호버링이 가능하다.
③ 고속으로 회전하는 모터와 같은 방향으로 회전한다.
④ 모터의 회전속도가 다르면, 기체가 기울어지면서 방향이동을 한다.

해설
토크·반작용에 의해 고속으로 회전하는 모터와 반대 방향으로 회전한다.

15 ④ 16 ① 17 ③ 정답

18 다음 중 초경량비행장치 조종자의 기본적 특성을 요소별로 분류했을 때 범위가 다른 하나는?

① 지 식 ② 주 의
③ 태 도 ④ 영 양

해설

초경량비행장치 조종자의 특성(사람의 기본적 특성)

- 신체 요소 : 신장, 체중, 연령, 시력, 청력, 장애(팔, 다리 등) 등
- 생리적 요소 : 영양, 건강, 피로, 약물 복용 등
- 심리적 요소 : 지각, 인지, 주의, 정보처리, 지식, 경험, 태도, 정서, 성격 등
- 개인 환경요소 : 정신적 압박, 불화, 가족, 연애문제 등

19 다음 무게중심과 관련된 설명 중 옳지 않은 것은?

① 항공기의 무게는 세 개의 축(종축, 횡축, 수직축)이 만나는 점에서 균형을 이룬다.
② 기체마다 무게중심은 한 곳으로 고정되어 있다.
③ 가용하중이란 항공기 자체의 무게를 제외하고 최대 적재 가능한 무게를 말한다.
④ 균형상태가 되지 않으면 비행을 해서는 안 된다.

해설

무게중심은 항공기 중량, 하중의 변화에 따라 이동한다.

20 다음 중 초경량비행장치 조종자가 안전한 비행을 위해 해야 할 사항으로 옳지 않은 것은?

① 비행 전에는 과도한 운동이나 음주를 피한다.
② 체크리스트에 의한 점검을 일상화하여 위험요소를 사전에 제거한다.
③ 몸상태가 정상이 아니라고 판단 시 부조종자와 임무를 교대하여 실시한다.
④ 조종에 부족한 지식은 비행 당일에 습득하도록 한다.

해설

비행 전에 기체에 대한 이해, 비행 당일 기상 등 사전에 지식을 습득한 후 부족한 것을 보충하고 조종하여야 한다.

정답 18 ④ 19 ② 20 ④

21 큰 사고는 우연히 또는 어느 순간 갑작스럽게 발생하는 것이 아니라 그 이전에 반드시 경미한 사고들이 반복되는 과정 속에서 발생한다는 것을 설명한 법칙은?

① 하인리히 법칙
② 뒤베르제의 법칙
③ 케빈 베이컨의 법칙
④ 베버의 법칙

해설

하인리히 법칙

1 : 29 : 300법칙이라고도 부르며, 큰 사고가 일어나기 전 일정 기간 동안 여러 번의 경고성 징후와 전조들이 있다는 사실을 입증하였다.

22 조종사를 포함한 항공 종사자들이 적시 적절히 알아야 할 공항 시설, 항공 업무, 절차 등의 변경 및 설정 등에 관한 정보 사항의 고시를 가리키는 것은?

① METAR
② AIP
③ TAF
④ NOTAM

해설

항공고시보(NOTAM)

조종사를 포함한 항공 종사자들이 적시 적절히 알아야 할 공항 시설, 항공 업무, 절차 등의 변경 및 설정 등에 관한 정보 사항을 고시하는 것을 말하며, 일반적으로 항공고시문은 전문 형식으로 작성되어 기상 통신망으로 신속히 국내·외 전 기지에 전파된다.

23 다음 비행 전 점검절차에 대한 설명 중 옳지 않은 것은?

① 메인 프로펠러의 장착상태와 파손여부를 확인한다.
② FC 전원 인가 전에 조종기 전원을 사전인가한다.
③ 배터리 체크 시 절반 이상의 셀이 정격전압 이상일 때 비행 가능하다.
④ 기체 자체 시스템 점검 후 GPS 위성이 안정적으로 수신이 되는지를 확인한다.

해설

1개 Cell이라도 정격전압 이하로 되어 있다면 그 배터리는 재충전을 하거나 사용해서는 안 된다.

21 ① 22 ④ 23 ③ **정답**

24 다음 비행절차에 대한 설명으로 옳지 않은 것은?

① 지구자기장 교란 수치가 5 이상일 경우 비행을 자제한다.

② 기체로부터의 안전거리는 5m 이상을 확보한다.

③ 5m/s 이상의 바람이 불 때는 가급적 비행하지 않는다.

④ 지면으로부터 고도 150m 이내를 유지한다.

해설

기체 주변에 안전이 확보되었는지 확인하고 기체로부터 안전거리 15m 이상을 이격한다. 실기 시험장 규격도 15m의 안전거리를 유지하고 있다.

25 비행기의 기수가 갑자기 진행방향에 대해 좌우로 틀어졌을 경우 안정성을 확보해주는 것은?

① Horizontal Stabilizer

② Vertical Stabilizer

③ Elevator

④ Aileron

해설

수직안정판(Vertical Stabilizer)은 방향안정성을 확보해 준다.

26 다음 안정성과 조종성에 대한 설명 중 틀린 것은?

① 안정성은 외력에 의해 교란이 생겼을 때 이를 극복하고 원래의 평형상태로 돌아오려는 성질이다.

② 조종성은 평형상태에서 원하는 고도, 속도 등의 변화를 주는 조작과 관련된 성질이다.

③ 대체적으로 조종성이 높아질수록 안정성도 높아진다.

④ 안정성과 조종성이 적정수준을 이루도록 설계요소의 판단이 요구된다.

해설

보통 안정성과 조종성은 서로 상반되는 성질을 나타내기 때문에 적정 수준을 이루도록 조절해야 한다.

정답 24 ② 25 ② 26 ③

27 멀티콥터의 구성요소 중 모터의 회전을 신호대비 적절한 회전으로 유지해주는 장치는?

① 가속도계
② 변속기
③ 프로펠러
④ 자이로스코프

해설

변속기(ESC ; Electronic Speed Controller)

FC로부터 신호를 받아 배터리 전원(전류와 전압)을 사용하여 모터의 회전을 신호대비 적절한 회전을 유지하도록 해주는 장치이다.

28 다음 중 항공안전법에서 정의한 항공업무에 해당되지 않는 것은?

① 항공기의 운항
② 항공기 운항관리 업무
③ 항공기 조종연습
④ 항공교통관제 업무

해설

항공업무(항공안전법 제2조 제5호)

- 항공기의 운항(무선설비의 조작 포함) 업무(항공기 조종연습 제외)
- 항공교통관제(무선설비의 조작 포함) 업무(항공교통관제연습 제외)
- 항공기의 운항관리 업무
- 정비·수리·개조된 항공기·발동기·프로펠러, 장비품 또는 부품에 대하여 안전하게 운용할 수 있는 성능이 있는지를 확인하는 업무 및 경량항공기 또는 그 장비품·부품의 정비사항을 확인하는 업무

29 다음 중 초경량비행장치의 범위에 포함되지 않는 것은?

① 패러글라이더
② 행글라이더
③ 자이로플레인
④ 낙하산

해설

③ 자이로플레인은 '경량항공기'의 일종이다.

초경량비행장치의 기준(항공안전법 시행규칙 제5조)

동력비행장치, 행글라이더, 패러글라이더, 기구류, 무인비행장치, 회전익비행장치, 동력패러글라이더 및 낙하산류 등이다.

27 ② 28 ③ 29 ③ 정답

30 항공안전법상 공역을 사용목적에 따라 분류했을 때 주의공역에 해당하지 않는 것은?

① 훈련구역 ② 군작전구역
③ 위험구역 ④ 조언구역

해설

④ 조언구역은 비관제공역이다.

공역의 구분(항공안전법 시행규칙 별표 23)

• 공역의 사용목적에 따른 구분

관제공역			비관제공역		통제공역			주의공역				
관제권	관제구	비행장 교통 구역	조언 구역	정보 구역	비행금지 구역	비행제한 구역	초경량 비행장치 비행제한 구역	훈련 구역	군작전 구역	위험 구역	경계 구역	초경량 비행장치 비행구역

31 다음 비행장치 중 사용하기 위해서 신고가 필요하지 않은 장비에 속하지 않는 것은?

① 행글라이더, 패러글라이더 등 동력을 이용하지 아니하는 비행장치
② 계류식 무인비행장치
③ 항공레저스포츠사업에 사용하는 낙하산류
④ 연구기관 등이 시험·조사·연구 또는 개발을 위하여 제작한 초경량비행장치

해설

신고를 필요로 하지 아니하는 초경량비행장치의 범위(항공안전법 시행령 제24조)

다음의 어느 하나에 해당하는 것으로서 「항공사업법」에 따른 항공기대여업·항공레저스포츠사업 또는 초경량비행장치사용사업에 사용되지 아니하는 것

• 행글라이더, 패러글라이더 등 동력을 이용하지 아니하는 비행장치
• 기구류(사람이 탑승하는 것은 제외한다)
• 계류식 무인비행장치
• 낙하산류
• 무인동력비행장치 중에서 최대이륙중량이 2kg 이하인 것
• 무인비행선 중에서 연료의 무게를 제외한 자체무게가 12kg 이하이고, 길이가 7m 이하인 것
• 연구기관 등이 시험·조사·연구 또는 개발을 위하여 제작한 초경량비행장치
• 제작자 등이 판매를 목적으로 제작하였으나 판매되지 아니한 것으로서 비행에 사용되지 아니하는 초경량비행장치
• 군사목적으로 사용되는 초경량비행장치

정답 30 ④ 31 ③

32 다음 초경량비행장치 신고와 관련된 내용 중 옳지 않은 것은?

① 초경량비행장치 소유자 등은 안전성인증을 받기 전까지 초경량비행장치 신고서와 필요한 문서들을 첨부하여 한국교통안전공단 이사장에게 제출하여야 한다.
② 신고서 및 첨부서류는 팩스 또는 정보통신을 이용하여 제출할 수 있다.
③ 초경량비행장치 소유자 등은 초경량비행장치 신고증명서의 신고번호를 해당 장치에 표시하여야 하며, 표시방법, 표시장소 및 크기 등 필요한 사항은 과학기술정보통신부장관이 정한다.
④ 초경량비행장치 소유자 등은 비행 시 초경량비행장치 신고증명서를 휴대하여야 한다.

해설

초경량비행장치 신고(항공안전법 시행규칙 제301조)
초경량비행장치 소유자 등은 초경량비행장치 신고증명서의 신고번호를 해당 장치에 표시하여야 하며, 표시방법, 표시장소 및 크기 등 필요한 사항은 국토교통부장관의 승인을 받아 한국교통안전공단 이사장이 정한다.

33 초경량비행장치 말소신고에 대한 사항 중 옳지 않은 것은?

① 말소신고를 하려는 초경량비행장치 소유자 등은 그 사유가 발생한 날부터 5일 이내에 신고하여야 한다.
② 말소신고를 하려는 초경량비행장치 소유자 등은 초경량비행장치 말소신고서를 한국교통안전공단 이사장에게 제출하여야 한다.
③ 한국교통안전공단 이사장은 신고서 및 첨부서류에 흠이 없고 형식상 요건을 충족하는 경우 지체 없이 접수하여야 한다.
④ 한국교통안전공단 이사장은 최고(催告)를 하는 경우 해당 초경량비행장치의 소유자 등의 주소 또는 거소를 알 수 없는 경우에는 말소신고를 할 것을 관보에 고시하고, 한국교통안전공단 홈페이지에 공고하여야 한다.

해설

초경량비행장치 말소신고(항공안전법 시행규칙 제303조)
말소신고를 하려는 초경량비행장치 소유자 등은 그 사유가 발생한 날부터 15일 이내에 초경량비행장치 말소신고서를 한국교통안전공단 이사장에게 제출하여야 한다.

32 ③ 33 ① 정답

34 다음 위반 사항 중 초경량비행장치 조종자 증명을 취소해야만 하는 경우는?

① 주류 등의 영향으로 초경량비행장치를 사용하여 비행을 정상적으로 수행할 수 없는 상태에서 초경량비행장치를 사용하여 비행한 경우

② 거짓이나 그 밖의 부정한 방법으로 초경량비행장치 조종자 증명을 받은 경우

③ 초경량비행장치 조종자의 준수사항을 위반한 경우

④ 초경량비행장치의 조종자로서 업무를 수행할 때 고의 또는 중대한 과실로 초경량비행장치 사고를 일으켜 인명피해나 재산피해를 발생시킨 경우

해설

초경량비행장치 조종자 증명 등(항공안전법 제125조)

초경량비행장치 조종자 증명을 받은 사람이 거짓이나 그 밖의 부정한 방법으로 조종자 증명을 받은 경우 또는 조종자 증명의 효력정지기간에 초경량비행장치를 사용하여 비행한 경우 조종자 증명을 취소하여야 한다.

35 초경량비행장치로 인하여 인명이나 재산에 피해가 발생하지 않도록 항공안전법에서 명시한 준수사항으로 옳지 않은 것은?

① 인명이나 재산에 위험을 초래할 우려가 있는 낙하물을 투하하는 행위를 하지 않는다.

② 인구가 밀집된 지역의 상공에서 인명 또는 재산에 위험을 초래할 우려가 있는 방법으로 비행하지 않는다.

③ 군사목적으로 사용되는 초경량비행장치를 비행하는 경우 관제공역・통제공역・주의공역에서 비행할 수 없다.

④ 비행시정 및 구름으로부터의 거리기준을 위반하여 비행하는 행위를 하지 않는다.

해설

초경량비행장치 조종자의 준수사항(항공안전법 시행규칙 제310조)

관제공역・통제공역・주의공역에서 비행하는 행위를 하여서는 아니 된다. 다만 군사목적으로 사용되는 초경량비행장치를 비행하는 등의 행위는 제외한다.

정답 34 ② 35 ③

36 주류 등의 영향으로 초경량비행장치를 사용하여 비행을 정상적으로 수행할 수 없는 상태에서 초경량비행장치를 사용하여 비행을 한 사람의 벌금액은?

① 500만원
② 1,000만원
③ 2,000만원
④ 3,000만원

해설

초경량비행장치 불법 사용 등의 죄(항공안전법 제161조 제1항)

다음의 어느 하나에 해당하는 자는 3년 이하의 징역 또는 3천만원 이하의 벌금에 처한다.

- 주류 등의 영향으로 초경량비행장치를 사용하여 비행을 정상적으로 수행할 수 없는 상태에서 초경량비행장치를 사용하여 비행을 한 사람
- 초경량비행장치를 사용하여 비행하는 동안에 주류 등을 섭취하거나 사용한 사람
- 국토교통부장관의 측정 요구에 따르지 아니한 사람

37 다음 중 초경량비행장치 조종자 전문교육기관의 시설 및 장비기준에 해당하지 않는 것은?

① 드론 수리용 시설
② 강의실 및 사무실 각 1개 이상
③ 이륙·착륙 시설
④ 훈련용 비행장치 1대 이상

해설

초경량비행장치 조종자 전문교육기관의 지정 등(항공안전법 시행규칙 제307조 제2항)

다음의 시설 및 장비(시설 및 장비에 대한 사용권을 포함한다)를 갖출 것

- 강의실 및 사무실 각 1개 이상
- 이륙·착륙 시설
- 훈련용 비행장치 1대 이상
- 출결 사항을 전자적으로 처리·관리하기 위한 단말기 1대 이상

36 ④ 37 ① 정답

38 다음 중 초경량비행장치의 말소신고를 하지 아니한 초경량비행장치 소유자에게 부과되는 과태료는?

① 10만원　　② 30만원
③ 50만원　　④ 100만원

해설

과태료(항공안전법 제166조 제7항)
초경량비행장치의 말소신고를 하지 아니한 초경량비행장치 소유자 등에게는 30만원 이하의 과태료를 부과한다.

39 다음 중 초경량비행장치 조종자 자격증명 시험 응시 가능 연령은?

① 만 13세 이상　　② 만 14세 이상
③ 만 15세 이상　　④ 만 16세 이상

해설

초경량비행장치 조종자 자격기준은 연령이 만 14세 이상인 자(초경량비행장치 조종자의 자격기준 및 전문교육기관 지정요령 제4조)

40 다음 중 타원형 날개의 특징으로 옳은 것은?

① 설계, 제작이 간단하다.
② 실속이 잘 일어난다.
③ 국부적 실속이 발생한다.
④ 유도항력이 최소이다.

해설

타원형 날개의 특징은 날개끝의 폭이 좁아 유도항력이 줄어든다. 즉, 타원날개는 앞전과 뒷전이 곡선이고 전체적으로 타원형을 이룬다. 날개길이 방향의 양력계수의 분포가 일정하고 유도항력이 최소인 특징이 있다.

정답 38 ② 39 ② 40 ④

CHAPTER 02

기출복원문제

01 조종기 에일러론을 우측으로 하여 우로 수평비행(회전)할 때 일어나는 현상으로 옳은 것은?

① 우측 프로펠러의 속도가 증가하고, 좌측 프로펠러의 속도가 감소한다.

② 우측 프로펠러의 속도가 감소하고, 좌측 프로펠러의 속도가 증가한다.

③ 시계 방향으로 도는 프로펠러의 속도가 증가하고, 반시계 방향으로 도는 프로펠러의 속도가 감소한다.

④ 시계 방향으로 도는 프로펠러의 속도가 감소하고, 반시계 방향으로 도는 프로펠러의 속도가 증가한다.

해설

특정 모터의 회전수를 증가시킬 경우 해당 모터의 부분만 공중으로 뜨게 된다. 즉 특정 부분의 모터 회전수를 증가시켜 기울어지게 만들면 드론 양력에 의해 상대적으로 회전이 적은 부분으로 기울어진 채로 이동하게 된다.

02 프로펠러 날개에서 일어나는 토크현상과 관련된 법칙은?

① 작용 · 반작용의 법칙

② 관성의 법칙

③ 힘과 가속도의 법칙

④ 유체의 법칙

해설

모터에서 발생한 회전력이 프로펠러에 전달되어 시계방향으로 회전할 때, 이에 대한 반작용으로 프로펠러에 연결되어 있는 기체가 모터 회전 방향의 반대 방향인 반시계 방향으로 회전하려는 힘이 발생하게 되는 것이다.

1 ② 2 ① 정답

03 다음 중 최근 멀티콥터에 주로 사용하지 않는 배터리 종류는?

① NiCd
② LiPo
③ Ni-MH
④ LiFe

해설

FC와 메인배터리는 대부분 리튬폴리머(LiPo)를 사용하고, 조종기에는 니켈수소(Ni-MH), 리튬철(LiFe)이 많이 사용된다.
니켈카드뮴 배터리 : 과거 구형 핸드폰 배터리에 주로 사용했으며, 추운 곳에서도 꺼지지 않고 강한 힘을 발휘하며 300~500회 정도 충방전이 가능하다. 단점은 완충 또는 완방(완전 방전) 직전까지 실시해야 하며 완전 방전시키면 '전위역전현상'으로 치명적 손상이 나타나 더 이상 충전이 안 되는 등 관리가 힘들다.

04 우리나라에 영향을 주는 기단 중 주로 봄·가을에 영향을 주며 온난건조한 성격을 띠는 기단은?

① 양쯔강기단
② 오호츠크해기단
③ 시베리아기단
④ 북태평양기단

해설

양쯔강기단
- 발원지 : 중국 양쯔 강 유역이나 티베트 고원 등의 아열대 지역
- 분류 : 대륙성 열대기단(cT)
- 성격 : 온난 건조
- 우리나라 봄, 가을 날씨에 영향
- 구름이 형성되는 경우가 적어 날씨가 대체로 맑음
- 이동성 고기압으로 우리나라 방면으로 이동함

05 다음 중 동압과 정압에 대한 설명으로 옳지 않은 것은?

① 동압의 크기는 유체의 밀도에 반비례한다.
② 동압의 크기는 속도의 제곱에 비례한다.
③ 동압과 정압의 합은 일정하다.
④ 동압과 정압의 차이로 비행속도를 측정할 수 있다.

해설

베르누이 법칙은 정압과 동압의 합이 일정하다는 법칙으로, $P+\frac{1}{2}\rho V^2=C$(일정)로 나타낼 수 있다. 여기서 P는 정압, $\frac{1}{2}\rho V^2$는 동압이며 ρ는 유체의 밀도이고 V는 유체의 속력이다.

정답 3 ① 4 ① 5 ①

06 초경량 비행장치 조종자 시험을 보기 위한 나이로 옳은 것은?

① 만 11세
② 만 12세
③ 만 13세
④ 만 14세

해설

초경량비행장치 조종자 자격기준은 연령이 만 14세 이상인 자(초경량비행장치 조종자의 자격기준 및 전문교육기관 지정요령 제4조)

07 다음 중 안개가 끼는 조건으로 옳지 않은 것은?

① 대기가 안정적이어야 한다.
② 물방울이 생길 수 있는 온도이어야 한다.
③ 공기 중에 응결핵의 역할을 하는 물질이 충분히 있어야 한다.
④ 난류가 형성되어야 한다.

해설

난류는 대기가 불안정할 때 생기는 현상이므로 안개가 끼는 조건으로 옳지 않다.

안개가 발생하기에 적합한 조건

- 대기의 성층이 안정할 것
- 바람이 없을 것
- 공기 중에 수증기와 부유물질이 충분히 포함될 것
- 냉각작용이 있을 것

6 ④ 7 ④ 정답

08 다음 초경량비행장치 조종에 대한 위반사항 중 벌금액이 가장 높은 경우는?

① 주류 등의 영향으로 초경량비행장치를 사용하여 비행을 정상적으로 수행할 수 없는 상태에서 조경량비행장치를 사용하여 비행을 한 사람
② 국토교통부장관의 승인을 받지 아니하고 초경량비행장치 비행제한공역을 비행한 사람
③ 초경량비행장치의 신고 또는 변경신고를 하지 아니하고 비행을 한 자
④ 국토교통부장관의 허가를 받지 아니하고 무인자유기구를 비행시킨 사람

해설
① 3년 이하의 징역 또는 3천만원 이하의 벌금
② 500만원 이하의 벌금
③ 6개월 이하의 징역 또는 500만원 이하의 벌금
④ 500만원 이하의 벌금

09 비행 중 생성되는 착빙의 종류 중 맑은 색으로 날개에 고르게 퍼져 생성되는 착빙은?

① 흐름 착빙
② 혼합 착빙
③ 거친 착빙
④ 맑은 착빙

해설
맑은 착빙(Clear Icing) : 수적이 크고 주위 기온이 −10~0℃인 경우에 항공기 표면을 따라 고르게 흩어지면서 천천히 결빙된다.

10 다음 중 멀티콥터에 작용하는 4가지 힘의 종류가 아닌 것은?

① 항 력
② 추 력
③ 전단력
④ 중 력

해설
비행하는 멀티콥터에 작용하는 주요한 힘은 양력, 중력, 추력, 항력이다.

정답 8 ① 9 ④ 10 ③

11 프로펠러에 의한 공기의 하향흐름으로 발생한 양력 때문에 생긴 항력은?

① 조파항력
② 유도항력
③ 마찰항력
④ 형상항력

해설
유도항력은 멀티콥터가 양력을 발생할 때 나타나는 유도기류에 의한 항력이다.

12 비행제한공역에서 초경량비행장치를 비행하고자 할 때 허가를 받기 위해 작성해야 하는 서류와 제출대상은?

① 무인비행장치 특별비행승인서, 항공작전사령관
② 초경량비행장치 비행승인신청서, 항공작전사령관
③ 초경량비행장치 비행승인신청서, 지방항공청장
④ 무인비행장치 특별비행승인서, 지방항공청장

해설
초경량비행장치의 비행승인(항공안전법 시행규칙 제308조 제2항)
초경량비행장치를 사용하여 비행제한공역을 비행하려는 사람은 초경량비행장치 비행승인신청서를 지방항공청장에게 제출하여야 한다.

13 다음 중 원칙적으로 비행이 금지되거나 제한되는 구역이 아닌 것은?

① 청와대 인근 상공(P-73)
② 원전지역 인근 상공(P-65)
③ 휴전선 인근 군 전술통제작전구역(P-518)
④ 100m 이하의 고도

해설
최저비행고도(항공안전법 시행규칙 제308조 제5항)
지표면・수면 또는 물건의 상단에서 150m 이하의 고도에서 운용해야 한다.

11 ② 12 ③ 13 ④ **정답**

14 다음 중 초경량비행장치에 속하지 않는 것은?

① 탑승자, 연료 및 비상용 장비의 중량을 제외한 자체중량이 130kg인 고정익비행장치
② 유인자유기구 또는 무인자유기구
③ 연료의 중량을 제외한 자체중량이 150kg 이하인 무인비행기, 무인헬리콥터 또는 무인멀티콥터
④ 항력(抗力)을 발생시켜 대기(大氣) 중을 낙하하는 사람 또는 물체의 속도를 느리게 하는 비행장치

해설

초경량비행장치의 기준(항공안전법 시행규칙 제5조)

동력비행장치 : 동력을 이용하는 것으로서 다음의 기준을 모두 충족하는 고정익비행장치

- 탑승자, 연료 및 비상용 장비의 중량을 제외한 자체중량이 115kg 이하일 것
- 연료의 탑재량이 19L 이하일 것
- 좌석이 1개일 것

15 다음 바람에 대한 설명 중 틀린 것은?

① 바람은 대기운동의 수평적 성분만을 측정했을 때의 공기운동이다.
② 풍향의 기준은 진북으로 한다.
③ 풍속은 기체가 움직인 거리와 그 시간의 비이다.
④ 기압이 낮은 곳에서 높은 곳으로 분다.

해설

공기가 기압이 높은 곳에서 낮은 곳으로 흘러가는 것을 바람이라고 한다.

16 조종기를 장시간 사용하지 않을 경우 보관 방법으로 옳지 않은 것은?

① 충격으로부터 안전한 상자에 넣어서 보관한다.
② 안테나는 벽과 같은 곳에 장시간 눌리지 않도록 한다.
③ 장시간 사용하지 않은 경우 배터리는 분리하여 따로 보관하도록 한다.
④ 주변 온도는 고려하지 않아도 된다.

해설

조종기 보관 시 안전한 상자에 넣어 서늘한 곳에 보관하여야 한다.

정답 14 ① 15 ④ 16 ④

17 멀티콥터에 사용되는 배터리 점검 및 사용에 대한 내용으로 틀린 것은?

① 배터리가 손상되면 화재의 위험이 있으므로 절대 충전해서는 안 된다.
② 가능하면 충전기에 배터리를 물려놓고 자리를 비우지 않는다.
③ 배터리 가운데 부분이 부풀어오른 것은 사용하면 안된다.
④ 배터리 보관에 있어서 가장 적정한 전압은 1셀당 약 8~10V이다.

해설
배터리 보관에 있어서 가장 적정한 전압은 1셀(Cell)당 약 3.7~4.2V이다.

18 다음 중 비행 전 점검에 대한 내용으로 틀린 것은?

① 통신상태 및 GPS 수신 상태를 점검한다.
② 메인 프로펠러의 장착과 파손여부를 확인한다.
③ 기체 아래부분을 점검할 때 기체는 호버링시켜 놓은 뒤 그 아래에서 상태를 확인한다.
④ 배터리잔량을 체커기를 통해 육안으로 확인한다.

해설
비행 전 점검에서 기체 자체를 점검할 때는 반드시 기체의 시동을 꺼놓은 상태에서 실시하여야 한다.

19 프로펠러의 밸런스가 맞지 않을 때 가장 먼저 일어나는 현상은?

① 기체가 전후좌우로 흔들린다.
② GPS모드의 수신상태가 불량해진다.
③ 배터리의 소모가 빨라진다.
④ 프로펠러의 회전수가 상승한다.

해설
프로펠러의 밸런스가 맞지 않을 경우 특정 부분의 RPM이 상승하게 되며, 이에 따라 기체가 전후좌우로 흔들리는 현상이 일어난다.

17 ④ 18 ③ 19 ① 정답

20 다음 중 강한 비가 계속 올 수도 있는 구름의 약어는?

① Cc
② As
③ St
④ Cb

해설

- 권적운(Cc) : 흰색 또는 회색 반점이나 띠 모양을 한 구름
- 고층운(As) : 하늘을 완전히 덮고 있으나 후광 현상 없이 태양을 볼 수 있는 회색 구름
- 층운(St) : 안개와 비슷하게 연속적인 막을 만드는 회색 구름
- 적란운(Cb) : 세찬 강수를 일으킬 수 있는 매우 웅장한 구름
- 난층운(Ns) : 지속적인 강수를 일으킬 수 있는 어두운 층 구름(태양을 완전히 가림)

21 무인멀티콥터의 프로펠러에 대한 설명으로 틀린 내용은?

① 프로펠러는 멀티콥터가 날아가야 하는 방향을 결정한다.
② 프로펠러들의 길이가 같을 경우 피치가 낮은 프로펠러는 피치가 높은 프로펠러와 같은 부양력을 발생시키려면 더 빨리 회전해야 한다.
③ 프로펠러의 피치가 높아질수록 진동이 심해진다.
④ 프로펠러의 길이는 프로펠러 틀이 허용하는 최대치를 약간 넘겨 제작하는 것이 유리하다.

해설

프로펠러의 길이는 프로펠러 틀(프레임)이 허용하는 최대치를 넘기지 않아야 하는데 사용 가능한 프로펠러의 최대 길이는 일반적으로 모터 제원표(일부는 드론 몸체에 표기)에 표기되어 있다.

정답 20 ④ 21 ④

22 다음 중 따로 신고가 필요한 비행장치는?

① 연구기관 등이 시험・조사・연구 또는 개발을 위하여 제작한 초경량비행장치

② 사람이 탑승하지 않는 기구류

③ 무인비행선 중에서 연료의 무게를 제외한 자체무게가 20kg 이하이고, 길이가 5m 이하인 것

④ 군사목적으로 사용되는 초경량비행장치

해설

신고를 필요로 하지 아니하는 초경량비행장치의 범위(항공안전법 시행령 제24조)

다음의 어느 하나에 해당하는 것으로서 「항공사업법」에 따른 항공기대여업・항공레저스포츠사업 또는 초경량비행장치사용사업에 사용되지 아니하는 것

- 행글라이더, 패러글라이더 등 동력을 이용하지 아니하는 비행장치
- 기구류(사람이 탑승하는 것은 제외한다)
- 계류식 무인비행장치
- 낙하산류
- 무인동력비행장치 중에서 최대이륙중량이 2kg 이하인 것
- 무인비행선 중에서 연료의 무게를 제외한 자체무게가 12kg 이하이고, 길이가 7m 이하인 것
- 연구기관 등이 시험・조사・연구 또는 개발을 위하여 제작한 초경량비행장치
- 제작자 등이 판매를 목적으로 제작하였으나 판매되지 아니한 것으로서 비행에 사용되지 아니하는 초경량비행장치
- 군사목적으로 사용되는 초경량비행장치

23 다음 중 항공안전법상 항공기가 아닌 것은?

① 발동기가 1개 이상이고 조종사 좌석을 포함한 탑승좌석 수가 1개 이상인 유인비행선

② 연료의 중량을 제외한 자체중량이 150kg을 초과하고 발동기가 1개 이상인 무인조종비행기

③ 자체중량이 50kg을 초과하는 활공기

④ 지구 대기권 내외를 비행할 수 있는 항공우주선

해설

항공기의 기준(항공안전법 시행규칙 제2조)

활공기는 자체중량이 70kg을 초과할 것

22 ③ 23 ③ 정답

24 초경량비행장치 신고번호의 부여방법, 표시방법 등에 관한 내용의 지정자는?

① 과학기술정보통신부　　② 한국교통안전공단 이사장
③ 국토교통부장관　　④ 항공교통관제소장

해설

초경량비행장치 신고(항공안전법 시행규칙 제301조)

초경량비행장치 소유자 등은 초경량비행장치 신고증명서의 신고번호를 해당 장치에 표시하여야 하며, 표시방법, 표시장소 및 크기 등 필요한 사항은 국토교통부장관의 승인을 받아 한국교통안전공단 이사장이 정한다.

25 다음 중 초경량비행장치 비행 전 송신거리 테스트로 옳지 않은 것은?

① 기체와 100m 떨어져서 레인지 모드로 테스트한다.
② 기체를 지면으로부터 60cm 이상 위치시킨 뒤 수신기의 안테나를 지면으로부터 멀리 떨어뜨린다.
③ 송신기의 모든 키를 움직이면서, 기체가 정상 작동하는지 확인한다.
④ 30m 이상 거리가 될 때까지 모든 컨트롤이 정상 작동하면 송신거리 테스트를 완료한다.

해설

송신거리 테스트 방법

- 기체를 지면으로부터 60cm 이상 위치시킨 뒤 수신기의 안테나를 지면으로부터 멀리 떨어뜨린다.
- 송신기의 안테나를 지면을 기준으로 수직으로 세운다.
- 송신기와 수신기의 전원을 켠다.
  - 송신거리 테스트 모드로 진입하기 위해, 송신기의 F/S 버튼을 4초 이상 누른다.
  - 송신 모듈의 LED가 붉게 깜박이면, 송신율이 대폭 감소하는 송신거리 테스트 모드가 작동하기 시작한다.
  - 정상 송수신 거리의 1/30로 송수신 거리가 줄어든다.
- 송신기의 모든 키를 움직이면서, 기체가 정상 작동하는지 확인한다. 30m 이상 거리가 될 때까지 모든 컨트롤이 정상 작동하면 송신거리 테스트를 완료한다.

정답 24 ② 25 ①

26 멀티콥터 조종 중 비상상황 발생 시 가장 먼저 취해야 하는 행동은?

① 큰 소리로 주변에 비상상황을 알린다.
② GPS모드를 자세모드로 변환하여 조종을 시도한다.
③ RPM을 올려 빠르게 비상위치로 착륙시킨다.
④ 공중에 호버링된 상태로 정지시켜 놓는다.

해설
비상시 가장 먼저 주변에 '비상'이라고 알려 사람들이 드론으로부터 대피하도록 한다.

27 송수신장비 점검 시 내용으로 옳지 않은 것은?

① 안테나 접합부위가 파손 시 조종기 전파가 무지향성과 지향성으로 혼선될 수 있다.
② 수신기가 꼬여 있거나 차폐가 심한 위치에 있는지 확인한다.
③ 조종기 스위치들은 한 개만 샘플로 점검한다.
④ 수신기 주변에 노이즈의 간섭을 받을 수 있는 물체가 있는지 확인한다.

해설
각 스위치별로 기능이 설정되어 있는데 스위치가 파손이 된다면 제대로 설정된 기능이 동작되지 않을 수 있다.

28 항상 일정한 방향과 자세를 유지하려는 역할을 하며 멀티콥터의 '키' 조작에 필요한 역할을 하는 장치는?

① 가속도계
② 자이로스코프
③ 광류 및 음파 탐지기
④ 기압계

해설
자이로스코프는 항상 일정한 방향을 유지하려는 특성이 있다. 즉 바람이 왼쪽에서 5m/s로 불어온다면 기체는 우로 기울게 되며 이때 수평을 잡으려 하는 현상이 자이로스코프가 작동하기 때문에 발생한다.

26 ① 27 ③ 28 ② 정답

29 난류의 구분에 따른 설명 중 틀린 것은?

① 대류에 의한 난류는 대류권 하층의 기온상승으로 대류가 일어나면 더운 공기가 상승하고 상층의 찬 공기는 하강하는 대기의 연직 흐름이 생겨 발생한다.
② 기계적 난류는 대기와 불규칙한 지형·장애물의 마찰이나 풍향, 풍속의 급변이 이루어져 생긴다.
③ 항적에 의한 난류는 비행 중인 여러 비행체의 후면에서 발생하는 소용돌이에 의해 생긴다.
④ 기계적 난류는 인공 난류라고도 불린다.

해설

항적에 의한 난류는 비행 중인 여러 비행체의 후면에서 발생하는 소용돌이를 말하며, 인공 난류라고도 한다.

30 다른 조건은 일정할 때 활공거리를 가장 길게 해 주는 바람은?

① 측 풍
② 배 풍
③ 후 풍
④ 바람방향과 관계 없음

해설

배풍(Tail Wind)은 항공기 뒤쪽에서 앞쪽으로 부는 바람으로서 배풍 시 항력이 감소되고 추력이 증가되기 때문에 활공거리가 길어진다.

31 비행 중 멀티콥터 기체에 과도한 흔들림 발생 시 조치사항으로 바른 것은?

① 안전한 곳으로 착륙시켜 부품을 점검한다.
② 회전수를 더 올려서 흔들림이 멈출 때까지 조종한다.
③ 기울어지는 방향 반대쪽 모터의 회전수를 높인다.
④ 호버링시킨 뒤 흔들림이 멈출 때까지 기다린다.

해설

기체에 과도한 흔들림 발생 시 즉시 안전한 곳으로 착륙시킨 뒤 기체를 점검해야 한다.

정답 29 ④ 30 ② 31 ①

32 초경량비행장치의 비행구역으로 바른 것은?

① 인적이 드문 넓은 공원과 같은 공터지역
② 위험물, 유류, 화학물질을 사용하는 공장 지역
③ 발전소, 변전소, 변압기, 발전댐 등의 지역
④ 철탑, 철교, 철골 구조물 등의 지역

해설
초경량비행장치 비행구역(UA)은 통상 인적이 드물고 넓은 공터가 있는 지역으로 전국 각지에 선정되어 있으며, 공장, 철탑, 전력발전소 인근은 2차 사고 우려와 '지자기' 간섭 가능성 증대로 회피해야 한다.

33 멀티콥터의 하강 비행 시 조종기의 조작방법으로 맞는 것은?

① 스로틀을 내린다.
② 스로틀을 올린다.
③ 에일러론을 우측으로 한다.
④ 에일러론을 좌측으로 한다.

해설
스로틀 키를 위로 움직일 경우 모터·프로펠러 전체를 빠르게 회전시키면서 더 높이 뜨고, 아래로 내릴 경우 약하게 회전하면서 기체는 아래로 내려온다.

34 초경량비행장치 사고 시 지방항공청장에게 보고하여야 할 사항이 아닌 것은?

① 조종자 및 그 초경량비행장치 소유자 등의 성명
② 사고가 발생한 일시 및 장소
③ 초경량비행장치의 종류 및 신고번호
④ 사고가 난 기체의 평균가격

해설
초경량비행장치 사고의 보고 등(항공안전법 시행규칙 제312조)
초경량비행장치 사고를 일으킨 조종자 또는 그 초경량비행장치 소유자 등은 다음의 사항을 지방항공청장에게 보고하여야 한다.
- 조종자 및 그 초경량비행장치 소유자 등의 성명 또는 명칭
- 사고가 발생한 일시 및 장소
- 초경량비행장치의 종류 및 신고번호
- 사고의 경위
- 사람의 사상(死傷) 또는 물건의 파손 개요
- 사상자의 성명 등 사상자의 인적사항 파악을 위하여 참고가 될 사항

32 ① 33 ① 34 ④ **정답**

35 다음 중 항공안전법상 초경량비행장치의 종류가 아닌 것은?

① 행글라이더
② 패러글라이더
③ 동력패러슈트
④ 회전익비행장치

해설

초경량비행장치의 기준(항공안전법 시행규칙 제5조)
동력비행장치, 행글라이더, 패러글라이더, 기구류, 무인비행장치, 회전익비행장치, 동력패러글라이더 및 낙하산류 등을 말한다.

36 다음 중 안전사고와 관련된 법칙이 아닌 것은?

① 하인리히 법칙(Heinrich's Law)
② 스위스 치즈 이론(Swiss Cheese Model)
③ 도미노 이론(Domino Theory)
④ 기대효용이론(Expected Utility Theory)

해설

- 하인리히 법칙 : 큰 사고는 우연히 또는 어느 순간 갑작스럽게 발생하는 것이 아니라 그 이전에 반드시 경미한 사고들이 반복되는 과정 속에서 발생한다.
- 스위스 치즈 이론 : 대형사고는 사고가 일어날 수 있는 모든 조건들이 우연하게 한날 한시에 겹치면서 일어나게 되는 것이다.
- 도미노 이론 : 하나의 위험 및 불안 요소가 점점 더 큰 부정적 결과와 대형사고를 불러 일으킨다.

정답 35 ③ 36 ④

37 초경량 비행장치의 비행 준수사항에 관한 내용 중 틀린 것은?

① 안개 등으로 인하여 지상목표물을 육안으로 식별할 수 없는 상태에서 비행해서는 안 된다.

② 인명이나 재산에 위험을 초래할 우려가 있는 낙하물을 투하해서는 안 된다.

③ 항공레저스포츠사업에 종사하는 초경량비행장치 조종자는 제작자가 정한 최대이륙중량의 1.2배 이상을 초과하지 않도록 한다.

④ 비행시정 및 구름으로부터의 거리기준을 위반하여 비행하지 않는다.

해설

초경량비행장치 조종자의 준수사항(항공안전법 시행규칙 제310조 제5항)

해당 초경량비행장치의 제작자가 정한 최대이륙중량을 초과하지 아니하도록 비행해야 한다.

38 다음 초경량비행장치 중 안전성인증 대상이 아닌 기체는?

① 회전익비행장치

② 사람이 탑승하지 않는 기구류

③ 동력비행장치

④ 항공레저스포츠사업에 사용되는 행글라이더

해설

초경량비행장치 안전성인증 대상 등(항공안전법 시행규칙 제305조)

- 동력비행장치
- 행글라이더, 패러글라이더 및 낙하산류(항공레저스포츠사업에 사용되는 것만 해당)
- 기구류(사람이 탑승하는 것만 해당)
- 다음 어느 하나에 해당하는 무인비행장치
  - 무인비행기, 무인헬리콥터 또는 무인멀티콥터 중에서 최대이륙중량이 25kg을 초과하는 것
  - 무인비행선 중에서 연료의 중량을 제외한 자체중량이 12kg을 초과하거나 길이가 7m를 초과하는 것
- 회전익비행장치
- 동력패러글라이더

37 ③ 38 ② 정답

39 다음 중 고기압에 대한 설명으로 틀린 것은?

① 북반구에서 고기압의 공기는 시계 방향으로 불어 나간다.
② 중심에서는 상승기류가 형성된다.
③ 주변보다 기압이 높은 곳은 고기압이다.
④ 근처에서는 주로 맑은 날씨가 나타난다.

해설

고기압은 주변보다 상대적으로 기압이 높은 지역으로 북반구에서 시계방향으로 불어 나간다. 불어 나간 공기를 보충하기 위해 상공에 있는 공기가 하강하여 하강기류가 발생하므로 날씨가 맑아진다.

40 다음 중 멀티콥터 이륙 시 주의사항으로 바르지 않은 것은?

① 사전에 안전한 이착륙 장소를 설정한다.
② 기체에서 15m 이상 이격하여 안전거리를 확보하여 비행한다.
③ 시동 후 예열은 연료의 낭비를 초래하며 오히려 안전운행에 방해가 되므로 하지 않는 것이 좋다.
④ 이륙 시 스로틀을 급조작하지 않는다.

해설

시동 후 반드시 여름철 약 2분, 봄·가을철 약 3분, 겨울철 약 5분간 반드시 워밍업을 하도록 한다.

정답 39 ② 40 ③

CHAPTER
03 기출복원문제

01 회전익무인비행장치의 기체 및 조종기의 배터리 점검사항 중 틀린 것은?

① 조종기에 있는 배터리 연결단자가 헐거워지거나 접촉이 불량한지 여부를 점검한다.
② 기체의 배선과 배터리와의 고정 볼트 고정 상태를 점검한다.
③ 배터리가 부풀어 오른 것을 사용하여도 문제없다.
④ 기체 배터리와 배선의 연결부위 부식을 점검한다.

해설
배터리가 부풀어 오르면 언제든지 폭발 위험성이 있기 때문에 사용을 중지하고 소금물에 폐기하여야 한다.

02 비행 중 조종기의 배터리 경고음이 울렸을 때 취해야 할 행동은?

① 즉시 기체를 착륙시키고 엔진 시동을 정지시킨다.
② 경고음이 꺼질 때까지 기다려 본다.
③ 재빨리 송신기의 배터리를 예비 배터리로 교환한다.
④ 기체를 원거리로 이동시켜 제자리 비행으로 대기한다.

해설
배터리 경고음이 울렸다면 각 셀 전압 중 1개 이상의 셀이 정격전압 3.3V 이하로 내려갔다는 것이다. 바로 착륙하지 않는다면 조종기 전원 공급이 안되어 전파 송신이 어느 순간 두절되어 Fail Safe로 전환될 수 있다.

1 ③ 2 ① 정답

03 다음 중 국제민간항공기구(ICAO)에서 공식 용어로 선정한 무인항공기의 명칭은?

① UAV(Unmanned Aerial Vehicle)

② Drone

③ RPAS(Remotely Piloted Aircraft System)

④ UAS(Unmanned Aircraft System)

해설

2013년 국제민간항공기구(ICAO)에서 공식 용어로 선정한 무인항공기의 명칭은 RPAS(Remotely Piloted Aircraft System)이다.

04 무인항공방제 작업 시 조종자, 신호자, 보조자의 설명으로 부적합한 것은?

① 비행에 관한 최종 판단은 작업 허가자가 한다.

② 신호자는 장애물 유무와 방제 끝부분 도착여부를 조종자에게 알려준다.

③ 보조자는 살포하는 약제, 연료 포장 안내 등을 해 준다.

④ 조종자와 신호자는 모두 유자격자로서 교대로 조종작업을 수행하는 것이 안전하다.

해설

비행에 관한 최종 판단은 작업 허가자가 하는 것이 아니라 조종자 또는 보조자 등 유자격자가 최종 판단(주변 지형지물, 인원, 상수원 보호구역, 축사 등 확인)하여 비행하여야 한다.

05 비행 교관의 심리적 지도 기법 설명으로 타당하지 않은 것은?

① 교관의 입장에서 인간적으로 접근하여 대화를 통해 해결책을 강구한다.

② 노련한 심리학자가 되어 학생의 근심, 불안, 긴장 등을 해소한다.

③ 경쟁 심리를 자극하지 않고 잠재적 장점을 표출한다.

④ 잘못에 대한 질책은 여러 번 반복한다.

해설

질책은 한번에 간결하고 짧게 실시하여 교육생이 반감을 갖지 않도록 하는 것이 중요하며, 질책 시 정확하게 잘못한 부분을 스스로 인정하게 만드는 기술이 필요하다.

정답 3 ③ 4 ① 5 ④

06 무인비행장치 탑재임무장비(Payload)로 볼 수 없는 것은?

① 주간(EO)카메라
② 데이터링크 장비
③ 적외선(FLIR) 감시카메라
④ 통신 중계 장비

해설
주간(EO)카메라, 적외선(FLIR) 감시카메라, 통신 중계 장비는 탑재임무장비로서 임베디드 시스템이라고 볼 수 있으나, 데이터링크 장비는 탑재임무장비에서 지상으로 연결하는 링크로 볼 수 있다.

07 비행 교관의 기본 구비자질로서 타당하지 않은 것은?

① 교육생에 대한 수용 자세 : 교육생의 잘못된 습관이나 조작, 문제점을 지적하기 전에 그 교육생의 특성을 먼저 파악해야 한다.
② 외모 및 습관 : 교관으로서 청결하고 단정한 외모와 침착하고 정상적인 비행 조작을 해야 한다.
③ 전문적 언어 : 전문적인 언어를 많이 사용하여 교육생들의 신뢰를 얻어야 한다.
④ 화술 능력 구비 : 교관으로서 학과과목이나 조종을 교육시킬 때 적절하고 융통성 있는 화술 능력을 구비해야 한다.

해설
전문적인 언어를 많이 사용한다면 교육생들의 이해도 저하로 이어지며, 따라서 신뢰를 얻지 못하게 된다.

08 해수면의 표준기온 및 기압은?

① 15℃, 29.92inchHg
② 59℃, 1,013.2mbar
③ 9°F, 29.92mbar
④ 15℃, 1,013.2inchHg

해설
해수면의 표준기온 및 기압 : 15℃(59°F), 29.92inchHg(1,013.2mbar)

6 ② 7 ③ 8 ① **정답**

09 우리나라에 영향을 미치는 기단 중 해양성 한대 기단으로 불연속선의 장마전선을 이루어 초여름 장마기에 영향을 미치는 기단은?

① 시베리아 기단

② 양쯔강 기단

③ 오호츠크 기단

④ 북태평양 기단

해설

오호츠크 기단은 초여름 장마기에 영향을 주며 건기의 원인이 된다.

10 1기압에 대한 설명 중 틀린 것은?

① 단면적 $1cm^2$, 높이 76cm의 수은주 기둥

② 단면적 $1cm^2$, 높이 1,000km 공기 기둥

③ 3.760mmHg = 29.92inHg

④ 1,013mbar = 1.013bar

해설

수은주 760mm의 높이에 해당하는 기압을 표준기압이라 하고, 이것이 1기압(atm)이며 큰 압력을 측정하는 단위로 사용한다. 1mbar = 1hPa, 1표준기압(atm) = 760mmHg = 1,013.25hPa의 정의식으로 환산한다.

11 주로 봄과 가을에 이동성 고기압과 함께 동진하여 따뜻하고 건조한 일기를 나타내는 기단은?

① 오호츠크해 기단

② 양쯔강 기단

③ 북태평양 기단

④ 적도 기단

해설

양쯔강 기단은 주로 봄과 가을에 이동성 고기압과 함께 동진하여 따뜻하고 건조한 일기를 나타낸다.

정답 9 ③ 10 ③ 11 ②

12 현재의 지상기온이 31℃일 때 3,000ft 상공의 기온은?(단, 조건은 ISA조건이다)

① 25℃
② 37℃
③ 29℃
④ 34℃

해설

1,000ft당 −2℃씩 감소하므로, 3,000ft 상공의 기온은 25℃이다.

13 국제 구름 기준에 의해 구름을 잘 구분한 것은?

① 높이에 따른 상층운, 중층운, 하층운, 수직으로 발달한 구름
② 층운, 적운, 난운, 권운
③ 층운, 적란운, 권운
④ 운량에 따라 작은 구름, 중간 구름, 큰 구름 그리고 수직으로 발달한 구름

해설

구름은 높이에 따라 상층운, 중층운, 하층운, 수직으로 발달한 구름으로 구분한다.

14 수평 직진비행을 하다가 상승비행으로 전환 시 받음각(영각)이 증가하면 양력의 변화는?

① 순간적으로 감소한다.
② 순간적으로 증가한다.
③ 변화가 없다.
④ 지속적으로 감소한다.

해설

받음각(영각)이 증가하면 양력은 순간적으로 증가한다.

12 ① 13 ① 14 ② 정답

15 항공기 날개의 상·하부를 흐르는 공기의 압력차에 의해 발생하는 압력의 원리는?

① 작용·반작용의 법칙　　② 가속도의 법칙
③ 베르누이의 정리　　④ 관성의 법칙

해설

항공기 날개의 상·하부로 흐르는 공기의 압력차에 의해 발생하는 압력의 원리는 베르누이의 정리로서 동압과 정압 차이는 항상 일정하다고 하였다. 날개 상·하부의 공기흐름 속도 차이로 압력 차이를 설명하고 있다.

16 항력과 속도와의 관계 설명 중 틀린 것은?

① 항력은 속도의 제곱에 반비례한다.
② 유해항력은 거의 모든 항력을 포함하고 있어 저속 시 작고, 고속 시 크다.
③ 형상항력은 블레이드가 회전할 때 발생하는 마찰성 저항이므로 속도가 증가하면 점차 증가한다.
④ 유도항력은 하강풍인 유도기류에 의해 발생하므로 저속과 제자리 비행 시 가장 크며, 속도가 증가할수록 감소한다.

해설

항력은 속도 제곱에 비례한다.

17 초경량비행장치의 말소신고의 설명 중 틀린 것은?

① 사유 발생일로부터 30일 이내에 신고하여야 한다.
② 초경량비행장치가 멸실되었거나 초경량비행장치를 해체한 경우 실시한다.
③ 정비 등, 수송 또는 보관하기 위한 해체는 제외한다.
④ 말소신고를 하지 아니하면 국토교통부장관은 30일 이상의 기간을 정하여 말소신고를 할 것을 해당 초경량비행장치 소유자 등에게 최고하여야 한다.

해설

초경량비행장치 변경신고 등(항공안전법 제123조)

초경량비행장치 소유자 등은 신고한 초경량비행장치가 멸실되었거나 그 초경량비행장치를 해체(정비 등, 수송 또는 보관하기 위한 해체는 제외)한 경우에는 그 사유가 발생한 날부터 15일 이내에 국토교통부장관에게 말소신고를 하여야 한다.

정답 15 ③ 16 ① 17 ①

18 항공시설 업무, 절차 또는 위험요소의 시설, 운영상태 및 그 변경에 관한 정보를 수록하여 전기통신수단으로 항공종사자들에게 배포하는 공고문은?

① AIC　　② AIP
③ AIRAC　　④ NOTAM

해설

항공기가 비행함에 있어 특정 지역, 고도 등에서 제한 사항 혹은 꼭 알아야할 사항을 전달하는 정보(NOtice To AirMan)의 약어로 '노탐'이라고 읽는다. 대부분 항공고정통신망을 통하여 전파되며, 기상정보와 함께 항공기 운항에 없어서는 안 될 중요한 정보이다.

19 초경량비행장치 신고 시 신청대상은?

① 한국교통안전공단 이사장　　② 국토교통부장관
③ 국방부장관　　④ 지방경찰청장

해설

초경량비행장치 신고(항공안전법 시행규칙 제301조)

초경량비행장치 소유자 등은 안전성인증을 받기 전까지 초경량비행장치 신고서를 한국교통안전공단 이사장에게 제출하여야 한다.

20 조종자격증명 취득의 설명 중 맞는 것은?

① 자격증명 취득 연령은 만 14세, 교관 조종자격증명은 만 20세 이상이다.
② 자격증명과 교관 조종자격증명 취득 연령은 모두 만 14세 이상이다.
③ 자격증명과 교관 조종자격증명 취득 연령은 모두 만 20세 이상이다.
④ 자격증명 취득 연령은 만 14세, 교관 조종자격증명은 만 25세 이상이다.

해설

조종자 자격증명 취득 연령은 만 14세, 교관 조종자격증명은 만 20세 이상이다.

18 ④ 19 ① 20 ① 정답

21 초경량비행장치를 소유한 자가 한국교통안전공단 이사장에게 신고할 때 첨부하여야 할 것이 아닌 것은?

① 초경량비행장치를 소유하고 있음을 증명하는 서류
② 초경량비행장치의 가로 15cm, 세로 10cm의 측면사진(무인비행장치의 경우에는 기체 제작번호 전체를 촬영한 사진을 포함)
③ 초경량비행장치의 설계도, 설계 개요서, 부품목록
④ 제원 및 성능표

해설
초경량비행장치를 소유한 자가 한국교통안전공단 이사장에게 신고할 때 설계도, 설계 개요서, 부품목록은 필요하지 않다.

22 항공종사자는 항공 업무에 지장이 있을 정도의 주정성분이 든 음료를 마실 수 없다. 혈중 알코올 농도 제한 기준으로 맞는 것은?

① 혈중 알코올 농도 0.02% 이상
② 혈중 알코올 농도 0.06% 이상
③ 혈중 알코올 농도 0.03% 이상
④ 혈중 알코올 농도 0.05% 이상

해설
주류 등의 섭취 · 사용 제한(항공안전법 제57조 제5항)
혈중 알코올 농도 제한 기준은 0.02% 이상이다.

23 초경량비행장치 조종자가 준수해야 하는 초경량비행장치의 운용시간은?

① 일출부터 일몰 30분 전까지
② 일출부터 일몰까지
③ 일출 30분 후부터 일몰까지
④ 일출 30분 후부터 일몰 30분 전까지

해설
초경량비행장치 조종자의 준수사항(항공안전법 시행규칙 제310조)
일몰 후부터 일출 전까지는 비행금지이다.

정답 21 ③ 22 ① 23 ②

24 다음 중 신고하지 않아도 되는 초경량비행장치는?

① 동력비행장치 ② 인력활공기
③ 초경량헬리콥터 ④ 자이로플레인

해설

신고를 필요로 하지 아니하는 초경량비행장치의 범위(항공안전법 시행령 제24조)

- 행글라이더, 패러글라이더 등 동력을 이용하지 아니하는 비행장치
- 기구류(사람이 탑승하는 것은 제외)
- 계류식 무인비행장치
- 낙하산류
- 무인동력비행장치 중에서 최대이륙중량이 2kg 이하인 것
- 무인비행선 중에서 연료의 무게를 제외한 자체무게가 12kg 이하이고, 길이가 7m 이하인 것
- 연구기관 등이 시험·조사·연구 또는 개발을 위하여 제작한 초경량비행장치
- 제작자 등이 판매를 목적으로 제작하였으나 판매되지 아니한 것으로서 비행에 사용되지 아니하는 초경량비행장치
- 군사목적으로 사용되는 초경량비행장치

※ 항공사업법에 따른 항공기대여업·항공레저스포츠사업 또는 초경량비행장치사용사업에 사용되지 아니하는 것을 말한다.

25 다음 중 국가안전상 비행이 금지된 공역으로 항공지도에 표시되어 있으며 특별한 인가 없이는 비행이 금지되는 지역은?

① P-73 ② R-110
③ W-99 ④ MOA

해설

비행금지구역은 P-518, P-73, P-65지역으로 P는 Prohibited(금지)의 약자이다.

24 ② 25 ① 정답

26 초경량비행장치 조종자 전문교육기관 지정기준으로 맞는 것은?

① 비행시간이 200시간 이상인 지도조종자 1명 이상 보유
② 비행시간이 300시간 이상인 지도조종자 2명 보유
③ 비행시간이 200시간 이상인 실기평가 조종자 1명 보유
④ 비행시간이 100시간 이상인 실기평가 조종자 2명 보유

해설

초경량비행장치 조종자 전문교육기관의 지정 등(항공안전법 시행규칙 제307조)
초경량비행장치 조종자 전문교육기관 지정기준은 비행시간이 200시간 이상인 지도조종자 1명 이상, 300시간 이상인 실기평가조종자 1명 이상 보유하여야 한다.

27 초경량비행장치의 변경신고 시 사유발생일로부터의 신고기한은?

① 30일
② 60일
③ 90일
④ 180일

해설

초경량비행장치 변경신고(항공안전법 시행규칙 제302조)
변경신고는 사유발생일로부터 30일 이내에 실시해야 한다.

정답 26 ① 27 ①

28 **초경량비행장치 사고를 일으킨 조종자 또는 소유자는 사고 발생 즉시 지방항공청장에게 보고하여야 하는데 그 내용이 아닌 것은?**

① 초경량비행장치 소유자의 성명 또는 명칭
② 사고의 정확한 원인분석 결과
③ 사고의 경위
④ 사람의 사상 또는 물건의 파손 개요

해설
사고의 정확한 원인분석 결과는 항공·철도사고조사위원회에서 실시하는 사항이다.
초경량비행장치 사고의 보고 등(항공안전법 시행규칙 제312조)
초경량비행장치 사고를 일으킨 조종자 또는 그 초경량비행장치 소유자 등은 다음의 사항을 지방항공청장에게 보고하여야 한다.
- 조종자 및 그 초경량비행장치 소유자 등의 성명 또는 명칭
- 사고가 발생한 일시 및 장소
- 초경량비행장치의 종류 및 신고번호
- 사고의 경위
- 사람의 사상(死傷) 또는 물건의 파손 개요
- 사상자의 성명 등 사상자의 인적사항 파악을 위하여 참고가 될 사항

29 **신고를 요하지 아니하는 초경량비행장치의 범위에 해당하지 않는 것은?**

① 기구류(사람 탑승 제외)
② 낙하산류
③ 동력을 이용하지 아니하는 비행장치
④ 프로펠러로 추진력을 얻는 것

해설
프로펠러로 추진력을 얻는 것은 동력을 이용하는 것이므로 신고 범주에 포함된다.
※ 24번 해설 참고

28 ② 29 ④ 정답

30 **다음의 초경량비행장치 중 국토교통부장관이 고시한 비행 안전을 위한 기술상의 기준에 적합하다는 증명을 받지 않아도 되는 것은?**

① 무인비행선(12kg 이하)

② 동력비행장치

③ 회전익비행장치

④ 유인자유기구

해설

무인비행선 중 12kg 이하 장치는 안전성 인증 검사 대상이 아니다.

초경량비행장치 안전성인증 대상 등(항공안전법 시행규칙 제305조)

- 동력비행장치
- 행글라이더, 패러글라이더 및 낙하산류(항공레저스포츠사업에 사용되는 것만 해당)
- 기구류(사람이 탑승하는 것만 해당)
- 다음의 어느 하나에 해당하는 무인비행장치
  - 무인비행기, 무인헬리콥터 또는 무인멀티콥터 중에서 최대이륙중량이 25kg을 초과하는 것
  - 무인비행선 중에서 연료의 중량을 제외한 자체중량이 12kg을 초과하거나 길이가 7m를 초과하는 것
- 회전익비행장치
- 동력패러글라이더

31 **보기의 (   ) 안에 들어갈 알맞은 것은?**

보 기
안개의 시정은 (   )m 이하이다.

① 100

② 1,000

③ 200

④ 2,000

해설

시정이 1km 이하일 때를 '안개'라고 한다.

정답 30 ① 31 ②

32 초경량비행장치에 의하여 사람이 사망하거나 중상을 입은 사고가 발생한 경우 사고조사를 담당하는 기관은?

① 항공・철도 사고조사위원회
② 관할 지방항공청
③ 항공교통관제소
④ 교통안전공단

해설

초경량비행장치에 의하여 사람이 사망하거나 중상을 입은 사고가 발생한 경우 사고조사를 담당하는 기관은 항공・철도 사고조사위원회이다.

33 초경량비행장치의 비행안전을 확보하기 위하여 비행활동에 대한 제한이 필요한 공역은?

① 관제공역　② 주의공역
③ 훈련공역　④ 비행제한공역

해설

초경량비행장치 불법 사용 등의 죄(항공안전법 제161조 제4항)

초경량비행장치의 비행안전을 확보하기 위하여 비행활동에 대한 제한이 필요한 공역은 비행제한공역이며, 제한공역에서 비행승인을 받지 않고 비행할 경우 500만원 이하의 벌금에 처한다.

34 항공교통의 안전을 위하여 항공기의 비행 순서・시기 및 방법 등에 관하여 국토교통부장관의 지시를 받아야 할 필요가 있는 공역은?

① 관제공역　② 비관제공역
③ 통제공역　④ 주의공역

해설

공역 등의 지정(항공안전법 제78조)

항공교통의 안전을 위하여 항공기의 비행 순서・시기 및 방법 등에 관하여 국토교통부장관 또는 항공교통업무증명을 받은 자의 지시를 받아야 할 필요가 있는 공역은 관제공역이다.

32 ① 33 ④ 34 ① 정답

35 낙하산류에 동력장치를 부착한 비행장치는?

① 패러플레인
② 행글라이더
③ 자이로플레인
④ 초경량헬리콥터

해설
낙하산류에 동력장치를 부착한 비행장치는 패러플레인이다.

36 왕복엔진의 윤활유의 역할이 아닌 것은?

① 기 밀
② 윤 활
③ 냉 각
④ 방 빙

해설
윤활유는 마찰을 줄이는 역할을 한다. 또한 윤활유를 바르면 에너지를 절약하고 마멸을 감소시키며, 과열을 방지하고 소음을 줄인다.
• 기밀 : 용기에 넣은 기체나 액체가 누출되지 않도록 밀폐하는 것
• 방빙 : 얼음을 제거하고 결빙을 방지하는 것으로 윤활유의 역할이 아니다.

37 비행장치에 작용하는 4가지의 힘이 균형을 이룰 때는?

① 가속중일 때
② 지상에 정지 상태에 있을 때
③ 등가속도 비행 시
④ 상승을 시작할 때

해설
비행장치에 작용하는 4가지의 힘이 균형을 이룰 때는 등가속도 비행 중이다.

정답 35 ① 36 ④ 37 ③

38 유관을 통과하는 완전유체의 유입량과 유출량은 항상 일정하다는 법칙은?

① 가속도의 법칙 ② 관성의 법칙
③ 작용·반작용의 법칙 ④ 연속의 법칙

해설
유관을 통과하는 완전유체의 유입량과 유출량이 항상 일정하다는 법칙은 연속의 법칙이다.

39 직원들의 스트레스 해소 방안으로 옳지 않은 것은?

① 정기적 신체검사 ② 직무평가 도입
③ 적성에 맞는 직무 재배치 ④ 신문고 제도 도입

해설
직무평가 도입은 스트레스로 작용된다.

40 날개나 기체표면을 통과하는 공기의 흐름을 가능한 한 순조롭게 흐르게 하는 이유는?

① 유도항력을 줄이기 위하여
② 마찰항력을 줄이기 위하여
③ 압력항력을 줄이기 위하여
④ 조파항력을 줄이기 위하여

해설
마찰항력을 줄이기 위하여 날개 기체표면을 통과하는 공기의 흐름을 가능한 한 순조롭게 한다.

38 ④ 39 ② 40 ② 정답

CHAPTER

04 기출복원문제

01 다음 중 멀티콥터에 작용하는 외력이 아닌 것은?

① 항 력
② 추 력
③ 압 력
④ 중 력

해설

드론이 지표면을 떠나 공중을 날게 되는 일련의 운동을 할 때 드론 기체에는 힘이 작용한다. 드론 기체에 작용하는 주요한 힘은 양력, 중력(무게), 추력, 항력이다.

02 다음 중 최근 멀티콥터에 주로 사용하지 않는 배터리 종류는?

① NiCd
② LiPo
③ Ni-MH
④ LiFe

해설

FC와 메인배터리는 대부분 리튬폴리머(LiPo)를 사용하고, 조종기에는 니켈수소(Ni-MH), 리튬철(LiFe)이 많이 사용된다.

니켈카드뮴 배터리 : 과거 구형 핸드폰 배터리에 주로 사용했으며, 추운 곳에서도 꺼지지 않고 강한 힘을 발휘하며 300~500회 정도 충방전이 가능하다. 단점은 완충 또는 완방(완전 방전) 직전까지 실시해야 하며 완전 방전시키면 '전위역전현상'으로 치명적 손상이 나타나 더 이상 충전이 안 되는 등 관리가 힘들다.

03 다음 중 초경량비행장치 조종자 자격증명 시험 응시 기준 연령은?

① 만 12세 이상
② 만 14세 이상
③ 만 15세 이상
④ 만 17세 이상

해설

초경량비행장치 조종자 자격기준은 연령이 만 14세 이상인 자(초경량비행장치 조종자의 자격기준 및 전문교육기관 지정요령 제4조)

정답 1 ③ 2 ① 3 ②

04 초경량비행장치로 인하여 인명이나 재산에 피해가 발생하지 않도록 항공안전법에서 명시한 준수사항으로 옳지 않은 것은?

① 인명이나 재산에 위험을 초래할 우려가 있는 낙하물을 투하하는 행위를 하지 않는다.
② 인구가 밀집된 지역의 상공에서 인명 또는 재산에 위험을 초래할 우려가 있는 방법으로 비행하지 않는다.
③ 군사목적으로 사용되는 초경량비행장치를 비행하는 경우 관제공역・통제공역・주의공역에서 비행할 수 없다.
④ 비행시정 및 구름으로부터의 거리기준을 위반하여 비행하는 행위를 하지 않는다.

해설

초경량비행장치 조종자의 준수사항(항공안전법 시행규칙 제310조)

관제공역・통제공역・주의공역에서 비행하는 행위를 하여서는 아니 된다. 다만 군사목적으로 사용되는 초경량비행장치를 비행하는 등의 행위는 제외한다.

05 엔진의 1마력을 환산한 값으로 옳은 것은?

① 10kg・m/s
② 30kg・m/s
③ 75kg・m/s
④ 100kg・m/s

해설

1마력 = 75kg・m/s

4 ③ 5 ③ 정답

06 항공안전법상 공역을 사용목적에 따라 분류했을 때 주의공역에 해당하지 않는 것은?

① 훈련구역
② 군작전구역
③ 위험구역
④ 조언구역

해설

④ 조언구역은 비관제공역이다.

공역의 구분(항공안전법 시행규칙 별표 23)

관제공역			비관제공역		통제공역			주의공역				
관제권	관제구	비행장 교통 구역	조언 구역	정보 구역	비행금지 구역	비행제한 구역	초경량 비행장치 비행제한 구역	훈련 구역	군삭전 구역	위험 구역	경계 구역	초경량 비행장치 비행구역

07 비상상황 시 조종자가 취해야 할 절차에 대한 내용 중 옳지 않은 것은?

① 주변에 비상상황을 알려 사람들이 드론으로부터 대피하도록 한다.
② GPS모드에서 조종기 조작이 가능할 경우 바로 안전한 곳으로 착륙시킨다.
③ GPS모드에서 조종기 조작이 불가능할 경우 자세모드(에티모드)로 변환하여 인명시설에 피해가 가지 않는 장소에 빨리 착륙시킨다.
④ 드론이 비정상적으로 기울었다가 수평상태로 돌아오는 현상이 계속되면 RPM을 올려 공중에서 수평을 맞춘다.

해설

전류, 전압이 일정치 않게 공급되면 드론이 비정상적으로 기울었다가 수평상태로 돌아오는데 이때는 바로 안전한 곳으로 스로틀을 서서히 내리면서 착륙하여야 한다.

정답 6 ④ 7 ④

08 다음 배터리 사용 시 주의사항 중 옳은 것은?

① 리튬 배터리는 완전 방전시킨 뒤에 충전하도록 한다.
② 리튬 배터리는 고온 다습한 곳에 보관하도록 한다.
③ 배터리의 가운데 부분이 부풀어 올라도 전압이 적당하면 사용해도 된다.
④ 충전기에 배터리를 연결시켜 놓고 자리를 비우지 않는다.

해설

배터리 사용 시 주의사항

- 리튬 배터리는 완전 방전시키면 수명이 줄고 성능도 떨어지므로 용량이 30~40% 정도 남았을 때 충전한다.
- 충전기에 배터리를 연결시켜 놓고 자리를 비우는 것은 옳지 않다.
- 드론 배터리에 사용되는 리튬은 폭발 위험물질이기 때문에 반드시 고온 다습한 곳을 피해 보관한다.
- 배터리가 부풀어 오른 경우 교체해 주는 것이 바람직하다.

09 수평등속비행을 하고 있는 항공기에 작용하는 힘의 크기를 옳게 비교한 것은?

① 양력 = 중력, 추력 = 항력
② 양력 < 중력, 추력 > 항력
③ 양력 > 중력, 추력 = 항력
④ 양력 = 중력, 추력 < 항력

해설

- 수평비행 : 양력 = 중력
- 등속비행 : 추력 = 항력

10 다음 바람에 대한 설명 중 틀린 것은?

① 바람은 대기운동의 수평적 성분만을 측정했을 때의 공기운동이다.
② 풍향의 기준은 진북으로 한다.
③ 풍속은 기체가 움직인 거리와 그 시간의 비이다.
④ 기압이 낮은 곳에서 높은 곳으로 분다.

해설

공기가 기압이 높은 곳에서 낮은 곳으로 흘러가는 것을 바람이라고 한다.

8 ④ 9 ① 10 ④ 정답

11 조종기를 장시간 사용하지 않을 경우 보관 방법으로 옳지 않은 것은?

① 충격에 안전한 상자에 넣어서 보관한다.
② 안테나는 벽과 같은 곳에 장시간 눌리지 않도록 한다.
③ 장시간 사용하지 않은 경우 배터리는 분리하여 따로 보관하도록 한다.
④ 주변 온도는 고려하지 않아도 된다.

해설

조종기 보관 시 안전한 상자에 넣어 서늘한 곳에 보관하여야 한다.

12 멀티콥터에 사용되는 배터리 점검 및 사용에 대한 내용으로 틀린 것은?

① 배터리가 손상되면 화재의 위험이 있으므로 절대 충전해서는 안 된다.
② 가능하면 충전기에 배터리를 연결시켜 놓고 자리를 비우지 않는다.
③ 배터리 가운데 부분이 부풀어 오른 것은 사용하면 안 된다.
④ 배터리 보관에 있어서 가장 적정한 전압은 1셀당 약 8~10V이다.

해설

배터리 보관에 있어서 가장 적정한 전압은 1셀(Cell)당 약 3.7~4.2V이다.

13 다음 중 비행 전 점검에 대한 내용으로 틀린 것은?

① 동신상태 및 GPS 수신 상태를 점검한다.
② 메인 프로펠러의 장착과 파손여부를 확인한다.
③ 기체 아랫부분을 점검할 때 기체는 호버링시켜 놓은 뒤 그 아래에서 상태를 확인한다.
④ 배터리잔량을 체커기를 통해 육안으로 확인한다.

해설

비행 전 점검에서 기체 자체를 점검할 때는 반드시 기체의 시동을 꺼놓은 상태에서 실시하여야 한다.

정답 11 ④ 12 ④ 13 ③

14 다음 중 초경량비행장치 비행 전 송신거리 테스트로 옳은 것은?

① 기체 바로 옆에서 테스트한다.

② 기체와 30m 떨어져서 레인지 모드로 테스트한다.

③ 기체와 100m 떨어져서 일반 모드로 테스트한다.

④ 기체를 이륙해서 조정기를 테스트한다.

해설

송신거리 테스트 방법

- 기체를 지면으로부터 60cm 이상 위치시킨 뒤 수신기의 안테나를 지면으로부터 멀리 떨어뜨린다.
- 송신기의 안테나를 지면을 기준으로 수직으로 세운다.
- 송신기와 수신기의 전원을 켠다.
  - 송신거리 테스트 모드로 진입하기 위해, 송신기의 F/S 버튼을 4초 이상 누른다.
  - 송신 모듈의 LED가 붉게 깜박이면, 송신율이 대폭 감소하는 송신거리 테스트 모드가 작동하기 시작한다.
  - 정상 송수신 거리의 1/30로 송수신 거리가 줄어든다.
- 송신기의 모든 키를 움직이면서, 기체가 정상 작동하는지 확인한다. 30m 이상 거리가 될 때까지 모든 컨트롤이 정상 작동하면 송신거리 테스트를 완료한다.

15 멀티콥터 조종 중 비상상황 발생 시 가장 먼저 취해야 하는 행동은?

① 큰 소리로 주변에 비상상황을 알린다.

② GPS모드를 자세모드로 변환하여 조종을 시도한다.

③ RPM을 올려 빠르게 비상위치로 착륙시킨다.

④ 공중에 호버링된 상태로 정지시켜 놓는다.

해설

비상시 가장 먼저 주변에 '비상'이라고 알려 사람들이 드론으로부터 대피하도록 한다.

14 ② 15 ① 정답

16 초경량비행장치의 비행구역으로 바른 것은?

① 인적이 드문 넓은 공원과 같은 공터지역
② 위험물, 유류, 화학물질을 사용하는 공장 지역
③ 발전소, 변전소, 변압기, 발전댐 등의 지역
④ 철탑, 철교, 철골 구조물 등의 지역

해설

초경량비행장치 비행구역(UA)은 통상 인적이 드물고 넓은 공터가 있는 지역으로 전국 각지에 선정되어 있으며, 공장, 철탑, 전력발전소 인근은 2차 사고 우려와 '지자기' 간섭 가능성 증대로 회피해야 한다.

17 초경량비행장치 조종자가 준수해야 하는 초경량비행장치의 운용시간은?

① 일출부터 일몰 30분 전까지
② 일출부터 일몰까지
③ 일출 30분 후부터 일몰까지
④ 일출 30분 후부터 일몰 30분 전까지

해설

초경량비행장치 조종자의 준수사항(항공안전법 시행규칙 제310조)
일몰 후부터 일출 전까지는 비행금지이다.

18 초경량비행장치 조종자 전문교육기관의 지정기준 중 무인비행장치의 경우 실기평가조종사의 조종경력시간은?

① 100시간 이상　　② 150시간 이상
③ 200시간 이상　　④ 300시간 이상

해설

초경량비행장치 조종자 전문교육기관 지정기준은 비행시간이 200시간(무인비행장치인 경우 조종경력이 100시간) 이상인 지도조종자 1명 이상, 300시간(무인비행장치의 경우 조종경력이 150시간) 이상의 실기평가조종자 1명 이상 보유하여야 한다(항공안전법 시행규칙 제307조).

정답 16 ① 17 ② 18 ②

19 초경량비행장치의 말소신고 시 사유발생일로부터의 신고 기한은?

① 10일　　② 15일
③ 30일　　④ 45일

해설

초경량비행장치 변경신고 등(항공안전법 제123조)

초경량비행장치 소유자 등은 신고한 초경량비행장치가 멸실되었거나 그 초경량비행장치를 해체(정비 등, 수송 또는 보관하기 위한 해체는 제외)한 경우에는 그 사유가 발생한 날부터 15일 이내에 국토교통부장관에게 말소신고를 하여야 한다.

20 왕복엔진의 윤활유의 역할이 아닌 것은?

① 기 밀　　② 윤 활
③ 냉 각　　④ 방 빙

해설

윤활유는 마찰을 줄이는 역할을 한다. 또한 윤활유를 바르면 에너지를 절약하고 마모를 감소시키며, 과열을 방지하고 소음을 줄인다.

21 비상시 조치요령으로 바르지 않은 것은?

① 주변에 '비상'이라고 알려 사람들이 멀티콥터로부터 대피하도록 한다.
② 인명 및 시설에 피해가 가지 않는 장소에 빨리 착륙시킨다.
③ GPS모드에 이상이 없더라도 일단 자세모드로 변경하여 안정적인 조작을 할 수 있도록 한다.
④ 조작이 원활하지 않다면 스로틀 키를 조작하여 최대한 인명 및 시설에 피해가 가지 않는 장소에 불시착시킨다.

해설

GPS 수신 시에는 GPS모드로 즉시 착륙해야 한다.

19 ② 20 ④ 21 ③ 정답

22 다음 중 배터리 보관 방법으로 바르지 않은 것은?

① 완전 충전해서 보관한다.
② 충전 시간을 지켜 충전한다.
③ 오랫동안 사용하지 않을 때는 배터리를 기기에서 분리해 놓는다.
④ 약 15~28℃의 상온에서 보관한다.

해설
10일 이상 장시간 미사용 시 40~65% 수준까지 방전 후 보관한다.

23 드론이 일정고도에서 등속비행을 하고 있을 때의 조건으로 맞는 것은?

① 양력 = 항력, 추력 = 중력
② 추력 = 항력, 양력 < 중력
③ 추력 > 항력, 양력 > 중력
④ 양력 = 중력, 추력 = 항력

해설
수직성분인 양력과 중력이 같고, 수평성분인 추력과 항력이 같으면 등속수평비행을 한다.

24 다음 중 벡터(Vector)의 물리량과 가장 거리가 먼 것은?

① 속 도
② 가속도
③ 양 력
④ 질 량

해설
속도, 가속도, 중량, 양력 및 항력은 일반적인 벡터량이며, 방향은 크기 또는 양만큼 중요하다.

정답 22 ① 23 ④ 24 ④

25 다음 중 날개의 받음각(AOA)에 대한 설명으로 올바른 것은?

① 풍판(Airfoil)의 캠버와 시위선이 이루는 각이다.

② 풍판(Airfoil)의 캠버와 공기흐름 방향이 이루는 각이다.

③ 풍판(Airfoil)의 시위선과 공기흐름의 방향이 이루는 각이다.

④ 풍판(Airfoil)의 시위선과 상대풍이 이루는 각이다.

해설

받음각(Angle of Attack)은 풍판의 시위선과 상대풍이 이루는 각을 말한다. 받음각은 항공기를 부양시킬 수 있는 항공역학적 각(Angle)이며 양력을 발생시키는 요소가 된다.

26 다음 중 착빙의 종류가 아닌 것은?

① 이슬 착빙　　② 혼합 착빙

③ 거친 착빙　　④ 맑은 착빙

해설

착빙은 구름 속의 수적 크기, 개수 및 온도에 따라 맑은 착빙(Clear Icing), 거친 착빙(Rime Icing), 혼합 착빙(Mixed Icing)으로 분류된다. 맑은 착빙은 수적이 크고 주위 기온이 -10~0℃인 경우에 항공기 표면을 따라 고르게 흩어지면서 천천히 결빙된다. 거친 착빙은 수적이 작고 기온이 -20~-15℃인 경우에 작은 수적이 공기를 포함한 상태로 신속히 결빙하여 부서지기 쉽다. 혼합 착빙은 -15~-10℃ 사이인 적운형 구름 속에서 자주 발생하며 맑은 착빙과 거친 착빙이 혼합되어 나타나는 착빙이다.

27 다음 중 안정된 대기에서의 기상 특성이 아닌 것은?

① 적운형 구름　　② 층운형 구름

③ 지속성 강우　　④ 잔잔한 기류

해설

적운은 수직으로 발달되어 있고 불안정 공기가 존재한다. 대기의 안정과 불안정성이란 기류의 상승 및 하강운동을 말하는 것으로 안정된 대기는 기류의 상승 및 하강 운동을 억제하게 되고 불안정한 대기는 기류의 수직 및 대류 현상을 초래한다. 공기의 안정층은 기온의 역전과 관계가 있으므로 지표면에서의 가열 등은 상층부의 대기를 불안정하게 만들고 반대로 지표면의 냉각이나 상층부 가열은 대기가 안정된다.

25 ④ 26 ① 27 ① 정답

28 행글라이더가 초경량비행장치가 되기 위한 자체중량 기준은?

① 70kg ② 115kg
③ 150kg ④ 180kg

해설

초경량비행장치의 기준(항공안전법 시행규칙 제5조)

1. 동력비행장치 : 동력을 이용하는 것으로서 다음의 기준을 모두 충족하는 고정익비행장치
   가. 탑승자, 연료 및 비상용 장비의 중량을 제외한 자체중량이 115kg 이하일 것
   나. 연료의 탑재량이 19L 이하일 것
   다. 좌석이 1개일 것
2. 행글라이더 : 탑승자 및 비상용 장비의 중량을 제외한 자체중량이 70kg 이하로서 체중이동, 타면조종 등의 방법으로 조종하는 비행장치
3. 패러글라이더 : 탑승자 및 비상용 장비의 중량을 제외한 자체중량이 70kg 이하로서 날개에 부착된 줄을 이용하여 조종하는 비행장치
4. 기구류 : 기체의 성질·온도차 등을 이용하는 다음의 비행장치
   가. 유인자유기구 또는 무인자유기구
   나. 계류식(繫留式) 기구
5. 무인비행장치 : 사람이 탑승하지 아니하는 것으로서 다음의 비행장치
   가. 무인동력비행장치 : 연료의 중량을 제외한 자체중량이 150kg 이하인 무인비행기, 무인헬리콥터 또는 무인멀티콥터
   나. 무인비행선 : 연료의 중량을 제외한 자체중량이 180kg 이하이고 길이가 20m 이하인 무인비행선
6. 회전익비행장치 : 1. 가, 나, 다의 동력비행장치의 요건을 갖춘 헬리콥터 또는 자이로플레인
7. 동력패러글라이더 : 패러글라이더에 추진력을 얻는 장치를 부착한 다음의 어느 하나에 해당하는 비행장치
   가. 착륙장치가 없는 비행장치
   나. 착륙장치가 있는 것으로서 1. 가, 나, 다의 동력비행장치의 요건을 갖춘 비행장치
8. 낙하산류 : 항력(抗力)을 발생시켜 대기(大氣) 중을 낙하하는 사람 또는 물체의 속도를 느리게 하는 비행장치
9. 그 밖에 국토교통부장관이 종류, 크기, 중량, 용도 등을 고려하여 정하여 고시하는 비행장치

29 비행 후 착륙 장소로 옳지 않은 것은?

① 사람이나 차량의 이동이 드문 곳
② 바람의 영향이 작고 장애물이 없는 곳
③ 송전탑, 전선 등이 없는 평탄한 곳
④ 장애물이 없는 경사면

해설

이착륙지 선정 : 경사진 지형에서 이착륙을 금지하며, 사람이나 차량의 이동이 적은 곳에서 이착륙을 한다. 기체 주변에 장애물이나 바람에 의해 날아갈 물건이 없는지 확인한다.

정답 28 ① 29 ④

30 국토교통부령으로 정하는 준수사항을 따르지 않고 초경량비행장치를 이용하여 비행한 경우 1차 과태료 금액은?

① 5만원
② 10만원
③ 100만원
④ 150만원

해설

과태료의 부과기준(항공안전법 시행령 별표 5)

위반행위	근거 법조문	과태료 금액(단위 : 만원)		
		1차 위반	2차 위반	3차 이상 위반
법 제129조 제1항을 위반하여 국토교통부령으로 정하는 준수사항을 따르지 않고 초경량비행장치를 이용하여 비행한 경우	법 제166조 제3항 제6호	150	225	300

31 초경량비행장치 비행계획승인 신청 시 포함되지 않는 내용은?

① 비행목적 및 방식
② 동승자의 소지자격
③ 조종자의 비행경력
④ 비행장치의 안전성인증서번호

해설

초경량비행장치 비행승인신청서(항공안전법 시행규칙 별지 제122호 서식)

초경량비행장치 비행승인신청서에는 신청인의 성명 · 생년월일 · 주소 · 연락처, 비행장치의 종류 · 형식 · 용도 · 소유자, 비행장치의 신고번호 · 안전성인증서번호, 비행계획의 일시 또는 기간 · 구역 · 비행목적 및 방식 · 보험 · 경로 및 고도, 조종자의 성명 · 생년원일 · 주소 · 연락처 · 자격번호 또는 비행경력, 동승자의 성명 · 생년월일 · 주소, 탑재장치 등의 내용이 들어간다.

32 다음 중 뇌우의 생성 조건으로 거리가 먼 것은?

① 불안정 대기
② 강한 상승작용
③ 높은 습도
④ 낮은 대기 온도

해설

뇌우의 생성 조건

- 불안정한 대기
- 강한 상승운동
- 높은 습도

30 ④ 31 ② 32 ④ 정답

33 주위가 낮은 기압으로 둘러싸인 기압의 중심은?

① 저기압 ② 고기압
③ 기압골 ④ 기압능

해설

• 저기압 : 주변보다 상대적으로 기압이 낮은 지역
• 고기압 : 주변보다 상대적으로 기압이 높은 지역
따라서 주위가 낮은 기압으로 둘러싸인 기압의 중심은 고기압을 의미한다.

34 회전익 무인비행장치의 엔진으로 적합한 것은?

① 전기 모터 ② 가솔린 엔진
③ 글로우 엔진 ④ 증기기관

해설

고정익 무인비행장치는 가솔린이나 글로우 엔진을 주로 사용하여 비행시간을 연장하고 있는데, 연료를 사용하여 운행되기 때문에 주변 도시와 생태계에 영향을 줄만큼 큰 소음을 유발한다. 반면 회전익 무인비행장치는 통상 전기 모터로 운행되기 때문에 상대적으로 소음이 적고 도시와 생태계에 미치는 영향이 적다. 최근에는 비행시간 연장을 위해 회전익 무인비행장치에도 엔진을 부착한 제품이 출시되고 있다. 증기기관은 초창기 산업혁명 시 사용한 엔진이다.

35 기수 방향 유지에 사용되는 부품이 아닌 것은?

① FC ② Gyroscope
③ Magneto ④ ESC

해설

모든 드론은 비행제어장치(FC)와 각속도(Gyroscope : 3축 자이로 운동을 실시하며, X축을 기준으로 에일러론(롤링), Y축을 기준으로 엘리베이터(피칭), Z축을 기준으로 러더(요잉 : 방향유지)운동을 실시한다)센서, 지자기(Magneto)센서에 의해 기수 방향을 유지할 수 있다. 변속기(ESC)는 모터의 회전수를 조절해 주는 장치이다.

정답 33 ② 34 ① 35 ④

36 비행 전후 점검 방법으로 바르지 않은 것은?

① 1일 1회 점검이면 충분하다.
② 비행 전후 항상 점검해야 한다.
③ 각각의 구성품이 제대로 결합되어 있는지 반드시 확인한다.
④ 엔진 등 열이 남아있을 수 있는 부위는 바로 점검하지 않는다.

해설
비행 전후 점검은 매 비행 시마다 일관되게 습관적으로 실시해야 하며, 만일 이를 간과한다면 프로펠러나 랜딩기어의 볼트가 풀려 비행 중에 분리가 되는 사고가 발생할 수 있다.

37 자체중량에 해당하지 않는 것은?

① 기 체
② 배터리
③ 연 료
④ 고정 탑재물

해설
자체중량 : 연료와 탑재물 질량을 뺀 무인비행체의 중량으로 정의하며 비행을 위한 고정 탑재물은 포함

38 비상상황이 발생했을 때의 설명으로 바르지 않은 것은?

① 전문가와 비전문가의 행동에 차이가 나타날 수 있다.
② 주변 환경의 영향을 받을 수 있다.
③ 교관이나 친구 등 주변사람의 영향을 받을 수 있다.
④ GPS모드에 이상이 없더라도 일단 자세모드로 변경하여 안정적인 조작을 실시한다.

해설
GPS 수신 시에는 GPS모드로 즉시 착륙시켜야 한다.

36 ① 37 ③ 38 ④ 정답

39 ESC에 대한 설명으로 옳은 것은?

① FC에서 신호를 받아 모터에 전달해 주는 구성요소
② FC로 신호를 보내주는 장치
③ 공기에 저항을 일으켜 드론을 부양
④ 드론에 주전원을 공급

해설
ESC(전자속도제어모드) : 모터와 배터리를 연결하는 유선의 구성요소로 동력이 모터의 회전을 바람직한 속도로 유지하도록 한다.

40 직접적인 시정 방해 요인이 아닌 것은?

① 황 사　　② 눈
③ 안 개　　④ 바 람

해설
시정은 대기의 혼탁정도를 나타내는 기상요소로서 안개, 먼지, 황사 등 부유물질의 혼탁 정도에 따라 좌우된다. 바람은 이러한 부유물을 날려버려 오히려 시정을 좋게 해준다.

정답 39 ① 40 ④

CHAPTER

05 기출복원문제

01 러더키를 우측으로 조정하여 기수방향을 우측으로 회전시킬 때의 내용으로 맞는 것은?

① 반시계 방향으로 회전하는 프로펠러는 빠르게 회전, 시계 방향으로 회전하는 프로펠러는 느리게 회전
② 반시계 방향으로 회전하는 프로펠러는 느리게 회전, 시계 방향으로 회전하는 프로펠러는 빠르게 회전
③ 우측 프로펠러는 빠르게 회전, 좌측 프로펠러는 느리게 회전
④ 좌측 프로펠러는 느리게 회전, 우측 프로펠러는 빠르게 회전

해설
우측 러더키를 조작하였을 때 축별 프로펠러 회전수를 보면 반시계 방향으로 회전하는 프로펠러는 빠르게 회전하고 시계 방향으로 회전하는 프로펠러는 느리게 회전한다. 이는 반토크 작용에 기인한 것으로 토크(회전하는 힘)가 발생 시 반대의 작용으로 기체가 반대편으로 회전을 하기 때문이다. 결론적으로 회전하려고 하는 반대 방향의 프로펠러가 빠르게 회전하는 것이 핵심이다.

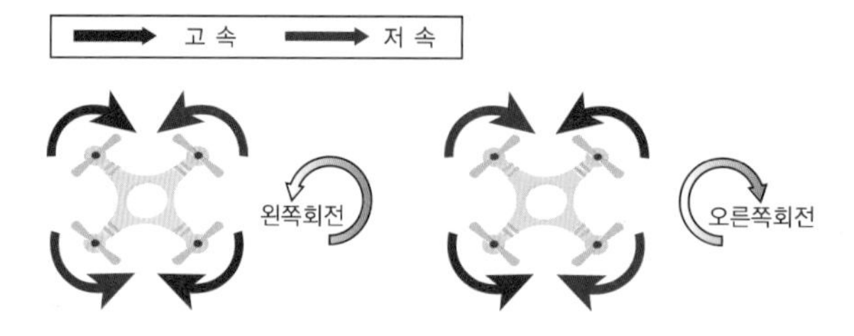

02 무인멀티콥터의 항공역학적인 설명으로 틀린 것은?

① 추력은 수직추력과 수평추력으로 나눌 수 있다.
② 수평추력이 크면 수평추력이 큰 반대 방향으로 이동한다.
③ 수직추력이 중력보다 크면 기체가 상승한다.
④ 프로펠러의 회전방향으로 반토크가 발생한다.

해설
멀티콥터는 각각의 축별 모터의 회전수를 이용해서 추력을 발생하게 되는데, 이때 프로펠러가 회전하는 방향으로 생기는 힘을 '토크(회전하는 힘)'라고 한다.

1 ① 2 ④ 정답

03 국내의 무인비행장치의 수직고도로 알맞은 것은?

① 지상~300ft AGL
② 지상~500ft AGL
③ 지상~300m MSL
④ 지상~500m MSL

해설

항공안전법에 명시된 수직고도는 150m 이하로서, 이를 ft로 환산하면 지표면 고도로 500ft AGL이다.

04 지표면 또는 수면으로부터 200m 이상 높이의 공역으로서 항공교통의 안전을 위하여 국토교통부장관이 지정·공고한 공역은?

① 관제권
② 관제구
③ 항공로
④ 관제공역

해설

관제구(항공안전법 제2조 제26호)

지표면 또는 수면으로부터 200m 이상 높이의 공역으로서 항공교통의 안전을 위하여 국토교통부장관이 지정·공고한 공역

05 주위가 낮은 기압으로 둘러싸인 기압의 중심은?

① 저기압
② 고기압
③ 기압골
④ 기압능

해설

- 저기압 : 주변보다 상대적으로 기압이 낮은 지역
- 고기압 : 주변보다 상대적으로 기압이 높은 지역

따라서 주위가 낮은 기압으로 둘러싸인 기압의 중심은 고기압을 의미한다.

정답 3 ② 4 ② 5 ②

06 추력을 담당(동력장치)하는 곳에 해당하지 않는 것은?

① 변속기
② 모 터
③ GPS 수신기
④ 프로펠러

해설

멀티콥터의 추력을 담당하는 곳은 FC → 변속기 → 모터 → 프로펠러로 이어지며, 각 부분에서 전달된 전압·전류량에 의해 각 축별 모터의 회전으로 프로펠러가 회전하게 되고 프로펠러의 RPM(분당 회전수)이 상승하면, 회전수가 적은 방향으로 멀티콥터가 움직(전후좌우 운동 및 좌우 선회운동)이게 된다.

07 모터의 발열현상의 원인으로 옳지 않은 것은?

① 탑재물 중량이 너무 클 경우
② 고온에서 장시간 운용
③ 착륙 또는 정지 직후
④ 조종기 조종면 트림값 설정 시

해설

모터의 발열현상은 과부하가 걸려 발생하기 쉬운데 이의 원인으로는 탑재물 중량이 크거나, 고온에서 장기간 운용했거나 일정 시간 이상 운용 후 정지 시에 일어날 수 있으나, 조정면에 트림값이 설정되었다고 해서 발열현상이 나타나지는 않는다. 단, 트림값이 설정되어 있는 경우에 최대 RPM을 상승시켰을 경우는 제외한다.

08 무인멀티콥터의 운용 목적으로 옳지 않은 것은?

① 항공촬영
② 농약살포
③ 화재감시
④ 조종교육

해설

초경량비행장치 사용사업의 사용범위 등(항공사업법 시행규칙 제6조 제2항)

- 비료 또는 농약살포, 씨앗 뿌리기 등 농업 지원
- 사진촬영, 육상·해상 측량 또는 탐사
- 산림 또는 공원 등의 관측 또는 탐사
- 조종교육

※ 위반 시 1년 이하 징역 또는 1,000만원 이하의 벌금

6 ③ 7 ④ 8 ③ 정답

09 항상 일정한 방향과 자세를 유지하려는 역할을 하며 멀티콥터의 '키' 조작에 필요한 역할을 하는 장치는?

① 지자계센서 ② GPS 수신기
③ 온도센서 ④ 자이로센서

해설

비행 제어보드 : 드론의 움직임과 포지션 센서에서 감지된 정보 그리고 무선 리모컨에서 생성된 정보를 제공받아 모터로 보내주는 중앙 허브

- 자이로스코프 : 드론 자세를 제어
- 가속도계 : 중력과 무관한 가속 측정 장치
- 기압계 : 고도를 측정하기 위해 사용
- 자력계 : 자기장의 방향을 측정

10 회전익 무인비행장치의 엔진으로 적합한 것은?

① 전기 모터 ② 가솔린 엔진
③ 글로우 엔진 ④ 증기기관

해설

고정익 무인비행장치는 가솔린이나 글로우 엔진을 주로 사용하여 비행시간을 연장하고 있는데, 연료를 사용하여 운행되기 때문에 주변 도시와 생태계에 영향을 줄만큼 큰 소음을 유발한다. 반면 회전익 무인비행장치는 통상 전기 모터로 운행되기 때문에 상대적으로 소음이 적고 도시와 생태계에 미치는 영향이 적다. 최근에는 비행시간 연장을 위해 회전익 무인비행장치에도 엔진을 부착한 제품이 출시되고 있다. 증기기관은 초창기 산업혁명 시 사용한 엔진이다.

11 바람이 발생하는 근본적인 원인은?

① 지구의 회전 ② 공기량의 변화
③ 공기 중의 습도 ④ 기압경도력의 차이

해설

기압경도력이란 두 지점 사이에 압력이 다르면 압력이 큰 쪽에서 작은 쪽으로 힘이 작용하게 되는 것을 말하는 것으로 두 지점 간의 기압차에 비례하고 거리에 반비례한다. 즉, 바람은 기압이 높은 쪽에서 낮은 쪽으로 힘이 작용하고 등압선의 간격이 좁으면 좁을수록 바람이 더욱 세다.

정답 9 ④ 10 ① 11 ④

12 비행 전 점검절차의 목적이 아닌 것은?

① 운용요원의 신체상태 점검

② 운용요원간의 상호 확인 점검

③ 조작 절차와 수치 확인

④ 비행 후 운용요원의 평가항목으로 활용

해설

비행 전 점검은 날씨, 기체 외관, 조종기, 시스템 점검과 동시에 운용요원의 신체 상태를 점검하는 단계로서 이를 간과하거나 생략하였을 경우에는 사고로 직결될 수 있기 때문에 항상 조종자는 일관적 태도와 습관적 행동으로 비행 전 점검을 실시해야 한다.

13 다음 중 기압의 단위에 해당하지 않는 것은?

① lbs

② hPa

③ millibar(mb)

④ mm mercury(mmHg)

해설

기압의 측정단위

- 공식적인 기압의 단위는 hPa이며, 소수 첫째 자리까지 측정한다.
- 수은주 760mm의 높이에 해당하는 기압을 표준기압이라 하고, 이것이 1기압(atm)이며 큰 압력을 측정하는 단위로 사용한다.
- 환산 : 국제단위계(SI)의 압력단위 1파스칼(Pa)은 $1m^2$당 1N의 힘으로 정의되어 있다.
  1mb = 1hPa, 1표준기압(atm) = 760mmHg = 1,013.25hPa의 정의식으로 환산한다.

12 ④ 13 ① 정답

14 다음 중 초경량비행장치 비행 전 송신거리 테스트로 옳은 것은?

① 기체 바로 옆에서 실시한다.

② 기체와 30m 떨어져서 테스트모드로 실시한다.

③ 기체와 100m 떨어져서 일반모드로 실시한다.

④ 기체를 이륙시켜 조정기를 점검한다.

해설

송신거리 테스트 방법

- 기체를 지면으로부터 60cm 이상 위치시킨 뒤 수신기의 안테나를 지면으로부터 멀리 떨어뜨린다.
- 송신기의 안테나를 지면을 기준으로 수직으로 세운다.
- 송신기와 수신기의 전원을 켠다.
  - 송신거리 테스트모드로 진입하기 위해, 송신기의 F/S 버튼을 4초 이상 누른다.
  - 송신 모듈의 LED가 붉게 깜박이면, 송신율이 대폭 감소하는 송신거리 테스트모드가 작동하기 시작한다.
  - 정상 송수신 거리의 1/30로 송수신 거리가 줄어든다.
- 송신기의 모든 키를 움직이면서, 기체가 정상 작동하는지 확인한다. 30m 이상 거리가 될 때까지 모든 컨트롤이 정상 작동하면 송신거리 테스트를 완료한다.

15 멀티콥터 조종 중 비상상황 발생 시 가장 먼저 취해야 하는 행동은?

① 큰 소리로 수변에 비상상황을 알린다.

② GPS모드를 자세모드로 변환하여 조종을 시도한다.

③ RPM을 올려 빠르게 비상위치로 착륙시킨다.

④ 공중에 호버링된 상태로 정지시켜 놓는다.

해설

비상시 가장 먼저 주변에 '비상'이라고 알려 사람들이 드론으로부터 대피하도록 한다.

정답 14 ② 15 ①

16 초경량비행장치의 비행구역으로 바른 것은?

① 인적이 드문 넓은 공원과 같은 공터지역
② 위험물, 유류, 화학물질을 사용하는 공장 지역
③ 발전소, 변전소, 변압기, 발전댐 등의 지역
④ 철탑, 철교, 철골 구조물 등의 지역

해설

초경량비행장치 비행구역(UA)은 통상 인적이 드물고 넓은 공터가 있는 지역으로 전국 각지에 선정되어 있으며, 공장, 철탑, 전력발전소 인근은 2차 사고 우려와 '지자기' 간섭 가능성 증대로 회피해야 한다.

17 비상시 조치요령으로 바르지 않은 것은?

① 주변에 '비상'이라고 알려 사람들이 멀티콥터로부터 대피하도록 한다.
② 인명 및 시설에 피해가 가지 않는 장소에 빨리 착륙시킨다.
③ GPS모드에 이상이 없더라도 일단 자세모드로 변경하여 안정적인 조작을 할 수 있도록 한다.
④ 조작이 원활하지 않다면 스로틀 키를 조작하여 최대한 인명 및 시설에 피해가 가지 않는 장소에 불시착시킨다.

해설

GPS 수신 시에는 GPS모드로 즉시 착륙해야 한다.

16 ① 17 ③ 정답

18 뇌우를 동반하는 기상현상이 아닌 것은?

① 안 개 ② 하강돌풍
③ 천 둥 ④ 우 박

해설

뇌우는 적란운 또는 거대한 적운에 의해 형성된 폭풍우로 항상 천둥과 번개를 때로는 돌풍, 폭우, 우박을 동반하는데, 이는 상부는 양으로 대전되고, 하부는 음으로 대전되는 적란운의 특성 때문이다. 따라서 상승기류와 하강기류가 병립하여 존재하므로 돌풍의 기울기가 급하기도 하다.

19 신고한 초경량비행장치가 멸실되었거나 그 초경량비행장치를 해체(정비 등, 수송 또는 보관하기 위한 해체는 제외)한 경우에는 그 사유가 발생한 날부터 말소신고를 하여야 하는 기한은?

① 10일 ② 15일
③ 30일 ④ 45일

해설

초경량비행장치 변경신고 등(항공안전법 제123조 제4항)

초경량비행장치 소유자 등은 신고한 초경량비행장치가 멸실되었거나 그 초경량비행장치를 해체(정비 등, 수송 또는 보관하기 위한 해체는 제외)한 경우에는 그 사유가 발생한 날부터 15일 이내에 국토교통부장관에게 말소신고를 하여야 한다.

20 국토교통부령으로 정하는 준수사항을 따르지 않고 초경량비행장치를 이용하여 비행한 경우 1차 과태료 금액은?

① 5만원 ② 10만원
③ 100만원 ④ 150만원

해설

과태료의 부과기준(항공안전법 시행령 별표 5)

위반행위	근거 법조문	과태료 금액(단위 : 만원)		
		1차 위반	2차 위반	3차 이상 위반
법 제129조 제1항을 위반하여 국토교통부령으로 정하는 준수사항을 따르지 않고 초경량비행장치를 이용하여 비행한 경우	법 제166조 제3항 제6호	150	225	300

정답 18 ① 19 ② 20 ④

21 초경량비행장치를 사용하여 비행제한공역에서 비행하려는 사람이 작성해야 하는 서류와 승인자로 알맞게 짝지어진 것은?

① 비행승인신청서 – 국토교통부장관
② 비행승인신청서 – 지방항공청장
③ 특별비행승인신청서 – 국토교통부장관
④ 특별비행승인신청서 – 지방항공청장

해설

초경량비행장치의 비행승인(항공안전법 시행규칙 제308조 제2항)
초경량비행장치를 사용하여 비행제한공역을 비행하려는 사람은 초경량비행장치 비행승인신청서를 지방항공청장에게 제출하여야 한다.

22 자체중량에 해당하지 않는 것은?

① 기 체
② 배터리
③ 연 료
④ 고정 탑재물

해설

자체중량 : 연료와 탑재물 질량을 뺀 무인비행체의 중량으로 정의하며 비행을 위한 고정 탑재물은 포함한다.

23 비행 후 착륙 장소로 옳지 않은 것은?

① 사람이나 차량의 이동이 드문 곳
② 바람의 영향이 작고 장애물이 없는 곳
③ 송전탑, 전선 등이 없는 평탄한 곳
④ 장애물이 없는 경사면

해설

이착륙지 선정 : 경사진 지형에서 이착륙을 금지하며, 사람이나 차량의 이동이 적은 곳에서 이착륙을 한다. 기체 주변에 장애물이나 바람에 의해 날아갈 물건이 없는지 확인한다.

21 ② 22 ③ 23 ④ 정답

24 다음 중 멀티콥터에 작용하는 외력이 아닌 것은?

① 항 력
② 추 력
③ 압 력
④ 중 력

해설

드론이 지표면을 떠나 공중을 날게 되는 일련의 운동을 할 때 드론 기체에는 힘이 작용한다. 드론 기체에 작용하는 주요한 힘은 양력, 중력(무게), 추력, 항력이다.

25 다음 중 초경량비행장치 조종자 자격증명 시험 응시 기준 연령은?

① 만 12세 이상
② 만 14세 이상
③ 만 15세 이상
④ 만 17세 이상

해설

초경량비행장치 조종자 자격기준은 연령이 만 14세 이상인 자(초경량비행장치 조종자의 자격기준 및 전문교육기관 지정요령 제4조)

26 날개 끝에 와류가 발생하여 생기는 항력은?

① 유도항력
② 마찰항력
③ 유해항력
④ 형상항력

해설

형상항력은 유해항력의 일종으로 회전익에서만 발생한다.

날개의 항력 : 점성유체 속을 이동하는 물체의 표면과 점성유체 사이에 점성마찰력이 발생하고 흐름이 물체 표면을 지나 하류쪽으로 와류의 발생에 의하여 압력항력이 발생한다. 마찰항력과 압력항력을 합쳐서 형상항력이라 한다.

정답 24 ③ 25 ② 26 ④

27 프로펠러에 의한 공기의 하향흐름으로 발생한 양력 때문에 생긴 항력은?

① 유도항력　　② 마찰항력
③ 압력항력　　④ 형상항력

해설
유도항력은 멀티콥터가 양력을 발생할 때 나타나는 유도기류에 의한 항력이다.

28 조종사를 포함한 항공 종사자들이 적시 적절히 알아야 할 공항 시설, 항공 업무, 절차 등의 변경 및 설정 등에 관한 정보 사항의 고시를 가리키는 것은?

① METAR　　② AIP
③ TAF　　④ NOTAM

해설
항공고시보(NOTAM)
조종사를 포함한 항공 종사자들이 적시 적절히 알아야 할 공항 시설, 항공 업무, 절차 등의 변경 및 설정 등에 관한 정보사항을 고시하는 것을 말하며, 일반적으로 항공고시문은 전문 형식으로 작성되어 기상 통신망으로 신속히 국내외 전기지에 전파된다.

29 장마가 시작되기 이전의 우리나라 기후에 영향을 미치며, 장마 전에 장기간 나타나는 건기의 원인이 되는 기단은?

① 북태평양 기단　　② 시베리아 기단
③ 양쯔강 기단　　④ 오호츠크해 기단

해설
오호츠크해 기단은 오호츠크해에서 발원하여 장마가 시작되기 전에 우리나라 기후에 영향을 미치는 기단이다. 장마 전에 나타나는 건기의 원인이며 한랭습윤한 해양성 기단으로 오호츠크해의 면적이 넓지 않아서 우리나라에 짧은 기간 동안 영향을 미친다. 초여름 시베리아 기단의 약화로 인하여 오호츠크해 기단이 확장하면서 북태평양 기단과 접하게 되면 경계면에 장마전선이 형성된다.

27 ① 28 ④ 29 ④ 정답

30 초경량비행장치의 비행 준수사항에 관한 내용 중 틀린 것은?

① 안개 등으로 인하여 지상목표물을 육안으로 식별할 수 없는 상태에서 비행해서는 안 된다.
② 인명이나 재산에 위험을 초래할 우려가 있는 낙하물을 투하해서는 안 된다.
③ 항공레저스포츠사업에 종사하는 초경량비행장치 조종자는 제작자가 정한 최대이륙중량의 1.2배 이상을 초과하지 않도록 한다.
④ 비행시정 및 구름으로부터의 거리기준을 위반하여 비행하지 않는다.

해설
초경량비행장치 조종자의 준수사항(항공안전법 시행규칙 제310조 제5항)
해당 초경량비행장치의 제작자가 정한 최대이륙중량 및 풍속 기준을 초과하지 아니하도록 비행해야 한다.

31 회전익 무인비행장치의 기체 및 조종기의 배터리 점검사항 중 틀린 것은?

① 조종기에 있는 배터리 연결단자가 헐거워지거나 접촉불량 여부를 점검한다.
② 기체의 배선과 배터리와의 고정볼트 고정 상태를 점검한다.
③ 배터리가 부풀어 오른 것을 사용하여도 문제없다.
④ 기체 배터리와 배선의 연결부위 부식을 점검한다.

해설
배터리가 부풀어 오르면 언제든지 폭발 위험성이 있기 때문에 사용을 중지하고 소금물에 폐기하여야 한다.

32 공기 중 가장 많은 부분을 차지하는 기체 성분은?

① 산 소
② 질 소
③ 이산화탄소
④ 수 소

해설
대기는 지구를 중심으로 둘러싸고 있는 각종 가스의 혼합물로 구성되어 있다. 표준대기의 혼합기체 비율은 78%의 질소, 21%의 산소, 1%의 기타 성분(0.93%의 아르곤, 0.04%의 이산화탄소 및 0.03%의 소량의 탄산가스와 수소)으로 구성되어 있다.

정답 30 ③ 31 ③ 32 ②

33 상승 가속도 비행을 하고 있는 드론에 작용하는 힘의 크기를 옳게 비교한 것은?

① 양력 > 중력, 추력 < 항력
② 양력 < 중력, 추력 > 항력
③ 양력 > 중력, 추력 > 항력
④ 양력 < 중력, 추력 < 항력

해설
양력이 중력보다 크면 상승비행을 하고 추력이 항력보다 크면 가속비행을 한다.

34 회전익(헬리 · 멀티콥터) 날개의 후류가 지면에 영향을 줌으로써 회전면 아래의 압력이 증가되어 양력의 증가를 일으키는 현상은?

① 자동회전효과
② 랜드업효과
③ 지면효과
④ 위빙효과

해설
지면효과에 의해서 헬리 · 멀티콥터의 양력이 증가한다.

35 빙결온도 이하의 대기에서 과냉각 물방울이 어떤 물체에 충돌하여 얼음 피막을 형성하는 현상은?

① 푄현상
② 역전현상
③ 착빙현상
④ 대류현상

해설
빙결온도 이하의 상태에서 대기에 노출된 물체에 과냉각 물방울(과냉각 수적) 혹은 구름 입자가 충돌하여 얼음의 피막을 형성하는 것을 착빙현상이라고 하며, 드론에 발생하는 착빙은 비행안전에 있어서의 중요한 장애요소 중의 하나이다.

33 ③ 34 ③ 35 ③ 정답

36 수직으로 발달하고 많은 강우를 포함하고 있는 적란운의 부호로 맞는 것은?

① As
② Ns
③ Cb
④ Cs

해설

Cb : 적란운, As : 고층운, Ns : 난층운, Cs : 권층운

37 다음 중 초경량비행장치 조종자의 기본적 특성을 요소별로 분류했을 때 범위가 다른 하나는?

① 지 식
② 영 양
③ 태 도
④ 주 의

해설

초경량비행장치 조종자의 특성(사람의 기본적 특성)

- 신체 요소 : 신장, 체중, 연령, 시력, 청력, 장애(팔, 다리 등) 등
- 생리적 요소 : 영양, 건강, 피로, 약물 복용 등
- 심리적 요소 : 지각, 인지, 주의, 정보처리, 지식, 경험, 태도, 정서, 성격 등
- 개인환경 요소 : 정신적 압박, 불화, 가족, 연애문제 등

38 드론의 기수가 갑자기 진행방향에 대해 좌우로 틀어졌을 경우 안정성을 확보해 주는 것은?

① Horizontal Stabilizer
② Vertical Stabilizer
③ Elevator
④ Aileron

해설

수직안정판(Vertical Stabilizer)은 방향안정성을 확보해 준다.

정답 36 ③ 37 ② 38 ②

39 다음 중 초경량비행장치 조종자 전문교육기관의 시설 및 장비기준에 해당하지 않는 것은?

① 드론 수리용 시설
② 강의실 및 사무실 각 1개 이상
③ 이륙·착륙 시설
④ 훈련용 비행장치 1대 이상

해설

초경량비행장치 조종자 전문교육기관의 지정 등(항공안전법 시행규칙 제307조 제2항)
다음의 시설 및 장비(시설 및 장비에 대한 사용권을 포함한다)를 갖출 것
- 강의실 및 사무실 각 1개 이상
- 이륙·착륙 시설
- 훈련용 비행장치 1대 이상
- 출결 사항을 전자적으로 처리·관리하기 위한 단말기 1대 이상

40 최근 멀티콥터에 주로 사용하지 않는 배터리 종류는?

① NiCd
② LiPo
③ Ni-MH
④ LiFe

해설

FC와 메인배터리는 대부분 리튬폴리머(LiPo)를 사용하고, 조종기에는 니켈수소(Ni-MH), 리튬철(LiFe)이 많이 사용된다.
니켈카드뮴 배터리 : 과거 구형 핸드폰 배터리에 주로 사용했으며, 추운 곳에서도 꺼지지 않고 강한 힘을 발휘하며 300~500회 정도 충방전이 가능하다. 단점은 완충 또는 완방(완전 방전) 직전까지 실시해야 하며 완전 방전시키면 '전위역전현상'으로 치명적 손상이 나타나 더 이상 충전이 안 되는 등 관리가 힘들다.

39 ① 40 ① 정답

CHAPTER

06 기출복원문제

01 공역지정의 공고 수단으로 옳은 것은?

① 관 보
② 일간신문
③ AIC
④ AIP

해설

항공정보를 수록하고 공지하기 위해 각국 정부가 발행하는 항공정보
간행물(AIP ; Aeronautical Information Publication)이다. 우리나라는 국토교통부장관이 지정한 공역의 세부적인 구분 정보 또한 공고된다.

02 초경량비행장치 유형에 해당하지 않는 것은?

① 자체중량 115kg 이하인 단좌 동력비행장치
② 자체중량 115kg 이하인 단좌 회전익비행장치
③ 자체중량 115kg 이하인 단좌 초경량 자이로플레인
④ 자체중량 150kg 초과인 무인비행기

해설

무인동력비행장치 : 자체중량 150kg 이하인 무인비행기, 무인멀티콥터, 무인헬리콥터

03 무인멀티콥터의 모터 발열과 관계없는 것은?

① 탑재중량이 너무 많을 때
② 높은 대기 온도에서 장시간 운용 시
③ 지상 착륙 정지 직후
④ 조종기 조종면 트림 설정 시

해설

모터의 발열현상은 과부하가 걸려 발생하기 쉬운데 그 원인으로는 탑재물 중량이 크거나, 고온에서 장기간 운용했거나 일정시간 이상 운용 후 정지 시에 일어날 수 있으나, 조정면에 트림값이 설정되었다고 해서 발연현상이 나타나지는 않는다. 단, 트림값이 설정되어 있는 경우에 최대 RPM을 상승시켰을 경우는 제외한다.

정답 1 ④ 2 ④ 3 ④

04 통상 하루 중 최저기온의 시간은?

① 자 정
② 자정 1시간 후
③ 일출부터 일출 후 1시간 사이
④ 일몰부터 일몰 후 1시간 사이

해설

태양이 지표면을 데우기 전인 일출 직후는 하루 중 기온이 제일 낮다.

05 지표 복사냉각에 의해 발생하며 맑은 하늘, 상대습도가 높은 조건에서 낮고 평평한 지역에서 주로 아침시간에 발생하는 안개는?

① 증기안개
② 활승안개
③ 이류안개
④ 복사안개

해설

복사안개 : 맑은 날 야간에 지표 복사냉각이 일어나 지면 부근의 공기 온도가 내려가면서 발생하는 안개를 말한다.

06 모터에 대한 설명으로 옳은 것은?

① BLDC 모터는 브러쉬가 있는 모터이다.
② DC 모터는 BLDC 모터에 비해 수명이 길다.
③ BLDC 모터는 변속기가 필요하다.
④ DC 모터는 영구적으로 사용하지 못한다는 단점이 있다.

해설

DC 모터는 BLDC 모터에 비해 저렴한 가격이 장점이지만 발열이 심하고 브러시가 마모되기 때문에 내구성이 약하다.

4 ③ 5 ④ 6 ④ 정답

07 비행 전 점검 시, 모터에 대한 내용으로 옳지 않은 것은?

① 윤활유 주입상태
② 베어링 상태
③ 고정상태, 유격점검
④ 이물질 부착여부

해설

드론에 활용되는 전기모터는 윤활유 주입이 필요 없다.

08 ICAO에서 구분하는 난류의 강도에 대한 설명으로 옳지 않은 것은?

① 약한 난류(Light) : 보통 난류보다 영향이 작은 약한 난류
② 심한 난류(Severe) : 항공기의 고도나 자세에 갑작스런 큰 변화를 일으켜 순간적으로 통제력을 상실함
③ 보통 난류(Moderate) : 항공기의 고도가 갑자기 변하고 공기 속도 변화가 일반적으로 큼
④ 극심한 난류(Extreme) : 기체가 급격하게 이리저리 요동하고 실제적으로 통제가 불가능

해설

보통 난류 : 항공기의 운항고도를 다소 변화시키지만 항공기는 조종이 가능한 상태이며 공기 속도 변화는 일반적으로 작다.

09 무인멀티콥터의 구성품으로 옳지 않은 것은?

① 주회전날개
② 모터와 ESC
③ 비행제어장치
④ 프로펠러

해설

주회전날개

헬리콥터의 메인 로터부분을 부르는 말로 날개의 회전면을 기울여 비행하는 가변피치의 성격을 가지고 있다.

정답 7 ① 8 ③ 9 ①

10 러더키를 우측으로 조정하여 기수방향을 우측으로 회전시킬 때의 내용으로 맞는 것은?

① 반시계 방향으로 회전하는 프로펠러는 빠르게 회전, 시계 방향으로 회전하는 프로펠러는 느리게 회전
② 반시계 방향으로 회전하는 프로펠러는 느리게 회전, 시계 방향으로 회전하는 프로펠러는 빠르게 회전
③ 우측 프로펠러는 빠르게 회전, 좌측 프로펠러는 느리게 회전
④ 좌측 프로펠러는 느리게 회전, 우측 프로펠러는 빠르게 회전

해설

우측 러더키를 조작하였을 때 축별 프로펠러 회전수를 보면 반시계 방향으로 회전하는 프로펠러는 빠르게 회전하고 시계 방향으로 회전하는 프로펠러는 느리게 회전한다. 이는 반토크 작용에 기인한 것으로 토크(회전하는 힘)가 발생 시 반대의 작용으로 기체가 반대편으로 회전을 하기 때문이다. 결론적으로 회전하려고 하는 반대 방향의 프로펠러가 빠르게 회전하는 것이 핵심이다.

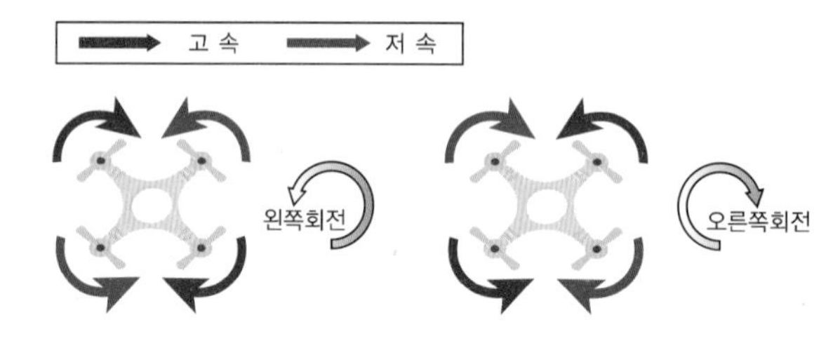

11 항공종사자는 항공 업무에 지장이 있을 정도의 주정성분이 든 음료를 마실 수 없다. 혈중 알코올 농도 제한 기준으로 맞는 것은?

① 혈중 알코올 농도 0.02% 이상
② 혈중 알코올 농도 0.06% 이상
③ 혈중 알코올 농도 0.03% 이상
④ 혈중 알코올 농도 0.05% 이상

해설

주류 등의 섭취 · 사용 제한(항공안전법 제57조 제5항)
혈중 알코올 농도 제한 기준은 0.02% 이상이다.

10 ① 11 ① **정답**

12 멀티콥터 조종 중 비상상황 발생 시 가장 먼저 취해야 하는 행동은?

① 큰 소리로 주변에 비상상황을 알린다.
② GPS모드를 자세모드로 변환하여 조종을 시도한다.
③ RPM을 올려 빠르게 비상위치로 착륙시킨다.
④ 공중에 호버링된 상태로 정지시켜 놓는다.

해설
비상시 가장 먼저 주변에 '비상'이라고 알려 사람들이 드론으로부터 대피하도록 한다.

13 다음 중 안정된 대기에서의 기상 특성이 아닌 것은?

① 적운형 구름 ② 층운형 구름
③ 지속성 강우 ④ 잔잔한 기류

해설
적운은 수직으로 발달되어 있고 불안정 공기가 존재한다. 대기의 안정과 불안정성이란 기류의 상승 및 하강운동을 말하는 것으로 안정된 대기는 기류의 상승 및 하강 운동을 억제하게 되고 불안정한 대기는 기류의 수직 및 대류 현상을 초래한다. 공기의 안정층은 기온의 역전과 관계가 있으므로 지표면에서의 가열 등은 상층부의 대기를 불안정하게 만들고 반대로 지표면의 냉각이나 상층부 가열은 대기가 안정된다.

14 신고한 초경량비행장치가 멸실되었거나 그 초경량비행장치를 해체(정비 등, 수송 또는 보관하기 위한 해체는 제외)한 경우에는 그 사유가 발생한 날부터 말소신고를 하여야 하는 기한은?

① 10일 ② 15일
③ 30일 ④ 45일

해설
초경량비행장치 변경신고 등(항공안전법 제123조 제4항)
초경량비행장치 소유자 등은 신고한 초경량비행장치가 멸실되었거나 그 초경량비행장치를 해체(정비 등, 수송 또는 보관하기 위한 해체는 제외)한 경우에는 그 사유가 발생한 날부터 15일 이내에 국토교통부장관에게 말소신고를 하여야 한다.

정답 12 ① 13 ① 14 ②

15 비행 전후 점검 방법으로 바르지 않은 것은?

① 1일 1회 점검이면 충분하다.
② 비행 전후 항상 점검해야 한다.
③ 각각의 구성품이 제대로 결합되어 있는지 반드시 확인한다.
④ 엔진 등 열이 남아있을 수 있는 부위는 바로 점검하지 않는다.

해설
비행 전후 점검은 매 비행 시마다 일관되게 습관적으로 실시해야 하며, 만일 이를 간과한다면 프로펠러나 랜딩기어의 볼트가 풀려 비행 중에 분리가 되는 사고가 발생할 수 있다.

16 다음 중 멀티콥터에 작용하는 외력이 아닌 것은?

① 항 력
② 추 력
③ 압 력
④ 중 력

해설
드론이 지표면을 떠나 공중을 날게 되는 일련의 운동을 할 때 드론 기체에는 힘이 작용한다. 드론 기체에 작용하는 주요한 힘은 양력, 중력(무게), 추력, 항력이다.

17 항공안전법상 공역을 사용목적에 따라 분류했을 때 주의공역에 해당하지 않는 것은?

① 훈련구역
② 군작전구역
③ 위험구역
④ 조언구역

해설
④ 조언구역은 비관제공역이다.

공역의 구분(항공안전법 시행규칙 별표 23)

• 공역의 사용목적에 따른 구분

관제공역			비관제공역		통제공역			주의공역				
관제권	관제구	비행장 교통 구역	조언 구역	정보 구역	비행금지 구역	비행제한 구역	초경량 비행장치 비행제한 구역	훈련 구역	군작전 구역	위험 구역	경계 구역	초경량 비행장치 비행구역

15 ① 16 ③ 17 ④ 정답

18 조종기를 장시간 사용하지 않을 경우 보관 방법으로 옳지 않은 것은?

① 충격에 안전한 상자에 넣이시 보관한다.

② 안테나는 벽과 같은 곳에 장시간 눌리지 않도록 한다.

③ 장시간 사용하지 않은 경우 배터리는 분리하여 따로 보관하도록 한다.

④ 주변 온도는 고려하지 않아도 된다.

해설

조종기 보관 시 안전한 상자에 넣어 서늘한 곳에 보관하여야 한다.

19 왕복엔진의 윤활유의 역할이 아닌 것은?

① 기 밀　　② 윤 활

③ 냉 각　　④ 방 빙

해설

윤활유는 마찰을 줄이는 역할을 한다. 또한 윤활유를 바르면 에너지를 절약하고 마모를 감소시키며, 과열을 방지하고 소음을 줄인다.

• 기밀 : 용기에 넣은 기체나 액체가 누출되지 않도록 밀폐하는 것

• 방빙 : 얼음을 제거하고 결빙을 방지하는 것으로 윤활유의 역할이 아니다.

20 다음 중 벡터(Vector)의 물리량과 가장 거리가 먼 것은?

① 속 도　　② 가속도

③ 양 력　　④ 질 량

해설

속도, 가속도, 중량, 양력 및 항력은 일반적인 벡터량이며, 방향은 크기 또는 양만큼 중요하다.

정답 18 ④ 19 ④ 20 ④

21 초경량비행장치의 비행구역으로 바른 것은?

① 인적이 드문 넓은 공원과 같은 공터지역
② 위험물, 유류, 화학물질을 사용하는 공장 지역
③ 발전소, 변전소, 변압기, 발전댐 등의 지역
④ 철탑, 철교, 철골 구조물 등의 지역

해설

초경량비행장치 비행구역(UA)은 통상 인적이 드물고 넓은 공터가 있는 지역으로 전국 각지에 선정되어 있으며, 공장, 철탑, 전력발전소 인근은 2차 사고 우려와 '지자기' 간섭 가능성 증대로 회피해야 한다.

22 초경량비행장치 비행계획승인 신청 시 포함되지 않는 내용은?

① 비행목적 및 방식
② 동승자의 소지자격
③ 조종자의 비행경력
④ 비행장치의 안전성인증서번호

해설

초경량비행장치 비행승인신청서(항공안전법 시행규칙 별지 제122호 서식)

초경량비행장치 비행승인신청서에는 신청인의 성명·생년월일·주소·연락처, 비행장치의 종류·형식·용도·소유자, 비행장치의 신고번호·안전성인증서번호, 비행계획의 일시 또는 기간·구역·비행목적 및 방식·보험·경로 및 고도, 조종자의 성명·생년월일·주소·연락처·자격번호 또는 비행경력, 동승자의 성명·생년월일·주소, 탑재장치 등의 내용이 들어간다.

23 초경량비행장치를 사용하여 비행제한공역에서 비행하려는 사람이 작성해야 하는 서류와 승인자로 알맞게 짝지어진 것은?

① 비행승인신청서 – 국토교통부장관
② 비행승인신청서 – 지방항공청장
③ 특별비행승인신청서 – 국토교통부장관
④ 특별비행승인신청서 – 지방항공청장

해설

초경량비행장치의 비행승인(항공안전법 시행규칙 제308조 제2항)

초경량비행장치를 사용하여 비행제한공역을 비행하려는 사람은 초경량비행장치 비행승인신청서를 지방항공청장에게 제출하여야 한다.

21 ① 22 ② 23 ② 정답

24 초경량비행장치 신고 시 신청대상은?

① 한국교통안전공단 이사장
② 국토교통부장관
③ 국방부장관
④ 지방경찰청장

해설

초경량비행장치 신고(항공안전법 시행규칙 제301조 제1항)

초경량비행장치 소유자 등은 안전성인증을 받기 전까지 초경량비행장치 신고서를 한국교통안전공단 이사장에게 제출하여야 한다.

25 주위가 낮은 기압으로 둘러싸인 기압의 중심은?

① 저기압
② 고기압
③ 기압골
④ 기압능

해설

- 저기압 : 주변보다 상대적으로 기압이 낮은 지역
- 고기압 : 주변보다 상대적으로 기압이 높은 지역

따라서 주위가 낮은 기압으로 둘러싸인 기압의 중심은 고기압을 의미한다.

26 다음 중 신고하지 않아도 되는 초경량비행장치는?

① 동력비행장치
② 인력활공기
③ 초경량헬리콥터
④ 자이로플레인

해설

신고를 필요로 하지 아니하는 초경량비행장치의 범위(항공안전법 시행령 제24조)

- 행글라이더, 패러글라이더 등 동력을 이용하지 아니하는 비행장치
- 기구류(사람이 탑승하는 것은 제외)
- 계류식 무인비행장치
- 낙하산류
- 무인동력비행장치 중에서 최대이륙중량이 2kg 이하인 것
- 무인비행선 중에서 연료의 무게를 제외한 자체무게가 12kg 이하이고, 길이가 7m 이하인 것
- 연구기관 등이 시험・조사・연구 또는 개발을 위하여 제작한 초경량비행장치
- 제작자 등이 판매를 목적으로 제작하였으나 판매되지 아니한 것으로서 비행에 사용되지 아니하는 초경량비행장치
- 군사목적으로 사용되는 초경량비행장치

※ 항공사업법에 따른 항공기 대여업・항공레저스포츠사업 또는 초경량비행장치 사용사업에 사용되지 아니하는 것을 말한다.

정답 24 ① 25 ② 26 ②

27 다음 중 초경량비행장치 조종자가 안전한 비행을 위해 해야 할 사항으로 옳지 않은 것은?

① 비행 전에는 과도한 운동이나 음주를 피한다.
② 체크리스트에 의한 점검을 일상화하여 위험요소를 사전에 제거한다.
③ 몸상태가 정상이 아니라고 판단 시 부조종자와 임무를 교대하여 실시한다.
④ 조종에 부족한 지식은 비행 당일에 습득하도록 한다.

해설
비행 전에 기체에 대한 이해, 비행 당일 기상 등 사전에 지식을 습득한 후 부족한 것을 보충하고 조종하여야 한다.

28 초경량비행장치의 비행안전을 확보하기 위하여 비행활동에 대한 제한이 필요한 공역은?

① 관제공역 ② 주의공역
③ 훈련공역 ④ 비행제한공역

해설
초경량비행장치 불법 사용 등의 죄(항공안전법 제161조 제4항)
초경량비행장치의 비행안전을 확보하기 위하여 비행활동에 대한 제한이 필요한 공역은 비행제한공역이며, 제한공역에서 비행승인을 받지 않고 비행할 경우 500만원 이하의 벌금에 처한다.

29 직원들의 스트레스 해소 방안으로 옳지 않은 것은?

① 정기적 신체검사 ② 직무평가 도입
③ 적성에 맞는 직무 재배치 ④ 신문고 제도 도입

해설
직무평가 도입은 스트레스로 작용된다.

27 ④ 28 ④ 29 ② 정답

30 프로펠러 날개에서 일어나는 토크현상과 관련된 법칙은?

① 작용 · 반작용의 법칙 ② 관성의 법칙
③ 힘과 가속도의 법칙 ④ 유체의 법칙

해설
모터에서 발생한 회전력이 프로펠러에 전달되어 시계 방향으로 회전할 때, 이에 대한 반작용으로 프로펠러에 연결되어 있는 기체가 모터 회전 방향의 반대 방향인 반시계 방향으로 회전하려는 힘이 발생하게 되는 것이다.

31 다음 중 국제민간항공기구(ICAO)에서 공식 용어로 선정한 무인항공기의 명칭은?

① UAV(Unmanned Aerial Vehicle)
② Drone
③ RPAS(Remotely Piloted Aircraft System)
④ UAS(Unmanned Aircraft System)

해설
2013년 국제민간항공기구(ICAO)에서 공식 용어로 선정한 무인항공기의 명칭은 RPAS(Remotely Piloted Aircraft System)이다.

32 비행 중 멀티콥터 기체에 과도한 흔들림 발생 시 조치사항으로 바른 것은?

① 안전한 곳으로 착륙시켜 부품을 점검한다.
② 회전수를 더 올려서 흔들림이 멈출 때까지 조종한다.
③ 기울어지는 방향 반대쪽 모터의 회전수를 높인다.
④ 호버링시킨 뒤 흔들림이 멈출 때까지 기다린다.

해설
기체에 과도한 흔들림 발생 시 즉시 안전한 곳으로 착륙시킨 뒤 기체를 점검해야 한다.

정답 30 ① 31 ③ 32 ①

33 항공기 날개의 상 · 하부를 흐르는 공기의 압력차에 의해 발생하는 압력의 원리는?

① 작용 · 반작용의 법칙
② 가속도의 법칙
③ 베르누이의 정리
④ 관성의 법칙

해설
항공기 날개의 상 · 하부로 흐르는 공기의 압력차에 의해 발생하는 압력의 원리는 베르누이의 정리로서 동압과 정압 차이는 항상 일정하다고 하였다. 날개 상 · 하부의 공기흐름 속도 차이로 압력 차이를 설명하고 있다.

34 다음 중 비행 전 점검에 대한 내용으로 틀린 것은?

① 통신상태 및 GPS 수신 상태를 점검한다.
② 메인 프로펠러의 장착과 파손여부를 확인한다.
③ 기체 아랫부분을 점검할 때 기체는 호버링시켜 놓은 뒤 그 아래에서 상태를 확인한다.
④ 배터리잔량을 체커기를 통해 육안으로 확인한다.

해설
비행 전 점검에서 기체 자체를 점검할 때는 반드시 기체의 시동을 꺼놓은 상태에서 실시하여야 한다.

35 항상 일정한 방향과 자세를 유지하려는 역할을 하며 멀티콥터의 '키' 조작에 필요한 역할을 하는 장치는?

① 가속도계
② 자이로스코프
③ 광류 및 음파 탐지기
④ 기압계

해설
자이로스코프는 항상 일정한 방향을 유지하려는 특성이 있다. 즉 바람이 왼쪽에서 5m/s로 불어온다면 기체는 우로 기울게 되며 이때 수평을 잡으려 하는 현상이 자이로스코프가 작동하기 때문이다.

33 ③ 34 ③ 35 ② **정답**

36 **초경량비행장치에 의하여 사람이 사망하거나 중상을 입은 사고가 발생한 경우 사고조사를 담당하는 기관은?**

① 항공・철도 사고조사위원회
② 관할 지방항공청
③ 항공교통관제소
④ 교통안전공단

해설

초경량비행장치에 의하여 사람이 사망하거나 중상을 입은 사고가 발생한 경우 사고조사를 담당하는 기관은 항공・철도 사고조사위원회이다.

37 **초경량비행장치로 인하여 인명이나 재산에 피해가 발생하지 않도록 항공안전법에서 명시한 준수사항으로 옳지 않은 것은?**

① 인명이나 재산에 위험을 초래할 우려가 있는 낙하물을 투하하는 행위를 하지 않는다.
② 인구가 밀집된 지역의 상공에서 인명 또는 재산에 위험을 초래할 우려가 있는 방법으로 비행하지 않는다.
③ 군사목적으로 사용되는 초경량비행장치를 비행하는 경우 관제공역・통제공역・주의공역에서 비행할 수 없다.
④ 비행시정 및 구름으로부터의 거리기준을 위반하여 비행하는 행위를 하지 않는다.

해설

초경량비행장치 조종자의 준수사항(항공안전법 시행규칙 제310조 제1항)

관제공역・통제공역・주의공역에서 비행하는 행위를 하여서는 아니 된다. 다만 군사목적으로 사용되는 초경량비행장치를 비행하는 등의 행위는 제외한다.

38 **큰 사고는 우연히 또는 어느 순간 갑작스럽게 발생하는 것이 아니라 그 이전에 반드시 경미한 사고들이 반복되는 과정 속에서 발생한다는 것을 설명한 법칙은?**

① 하인리히 법칙
② 뒤베르제의 법칙
③ 케빈 베이컨의 법칙
④ 베버의 법칙

해설

하인리히 법칙

1 : 29 : 300법칙이라고도 부르며, 큰 사고가 일어나기 전 일정 기간 동안 여러 번의 경고성 징후와 전조들이 있다는 사실을 입증하였다.

정답 36 ① 37 ③ 38 ①

39 다음 중 고기압에 대한 설명으로 틀린 것은?

① 북반구에서 고기압의 공기는 시계 방향으로 불어 나간다.
② 중심에서는 상승기류가 형성된다.
③ 주변보다 기압이 높은 곳은 고기압이다.
④ 근처에서는 주로 맑은 날씨가 나타난다.

해설

고기압은 주변보다 상대적으로 기압이 높은 지역으로 북반구에서 시계 방향으로 불어 나간다. 불어 나간 공기를 보충하기 위해 상공에 있는 공기가 하강하여 하강기류가 발생하므로 날씨가 맑아진다.

40 다음 중 초경량비행장치의 말소신고를 하지 아니한 초경량비행장치 소유자에게 부과되는 과태료는?

① 10만원
② 30만원
③ 50만원
④ 100만원

해설

과태료(항공안전법 제166조 제7항)

초경량비행장치의 말소신고를 하지 아니한 초경량비행장치 소유자 등에게는 30만원 이하의 과태료를 부과한다.

39 ② 40 ② 정답

CHAPTER
07 기출복원문제

01 초경량비행장치 신고 시 신청대상은?

① 지방항공청장
② 항공공사 이사
③ 한국교통안전공단 이사장
④ 과학기술정보통신부 장관

해설

초경량비행장치 신고(항공안전법 시행규칙 제301조 제1항)
초경량비행장치 소유자 등은 안전성인증을 받기 전까지 초경량비행장치 신고서를 한국교통안전공단 이사장에게 제출하여야 한다.

02 날개의 압력 중심에 대한 설명으로 옳은 것은?

① 비행자세에 영향을 받지 않는다.
② 받음각과는 관계가 없다.
③ 수평비행 중 속도가 빨라지면 전방으로 이동한다.
④ 날개는 양력과 항력이 작용하는 점이다.

해설

압력 중심은 쉽게 말해 비행 중 모든 공기압적 힘(Air Pressure Forces)이 작용하는 한 지점을 의미한다. 프로펠러는 항공기가 뜰 수 있는 힘인 양력을 발생시켜 주며 나아가려는 추력이 발생함과 동시에 항력의 영향을 받는다.

03 멀티콥터 또는 무인회전익기의 착륙 시 지면으로 하강할 때 힘이 증가하고 조작이 어려워지는 현상은?

① 지면효과　② 전이성향
③ 횡단류효과　④ 양력불균형

해설

지면효과는 헬리콥터나 드론 등의 제자리 비행 시 회전익에서 발생하는 기류가 지면과의 충돌에 의해서 발생되는 것으로서 헬리콥터나 드론 등의 성능을 증대시켜 적은 동력으로도 제자리 비행이 가능하도록 해주며 상승 시에 양력증가를, 하강 시에는 저항을 증대시켜 조작에 영향을 준다.

정답 1 ③ 2 ④ 3 ①

04 추력을 담당(동력장치)하는 곳에 해당하지 않는 것은?

① 변속기　　② 모 터
③ GPS 수신기　　④ 프로펠러

해설
멀티콥터의 추력을 담당하는 곳은 FC → 변속기 → 모터 → 프로펠러로 이어지며, 각 부분에서 전달된 전압・전류량에 의해 각 축별 모터의 회전으로 프로펠러가 회전하게 되고 프로펠러의 RPM(분당 회전수)이 상승하면, 회전수가 적은 방향으로 멀티콥터가 움직(전후좌우 운동 및 좌우 선회운동)이게 된다.

05 블레이드에 대한 설명 중 틀린 것은?

① 익근의 꼬임각이 익단의 꼬임각보다 작게 한다.
② 익근의 꼬임각이 익단의 꼬임각보다 크게 한다.
③ 길이에 따라 익근의 속도는 느리고 익단의 속도는 빠르게 회전한다.
④ 익근과 익단의 꼬임각이 서로 다른 이유는 양력의 불균형을 해소하기 위함이다.

해설
프로펠러 블레이드의 형상은 날개의 안쪽 부분이자 두꺼운 부분인 익근이 날개의 끝 얇은 부분인 익단보다 더 많이 꼬여서 붙어 있으며 이는 양력발생을 효율적으로 활용하기 위함이다.

06 1피치가 의미하는 것은?

① 프로펠러의 직경을 의미
② 프로펠러의 날개 개수
③ 프로펠러의 두께를 의미
④ 프로펠러가 한 바퀴 회전했을 때 앞으로 나아가는 기하학적 거리

해설
피치는 무부하 상태에서 프로펠러가 1회전하였을 때 전진하는 거리를 말한다.

4 ③ 5 ① 6 ④ **정답**

07 날개가 4개인 무인비행장치를 부르는 것은?

① 트라이
② 쿼 드
③ 헥 사
④ 옥 토

해설
프로펠러의 개수로 무인멀티콥터를 분류 시 2개는 바이콥터, 3개는 트라이콥터, 4개는 쿼드콥터, 6개는 헥사콥터, 8개는 옥토콥터, 12개는 도데카콥터로 분류한다.

08 상승해서 좌측으로 이동하려는 조종기의 조작법은?

① 스로틀을 천천히 올리고 좌타한다.
② 롤을 좌로 밀고 피치를 앞으로 민다.
③ 피치를 당기고 스로틀을 내린다.
④ 피치를 앞으로 밀고 롤을 좌측으로 한다.

해설
스로틀(Throttle)은 출력을 담당하며 드론의 상승과 하강을, 피치(Pitch)는 전진과 후진을, 롤(Roll)은 좌우 이동을 담당한다.

09 초경량비행장치에 의하여 사람이 사망하거나 중상을 입은 사고가 발생한 경우 사고조사를 담당하는 기관은?

① 항공・철도 사고조사위원회
② 관할 지방항공청
③ 항공교통관제소
④ 교통안전공단

해설
초경량비행장치에 의하여 사람이 사망하거나 중상을 입은 사고가 발생한 경우 사고조사를 담당하는 기관은 항공・철도 사고조사위원회이다.

정답 7 ② 8 ① 9 ①

10 다음 중 항공안전법상 항공기에 해당하는 것은?

① 행글라이더
② 유인동력기구
③ 비행기
④ 자체 무게를 초과한 비행기

해설

정의(항공안전법 제2조)

'항공기'란 공기의 반작용(지표면 또는 수면에 대한 공기의 반작용은 제외한다)으로 뜰 수 있는 기기로서 최대 이륙중량, 좌석 수 등 국토교통부령으로 정하는 기준에 해당하는 기기와 그 밖에 대통령령으로 정하는 기기(비행기, 헬리콥터, 비행선, 활공기(滑空機))를 말한다.

11 다음 중 초경량비행장치에 속하지 않는 것은?

① 탑승자, 연료 및 비상용 장비의 중량을 제외한 자체중량이 130kg인 고정익비행장치
② 유인자유기구 또는 무인자유기구
③ 연료의 중량을 제외한 자체중량이 150kg 이하인 무인비행기, 무인헬리콥터 또는 무인멀티콥터
④ 항력(抗力)을 발생시켜 대기(大氣) 중을 낙하하는 사람 또는 물체의 속도를 느리게 하는 비행장치

해설

초경량비행장치의 기준(항공안전법 시행규칙 제5조)

동력비행장치 : 동력을 이용하는 것으로서 다음의 기준을 모두 충족하는 고정익비행장치

- 탑승자, 연료 및 비상용 장비의 중량을 제외한 자체중량이 115kg 이하일 것
- 연료의 탑재량이 19L 이하일 것
- 좌석이 1개일 것

12 다음 중 토크현상과 관련된 법칙은?

① 관성의 법칙
② 작용・반작용의 법칙
③ 힘과 가속도의 법칙
④ 유체의 법칙

해설

모터에서 발생한 회전력이 프로펠러에 전달되어 시계 방향으로 회전할 때, 이에 대한 반작용으로 프로펠러에 연결되어 있는 기체가 모터 회전 방향의 반대 방향인 반시계 방향으로 회전하려는 힘이 발생하게 되는 것이다.

10 ③ 11 ① 12 ② 정답

13 다음 중 초경량비행장치의 말소신고를 하지 아니한 초경량비행장치 소유자에게 부과되는 과태료는?

① 10만원
② 30만원
③ 50만원
④ 100만원

해설

과태료(항공안전법 제166조 제7항)

초경량비행장치의 말소신고를 하지 아니한 초경량비행장치 소유자 등에게는 30만원 이하의 과태료를 부과한다.

14 초경량비행장치의 비행안전을 확보하기 위하여 비행활동에 대한 제한이 필요한 공역은?

① 관제공역
② 주의공역
③ 훈련공역
④ 비행제한공역

해설

초경량비행장치의 비행안전을 확보하기 위하여 비행활동에 대한 제한이 필요한 공역은 비행제한공역이며, 제한공역에서 비행승인을 받지 않고 비행할 경우 500만원 이하의 벌금에 처한다.

15 다음 중 멀티콥터에 작용하는 외력이 아닌 것은?

① 항 력
② 양 력
③ 중 력
④ 압 력

해설

드론이 지표면을 떠나 공중을 날게 되는 일련의 운동을 할 때 드론 기체에는 힘이 작용한다. 드론 기체에 작용하는 주요한 힘은 양력, 중력(무게), 추력, 항력이다.

정답 13 ② 14 ④ 15 ④

16 지표 복사냉각에 의해 발생하며 맑은 하늘, 상대습도가 높은 조건에서 낮고 평평한 지역에서 주로 아침시간에 발생하는 안개는?

① 증기안개 ② 활승안개
③ 이류안개 ④ 복사안개

해설
복사안개 : 맑은 날 야간에 지표 복사냉각이 일어나 지면 부근의 공기 온도가 내려가면서 발생하는 안개를 말한다.

17 초경량비행장치의 비행구역으로 바른 것은?

① 인적이 드문 넓은 공원과 같은 공터지역
② 위험물, 유류, 화학물질을 사용하는 공장 지역
③ 발전소, 변전소, 변압기, 발전댐 등의 지역
④ 철탑, 철교, 철골 구조물 등의 지역

해설
초경량비행장치 비행구역(UA)은 통상 인적이 드물고 넓은 공터가 있는 지역으로 전국 각지에 선정되어 있으며, 공장, 철탑, 전력발전소 인근은 2차 사고 우려와 '지자기' 간섭 가능성 증대로 회피해야 한다.

18 다음 중 배터리 관리방법으로 옳지 않은 것은?

① 배터리 완충 후 충전기에서 분리해야 한다.
② 장기보관 시 완충하여 보관한다.
③ 배터리 매뉴얼보다 전압을 높여 충전한다.
④ 다른 제품의 배터리를 연결해서는 안 된다.

해설
10일 이상 장시간 미사용 시 40~65% 수준까지 방전 후 보관한다.

16 ④ 17 ① 18 ② 정답

19 조종자 리더십에 관한 설명으로 옳은 것은?

① 다른 조종자에 대한 험담을 한다.
② 편향적 안전을 위하여 의논한다.
③ 결점을 찾아내서 수정한다.
④ 기체 손상여부 관리를 의논한다.

해설
①·② : 리더십과 반대되는 개념이다.
④ : 관리자(정비사)의 역할에 가깝다.

20 리튬폴리머(LiPo) 배터리에 대한 설명으로 옳지 않은 것은?

① 배터리 수명을 늘리기 위해 급속충전과 급속방전이 필요하다.
② 충전 시 셀 밸런싱을 통한 셀 간 전압 관리가 필요하다.
③ 장기간 보관 시 완전 충전상태가 아닌 50~70% 충전상태로 보관한다.
④ 강한 충격에 노출되거나 외형이 손상되었을 경우 안전을 위해 완전 방전한 후 폐기한다.

해설
①의 경우 배터리의 수명을 늘리는 방법이 아닌 배터리의 수명을 단축시키는 행위로서 충전과정에서 리튬폴리머 내부의 전해질이 양극에서 음극으로 이동하게 된다. 급속충전의 경우 리튬폴리머가 전극 및 전해질을 거쳐 전달되는 속도가 충분히 빠르지 못해 전지 용량과 수명이 급격히 짧아지는 현상이 나타난다. 결국 천천히 충전할 때보다 훨씬 적은 용량만 충전할 수 있고 급속충전과 급속방전을 반복할 경우 수명이 크게 줄어든다.

21 지표면 또는 수면으로부터 200m 이상 높이의 공역으로서 항공교통의 안전을 위하여 국토교통부장관이 지정·공고한 공역은?

① 관제권
② 관제구
③ 항공로
④ 관제공역

해설
관제구(항공안전법 제2조 제26호)
지표면 또는 수면으로부터 200m 이상 높이의 공역으로서 항공교통의 안전을 위하여 국토교통부장관이 지정·공고한 공역

정답 19 ③ 20 ① 21 ②

22 다음 중 동압과 정압에 대한 설명으로 옳지 않은 것은?

① 동압의 크기는 유체의 밀도에 반비례한다.
② 동압의 크기는 속도의 제곱에 비례한다.
③ 동압과 정압의 합은 일정하다.
④ 동압과 정압의 차이로 비행속도를 측정할 수 있다.

해설

베르누이 법칙은 정압과 동압의 합이 일정하다는 법칙으로, $P+\frac{1}{2}\rho V^2=C$(일정)로 나타낼 수 있다. 여기서 P는 정압, $\frac{1}{2}\rho V^2$는 동압이며 ρ는 유체의 밀도이고 V는 유체의 속력이다.

23 러더키를 우측으로 조정하여 기수방향을 우측으로 회전시킬 때의 내용으로 맞는 것은?

① 반시계 방향으로 회전하는 프로펠러는 빠르게 회전, 시계 방향으로 회전하는 프로펠러는 느리게 회전
② 반시계 방향으로 회전하는 프로펠러는 느리게 회전, 시계 방향으로 회전하는 프로펠러는 빠르게 회전
③ 우측 프로펠러는 빠르게 회전, 좌측 프로펠러는 느리게 회전
④ 좌측 프로펠러는 느리게 회전, 우측 프로펠러는 빠르게 회전

해설

우측 러더키를 조작하였을 때 축별 프로펠러 회전수를 보면 반시계 방향으로 회전하는 프로펠러는 빠르게 회전하고 시계 방향으로 회전하는 프로펠러는 느리게 회전한다. 이는 반토크 작용에 기인한 것으로 토크(회전하는 힘)가 발생 시 반대의 작용으로 기체가 반대편으로 회전을 하기 때문이다. 결론적으로 회전하려고 하는 반대 방향의 프로펠러가 빠르게 회전하는 것이 핵심이다.

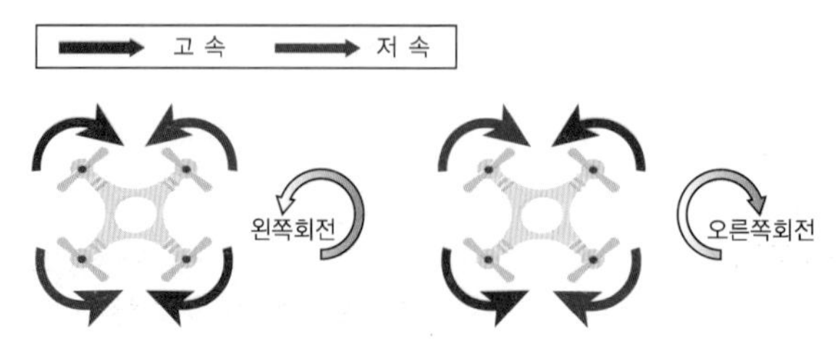

24 다음 중 착빙의 종류가 아닌 것은?

① 이슬 착빙　　② 혼합 착빙
③ 거친 착빙　　④ 맑은 착빙

해설
착빙은 구름 속의 수적 크기, 개수 및 온도에 따라 맑은 착빙(Clear Icing), 거친 착빙(Rime Icing), 혼합 착빙(Mixed Icing)으로 분류된다. 맑은 착빙은 수적이 크고 주위 기온이 −10~0℃인 경우에 항공기 표면을 따라 고르게 흩어지면서 천천히 결빙된다. 거친 착빙은 수적이 작고 기온이 −20~−15℃인 경우에 작은 수적이 공기를 포함한 상태로 신속히 결빙하여 부서지기 쉽다. 혼합 착빙은 −15~−10℃ 사이인 적운형 구름 속에서 자주 발생하며 맑은 착빙과 거친 착빙이 혼합되어 나타나는 착빙이다.

25 다음 중 고기압에 대한 설명으로 틀린 것은?

① 북반구에서 고기압의 공기는 시계 방향으로 불어 나간다.
② 중심에서는 상승기류가 형성된다.
③ 주변보다 기압이 높은 곳은 고기압이다.
④ 근처에서는 주로 맑은 날씨가 나타난다.

해설
고기압은 주변보다 상대적으로 기압이 높은 지역으로 북반구에서 시계 방향으로 불어 나간다. 불어나간 공기를 보충하기 위해 상공에 있는 공기가 하강하여 하강기류가 발생하므로 날씨가 맑아진다.

정답　24 ①　25 ②

26 다음 중 태풍으로 분류되는 열대 저기압의 중심 부근 최대 풍속 기준은?

① 17m/s
② 25m/s
③ 40m/s
④ 65m/s

해설

태풍이란 북태평양 서부에서 발생하는 열대 저기압 중에서 중심 부근의 최대 풍속이 17m/s 이상으로 강한 폭풍우를 동반하는 자연현상을 말한다. 발생 해역에 따라 태풍(Typhoon), 허리케인(Hurricane), 사이클론(Cyclone), 윌리윌리(Willy-Willy)라고 불린다.

태풍의 강도 분류

구 분	최대 풍속	현 상
-	17m/s(61km/h, 34kt) 이상~25m/s(90km/h, 48kt) 미만	간판 날아감
중(Normal)	25m/s(90km/h, 48kt) 이상~33m/s(119km/h, 64kt) 미만	지붕 날아감
강(Strong)	33m/s(119km/h, 64kt) 이상~44m/s(158km/h, 85kt) 미만	기차 탈선
매우강(Very Strong)	44m/s(158km/h, 85kt) 이상~54m/s(194km/h, 105kt) 미만	사람, 커다란 돌이 날아감
초강력(Super Strong)	54m/s(194km/h, 105kt) 이상	건물 붕괴

27 다음 중 비행 전 점검절차에 대한 설명 중 옳지 않은 것은?

① 메인 프로펠러의 장착상태와 파손여부를 확인한다.
② FC 전원 인가 전에 조종기 전원을 사전인가한다.
③ 배터리 체크 시 절반 이상의 셀이 정격전압 이상일 때 비행 가능하다.
④ 기체 자체 시스템 점검 후 GPS 위성이 안정적으로 수신이 되는지를 확인한다.

해설

1개 Cell이라도 정격전압 이하로 되어 있다면 그 배터리는 재충전을 하거나, 사용해서는 안 된다.

28 비행 전 점검 시, 모터에 대한 내용으로 옳지 않은 것은?

① 윤활유 주입상태
② 베어링 상태
③ 고정상태, 유격점검
④ 이물질 부착여부

해설

드론에 활용되는 전기모터는 윤활유 주입이 필요 없다.

26 ① 27 ③ 28 ① 정답

29 무인멀티콥터의 구성품으로 옳지 않은 것은?

① 주회전날개 ② 모터와 ESC
③ 비행제어장치 ④ 프로펠러

해설

주회전날개

헬리콥터의 메인 로터부분을 부르는 말로 날개의 회전면을 기울여 비행하는 가변피치의 성격을 가지고 있다.

30 무인멀티콥터의 프로펠러에 대한 설명으로 틀린 것은?

① 프로펠러는 멀티콥터의 날아가야 하는 방향을 결정한다.
② 프로펠러들의 길이가 같을 경우 피치가 낮은 프로펠러는 피치가 높은 프로펠러와 같은 부양력을 발생시키려면 더 빨리 회전해야 한다.
③ 프로펠러의 피치가 높아질수록 진동이 심해진다.
④ 프로펠러의 길이는 프로펠러 틀이 허용하는 최대치를 약간 넘겨 제작하는 것이 유리하다.

해설

프로펠러의 길이는 프로펠러 틀(프레임)이 허용하는 최대치를 넘기지 않아야 하는데 사용 가능한 프로펠러의 최대 길이는 일반적으로 모터 제원표(일부는 드론 몸체에 표기)에 표기되어 있다.

31 주류 등의 영향으로 초경량비행장치를 사용하여 비행을 정상적으로 수행할 수 없는 상태에서 초경량비행장치를 사용하여 비행을 한 사람의 벌금액은?

① 500만원 ② 1,000만원
③ 2,000만원 ④ 3,000만원

해설

초경량비행장치 불법 사용 등의 죄(항공안전법 제161조 제1항)

다음의 어느 하나에 해당하는 자는 3년 이하의 징역 또는 3천만원 이하의 벌금에 처한다.

- 주류 등의 영향으로 초경량비행장치를 사용하여 비행을 정상적으로 수행할 수 없는 상태에서 초경량비행장치를 사용하여 비행을 한 사람
- 초경량비행장치를 사용하여 비행하는 동안에 주류 등을 섭취하거나 사용한 사람
- 국토교통부장관의 측정 요구에 따르지 아니한 사람

정답 29 ① 30 ④ 31 ④

32 비행 중 조종기의 배터리 경고음이 울렸을 때 취해야 할 행동은?

① 즉시 기체를 착륙시키고 엔진 시동을 정지시킨다.
② 경고음이 꺼질 때까지 기다려본다.
③ 재빨리 송신기의 배터리를 예비 배터리로 교환한다.
④ 기체를 원거리로 이동시켜 제자리 비행으로 대기한다.

해설

배터리 경고음이 울렸다면 각 셀 전압 중 1개 이상의 셀이 정격전압 3.3V 이하로 내려갔다는 것이다. 바로 착륙하지 않는다면 조종기 전원 공급이 안 되어 전파 송신이 어느 순간 두절되어 Fail Safe로 전환될 수 있다.

33 왕복엔진의 윤활유의 역할이 아닌 것은?

① 기 밀
② 윤 활
③ 냉 각
④ 방 빙

해설

윤활유는 마찰을 줄이는 역할을 한다. 또한 윤활유를 바르면 에너지를 절약하고 마멸을 감소시키며, 과열을 방지하고 소음을 줄인다.

• 기밀 : 용기에 넣은 기체나 액체가 누출되지 않도록 밀폐하는 것
• 방빙 : 얼음을 제거하고 결빙을 방지하는 것으로 윤활유의 역할이 아니다.

34 다음 중 안정된 대기에서의 기상 특성이 아닌 것은?

① 적운형 구름
② 층운형 구름
③ 지속성 강우
④ 잔잔한 기류

해설

적운은 수직으로 발달되어 있고 불안정 공기가 존재한다. 대기의 안정과 불안정성이란 기류의 상승 및 하강운동을 말하는 것으로 안정된 대기는 기류의 상승 및 하강 운동을 억제하게 되고 불안정한 대기는 기류의 수직 및 대류 현상을 초래한다. 공기의 안정층은 기온의 역전과 관계가 있으므로 지표면에서의 가열 등은 상층부의 대기를 불안정하게 만들고 반대로 지표면의 냉각이나 상층부 가열은 대기가 안정된다.

32 ① 33 ④ 34 ① 정답

35 현재의 지상기온이 31℃일 때 3,000ft 상공의 기온은?(단, 조건은 ISA조건이다)

① 25℃
② 37℃
③ 29℃
④ 34℃

해설

1,000ft당 −2℃씩 기온이 감소하므로 3,000ft 상공의 기온은 25℃이다.

36 초경량비행장치를 사용하여 비행제한공역에서 비행하려는 사람이 작성해야 하는 서류와 승인자로 알맞게 짝지어진 것은?

① 비행승인신청서 – 국토교통부장관
② 비행승인신청서 – 지방항공청장
③ 특별비행승인신청서 – 국토교통부장관
④ 특별비행승인신청서 – 지방항공청장

해설

초경량비행장치의 비행승인(항공안전법 시행규칙 제308조 제2항)
초경량비행장치를 사용하여 비행제한공역을 비행하려는 사람은 초경량비행장치 비행승인신청서를 지방항공청장에게 제출하여야 한다.

37 다음 중 난류의 강도에 대한 설명으로 옳지 않은 것은?

① 약한 난류(Light) : 보통 난류보다 영향이 작은 약한 난류
② 심한 난류(Severe) : 항공기의 고도나 자세에 갑작스런 큰 변화를 일으켜 순간적으로 통제력을 상실함
③ 보통 난류(Moderate) : 항공기의 고도가 갑자기 변하고 공기 속도 변화가 일반적으로 큼
④ 극심한 난류(Extreme) : 기체가 급격하게 이리저리 요동하고 실제적으로 통제가 불가능

해설

보통 난류 : 항공기의 운항고도를 다소 변화시키지만 항공기는 조종이 가능한 상태이며 공기 속도 변화는 일반적으로 작다.

정답 35 ① 36 ② 37 ③

38 조종사 리더십 방법 중 논평(Critique)을 하는 이유는?

① 서로 대화하며 문제점을 찾기 위해
② 상대방의 의견에 반론을 제기하기 위해
③ 문제점을 지적해서 시정하기 위해
④ 서로 비행경험을 이야기하며 공유하기 위해

해설
논평을 하는 이유는 서로 대화를 통해 문제점을 찾기 위해서이다.

39 온난전선에 대한 설명으로 틀린 것은?

① 온난전선이 접근하는 지역에는 일반적으로 습도가 감소하고 기온이 상승한다.
② 온난전선이 통과한 후에는 기온이 상승하고 구름이 감소한다.
③ 온난전선은 한랭전선에 비해 이동속도가 느리다.
④ 따뜻한 공기가 찬 공기와 만나 위로 올라가면서 전선을 형성한다.

해설
온난전선이 접근하는 지역에는 일반적으로 습도가 증가하고 기온이 상승한다.

40 초경량비행장치의 말소신고의 설명 중 틀린 것은?

① 사유 발생일로부터 30일 이내에 신고하여야 한다.
② 초경량비행장치가 멸실되었거나 초경량비행장치를 해체한 경우 실시한다.
③ 정비 등, 수송 또는 보관하기 위한 해체는 제외한다.
④ 말소신고를 하지 아니하면 국토교통부장관은 30일 이상의 기간을 정하여 말소신고를 할 것을 해당 초경량비행장치 소유자 등에게 최고하여야 한다.

해설
초경량비행장치 변경신고 등(항공안전법 제123조)
초경량비행장치 소유자 등은 신고한 초경량비행장치가 멸실되었거나 그 초경량비행장치를 해체(정비 등, 수송 또는 보관하기 위한 해체는 제외)한 경우에는 그 사유가 발생한 날부터 15일 이내에 국토교통부장관에게 말소신고를 하여야 한다.

38 ① 39 ① 40 ① 정답

CHAPTER 08 기출복원문제

01 다음 중 항공정보를 공개하는 곳은?

① 관 보
② 일간신문
③ 항공정보회람(AIC)
④ 항공정보간행물(AIP)

해설

항공정보간행물(AIP ; Aeronautical Information Publication)
우리나라 항공정보간행물은 한글과 영어로 된 단행본으로 발간되며 국내에서 운항되는 모든 민간항공기의 능률적이고 안전한 운항을 위하여 영구성 있는 항공정보를 수록한다.

02 무인항공기(드론) 구성요소 중 GDT의 역할로 옳지 않은 것은?

① 지상에서 원격으로 통제하는 장비
② GCS의 통제명령을 드론에 전달
③ 드론에서 수집된 사항을 GCS로 전파
④ 저주파대역을 사용해 통신거리 연장

해설

GDT(Ground Data Terminal)
GCS(지상 원격 통제장비)에서의 각종 통제명령을 수신하여 무인기로 전달하고, 무인기로부터의 각종 보고사항을 수신하여 다시 GCS로 전달하는 장비이다. 통상적으로 소형 무인기에서 GDT는 저주파대역을 주로 사용하여 비행체의 통신거리 연장에 사용하기도 하는데, 이때는 지상 중계기 역할을 한다.

정답 1 ④ 2 ①

03 국토교통부령으로 정하는 준수사항을 따르지 않고 초경량비행장치를 이용하여 비행한 경우 1차 과태료 금액은?

① 10만원
② 50만원
③ 100만원
④ 150만원

해설

과태료의 부과기준(항공안전법 시행령 별표 5)

위반행위	근거 법조문	과태료 금액(단위 : 만원)		
		1차 위반	2차 위반	3차 이상 위반
법 제129조 제1항을 위반하여 국토교통부령으로 정하는 준수사항을 따르지 않고 초경량비행장치를 이용하여 비행한 경우	법 제166조 제3항 제6호	150	225	300

04 비행 중인 항공기에 작용하는 힘 중 A에 해당하는 것은?

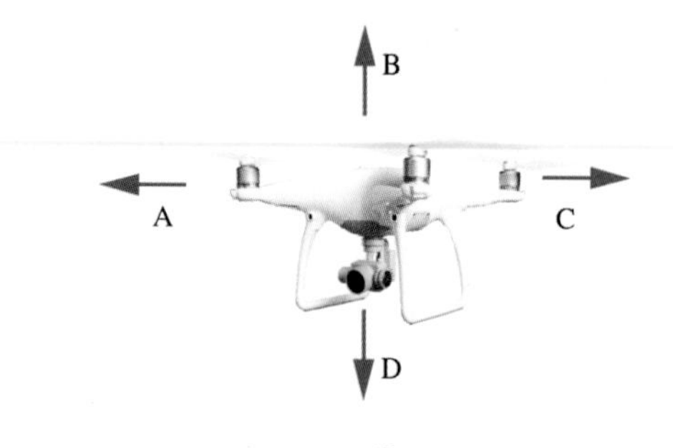

① 양 력
② 로터항력
③ 중 력
④ 추진력

해설

추진력

주행물체나 비행물체를 진행방향으로 밀고 나아가는 힘으로, 항력과 가속에 의한 관성력의 합에 해당한다. 예를 들어 쿼드콥터를 앞으로 나가게 하는 경우, 전방의 프로펠러를 천천히 회전시키면 기체 앞면은 내려가고 뒷면은 올라가는데 이때 후방으로 추력이 발생하여 기체가 전진하게 된다.

3 ④ 4 ④ 정답

05 다음 보기에서 설명하는 구름이 생성되는 기상조건을 나열한 것으로 옳은 것은?

> 보 기
>
> 연직방향(수직모양)으로 크게 발달하는 구름으로, 거대한 탑과 같은 형태를 띠며 상승기류에 의해 수증기가 응결하면서 만들어진다.

① 적운형, 기상 양호 ② 층운형, 기상 양호
③ 적운형, 기상 불안정 ④ 층운형, 기상 불안정

해설
구름은 고도에 따라 상층운, 중층운, 하층운, 수직운으로, 모양에 따라 적운형, 층운형으로 분류된다. 적운형 구름은 수직으로 발달하는 구름으로 수직형에서 유추할 수 있듯이 따뜻한 공기가 상승기류 등에 의해 급격하게 상승하면서 생성된다.

06 다음 중 무인비행장치의 가솔린엔진의 온도가 가장 낮은 때는?

① 봄 ② 여 름
③ 가 을 ④ 겨 울

해설
동절기에는 엔진 주변의 온도가 낮아져 연료와 엔진오일의 흐름이 원활하지 않고, 엔진이 적정 온도에 도달하는 시간이 늘어나 엔진의 부담이 가중된다. 더불어 연료탱크 내·외부의 온도 차이에 의한 결로현상으로 불필요한 수분이 생성되기 쉽다. 이러한 연료탱크 내부의 수분은 연료의 불완전 연소나 연료라인의 부식현상을 야기할 수 있으며, 연료펌프 및 인젝터 부품의 손상이나 엔진 부조화 등 고장의 원인이 될 수 있다.

07 다음 중 비행 전 점검사항이 아닌 것은?

① 조종기 배터리 부식 등을 점검한다.
② 스로틀키를 상승조작해 본다.
③ 모터 및 기체의 CG 등을 점검한다.
④ 배터리 및 전선 상태 등을 점검한다.

해설
비행의 사전적 의미는 이륙 후부터 착륙 전까지의 단계로, 공중에 체공해 있는 동안을 말한다. 스로틀키를 조작하여 상승하는 것은 비행 상태이므로 비행 전 점검사항에 해당하지 않는다.

정답 5 ① 6 ④ 7 ②

08 항공안전법상 자이로플레인의 기준은?

① 유인자유기구
② 계류식 기구
③ 회전익비행장치
④ 무인동력비행장치

해설

자이로플레인

고정익과 회전익의 조합형 비행장치로 공기력에 의하여 회전하는 한 개 이상의 회전익에서 양력을 얻는 비행장치이다. 탑승자, 연료 및 비상용 장비의 중량을 제외한 자체중량이 115kg 이하, 연료의 탑재량은 19L 이하이어야 하며, 좌석은 1개여야 한다.

09 비행체의 형태에 따라 무게중심에 차이가 있는데 통상적으로 무게중심(Center of Gravity)을 지칭하는 것은?

① 꼬리축의 앞쪽
② 꼬리축의 뒤쪽
③ 기체의 정중앙
④ 중력의 영향을 받는 기체의 중심

해설

무게중심(CG ; Center of Gravity)

중력의 영향을 받는 기체의 중심 또는 어느 한쪽으로 기울어지지 않는 무게의 중심을 뜻하며, 통상적으로 배터리나 다른 기자재를 넣어 무게의 기준점을 맞춘다. 기체의 CG가 맞지 않아 앞쪽이 무거우면 기수를 들지 못하고 추락하며, 뒤쪽이 무거우면 기수를 들어도 한 바퀴 돌아서 고꾸라지는 등의 문제가 발생한다.

10 다음 보기의 설명에 해당하는 구름의 부호로 옳은 것은?

보 기
대기의 불안정으로 인해 수직으로 발달하며 많은 강우를 포함하고 있는 구름

① Cb
② Cs
③ As
④ Ns

해설

적란운(Cb) : 세찬 강수를 일으킬 수 있는 매우 웅장한 구름으로 5~20km에 걸쳐 수직으로 발달한다.

8 ③ 9 ④ 10 ① 정답

11 모터의 발열현상이 일어나는 원인으로 적절하지 않은 것은?

① 과도한 무게로 비행했을 때

② 평균기온이 30℃가 넘는 조건에서 운행했을 때

③ 높은 RPM으로 운행했을 때

④ 표피효과(Skin Effect)

해설

표피효과(Skin Effect)

도체에 흐르는 교류 전류의 주파수가 높아지면 점차 도체 중심으로 전류가 흐르기 어려워져 도체 표면으로 전류가 흐르는 현상이다. 교류 전류에 의한 전자유도의 법칙에 의하여 발생하며 주파수가 높을수록, 도체의 전기저항률이 낮을수록 잘 나타난다. 모터의 발열현상과는 관련이 없다.

12 다음 중 하층운에 속하지 않는 것은?

① 층적운 ② 층 운

③ 난층운 ④ 권층운

해설

하층운

지표면으로부터 6,500ft(2km) 미만의 고도에 형성되는 구름으로 대부분 과냉각된 물로 이루어져 있다. 난층운(비층구름), 층운, 층적운 등이 해당된다.

13 초경량비행장치가 이착륙할 수 없는 장소는?

① 통행량이 적은 곳

② 전선, 철탑, 철골 구조물이 없는 곳

③ 바람이 불지 않는 곳

④ 인적이 드물며 넓고 경사진 곳

해설

초경량비행장치의 이착륙지 선정

초경량비행장치는 경사진 지형에서 이착륙을 금지한다. 또한 사람이나 차량의 이동이 적은 곳에서 기체 주변에 장애물이나 바람에 의해 날아갈 물건이 없는지 확인한 후 이착륙을 해야 한다.

정답 11 ④ 12 ④ 13 ④

14 초경량비행장치 신고 시 제출 대상은?

① 지방항공청장
② 한국항공공사 이사
③ 한국교통안전공단 이사장
④ 과학기술정보통신부장관

해설

초경량비행장치 신고(항공안전법 시행규칙 제301조 제1항)

초경량비행장치 소유자 등은 안전성 인증을 받기 전까지 초경량비행장치 신고서를 한국교통안전공단 이사장에게 제출하여야 한다.

15 초경량비행장치에 의하여 사람이 사망하거나 중상을 입은 사고가 발생한 경우 사고조사를 담당하는 기관은?

① 항공・철도사고조사위원회
② 관할 지방항공청
③ 항공교통관제소
④ 교통안전공단

해설

초경량비행장치에 의하여 사람이 사망하거나 중상을 입은 사고가 발생한 경우 사고조사를 담당하는 기관은 항공・철도사고조사위원회이다.

16 다음 중 무인비행장치 조종자가 준수해야 할 사항으로 옳은 것은?

① 일몰 후부터 일출 전까지 야간에 비행하는 행위
② 주류 등의 영향으로 조종업무를 정상적으로 수행할 수 없는 상태에서 조종하는 행위
③ 무인비행장치를 육안으로 확인할 수 있는 범위에서 조종하는 행위
④ 비행 중 주류 등을 섭취하거나 사용하는 행위

해설

①, ②, ④는 조종자 준수사항을 위반하는 행위이다(항공안전법 시행규칙 제310조).

14 ③ 15 ① 16 ③ 정답

17 비행 중 멀티콥터 기체에 과도한 흔들림 발생 시 조치사항으로 옳은 것은?

① 안전한 곳으로 착륙시켜 부품을 점검한다.
② 회전수를 증가시켜 흔들림이 멈출 때까지 조종한다.
③ 기울어지는 방향 반대쪽 모터의 회전수를 높인다.
④ 호버링하며 흔들림이 멈출 때까지 기다린다.

해설

기체에 과도한 흔들림이 발생하면 즉시 안전한 곳으로 착륙시킨 뒤 기체를 점검해야 한다.

18 다음 중 멀티콥터에 작용하는 외력이 아닌 것은?

① 항 력 ② 양 력
③ 중 력 ④ 압 력

해설

드론이 지표면을 떠나 공중을 비행할 때 외부로부터 기체에 작용하는 주요한 힘은 양력, 중력(무게), 추력, 항력이다.

19 다음 중 배터리 보관방법으로 옳은 것은?

① 배터리는 충전기와 연결된 상태로 보관한다.
② 배터리는 밀봉하여 보관한다.
③ 오랜 시간 보관 시 완충하여 보관한다.
④ 상온에서 보관한다.

해설

배터리 보관방법

- 배터리를 장시간 사용하지 않을 경우 충전기와 분리하여 따로 보관한다.
- 약 15~28℃의 상온에서 보관한다.
- 배터리는 적정 수준으로 충전해야 하며 완전히 충・방전할 경우 배터리의 수명이 단축된다.

정답 17 ① 18 ④ 19 ④

20 초경량비행장치를 사용하여 비행제한공역에서 비행하려는 사람이 작성해야 하는 서류와 승인자로 알맞게 짝지어진 것은?

① 비행승인신청서 – 국토교통부장관
② 비행승인신청서 – 지방항공청장
③ 특별비행승인신청서 – 국토교통부장관
④ 특별비행승인신청서 – 지방항공청장

해설
초경량비행장치의 비행승인(항공안전법 시행규칙 제308조 제2항)
초경량비행장치를 사용하여 비행제한공역을 비행하려는 사람은 초경량비행장치 비행승인신청서를 지방항공청장에게 제출하여야 한다.

21 다음 중 토크현상과 관련된 법칙은?

① 가속도의 법칙
② 작용·반작용의 법칙
③ 베르누이의 법칙
④ 관성의 법칙

해설
모터에서 발생한 회전력이 프로펠러에 전달되어 시계 방향으로 회전할 때, 이에 대한 반작용으로 프로펠러에 연결되어 있는 기체가 모터 회전 방향의 반대 방향인 반시계 방향으로 회전하려는 힘이 발생한다.

22 다음 중 바람이 발생하는 원인은?

① 기압경도 차이
② 자전과 공전
③ 공기밀도 차이
④ 고도 차이

해설
기압경도력
압력이 다른 두 지점 사이에 압력이 큰 쪽에서 작은 쪽으로 작용하는 힘으로, 두 지점 간의 기압차에 비례하고 거리에 반비례한다. 즉, 바람은 기압이 높은 쪽에서 낮은 쪽으로 작용하고 등압선의 간격이 좁을수록 세다.

20 ② 21 ② 22 ① 정답

23 비행 전 점검 시 모터에 대한 내용으로 옳지 않은 것은?

① 고정 상태
② 베어링 상태
③ 유격점검
④ 윤활유 주입 상태

해설
드론에 활용되는 전기모터는 윤활유를 주입하지 않아도 된다.

24 다음 중 비행 후 실시해야 할 점검 및 조치사항은?

① 수신기 배터리를 점검한다.
② 엔진의 열이 식을 때까지 착륙한 곳에서 대기한다.
③ 엔진 및 동력계통의 윤활유를 점검한다.
④ 엔진 등 동력계통의 점검은 정해진 정비 시까지 하지 않는다.

해설
윤활유는 비행 후 점검 시마다 교체하지 않고 교체 주기마다 교환한다. 과거에는 특정한 주기를 정해 항공기 엔진 윤활용 오일을 교환하고 기름을 제거했으나 현재는 윤활유의 효율성·경제성을 고려하고, 분석 및 검사하여 필요시에만 교체하는 방식으로 변경되었다.

25 비행체의 자체중량에 포함되지 않는 것은?

① 기 체
② 배터리
③ 연 료
④ 고정 탑재물

해설
자체중량
연료와 탑재물의 질량을 제외한 무인비행체의 중량으로 비행을 위한 고정 탑재물을 포함한다.

정답 23 ④ 24 ③ 25 ③

26 다음 중 항공안전법상 항공기가 아닌 것은?

① 발동기가 1개 이상이고 조종사 좌석을 포함한 탑승좌석 수가 1개 이상인 유인비행선
② 연료의 중량을 제외한 자체중량이 150kg을 초과하고 발동기가 1개 이상인 무인조종비행기
③ 자체중량이 50kg을 초과하는 활공기
④ 지구 대기권 내외를 비행할 수 있는 항공우주선

해설
항공기의 기준(항공안전법 시행규칙 제2조)
활공기는 자체중량이 70kg을 초과할 것

27 받음각(AOA)이 증가하여 흐름의 떨어짐 현상이 발생할 경우 양력과 항력의 변화로 옳은 것은?

① 양력과 항력이 모두 증가한다.
② 양력과 항력이 모두 감소한다.
③ 양력은 증가하고 항력은 감소한다.
④ 양력은 감소하고 항력은 증가한다.

해설
받음각이 증가하면 양력은 증가하지만 흐름의 떨어짐 현상이 발생하는 시점에서 양력이 갑작스럽게 감소하며 항력이 증가하는데, 이를 실속이라고 한다.

28 다음 중 초경량비행장치의 말소신고를 하지 않은 초경량비행장치 소유자에게 부과되는 과태료는?

① 5만원
② 30만원
③ 50만원
④ 100만원

해설
과태료(항공안전법 제166조 제7항)
초경량비행장치의 말소신고를 하지 않은 초경량비행장치 소유자 등에게는 30만원 이하의 과태료를 부과한다.

26 ③ 27 ④ 28 ② 정답

29 다음 중 블레이드에 대한 설명으로 틀린 것은?

① 익근의 꼬임각을 익단의 꼬임각보다 작게 한다.
② 익근의 꼬임각을 익단의 꼬임각보다 크게 한다.
③ 길이에 따라 익근의 속도는 느리게, 익단의 속도는 빠르게 회전한다.
④ 익근과 익단의 꼬임각이 서로 다른 이유는 양력의 불균형을 해소하기 위함이다.

해설
프로펠러 블레이드의 형상은 날개의 안쪽이자 두꺼운 부분인 익근이 날개 끝의 얇은 부분인 익단보다 더 많이 꼬인 채로 붙어 있는데, 이는 양력 발생을 효율적으로 활용하기 위함이다.

30 다음 중 공기밀도가 높아졌을 때 나타나는 현상으로 옳은 것은?

① 입자의 감소, 양력의 증가
② 입자의 감소, 양력의 감소
③ 입자의 증가, 양력의 증가
④ 입자의 증가, 양력의 감소

해설
대기압력이 높아지면 공기밀도가 증가한다. 공기밀도가 증가하면 양력과 항력은 증가하며, 공기밀도가 감소하면 양력과 항력은 감소한다.

31 초경량비행장치의 변경신고 시 사유 발생일로부터 신고 기한은?

① 30일 ② 60일
③ 90일 ④ 180일

해설
초경량비행장치 변경신고(항공안전법 시행규칙 제302조)
변경신고는 사유 발생일로부터 30일 이내에 실시해야 한다.

정답 29 ① 30 ③ 31 ①

32 수평등속비행을 하고 있는 항공기에 작용하는 힘의 크기 비교로 옳은 것은?

① 양력 = 중력, 추력 = 항력

② 양력 < 중력, 추력 > 항력

③ 양력 > 중력, 추력 = 항력

④ 양력 = 중력, 추력 < 항력

해설

- 수평비행 : 양력 = 중력
- 등속비행 : 추력 = 항력

33 초경량비행장치의 비행안전을 확보하기 위하여 비행활동에 제한이 필요한 공역은?

① 비행제한공역

② 경계구역

③ 주의공역

④ 관제공역

해설

초경량비행장치 불법 사용 등의 죄(항공안전법 제161조 제4항)

초경량비행장치의 비행안전을 확보하기 위하여 비행활동에 대한 제한이 필요한 공역은 비행제한공역이며, 제한공역에서 비행승인을 받지 않고 비행할 경우 500만원 이하의 벌금에 처한다.

34 직원들의 스트레스 해소 방안으로 옳지 않은 것은?

① 정기적 신체검사

② 직무평가 도입

③ 신문고 제도 도입

④ 적성에 맞는 직무 재배치

해설

직무평가 도입은 스트레스로 작용한다.

32 ① 33 ① 34 ② 정답

35 신고한 초경량비행장치가 멸실되었거나 그 초경량비행장치를 해체(정비 등, 수송 또는 보관하기 위한 해체는 제외)한 경우에 말소신고 시 그 사유가 발생한 날부터의 신고 기한은?

① 10일 이내
② 15일 이내
③ 30일 이내
④ 45일 이내

해설

초경량비행장치 변경신고 등(항공안전법 제123조 제4항)

초경량비행장치 소유자 등은 신고한 초경량비행장치가 멸실되었거나 그 초경량비행장치를 해체(정비 등, 수송 또는 보관하기 위한 해체는 제외)한 경우에는 그 사유가 발생한 날부터 15일 이내에 국토교통부장관에게 말소신고를 하여야 한다.

36 다음 중 항공안전법상 초경량비행장치의 종류가 아닌 것은?

① 무인비행선
② 패러글라이더
③ 동력패러슈트
④ 회전익비행장치

해설

초경량비행장치의 기준(항공안전법 시행규칙 제5조)

동력비행장치, 행글라이더, 패러글라이더, 기구류, 무인비행장치, 회전익비행장치, 동력패러글라이더 및 낙하산류 등을 말한다.

37 다음 중 초경량비행장치 비행 전 송신거리 테스트에 대한 설명으로 옳은 것은?

① 기체 바로 옆에서 실시한다.
② 기체와 30m 떨어져서 테스트모드로 실시한다.
③ 기체와 100m 떨어져서 일반모드로 실시한다.
④ 기체를 이륙시켜 조정기를 점검한다.

해설

송신거리 테스트

1. 기체를 지면으로부터 60cm 이상 떨어뜨려 위치시킨 뒤 수신기의 안테나를 지면에서 멀리 떨어뜨린다.
2. 송신기의 안테나를 지면에 수직으로 세운다.
3. 송신기와 수신기의 전원을 켠다.
   - 송신거리 테스트모드로 진입하기 위해 송신기의 F/S 버튼을 4초 이상 누른다.
   - 송신모듈의 LED가 붉게 깜박이면, 송신율이 대폭 감소하는 송신거리 테스트모드가 작동하기 시작한다.
   - 정상 송수신 거리의 1/30로 송수신 거리가 줄어든다.
4. 송신기의 모든 키를 움직이면서 기체가 정상 작동하는지 확인한다. 거리가 30m 이상이 될 때까지 모든 컨트롤이 정상 작동하면 송신거리 테스트를 완료한다.

정답 35 ② 36 ③ 37 ②

38 초경량비행장치 조종자 전문교육기관의 지정기준 중 무인비행장치의 경우 실기평가조종자의 조종경력시간은?

① 100시간 이상 ② 150시간 이상
③ 200시간 이상 ④ 300시간 이상

해설

초경량비행장치 조종자 전문교육기관의 지정 등(항공안전법 시행규칙 제307조)

- 비행시간이 200시간(무인비행장치의 경우 조종경력이 100시간) 이상이고, 국토교통부장관이 인정한 조종교육 교관과정을 이수한 지도조종자 1명 이상
- 비행시간이 300시간(무인비행장치의 경우 조종경력이 150시간) 이상이고, 국토교통부장관이 인정하는 실기평가과정을 이수한 실기평가조종자 1명 이상

39 빙결온도 이하의 대기에서 어떤 물체에 과냉각 물방울이 충돌하여 얼음 피막을 형성하는 현상은?

① 푄현상 ② 대류현상
③ 착빙현상 ④ 역전현상

해설

착빙현상

빙결온도 이하의 상태에서 대기에 노출된 물체에 과냉각 물방울(과냉각 수적) 혹은 구름 입자가 충돌하여 얼음의 피막이 형성되는 현상이다. 드론에 발생하는 착빙은 비행안전에 있어서 중요한 장애요소 중의 하나이다.

40 다음 중 안개가 발생할 수 있는 대기 조건으로 옳지 않은 것은?

① 대기가 안정할 것
② 바람이 강하게 불 것
③ 공기 중에 수증기가 풍부할 것
④ 온도가 낮을 것

해설

안개가 발생하기 적합한 조건

- 대기의 성층이 안정할 것
- 바람이 없을 것
- 공기 중에 수증기와 부유물질이 충분히 포함될 것
- 냉각작용이 있을 것

38 ② 39 ③ 40 ② 정답

CHAPTER

09 기출복원문제

01 무인비행장치 비행 전 점검사항으로 옳지 않은 것은?

① GPS 수신 상태를 점검한다.
② 조종 스틱이 정상적으로 작동하는지 확인한다.
③ 조종기의 스위치는 확인하지 않아도 무방하다.
④ 비행하기 적합한 날씨인지 기상을 확인한다.

해설
무인비행장치 비행 전 조종기의 스위치, 안테나, 외관, 배터리 충전 상태 및 각 토글스위치를 확인하여야 한다.

02 배터리 취급에 대한 설명으로 옳은 것은?

① 전용 충전기를 사용하지 않아도 무관하다.
② 멀티콥터에는 배터리의 종류와 관계없이 사용할 수 있다.
③ 방전이 된다면 다른 배터리와 연결한 채로 비행한다.
④ 비행 전 배터리의 충전 상태를 확인한다.

해설
리튬폴리머(LiPo) 배터리는 충격에 주의해야 하며, 출고 시 완전히 충전되어 있지 않기 때문에 구매 후 반드시 충전시켜 사용해야 한다. 충전 시 반드시 셀 밸런싱 기능을 지원하는 전용충전기를 사용하여야 한다. 완전히 방전된 배터리를 재충전할 경우 부풀음이 발생할 수 있고, 장기간(10일 이상) 보관 시에는 반드시 40~65% 전후(3.7~3.8V)로 잔량을 남겨 두고 보관한다.

03 비행 후 기체 점검사항으로 옳지 않은 것은?

① 송수신기의 배터리 잔량을 확인하고 부족 시 충전한다.
② 동력계통 부위의 볼트 조임 상태 등을 점검하고 조치한다.
③ 외부에 이물질이 붙어 있는지 확인한다.
④ 남은 연료가 있을 경우 호버링 비행하여 모두 소모시킨다.

해설
비행 후 기체 점검은 비행을 마친 기체를 착륙시킨 후 행하는 점검으로, 남은 연료나 배터리를 모두 소모시킬 필요는 없다.

정답 1 ③ 2 ④ 3 ④

04 프로펠러의 피치가 의미하는 것은?

① 프로펠러의 두께
② 프로펠러의 직경
③ 프로펠러의 압축강도
④ 프로펠러가 한 바퀴 회전했을 때 앞으로 나아가는 기하학적 거리

해설
피치는 무부하 상태에서 프로펠러가 1회전하였을 때 전진하는 거리이다.

05 회전익 무인비행장치의 엔진으로 적합한 것은?

① 전기모터
② 가솔린 엔진
③ 글로우 엔진
④ 증기기관

해설
고정익 무인비행장치는 주로 가솔린이나 글로우 엔진을 사용하여 비행시간을 연장하는데, 연료를 사용하여 운행되기 때문에 주변 도시와 생태계에 영향을 줄만큼 큰 소음을 유발한다. 반면 회전익 무인비행장치는 통상 전기모터로 운행되기 때문에 상대적으로 소음이 작고 도시와 생태계에 미치는 영향이 작다. 최근에는 비행시간 연장을 위해 회전익 무인비행장치에도 엔진을 부착한 제품이 출시되고 있다. 증기기관은 초창기 산업혁명 시 사용한 엔진이다.

06 전자변속기(ESC)의 기능에 대한 설명으로 옳은 것은?

① 전압을 일정하게 유지하는 장치이다.
② 비행장치의 기울기를 감지하여 모터에 제어신호를 보내는 장치이다.
③ 조종신호를 수신하여 전자신호로 변환하는 장치이다.
④ FC로부터 신호를 받아 모터의 회전수를 조절하는 장치이다.

해설
ESC(Electronic Speed Controller)
FC(Flight Controller board)로부터 신호를 받아 배터리 전원을 사용하여 모터의 회전속도를 적절하게 조절하는 장치이다.

4 ④ 5 ① 6 ④ 정답

07 다음 중 비행 중인 멀티콥터에 작용하는 외력이 아닌 것은?

① 중 력
② 항 력
③ 추 력
④ 압축력

해설
드론이 지표면을 떠나 공중을 비행할 때 외부로부터 기체에 작용하는 주요한 힘은 양력, 중력(무게), 추력, 항력이다.

08 무인멀티콥터의 항공역학적 설명으로 틀린 것은?

① 추력은 수직추력과 수평추력으로 나눌 수 있다.
② 수평추력이 크면 수평추력이 큰 반대 방향으로 이동한다.
③ 수직추력이 중력보다 크면 기체가 상승한다.
④ 프로펠러의 회전방향으로 반토크가 발생한다.

해설
멀티콥터는 각각의 축별 모터의 회전수를 이용해서 추력을 발생하는데, 이때 프로펠러가 회전하는 방향으로 생기는 힘을 토크(회전하는 힘)라고 한다.

09 양력에 대한 설명으로 옳지 않은 것은?

① 양력은 공기밀도에 비례한다.
② 양력은 날개면적에 비례한다.
③ 양력은 비행속도의 제곱에 비례한다.
④ 날개 아랫면의 유속이 빨라지기 때문에 발생한다.

해설
베르누이 법칙에 따라 유속이 빠를수록 압력은 감소한다. 항공기의 경우 날개 위쪽 면에 비해 아래쪽 면의 유속이 느리기 때문에 아래쪽 면의 압력이 더 커져서 양력이 발생한다.

정답 7 ④ 8 ④ 9 ④

10 항공안전법상 동력비행장치의 기준에 대한 설명으로 옳지 않은 것은?

① 탑승자, 연료 및 비상용 장비의 중량을 제외한 자체중량이 115kg 이하일 것

② 연료의 중량을 제외한 자체중량이 180kg 이하이고, 길이가 20m 이하일 것

③ 좌석이 1개일 것

④ 연료의 탑재량이 19L 이하일 것

해설

초경량비행장치의 기준(항공안전법 시행규칙 제5조)

동력비행장치 : 동력을 이용하는 것으로서 다음의 기준을 모두 충족하는 고정익비행장치

- 탑승자, 연료 및 비상용 장비의 중량을 제외한 자체중량이 115kg 이하일 것
- 연료의 탑재량이 19L 이하일 것
- 좌석이 1개일 것

11 다음 중 신고하지 않아도 되는 초경량비행장치는?

① 동력비행장치
② 초경량헬리콥터
③ 계류식 무인비행장치
④ 동력 패러글라이더

해설

신고를 필요로 하지 않는 초경량비행장치의 범위(항공안전법 시행령 제24조)

항공사업법에 따른 항공기 대여업·항공레저스포츠사업 또는 초경량비행장치 사용사업에 사용되지 않는 것을 말한다.

- 행글라이더, 패러글라이더 등 동력을 이용하지 않는 비행장치
- 기구류(사람이 탑승하는 것은 제외)
- 계류식 무인비행장치
- 낙하산류
- 무인동력비행장치 중에서 최대이륙중량이 2kg 이하인 것
- 무인비행선 중에서 연료의 무게를 제외한 자체무게가 12kg 이하이고, 길이가 7m 이하인 것
- 연구기관 등이 시험·조사·연구 또는 개발을 위하여 제작한 초경량비행장치
- 제작자 등이 판매를 목적으로 제작하였으나 판매되지 않은 것으로서 비행에 사용되지 않은 초경량비행장치
- 군사목적으로 사용되는 초경량비행장치

10 ② 11 ③ 정답

12 초경량비행장치 소유자의 이름이나 주소의 변경 신고 시 사유발생일로부터의 신고 기한은?

① 7일 이내　　② 15일 이내
③ 30일 이내　　④ 180일 이내

해설

초경량비행장치 변경신고(항공안전법 시행규칙 제302조)
변경신고는 사유 발생일로부터 30일 이내에 실시해야 한다.

13 초경량비행장치 비행계획승인 신청 시 포함되지 않는 내용은?

① 비행구역과 고도 등의 비행계획
② 조종자의 주소
③ 동승자의 비행자격
④ 비행장치의 종류 및 형식

해설

초경량비행장치 비행승인신청서(항공안전법 시행규칙 별지 제122호 서식)
초경량비행장치 비행승인신청서에는 신청인의 성명 · 생년월일 · 주소 · 연락처, 비행장치의 종류 · 형식 · 용도 · 소유자, 비행장치의 신고번호 · 안전성인증서번호, 비행계획의 일시 또는 기간 · 구역 · 비행목적 및 방식 · 보험 · 경로 및 고도, 조종자의 성명 · 생년월일 · 주소 · 연락처 · 자격번호 또는 비행경력, 동승자의 성명 · 생년월일 · 주소, 탑재장치 등의 내용이 포함된다.

14 해풍에 대한 설명으로 옳은 것은?

① 주간에 육지에서 바다로 부는 바람
② 야간에 육지에서 바다로 부는 바람
③ 주간에 바다에서 육지로 부는 바람
④ 야간에 바다에서 육지로 부는 바람

해설

해풍과 육풍
- 해풍 : 주간의 태양 복사열에 의해 온도가 높아진 육지에 저기압이 발생하여 바다에서 육지로 부는 바람이다.
- 육풍 : 야간에 육지가 바다보다 빨리 냉각되어 상대적으로 저기압이 형성된 바다쪽으로 부는 바람이다.

정답 12 ③ 13 ③ 14 ③

15 비행기에 작용하는 외력에 대한 설명으로 틀린 것은?

① 항력은 날개의 형태에 영향을 받는다.
② 양력은 비행기의 받음각에 따라 변화한다.
③ 추력은 비행기의 받음각과 관계없이 일정하다.
④ 중력은 비행기의 속도에 비례한다.

해설

중력은 질량에 비례하는 힘으로, 속도와는 무관하다.

16 시정방해의 직접적인 요인이 아닌 것은?

① 황 사
② 눈
③ 안 개
④ 바 람

해설

시정은 대기의 혼탁 정도를 나타내는 기상요소로서 안개, 먼지, 황사 등 부유물질의 혼탁 정도에 따라 좌우된다. 바람은 오히려 부유물질을 날려버려 시정을 좋게 한다.

17 조종자의 음주나 약물 복용 여부를 측정하는 방식으로 옳지 않은 것은?

① 육안검사
② 소변검사
③ 채혈검사
④ 음주측정기로 검사

해설

주류 등의 섭취 · 사용 제한(항공안전법 제57조)

1. 항공종사자 및 객실승무원은 주류, 마약류 또는 환각물질 등의 영향으로 항공업무 또는 객실승무원의 업무를 정상적으로 수행할 수 없는 상태에서는 항공업무 또는 객실승무원의 업무에 종사해서는 아니 된다.
2. 항공종사자 및 객실승무원은 항공업무 또는 객실승무원의 업무에 종사하는 동안에는 주류 등을 섭취하거나 사용해서는 아니 된다.
3. 국토교통부장관은 항공안전과 위험 방지를 위하여 필요하다고 인정하거나 항공종사자 및 객실승무원이 1. 또는 2.를 위반하여 항공업무 또는 객실승무원의 업무를 하였다고 인정할 만한 상당한 이유가 있을 때에는 주류 등의 섭취 및 사용 여부를 호흡측정기 검사 등의 방법으로 측정할 수 있으며, 항공종사자 및 객실승무원은 이러한 측정에 따라야 한다.
4. 국토교통부장관은 항공종사자 또는 객실승무원이 3.에 따른 측정 결과에 불복하면 그 항공종사자 또는 객실승무원의 동의를 받아 혈액 채취 또는 소변검사 등의 방법으로 주류 등의 섭취 및 사용 여부를 다시 측정할 수 있다.

15 ④ 16 ④ 17 ① 정답

18 왕복엔진에서 윤활유의 역할로 거리가 먼 것은?

① 윤활기능 ② 냉각기능
③ 기밀기능 ④ 방빙기능

해설
윤활유는 마찰을 줄이는 역할을 하며, 에너지를 절약하고 마모를 감소시키며, 과열을 방지하고 소음을 줄인다. 기밀기능(Airtightness)은 방풍과 투습, 방습, 방수를 포함하는 기능이며, 방빙기능(Anti-ice)은 결빙을 방지하는 기능이다.

19 멀티콥터의 비행 전 점검사항 중 모터에 대한 내용으로 옳지 않은 것은?

① 윤활유 주입 상태
② 고정 상태 및 유격점검
③ 베어링 상태
④ 이물질 부착 여부

해설
드론에 사용되는 전기모터는 윤활유를 주입하지 않아도 된다.

20 착빙에 대한 설명으로 옳지 않은 것은?

① 착빙 생성 시 양력과 무게가 증가하여 추력이 증가하고 항력은 감소한다.
② 습한 공기가 기체 표면에 부딪혀 얼음 피막이 형성되는 현상이다.
③ 착빙은 날개뿐만 아니라 피토관이나 안테나에도 형성된다.
④ 거친 착빙은 날개의 공기 역학에 심각한 영향을 줄 수 있다.

해설
착빙이 생기면 날개면의 공기 흐름을 변화시켜 양력이 감소하고 항력이 증가하여 실속의 원인이 된다.

정답 18 ④ 19 ① 20 ①

21 비행 중 송신기 배터리 경고음이 울렸을 때 취해야 할 행동은?

① 즉시 기체를 착륙시키고 엔진 시동을 정지한다.

② 경고음이 꺼질 때까지 기다린다.

③ 재빨리 송신기의 배터리를 예비 배터리로 교환한다.

④ 기체를 안전한 곳으로 이동시켜 제자리 비행(호버링)을 유지한다.

해설

배터리 경고음이 울렸다면 한 개 이상의 셀의 정격전압이 3.3V 이하로 내려갔다는 뜻이다. 바로 착륙하지 않는다면 조종기에 전원이 공급되지 않아 전파 송신이 갑자기 두절되어 Fail Safe로 전환될 수 있다.

22 대류권에 대한 설명으로 옳지 않은 것은?

① 고도가 증가함에 따라 기온이 감소하는 정도가 일정하다.

② 대류권계면의 높이는 계절에 따라 변화한다.

③ 적도지방에서 대류권계면은 평균 고도 11km 정도에 위치한다.

④ 대기가 불안정하여 기상현상이 관측된다.

해설

대류권계면(Tropopause)의 평균 고도는 적도를 기준으로 대략 17km 정도이다. 적도의 고온의 공기가 상대적으로 상승작용이 강하기 때문에 고위도 지방에 비해 대류권계면의 높이가 높다.

23 기압에 대한 설명으로 옳은 것은?

① 고도가 올라감에 따라 기압의 감소율이 점점 증가한다.

② 따뜻한 공기일수록 압력이 감소한다.

③ 대류권에서 기압은 1,000ft당 1inHg 정도씩 감소한다.

④ 차가운 공기일수록 압력이 감소한다.

해설

따뜻한 공기일수록 밀도가 감소하여 압력이 감소한다.

21 ① 22 ③ 23 ② 정답

24 국토교통부장관의 승인을 받지 않고 초경량비행장치를 이용하여 비행한 경우 1차 과태료 금액은?

① 5만원
② 10만원
③ 100만원
④ 150만원

해설

과태료의 부과기준(항공안전법 시행령 별표 5)

위반행위	근거 법조문	과태료 금액(단위 : 만원)		
		1차 위반	2차 위반	3차 이상 위반
법 제127조 제3항을 위반하여 국토교통부장관의 승인을 받지 않고 초경량비행장치를 이용하여 비행한 경우	법 제166조 제3항 제5호	150	225	300

25 항공 공고문 중 비행안전에 대한 전반적 사항 또는 항행, 기술, 행정, 규정 개정 등의 정보를 수록하여 항공종사자들에게 배포하는 것은?

① AIC
② NOTAM
③ AIRAC
④ AIP

해설

- AIC(Aeronautical Information Circular, 항공정보회람) : 비행안전, 항행, 기술, 행정, 규정 개정 등에 관한 내용과 AIP와 NOTAM에 의한 전파의 대상이 되지 않는 사항을 수록하는 공고문이다.
- NOTAM(NOtice To AirMan) : 항공고시보라는 뜻으로 항공기가 비행함에 있어 특정 지역, 고도 등에서 제한사항 혹은 꼭 알아야 할 사항을 전달하는 정보이다. 대부분 항공고정통신망을 통하여 전파되며, 기상정보와 함께 항공기 운항에 없어서는 안 될 중요한 정보이다.
- AIRAC(Aeronautical Information Regulation And Control, 항공정보규정과 통제) : 웨이포인트 정보를 종합한 것으로 각국의 항공교통정보 및 ICAO에서 정한 웨이포인트 정보가 수록되어 있다.
- AIP(Aeronautical Information Publication, 항공정보간행물) : 항공기 비행 및 운항에 필요한 지속적인 항공정보를 수록하고 공지하기 위해 각국 정부가 발행하는 간행물이다. 총칙, 비행장, 통신, 항공기상, 항공교통규칙, 시설, 수색구조, 항공도, 계기진입 도표 등으로 구성된다.

26 뉴턴의 운동법칙 중 프로펠러의 회전으로 발생하는 토크(Torque)현상과 관련된 것은?

① 작용·반작용의 법칙
② 관성의 법칙
③ 가속도의 법칙
④ 베르누이의 법칙

해설

토크는 프로펠러가 회전하는 방향의 반대 방향으로 기체가 회전하는 현상으로, 뉴턴의 작용·반작용의 법칙에 의해 발생한다.

정답 24 ④ 25 ① 26 ①

27 초경량비행장치 조종자 전문교육기관이 확보해야 할 지도조종자의 최소 비행시간은?

① 50시간
② 100시간
③ 150시간
④ 200시간

해설

초경량비행장치 조종자 전문교육기관의 지정 등(항공안전법 시행규칙 제307조)

- 비행시간이 200시간(무인비행장치의 경우 조종경력이 100시간) 이상이고, 국토교통부장관이 인정한 조종교육교관과정을 이수한 지도조종자 1명 이상
- 비행시간이 300시간(무인비행장치의 경우 조종경력이 150시간) 이상이고, 국토교통부장관이 인정하는 실기평가과정을 이수한 실기평가조종자 1명 이상

28 다음 보기에서 설명하는 것은?

보 기

지표면 또는 수면으로부터 200m 이상 높이의 공역으로서 항공교통의 안전을 위하여 국토교통부장관이 지정・공고한 공역

① 관제권
② 관제구
③ 항공로
④ 관제공역

해설

관제구(항공안전법 제2조 제26호)

지표면 또는 수면으로부터 200m 이상 높이의 공역으로서 항공교통의 안전을 위하여 국토교통부장관이 지정・공고한 공역

29 멀티콥터 조종 중 비상상황 발생 시 가장 먼저 취해야 하는 행동으로 가장 옳은 것은?

① 큰 소리로 주변에 비상상황을 알린다.
② 에티(Atti)모드로 전환하여 조종한다.
③ 조종기의 전원을 차단한다.
④ 최단거리로 비상착륙한다.

해설

비상시 가장 먼저 주변에 '비상'이라고 알려 주변 사람들이 드론으로부터 대피할 수 있도록 한다.

27 ④ 28 ② 29 ① 정답

30 모터의 발열현상과 관련이 적은 것은?

① 탑재물 중량이 과도할 경우
② 높은 고도에서 장기간 운용할 경우
③ 착륙 또는 정지 직후
④ 조종기 조종면 트림 설정 시

해설
모터의 발열현상은 과부하로 인해 발생하기 쉬운데 그 원인으로는 탑재물의 중량 과다, 고온에서 장기간 운용, 일정 시간 이상 운용 후 정지 시 등이 있다. 조종기의 조정면에 트림값을 설정하면 발열현상이 나타나지는 않지만, RPM을 최대로 상승시켰을 경우에는 발생할 수도 있다.

31 무인 멀티콥터의 구성품으로 옳지 않은 것은?

① 프로펠러
② 비행제어장치(Flight Controller)
③ 모터(Motor), ESC
④ 주회전날개

해설
주회전날개
헬리콥터의 메인 로터 부분으로, 날개의 회전면을 기울여 비행하는 가변피치의 성격이 있다.

32 ICAO에서 구분하는 난류의 강도에 대한 설명으로 옳지 않은 것은?

① 약한 난류(Light) : 비행방향과 고도 유지에 지장이 없으며, 항공기 조종이 가능하다.
② 심한 난류(Severe) : 항공기의 고도 및 속도가 급속히 변화하여 순간적으로 통제력을 상실하는 상태이다.
③ 보통 난류(Moderate) : 상당한 동요를 느낄 수 있으며 순간적으로 조종이 불가능해지는 상태이다.
④ 극심한 난류(Extreme) : 항공기가 심하게 튀어 조종이 불가능한 상태로 항공기 손상이 초래될 수 있다.

해설
보통 난류(Moderate) : 항공기의 운항고도를 다소 변화시키지만, 항공기는 조종이 가능한 상태이며 공기의 속도 변화는 일반적으로 작다.

정답 30 ④ 31 ④ 32 ③

33 조종사 리더십 방법 중 논평(Critique)을 하는 이유는?

① 서로 비행경험을 공유하여 경험의 폭을 넓히기 위해
② 상대방의 의견에 반론을 제기하기 위해
③ 상호간 대화로 문제점을 찾기 위해
④ 기체 손상 여부 관리를 의논하기 위해

해설
조종사 리더십의 한 방법으로 논평(Critique)을 선택하는 이유는 서로 대화를 통해 문제점을 찾기 위해서이다.

34 멀티콥터의 무게중심이 위치하는 곳은?

① 전진모터의 중심
② 기체의 중심
③ 전진모터와 기체 중심의 중간
④ 후진모터와 기체 중심의 중간

해설
멀티콥터의 무게중심은 기체의 중앙 부분에 위치한다.

35 다음 강수와 관련된 두 단어에서 밑줄 친 부분이 의미하는 것은?

보 기
Nimbostratus, Cumulonimbus

① Storm　　② Layer
③ Heap　　④ Cloud

해설
Nimbus는 폭풍우를 의미하는 라틴어이다. 이외 구름의 기본 유형은 라틴어의 약자를 사용한다.

구름의 기본 유형

- 권운(Ci ; Cirrus)
- 권적운(Cc ; Cirrocumulus)
- 권층운(Cs ; Cirrostratus)
- 고적운(Ac ; Altocumulus)
- 고층운(As ; Altostratus)
- 난층운(Ns ; Nimbostratus)
- 층적운(Sc ; Stratocumulus)
- 층운(St ; Stratus)
- 적운(Cu ; Cumulus)
- 적란운(Cb ; Cumulonimbus)

33 ③ 34 ② 35 ① 정답

36 러더키를 우측으로 조작하여 기수 방향을 우측으로 회전시킬 때에 대한 설명으로 옳은 것은?

① 반시계 방향으로 회전하는 프로펠러는 빠르게 회전하고, 시계 방향으로 회전하는 프로펠러는 느리게 회전한다.

② 반시계 방향으로 회전하는 프로펠러는 느리게 회전하고, 시계 방향으로 회전하는 프로펠러는 빠르게 회전한다.

③ 우측 프로펠러는 빠르게 회전하고, 좌측 프로펠러는 느리게 회전한다.

④ 좌측 프로펠러는 느리게 회전하고, 우측 프로펠러는 빠르게 회전한다.

해설

우측 러더키를 조작하였을 때 축별 프로펠러 회전수를 보면, 반시계 방향으로 회전하는 프로펠러는 빠르게 회전하고 시계 방향으로 회전하는 프로펠러는 느리게 회전한다. 이는 반토크작용에 기인한 것으로 토크(회전하는 힘) 발생 시 반대 방향으로 작용하는 힘에 의해 기체가 반대편으로 회전하기 때문이다. 따라서 회전하려고 하는 반대 방향의 프로펠러가 빠르게 회전하게 된다.

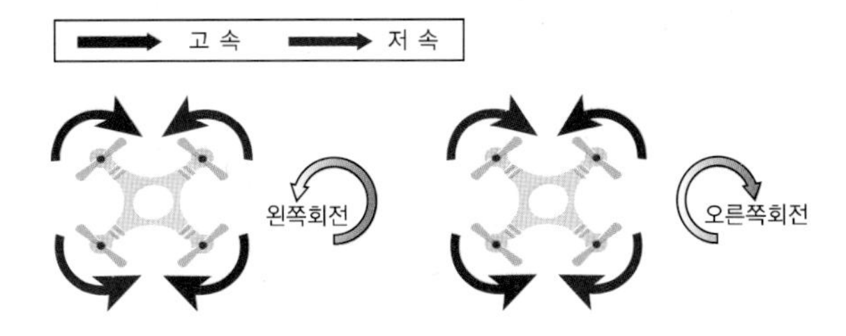

37 프로펠러 날개에 양력이 발생하면 날개 끝에서 수직 방향으로 하향흐름이 만들어지는데 이 흐름에 의해 발생하는 항력은?

① 형상항력 ② 마찰항력

③ 유도항력 ④ 조파항력

해설

유도항력은 멀티콥터가 양력을 발생시킬 때 생성되는 유도기류에 의한 항력이다.

정답 36 ① 37 ③

38 조종기를 장기간 사용하지 않을 경우 보관방법으로 옳지 않은 것은?

① 서늘한 곳에 보관한다.
② 배터리는 분리하여 따로 보관한다.
③ 온도에 상관없이 보관한다.
④ 케이스에 넣어 보관한다.

해설

제조사에 따라 조종기 내부에 배터리를 따로 분리할 수 없는 일체형 조종기를 제조하는 곳이 있기 때문에 보관 온도에 상관없이 보관하면 배터리의 효율을 저하시킬 수 있는 원인이 된다. 또한 고온의 환경은 조종기 내부의 배터리가 폭발하는 안전사고를 유발할 수 있기 때문에 각별히 주의해야 한다.

39 북반구의 저기압에 대한 설명으로 옳지 않은 것은?

① 상승기류가 형성된다.
② 주변보다 상대적으로 기압이 낮은 지역을 지칭한다.
③ 바람이 반시계 방향으로 불어 나간다.
④ 저기압 부근에서 비를 관찰할 수 있다.

해설

저기압의 중심부에서는 상승기류가 발생하여 바람이 안쪽으로 불어 들어온다. 이때 전향력의 영향으로 북반구에서는 반시계 방향으로, 남반구에서는 시계 방향으로 불어 들어온다.

40 다음 (　) 안에 들어갈 내용으로 알맞은 것은?

보 기
안개의 시정은 (　)m 이하이다.

① 100　② 200
③ 1,000　④ 2,000

해설

시정이 1km 이하일 때를 안개라고 한다.

정답 38 ③ 39 ③ 40 ③

PART 07

미국 드론 자격증 합격 수기 + 핵심요약

미국 드론 자격증 합격 수기

안녕하세요.

지금부터 제가 미국 드론자격증을 취득하기까지의 과정을 이야기해 보고자 합니다. 제가 미국 오클라호마에서 대학교를 다니고 있을 때 미국에서도 약 3~4년 전부터 드론 열풍이 불기 시작했습니다. 저는 그보다 몇 년 전부터 헬리콥터를 날리며 항상 비행체에 대한 관심을 가지고 있었던 중 미국에서 2016년 8월부터 드론 자격증이 새롭게 생겼다는 것을 알게 되었습니다. 그 당시 저는 대학교를 졸업하고 한국으로 귀국할 예정이어서 귀국 일정에 맞추어 미국 드론 자격증을 취득하기로 마음을 먹었으며, 한국에는 아직 미국 드론 자격증 소지자가 없는 것으로 알고 있었습니다. 그래서 미국 드론 자격증을 취득한다면 머지않아 한국에서 유용하게 쓰일 수 있을 거라 생각을 하고 도전하였습니다.

미국에서는 드론 자격증을 FAA Part 107이라 부르고 있습니다. 이 자격증은 만 16세 이상이면 응시할 수 있으며 실기 시험 없이 이론 시험만 응시하면 됩니다.

저는 2주 정도 공부를 하면 되겠다는 계획을 세우고 시험 약 3~4주 전부터 시험 응시에 필요한 정보를 찾았습니다. 자격증 공부를 시작할 당시에는 시험 응시에 필요한 정보를 아무것도 알지 못했기 때문에 모든 것들을 혼자서 헤쳐나가야 했습니다. 이 책으로 공부를 하시는 독자분들에게 도움을 드리기 위해 제가 습득한 정보들을 공유하고자 합니다.

먼저 시험을 칠 수 있는 곳을 찾아야 했는데, FAA 홈페이지에서 시험장소를 검색하여 직접 찾아갔습니다. 오클라호마에는 9곳이 있었으며, 4곳 정도 가까운 곳을 찾을 수 있었습니다. 미국 전역 시험장소는 홈페이지를 통해 검색하실 수 있습니다. 전화로 예약하는 것보다는 미리 시험장소를 답사할 겸 직접 찾아가서 등록을 하였습니다. 안내데스크에 문의하여 시험등록을 도와주실 분을 만났습니다. 저의 첫 계획대로 2주 후 가능한 시간을 선택하여 등록을 하였습니다. 참고로 시험비용은 $160이었습니다.

시험을 칠 수 있는 인원이 정해져 있었고, 미국도 드론 자격증을 취득하려는 사람들이 많았기에 이미 접수 인원이 가득한 것을 확인할 수 있었습니다. 집으로 돌아온 후에는 인터넷강의를 찾았습니다. FAA에도 스터디가이드가 있지만 약 80페이지 분량을 정독하기가 힘들 것 같았습니다. 그래서 인터넷 사이드 검색 중 "드론런치아카데미(http://dronelaunchacademy.com/)"란 곳을 발견하여 등록비 $179을 결제하였습니다.

제가 결제한 곳의 사이트는 다음과 같습니다.

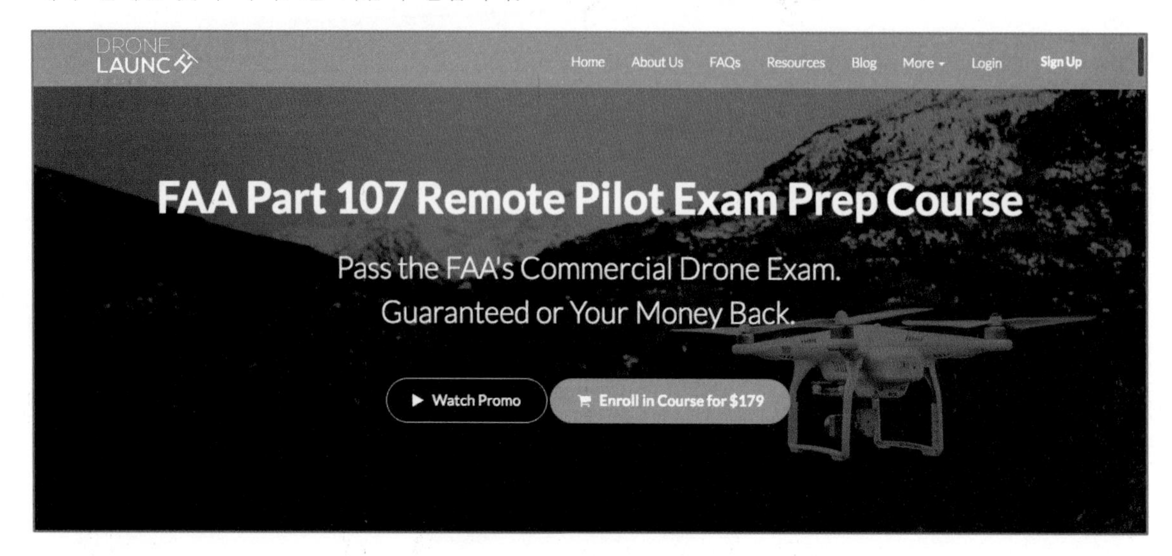

전체적인 목차 확인 후 2주 공부계획을 세웠습니다. 전체적인 이론 시험 공부 요약 내용을 다음 부분에 첨부하였으니 참고하시기 바랍니다.

저는 하루 2~3시간씩 계획을 잡고 2주 동안 공부하였습니다. 시험 이틀 전부터는 연습문제와 기출문제 위주로 하나하나 풀어보며 공부를 하였고 시험 하루 전날엔 기출문제 위주로 문제풀이를 하였습니다.

다음 날 시험장 도착 후 전혀 예상하지 못한 일이 발생하기도 했습니다. 처음 접수 시에는 미국 신분증만 있으면 시험이 가능하다고 하였지만 정작 시험 당일에 매뉴얼북을 보더니 저에게 한국 여권이 있어야 가능하다고 하다고 하였기 때문입니다. 그 당시 돌아가서 여권을 가지고 올 수 있는 시간적 여유가 없어 시험일을 3일 뒤로 연기하였는데, 시험이 연기된 3일 동안 예상기출문제를 풀면서 시험을 준비했습니다.

미국 드론 자격 시험은 60문제 중 42문제(70%)를 맞춰야만 합격할 수 있고 저는 82%를 획득하여 한 번에 시험을 통과하였습니다. 만약 불합격한다면 2주 후에 재시험이 가능합니다.

개인적으론 이론 시험을 공부할 때 인터넷강의가 큰 도움이 되었습니다. 합격 점수를 받으면 즉시 자격증 발급 관련 서류를 개인별로 제공해 주는데, 그 서류에는 어떻게 자격증을 신청하는지 상세하게 설명이 되어 있습니다. 안내 내용에 따라 실행하면 자격증 신청이 완료됩니다. 최초에는 120일 임시자격증이 발급되며 약 2~4주 뒤 미리 기입해 둔 주소지로 배송되며, 약 6~8주 뒤에 정식 자격증이 발급됩니다.

시험에 합격한 후 다음 사진을 참조하여 자격증을 신청하면 됩니다. 시험 합격 후 약 48시간 후에 IACRA에 접속하여 자격증을 신청합니다.

구글에서 "faa iacra"를 검색하여 홈페이지를 클릭합니다.

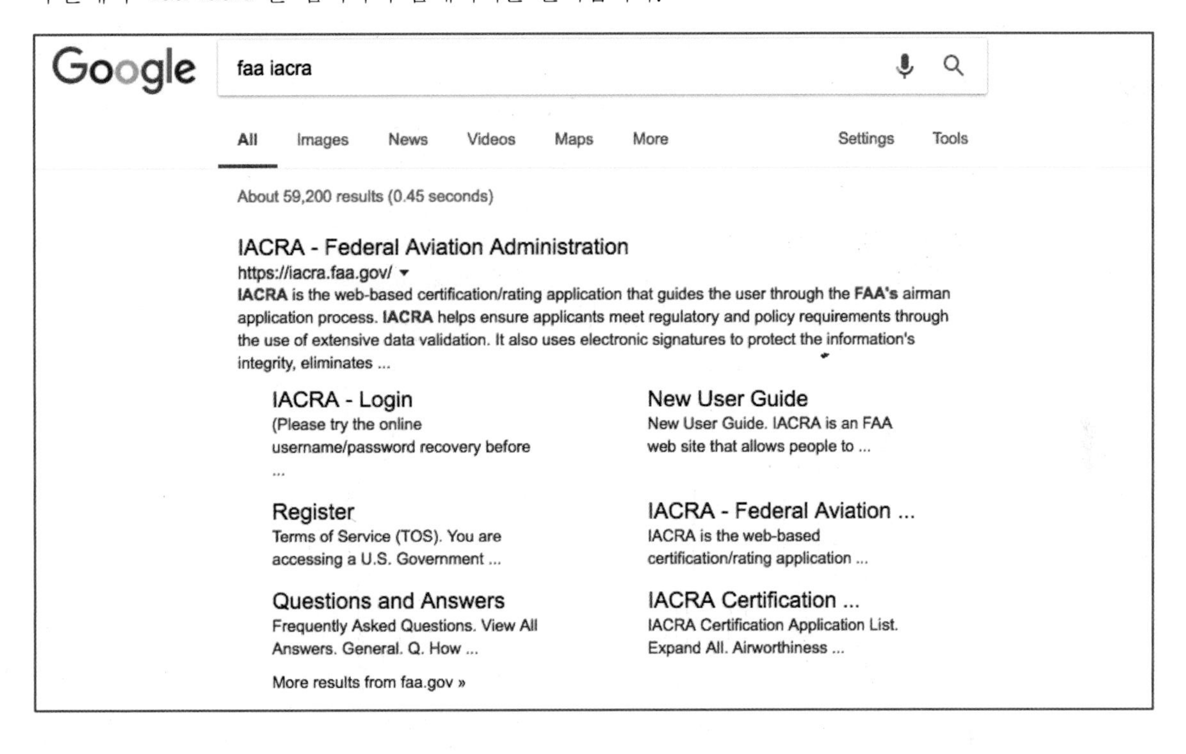

IACRA 메인페이지입니다. 오른쪽 위 'Register'를 클릭합니다.

Federal Aviation Administration

- → Home
- → What's new in IACRA
- → Frequently Asked Questions
- → Aircraft Search
- → Site Feedback
- → Contact Us
- → Training and Documentation
- → Helpful FAA Links
- → Available Certifications and Ratings

IACRA

Integrated Airman Certification and Rating Application (IACRA)

IACRA is the web-based certification/rating application that guides the user through the FAA's airman application process. IACRA helps ensure applicants meet regulatory and policy requirements through the use of extensive data validation. It also uses electronic signatures to protect the information's integrity, eliminates paper forms, and prints temporary certificates.

New to IACRA? Please read the New User Guide.

What's new in IACRA

IACRA Version 8.15

This release contains the following changes:

Registration / Application

- Users may now apply for ATP certificates with Restricted Privileges (61.160). The applicant can apply for this certificate under Part 61, 142, 121 and 135 based on specific criteria to include qualifying hours, former or current Military, or credits from a Degree program.
- Several statuses have been renamed to be more descriptive. For instance, "Submitted" has been renamed "Partially Complete – Ready for Next Action" to indicate the application isn't complete.
- Applicants will now have the ability to delete applications that have the status of "Partially Complete – Ready for Next Action." A delete option has been added as an Available Action on the applicant's console.

..read more

Username: Required

Password: Required

Forgot Username or Password?

Login or Register

FAA Employee Login Help

Need Help?

Download the latest version of the IACRA Instruction Manual (8.7) for help on login, registration, new screen layouts, consoles, and ATP CFR 61, 121, 141 and 135 certifications.

– or download the previous version of the IACRA Instruction Manual (7.6) for all other IACRA functionality.

– or visit our Training and Documentation page for more information.

'Applicant'를 선택한 후 화면 제일 아래 'Agree to TOS and Continue'를 클릭합니다.

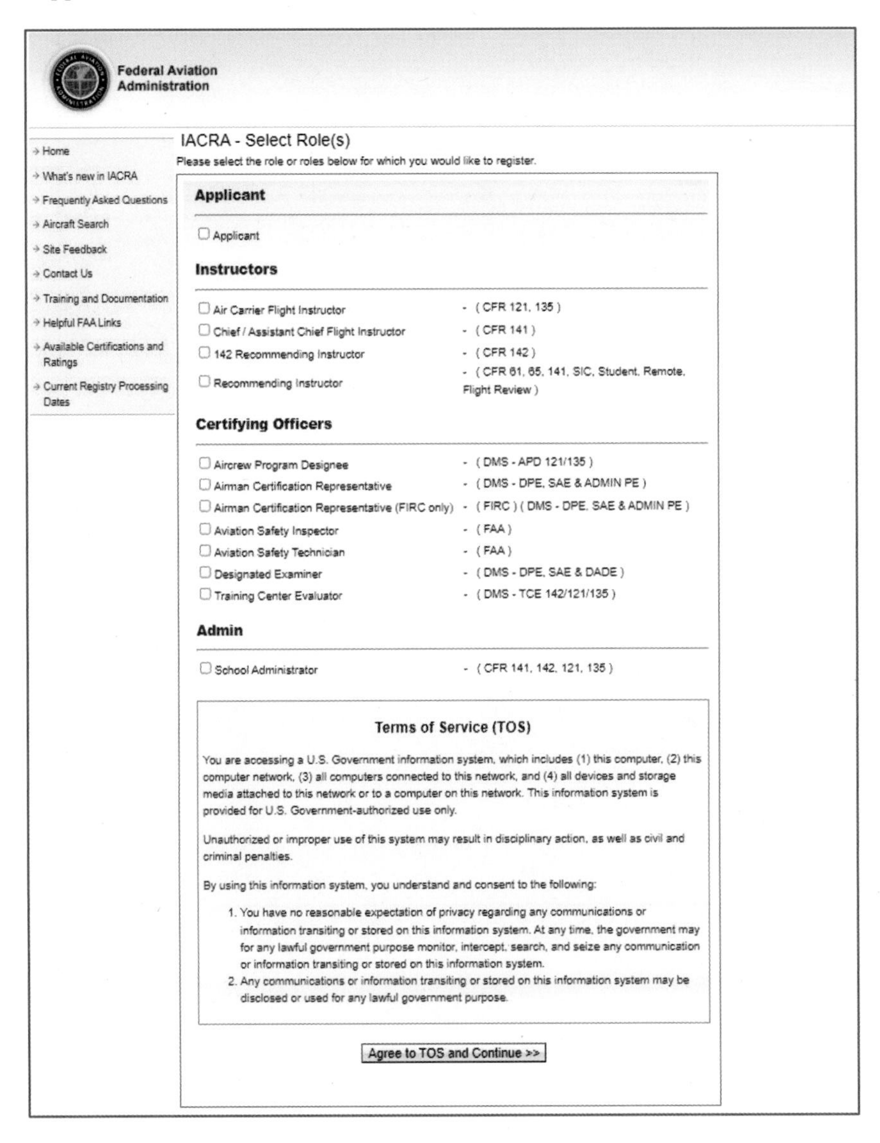
Federal Aviation Administration

- Home
- What's new in IACRA
- Frequently Asked Questions
- Aircraft Search
- Site Feedback
- Contact Us
- Training and Documentation
- Helpful FAA Links
- Available Certifications and Ratings
- Current Registry Processing Dates

IACRA - Select Role(s)

Please select the role or roles below for which you would like to register.

Applicant

☐ Applicant

Instructors

☐ Air Carrier Flight Instructor - (CFR 121, 135)
☐ Chief / Assistant Chief Flight Instructor - (CFR 141)
☐ 142 Recommending Instructor - (CFR 142)
☐ Recommending Instructor - (CFR 61, 65, 141, SIC, Student, Remote, Flight Review)

Certifying Officers

☐ Aircrew Program Designee - (DMS - APD 121/135)
☐ Airman Certification Representative - (DMS - DPE, SAE & ADMIN PE)
☐ Airman Certification Representative (FIRC only) - (FIRC) (DMS - DPE, SAE & ADMIN PE)
☐ Aviation Safety Inspector - (FAA)
☐ Aviation Safety Technician - (FAA)
☐ Designated Examiner - (DMS - DPE, SAE & DADE)
☐ Training Center Evaluator - (DMS - TCE 142/121/135)

Admin

☐ School Administrator - (CFR 141, 142, 121, 135)

Terms of Service (TOS)

You are accessing a U.S. Government information system, which includes (1) this computer, (2) this computer network, (3) all computers connected to this network, and (4) all devices and storage media attached to this network or to a computer on this network. This information system is provided for U.S. Government-authorized use only.

Unauthorized or improper use of this system may result in disciplinary action, as well as civil and criminal penalties.

By using this information system, you understand and consent to the following:

1. You have no reasonable expectation of privacy regarding any communications or information transiting or stored on this information system. At any time, the government may for any lawful government purpose monitor, intercept, search, and seize any communication or information transiting or stored on this information system.
2. Any communications or information transiting or stored on this information system may be disclosed or used for any lawful government purpose.

Agree to TOS and Continue >>

첫 번째 상자 Airman Certificate Number는 빈칸으로 두시고, 다음 빈칸을 채우시면 됩니다.

Federal Aviation Administration

→ Home
→ What's new in IACRA
→ Frequently Asked Questions
→ Aircraft Search
→ Site Feedback
→ Contact Us
→ Training and Documentation
→ Helpful FAA Links
→ Available Certifications and Ratings

IACRA - User Profile Information

Certificate Information

Airman Certificate Number

Date of Issuance mm/dd/yyyy

Personal Information

Please Note: The total length of your first and middle names must be less than 50 characters.

First Name ☐ No First Name
Middle Name ☐ No Middle Name
Last Name
Name Suffix
SSN ◉ Social Security Number ○ None ○ Do Not Use
Date of Birth mm/dd/yyyy
Sex ○ Male ○ Female
Hair Color
Eye Color
Weight *(lbs.)*
Height *(inches)*
Phone
Email Address

Citizenship
Citizenship Country

Place of Birth
City of Birth
County of Birth
Country of Birth
State of Birth

Validate Residential Address
Residential Address
Address Line 1
Address Line 2
Map or Directions to Physical Residential Address
City
State
ZIP Code
Country

Check here if your Mailing Address is different from your Residential Address and you are using the 8710.
Check here if your Special Mailing Address is different from your Residential Address or Mailing Address.

Security Questions
Security Question 1
Answer
Security Question 2
Answer

User Name / Password
Create Your Unique IACRA Login
User Name
Password
Confirm Password
Your Unique IACRA Login
User Name

Cancel Register

모든 곳을 채운 후 'Register'를 클릭하면 등록이 완료됩니다.

로그인 후 이 화면에서 'Accept TOS as'를 클릭하면, 자격증 진행상황이 화면에 나타납니다.

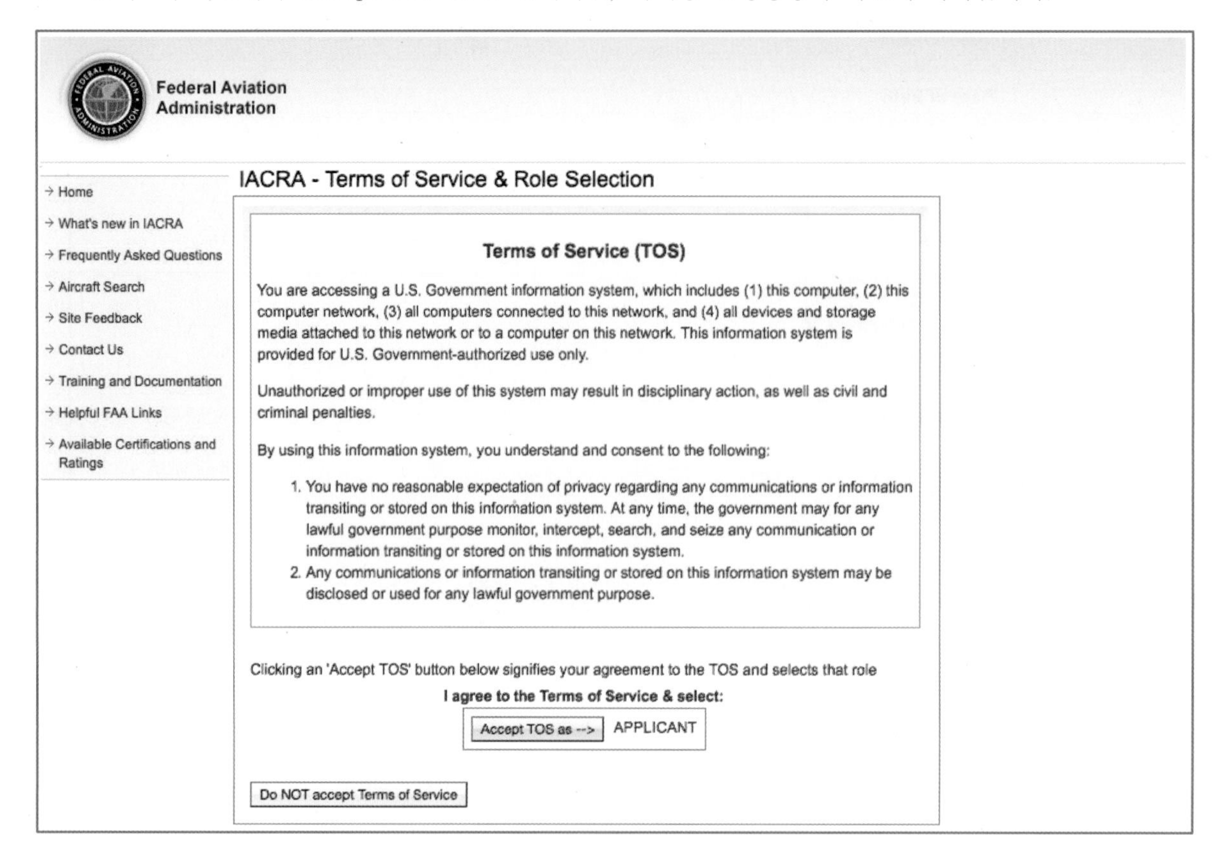

저는 이와 같은 방법으로 미국 드론자격증을 취득하였습니다. 독자 여러분들도 미국 드론 자격증에 대한 저의 후기를 보시고 미국 자격증에 대한 관심이 생겼으면 좋겠습니다. 마지막으로 알려드릴 것은 미국 하와이에서 미국 드론 자격증에 도전할 경우 매우 빠르게 시험 일정을 진행할 수 있다는 장점이 있습니다. 많은 도움이 되기를 바랍니다.

▮ 미국 드론 자격증

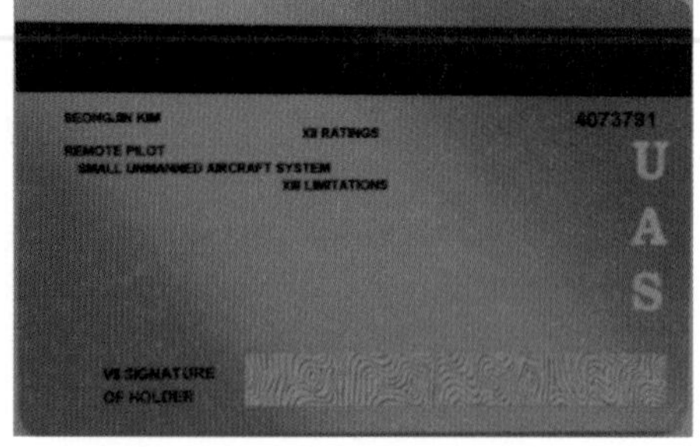

미국 드론 자격증 이론시험 핵심요약(한글)

01 규 정

▌원격 조종사 자격증에 대한 적격

원격 조종사 자격증을 받으려면 다음 4가지 조건을 충족해야 한다.

• 16세 이상
• 영어로 말하고 쓰는 능력
• 신체적, 정신적으로 드론을 안전하게 운항할 수 있는 능력
• 지식 시험 통과

▌음주 및 약물 제한

다음과 같은 경우에는 드론의 조종사나 승무원 역할을 해서는 안 된다.

• 비행 전 8시간 이내에 알코올을 소비한 경우
• 알코올의 영향을 받고 있는 경우
• 무인항공기의 작동에서 안전하지 않은 원인이 되는 약물을 복용하고 있는 경우
• 혈중 알코올 농도가 0.04% 이상일 경우

※ FAA는 알코올 또는 약물 정책을 위반한 사람을 발견한 경우, 최대 1년 동안 원격 조종사 자격증 중지, 해지 또는 거부할 수 있다.

▌임시 원격 조종사 자격증

일단 이 단계를 완료하면, FAA는 120일 동안 유효한 임시 원격 조종사 자격증을 발급한다.

107부가 적용되지 않는 부분

107부는 미국의 모든 상업용 무인비행기 운항에 적용된다. 다음과 같은 경우에는 적용되지 않는다.

- 모형항공기(여가용으로 운영)
- 아마추어 로켓
- 무인풍선
- 공공항공기 운용
- 미국 이외의 지역에서의 운영
- 계류 풍선
- 연
- 항공모함 작전

드론 등록

0.55파운드가 넘는 미국의 모든 무인항공기는 상업용이든 여가용이든 관계없이 FAA에 등록해야 한다.

어떤 사고에 발생했을 때 신고해야 하는가?

만약 무인비행기를 추락시킨 경험이 있다면, 그 사실을 FAA에 신고해야 한다. 만약 무인비행기를 추락시키고 무인비행기나 관련 장비에만 피해를 입혔다면, 신고할 필요가 없다. 그러나 다음과 같은 경우에는 사고를 신고해야 한다.

- 소형 무인항공기에 의해 심각한 부상을 유발하거나 의식을 잃게 할 경우
  - 심각한 부상은 부상 척도(AIS)에서 레벨 3 이상으로 정의되며, 이는 근본적으로 사람이 입원하게 되는 부상을 의미한다.
  - 입원 여부와 관계없이 의식을 잃은 경우에는 반드시 신고해야 한다.
- 소형 무인항공기(드론에 대한 손상 제외)의 수리 또는 교체에 드는 비용이 최소 500달러 이상일 경우

위험한 운항

FAA는 '부주의하거나 무모하게' 무인항공기를 운용하는 것을 허용하지 않는다는 것을 확실히 인지하기를 바란다. 전문무인비행사라면, 주변의 사람들과 재산상의 안전이 최우선 순위라는 것은 말할 필요도 없이 중요하다.

움직이는 차량에서의 조종

107부는 움직이는 차량에서 무인비행기를 조종하는 것을 금지하고 있는데, 단 사람이 많지 않은 지역이거나 비행기의 조종사와 차량의 운전자가 같은 사람이 아닐 경우에는 허용한다.

일조 시간

107부는 원격 조종사들은 낮에만 비행할 수 있다고 명시하고 있다. 조종사들이 해가 뜨기 30분 전부터 해가 진 후 30분까지 드론을 비행할 수 있다는 조항이 있다.

무인항공기의 수

원격 조종사들은 한 번에 한 대의 무인항공기만 조종할 수 있다.

사람들 위로의 비행

107부에서는 사람 위에서의 비행을 금지하고 있다. 드론은 운영될 수 있는 유일한 사람들로 구성된 팀의 일원이며, 이들은 다음과 같이 구성된다.

- 지휘 원격 조종사
- 시각적 관찰자(해당되는 경우)
- 제어 장치를 조작하는 사람(원격 조종사와 다를 경우)
- 다른 승무원

속도 제한

파트 107은 모든 무인항공기 운항의 제한 속도가 87노트, 즉 100MPH라고 명시하고 있다.

고도 한계

파트 107은 무인항공기의 최대 고도가 지상 400피트로 규정한다.

구름과 거리 유지

파트 107에 따르면 원격 조종사는 최소한 2,000피트의 구름 옆과 500피트의 구름 아래에서 무인항공기를 유지해야 한다.

시 정

파트 107은 제어관측소에서 요구되는 최소 시정 요건이 3 법정 마일이다.

VLOS 규정 요구사항

파트 107(구체적으로, 107.31부)에서는 원격 조종사가 비행 중에 제어장치를 조작하는 사람이나 원격 조종사가 시각적 가시선(VLOS)을 유지해야 할 것을 요구한다.

무보조 시력

파트 107의 한 가지 특별한 요건은 승무원이 쌍안경, 망원경 또는 유사한 장치를 사용하여 시선 요건을 충족하는 것이 허용되지 않는다는 것이다.

▮ 시각적 관찰자

시각적 관찰자(VO)는 시각적 가시선(VLOS)을 강화하고 비행 중에 상황 인식을 돕는 데 사용할 수 있다.

▮ 공역제한 및 요구사항

모든 무인항공기는 통제공역(A, B, C, D, 때때로 E급 공역)에서 비행하기 전에 사전 허가를 받아야 한다.

▮ 항공고시보(NOTAM)

원격 조종사는 비행 운항에 앞서 항공고시보(NOTAM)와 TFP를 확인해야 한다.

▮ 임시비행제한(TFR)

임시비행제한(TFR)은 지리적으로 제한된, 주로 미국에서 단기간의 공역 제한 사항이다.

▮ 비행 전 요구사항

- 운항 환경 평가 : 각 비행에 앞서 원격 지휘 조종사는 운항 환경을 평가해야 한다.
- 승무원 브리핑 : 각 비행에 앞서 원격 지휘 조종사(PIM)는 반드시 무인항공기의 운항을 돕는 모든 승무원에게 브리핑해야 한다.
- 기계 점검 : 비행 전 검사에 대해서는 본 코스의 정비 및 점검 섹션에서 자세히 다룬다.

02 무선 통신

▮ 관제탑 있는 공항과 없는 공항에서의 운항

일부 공항에는 풀 타임 관제탑이 있고, 일부는 파트 타임 관제탑이 있으며, 일부 공항에는 관제탑이 전혀 없다.

▮ 유니콤

유니콤 기지는 비정부 기관의 지상 기지로 일반적으로 교통량이 적은 일반 항공 공항에서 운영된다.

▮ 공항정보자동방송업무

ATIS(공항정보자동방송업무)는 주로 공항과 같은 특정 스테이션과 관련된 녹음된 정보의 연속적인 방송이다.

03 공 역

국립항공 공역 소개

관제공역이란 일반적으로 항공교통관제(ATC)서비스가 제공되는 모든 공역을 말한다. 통제공역의 유형은 A, B, C, D, E등급이며 G공역은 통제되지 않은 공역으로 간주되므로 이 공역에서는 ATC서비스가 제공되지 않는다.

04 날 씨

이 섹션에서 다루는 내용

- 날씨가 드론의 작동에 미치는 영향
- 날씨는 어떻게 나타나는가?
- 날씨를 변하게 하는 요인들

날씨는 어떻게 나타나는가?

날씨는 태양에 의한 지표면의 고르지 못한 난방에 의해 만들어진다. 이러한 고르지 않은 가열은 압력, 온도 및 수증기 차이의 원인이 된다. 이러한 요인들과 지구의 자전과 지역의 지형이 결합되어 날씨로 나타난다.

기 단

기단은 기단이 발생한 지역에 따라 이름을 붙이고 분류한다.

전 선

한 종류의 기단이 다른 종류의 기단과 충돌할 때, 이를 보통 '전선'이라고 한다.

대기 안정도(기온감률)

기온평균감률은 1,000ft당 약 -2℃이다.

기온역전

기온역전은 감률이 역방향으로 이루어지는 것이다.

온도 및 노점

상대습도는 주어진 온도에서 공기에 의해 유지될 수 있는 수증기의 양에 비교하여 주어진 시간동안 대기 중에 존재하는 수증기의 양이다. 노점은 더 이상 수증기를 함유할 수 없는 공기의 온도이다.

구름과 착빙

무인항공기가 주로 비행하는 낮은 고도를 고려할 때, 구름은 일반적으로 무인비행 시에 심각한 문제를 일으키지 않을 것이다.

밀도 고도

핵심은 밀도가 낮은 공기와는 대조적으로 밀도가 높은 공기에서 항공기가 더 잘 비행한다는 점이다.

대기압

대기압은 어떤 상태의 날씨가 될 지 결정하는 데 큰 영향을 준다.

바 람

바람은 지구 표면의 고르지 못한 기압에 의해 높은 곳에서 낮은 곳으로 나타난다.

05 날씨 정보원

인터넷 기상 정보원

비행 전 기상 정보 보고를 입수하는 것은 안전한 비행 운항을 실시하는 데 필수적이다.

메타(METAR)

메타는 특정 구역에서 지상에서 관측된 조건에 대해 조종사에게 알리는 표준 날씨 보고서이다.

터미널 비행장 예보(TAF)

터미널 비행장 예보를 메타 데이터의 예상 버전으로 생각하면 된다.

06 하중 및 성능

하중 및 성능 소개

무인항공기가 적재되는 방식은 조종 장치에 반응하는 방식과 비행하는 방식에 크게 영향을 미친다.

4가지 힘

비행 중에는 항상 4개의 힘이 무인항공기에 작용한다는 것을 이해하는 것이 중요하다. 무게, 양력, 추력, 항력이다.

무게와 안정성의 중심

항공기의 무게(무인항공기 포함)와 무게가 분포되는 방식은 항공기의 비행 특성에 큰 영향을 미친다.

중량 및 하중

만약 무인항공기가 너무 무겁다면 비행하는 데 어려움이 있다.

07 공항 운영

공항의 종류

- 관제탑 있는
- 관제탑이 없는
- 수상기 기지
- 제어되지 않은 관제탑 있는
- 헬기장

ATC 통신 모니터링

원격 조종사로서, 관제사와 다른 유인 항공기 사이의 ATC통신을 이해하고 해석할 수 있는 것은 비행 운항의 안전에 대단히 중요하다.

활주로 표시와 신호

공항에는 방향을 알려 주고 비행사들의 공항 운영에 있어서 도움을 주는 표시와 신호들이 있다.

공항 교통 패턴

안전하고 질서 있게 공항의 교통 흐름을 원활하게 하기 위해 유인항공기가 따르는 특정한 교통 패턴이 있다.

08 비상 절차

▮ 리튬 배터리

리튬 기반 배터리는 인화성이 높고 점화될 수 있다. 다음과 같은 경우에는 화재가 발생할 수 있다.

- 합선이 있을 경우
- 부적절하게 충전될 경우
- 극도의 온도로 가열될 경우
- 충돌로 손상된 경우
- 잘못 다루었을 경우
- 단순 결함이 있을 경우

▮ 연결 제어 손실 및 날아감

연결 제어 및 드론이 날아가는 경우는 무인항공기와 제어실 사이의 통신이 단절된 경우이다.

▮ 비행 중 GPS손실

비행 중에 GPS가 상실되는 경우 이는 속도, 위치 및 조종사를 위한 고도 보고와 같은 많은 무인항공기 기능에 영향을 미칠 수 있다.

▮ 주파수 대역

무인항공기는 일반적으로 관제소와 소형 무인항공기 간의 통신에 무선주파수(RF)를 사용한다.

09 정비 및 점검 절차

▮ 예약된 정비 및 예약되지 않은 정비

계획 여부에 상관없이 정비에는 소형 무인항공기와 비행에 필요한 요소들에 대한 점검, 수리, 검사, 수정, 교체 및 시스템 소프트웨어 업그레이드가 포함된다.

▮ 비행 전 검사

비행 전 검사는 가능한 경우 무인항공기 제조자의 검사 절차 및 소형 무인항공기 소유자나 운영자가 개발한 검사 절차에 따라 실시해야 한다.

10 생리학

- 탈수와 열사병
- 알코올
- 처방전 및 처방전 없이 살 수 있는 약물
- 과호흡
- 스트레스
- 피 로
- 시 력
- 비행 체력

11 항공의사결정(ADM)

항공의사결정

항공의사결정(ADM)은 위험 평가 및 스트레스 관리에 대한 체계적인 접근법이다.

승무원자원관리(CRM)

비행 승무원을 위한 승무원자원관리(CRM) 교육은 이용 가능한 모든 자원의 효과적인 사용에 초점을 맞추고 있다.

위험한 태도

조종사의 태도는 안전 비행 연습의 핵심 요소이다. 위험한 자세를 아는 것과 식별하는 것은 중요하며 조종사가 쉽게 식별할 수 있어야 한다.

미국 드론 자격증 이론시험 핵심요약(영어)

01 Regulations

Remote Pilot Certificate Eligibility

To be eligible for a Remote Pilot Certificate, you need to satisfy the following four criteria:

1. Be 16 years old,
2. Speak and write English,
3. Physically and mentally able to operate a drone safely
4. Pass the FAA Knowledge Exam FAA

Alcohol and Drug Restrictions

You are NOT allowed to act as a pilot or crew member of a drone if:

- Have consumed ANY alcohol within the 8 hour period prior to flight;
- Are under the influence of alcohol;
- Are using any drug that would cause you to be unsafe in the operation of a UAS; or
- You have a blood alcohol level of 0.04 percent or greater.

※ The FAA can suspend, revoke, or deny any remote pilot certificate for up to 1 year if they find a person to be in violation of the alcohol or drug policy.

Temporary Remote Pilot Certificate

Once you complete these steps, the FAA will issue you a temporary remote pilot certificate that is valid for 120 days.

What Part 107 Does Not Apply To

Part 107 applies to all commercial drone operations in the United States. It does NOT apply to:

- Model aircraft(operated for recreational use);
- Operations outside the US;
- Amateur rockets;
- Moored balloons;
- Unmanned free balloons;
- Kites;
- Public aircraft operations; or
- Air carrier operations.

Drone Registration

All unmanned aircraft in the US over 0.55 lbs, regardless of for commercial or recreational use, MUST be registered with the FAA.

Which Accidents Require a Report

If you have the unfortunate experience of crashing your drone, you MAY have to report it to the FAA. If you crash your drone and the only damage is to your drone or associated equipment, you don't need to report anything. However, you DO need to report the accident in the following instances:

- If the sUAS causes a serious injury or any loss of consciousness.
  - A serious injury is defined as a Level 3 or higher on the Abbreviated Injury Scale (AIS), which essentially means any injury that results in someone being hospitalized.
  - Any loss of consciousness must be reported regardless of hospitalization.
- If the sUAS causes damage to property (not including the cost of damage to the drone) that costs at least $500 to either repair or replace, whichever is lower.

Hazardous Operations

The FAA wants to be sure you know that you are NOT allowed to operate your UAV in a 'careless or reckless' manor. It goes without saying that if you are a professional drone aviator, the safety of the people and property around you should be your top priority.

Operating From a Moving Vehicle

Part 107 prohibits flying an unmanned aircraft from a moving vehicle, UNLESS the flight is taking place in a 'remotely populated area' and the person flying the drone is not the same person driving the vehicle.

Daylight Hours

Part 107 states that remote pilots are only allowed to fly during daylight hours. There is a provision that says pilots are allowed to fly drones from 30 minutes before sunrise to 30 minutes after sunset.

Multiple Unmanned Aircraft

Remote pilots are only allowed to operate ONE unmanned aircraft at a time.

Flight Over People

Drone flights over people are prohibited by Part 107. The only people that a drone can be operated over are members of the crew, which consist of the:

- Remote Pilot in Command
- Visual Observer (if applicable)
- Person Manipulating the Controls (if different from the Remote Pilot in Command)
- Any other crew member.

Speed Limit

Part 107 states that the speed limit for all UAV operations is 87 knots or 100 MPH.

Altitude Limitations

Part 107 states that the maximum altitude for unmanned aircraft is 400 feet above ground level.

Cloud Clearance

Part 107 states that remote pilots must keep their UAVs at least 2,000 feet from the side of a cloud and at least 500 feet below a cloud.

Visibility

Part 107 states that the minimum visibility requirement from the control station is 3 statue miles.

VLOS Regulatory Requirements

Part 107 (specifically, Part 107.31) requires that Visual Line of Sight (VLOS) must be maintained (with unaided vision) by the Remote Pilot in Command (RPIC) or whoever is manipulating the controls at all times during flight operations.

Unaided Vision

One specific requirement under Part 107 is that crew members are NOT allowed to use binoculars, telescopes, or similar devices to meet the visual line of sight requirement.

Visual Observer

A visual observer(VO) may be used to enhance VLOS and help situational awareness during the flight operation.

Airspace Restrictions and Requirements

All unmanned aircraft are required to receive prior authorization before flying in controlled airspace (Class A, B, C, D, and sometimes Class E airspace).

Notices to Airmen (NOTAMs)

The Remote Pilot in Command is required to check NOTAMs and TFRs prior to flight operations.

Temporary Flight Restrictions (TFRs)

A TFR is a geographically-limited, short-term, airspace restriction, typically in the United States.

Preflight Requirements

- Assessment of Operating Environment : Prior to each flight the Remote PIC must conduct an assessment of the operating environment.
- Crew Member Briefing : Prior to each flight, the Remote PIC must brief all crewmembers aiding in the operation of the unmanned aircraft.
- Inspection of Equipment : Preflight inspections are talked about in more detail in the Maintenance and Inspection section of the course.

02 Radio Communication

Operations at Airports With and Without Control Towers

Some airports have full time towers, some have part–time towers, and some have no tower at all.

UNICOM

UNICOM stations are non–government ground stations, generally found at low–traffic general aviation airports.

ATIS

Automatic Terminal Information Service(ATIS) is the continuous broadcast of recorded information relevant to a certain station – usually an airport.

03 Airspace

Introduction to the National Airspace

Controlled airspace generally refers to any airspace where Air Traffic Control(ATC) services are provided. The different types of controlled airspace are Class A, B, C, D, and E. Class G airspace is considered to be uncontrolled airspace, thus no ATC services are available in this airspace.

04 Weather

What's Covered in This Section

How Weather Effects Small Drone Operations

What Causes Weather

Factors that Cause Weather to Shift and Change

What Causes Weather

Weather is created by the uneven heating of the earth's surface by the sun. This uneven heating causes differences in pressure, temperature, and water vapor. Combing these factors with the spinning of the earth and the local terrain, gives us weather.

Air Masses

Air masses are named and categorized according to the regions where they originate.

Fronts

When one type of air mass collides with another type of air mass, it is generally referred to as a 'front'.

Atmospheric Stability

The average lapse rate is about 2℃ per 1,000ft.

Temperature Inversions

A temperature inversion is when the lapse rate is backwards.

Temperature and Dew Point

Relative humidity is the amount of water vapor present in the atmosphere at a given time compared to the amount of water vapor that can be held by the air at a given temperature.

The dew point is the temperature at which the air can hold no more water.

Clouds and Icing

Clouds will generally not pose any serious issues to drone operations, given the low level altitudes in which UAV operations typically take place.

Density Altitude

The key to remember for this module is that aircraft operate better in denser air as opposed to less dense air.

Atmospheric Pressure

Atmospheric pressure plays a large role in determining what sort of weather you will experience.

Wind

Wind is caused by uneven heating of the earth's surface.

05 Sources of Weather Information

Internet Sources of Weather

Obtaining a weather briefing prior to flight is essential to conducting safe flight operations.

What is a METAR

A METAR is a standard weather report that tells the pilot about the conditions observed from the ground from a particular area.

Terminal Aerodrome Forecasts (TAFs)

Think of Terminal Aerodrome Forecasts(TAFs) as the forecasted version of a METAR.

06 Loading and Performance

Introduction to Loading and Performance

The manner in which your unmanned aircraft is loaded will greatly impact how it responds to controls and the manner in which it flies through the air.

The Four Forces

It is important to understand that while in flight, there are always four forces acting on your unmanned aircraft:

- Weight;
- Lift;
- Thrust;
- Drag.

Center of Gravity and Stability

The weight of an aircraft (including unmanned aircraft), and the manner in which the weight is distributed, will greatly impact the flight characteristics of the aircraft.

Weight and Loading

If you put too much weight on your unmanned aircraft, it will have trouble flying.

07 Airport Operations

Types of Airports

- Towered
- Uncontrolled Towered
- Non–Towered
- Heliport
- Seaplane Bases

Monitoring ATC Communications

As a remote pilot, being able to understand and interpret ATC communications between controllers and other manned aircraft is critically important to the safety of flight operations.

Runway Markings and Signage

At airports, there are markings and signs that provide directions and assist pilots in airport operations. Some of the most common markings and signs are discussed below.

Airport Traffic Patterns

To facilitate the safe and orderly flow of traffic into and out of an airport, certain traffic patterns are followed by manned aircraft.

08 Emergency Procedures

Lithium Batteries

Lithium-based batteries are highly flammable and capable of ignition. Lithium battery fires can be caused when a battery:

- short circuits,
- is improperly charged,
- is heated to extreme temperatures,
- is damaged as a result of a crash,
- is mishandled,
- is simply defective.

Loss of Control-Link and Fly-Aways

Loss of control (LOC)link and fly-aways are instances where the communication link between the unmanned aircraft and the control station is severed.

Loss of GPS During Flight

If GPS is lost during flight, this may impact a number of unmanned aircraft functionalities such as speed, location/position, and altitude reporting to the pilot.

Frequency Spectrums

Unmanned aircraft typically use radio frequencies(RF) for the communication link between the control station and the sUAS.

09 Maintenance and Inspection Procedures

Scheduled and Unscheduled Maintenance

Maintenance includes scheduled and unscheduled overhaul, repair, inspection, modification, replacement, and system software upgrades of the sUAS and its components necessary for flight.

Preflight Inspection

Preflight inspections should be conducted in accordance with the unmanned aircraft manufacturer's inspection procedures when available (usually found in the manufacturer's owner or maintenance manual) and/or an inspection procedure developed by the sUAS owner or operator.

10 Physiology

Dehydration and Heatstroke

- Alcohol
- Prescription and Over-the-Counter Medications
- Hyperventilation
- Stress
- Fatigue
- Vision
- Fitness for Flight

11 Aeronautical Decision-Making(ADM)

Aeronautical Decision Making(ADM) Process

ADM is a systematic approach to risk assessment and stress management.

Crew Resource Management(CRM)

Crew resource management(CRM) training for flight crews is focused on the effective use of all available resources.

Hazardous Attitudes

The attitude of a pilot is a key factor in a safe flying practice. Knowing and identifying hazardous attitudes is important and should be easily identified by the pilot.

참 / 고 / 문 / 헌 및 자 / 료

- 국토교통부&경찰청 배포자료「경찰용 드론 불법비행 단속 가이드」, 2017.12
- 김종성, 김성태의「무인항공기체계 발전방향, 무인항공기 안전관리제도 구축 연구」, 국토교통부, 2009.12
- 미 국방장관실(OSD, Office of the Secretary of Defense) (2003.3).「definition of UAV」,「UAV로드맵」
- 육군 교육회장「14-5-2, 적 무인항공기 대비작전」, 2014.7.22., pp. 1-7. 및 언론보도
- 이강원・손호웅(2016),「지형 공간정보체계 용어사전」, 구미서관
- 항공시험처「초경량비행장치 조종자 증명 시험 종합 안내서」, 2018.1
- 한국교통안전공단「항공정비사 표준교재 항공법규」, 2018.1
- NOVA,「AQM-34 Ryan Firebee (USA)」, 2014.6.12
- NOVA,「DH.82B Queen Bee (UK)」, 2014.6.12
- 국방기술품질원 http://www.dtaq.re.kr
- 국토교통부 www.molit.go.kr
- 나무위키
- 네이버 지식백과
- 두산백과
- 법제처 www.moleg.go.kr

드론 무인비행장치 필기 한권으로 끝내기

개정7판1쇄 발행	2024년 05월 10일 (인쇄 2024년 03월 15일)
초 판 발 행	2018년 04월 05일 (인쇄 2018년 02월 09일)
발 행 인	박영일
책 임 편 집	이해욱
편 저	서일수, 장경석
편 집 진 행	윤진영, 류용수
표지디자인	권은경, 길전홍선
편집디자인	정경일, 조준영
발 행 처	(주)시대고시기획
출 판 등 록	제10-1521호
주 소	서울시 마포구 큰우물로 75 [도화동 538 성지 B/D] 9F
전 화	1600-3600
팩 스	02-701-8823
홈 페 이 지	www.sdedu.co.kr

I S B N	979-11-383-6890-2(13550)
정 가	34,000원